PART 04

Industrial Engineer Industrial Safety

전기 및 화학설비 안전 관리

CHAPTER 01 전기안전관리 업무수행

CHAPTER 02 감전재해 및 방지대책

CHAPTER 03 전기설비 위험요인 관리

CHAPTER 04 정전기 장·재해관리

CHAPTER 05 전기 방폭관리

CHAPTER 06 화학물질 안전관리 실행

CHAPTER 07 화공안전 비상조치 계획·대응

CHAPTER 08 화공 안전운전·점검

CHAPTER 09 화재·폭발 검토

노력하는 당신은 언제나 아름답습니다.
구민사가 당신의 합격을 기원합니다.

전기안전관리 업무수행

01 전기안전관리

> 주/요/내/용 알/고/가/기
> 1. 감전방지 대책
> 2. 통전 전류 세기와 인체의 영향
> 3. 퓨즈 종류 및 용단 시간
> 4. 차단기의 종류
> 5. 전기 기계·기구 등의 충전부 방호(직접 접촉으로 인한 감전방지조치)

1 전기의 위험성

(1) 감전

사람이나 가축의 몸을 통과하는 전류로 인한 생리적 영향으로 정의되며, 이 생리적 영향은 전류 감지, 근육 반응, 심실세동, 화상 등을 말한다.

(2) 감전의 원인

① 노출된 충전부의 접촉에 의한 감전(직접 접촉)
② 누전에 의한 감전(간접 접촉)
③ 특별고압 충전 전로 근접접근 시 감전(비접촉)
④ 낙뢰로 인한 감전(화염, 화상)
⑤ 정전기에 의한 감전

(3) 감전의 영향

① 심실세동
② 쇼크
③ 근육수축
④ 호흡 정지 발열 작용에 따른 체온 상승
⑤ 화상
⑥ 추락(2차 재해) 등

기출

* 감전에 의한 사망의 주요 원인
① 심장부에 전류가 흘러 심실세동이 발생하여 혈액순환 기능이 상실되어 사망
② 뇌의 호흡중추 신경에 전류가 흘러 호흡기능이 정지되어 사망
③ 흉부에 전류가 흘러 흉부수축에 의한 질식으로 사망

합격의 key

> **참고**
> * 특별 저압
>   (ELV, Extra Low Voltage)
>   인체에 위험을 초래하지 않을 정도의 저압을 말한다. 여기서 SELV(Safety Extra Low Voltage)는 비접지회로에 해당되며, PELV(Protective Extra Low Voltage)는 접지회로에 해당된다.

> **참고**
> * 기능적 특별 저압
>   (FELV)
>   기능상의 이유로 교류 50V, 직류 120V 이하인 공칭전압을 사용하지만, SELV 또는 PELV에 대한 모든 요구 조건이 충족되지 않고 SELV와 PELV가 필요치 않은 경우에는 기본 보호 및 고장 보호의 보장을 따라야 한다. 이러한 조건의 조합을 FELV라 한다.

> **기출** ★
> * 마비 한계 전류
>   신경이 마비되고 신체를 움직일 수 없는 전류로서 10~15mA 정도이다.
> * 고통 한계 전류
>   고통을 느끼는 한계치 전류로서 7~8mA 정도이다.

> **참고**
> * 가수전류
>   • 인체가 자력으로 이탈할 수 있는 전류
>   • 60Hz 정현파 교류에서의 가수전류(이탈전류, 마비한계전류) : 10~15mA
>   • 직류에서의 가수전류 : 남자 - 73.7mA, 여자 - 50mA
> * 불수전류
>   • 인체가 자력으로 이탈할 수 없는 전류(교착 전류)

(4) 감전 방지대책 ✦

① 전기설비의 필요한 부분에 보호접지를 한다.
② 노출된 충전부에 절연용 방호구를 설치하는 등 충전부를 절연, 격리한다.
③ 설비의 사용 전압을 될 수 있는 한 낮춘다.
④ 전기기기에 누전차단기를 설치한다.
⑤ 전기기기 조작의 안전화를 위해 전기 기기 설비를 개선한다.
⑥ 전기설비를 적정한 상태로 유지하기 위해 점검·보수한다.
⑦ 근로자 안전교육을 실시하여 전기의 위험성을 강조한다.
⑧ 전기취급작업 근로자에게 절연용 보호구를 착용토록 한다.
⑨ 유자격자 이외에는 전기 기계, 기구의 조작을 금지한다.

(5) 감전보호를 위한 방법 ✦

구분	기본 보호	고장보호	특별 저압보호
정의	정상운전 중인 전기설비의 충전부에 접촉하는 경우의 감전을 보호하는 방법	전기설비 누전 등 고장이 발생한 기기에 접촉하는 경우의 감전을 보호하는 방법	인체에 위험을 초래하지 않을 정도의 전압(저압)으로 보호하는 방법
보호 방법	• 충전부 절연 • 격벽 또는 외함 • 접촉범위 밖 배치	• 이중절연 또는 강화절연 • 보호 등전위 본딩 • 전원자동차단 • 전기적 분리 • 비도전성 장소	• 비접지회로 적용 (SELV) • 접지회로 적용 (PELV) • 기능적 특별저압 사용 시 적용 (FELV)

(6) 통전 전류 세기와 인체의 영향 ✦✦

종류	내용	비고
최소 감지 전류	짜릿함을 느끼는 최소의 전류 치	1~2mA (성인 남자, 상용 주파수 60Hz 기준)
고통 감지 전류	참을 수 있으나 고통을 느끼는 전류 치	2~8mA
이탈가능 전류 (가수전류)	전원으로부터 스스로 떨어질 수 있는 최대 전류 치	8~15mA

종류	내용	비고
이탈불능 전류 (불수전류, 교착전류)	근육수축이 격렬하여 전원으로부터 떨어질 수 없는 전류 치	15~50mA
심실세동 전류	심장박동 불규칙으로 심장마비를 일으켜 수분 내 사망할 수 있는 전류 치 (충전부에서 분리시켜도 자연회복이 불가능하여 인공호흡을 실시해야 소생이 가능하다)	100mA 이상

② 전기설비 및 기기

(1) 전선의 식별 ✦

상(문자)	색상
L1(상선)	갈색
L2(상선)	흑색
L3(상선)	회색
N(중성선)	청색
보호도체(PE)	녹색, 노란색

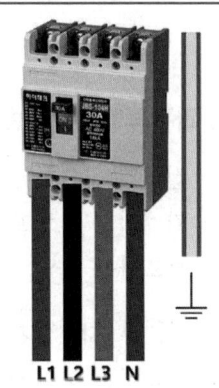

(2) 배전반 및 분전반

① 배전반
- 송전선으로부터 고압의 전력을 받아 변압기에 의해 저압으로 변환하여 각종 전기설비 계통으로 배전을 하기 위한 장치를 말한다.
- 배전반에는 안전장치, 계기, 계전기, 개폐기 따위를 배치하여 전로의 개폐나 기기의 제어와 감시를 쉽게 한다.

② 분전반
- 배전반으로부터 다시 전력을 받아서 빌딩이나 공장 안의 각종 기기 등으로 배전하는 장치를 말한다.
- 옥내배선에 있어서 간선으로부터 각 분기회로로 갈라지는 곳에 각 분기 회로마다의 스위치를 설치해 놓은 것이다.

용어정의

* **과전류**
전기기기 또는 전선에서 허용전류 값 이상으로 전류가 흐르는 것을 말한다. 과전류의 종류에는 단락전류, 과부하전류, 과도전류로 나눌 수 있다.

* **단락(short circuit)**
고장 또는 과실에 의해서 전로(電路) 사이가 전기저항이 작아진 상태 또는 전혀 없는 상태에서 접촉한 이상상태를 말하며, 단락은 전압 간의 저항이 0Ω에 가까운 회로를 만드는 것으로, 옴의 법칙($I=E/R$)에 따라 극히 큰 전류(단락전류)가 흐른다.

참고

* 단락 보호장치 선정 시 고려 사항
- 전선 허용 온도 도달시간
- 전동기 돌입전류 유형
- 회로의 최대 고장전류

참고

* 지락에 대한 보호
전로에는 지락이 생겼을 경우 전선 또는 전기기계기구의 손상, 감전 또는 화재의 우려가 없도록 지락으로부터 보호하는 차단기를 시설하고 그 밖에 적절한 조치를 하여야 한다. 다만, 전기기계기구를 건조한 장소에 시설하는 등 지락에 의한 위험의 우려가 없는 경우에는 그러하지 아니하다.

(3) 보호장치의 종류 및 특성

1) 과부하전류 및 단락전류 겸용 보호장치
과부하전류 및 단락전류 모두를 보호하는 장치는 그 보호장치 설치점에서 예상되는 단락전류를 포함한 모든 과전류를 차단 및 투입할 수 있는 능력이 있어야 한다.

2) 과부하전류 전용 보호장치
① 과부하전류 전용 보호장치의 차단용량은 그 설치 점에서의 예상 단락전류 값 미만으로 할 수 있다.

3) 단락전류 전용 보호장치
① 단락전류 전용 보호장치는 과부하 보호를 별도의 보호장치에 의하거나 과부하 보호장치의 생략이 허용되는 경우에 설치할 수 있다.
② 예상 단락전류를 차단할 수 있어야 하며, 차단기인 경우에는 이 단락전류를 투입할 수 있는 능력이 있어야 한다.

(4) 과전류에 대한 보호
전로의 필요한 곳에는 과전류에 의한 과열손상으로부터 전선 및 전기기계기구를 보호하고 화재의 발생을 방지할 수 있도록 과전류로부터 보호하는 차단 장치를 시설하여야 한다.

1) 과전류 차단장치
과전류로 인한 재해를 방지하기 위하여 다음 각 호의 방법으로 과전류 차단장치(차단기·퓨즈 및 보호계전기 등과 이에 수반되는 변성기를 말한다)를 설치하여야 한다.

① 과전류 차단장치는 반드시 접지선이 아닌 전로에 직렬로 연결하여 과전류 발생 시 전로를 자동으로 차단하도록 설치할 것
② 차단기·퓨즈는 계통에서 발생하는 최대 과전류에 대하여 충분하게 차단할 수 있는 성능을 가질 것
③ 과전류 차단장치가 전기계통상에서 상호 협조·보완되어 과전류를 효과적으로 차단하도록 할 것

2) 과전류 차단장치의 시설 제한(KEC 규정) ✵
접지공사의 접지도체, 다선식 전로의 중성선 및 전로의 일부에 접지공사를 한 저압가공전선로의 접지측 전선에는 과전류 차단기를 설치하여서는 안 된다. 다만, 다선식 전로의 중선선에 시설한 과전류 차단

기가 동작한 경우에 각 극이 동시에 차단될 때 또는 저항기, 리액터 등을 사용하여 접지 공사를 한 때에 과전류 차단기의 동작에 의하여 그 접지도체가 비접지 상태로 되지 아니할 때는 적용하지 않는다.

3) 퓨즈

일정 값 이상의 전류가 흐르면 용단되어 회로 및 기기를 보호한다.

① 재료 : 납, 주석, 아연, 알루미늄 및 이들의 합금
② 선택 시 고려사항
- 정격전류
- 정격전압
- 차단용량
- 사용 장소

③ 저압전로에 사용하는 퓨즈(퓨즈의 용단 특성)

정격전류의 구분	시 간	정격전류의 배수	
		불용단전류	용단전류
4A 이하	60분	1.5배	2.1배
4A 초과 16A 미만	60분	1.5배	1.9배
16A 이상 63A 이하	60분	1.25배	1.6배
63A 초과 160A 이하	120분	1.25배	1.6배
160A 초과 400A 이하	180분	1.25배	1.6배
400A 초과	240분	1.25배	1.6배

④ 고압 및 특고압 전로 중의 과전류 차단기의 시설 ★

- 과전류 차단기로 시설하는 퓨즈 중 고압 전로에 사용하는 포장 퓨즈(퓨즈 이외의 과전류 차단기와 조합하여 하나의 과전류 차단기로 사용하는 것을 제외한다)는 정격전류의 1.3배의 전류에 견디고 또한 2배의 전류로 120분 안에 용단되는 것 또는 다음에 적합한 고압전류 제한 퓨즈이어야 한다.
- 과전류 차단기로 시설하는 퓨즈 중 고압 전로에 사용하는 비포장 퓨즈는 정격전류의 1.25배의 전류에 견디고 또한 2배의 전류로 2분 안에 용단되는 것이어야 한다.

퓨즈의 종류	정격 용량	용단 시간
고압용 포장 퓨즈	정격 전류의 1.3배	• 2배의 전류로 120분
고압용 비포장 퓨즈	정격 전류의 1.25배	• 2배의 전류로 2분

> 참고
> - 고압 또는 특고압의 전로에 단락이 생긴 경우에 동작하는 과전류 차단기는 이것을 시설하는 곳을 통과하는 단락전류를 차단하는 능력을 가지는 것이어야 한다.
> - 고압 또는 특고압의 과전류 차단기는 그 동작에 따라 그 개폐 상태를 표시하는 장치가 되어있는 것이어야 한다. 다만, 그 개폐 상태가 쉽게 확인될 수 있는 것은 적용하지 않는다.

합격의 key

- 고압 또는 특고압의 전로에 단락이 생긴 경우에 동작하는 과전류 차단기는 이것을 시설하는 곳을 통과하는 단락 전류를 차단하는 능력을 가지는 것이어야 한다.
- 고압 또는 특고압의 과전류 차단기는 그 동작에 따라 그 개폐 상태를 표시하는 장치가 되어있는 것이어야 한다. 다만, 그 개폐 상태가 쉽게 확인될 수 있는 것은 적용하지 않는다.

참고

1. 과전류 트립 동작시간 및 특성(주택용 배선차단기)

정격전류의 구분	시간	정격전류의 배수	
		부동작 전류	동작 전류
63A 이하	60분	1.13배	1.45배
63A 초과	120분	1.13배	1.45배

2. 순시트립에 따른 구분(주택용 배선차단기)

형	순시트립 범위
B	$3I_n$ 초과 ~ $5I_n$ 이하
C	$5I_n$ 초과 ~ $10I_n$ 이하
D	$10I_n$ 초과 ~ $20I_n$ 이하

비고
1. B, C, D: 순시트립 전류에 따른 차단기 분류
2. I_n : 차단기 정격전류

3. 과전류 트립 동작시간 및 특성(산업용 배선차단기)

정격전류의 구분	시간	정격전류의 배수(모든 극에 통전)	
		부동작 전류	동작 전류
63A 이하	60분	1.05배	1.3배
63A 초과	120분	1.05배	1.3배

(5) 개폐기

전기회로(回路)를 이었다 끊었다 하는 장치를 말하며 운전이나 정지, 고장의 점검이나 수리 등에 쓰인다.

주상 유입 개폐기(POS)	반드시 개폐 표시가 있어야 하는 고압 개폐기로서 배전선의 개폐, 부하 전류의 차단, 콘덴서의 개폐에 이용된다.
단로기(DS) ✦	차단기의 전후, 회로의 접속 변환, 고압 또는 특고압 회로의 기기 분리 등에 사용하는 개폐기로서 반드시 무부하 시 개폐 조작을 하여야 한다. • 전원 차단 시 : 차단기 개방한 후 단로기 개방 • 전원 투입 시 : 단로기 투입한 후 차단기 투입 ⓐ D.S ⓑ O.C.B ⓒ D.S 투입순서 : ⓒ → ⓐ → ⓑ 차단순서 : ⓑ → ⓒ → ⓐ (D.S : 단로기, O.C.B : 유입차단기) [유입차단기 투입 및 차단순서✦]
부하 개폐기 (OLB)	부하 상태에서 개폐할 수 있는 개폐기
자동 개폐기	• 전자 개폐기 : 전동기의 기동과 정지에 많이 사용, 과부하 보호용으로 적합 • 입력 개폐 : 압력의 변화에 따라 작동 • 시한 개폐기(time switch) : 옥외의 신호 회로에 사용 • 스냅 개폐기 : 전열기, 전등 점멸, 소형 전동기의 기동·정지 등에 사용
저압 개폐기	스위치 내부에 퓨즈 삽입된 구조 • 안전 개폐기(cut out switch) • 커버 개폐기(cover knife switch) • 칼날형 개폐기(knife switch) • 박스 개폐기(box switch)

> **참고**
>
> ※ 단로기
> (DS, Disconnecting Switch)
> 전기기기 등의 수리, 점검을 하는 경우 차단기로 차단된 무부하 전로를 확실하게 개방(OFF)하기 위한 목적의 개폐기로서 부하전류 및 고장전류를 차단하지 못한다.
>
> ※ 단로기의 개폐 ★
> 부하전류를 차단할 수 없는 고압 또는 특별고압의 단로기(斷路機)를 개로(開路)·폐로(閉路)하는 경우에는 그 단로기 등의 오조작을 방지하기 위하여 근로자에게 해당 전로가 무부하(無負荷)임을 확인한 후에 조작하도록 주의 표지판 등을 설치하여야 한다.

합격의 key

참고

* **과전류 차단기**
 (Overcurrent circuit breaker)
 전기회로에 과전류가 흐를 때 이로 인한 사고를 예방하기 위해 전류의 흐름을 끊는 기계이다. 퓨즈와 같은 용도로 사용되나 퓨즈는 한번 작동되면 새로운 것으로 대치해야 하지만 계속 사용할 수 있는 장점이 있다.

* **배선용 차단기**
 (MCCB : Molded case circuit breaker)
 회로 내 과부하, 단락(short circuit) 등으로 전류흐름이 증가했을 때 이를 차단시키기 위한 장치를 말한다.

* **누전차단기**
 (ELCB : Earth leakage circuit breaker)
 접지선이 있는 교류에서 누전이 발생하면 즉, 공급된 전류가 접지를 통해 외부로 빠져나가면 이를 검출하여 전류를 차단한다.

(6) 차단기(circuit breaker)

기기 및 전력 계통에 이상이 발생했을 때 그것을 검출하여 신속하게 계통으로부터 단절시키는 장치를 말한다.

공기 차단기(ABB) [airblast breaker]	압축공기로 아크를 소호하는 차단기로서 대규모 설비에 이용된다.
기중차단기(ACB) [air circuit breaker]	공기 중에서 아크를 자연 소호하는 차단기
진공 차단기(VCB) [vacuum circuit breaker]	진공 속에서의 높은 절연효과를 이용하여 아크를 소호하는 차단기
자기 차단기(MCB) [magnetic circuit breaker]	전자력을 이용하여 아크를 소호실로 끌어넣어 차단하는 차단기
유입 차단기(OCB, LOCB) [oil circuit breaker]	절연유 속에서 과전류를 차단하는 차단기
가스 차단기(GCB) [gas circuit breaker]	생가스(SF_6)의 절연성능을 이용한 차단기

(7) 보호계전기

전기기기 및 전력 계통에 이상이 발생했을 때 그것을 검출하여 신속하게 차단시키는 장치를 말한다.

과전류 계전기	전류의 크기가 일정치 이상으로 되었을 때 동작하는 계전기
과전압 계전기	전압의 크기가 일정치 이상으로 되었을 때 동작하는 계전기
부족 전압 계전기	전압의 크기가 일정치 이하로 되었을 때 동작하는 계전기
부족 전류 계전기	전류의 크기가 일정치 이하로 되었을 때 동작하는 계전기
차동 계전기	유입하는 어떤 입력의 크기와 유출되는 출력의 크기 간의 차이가 일정치 이상이 되면 동작하는 계전기
단락 계전기	단락사고 검출을 목적으로 제작된 계전기
지락 계전기	지락사고 검출을 주목적으로 하여 제작된 계전기

02 전기작업 안전

> **주/요/내/용 알/고/가/기**
> 1. 직접 접촉으로 인한 감전방지 조치
> 2. 인공호흡 요령
> 3. 정전작업의 안전
> 4. 정전작업 요령의 작성
> 5. 활선작업의 안전
> 6. 시설물 건설 등의 작업 시의 감전방지

1 전기작업 안전

(1) 전기기계·기구 등의 충전부 방호(직접 접촉으로 인한 감전방지 조치)

근로자가 작업 또는 통행 등으로 인하여 전기기계·기구 또는 전로 등의 충전부분에 접촉하거나 접근함으로써 감전의 위험이 있는 충전부분에 대하여는 감전을 방지하기 위하여 다음 각 호의 1 이상의 방법으로 방호하여야 한다.

전기기계·기구에 직접 접촉으로 인한 감전방지 조치
① 충전부가 노출되지 아니하도록 폐쇄형 외함이 있는 구조로 할 것 ② 충분한 절연효과가 있는 방호망 또는 절연덮개를 설치할 것 ③ 충전부는 내구성이 있는 절연물로 완전히 덮어 감쌀 것 ④ 발전소·변전소 및 개폐소 등 구획되어 있는 장소로서 관계 근로자가 아닌 사람의 출입이 금지되는 장소에 충전부를 설치하고, 위험표시 등의 방법으로 방호를 강화할 것 ⑤ 전주 위 및 철탑 위 등 격리되어 있는 장소로서 관계 근로자가 아닌 사람이 접근할 우려가 없는 장소에 충전부를 설치할 것

(2) 전기기계·기구의 설치 시 고려사항(전기 기계·기구의 적정 설치)

전기 기계·기구를 설치하려는 경우에는 다음 각 호의 사항을 고려하여 적절하게 설치하여야 한다.
① 전기기계·기구의 충분한 전기적 용량 및 기계적 강도
② 습기·분진 등 사용장소의 주위 환경
③ 전기적·기계적 방호수단의 적정성

(3) 전기기계·기구의 조작 시 안전조치

① 전기기계·기구의 조작 부분을 점검하거나 보수하는 경우에는 근로자가 안전하게 작업할 수 있도록 전기 기계·기구로부터 폭 70센티미터 이상의 작업공간을 확보하여야 한다. (다만, 작업공간을 확보하는 것이 곤란하여 근로자에게 절연용 보호구를 착용하도록 한 경우에는 그러하지 아니하다)

> **참고**
> ※ 전기 기계·기구 등의 충전부 방호
> 1. 사업주는 근로자가 노출 충전부가 있는 맨홀 또는 지하실 등의 밀폐공간에서 작업하는 경우에는 노출 충전부와의 접촉으로 인한 전기위험을 방지하기 위하여 덮개, 울타리 또는 절연 칸막이 등을 설치하여야 한다.
> 2. 사업주는 근로자의 감전 위험을 방지하기 위하여 개폐되는 문, 경첩이 있는 패널 등(분전반 또는 제어반 문)을 견고하게 고정시켜야 한다.

> **기출**
> 폭연성 분진 또는 화약류의 분말이 전기설비가 발화원이 되어 폭발할 우려가 있는 곳에 시설하는 저압 옥내 전기설비의 공사 방법
> → 금속관 공사

> **참고**
> ※ 지중전선로의 매설깊이
> 1. 관로식 또는 암거식에 의하여 시설하는 경우
> ① 관로식에 의하여 시설하는 경우 매설 깊이를 1.0m 이상, 중량물의 압력을 받을 우려가 없는 곳은 0.6m 이상
> ② 암거식에 의하여 시설하는 경우에는 견고하고 차량 기타 중량물의 압력에 견디는 것을 사용할 것
> 2. 직접 매설식의 경우
> ① 중량물의 압력을 받을 우려가 있는 장소 : 1.0m 이상
> ② 기타 장소 : 0.6m 이상

합격의 key

※ 참고

＊ 코드 및 이동전선
① 조명용 전원코드 또는 이동 전선은 단면적 0.75mm² 이상의 코드 또는 캡타이어 케이블을 용도에 적합하게 선정하여야 한다.
② 조명용 전원코드를 비나 이슬에 맞지 않도록 시설하고(옥측에 시설하는 경우에 한한다) 사람이 쉽게 접촉되지 않도록 시설할 경우에는 단면적이 0.75mm² 이상인 450/750V 내열성 에틸렌아세테이트 고무절연전선을 사용할 수 있다. 이 경우 전구수구의 리드 인출부의 전선간격이 10mm 이상인 전구소켓을 사용하는 것은 0.75mm² 이상인 450/750V 일반용 단심 비닐절연전선을 사용할 수 있다.
③ 옥내에서 조명용 전원코드 또는 이동 전선을 습기가 많은 장소 또는 수분이 있는 장소에 시설할 경우에는 고무코드(사용전압이 400V 이하인 경우에 한함) 또는 0.6/1kV EP 고무절연 클로로프렌캡타이어케이블로서 단면적이 0.75mm² 이상인 것이어야 한다.

---

② 전기적 불꽃 또는 아크에 의한 화상의 우려가 있는 고압 이상의 충전전로 작업에 근로자를 종사시키는 경우에는 방염처리된 작업복 또는 난연(難燃)성능을 가진 작업복을 착용시켜야 한다.

(4) 임시로 사용하는 전등 등의 위험방지

① 이동 전선에 접속하여 임시로 사용하는 전등이나 가설의 배선 또는 이동 전선에 접속하는 가공 매달기식 전등 등을 접촉함으로 인한 감전 및 전구의 파손에 의한 위험을 방지하기 위하여 보호망을 부착하여야 한다.
② 보호망을 설치하는 때 준수사항
  • 전구의 노출된 금속 부분에 근로자가 쉽게 접촉되지 아니하는 구조로 할 것
  • 재료는 쉽게 파손되거나 변형되지 아니하는 것으로 할 것

(5) 배선 등의 절연피복

① 근로자가 접촉할 우려가 있는 배선 또는 이동 전선에 대하여는 절연피복이 손상되거나 노화됨으로 인한 감전의 위험을 방지하기 위하여 필요한 조치를 하여야 한다.
② 전선을 서로 접속하는 때에는 전선의 절연성능 이상으로 절연될 수 있는 것으로 충분히 피복하거나 적합한 접속기구를 사용하여야 한다.

(6) 습윤한 장소의 이동 전선

물 등 도전성이 높은 액체가 있는 습윤한 장소에서 근로자가 작업 중에나 통행하면서 이동 전선 등에 접촉할 우려가 있는 경우에는 충분한 절연 효과가 있는 것을 사용하여야 한다.

(7) 꽂음 접속기의 설치·사용 시 준수사항

① 서로 다른 전압의 꽂음 접속기는 서로 접속되지 아니한 구조의 것을 사용할 것
② 습윤한 장소에 사용되는 꽂음 접속기는 방수형 등 그 장소에 적합한 것을 사용할 것
③ 근로자가 해당 꽂음 접속기를 접속시킬 경우 땀 등으로 젖은 손으로 취급하지 않도록 할 것
④ 해당 꽂음 접속기에 잠금장치가 있는 때에는 접속 후 잠그고 사용할 것

(8) 이동 및 휴대 장비 등의 사용 전기 작업

이동 중에나 휴대 장비 등을 사용하는 작업에서 다음 각 호의 조치를 하여야 한다.

① 근로자가 착용하거나 취급하고 있는 도전성 공구·장비 등이 노출 충전부에 닿지 않도록 할 것
② 근로자가 사다리를 노출 충전부가 있는 곳에서 사용하는 경우에는 도전성 재질의 사다리를 사용하지 않도록 할 것
③ 근로자가 젖은 손으로 전기기계·기구의 플러그를 꽂거나 제거하지 않도록 할 것
④ 근로자가 전기회로를 개방, 변환 또는 투입하는 경우에는 전기 차단용으로 특별히 설계된 스위치, 차단기 등을 사용하도록 할 것
⑤ 차단기 등의 과전류 차단장치에 의하여 자동 차단된 후에는 전기회로 또는 전기기계·기구가 안전하다는 것이 증명되기 전까지는 과전류 차단장치를 재투입하지 않도록 할 것

(9) 변전실 등의 위치

가스폭발 위험장소 또는 분진폭발 위험장소에는 변전실·배전반실·제어실 기타 이와 유사한 시설을 설치하여서는 아니 된다. 다만, 변전실 등의 실내기압이 항상 양압(25파스칼 이상의 압력을 말한다)을 유지하도록 하고 다음 각 호의 조치를 하거나, 가스폭발 위험장소 또는 분진폭발 위험장소에 적합한 방폭성능을 갖는 전기기계·기구를 변전실 등에 설치·사용한 경우에는 그러하지 아니하다.

① 양압을 유지하기 위한 환기설비의 고장 등으로 양압이 유지되지 아니한 경우 경보를 할 수 있는 조치
② 환기설비가 정지된 후 재가동하는 경우 변전실 등에 가스 등이 있는지를 확인할 수 있는 가스 검지기 등 장비의 비치
③ 환기설비에 의하여 변전실 등에 공급되는 공기는 가스 또는 분진폭발위험장소가 아닌 곳으로부터 공급되도록 하는 조치

(10) 전기 작업자의 제한

근로자가 감전 위험이 있는 전기기계·기구 또는 전로의 설치·해체·정비·점검 등의 작업을 하는 경우에는 「유해위험작업의 취업제한에 관한 규칙」에 따른 자격·면허·경험 또는 기능을 갖춘 사람이 작업을 수행하도록 하여야 한다.

합격의 key

[문제]
심장의 맥동 주기 중 어느 때에 전격이 인가되면 심실세동을 일으킬 확률이 크고, 위험한가?
① 심방의 수축이 있을 때
② 심실의 수축이 있을 때
③ 심실의 수축 종료 후 심실의 휴식이 있을 때
④ 심실의 수축이 있고 심방의 휴식이 있을 때

[해설]
심실의 수축 종료 후 심실의 휴식이 있을 때 심실세동을 일으킬 확률이 크다.

정답 ③

용어정의
* 정전작업
전로를 개로(開路)하여 (전원 차단) 당해 전로 또는 그 지지물의 설치·점검·수리 및 도장 등을 행하는 작업을 말한다.

(11) 감전사고 시 응급조치

① 감전사고 발생 시 처리순서
- 전원으로부터 즉시 스위치를 분리시키고 구출자 본인의 방호조치 후 신속하게 상해자를 구출할 것
- 즉시 인공호흡을 실시할 것
- 생명 소생 후 병원으로 후송할 것

② 인공호흡 요령
- 1분당 12~15회(4초 간격), 30분 이상 계속 실시한다.
- 1분 이내 소생률 : 95% 이상

호흡정지에서 인공호흡 개시까지 경과 시간	1분	2분	3분	4분	5분	6분
소생률(%)	95%	90%	75%	50%	25%	10%

③ 전격 재해자 중요 관찰사항
- 의식 상태
- 맥박 상태
- 골절 상태
- 호흡 상태
- 출혈 상태

2 정전 전로에서의 전기작업(정전작업)

(1) 정전작업을 하지 않아도 되는 경우

근로자가 노출된 충전부 또는 그 부근에서 작업함으로써 감전될 우려가 있는 경우에는 작업에 들어가기 전에 해당 전로를 차단하여야 한다. 다만, 다음 각 호의 경우에는 그러하지 아니하다.

정전작업을 하지 않아도 되는 경우
① 생명유지장치, 비상경보설비, 폭발위험장소의 환기설비, 비상조명설비 등의 장치·설비의 가동이 중지되어 사고의 위험이 증가되는 경우
② 기기의 설계상 또는 작동 상 제한으로 전로차단이 불가능한 경우
③ 감전, 아크 등으로 인한 화상, 화재·폭발의 위험이 없는 것으로 확인된 경우

(2) 정전작업 시 전로 차단 절차 ✿✿

정전작업 전 조치사항(정전작업시 전로 차단 절차) ✿✿

① 전기기기 등에 공급되는 모든 전원을 관련 도면, 배선도 등으로 확인할 것
② 전원을 차단한 후 각 단로기 등을 개방하고 확인할 것
③ 차단장치나 단로기 등에 잠금장치 및 꼬리표를 부착할 것
④ 개로된 전로에서 유도전압 또는 전기에너지가 축적되어 근로자에게 전기위험을 끼칠 수 있는 전기기기 등은 접촉하기 전에 잔류전하를 완전히 방전시킬 것
⑤ 검전기를 이용하여 작업 대상 기기가 충전되었는지를 확인할 것
⑥ 전기기기 등이 다른 노출 충전부와의 접촉, 유도 또는 예비동력원의 역송전 등으로 전압이 발생할 우려가 있는 경우에는 충분한 용량을 가진 단락 접지기구를 이용하여 접지할 것

실력이 되고! 합격이 되는! 특급

전원 차단 → 잠금장치, 꼬리표 부착 → 잔류전하 방전 → 검전기로 확인 → 단락접지 실시

참고

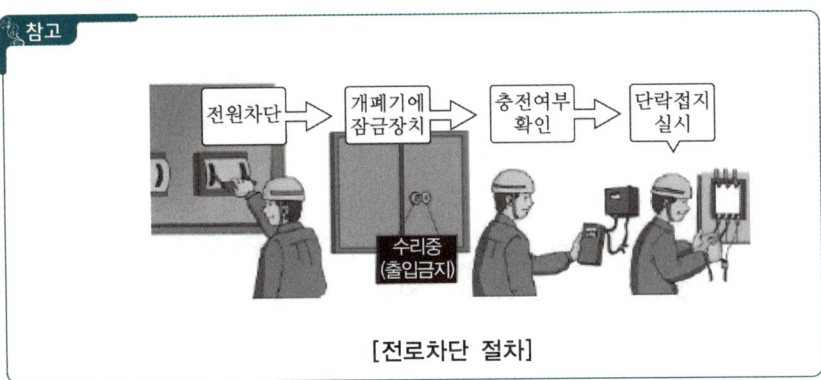

[전로차단 절차]

○ 기출 ★

* 반드시 잔류전하 방전을 하여야 하는 경우 **전력케이블, 전력콘덴서 용량이 큰 부하기기** 등 전원차단 후에도 잔류전하에 의한 위험이 발생 할 우려가 있는 것은 잔류전하를 확실히 방전하여야 한다.

문제

전선로를 정전시키고 보수작업을 할 때 유도전압이나 오통전으로 인한 재해를 방지하기 위한 안전조치는?
㉮ 보호구를 착용한다.
㉯ 접지를 시행한다.
㉰ 방호구를 사용한다.
㉱ 검전기로 확인한다.

[해설]
전기기기 등이 다른 노출 충전부와의 접촉, 유도 또는 예비동력원의 역송전 등으로 전압이 발생할 우려가 있는 경우에는 충분한 용량을 가진 단락 접지기구를 이용하여 접지할 것

정답 ㉯

○ 기출
단락 접지 기구를 사용하는 목적 → 혼촉 또는 오동작에 의한 감전 방지

(3) 정전작업 중 또는 작업을 마친 후 전원 공급시 준수사항

정전작업 중 또는 작업을 마친 후 전원을 공급하는 경우에는 작업에 종사하는 근로자 또는 그 인근에서 작업하거나 정전된 전기기기 등과 접촉할 우려가 있는 근로자에게 감전의 위험이 없도록 다음 각 호의 사항을 준수하여야 한다.

정전작업 중 또는 작업을 마친 후 준수사항 ✿✿

① 작업기구, 단락 접지 기구 등을 제거하고 전기기기 등이 안전하게 통전될 수 있는지를 확인할 것
② 모든 작업자가 작업이 완료된 전기기기 등에서 떨어져 있는지를 확인할 것
③ 잠금장치와 꼬리표는 설치한 근로자가 직접 철거할 것
④ 모든 이상 유무를 확인한 후 전기기기 등의 전원을 투입할 것

3 충전 전로에서의 전기작업(활선작업)

(1) 충전 전로에서의 전기작업(활선작업) 시의 조치 ✿✿

① 충전 전로를 정전시키는 경우에는 정전작업 시 전로차단 절차에 따른 조치를 할 것
② 충전 전로를 방호, 차폐하거나 절연 등의 조치를 하는 경우에는 근로자의 신체가 전로와 직접 접촉하거나 도전재료, 공구 또는 기기를 통하여 간접접촉 되지 않도록 할 것
③ 충전 전로를 취급하는 근로자에게 그 작업에 적합한 절연용 보호구를 착용시킬 것
④ 충전 전로에 근접한 장소에서 전기작업을 하는 경우에는 해당 전압에 적합한 절연용 방호구를 설치할 것(다만, 저압인 경우에는 해당 전기 작업자가 절연용 보호구를 착용하되, 충전 전로에 접촉할 우려가 없는 경우에는 절연용 방호구를 설치하지 아니할 수 있다)
⑤ 고압 및 특별고압의 전로에서 전기작업을 하는 근로자에게 활선작업용 기구 및 장치를 사용하도록 할 것
⑥ 근로자가 절연용 방호구의 설치·해체작업을 하는 경우에는 절연용 보호구를 착용하거나 활선작업용 기구 및 장치를 사용하도록 할 것
⑦ 유자격자가 아닌 근로자가 충전 전로 인근의 높은 곳에서 작업할 때에 근로자의 몸 또는 긴 도전성 물체가 방호되지 않은 충전 전로에서 대지전압이 50킬로볼트 이하인 경우에는 300센티미터 이내로, 대지전압이 50킬로볼트를 넘는 경우에는 10킬로볼트당 10센티미터씩 더한 거리 이내로 각각 접근할 수 없도록 할 것
⑧ 유자격자가 충전 전로 인근에서 작업하는 경우에는 다음 각 목의 경우를 제외 하고는 노출 충전부에 접근한계거리 이내로 접근하거나 절연 손잡이가 없는 도전체에 접근할 수 없도록 할 것
　㉠ 근로자가 노출 충전부로부터 절연된 경우 또는 해당 전압에 적합한 절연 장갑을 착용한 경우
　㉡ 노출 충전부가 다른 전위를 갖는 도전체 또는 근로자와 절연된 경우
　㉢ 근로자가 다른 전위를 갖는 모든 도전체로부터 절연된 경우

용어정의
* 활선작업
전류가 통하고 있는 채로 전선로의 작업을 행하는 일

문제
고압 활선작업 시 조치 사항 중 잘못된 것은?
㉮ 단락접지를 실시
㉯ 절연용 보호구 착용
㉰ 활선작업용 기구 사용
㉱ 절연용 방호용구 설치

[해설]
㉮ 단락접지 실시는 정전작업 시의 조치이다.

정답 ㉮

[접근 한계 거리 ✭✭]

충전 전로의 선간전압 (단위 : 킬로볼트)	충전 전로에 대한 접근 한계 거리 (단위 : 센티미터)
0.3 이하	접촉금지
0.3 초과 0.75 이하	30
0.75 초과 2 이하	45
2 초과 15 이하	60
15 초과 37 이하	90
37 초과 88 이하	110
88 초과 121 이하	130
121 초과 145 이하	150
145 초과 169 이하	170
169 초과 242 이하	230
242 초과 362 이하	380
362 초과 550 이하	550
550 초과 800 이하	790

(2) 절연이 되지 않은 충전부나 그 인근에 근로자가 접근하는 것을 막거나 제한할 필요가 있는 경우에는 울타리를 설치하고 근로자가 쉽게 알아볼 수 있도록 하여야 한다.(다만, 전기와 접촉할 위험이 있는 경우에는 도전성이 있는 금속제 울타리를 사용하거나, 접근 한계 거리 이내에 설치해서는 아니 된다)

(3) 울타리의 설치가 곤란한 경우에는 근로자를 감전 위험에서 보호하기 위하여 사전에 위험을 경고하는 감시인을 배치하여야 한다.

4 충전 전로 인근에서의 차량·기계장치 작업 ✭✭

① 충전 전로 인근에서 차량, 기계장치 등의 작업이 있는 경우에는 차량 등을 충전 전로의 충전부로부터 300센티미터 이상 이격시켜 유지시키되, 대지전압이 50킬로볼트를 넘는 경우 이격거리는 10킬로볼트 증가할 때마다 10센티미터씩 증가시켜야 한다. 다만, 차량등의 높이를 낮춘 상태에서 이동하는 경우에는 이격거리를 120센티미터 이상(대지전압이 50킬로볼트를 넘는 경우에는 10킬로볼트 증가할 때마다 이격거리를 10센티미터씩 증가)으로 할 수 있다.

② 충전 전로의 전압에 적합한 절연용 방호구 등을 설치한 경우에는 이격거리를 절연용 방호구 앞면까지로 할 수 있으며, 차량등의 가공 붐대의 버킷이나 끝 부분 등이 충전 전로의 전압에 적합하게 절연되어 있고 유자격자가 작업을 수행하는 경우에는 붐대의 절연되지 않은 부분과 충전 전로 간의 이격거리는 접근 한계거리까지로 할 수 있다.

③ 근로자가 차량 등의 그 어느 부분과도 접촉하지 않도록 울타리를 설치하거나 감시인 배치 등의 조치를 하여야 한다.

울타리 설치 및 감시인 배치를 하지 않아도 되는 경우

① 근로자가 해당 전압에 적합한 절연용 보호구 등을 착용하거나 사용하는 경우
② 차량등의 절연되지 않은 부분이 접근 한계 거리 이내로 접근하지 않도록 하는 경우

④ 충전 전로 인근에서 접지된 차량 등이 충전 전로와 접촉할 우려가 있을 경우에는 지상의 근로자가 접지점에 접촉하지 않도록 조치하여야 한다.

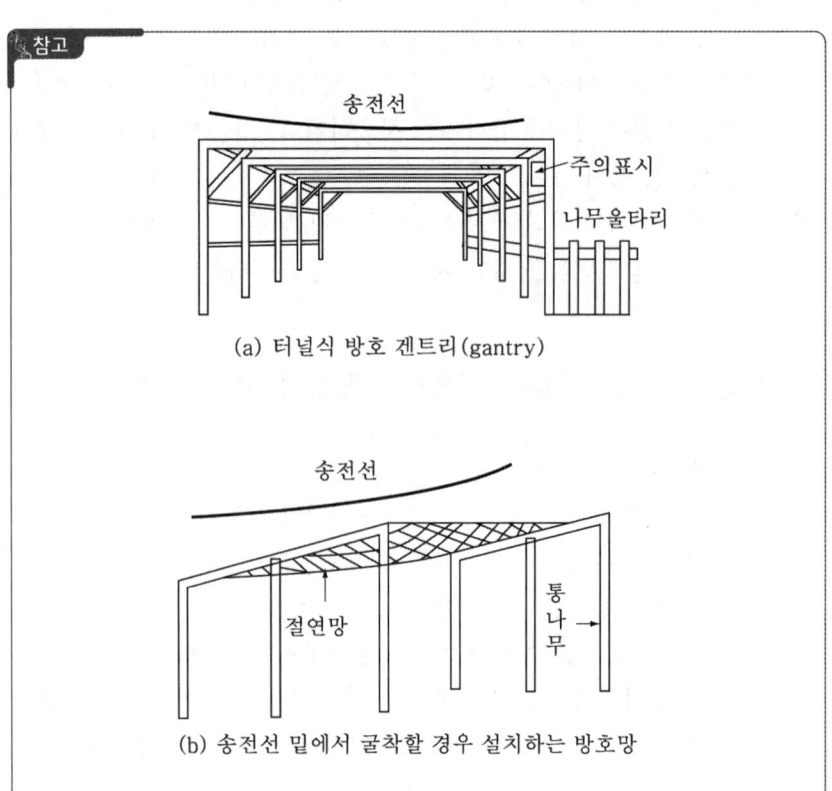

(a) 터널식 방호 겐트리(gantry)

(b) 송전선 밑에서 굴착할 경우 설치하는 방호망

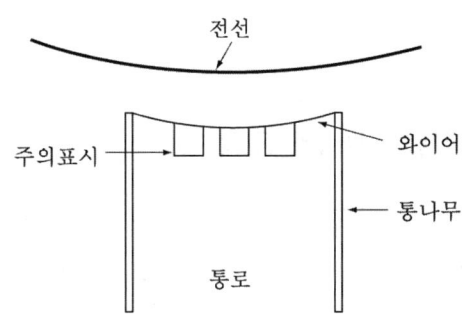

(c) 출공사용 도로가 전선 밑을 통과할 경우의 간이방호장치(게이트)

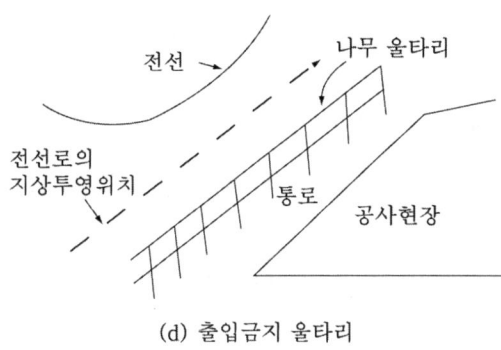

(d) 출입금지 울타리

5 절연용 보호구 등의 사용

다음 각 호의 작업에 사용하는 절연용 보호구, 절연용 방호구, 활선 작업용 기구, 활선 작업용 장치에 대하여 각각의 사용 목적에 적합한 종별·재질 및 치수의 것을 사용하여야 한다.

절연용 보호구 등을 사용하여야 하는 작업
① 밀폐공간에서의 전기작업 ② 이동 및 휴대 장비 등을 사용하는 전기작업 ③ 정전 전로 또는 그 인근에서의 전기작업 ④ 충전 전로에서의 전기작업 ⑤ 충전 전로 인근에서의 차량·기계장치 등의 작업

① 충전 전로에서의 전기작업(활선작업) 시 안전조치 ✦✦

1. 충전 전로를 정전시키는 경우 : 정전작업 시 전로차단 절차에 따른 조치를 할 것
2. 충전 전로를 방호하는 경우 : 근로자의 신체가 전로와 직·간접 접촉되지 않도록 할 것
3. 절연용 보호구를 착용
4. 절연용 방호구를 설치
5. 고압 및 특별고압 : 활선작업용 기구 및 장치를 사용
6. 절연용 방호구의 설치·해체작업 : 절연용 보호구 착용, 활선작업용 기구 및 장치를 사용
7. 유자격자가 아닌 근로자의 접근한계거리
   ① 대지전압이 50킬로볼트 이하인 경우 : 근로자의 몸 또는 긴 도전성 물체가 충전 전로에서 300센티미터 이내로 접근금지
   ② 대지전압이 50킬로볼트를 넘는 경우 : 10킬로볼트 당 10센티미터씩 더한 거리 이상 이격
8. 유자격자 : 접근 한계 거리 이내로 접근하거나 절연 손잡이가 없는 도전체에 접근할 수 없도록 할 것

[표 1] 접근 한계 거리 ✦✦

충전 전로의 선간전압 (단위 : 킬로볼트)	충전 전로에 대한 접근 한계 거리 (단위 : 센티미터)
0.3 이하	접촉금지
0.3 초과 0.75 이하	30
0.75 초과 2 이하	45
2 초과 15 이하	60
15 초과 37 이하	90
37 초과 88 이하	110
88 초과 121 이하	130
121 초과 145 이하	150
145 초과 169 이하	170
169 초과 242 이하	230
242 초과 362 이하	380
362 초과 550 이하	550
550 초과 800 이하	790

> 선간전압 : 03, 075 / 2, 15 / 37, 88 / 121, 145, 169 / 242, 362 / 550, 800
> 접근한계거리 : 3, 45, 6 / 9, 11, 13, 15, 17 / 23, 38, 55, 79

9. 울타리를 설치

10. 울타리 설치가 곤란한 경우 감시인 배치

> 1. 절연용 보호구 착용
> 2. 절연용 방호구 설치
> 3. 고압 및 특별고압 작업의 경우 활선작업용 기구, 장치 사용
> 4. 접근한계거리 준수(대지전압 50kV 이하 : 300cm 이내, 50kV 초과 시 10Kv당 10cm씩 더한 거리 이내로 접근금지)
> 5. 울타리 설치
> 6. 감시인 배치

② 충전 전로 인근에서의 차량·기계장치 작업 시의 안전조치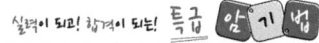

1. 차량 등을 충전부로부터 300센티미터 이상 이격시키되, 대지전압이 50킬로볼트를 넘는 경우 10킬로볼트 증가할 때마다 10센티미터씩 증가

2. 절연용 방호구를 설치한 경우 : 이격거리를 절연용 방호구 앞면까지

3. 차량의 버킷이나 끝부분이 절연되어 있고 유자격자가 작업하는 경우 : 이격거리는 접근 한계 거리까지

4. 울타리를 설치, 감시인 배치 등의 조치(절연용 보호구 착용 또는 차량의 절연되지 않은 부분이 접근 한계 거리 이내로 접근하지 않은 경우 제외)

5. 접지된 차량이 충전 전로와 접촉할 우려가 있을 경우 : 근로자가 접지점에 접촉하지 않도록 조치

> 1. 이격거리: 충전부로부터 300cm 이상, 대지전압 50kV 초과 시 - 10kV 증가시마다 10cm씩 증가
> 2. 울타리 설치, 감시인 배치
> 3. 근로자가 접지점에 접촉하지 않도록 조치

CHAPTER 01 단원 예상문제

01 옥내배선의 접지 측과 비접지 측을 간단히 파악할 수 있는 기기는?

㉮ 전압계
㉯ 네온검전기
㉰ Megger
㉱ Earth tester

[해설] 검전기 : 접지 측과 비접지 측의 확인, 충전 유무 확인 등에 사용된다.

02 활선작업에 대한 설명 중 틀린 것은?

㉮ 전기를 휴전시킨 채로 전기작업을 하는 것이다.
㉯ 근접된 충전 부분에 방호구를 설치해야 한다.
㉰ 작업자는 절연용 보호구를 착용해야 한다.
㉱ 감시인을 정하여 감시하게 한다.

[해설] 활선작업 : 전류가 통하고 있는 채로 전선로의 작업을 행하는 것을 말한다.

{참고} 충전 전로에서의 전기작업(활선작업) 시 안전조치
1. 충전 전로를 정전시키는 경우에는 정전작업 시 전로차단 절차에 따른 조치를 할 것
2. 충전 전로를 방호하는 경우에는 근로자의 신체가 전로와 직, 간접 접촉되지 않도록 할 것
3. 충전 전로 취급 근로자에게 절연용 보호구를 착용시킬 것
4. 충전 전로에 근접한 장소에서 전기작업을 하는 경우 적합한 절연용 방호구를 설치할 것
5. 고압 및 특별고압의 전로에서 전기작업을 하는 근로자에게 활선작업용 기구 및 장치를 사용하도록 할 것
6. 절연용 방호구의 설치·해체작업 시 절연용 보호구 착용하거나 활선작업용 기구 및 장치를 사용하도록 할 것

7. 유자격자가 아닌 근로자가 충전전로 인근에서 작업할 때의 접근한계거리
① 대지전압이 50킬로볼트 이하인 경우 : 근로자의 몸 또는 긴 도전성 물체가 충전전로에서 300센티미터 이내로 접근금지
② 대지전압이 50킬로볼트를 넘는 경우 : 10킬로볼트당 10센티미터씩 더한 거리 이상 이격 이내로 접근 금지
8. 유자격자가 충전전로 인근에서 작업하는 경우 접근한계거리

충전전로의 선간전압 (단위 : 킬로볼트)	충전전로에 대한 접근 한계거리 (단위 : 센티미터)
0.3 이하	접촉금지
0.3 초과 0.75 이하	30
0.75 초과 2 이하	45
2 초과 15 이하	60
15 초과 37 이하	90
37 초과 88 이하	110
88 초과 121 이하	130
121 초과 145 이하	150
145 초과 169 이하	170
169 초과 242 이하	230
242 초과 362 이하	380
362 초과 550 이하	550
550 초과 800 이하	790

03 법령상 사업주가 실시해야 할 정전 작업 시의 작업 전 조치사항과 거리가 먼 것은?

㉮ 개폐기에 잠금장치를 함
㉯ 잔류전하의 방전
㉰ 절연용 방호장치의 설치
㉱ 단락접지 시행

[해설] 정전작업 시 전로 차단 절차(정전작업 전 조치사항)
① 전기기기 등에 공급되는 모든 전원을 관련 도면, 배선도 등으로 확인할 것

▶ 정답 01 ㉯ 02 ㉮ 03 ㉰

② 전원을 차단한 후 각 단로기 등을 개방하고 확인할 것
③ 차단장치나 단로기 등에 잠금장치 및 꼬리표를 부착할 것
④ 개로된 전로에서 유도전압 또는 전기에너지가 축적되어 근로자에게 전기위험을 끼칠 수 있는 전기기기 등은 접촉하기 전에 잔류전하를 완전히 방전시킬 것
⑤ 검전기를 이용하여 작업 대상 기기가 충전되었는지를 확인할 것
⑥ 전기기기 등이 다른 노출 충전부와의 접촉, 유도 또는 예비동력원의 역송전 등으로 전압이 발생할 우려가 있는 경우에는 충분한 용량을 가진 단락 접지 기구를 이용하여 접지할 것

04 고압용 비포장 퓨즈는 정격전류의 몇 배에 견뎌야 하는가?

㉮ 1.2배 ㉯ 1.25배
㉰ 1.6배 ㉱ 1.8배

[해설] 퓨즈 종류 및 용단 시간

퓨즈의 종류	정격 용량	용단 시간
고압용 포장 퓨즈	정격 전류의 1.3배	• 2배의 전류로 **120분**
고압용 비포장 퓨즈	정격 전류의 1.25배	• 2배의 전류로 **2분**

05 절연용 안전장구 중에서 절연 장갑의 종류와 사용 전압이 다른 것은?

㉮ 00등급 - 교류 500V, 직류 750V
㉯ 0등급 - 교류 1,000V, 직류 1,500V
㉰ 1등급 - 교류 7,500V, 직류 11,250V
㉱ 1등급 - 교류 5,000V, 직류 7,500V

[해설] 절연 장갑의 등급

등 급	최대 사용 전압	
	교류(V, 실효값)	직류(V)
00	500	750
0	1,000	1,500
1	7,500	11,250
2	17,000	25,500
3	26,500	39,750
4	36,000	54,000

06 전기에 감전되었을 경우 인체에 미치는 위험성을 결정하는 1차적 요인이 아닌 것은?

㉮ 인체에 흐른 전류의 크기(통전전류)
㉯ 인체의 감전 시간(통전 시간)
㉰ 인체에 흐른 전압의 크기(통전전압)
㉱ 전류가 흐른 신체 부위(통전경로)

[해설] 1차적 감전 위험 요소 및 영향력
통전전류크기 > 통전시간 > 통전경로 > 전원의 종류(직류보다 교류가 더 위험)

{참고} 2차 감전 위험 요소
① 인체조건(저항)
② 전압
③ 계절

07 다음 중 정전작업 종료 시 조치사항에 해당하지 않는 것은?

㉮ 송전 재개
㉯ 단락접지기구의 철거
㉰ 검전기에 의한 정전확인
㉱ 개폐기의 시건장치 제거

[해설] ㉰ 검전기에 의한 정전확인은 정전작업 전에 해야 할 조치이다.

{참고} (1) 정전작업 시 전로 차단 절차(정전작업 전 조치사항)
① 전기기기 등에 공급되는 모든 전원을 관련 도면, 배선도 등으로 확인할 것

정답 04 ㉯ 05 ㉱ 06 ㉰ 07 ㉰

② 전원을 차단한 후 각 단로기 등을 개방하고 확인할 것
③ 차단장치나 단로기 등에 잠금장치 및 꼬리표를 부착할 것
④ 전기기기 등은 접촉하기 전에 잔류전하를 완전히 방전시킬 것
⑤ 검전기를 이용하여 작업 대상 기기가 충전되었는지를 확인할 것
⑥ 충분한 용량을 가진 단락 접지기구를 이용하여 접지할 것

(2) 정전 작업 중 또는 작업을 마친 후 전원 공급 시 준수사항
① 작업기구, 단락 접지기구 등을 제거
② 모든 작업자가 작업이 완료된 전기기기 등에서 떨어져 있는지를 확인할 것
③ 잠금장치와 꼬리표는 설치한 근로자가 직접 철거할 것
④ 모든 이상 유무를 확인한 후 전기기기 등의 전원을 투입할 것

08 과전류차단기로 시설하는 퓨즈 중 고압 전로에 사용하는 포장 퓨즈는 정격전류에 대하여 몇 배의 전류에 견딜 수 있어야 하는가?

㉮ 1.1배 ㉯ 1.3배
㉰ 1.6배 ㉱ 2.0배

[해설] **퓨즈 종류 및 용단 시간**

퓨즈의 종류	정격 용량	용단 시간
고압용 포장 퓨즈	정격 전류의 1.3배	• 2배의 전류로 120분
고압용 비포장 퓨즈	정격 전류의 1.25배	• 2배의 전류로 2분

09 다음 중 고압활선작업에 필요한 보호구에 해당하지 않는 것은?

㉮ 절연대
㉯ 절연장갑
㉰ AE형 안전모
㉱ 절연장화

[해설] ㉮ 절연대는 절연용 방호구에 해당한다.

10 고압 또는 특(별)고압 전로 중 기계·기구 및 전선을 보호하기 위하여 필요한 곳에 과전류 차단기를 설치해야 하는데 이와 관련하여 올바르게 설명한 것은?

㉮ 전로의 일부에 접지공사를 한 저압 가공전선로의 접지측 전선로에 설치한다.
㉯ 다선식 전로의 중심선에 시설한 과전류차단기가 동작한 경우에 각 극이 동시에 차단될 때 설치한다.
㉰ 고압 또는 특(별)고압의 전로에 단락이 생기는 경우 설치한다.
㉱ 전로의 중심점의 접지 규명에 의한 저항기를 사용하여 접지공사를 한 때에 과전류 차단기의 동작에 의하여 그 접지선이 비접지 상태로 되지 아니할 때 설치한다.

[해설] 과전류 차단기는 단락 등으로 인한 과전류 발생 시 전로를 자동으로 차단하여 회로나 기기를 보호할 목적으로 설치한다.

정답 08 ㉯ 09 ㉮ 10 ㉰

CHAPTER 02 감전재해 및 방지대책

01 감전재해예방 및 조치, 감전재해의 요인, 절연용 안전장구

> 주/요/내/용 알/고/가/기
>
> 1. 감전재해예방 및 조치
> 2. 감전재해의 요인
> 3. 누전차단기 감전 예방
> 4. 아크 용접장치
> 5. 절연용 안전장구

1 감전 재해예방 및 조치

(1) 전압, 전류, 저항의 관계

옴의 법칙 ★★	$V = I \times R$ 여기서, V : 전압(V : 볼트) I : 전류(A : 암페어) R : 저항(Ω : 옴)
줄의 법칙 ★	$Q = I^2 \times R \times T$ 여기서, Q : 전기 발생 열(에너지)(J) I : 전류(A) R : 전기저항(Ω) T : 통전시간(S)
위험한계 에너지 ★★	인체의 전기저항이 최악의 상태인 500Ω일 때 $Q = I^2 \times R \times T$ $Q = I^2 \times R \times T = \left(\dfrac{165 \sim 185}{\sqrt{1}} \times 10^{-3}\right)^2 \times 500 \times 1$ $= 13.61 \sim 17.11 (J)$ * 13.61J × 0.24 = 3.2664Cal
심실세동 전류의 계산 ★★★	① $I(\text{mA}) = \dfrac{165}{\sqrt{T}}$ T : 통전시간(초) ② $I(\text{A}) = \dfrac{V}{R}$
전하량의 계산	$Q = I \times T$ 여기서, Q : 전하량(C) I : 전류(A) T : 시간(초)

합격의 key

용어정의
- 전기 : 전기적 에너지
- 전류(Current) : 전자의 흐름(A)
- 전압(Voltage) : 전류 흐름을 발생시키는 에너지(V)
- 저항(Resistance) : 전류의 흐름을 방해하는 요소(Ω)

기출
인체 전기저항이 1000Ω 일 때 전기에너지는 13.61J × 2 = 27.22J (저항과 에너지는 비례한다)

문제
심실세동 전류를 $I = 165/\sqrt{T}$ [mA]라면 감전되었을 경우 심실세동 시에 인체에 직접 받는 전기에너지[cal]는? (단, T는 시간(단위 : 초)이며, 인체의 저항은 500Ω 이다)
㉮ 0.52   ㉯ 1.35
㉰ 2.14   ㉱ 3.26

[해설]
① 인체 전기저항 500[Ω]일 때의 에너지
→ 13.61J × 0.24
= 3.26cal
② $Q = I^2 RT$
$= \left(\dfrac{165}{\sqrt{1}} \times 10^{-3}\right)^2 \times 500 \times 1$
$= 13.61(J) \times 0.24$
$= 3.26 \text{cal}$

정답 ㉱

> **참고**
>
> ※ 각국의 안전전압
>
> | | |
> |---|---|
> | 체코 | 20[V] |
> | 독일 | 24[V] |
> | 영국 | 24[V] |
> | 일본 | 24~30[V] |
> | 한국 | 30[V] |
> | 벨기에 | 35[V] |

> **참고**
>
> ※ 변전소 등 고장전류 유입 시 도전성 구조물과 지표상 점과 사이 허용접촉 전압 허용접촉전압
>
> $V = (R_b + \frac{3R_s}{2}) \times I_k$
>
> • R_b : 인체의 저항
> • R_s : 지표상승 저항률
> • I_k : 심실세동전류

> **용어정의**
>
> ※ 정격전압
> 전기기계기구, 선로 등의 정상적인 동작을 유지시키기 위해 공급해 주어야 하는 기준 전압

(2) 안전전압

기계·기구의 정격전압이 일정 이하의 낮은 전압으로 절연파괴의 사고 시에도 인체가 감전되지 않는 전압을 말한다.(기기 및 배선기구를 기준으로 정한 전압)

- 우리나라에서 일반 사업장의 안전전압 : 30[V]
- 안전전압 한계치 : 마른 손 – 30V
  - 젖은 손 – 20V
  - 욕조 – 10V

(3) 허용 접촉전압 ✮✮

전원과 인체의 접촉 시 인체에 인가되는 허용전압을 말한다.

종별	접촉 상태	허용 접촉 전압
제1종	• 인체의 대부분이 수중에 있는 상태	2.5V 이하
제2종	• 인체가 현저히 젖어 있는 상태 • 금속성의 전기·기계 장치나 구조물에 인체의 일부가 상시 접촉되어 있는 상태	25V 이하
제3종	• 제1종, 제2종 이외의 경우로서 통상의 인체 상태 있어서 접촉 전압이 가해지면 위험성이 높은 상태	50V 이하
제4종	• 제1종, 제2종 이외의 경우로서 통상의 인체 상태에 접촉 전압이 가해지더라도 위험성이 낮은 상태 • 접촉 전압이 가해질 우려가 없는 경우	제한 없음

(4) 인체의 저항 ✮

① 인체 저항은 보통 5,000Ω이나 근로환경, 피부가 젖은 정도, 인가전압에 따라 최악의 상태에는 500Ω까지 감소한다.

인체저항	5,000Ω
피부저항	2,500Ω
내부저항	500Ω
발과 신발 사이 저항	1,500Ω
신발과 대지 사이 저항	500Ω

② 피부에 땀이 나면 건조 시보다 저항이 $\frac{1}{12}$로 감소되고, 물에 젖을 경우 $\frac{1}{25}$, 습기가 많을 경우는 $\frac{1}{10}$ 정도로 저항이 감소된다. ✮

② 감전 재해의 요인

(1) 1차적 감전 위험 요소 및 영향력 ✈✈

통전 전류 크기 > 통전시간 > 통전 경로 > 전원의 종류
(직류보다 교류가 더 위험)

(2) 2차 감전 위험 요소 ✈

① 인체 조건(저항)   ② 전압   ③ 계절

(3) 통전 경로별 위험도 ✈

통전 경로	위험도
왼손 – 가슴	1.5
오른손 – 가슴	1.3
왼손 – 한발 또는 양발	1.0
양손 – 양발	1.0
오른손 – 한발 또는 양발	0.8
왼손 – 등	0.7
한손 또는 양손 – 앉아있는 자리	0.7
왼손 – 오른손	0.4
오른손 – 등	0.3

> 실력이 되고! 합격이 되는! 특급 암기법
>
> 왼가 오가 / 왼발 손발 / 오발 / 왼등 손자리 / 손손 / 오등
> (5, 3, 땡땡, 8, 7, 7, 4, 3)

(4) 감전사고의 형태

① 충전 전로와 인체가 접촉하는 경우
   (일반작업 중 발생하는 대부분의 감전 사고의 형태)
② 절연 불량인 전기기기(누전 발생)에 인체가 접촉하는 경우
③ 전기회로에 신체가 단락 회로의 일부를 형성하는 경우
   (두 전선 사이에 인체가 접촉하거나 도전성 물체를 사이에 두고 접촉된 경우로서 교류 아크 용접작업 중 감전 사고의 형태)
④ 고압 및 특고압의 전선로에 인체가 접근한 경우

> **참고** 지락 사고 시 인체에 흐르는 전류
>
>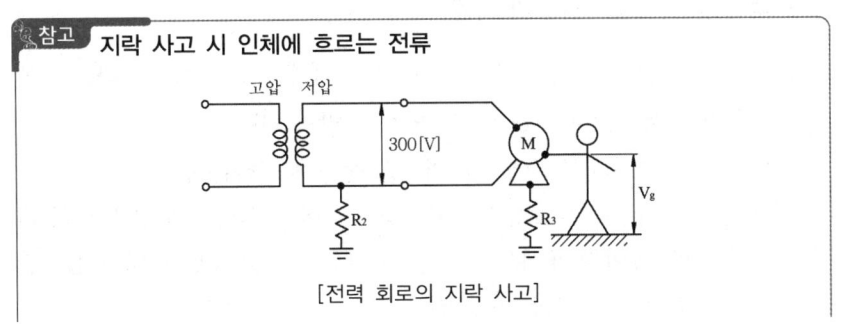
>
> [전력 회로의 지락 사고]

기출 ★
* 전원의 종류 중 직류보다 교류가 더 위험한 이유 교류는 근육을 마비시켜 접촉시간을 길게 한다.

기출 ★
* 피전점
  피부에 지름 0.5mm 정도로 나타나는 전기저항이 매우 약한 점 모양의 부위로 손등에 존재한다.

참고
* 감전되어 사망하는 주된 메커니즘
① 심장부에 전류가 흘러 심실세동이 발생하여 혈액순환 기능이 상실되어 일어난 것
② 뇌의 호흡중추 신경에 전류가 흘러 호흡 기능이 정지되어 일어난 것
③ 흉부에 전류가 흘러 흉부수축에 의한 질식으로 일어난 것

합격의 key

[문제]
심장의 맥동주기 중 어느 때에 전격이 인가되면 심실세동을 일으킬 확률이 크고, 위험한가?
㉮ 심방의 수축이 있을 때
㉯ 심실의 수축이 있을 때
㉰ 심실의 수축 종료 후 심실의 휴식이 있을 때
㉱ 심실의 수축이 있고 심방의 휴식이 있을 때

[해설]
심실의 수축 종료 후 심실의 휴식이 있을 때 심실세동을 일으킬 확률이 크다.

[정답] ㉰

---

1. 인체 비접촉 시
   - 지락전류 : $I_g = \dfrac{V}{R_2 + R_3}$
   - 대지전압 : $e = \dfrac{R_3}{R_2 + R_3} V$

2. 인체 접촉 시
   - 인체에 흐르는 전류 : $I = \dfrac{V}{R_2 + \dfrac{RR_3}{R+R_3}} \times \dfrac{R_3}{R+R_3}$
   - 접촉 전압 : $E_t = \dfrac{RR_3}{R_2(R+R_3) + RR_3} \times V$

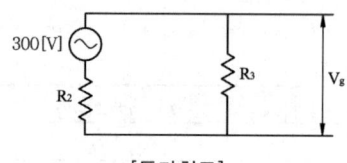

R : 인체저항(Ω)
R_2 : 변압기 저압측 접지저항(Ω)
R_3 : 전동기 외함 접지저항(Ω)
V_g : 지락사고점의 대지전압(V)

[등가회로]

(5) 전압의 구분 ✯✯✯

전압의 종별	교류	직류
저압	1,000V 이하의 것	1,500V 이하의 것
고압	1,000V 초과 7,000V 이하	1,500V 초과 7,000V 이하
특별고압	7,000V 초과	7,000V 초과

(6) 아크를 발생하는 기구 시설 시 이격거리 ✯

기구 등의 구분	이격거리
고압용의 것	1m 이상
특고압용의 것	2m 이상(사용전압이 35kV 이하의 특고압용의 기구 등으로서 동작할 때에 생기는 아크의 방향과 길이를 화재가 발생할 우려가 없도록 제한하는 경우에는 1m 이상)

(7) 특고압용 기계·기구의 시설

1) 특고압용 기계·기구는 발전소, 변전소, 개폐소 또는 이에 준하는 곳에 시설하는 경우 이외에는 시설하여서는 아니 된다.
   ① 기계·기구의 주위에 울타리·담 등을 시설하는 경우
   ② 기계·기구를 지표상 5m 이상의 높이에 시설하고 충전 부분의 지표상의 높이를 표에서 정한 값 이상으로 하고 또한 사람이 접촉할 우려가 없도록 시설하는 경우

특고압용 기계·기구 충전 부분의 지표상 높이	
사용 전압의 구분	울타리·담 등의 높이와 울타리·담 등으로부터 충전 부분까지의 거리의 합계
35 kV 이하	5m
35 kV 초과 160 kV 이하	6m
160 kV 초과	6m에 160 kV를 초과하는 10 kV 또는 그 단수마다 0.12m를 더한 값

3 누전차단기 감전 예방

누전차단기는 누전검출부, 영상변류기, 차단기구 등으로 구성된 장치로서 전기기계기구의 금속제 외함 또는 금속제 외피 등의 금속제 부분에서 누전, 절연파괴 등으로 인하여 발생 되는 지락전류가 일정 값 이상이 될 경우 주어진 동작시간 이내에 전기기계기구의 전로를 차단하는 장치를 말한다.

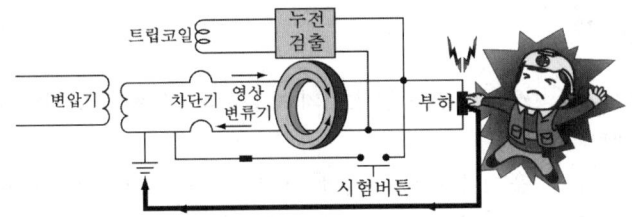

[누전차단기 동작 원리]

(1) 누전차단기의 종류

종류		동작 시간
고감도형	고속형	• 정격 감도 전류에서 0.1초 이내 동작
	시연형(지연형)	• 정격 감도 전류에서 0.1초 초과 2초 이내 동작
	반한시형	• 정격 감도 전류에서 0.2초 초과 2초 이내 동작 • 정격 감도 전류의 1.4배에서 0.1초 초과 0.5초 이내 동작 • 정격 감도 전류의 4.4배에서 0.05초 이내 동작
중감도형	고속형	• 정격 감도 전류에서 0.1초 이내 동작
	시연형(지연형)	• 정격 감도 전류에서 0.1초 초과 2초 이내 동작

(2) 누전차단기를 설치해야 하는 기계·기구

다음 각 호의 전기 기계·기구에 대하여 누전에 의한 감전위험을 방지하기 위하여 해당 전로의 정격에 적합하고 감도가 양호하며 확실하게 작동하는 감전방지용 누전차단기를 설치하여야 한다.

문제

감전 등의 재해를 예방하기 위하여 특고압용 기계·기구 주위에 관계자 외 출입을 금하도록 울타리를 설치할 때, 울타리의 높이와 울타리로부터 충전 부분까지의 거리의 합이 최소 몇 m 이상이 되어야 하는가? (단, 사용전압이 35kV 이하인 특고압용 기계·기구이다.)

㉮ 5m
㉯ 6m
㉰ 7m
㉱ 9m

[해설]
35 kV 이하 : 5 m, 35 kV 초과 160 kV 이하 : 6 m 이상

정답 ㉮

참고

* 누전차단기의 동작확인
1) 다음의 경우에는 누전차단기용 테스터, 또는 자체 시험용 보턴을 사용하여 누전차단기가 확실하게 동작되는 것을 확인하여야 한다.
   ① 전동기계·기구를 사용하려는 경우
   ② 누전차단기가 동작된 후 재투입할 경우
   ③ 전로에 누전차단기를 신규로 설치한 경우
2) 전로에 설치된 누전차단기는 시험용 보턴을 이용하여 월 1회 이상 정상동작 여부를 확인하여야 한다.

합격의 Key

비교

누전차단기를 설치해야 하는 기계·기구 ★★
① 대지전압이 150볼트를 초과하는 이동형 또는 휴대형 전기 기계·기구
② 물 등 도전성이 높은 액체가 있는 습윤장소에서 사용하는 저압(1,500볼트 이하 직류전압이나 1,000볼트 이하의 교류전압을 말한다)용 전기 기계·기구
③ 철판·철골 위 등 도전성이 높은 장소에서 사용하는 이동형 또는 휴대형 전기 기계·기구
④ 임시배선의 전로가 설치되는 장소에서 사용하는 이동형 또는 휴대형 전기 기계·기구

비교

누전차단기를 설치하지 않아도 되는 경우 ★★
① 이중절연구조 또는 이와 동등 이상으로 보호되는 전기 기계·기구
② 절연대 위 등과 같이 감전 위험이 없는 장소에서 사용하는 전기 기계·기구
③ 비접지방식의 전로

누전차단기를 설치해야 하는 기계·기구 ★★

① 대지전압이 150볼트를 초과하는 이동형 또는 휴대형 전기기계·기구
② 물 등 도전성이 높은 액체가 있는 습윤 장소에서 사용하는 저압(1.5천 볼트 이하 직류전압이나 1천 볼트 이하의 교류전압)용 전기기계·기구
③ 철판·철골 위 등 도전성이 높은 장소에서 사용하는 이동형 또는 휴대형 전기기계·기구
④ 임시배선의 전로가 설치되는 장소에서 사용하는 이동형 또는 휴대형 전기 기계·기구

특급 암기법

누전차단기 설치 → 누전이 잘 생기는 곳(전기가 잘 통하는 곳) →
1. 땅(대지전압 150V 초과) 2. 물(습윤 장소) 3. 철판, 철골(도전성이 높은 장소)

누전차단기를 설치하지 않아도 되는 경우 ★★

① 이중절연구조 또는 이와 같은 수준 이상으로 보호되는 전기기계·기구
② 절연대 위 등과 같이 감전 위험이 없는 장소에서 사용하는 전기기계·기구
③ 비접지방식의 전로

참고

전원의 자동 차단에 의한 저압 전로의 보호대책으로 누전차단기를 시설해야 할 대상(KEC 규정)

① 금속제 외함을 가지는 사용 전압이 50V를 초과하는 저압의 기계·기구로서 사람이 쉽게 접촉할 우려가 있는 곳에 시설하는 것에 전기를 공급하는 전로. 다만, 다음의 어느 하나에 해당하는 경우에는 적용하지 않는다.

누전차단기를 시설하지 않아도 되는 경우 ★

- 기계·기구를 발전소·변전소·개폐소 또는 이에 준하는 곳에 시설하는 경우
- 기계·기구를 건조한 곳에 시설하는 경우
- 대지전압이 150V 이하인 기계·기구를 물기가 있는 곳 이외의 곳에 시설하는 경우
- 이중절연구조의 기계·기구를 시설하는 경우
- 그 전로의 전원 측에 절연변압기(2차 전압이 300V 이하인 경우에 한한다)를 시설하고 또한 그 절연 변압기의 부하 측의 전로에 접지하지 아니하는 경우
- 기계·기구가 고무·합성수지 기타 절연물로 피복된 경우
- 기계·기구가 유도전동기의 2차측 전로에 접속되는 것일 경우
- 기계·기구가 전로의 일부를 대지로부터 절연하지 아니하고 전기를 사용하는 것이 부득이 한 것 또는 대지로부터 절연하는 것이 기술상 불가능한 것
- 기계·기구 내에 누전차단기를 설치하고 또한 기계·기구의 전원 연결선이 손상을 받을 우려가 없도록 시설하는 경우

② 주택의 인입구 등 이 규정에서 누전차단기 설치를 요구하는 전로

③ 특고압전로, 고압전로 또는 저압전로와 변압기에 의하여 결합되는 사용전압 400V 초과의 저압전로 또는 발전기에서 공급하는 사용전압 400V 초과의 저압전로(발전소 및 변전소와 이에 준하는 곳에 있는 부분의 전로를 제외한다.)
④ 다음의 전로에는 자동복구 기능을 갖는 누전차단기를 시설할 수 있다.

자동복구 기능을 갖는 누전차단기를 시설할 수 있는 경우

- 독립된 무인 통신중계소·기지국
- 관련 법령에 의해 일반인의 출입을 금지 또는 제한하는 곳
- 옥외의 장소에 무인으로 운전하는 통신중계기 또는 단위기기 전용 회로. 단, 일반인이 특정한 목적을 위해 지체하는 장소로서 버스정류장, 횡단보도 등에는 시설할 수 없다.

---

(3) 누전차단기 접속할 때 준수사항 ✦✦

① 전기기계·기구에 설치되어 있는 누전차단기는 정격감도전류가 30밀리암페어 이하이고 작동시간은 0.03초 이내일 것. 다만, 정격전부하전류가 50암페어 이상인 전기기계·기구에 접속되는 누전차단기는 오작동을 방지하기 위하여 정격감도전류는 200밀리암페어 이하로, 작동시간은 0.1초 이내로 할 수 있다.

② 분기회로 또는 전기기계·기구마다 누전차단기를 접속할 것. 다만, 평상시 누설전류가 매우 적은 소용량 부하의 전로에는 분기회로에 일괄하여 접속할 수 있다.

③ 누전차단기는 배전반 또는 분전반 내에 접속하거나 꽂음 접속기형 누전차단기를 콘센트에 접속하는 등 파손이나 감전사고를 방지할 수 있는 장소에 접속할 것

④ 지락 보호 전용 기능만 있는 누전차단기는 과전류를 차단하는 퓨즈나 차단기 등과 조합하여 접속할 것

(4) 누전차단기의 사용기준 ✦

① 당해 부하에 적합한 정격전류를 갖출 것
② 당해 부하에 적합한 차단용량을 갖출 것
③ 정격 부동작 전류가 정격 감도 전류의 50% 이상이어야 하고 이들의 전류치가 가능한 한 작을 것
④ 절연저항이 5MΩ 이상일 것
⑤ 누전차단기의 정격전압은 당해 누전차단기를 설치할 전로의 공칭전압의 90~110% 이내이어야 한다.

용어정의

* **절연저항**
 전기 설비의 절연상태가 나쁘면 감전되거나 누전되어 위험하다. 절연 저항은 절연물에 직류 전압을 가할 경우 작은 값이지만 전류가 흐르는데 이 전류를 누설 전류라 하며 누설 전류와 가한 전압의 비를 절연 저항이라 한다. 즉 절연 저항 = 전압/누설 전류이다.

* **정격전류**
 규정된 온도 상승 한도를 초과함이 없이 연속해서 통전 가능한 전류를 말한다.

* **감도전류**
 누전차단기를 폐로한 상태로 주 회로의 1극에 전류를 통하고 전류를 서서히 증가시켜서 누전차단기가 트립 동작한 때의 전류치를 말한다.

* **정격감도전류**
 소정조건(일상 사용 상태에서 전압이 정격치의 80~110% 범위에 들어있는 것)에서 영상변류기의 1차측의 지락전류에 의하여 누전차단기가 반드시 트립동작을 하는 1차측의 지락전류를 말한다.

* **정격부동작전류**
 소정조건에서 영상변류기의 1차측 지락전류가 있어도 누전차단기가 트립동작을 하지 않는 1차측 지락전류를 말한다.

기출

* **누전차단기의 일상사용 상태** ★
- 주위 온도 : -10~40℃
- 표고 : 2000m 이하
- 상대습도 : 45~85%
- 이상한 진동 및 충격을 받지 않는 상태

> **참고**
> ※ 절연저항 저하 원인
> ① 높은 이상전압 등 전기적인 원인
> ② 온도 상승에 의한 열적 원인
> ③ 진동, 충격 등 기계적 원인
> ④ 산화 등에 의한 화학적 원인

> **참고**
> ※ 용접기의 홀더, 어스선의 무부하 시 감전방지 조치
> : 자동전격방지기 설치
>
> ※ 용접기 본체의 감전방지조치
> • 누전차단기 설치
> • 접지

> **참고**
> ※ 자동전격방지기의 설치방법
> ① 연직(불가피한 경우는 연직에서 20도 이내으로 설치할 것
> ② 용접기의 이동, 전자접촉기의 작동 등으로 인한 진동, 충격에 견딜 수 있도록 할 것
> ③ 표시등(외부에서 전격방지기의 작동상태를 판별할 수 있는 램프를 말한다)이 보기 쉽고, 점검용 스위치(전격방지기의 작동상태를 점검하기 위한 스위치를 말한다)의 조작이 용이하도록 설치할 것
> ④ 용접기의 전원측에 접속하는 선과 출력측에 접속하는 선을 혼동되지 않도록 할 것
> ⑤ 접속부분은 확실하게 접속하여 이완되지 않도록 할 것
> ⑥ 접속 부분을 절연테이프, 절연 카바 등으로 절연시킬 것
> ⑦ 전격 방지기의 외함은 접지시킬 것
> ⑧ 용접기 단자의 극성이 정해져 있는 경우에는 접속시 극성이 맞도록 할 것
> ⑨ 전격방지기와 용접기 사이의 배선 및 접속부분에 외부의 힘이 가해지지 않도록 할 것

(5) 누전전류(누설전류)의 크기 ✈

보통 최대공급전류의 $\frac{1}{2000}$ (A)이 누설되고 있다고 본다.

(누설전류 = 최대공급전류 × $\frac{1}{2000}$)

(6) 발화에 이르는 누전 전류의 최소치 ✈

누설되는 전류의 크기가 300~500mA일 때 누설전류에 의해 발화가 일어날 수 있다.

④ 아크 용접장치

(1) 용접장치의 구조 및 특성

① arc 용접기는 낮은 전압으로 대전류를 흐르게 설계되어 있다.
② 수하특성(dropping characteristics)을 가진다.
 옴의 법칙인 V = I × R에 의하여 전류(I)를 크게하면 전압(V)도 크게 되나, 반대로 소전류의 범위에서는 전류의 증가에 따라 전압이 감소하는 특성을 말한다.(전류가 커지면 전압을 낮추어 출력을 일정하게 유지)

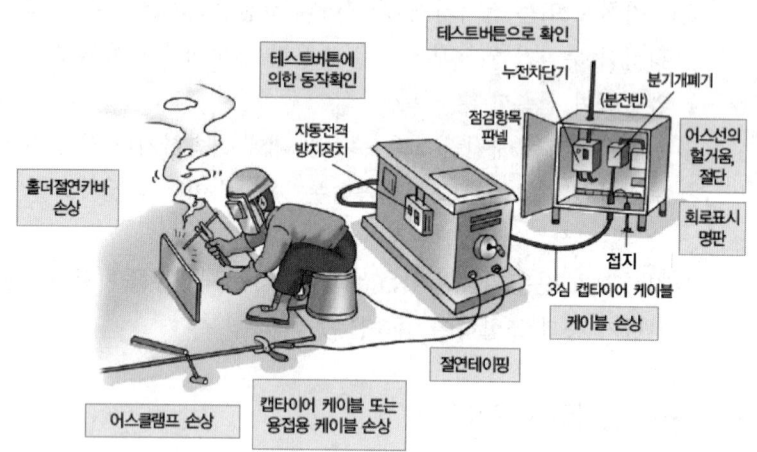

(2) 아크 용접 시 위험성

① 감전
② 유해 가스, 흄 등에 의한 질식
③ 유해 광선에 의한 전기성 안염
④ 화상
⑤ 화재 발생

(3) 교류아크 용접기의 방호 장치 : 자동 전격 방지기 ✰✰✰

① 사업주는 아크용접 등(자동용접은 제외한다)의 작업에 사용하는 용접봉의 홀더에 대하여 「산업표준화법」에 따른 한국산업표준에 적합하거나 그 이상의 절연내력 및 내열성을 갖춘 것을 사용하여야 한다.
② 사업주는 다음 각 호의 어느 하나에 해당하는 장소에서 교류아크 용접기(자동으로 작동되는 것은 제외한다)를 사용하는 경우에는 교류아크 용접기에 자동 전격 방지기를 설치하여야 한다.

교류아크 용접기에 자동 전격 방지기를 설치하여야 하는 장소 ✰

1. 선박의 이중 선체 내부, 밸러스트(Ballast) 탱크, 보일러 내부 등 도전체에 둘러싸인 장소
2. 추락할 위험이 있는 높이 2미터 이상의 장소로 철골 등 도전성이 높은 물체에 근로자가 접촉할 우려가 있는 장소
3. 근로자가 물·땀 등으로 인하여 도전성이 높은 습윤 상태에서 작업하는 장소

(4) 자동 전격 방지기의 성능 ✰✰

용접을 중단하고 1.0초 내에 용접기의 홀더, 어스선에 흐르는 무부하 전압을 안전전압 25V 이하로 내려준다.

교류아크 용접기의 허용사용률 계산 ✰

$$허용사용률 = \frac{정격\ 2차전류^2}{실제사용\ 용접전류^2} \times 정격사용률$$

⑤ 절연용 안전장구

(1) 절연용 보호구 등의 사용

사업주는 다음 각 호의 작업에 사용하는 절연용 보호구, 절연용 방호구, 활선작업용 기구, 활선작업용 장치에 대하여 각각의 사용 목적에 적합한 종별·재질 및 치수의 것을 사용하여야 한다.

절연용 보호구 등을 사용하여야 하는 작업

① 밀폐공간에서의 전기작업
② 이동 및 휴대장비 등을 사용하는 전기작업
③ 정전 전로 또는 그 인근에서의 전기작업
④ 충전 전로에서의 전기작업
⑤ 충전 전로 인근에서의 차량·기계장치 등의 작업

◎기출 ★

교류아크 용접기의 자동 전격 방지기 표시 사항

예) SP - 3A - L

① 외장형 : 외장형은 용접기 외함에 부착하여 사용하는 전격방지기로 그 기호는 SP로 표시
② 내장형 : 내장형은 용접기함내에 설치하여 사용하는 전격방지기로 그 기호는 SPB로 표시
③ 기호 SP 또는 SPB뒤의 숫자(□)는 출력측의 정격전류의 100단위의 수치로 표시
(예 : 2.5는 250A, 3은 300A를 표시)
④ 숫자 다음의 A는 용접기에 내장되어 있는 콘덴서의 유무에 관계없이 사용할 수 있는 것, B는 콘덴서를 내장하지 않은 용접기에 사용하는 것, C는 콘덴서 내장형 용접기에 사용하는 것, E는 엔진구동 용접기에 사용하는 전격방지기를 표시
⑤ 마지막 기호 L은 저저항 시동형, H는 고저항시동형을 표시

◎기출

※ 고무장갑과 가죽장갑을 동시 착용할 때에는 고무장갑을 내부에, 가죽장갑을 그 외부에 착용한다.

◎기출

1. 시동 감도 : 용접봉을 모재에 접촉시켜 아크를 발생시킬 때 전격방지장치가 동작할 수 있는 용접기의 2차측 최대저항 (용접봉과 피용접물과의 저항치 500ohm)
2. 지동 시간 : 용접봉 홀더에 용접기 출력 측의 무부하 전압이 발생한 후 주접점이 개방될 때까지의 시간

확인

* 절연봉(핫스틱) : 충전 중인 고압 및 특고압의 전선 조작 시에 사용한다.

* 조작용 훅봉배전선용 훅봉(디스콘 봉) : 충전중인 고압 및 특고압의 개폐기 조작 시에 사용한다.

참고

활선시메라 : 충전 중인 전선의 변경작업, 전선의 장선작업, 애자 등을 교환 작업 시 케이블을 걸어서 당길 때 사용한다.

참고

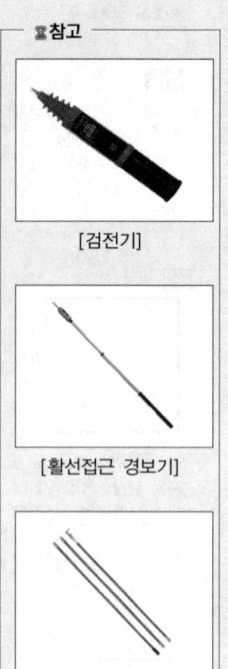

[검전기]

[활선접근 경보기]

[조작용 훅봉]

(2) 절연용 안전 보호구

7000V 이하 전로 활선작업 시 작업자 몸에 착용한다.

① 전기용 안전모
  - AE종(물체의 낙하·비래 및 감전방지용)
  - ABE종(물체의 낙하·비래 및 추락, 감전방지용)

② 안전화(절연화)
③ 절연장화
④ 절연장갑(전기용 고무장갑)
⑤ 보호용 가죽장갑
⑥ 절연소매, 절연복

(3) 절연용 방호구

활선작업 시 전로의 충전부, 지지물 주변, 전기배선에 설치한다.

① 고무판 : 충전부 작업 중 접지면 절연에 사용
② 방호판(절연판) : 고·저압 전로의 충전부 방호에 사용
③ 선로 커버, 애자커버(절연 커버)
④ 완금 커버, COS 커버, 고무블랭킷, 점퍼호스

(4) 검출용구

① 검전기 : 충전 유무 확인
② 활선 접근 경보기

(5) 활선작업용 장치

차량, 절연대

(6) 활선작업용 기구

절연봉(핫스틱), 조작용 훅봉(디스콘 봉), 활차, 다용도 집게봉, 수동식 절단기 등

CHAPTER 02 단원 예상문제

01 허용접촉전압과 종별이 다른 것은?

㉮ 제1종 : 2.5V 이하
㉯ 제2종 : 25V 이하
㉰ 제3종 : 50V 이하
㉱ 제4종 : 60V 이하

[해설] **허용접촉전압**

종 별	접촉 상태	허용 접촉 전압
제1종	• 인체의 대부분이 수중에 있는 상태	2.5V 이하
제2종	• 인체가 현저히 젖어 있는 상태 • 금속성의 전기·기계 장치나 구조물에 인체의 일부가 상시 접촉되어 있는 상태	25V 이하
제3종	• 제1종, 제2종 이외의 경우로서 통상의 인체 상태에 있어서 접촉 전압이 가해지면 위험성이 높은 상태	50V 이하
제4종	• 제1종, 제2종 이외의 경우로서 통상의 인체 상태에 접촉 전압이 가해지더라도 위험성이 낮은 상태 • 접촉 전압이 가해질 우려가 없는 경우	제한 없음

02 교류아크 용접 작업 시 사용하는 자동 전격 방지기의 2차 전압은 몇(V) 이하로 유지해야 하는가?

㉮ 50V   ㉯ 40V
㉰ 35V   ㉱ 25V

[해설] **자동 전격 방지기의 성능** : 용접을 중단하고 1.0초 내에 용접기의 홀더, 어스선(2차 측)에 흐르는 무부하 전압을 안전전압 25V 이하로 내려준다.

03 심실세동을 일으키는 위험한 전기에너지는 인체의 전기저항을 500[Ω]으로 보았을 때 몇 [J]인가?

㉮ 9.6(J)   ㉯ 11.6(J)
㉰ 13.6(J)   ㉱ 15.6(J)

[해설] **위험한계 에너지**
인체의 전기저항이 최악인 상태인 500Ω일 때
$Q = I^2 \times R \times T = (\frac{165 \sim 185}{\sqrt{1}} \times 10^{-3})^2 \times 500 \times 1$
$= 13.61 \sim 17.11(J)$

04 누전차단기의 사용기준에 해당하지 않는 것은?

㉮ 해당 부하에 적합한 정격전류를 갖출 것
㉯ 해당 부하에 적합한 차단용량을 갖출 것
㉰ 해당 전로의 공칭전압의 90~110% 이내의 정격전압일 것
㉱ 정격감도전류 30mA 이하, 동작시간이 0.3초 이내일 것

[해설] ㉱ 전기기계·기구에 설치되어 있는 누전차단기는 **정격감도전류가 30밀리암페어 이하이고 작동시간은 0.03초 이내일 것**. 다만, **정격전부하전류가 50암페어 이상**인 전기기계·기구에 접속되는 누전차단기는 오작동을 방지하기 위하여 **정격감도전류는 200밀리암페어 이하로, 작동시간은 0.1초 이내**로 할 수 있다.

{참고} **누전차단기의 사용기준**
① 당해 부하에 적합한 정격전류를 갖출 것
② 당해 부하에 적합한 차단용량을 갖출 것
③ 정격 부동작 전류가 정격 감도전류의 50% 이상이어야 하고 이들의 전류 차가 가능한 한 작을 것
④ 절연저항이 5MΩ 이상일 것

정답 01 ㉱ 02 ㉱ 03 ㉰ 04 ㉱

⑤ 누전 차단기의 정격전압은 당해 누전 차단기를 설치할 전로의 공칭전압의 90~110% 이내이어야 한다.

05 100V 전로에 $R_2 = 5\,\Omega$, $R_3 = 5\,\Omega$일 때 지락전류(I_0)는 얼마인가?

㉮ 10   ㉯ 20
㉰ 30   ㉱ 40

[해설] $I = \dfrac{V}{R} = \dfrac{V}{R_2 + R_3} = \dfrac{100}{5+5} = 10A$

06 교류아크 용접기의 재해방지를 위해 쓰이는 것은?

㉮ 자동전격방지장치
㉯ 정전압 장치
㉰ 정전류 장치
㉱ 리미트스위치

[해설] 교류아크 용접기의 방호 장치명 : 자동전격방지기
{참고} 자동 전격 방지기의 성능 : 용접을 중단하고 1.0초 내에 용접기의 홀더, 어스선에 흐르는 무부하 전압을 안전전압 25V 이하로 내려준다.

07 인체가 충전 전로 등에 접촉할 경우 전기저항은 여러 가지 조건에 따라 다르나, 일반적으로 최악의 경우 인체저항은 몇 [Ω]으로 설정하여야 하는가?

㉮ 300   ㉯ 500
㉰ 700   ㉱ 900

[해설] 인체저항은 보통 5,000Ω이나 근로환경, 피부가 젖은 정도, 인가전압에 따라 최악의 상태에는 500Ω까지 감소한다.

08 교류 아크 용접기에 관한 설명 중 틀린 것은?

㉮ 전격 방지기의 외함은 접지해야 한다.
㉯ 설치 장소는 습기가 없어야 한다.
㉰ 진동이나 충격이 가해질 위험이 없어야 한다.
㉱ 전격방지장치는 60° 이상, 90° 이내가 되도록 부착해야 한다.

[해설] ㉱ 연직(불가피한 경우는 연직에서 20도 이내)으로 설치할 것

{참고} 자동 전격 방지기 설치방법
① 연직(불가피한 경우는 연직에서 20도 이내)으로 설치할 것
② 용접기의 이동, 전자접촉기의 작동 등으로 인한 진동, 충격에 견딜 수 있도록 할 것
③ 표시등(외부에서 전격 방지기의 작동상태를 판별할 수 있는 램프)이 보기 쉽고, 점검용 스위치(전격 방지기의 작동상태를 점검하기 위한 스위치)의 조작이 용이하도록 설치할 것
④ 용접기의 전원 측에 접속하는 선과 출력 측에 접속하는 선을 혼동되지 않도록 할 것
⑤ 접속부분은 확실하게 접속하여 이완되지 않도록 할 것
⑥ 접속부분을 절연테이프, 절연 커버 등으로 절연시킬 것
⑦ 전격 방지기의 외함은 접지시킬 것
⑧ 용접기 단자의 극성이 정해져 있는 경우에는 접속 시 극성이 맞도록 할 것
⑨ 전격 방지기와 용접기 사이의 배선 및 접속부분에 외부의 힘이 가해지지 않도록 할 것

09 산업안전기준에 관한 규칙에서 정하는 "저압"에 해당하는 전압의 범위는?

㉮ 교류 700V 이하
㉯ 교류 750V 이하
㉰ 직류 700V 이하
㉱ 직류 1,500V 이하

정답 05 ㉮ 06 ㉮ 07 ㉯ 08 ㉱ 09 ㉱

[해설] **전압의 구분**

전압의 종별	교류	직류
저압	1,000V 이하의 것	1,500V 이하의 것
고압	1,000V 초과 7,000V 이하	1,500V 초과 7,000V 이하
특별고압	7,000V 초과	7,000V 초과

10 저항 값이 0.1Ω 인 도체에 10A의 전류가 1분간 흘렀을 경우 발생하는 열량은 몇 cal인가?

㉮ 124 ㉯ 144
㉰ 166 ㉱ 250

[해설]
$$Q = I^2 \times R \times T$$
여기서 Q : 전기발생열(에너지)(J)
I : 전류(A)
R : 전기저항(Ω)
T : 통전시간(S)

$Q = 10^2 \times 0.1 \times 60 = 600J \times 0.24 = 144\text{cal}$
(1분 = 60초)

11 다음 중 인체의 통전 경로별 위험도가 가장 큰 것은?

㉮ 왼손 - 오른손 ㉯ 왼손 - 등
㉰ 오른손 - 가슴 ㉱ 오른손 - 왼발

[해설] **통전 경로별 위험도**

통전 경로	위험도
왼손-가슴	1.5
오른손-가슴	1.3
왼손-한발 또는 양발	1.0
양손-양발	1.0
오른손-한발 또는 양발	0.8
왼손-등	0.7
한손 또는 양손-앉아있는 자리	0.7
왼손-오른손	0.4
오른손-등	0.3

왼가, 오가 / 왼발, 손발, 오발 / 왼등, 손자리 / 손손, 오등

12 산업안전보건법상 대지전압이 150V를 초과하는 이동형의 전기기계·기구로 정격전부하전류가 25A인 것에 접속되어야 하는 누전 차단기의 작동시간으로 옳은 것은?

㉮ 0.01초 이내 ㉯ 0.03초 이내
㉰ 0.05초 이내 ㉱ 0.1초 이내

[해설] 전기기계·기구에 설치되어 있는 누전차단기는 정격감도전류가 30밀리암페어 이하이고 작동시간은 0.03초 이내일 것. 다만, 정격전부하전류가 50암페어 이상인 전기기계·기구에 접속되는 누전 차단기는 오작동을 방지하기 위하여 정격감도전류는 200밀리암페어 이하로, 작동시간은 0.1초 이내로 할 수 있다.

13 감전 사고 시 인체에 영향을 주는 심실세동 전류와 통전 시간의 관계를 올바르게 설명한 것은?

㉮ 심실세동 전류는 통전시간의 제곱근에 반비례한다.
㉯ 심실세동 전류는 통전시간의 제곱에 비례한다.
㉰ 심실세동 전류는 통전시간과 정비례한다.
㉱ 심실세동 전류는 통전시간의 세제곱에 비례한다.

[해설] **심실세동 전류**
$$I(mA) = \frac{165}{\sqrt{T}}$$

T : 통전시간(초)
→ 심실세동 전류는 통전시간의 제곱근에 반비례한다.

정답 10 ㉯ 11 ㉰ 12 ㉯ 13 ㉮

14 다음 중 누전차단기의 선정 및 설치에 대한 설명으로 틀린 것은?

㉮ 정격부동작전류와 정격감도전류와의 차는 가능한 큰 차단기로 선정한다.
㉯ 휴대용, 이동용 전기기기에 설치하는 차단기는 정격감도전류가 낮고 동작시간이 짧은 것을 선정한다.
㉰ 차단기를 설치한 전로에 과부하 보호장치를 설치하는 경우는 서로 협조가 잘 이루어지도록 한다.
㉱ 전로의 대지정전용량이 크면 차단기가 오동작하는 경우가 있으므로 각 분기회로마다 차단기를 설치한다.

[해설] 누전차단기의 사용기준
① 당해 부하에 **적합한 정격전류를 갖출 것**
② 당해 부하에 **적합한 차단용량을 갖출 것**
③ **정격 부동작 전류가 정격감도전류의 50% 이상** 이어야 하고 이들의 **전류 차가 가능한 한 작을 것**
④ **절연저항이 5MΩ 이상일 것**
⑤ 누전차단기의 정격전압은 당해 누전차단기를 설치할 전로의 공칭전압의 90~110% 이내이어야 한다.

15 전기기기의 누전으로 인한 감전재해를 방지하기 위한 조치라고 볼 수 없는 것은?

㉮ 절연열화의 방지
㉯ 누전차단기의 설치
㉰ 냉각 및 부식의 방지
㉱ 충전부와 접촉부와의 이격

[해설] ㉰ 냉각 및 부식의 방지는 감전 방지 조치가 되지 못한다.

{참고} 감전방지대책
① 전기설비의 **필요한 부분에 보호접지**를 한다.
② 노출된 충전부에 절연용 방호구를 설치하는 등 **충전부를 절연, 격리**한다.
③ 설비의 **사용 전압을 될 수 있는 한 낮춘다.**
④ 전기기기에 **누전차단기를 설치**한다.
⑤ 전기기기 조작의 안전화를 위해 **전기 기기 설비를 개선**한다.
⑥ 전기설비를 전기기기를 적정한 상태로 유지하기 위해 **점검·보수**한다.
⑦ **근로자 안전교육을 실시**하여 전기의 위험성을 강조한다.
⑧ 전기 취급 작업 근로자에게 **절연용보호구를 착용토록** 한다.
⑨ 유자격자 이외에는 전기 기계, 기구의 조작을 금지한다.

16 인체의 전격 시의 통전시간이 4초이었다고 했을 때 심실세동전류의 크기는 약 몇 mA인가?

㉮ 42   ㉯ 83
㉰ 165   ㉱ 185

[해설] 심실세동전류

$$I(mA) = \frac{165}{\sqrt{T}}$$

T : 통전시간(초)

$I = \dfrac{165}{\sqrt{4}} = 82.5\,mA$

17 다음 중 누전에 의한 감전위험을 방지하기 위하여 누전차단기를 설치하여야 하는데 다음 중 차단기를 설치하지 않아도 되는 것은?

㉮ 절연대 위에서 사용하는 이중 절연 구조의 전동기기
㉯ 물과 같이 도전성이 높은 액체에 의한 습윤 장소에 사용하는 이동형 전기기구
㉰ 철판 위와 같이 도전성이 높은 장소에서 사용하는 이동형 전기기구
㉱ 임시배선의 전로가 설치되는 장소에서 사용하는 이동형 전기기구

정답 14 ㉮ 15 ㉰ 16 ㉯ 17 ㉮

[해설] 누전 차단기를 설치하지 않아도 되는 경우
① **이중 절연 구조** 또는 이와 동등 이상으로 보호되는 전기기계·기구
② **절연대** 위 등과 같이 **감전 위험이 없는 장소**에서 사용하는 전기기계·기구
③ **비접지방식의 전로**

18. 인체가 현저히 젖어있는 상태이거나 금속성의 전기·기계 장치의 구조물에 인체의 일부가 상시 접촉되어 있는 상태에서의 허용 접촉전압으로 옳은 것은?

㉮ 2.5V 이하 ㉯ 25V 이하
㉰ 50V 이하 ㉱ 75V 이하

[해설] 허용접촉전압

종 별	접촉 상태	허용 접촉전압
제1종	• 인체의 대부분이 **수중**에 있는 상태	2.5V 이하
제2종	• 인체가 **현저히 젖어있는 상태** • **금속성**의 전기·기계 장치나 구조물에 인체의 일부가 **상시 접촉**되어 있는 상태	25V 이하
제3종	• 제1종, 제2종 이외의 경우로서 **통상 인체 상태**에 있어서 접촉 전압이 가해지면 위험성이 높은 상태	50V 이하
제4종	• 제1종, 제2종 이외의 경우로서 통상의 인체 상태에 **접촉 전압이 가해지더라도 위험성이 낮은 상태** • **접촉 전압이 가해질 우려가 없는 경우**	제한 없음

19. 다음 중 위험도가 가장 높은 통전 경로는?

㉮ 오른손 - 등
㉯ 왼손 - 오른손
㉰ 왼손 - 발
㉱ 오른손 - 가슴

[해설] 통전 경로별 위험도

통전 경로	위험도
왼손-가슴	1.5
오른손-가슴	1.3
왼손-한발 또는 양발	1.0
양손-양발	1.0
오른손-한발 또는 양발	0.8
왼손-등	0.7
한손 또는 양손-앉아있는 자리	0.7
왼손-오른손	0.4
오른손-등	0.3

특급 암기법
왼가, 오가 / 왼발, 손발, 오발 / 왼등, 손자리 / 손손, 오등

20. 저항값이 0.1Ω인 도체에 10A의 전류가 1분간 흘렀을 경우 발생하는 열량은 몇 cal인가?

㉮ 124 ㉯ 144
㉰ 166 ㉱ 250

[해설]
$$Q = I^2 \times R \times T$$
여기서 Q : 전기발생열(에너지)(J)
I : 전류(A)
R : 전기저항(Ω)
T : 통전시간(S)

$Q = I^2 \times R \times T = 10^2 \times 0.1 \times 60 = 600J \times 0.24$
$= 144 \, cal$

정답 18 ㉯ 19 ㉱ 20 ㉯

21 1초 동안에 1C의 전하량이 이동할 때 흐르는 전류는 몇 A인가?

㉮ 0.017 ㉯ 0.1
㉰ 1   ㉱ 10

[해설] 1C : 1A의 전류가 1초 동안 흘렀을 때의 전하량

22 다음 중 누전 차단기의 설치에 관한 설명으로 적절하지 않은 것은?

㉮ 비나 이슬에 젖지 않은 장소에 설치한다.
㉯ 누전 차단기의 설치는 고도와 관계가 없다.
㉰ 전원 전압의 변동에 유의하여야 한다.
㉱ 진동 또는 충격을 받지 않도록 한다.

[해설] 누전 차단기의 일상사용 상태
① 주위 온도 : -10 ~ 40℃
② 표고 : 2,000M 이하
③ 상대습도 : 45 ~ 85%
④ 이상한 진동 및 충격을 받지 않는 상태

23 다음 중 심실세동을 일으키는 요소와 가장 관계가 적은 것은?

㉮ 전류의 크기   ㉯ 통전 시간
㉰ 체중   ㉱ 신장(키)

[해설] 심실세동 전류는 전류의 세기, 주파수, 파형, 통전시간, 사람의 몸무게, 건강 상태 등에 따라 크기가 다르다.

24 다음 중 전압의 분류가 잘못된 것은?

㉮ 저압 - 1,000볼트 이하의 교류전압
㉯ 저압 - 1,500볼트 이하의 직류전압
㉰ 고압 - 1,000볼트 초과 7,000볼트 이하의 교류작업
㉱ 초고압 - 1만볼트를 초과하는 직류전압

[해설] 전압의 구분

전압의 종별	교류	직류
저압	1,000V 이하의 것	1,500V 이하의 것
고압	1,000V 초과 7,000V 이하	1,500V 초과 7,000V 이하
특별고압	7,000V 초과	7,000V 초과

25 인체의 저항이 500Ω이고 440V 회로에 누전 차단기(ELB)를 설치할 경우 다음 중 가장 적당한 누전 차단기는?

㉮ 30mA, 0.1초에 작동
㉯ 30mA, 0.03초에 작동
㉰ 15mA, 0.1초에 작동
㉱ 15mA, 0.03초에 작동

[해설]
1. 전기기계·기구에 설치되어 있는 누전 차단기는 정격 감도전류가 30밀리암페어 이하이고 작동시간은 0.03초 이내일 것. 다만, 정격전부하전류가 50암페어 이상인 전기기계·기구에 접속되는 누전 차단기는 오작동을 방지하기 위하여 정격 감도전류는 200밀리암페어 이하로, 작동시간은 0.1초 이내로 할 수 있다.

2. $V = I \cdot R$
(V : 전압, I : 전류, R : 저항)
$I = \dfrac{V}{R} = \dfrac{440}{500} = 0.88A$

3. 정격전부하전류가 0.88A(50A 이하)이므로 정격 감도전류가 30밀리암페어 이하이고 작동시간은 0.03초 이내에 동작하는 누전차단기를 설치할 수 있다.

정답 21 ㉰ 22 ㉯ 23 ㉱ 24 ㉱ 25 ㉯

CHAPTER 03 전기설비 위험요인 관리

01 전기설비 위험요인 파악 및 개선

> 주/요/내/용 알/고/가/기
> 1. 전로의 절연저항
> 2. 접지 공사의 종류
> 3. 접지를 시행하지 않아도 되는 경우
> 4. 피뢰기의 구비해야 할 성능
> 5. 피뢰기 설치 및 접지
> 6. 화재의 구분

1 전기설비 위험요인 파악

전기화재란 전기에 의한 발열이 발화원이 되어 발생하는 화재를 말한다.

전기화재 발생원인의 3요건		
① 발화원	② 착화물	③ 출화의 경과

(1) 전기화재 및 폭발의 원인

기기별	원인별
• 이동용 전열기 • 전등, 전화 등의 배선 • 전기 기기 • 전기 장치 • 배선 기구 • 고정용 전열기	• 단락 • 스파크 • 누전 • 접촉부 과열 • 절연 열화에 의한 발열 • 과전류

[점화원인]

물리적 현상		화학적 현상	
• 정전기 • 충격	• 전기 • 마찰	• 혼합 • 분해	• 화합 • 부가

(2) 전기설비 위험요인

① 단락에 의한 발화
• 전기회로에서 전위차가 있는 두 점 사이를 저항이 작은 도선으로 연결하는 것. 쇼트라고도 한다.

용어정의

* **단락**
  • 2개 이상의 전위차가 있는 도체가 서로 연결이 되어 비정상적인 전류가 흐르게 된 상태
  • 고장 또는 과실에 의해서 두 전선 사이의 전기저항이 작아진 상태 또는 전혀 없는 상태에서 접촉한 이상상태를 말하며, 전로의 절연피복이 연화 또는 손상되어 발생하거나, 전동기의 과부하 운전이나 결상(缺相)운전으로 인해 과전류가 흘러서 전동기 권선의 절연피복이 소손(燒損)하여 단락이 발생된다.

* **단선**
  도체의 한 곳 이상이 끊어짐으로 인하여 전류가 흐르지 못하게 된 상태

* **혼선**
  +, - 두 전선이 피복손상 등의 원인으로 서로 접촉하는 현상으로 접촉 부분에 과전류가 흐르게 되어 화재의 원인이 된다.

* **지락**
  전류가 흐르는 상태에서 절연 부분이 열화, 손상되어 충전부가 타 물체와 접촉되어 대지로 전기가 흐르는 것을 말한다.

합격의 key

> **참고**
> ※ 절연물의 허용 온도 (KEC 규정)
> 정상적인 사용 상태에서 사용 기간 중에 전선에 흘러야 할 전류는 절연물의 허용 온도 이하가 되어야 한다.

절연물의 종류	최고 허용 온도(℃)
열가소성물질 [염화비닐 (PVC)]	70(도체)
열경화성물질 (가교폴리에틸렌(XLPE) 또는 에틸렌프로필렌 고무혼합물(EPR)	90(도체)
무기물(열가소성물질 피복 또는 나도체로 사람이 접촉할 우려가 있는 것)	70(시스)
무기물(사람의 접촉에 노출되지 않고, 가연성물질과 접촉할 우려가 없는 나도체)	105(시스)

[문제]
과전류에 의한 전선의 발화 단계에 맞지 않는 것은? (단, 전류 밀도 A/mm²)
㉮ 완화 단계 40~43
㉯ 착화 단계 43~60
㉰ 발화 단계 60~150
㉱ 용단 단계 120 이상

[해설]
㉰ 발화 단계 60~120 A/mm²

[정답] ㉰

[문제]
누전으로 인한 화재의 3요소에 대한 요건이 아닌 것은?
㉮ 접속점 ㉯ 출화점
㉰ 누전점 ㉱ 접지점

[해설]
누전으로 인한 화재의 3요소
① 출화점
② 누전점
③ 접지점

[정답] ㉮

- 단락이 되면 순간적으로 큰 전류와 높은 열이 발생되어 화재의 원인이 된다. 회로 중에는 퓨즈를 설치하여 과대 전류의 흐름을 방지해야 한다.

② 누전에 의한 발화
- 전선 및 전기 기기의 절연파괴, 손상 등으로 전류가 누설되는 현상을 누전이라 하며, 누전으로 인한 발열로 화재가 발생한다.
- 발화에 이르는 누설전류(누전전류)의 최솟값은 300~500[mA]이다. ✄

③ 과전류에 의한 발화
- 전기기기 또는 전선에서 허용전류 값 이상으로 전류가 흐르는 것을 과전류라 한다.
- Joule의 법칙 $Q=I^2RT$ (Q : 발생열, T : 전류가 흐르는 시간, I : 전류 세기, R : 저항)에서 전류가 커지면 발생 열도 많아져서 화재의 원인이 된다.

절연전선의 과대전류 ✄	
• 인화(완화)단계 : 40~43A/mm²	• 발화단계 : 60~120A/mm²
• 착화단계 : 43~60A/mm²	• 순간용단 : 120A/mm² 이상

절연물의 종류와 최고허용온도 ✄	
• Y종 절연 : 90℃	• F종 절연 : 155℃
• A종 절연 : 105℃	• H종 절연 : 180℃
• E종 절연 : 120℃	• C종 절연 : 180℃ 초과
• B종 절연 : 130℃	

④ 스파크에 의한 발화
- 스위치로 전기회로를 개폐할 때 또는 전기회로가 단락될 때 등으로 전기 스파크가 발생하고 이 스파크가 주위의 가연성가스 등을 인화시켜 화재가 발생한다.

⑤ 접촉부의 과열에 의한 발화
- 전선과 전선 등의 접속 상태가 불완전하면 접촉 저항이 높아져서 이 부분에서 발열로 인한 화재가 일어난다.
- 아산화동 발열현상
  동선의 접촉부분에 접촉 불량이 발생할 때 동이 산화 발열하여 주위의 동을 용해시켜 들어가면서 아산화동을 증식시켜 발열하는 현상을 말한다.
- 접촉 저항을 저감시키는 방법
  - 접촉압력 및 접촉면적을 크게 한다.
  - 고유저항이 낮은 재료를 사용한다.
  - 접촉면을 청결하게 유지한다.
  - 접촉단자는 쉽게 부식되지 않는 재료를 사용한다.

⑥ 절연열화 또는 탄화에 의한 발화
시간의 경과에 따른 절연체의 열화로 절연성이 저하하거나 탄화현상 누적으로 인한 발열로 화재가 일어난다.
- 트래킹(Tracking) 현상
  충전전극 사이의 절연물 표면에 경년변화나 습기, 수분, 먼지, 기타 오염물질 등으로 유기절연체의 표면에 발생하는 미소한 불꽃에 의해 탄화경로가 생기는 현상
- 탄화현상(가네하라 현상)
  목재나 플라스틱 등의 유기절연체의 표면에 누전 스파크 등에 의하여 탄화 경로(전기통로)가 생성되고 그 부분에 전류가 흐르게 되면 열의 발생에 의해 발화하게 되는 현상

⑦ 지락에 의한 발화
- 전선의 하나 또는 두 선이 대지에 접촉하여 전류가 대지로 통하는 것을 지락이라고 하며, 이 때 흐르는 전류를 지락전류라 한다.
- 지락전류가 흐를 때 고전압 회로인 경우 다음의 원인으로 발화원이 될 수 있다.
  - 금속체 등에 지락될 때의 스파크
  - 목재 등에 전류가 흐를 때의 발화 현상

⑧ 낙뢰에 의한 발화
낙뢰로 인하여 순간적으로 높은 전류가 흘러 절연의 파괴 또는 화재의 원인이 된다.

⑨ 정전기 스파크에 의한 발화
정전기 스파크에 의하여 가연성가스에 인화되는 경우 다음 조건이 만족되었을 때 화재가 일어난다.
- 가연성 가스 및 증기가 폭발한계 내에 있을 것
- 정전기 스파크의 에너지가 가연성가스 및 증기의 최소 착화에너지 이상일 것
- 폭발성 분위기를 형성하는 충분한 방전에너지를 방출할 것

> **참고**
> 1. 현재적 점화원
>   직류 전동기의 정류자, 권선형 유도전동기의 슬립링, 개폐기 및 차단기류의 접점, 제어기기 및 보호계전기의 전기 접점 등
> 2. 잠재적 점화원
>   전동기의 권선, 변압기의 권선, 마그넷 코일, 전기적 광원, 케이블, 기타 배선 등

② 전기설비 위험요인 점검 및 개선

(1) 전기화재 예방대책

① 일반적 예방대책
- 접지할 것
- 퓨즈 설치
- 누전차단기 설치
- 경보장치 설치

② 전열기 재해방지 대책
- 열판 밑에 차열판 있는 것 사용
- 파일럿(점멸 표시 램프)부착 된 것 사용
- 단열성이며 불연재의 받침대 사용
- 주위로는 30~50cm, 위로 1~1.5m 이내 가연성 물질 접근금지
- 배선 및 코드는 용량이 충분한 것 사용

(2) 전로의 절연내력

1) 사용 전압이 저압인 전로의 절연 성능은 기술기준을 충족하여야 한다. 다만, 저압 전로에서 정전이 어려운 경우 등 절연저항 측정이 곤란한 경우 저항 성분의 누설전류가 1mA 이하이면 그 전로의 절연 성능은 적합한 것으로 본다.

2) 고압 및 특고압의 전로(회전기, 정류기, 연료전지 및 태양전지 모듈의 전로, 변압기의 전로, 기구 등의 전로 및 직류식 전기철도용 전차선을 제외한다)는 **시험 전압을 전로와 대지 사이**(다심케이블은 심선 상호 간 및 심선과 대지 사이)에 **연속하여 10분간 가하여 절연내력을 시험하였을 때에 이에 견디어야 한다.** 다만, 전선에 케이블을 사용하는 교류 전로로서 시험 전압의 2배의 직류전압을 전로와 대지 사이(다심케이블은 심선 상호 간 및 심선과 대지 사이)에 연속하여 10분간 가하여 절연내력을 시험하였을 때에 이에 견디는 것에 대하여는 그러하지 아니하다.

[전로의 종류 및 시험 전압]

종류	시험 전압
1. 최대 사용전압이 7kV 이하인 전로	최대 사용전압의 1.5배의 전압
2. 최대 사용전압 7kV 초과 25kV 이하인 중성점 접지식 전로(중성선을 가지는 것으로서 그 중성선에 다중접지하는 것에 한한다)	최대 사용전압의 0.92배의 전압
3. 최대 사용전압 7kV 초과 60kV 이하인 전로(2란의 것을 제외한다)	최대 사용전압의 1.25배의 전압 (10.5kV 미만으로 되는 경우에는 10.5kV)
4. 최대 사용전압 60kV 초과 중성점 비접지식 전로(전위변성기를 사용하여 접지하는 것을 포함한다)	최대 사용전압의 1.25배의 전압

[문제]
고압 활선작업 시 조치 사항 중 잘못된 것은?
㉮ 단락접지를 실시
㉯ 절연용 보호구 착용
㉰ 활선작업용 기구 사용
㉱ 절연용 방호용구 설치

[해설]
㉮ 단락접지 실시는 정전작업 시의 조치이다.

[정답] ㉮

종류	시험 전압
5. 최대 사용전압 60kV를 초과 중성점 접지식전로(전위변성기를 사용하여 접지하는 것 및 6란과 7란의 것을 제외한다)	최대 사용전압의 1.1배의 전압 (75 kV 미만으로 되는 경우에는 75 kV)
6. 최대 사용전압 60kV를 초과 중성점 직접접지식전로(7란의 것을 제외한다)	최대 사용전압의 0.72배의 전압
7. 최대 사용전압이 170 kV 초과 중성점 직접접지식 전로로서 그 중성점이 직접접지 되어 있는 발전소 또는 변전소 혹은 이에 준하는 장소의 전로에 시설하는 것	최대 사용전압의 0.64배의 전압
8. 최대 사용전압이 60 kV를 초과하는 정류기에 접속되고 있는 전로	교류측 및 직류 고전압측에 접속되고 있는 전로는 교류측의 최대 사용전압의 1.1배의 직류전압 직류측 중성선 또는 귀선이 되는 전로 (직류 저압측 전로)는 규정하는 계산식으로 구한 값 $E = V \times \dfrac{1}{\sqrt{2}} \times 0.5 \times 1.2$ E : 교류시험 전압(V) V : 역변환기의 전류 실패 시 중성선 또는 귀선이 되는 전로에 나타나는 교류성 이상전압의 파고값(V를 단위로 한다.) 다만, 전선에 케이블을 사용하는 경우 시험전압은 E의 2배의 직류전압으로 한다.

(3) 전로의 절연저항 ★★

전로의 사용전압(V)	DC 시험전압(V)	절연저항($M\Omega$)
SELV(비접지회로) 및 PELV(접지회로)	250	0.5
FELV(1차와 2차가 전기적으로 절연되지 않은 회로), 500(V) 이하	500	1.0
500(V) 초과	1,000	1.0

• 특별저압(extra low voltage : 2차 전압이 AC 50V, DC 120V 이하)으로 SELV(비접지회로 구성) 및 PELV(접지회로 구성)은 1차와 2차가 전기적으로 절연된 회로, FELV는 1차와 2차가 전기적으로 절연되지 않은 회로

참고

1. 용어 정의
   ① 저항(Resistance) : 전류의 흐름을 방해하는 요소(Ω)
   ② 접촉저항 : 접하고 있는 두 도체의 접촉면을 통하여 전류가 흐를 때 생기는 전기저항. 접촉저항으로 인해 그 접촉부에 전압은 강하하고 온도는 상승하게 된다.
   ③ 접지저항
   • 접지시킨 전극과 대지 간의 전기적 저항
   • 접지저항이 낮을수록 접지의 효과가 좋다.
   ④ 절연저항
   • 절연물체에 전압을 가했을 때 절연물체가 나타내는 전기 저항으로서 높을수록 절연이 우수하여 좋다.
   • 절연된 송전선, 전기기계의 권선 등에 대해 이것과 지표와의 사이에 존재하는 전기 저항

2. 절연저항 저하 원인
   ① 높은 이상전압 등 전기적인 원인
   ② 온도상승에 의한 열적 원인
   ③ 진동, 충격 등 기계적 원인
   ④ 산화 등에 의한 화학적 원인

합격의 key

> **▶기출**
>
> ※ 접지의 목적
> 1. 송배전선에서 지락사고의 발생 시 보호계전기를 신속하게 작동시킴
> 2. 설비의 절연물이 손상되었을 때 흐르는 누설전류에 의한 감전방지
> 3. 낙뢰에 의한 피해방지
> 4. 송배전선로의 지락사고 시 대지전위의 상승을 억제하고 절연강도를 저하시킴

> **▣참고**
>
> | 접지의 종류 | 목 적 |
> |---|---|
> | 계통 접지 ✯ | 고압 전로와 저압 전로의 혼촉으로 인한 감전이나 화재를 방지하기 위해 변압기의 중성점을 접지하는 방식이다. |
> | 기기 접지 | 누전되고 있는 기기에 접촉되었을 때의 감전을 방지한다. |
> | 피뢰기 접지 | 낙뢰로부터 전기 기기의 손상을 방지한다. |
> | 정전기 장해 방지용 접지 | 정전기 축적에 의한 폭발 재해를 방지한다. |
> | 지락 검출용 접지 | 누전 차단기의 동작을 확실하게 한다. |
> | 등전위 접지 ✯ | 병원에 있어서의 의료 기기 사용 시의 안전을 위해 설치한다. |
> | 잡음 대책용 접지 | 잡음에 의한 Electronics 장치의 파괴나 오동작을 방지한다. |
> | 기능용 접지 | 건축물 내에 설치된 전자기기의 안정적 가동을 확보하기 위한 목적으로 설치한다. |

3 접지시스템(KEC 규정)

접지(ground, earth) : 전기 회로나 전기 기기를 도체로 땅에 연결하여 이상 전압 발생 시에도 고장 전류를 땅으로 흘려보내 기기와 인체를 보호한다.

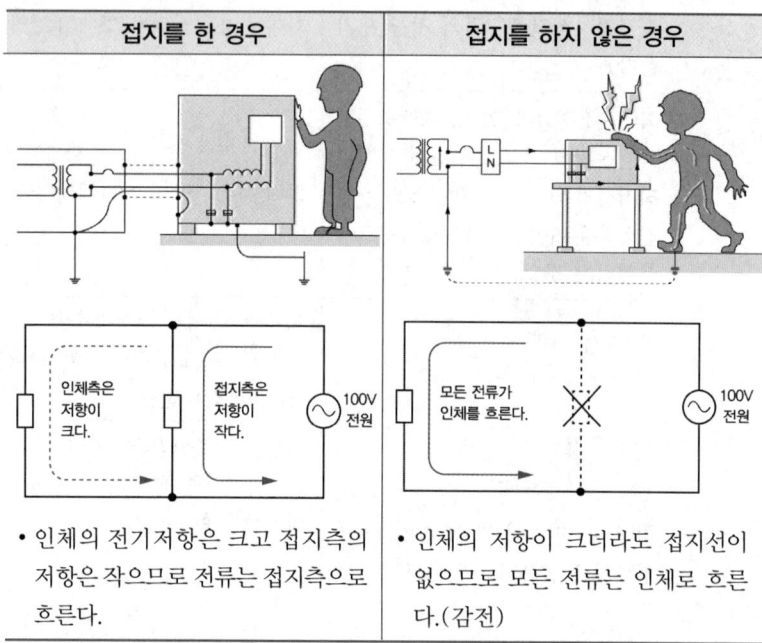

- 인체의 전기저항은 크고 접지측의 저항은 작으므로 전류는 접지측으로 흐른다.
- 인체의 저항이 크더라도 접지선이 없으므로 모든 전류는 인체로 흐른다.(감전)

(1) 접지시스템의 구분 및 종류 ✯

1) 접지시스템은 계통접지, 보호접지, 피뢰시스템 접지 등으로 구분한다.

계통접지 (System Earthing)	전력계통에서 돌발적으로 발생하는 이상현상에 대비하여 대지와 계통을 연결하는 것으로, 중성점을 대지에 접속하는 것을 말한다. • TN방식(TN-S, TN-C, TN-C-S방식) • TT방식 • IT방식
보호접지 (Protective Earthing)	고장 시 감전에 대한 보호를 목적으로 기기의 한 점 또는 여러 점을 접지하는 것을 말한다.
피뢰시스템 접지	뇌격전류를 안전하게 대지로 방류하기 위한 접지를 말한다.

2) 접지시스템의 시설 종류에는 단독접지, 공통접지, 통합접지가 있다.

단독접지	고압, 특고압계통의 접지극과 저압계통의 접지극을 독립적으로 설치하는 것을 말한다.
공통접지	등전위가 형성되도록 고압, 특고압계통과 저압접지계통을 공통으로 접지하는 것을 말한다.
통합접지	전기설비 접지계통, 피뢰설비 및 전기통신설비 등의 접지극을 통합하여 접지시스템을 구성하는 것, 설비 사이의 전위차를 해소하여 등전위를 형성하는 접지방식을 말한다.

(2) 접지시스템의 구성요소

1) 접지시스템은 접지극, 접지도체, 보호도체 및 기타 설비로 구성된다. ✮
2) 접지극은 접지도체를 사용하여 주접지 단자에 연결하여야 한다.

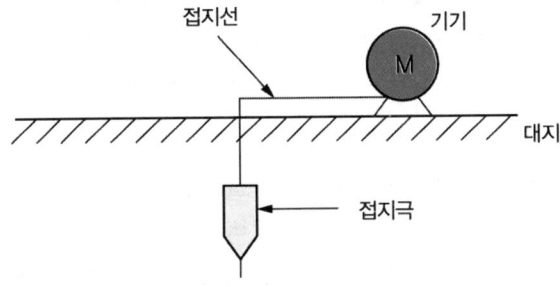

(3) 접지극의 매설

① 접지극은 매설하는 토양을 오염시키지 않아야 하며, 가능한 다습한 부분에 설치한다.
② 접지극은 동결 깊이를 감안하여 시설하되 고압 이상의 전기 설비와 변압기 중성점 접지에 시설하는 접지극의 매설 깊이는 지표면으로부터 지하 0.75m 이상으로 한다. 다만, 발전소, 변전소, 개폐소 또는 이와 준하는 곳에 접지극을 시설하는 경우에는 그러하지 아니하다.
③ 접지 도체를 철주 기타의 금속체를 따라서 시설하는 경우에는 접지극을 철주의 밑면으로부터 0.3m 이상의 깊이에 매설하는 경우 이외에는 접지극을 지중에서 그 금속체로부터 1m 이상 떼어 매설하여야 한다.

참고

① 접지극 : 금속체와 대지를 접속하는 단자를 말한다.
② 접지도체 : 계통, 설비 또는 기기의 한 점과 접지극 사이의 도전성 경로 또는 그 경로의 일부가 되는 도체를 말한다.
③ 보호도체(PE, Protective Conductor) : 감전에 대한 보호 등 안전을 위해 제공되는 도체를 말한다.

참고

수도관 등을 접지관으로 사용하는 경우

1) 지중에 매설되어 있고 대지와의 전기저항 값이 3Ω 이하의 값을 유지하고 있는 금속제 수도관로가 다음에 따르는 경우 접지극으로 사용이 가능하다.
① 접지도체와 금속제 수도관로의 접속은 안지름 75mm 이상인 부분 또는 여기에서 분기한 안지름 75mm 미만인 분기점으로부터 5m 이내의 부분에서 하여야 한다. 다만, 금속제 수도관로와 대지 사이의 전기저항 값이 2Ω 이하인 경우에는 분기점으로 부터의 거리는 5m를 넘을 수 있다.
② 접지도체와 금속제 수도관로의 접속부를 수도계량기로부터 수도 수용가 측에 설치하는 경우에는 수도계량기를 사이에 두고 양측 소도관로를 등전위본딩 하여야 한다.
③ 접지도체와 금속제 수도관로의 접속부를 사람이 접촉할 우려가 있는 곳에 설치하는 경우에는 방호장치를 설치하여야 한다.
④ 접지도체와 금속계 수도관로의 접속에 사용하는 금속제는 접속부에 전기적 부식이 생기지 않아야 한다.

합격의 key

2) 건축물, 구조물의 철골 기타의 금속제는 이를 비접지식 고압전로에 시설하는 기계기구의 철대 또는 금속제 외함의 접지공사 또는 비접지식 고압전로와 저압전로를 결합하는 변압기의 저압전로의 접지공사의 접지극으로 사용할 수 있다. 다만, 대지와의 사이에 전기저항 값이 2Ω 이하인 값을 유지하는 경우에 한한다.

※ 접지도체와 접지극의 접속

① 접속은 견고하고 전기적인 연속성이 보장되도록, 접속부는 발열성 용접, 압착접속, 클램프 또는 그 밖에 적절한 기계적 접속장치에 의해야 한다. 다만, 기계적 접속장치는 제작자의 지침에 따라 설치하여야 한다.
② 클램프를 사용하는 경우 접지극 또는 접지도체를 손상시키지 않아야 한다. 납땜에만 의존하는 접속은 사용해서는 안 된다.

---

(4) 접지도체의 선정 ✦

1) 접지도체의 단면적은 큰 고장전류가 접지도체를 통하여 흐르지 않을 경우 접지도체의 최소 단면적은 다음과 같다.

　① 구리는 6mm² 이상
　② 철제는 50mm² 이상

2) 접지도체에 피뢰시스템이 접속되는 경우 접지도체의 단면적은 구리 16mm² 또는 철 50mm² 이상으로 하여야 한다.

3) 접지도체는 지하 0.75m부터 지표상 2m까지 부분은 합성수지관(두께 2mm 미만의 합성수지체 전선관 및 가연성 콤바인덕트관은 제외한다) 또는 이와 동등 이상의 절연효과와 강도를 가지는 몰드로 덮어야 한다.

4) 특고압·고압 전기설비 및 변압기 중성점 접지시스템의 경우 접지도체가 사람이 접촉할 우려가 있는 곳에 시설되는 고정설비인 경우에는 다음에 따라야 한다. 다만, 발전소, 변전소, 개폐소 또는 이에 준하는 곳에서는 개별 요구사항에 의한다.

- 접지도체는 절연전선(옥외용 비닐절연전선은 제외) 또는 케이블(통신용 케이블은 제외)을 사용하여야 한다. 다만, 접지도체를 철주 기타의 금속체를 따라서 시설하는 경우 이외의 경우에는 접지도체의 지표상 0.6m를 초과하는 부분에 대하여는 절연전선을 사용하지 않을 수 있다.

5) 접지도체의 굵기는 고장 시 흐르는 전류를 안전하게 통할 수 있는 것으로서 다음에 의한다. ✦✦✦

　① 특고압·고압 전기설비용 접지도체는 단면적 6mm² 이상의 연동선 또는 이와동등 이상의 단면적 및 강도를 가져야 한다.
　② 중성점 접지용 접지도체는 공칭단면적 16mm² 이상의 연동선 또는 동등 이상의 단면적 및 강도를 가져야 한다. 다만, 다음의 경우에는 공칭단면적 6mm² 이상의 연동선 또는 동등 이상의 단면적 및 강도를 가져야 한다.

- 7kV 이하의 전로
- 사용전압이 25kV 이하인 특고압 가공전선로. 다만, 중성선 다중접지 방식의 것으로서 전로에 지락이 생겼을 때 2초 이내에 자동적으로 이를 전로로부터 차단하는 장치가 되어 있는 것

③ 이동하여 사용하는 전기기계기구의 금속제 외함 등의 접지시스템의 경우는 다음의 것을 사용하여야 한다.
- 특고압·고압 전기설비용 접지도체 및 중성점 접지용 접지도체는 클로로프렌 캡타이어케이블(3종 및 4종) 또는 클로로설포네이트 폴리에틸렌캡타이어케이블(3종 및 4종)의 1개 도체 또는 다심 캡타이어케이블의 차폐 또는 기타의 금속체로 단면적이 10mm^2 이상인 것을 사용한다.
- 저압 전기설비용 접지도체는 다심 코드 또는 다심 캡타이어케이블의 1개 또는 도체의 단면적이 0.75mm^2 이상인 것을 사용한다. 다만, 기타 유연성이 있는 연동연선은 1개 도체의 단면적이 1.5mm^2 이상인 것을 사용한다.

(5) 보호도체의 최소 단면적

1) 보호도체의 단면적

선도체의 단면적 S (mm^2, 구리)	보호도체의 최소 단면적(mm^2, 구리)	
	보호도체의 재질	
	선도체와 같은 경우	선도체와 다른 경우
S ≤ 16	S	$(k_1/k_2) \times S$
16 < S ≤ 35	16[a]	$(k_1/k_2) \times 16$
S > 35	S[a]/2	$(k_1/k_2) \times (S/2)$

여기서,
k_1 : 도체 및 절연의 재질에 따라 KS C IEC 60364-5-54(저압전기설비-제5-54부 : 전기기기의 선정 및 설치-접지설비 및 보호도체)의 "표 A54.1(여러 가지 재료의 변수 값)" 또는 KS C IEC 60364-4-43(저압전기설비-제4-43부 : 안전을 위한 보호-과전류에 대한 보호)의 "표 43A(도체에 대한 k값)"에서 선정된 선도체에 대한 k값
k_2 : KS C IEC 60364-5-54(저압전기설비-제5-54부 : 전기기기의 선정 및 설치-접지설비 및 보호도체)의 "표 54.2(케이블에 병합되지 않고 다른 케이블과 묶여 있지 않은 절연 보호도체의 k값) ~ 표 54.6(제시된 온도에서 모든 인접 물질에 손상 위험성이 없는 경우 나도체의 k값)"에서 선정된 보호도체에 대한 k값
a : PEN 도체의 최소단면적은 중성선과 동일하게 적용한다[KS C IEC 60364-5-52(저압전기설비-제5-52부 : 전기기기의 선정 및 설치-배선설비) 참조].

※참고

* 접지도체를 접지극이나 접지의 다른 수단과 연결하는 것은 견고하게 접속하고, 전기적, 기계적으로 적합하여야 하며, 부식에 대해 적절하게 보호되어야 한다. 또한 다음과 같이 매입되는 지점에는 "안전 전기 연결" 라벨이 영구적으로 고정되도록 시설하여야 한다.
① 접지극의 모든 접지도체 연결지점
② 외부도전성 부분의 모든 본딩도체 연결지점
③ 주 개폐기에서 분리된 주 접지단자

※참고

접지극으로는
① 콘크리트매입 기초접지극
② 토양매설 기초접지극
③ 토양에 매설된 접지봉 또는 관, 접지선 또는 판
④ 요건에 적합한 케이블 금속외장 또는 지중 금속구조물
⑤ 콘크리트(PS콘크리트는 제외)의 용접된 철근 등을 사용할 수 있다.

합격의 key

2) 계산에 의한 방법(차단시간이 5초 이하인 경우)

$$S = \frac{\sqrt{I^2 \cdot t}}{k}$$

여기서,
S : 단면적(mm²)
I : 보호장치를 통해 흐를 수 있는 예상 고장전류 실효값(A)
t : 자동차단을 위한 보호장치의 동작시간(s)
k : 보호도체, 절연, 기타 부위의 재질 및 초기온도와 최종온도에 따라 정해지는 계수

3) 보호도체가 케이블의 일부가 아니거나 선도체와 동일 외함에 설치되지 않으면 단면적은 다음의 굵기 이상으로 하여야 한다.
   ① 기계적 손상에 대해 보호가 되는 경우는 구리 2.5mm², 알루미늄 16mm² 이상
   ② 기계적 손상에 대해 보호가 되지 않는 경우는 구리 4mm², 알루미늄 16mm² 이상
   ③ 케이블의 일부가 아니라도 전선관 및 트렁킹 내부에 설치되거나, 이와 유사한 방법으로 보호되는 경우 기계적으로 보호되는 것으로 간주한다.

4) 보호도체가 두 개 이상의 회로에 공통으로 사용되면 단면적은 다음과 같이 선정하여야 한다.
   ① 회로 중 가장 부담이 큰 것으로 예상되는 고장전류 및 동작시간을 고려하여 가선정한다.
   ② 회로 중 가장 큰 선도체의 단면적을 기준으로 선정한다.

요약 접지도체, 보호도체 및 보호본딩도체의 최소단면적 ★★

접지도체 최소단면적(mm²)		보호도체 최소단면적(mm²), 구리		보호도체 및 보호본딩도체의 최소단면적(mm²), 구리	
구리	철	설비 상도체 단면적 S	상도체와 재질이 같은 보호도체	케이블의 일부가 아니거나 상도체와 공통으로 수납되어 있지 않은 경우	
				기계적 손상에 대한 보호 있음	기계적 손상에 대한 보호 없음
6	50	S ≤ 16	S		
접지도체에 피뢰시스템이 설치된 경우		16 < S ≤ 35	16		
		S > 35	S/2		
16	50			2.5	4

① 특고압·고압 전기설비용 접지도체는 단면적 6mm² 이상의 연동선
② 중성점 접지용 접지 도체는 공칭 단면적 16mm² 이상의 연동선(다만, 다음의 경우에는 공칭 단면적 6mm² 이상의 연동선)
  • 7kV 이하의 전로
  • 사용 전압이 25kV 이하인 특고압 가공전선로.
③ 이동하여 사용하는 전기 기계·기구의 금속제 외함 등의 접지시스템
  • 특고압·고압 전기설비용 접지도체 및 중성점 접지용 접지도체 : 단면적이 10mm² 이상인 것
  • 저압 전기설비용 접지 도체 : 단면적이 0.75mm² 이상인 것(다만, 기타 유연성이 있는 연동 연선은 1개 도체의 단면적이 1.5mm² 이상인 것)

(6) 계통 접지(저압 전기설비의 접지방식)

저압 전로의 보호도체 및 중성선의 접속 방식에 따라 계통 접지는 다음과 같이 분류한다. ✯✯

TN 계통	전원측의 한 점을 직접접지하고 설비의 노출도전부를 보호도체로 접속시키는 방식 ① TN-S 방식 ② TN-C 방식 ③ TN-C-S 방식
TT계통	전원의 한 점을 직접 접지하고 설비의 노출도전부는 전원의 접지전극과 전기적으로 독립적인 접지극에 접속시킨다.
IT계통	① 충전부 전체를 대지로부터 절연시키거나, 한 점을 임피던스를 통해 대지에 접속시킨다.(전기설비의 노출도전부를 단독 또는 일괄적으로 계통의 PE 도체에 접속시키며 배전계통에서 추가접지가 가능하다.) ② 계통은 충분히 높은 임피던스를 통하여 접지할 수 있다. (이 접속은 중성점, 인위적 중성점, 선도체 등에서 할 수 있고 중성선은 배선할 수도 있고, 배선하지 않을 수도 있다.)

참고
1. 계통 접지의 용어설명

이니셜	영단어	뜻
T	Terra	땅, 대지, 흙
N	Netural	중성선
I	Insulation or Impedance	절연 또는 임피던스
C	Combine	결합
S	Separator	구분, 분리

• L1, L2, L3 : 각 상
• N : 중성선
• PE : 보호도체(감전에 대한 보호 등 안전을 목적으로 하는 도체)

2. 계통 접지의 표기 방법
예) TN방식
첫번째 문자(T) : 변압기의 접지상태를 나타낸다.
두번째 문자(N) : 수용가(설비)의 접지상태를 나타낸다.

1) TN방식(다중접지 방식) : T(대지) – N(중성선)을 연결하는 방식

TN-S방식	• 변압기는 접지되어 있고(TN) 중성선(N)과 보호도체(PE)는 각각 분리(S)되어 사용하는 방식을 말한다. • 통신기기, 전산센터, 병원 등 예민한 전기설비가 있는 경우 많이 사용된다. 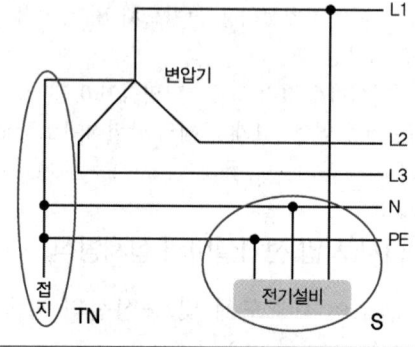
TN-C 방식	• 변압기는 접지되어 있고(TN) 중성선(N)과 보호도체(PE)는 각각 결합(C)되어 사용하는 방식을 말한다. • 현재 우리나라 배전선로에 사용되고 있는 방식이다. • 누전차단기를 설치할 수 없다. 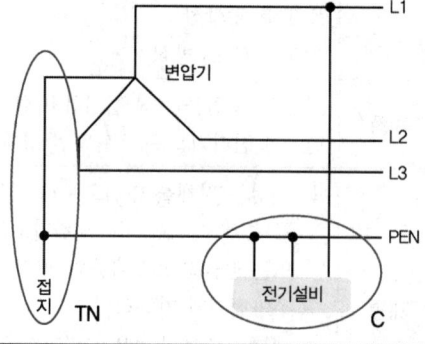
TN-C-S 방식	• TN-S방식과 TN-C 방식이 결합된 형태로 전원부는 TN-C를 적용하고 간선계통에서는 TN-S를 사용하는 방식을 말한다. • 수변전실을 갖춘 대형 건축물에서 많이 사용된다. 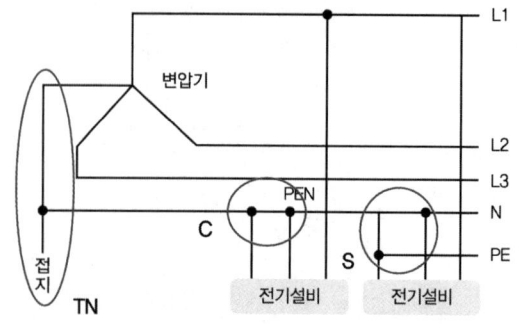

2) TT방식

TT방식	• 변압기 측과 전기설비 측을 개별 접지하는 방식을 말한다. • 전봇대 주상변압기 접지선과 각 수용가의 접지선이 따로 있는 상태에 해당한다. • 반드시 누전차단기를 설치해야 한다. 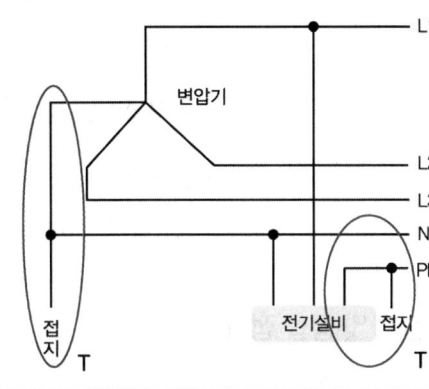

3) IT방식

IT방식	• 변압기가 있는 전원 측 중성점에는 접지를 하지 않고(비접지(절연) 또는 임피던스) 설비 쪽은 접지를 하는 방식을 말한다. • 병원과 같이 전원이 차단되어서는 안 되는 곳에 사용된다. 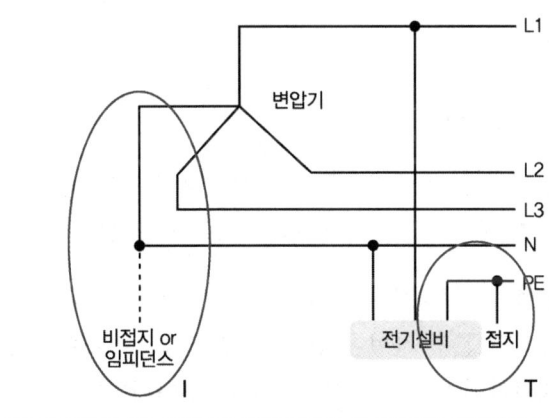

(7) 계통접지(저압 전기설비의 접지방식)

1) 변압기의 중성점접지 저항 값은 다음에 의한다. ✿✿✿

① 일반적으로 변압기의 고압·특고압측 전로 1선 지락전류로 150을 나눈 값과 같은 저항 값 이하($\frac{150}{1선지락전류}\Omega$ 이하)

> [참고]
> 접지시스템에서 고압 및 특고압 계통의 지락사고 시 저압계통에 가해지는 상용주파 과전압은 다음 표에서 정한 값을 초과해서는 안 된다.
>
> | 고압계통에서 지락고장시간 (초) | 저압설비 허용 상용주파 과전압(V) |
> |---|---|
> | > 5 | $U_0 + 250$ |
> | ≤ 5 | $U_0 + 1,200$ |
>
> 비고
> 중성선 도체가 없는 계통에서 U_0는 선간전압을 말한다.
> 1. 순시 상용주파 과전압에 대한 저압기기의 설계기준과 관련된다.
> 2. 중성선이 변전소 변압기의 접지계통에 접속된 계통에서, 건축물외부에 설치한 외함이 접지되지 않은 기기의 절연에는 일시적 상용주파 과전압이 나타날 수 있다.

② 변압기의 고압·특고압측 전로 또는 사용전압이 35kV 이하의 특고 압전로가 저압측 전로와 혼촉하고 저압전로의 대지전압이 150V를 초과하는 경우는 저항 값은 다음에 의한다.

- 1초 초과 2초 이내에 고압·특고압 전로를 자동으로 차단하는 장치를 설치할 때는 300을 나눈 값 이하($\frac{300}{1\text{선지락전류}} \Omega$ 이하)
- 1초 이내에 고압·특고압 전로를 자동으로 차단하는 장치를 설치할 때는 600을 나눈 값 이하($\frac{600}{1\text{선지락전류}} \Omega$ 이하)

2) 전로의 1선 지락전류는 실측값에 의한다. 다만, 실측이 곤란한 경우에는 선로정수 등으로 계산한 값에 의한다.

(8) 공통 접지 및 통합 접지

1) 고압 및 특고압과 저압 전기설비의 접지극이 서로 근접하여 시설되어 있는 변전소 또는 이와 유사한 곳에서는 공통 접지시스템으로 할 수 있다.

2) 전기설비의 접지설비, 건축물의 피뢰설비·전자통신설비 등의 접지극을 공용하는 통합 접지시스템에는 낙뢰에 의한 과전압 등으로부터 전기 전자기기 등을 보호하기 위해 서지보호장치를 설치하여야 한다.

> [참고]
> * 등전위
> 전하의 이동이 없는 상태에서는 도체 안의 전기장이 0이기 때문에 전하의 이동이 없는 경우 도체 내부의 전위는 모든 점에서 같다. 따라서 도체 표면은 등전위면이 된다.
>
> * 등전위 본딩 (Equipotential Bonding)
> 등전위를 형성하기 위해 도전부 상호 간을 전기적으로 연결하는 것을 말한다.

(9) 등전위 본딩

등전위 본딩은 건축물의 공간에서 금속도체를 서로 접속하여 전위를 같게 하는 것 즉, 등전위화를 위해서 시설하는 것을 말한다.

1) 건축물·구조물에서 접지 도체, 주접지단자와 다음의 도전성 부분은 등전위 본딩 하여야 한다. 다만, 이들 부분이 다른 보호도체로 주접지단자에 연결된 경우는 그러하지 아니하다.

① 수도관·가스관 등 외부에서 내부로 인입되는 금속배관
② 건축물·구조물의 철근, 철골 등 금속 보강재
③ 일상생활에서 접촉이 가능한 금속제 난방 배관 및 공조설비 등 계통외 도전부

2) 등전위 본딩의 구분

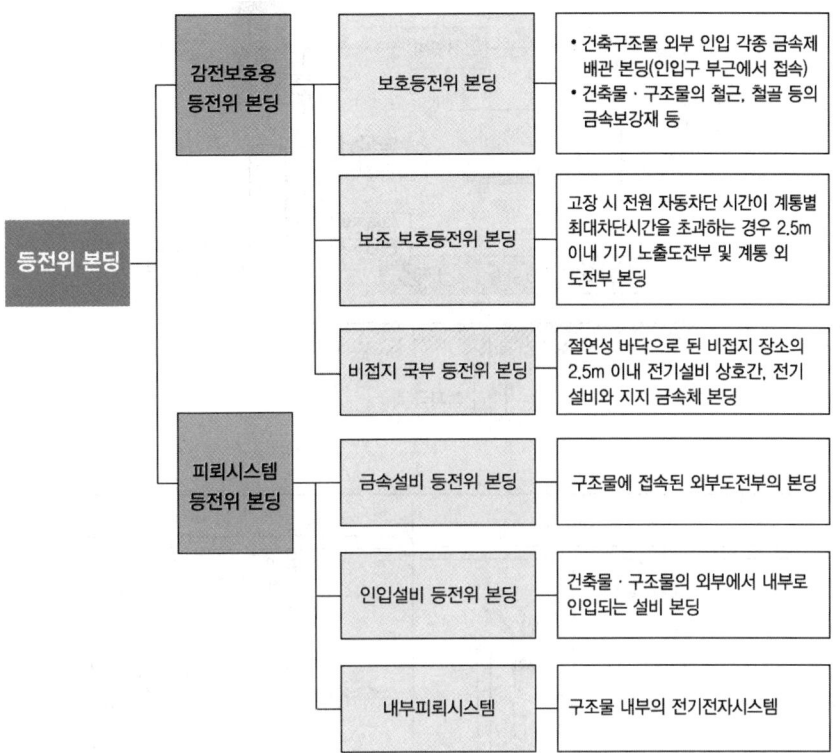

3) 등전위 본딩 도체 ✦

① 보호 등전위 본딩 도체 : 주 접지단자에 접속하기 위한 등전위 본딩 도체는 설비 내에 있는 가장 큰 보호접지 도체 단면적의 1/2 이상의 단면적을 가져야 하고 다음의 단면적 이상이어야 한다.

- 구리도체 $6mm^2$
- 알루미늄 도체 $16mm^2$
- 강철 도체 $50mm^2$

② 주 접지단자에 접속하기 위한 보호본딩 도체의 단면적은 구리도체 $25mm^2$ 또는 다른 재질의 동등한 단면적을 초과할 필요는 없다.

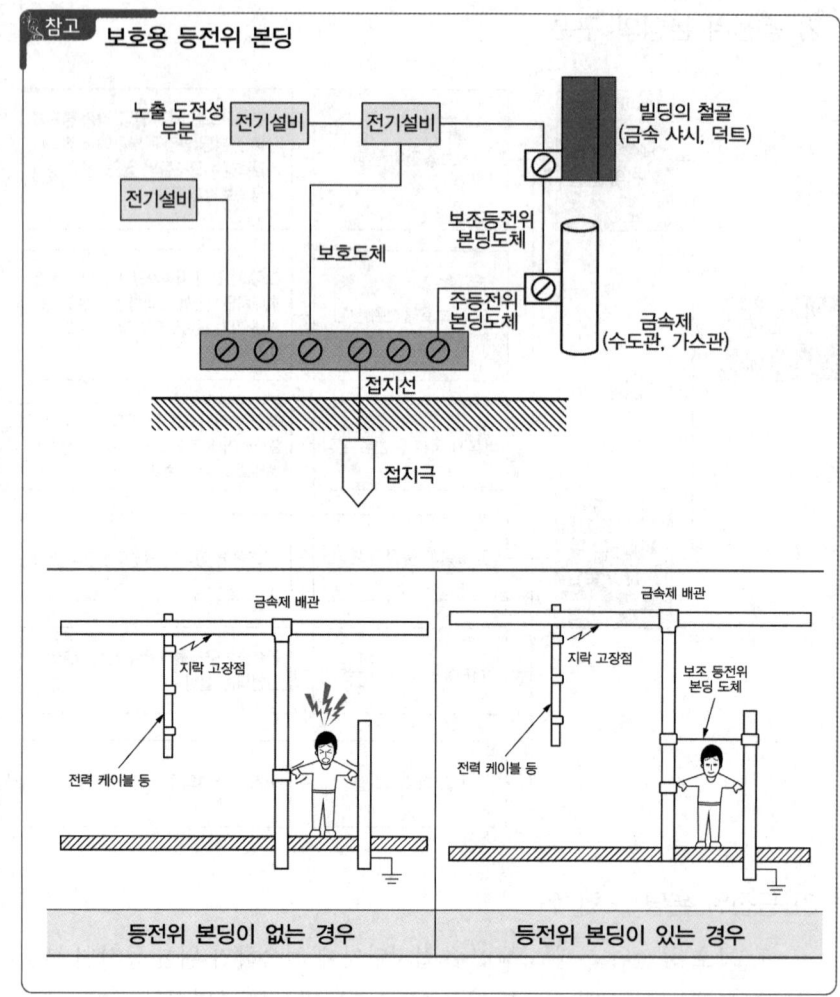

(10) 중성점 접지

① 중성점 접지의 목적
- 지락고장 시 대지 전위 상승을 억제하여 전선로 및 기기의 절연 레벨을 경감시킨다.
- 지락고장 시 접지 계전기의 동작을 확실하게 한다.
- 아크 지락에 의한 이상전압의 경감 및 발생을 방지한다.

② 중성점 접지의 구분
- 비접지방식 : 중성점을 접지하지 않는 방식
- 접지방식 : 중성점을 접지하는 방식

참고

1. 중성선 다중접지 방식
전력계통의 중성선을 대지에 다중으로 접속하고 변압기의 중성점을 그 중성선에 연결하는 계통접지 방식을 말한다.

2. 지락전류(Earth Fault Current)
충전부에서 대지 또는 고장점(지락점)의 접지된 부분으로 흐르는 전류를 말하며, 지락에 의하여 전로의 외부로 유출되어 화재, 사람이나 동물의 감전 또는 전로나 기기의 손상 등 사고를 일으킬 우려가 있는 전류를 말한다.

[접지방식]

직접 접지방식 ✈	• 변압기의 중성점을 직접 도체로 접지시키는 방식 • 이상전압 발생이 적다.
저항 접지방식	• 중성점에 저항기를 삽입하여 접지하는 방식 • 저항값의 대소에 따라 저 저항접지 방식과 고 저항 접지 방식으로 나누어진다.
소호 리액터 접지방식 ✈	• 변압기의 중성점을 대지 정전 용량과 공진하는 리액턴스를 갖는 리액터를 통해서 접지시키는 방식 • 지락 고장이 발생해도 무정전으로 송전을 계속할 수 있다. • 지락전류가 거의 영에 가까워서 안정도가 높다.
리액터 접지방식	• 접지용의 리액터 또는 변압기를 통하여 접지하는 방식

(11) 접지저항 저감 대책 ✈

① 접지극의 병렬 매설
② 접지봉의 심타 매설
③ 접지극의 규격을 크게
④ 토질 개량
⑤ 보조 메쉬(Mesh), 보조 전극 공법
⑥ 접지저항 저감제 사용(약품 사용)

(12) 접지를 하여야 하는 전기 기계·기구(산업안전보건법 기준)

누전에 의한 감전의 위험을 방지하기 위하여 다음 각 호의 부분에 대하여 접지를 하여야 한다.

① 전기기계·기구의 금속제 외함·금속제 외피 및 철대

② 고정 설치되거나 고정배선에 접속된 전기기계·기구의 노출된 비충전 금속체 중 충전될 우려가 있는 다음 각목의 1에 해당하는 비충전 금속체
  • 지면이나 접지된 금속체로부터 수직거리 2.4미터, 수평거리 1.5미터 이내의 것
  • 물기 또는 습기가 있는 장소에 설치되어 있는 것
  • 금속으로 되어있는 기기접지용 전선의 피복·외장 또는 배선관 등
  • 사용전압이 대지전압 150볼트를 넘는 것

용어정의

* 접지저항
• 땅에 매설한 접지전극과 땅 사이의 전기저항(접지시킨 전극과 대지간의 전기적 저항)
• 접지저항이 낮아야 땅으로 전기가 잘 흐른다. (접지저항이 낮을수록 접지의 효과가 좋다.)

기출

* 접지저항 치를 결정하는 저항
① 접지선, 접지극의 도체 저항
② 접지전극의 표면과 접하는 토양 사이의 접촉 저항
③ 접지전극 주위의 토양이 나타내는 저항

문제

접지저항 저감 대책으로 적합하지 않은 것은?
㉮ 병렬법
㉯ 심타, 심공공법
㉰ 접지극의 규격을 크게 한다.
㉱ 토양을 개량, 도전율을 떨어뜨린다.

[해설]
㉱ 토양을 개량, 도전율을 향상시킨다.

[참고]
접지는 과전류를 땅으로 흘려보내어 감전을 방지하는 방법으로 땅으로 전기가 잘 흐르도록 도전율을 향상시켜야 한다.

정답 ㉱

합격의 key

비교
누전차단기를 설치해야 하는 기계·기구 ★★
① 대지전압이 150볼트를 초과하는 이동형 또는 휴대형 전기 기계·기구
② 물 등 도전성이 높은 액체가 있는 습윤장소에서 사용하는 저압(1,500볼트 이하 직류전압이나 1,000볼트 이하의 교류전압을 말한다)용 전기 기계·기구
③ 철판·철골 위 등 도전성이 높은 장소에서 사용하는 이동형 또는 휴대형 전기 기계·기구
④ 임시배선의 전로가 설치되는 장소에서 사용하는 이동형 또는 휴대형 전기 기계·기구

비교
누전차단기를 설치하지 않아도 되는 경우 ★★
① 이중절연구조 또는 이와 동등 이상으로 보호되는 전기 기계·기구
② 절연대 위 등과 같이 감전 위험이 없는 장소에서 사용하는 전기 기계·기구
③ 비접지방식의 전로

③ 전기를 사용하지 아니하는 설비 중 다음 각목의 1에 해당하는 금속체
  • 전동식 양중기의 프레임과 궤도
  • 전선이 붙어있는 비전동식 양중기의 프레임
  • 고압(1.5천볼트 초과 7천볼트 이하의 직류전압 또는 1천볼트 초과 7천볼트 이하의 교류전압) 이상의 전기를 사용하는 전기 기계·기구 주변의 금속제 칸막이·망 및 이와 유사한 장치

④ 코드 및 플러그를 접속하여 사용하는 전기 기계·기구 중 다음 각목의 1에 해당하는 노출된 비충전 금속체
  • 사용전압이 대지전압 150볼트를 넘는 것
  • 냉장고·세탁기·컴퓨터 및 주변기기 등과 같은 고정형 전기기계·기구
  • 고정형·이동형 또는 휴대형 전동기계·기구
  • 물 또는 도전성이 높은 곳에서 사용하는 전기기계·기구, 비접지형 콘센트
  • 휴대형 손전등

⑤ 수중 펌프를 금속제 물탱크 등의 내부에 설치하여 사용하는 경우에 그 탱크(이 경우 탱크를 수중펌프의 접지선과 접속하여야 한다)

(13) 접지를 시행하지 않아도 되는 경우(산업안전보건법 기준) ✪✪

접지를 하지 않아도 되는 경우 ✪✪✪

① 「전기용품 및 생활용품 안전관리법」이 적용되는 이중절연구조 또는 이와 같은 수준 이상으로 보호되는 구조로 된 전기기계·기구
② 절연대 위 등과 같이 감전 위험이 없는 장소에서 사용하는 전기기계·기구
③ 비접지방식의 전로(그 전기 기계·기구의 전원 측의 전로에 설치한 절연변압기의 2차 전압이 300볼트 이하, 정격용량이 3킬로볼트 암페어 이하이고 그 절연전압기의 부하측의 전로가 접지되어 있지 아니한 것으로 한정한다)에 접속하여 사용되는 전기 기계·기구

④ 피뢰시스템

(1) 전기설비의 피뢰

뇌 방전으로 인한 과전압으로부터 전기 설비의 손상, 감전 또는 화재의 우려가 없도록 피뢰설비를 시설하고 그 밖에 적절한 조치를 하여야 한다.

(2) 적용 범위 ✯

① 전기 전자 설비가 설치된 건축물·구조물로서 낙뢰로부터 보호가 필요한 것 또는 지상으로부터 높이가 20m 이상인 것
② 전기 설비 및 전자설비 중 낙뢰로부터 보호가 필요한 설비

(3) 피뢰시스템의 구성

외부피뢰시스템	직격뢰로부터 대상물을 보호한다.
내부피뢰시스템	간접뢰 및 유도뢰로부터 대상물을 보호한다.

1) 외부피뢰시스템

① 수뢰부시스템(受雷部, Air-termination system)
- 뇌격전류를 받아들이기 위한 외부 피뢰설비의 일부분을 말한다.
- 돌침, 수평도체, 메시도체의 요소 중에 한 가지 또는 이를 조합한 형식으로 시설하여야 한다.
- 보호각법, 회전구체법, 메시법 중 하나 또는 조합된 방법으로 배치하여야 한다.

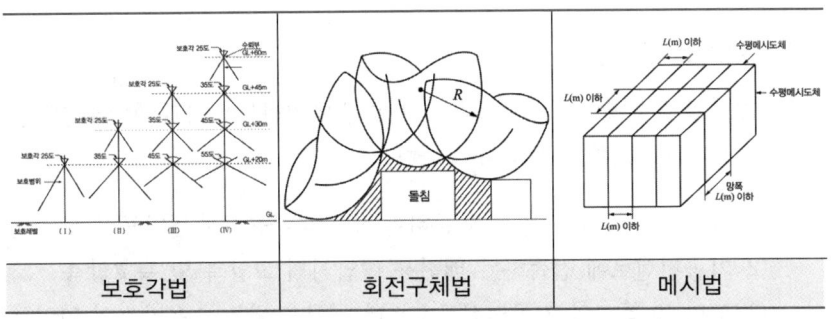

| 보호각법 | 회전구체법 | 메시법 |

참고

1. 지상으로부터 높이 60m를 초과하는 건축물·구조물에 측뢰 보호가 필요한 경우에는 수뢰부시스템을 시설하여야 하며, 다음에 따른다.
   - 전체 높이 60m를 초과하는 건축물·구조물의 최상부로부터 20% 부분에 한하며, 피뢰시스템 등급 Ⅳ의 요구사항에 따른다.
2. 건축물·구조물과 분리되지 않은 수뢰부시스템의 시설은 다음에 따른다.
   ① 지붕 마감재가 불연성 재료로 된 경우 지붕 표면에 시설할 수 있다.
   ② 지붕 마감재가 높은 가연성 재료로 된 경우 지붕재료와 다음과 같이 이격하여 시설한다.
   - 초가지붕 또는 이와 유사한 경우 0.15m 이상
   - 다른 재료의 가연성 재료인 경우 0.1m 이상

기출

※ 피뢰시스템의 레벨별 회전구체 반경과 메시 치수

피뢰시스템의 레벨	회전구체 반경 (m)	메시치수 (m)
Ⅰ	20	5×5
Ⅱ	30	10×10
Ⅲ	45	15×15
Ⅳ	60	20×20

기출

※ 유도장해 방지

교류 특고압 가공전선로에서 발생하는 극저주파 전자계는 지표상 1m에서 전계가 3.5kV/m 이하, 자계가 83.3μT 이하가 되도록 시설하고, 직류 특고압 가공전선로에서 발생하는 직류전계는 지표

면에서 25kV/m 이하, 직류자계는 지표상 1m에서 400,000μT 이하가 되도록 시설하는 등 상시 정전유도(靜電誘導) 및 전자유도(電磁誘導) 작용에 의하여 사람에게 위험을 줄 우려가 없도록 시설하여야 한다. 다만, 논밭, 산림 그 밖에 사람의 왕래가 적은 곳에서 사람에 위험을 줄 우려가 없도록 시설하는 경우에는 그러하지 아니하다.

② 인하도선시스템
- 수뢰부시스템과 접지시스템을 전기적으로 연결하여 수뢰부로부터 접지부로 뇌격전류를 흘리기 위한 외부 피뢰설비의 일부분을 말한다.

③ 접지극시스템
- 뇌전류를 대지로 방류시키기 위한 것이다.
- 접지극은 지표면에서 0.75m 이상 깊이로 매설하여야 한다. 다만, 필요시는 해당 지역의 동결심도를 고려한 깊이로 할 수 있다.

2) 내부피뢰시스템

① 등전위 본딩 : 건축물 내의 전위차로 인한 재해를 방지하기 위하여 보호범위 내의 건축물 및 각종 설비를 등전위로 유지한다.
② 외부 피뢰설비와의 전기적 절연

(4) 피뢰 설비의 보호능력

① **완전 보호** : 금속체로 CAGE를 구성하는 완전 보호 방식이다. 산꼭대기에 있는 관측소나 건물 등에 설치한다.
② **증강 보호** : 돌침의 보호각 내에 건축물이 시설된 경우라도 건축물 상부의 모서리에 돌침과 수평 도체를 추가 부설하여 보호 능력을 향상시킨 것이다. CAGE 방식을 채택하기 어려운 목조건물 등에 사용한다.
③ **보통 보호** : 피 보호물 전부가 돌침이나 수평 도체의 보호 범위에 있도록 시설하는 방식이다.
④ **간이 보호** : 보통 보호보다 간단한 것으로 보호 범위를 고려치 않은 간이 피뢰설비를 하는 방식이다.

(5) 피뢰기의 설치 장소 ✈

고압 및 특고압의 전로 중 다음 각 호에 열거하는 곳 또는 이에 근접한 곳에는 피뢰기를 시설하여야 한다.

① 발전소·변전소 또는 이에 준하는 장소의 가공전선 인입구 및 인출구
② 가공전선로에 접속하는 배전용 변압기의 고압측 및 특고압측
③ 고압 및 특고압 가공전선로로부터 공급을 받는 수용장소의 인입구
④ 가공전선로와 지중전선로가 접속되는 곳

(6) 피뢰기의 종류

① 저항형 피뢰기
② 밸브형 피뢰기
③ 밸브 저항형 피뢰기
④ 방출형 피뢰기
⑤ 종이 피뢰기(p-valve 피뢰기)

(7) 피뢰기의 구성

피뢰기는 직렬 갭과 특성요소로 구성된다. ✦

① **직렬 갭** : 정상 시에는 방전을 하지 않고 절연상태를 유지하며, 이상 과전압 발생 시에는 신속히 이상전압을 대지로 방전하고 속류를 차단하는 역할을 한다.
② **특성요소** : 뇌전류 방전 시 피뢰기 자신의 전위 상승을 억제하여 자신의 절연 파괴를 방지하는 역할을 한다.

참고 | 피뢰기의 구성

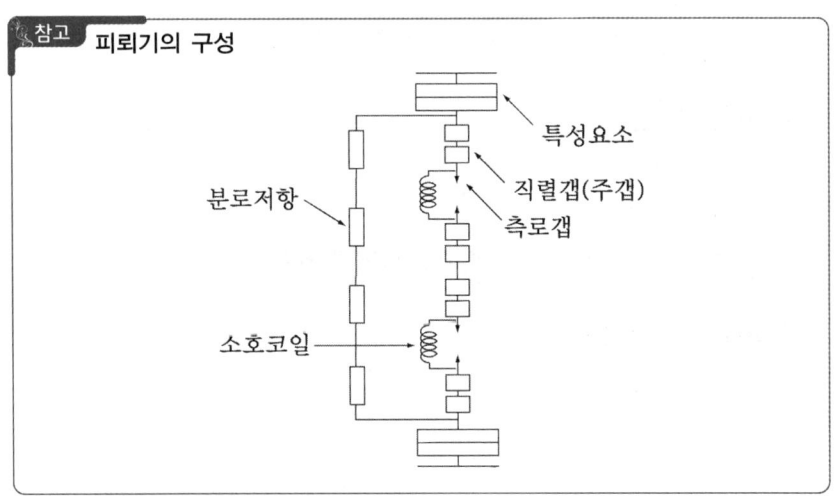

(8) 피뢰기가 구비해야 할 성능 ✦

① 반복 동작이 가능할 것
② 구조가 견고하며 특성이 변하지 않을 것
③ 점검, 보수가 간단할 것
④ 충격 방전 개시 전압과 제한 전압이 낮을 것
⑤ 뇌전류의 방전 능력이 크고, 속류의 차단이 확실하게 될 것

용어정의

* **피뢰기**
전기기기를 서지(Surge)로부터 보호하기 위해 변압기 가까이 설치하는 장치로서, 충전된 경우에만 접지가 된다.

* **정격전압**
속류를 차단할 수 있는 교류 최고전압

* **제한전압**
방전 중의 단자전압의 파고치(파형의 최대높이의 값)

* **방전개시전압**
피뢰기가 방전을 개시할 때의 단자전압의 순시치(어느 한 순간에서의 크기)

* **속류**
이상전압 발생 시 피뢰기가 방전하여 큰 방전전류를 대지로 흘려보낸 후 시간이 지나면 계통을 정상화해도 될 정도로 방전전류가 작아지는데 이것을 속류라고 한다. 속류는 아무리 작아도 피뢰기를 통해 대지로 흘러가는 방전전류이므로 이 속류를 차단해야만 계통이 정상화 된다.

* **피뢰침**
낙뢰에 의한 충격 전류를 땅으로 안전하게 흘려보내 낙뢰로부터 건축물을 보호하기 위한 목적으로 건물상단에 설치하며 항상 접지되어 있다.

* **피뢰도선**
돌침부와 접지극 사이를 연결하는 도선을 말한다.

(9) 피뢰기의 접지 ✦✦

① 접지도체에 피뢰시스템이 접속되는 경우, 접지도체의 단면적은 구리 16mm² 또는 철 50mm² 이상으로 하여야 한다
② 고압 및 특고압의 전로에 시설하는 피뢰기 접지저항 값은 10Ω 이하로 하여야 한다.

(10) 피뢰기의 보호 여유도 ✦

$$여유도(\%) = \frac{충격\ 절연\ 강도 - 제한\ 전압}{제한\ 전압} \times 100$$

(11) 피뢰기의 점검 : 연 1회 이상 ✦

피뢰기의 점검은 매년 뇌우기(6~7월경) 전에 실시하는 것이 바람직하다.

① 접지 저항 측정
② 지상의 각 접속부 검사
③ 지상의 단선, 용융, 기타 손상 유무 검사

(12) 피뢰침의 종류

① 돌침 방식
② 회전 구체 방식
③ 선행 스트리머 방출형 피뢰침(ESE 피뢰침)

(13) 피뢰침의 구성요소 ✦

① 돌출부(돌침)
② 피뢰도선
③ 접지극

참고 **피뢰침의 구조**

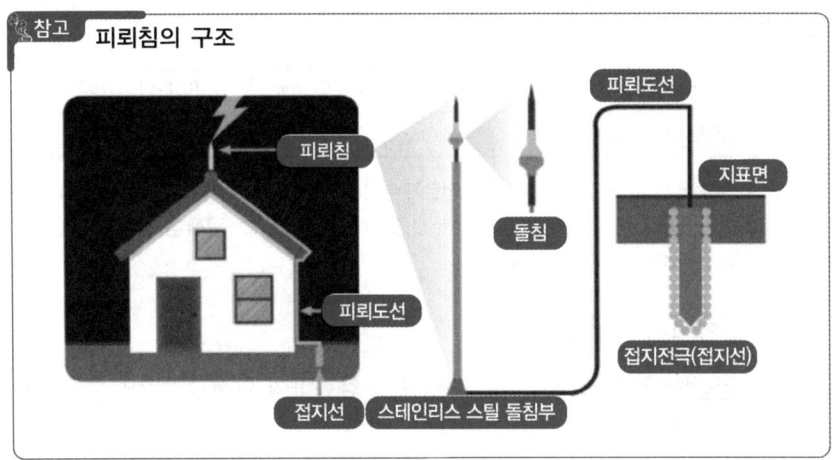

(14) 피뢰침의 설치 ✈

① 피뢰침의 보호각은 45도 이하로 할 것
- 위험물 저장소 45°
- 일반 건축물 60° 이하

② 돌침
- 돌침의 직경은 12mm 이상으로서 동봉, 알루미늄 도금을 한 철봉 또는 이와 동등 이상의 강도 및 성능의 것을 사용하여야 한다.

③ 피뢰도선(인하도선)
- 인하도선의 단면적은 30mm² 이상인 동선, 50mm² 이상의 알루미늄 또는 이와 동등 이상의 도전성의 것을 사용한다.

④ 피뢰침은 가연성 가스 등이 누설될 우려가 있는 밸브, 게이지 및 배기구 등의 시설물로부터 1.5m 이상 떨어진 장소에 설치할 것

5 화재경보기

(1) 누전경보기

내화구조가 아닌 건축물로서 벽, 바닥 또는 천장의 전부나 일부를 불연재료 또는 준불연재료가 아닌 재료에 철망을 넣어 만든 건물의 전기설비로부터 누설전류를 탐지하여 경보를 발하며 변류기와 수신기로 구성된 것을 말한다.

참고

* 누전 화재 경보기 설치 장소

1. 제1종 장소
   일반 건축물로서 불연 재료 또는 준불연 재료가 아닌 재료에 철망 등의 금속재를 넣어 만든 것으로
   ① 연면적 300[m²] 이상인 것
   ② 계약 전류 용량(동일 건축물에 계약 종별이 다른 전기가 공급되는 경우에는 그중 최대 계약 전류 용량을 말한다)이 100[A]를 초과하는 것

2. 제2종 장소
   일반 건축물로서 불연 재료 또는 준불연 재료가 아닌 재료에 철망 등의 금속재를 넣어 만든 것으로
   ① 연면적 500[m²] 이상 (사업장의 경우에는 1,000[m²] 이상)인 것
   ② 계약 전류 용량이 100[A]를 초과하는 것 (4층 이상의 공동 주택 및 사업장에 한한다.)

3. 제3종 장소
   연면적 1,000[m²] 이상의 창고(내화 건축물은 제외)로서 벽·바닥 또는 천장(ceiling)의 전부 또는 일부를 불연 재료가 아닌 재료에 철망을 넣어 만든 구조의 것.

(2) 누전경보기의 종류

정격전류	60[A] 초과	60[A] 이하
경보기의 종류	1급	1급 및 2급

* 다만 정격전류가 60[A]를 초과하는 전로가 분기되어 각 분기회로의 정격전류가 60[A] 이하로 되는 경우 당해 분기회로마다 2급 누전경보기를 설치한 때는 당해 경계전로에 1급 누전경보기를 설치한 것으로 본다.

(3) 누전경보기의 구성

① **영상변류기** : 누설전류를 자동으로 검출하여 누전경보기의 수신기에 송신하는 장치
② **수신기** : 변류기로부터 검출된 신호를 수신하여 누전의 발생을 소방대상물의 관계인에게 경보를 통보하는 장치
③ **차단기구** : 경계 전로에 누설전류가 흐르는 경우 그 경계 전로의 전원을 자동적으로 차단하는 장치
④ **음향장치** : 경보를 발하는 장치

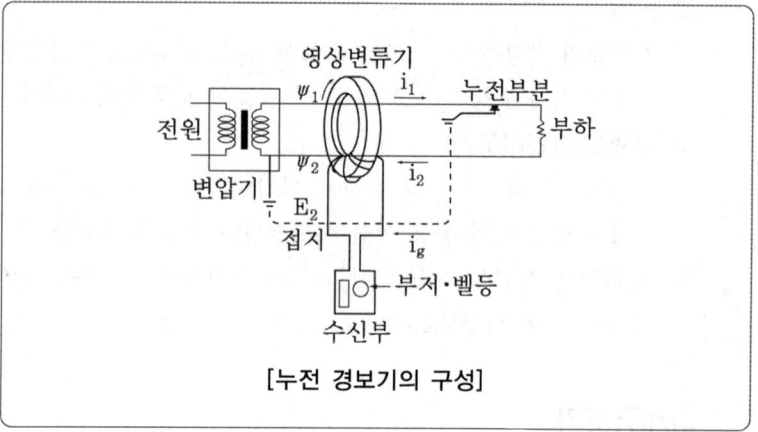

[누전 경보기의 구성]

(4) 누전경보기의 설치 기준

① 변류기
  • 변류기는 특정 소방 대상물의 형태, 인입선의 시설방법 등에 따라 옥외 인입선의 제1지점의 부하측 또는 제2종 접지선측의 점검이 쉬운 위치에 설치한다.
  다만, 인입선의 형태 또는 특정 소방 대상물의 구조상 부득이한 경우에는 인입구에 근접한 옥내에 설치할 수 있다.
  • 변류기를 옥외의 전로에 설치하는 경우에는 옥외형의 것을 설치

② 누전경보기의 수신기
- 누전경보기의 수신기는 옥내의 점검이 편리한 장소에 설치하되 가연성의 증기, 먼지 등이 체류할 우려가 있는 장소의 전기회로에는 당해 부분의 전기회로를 차단할 수 있는 차단기구를 가진 수신기를 설치하여야 한다. 이 경우 차단기구의 부분은 당해 장소 외의 안전한 장소에 설치하여야 한다.
- 누전경보기의 수신기는 다음 각 호의 장소 외의 장소에 설치하여야 한다. 다만, 당해 누전경보기에 대하여 방폭, 방식, 방습, 방온, 방진 및 정전기 차폐 등의 방호조치를 한 것에 있어서는 그러하지 아니하다.

누전경보기의 수신기를 설치할 수 없는 장소 ✭
① 가연성의 증기, 먼지, 가스 등이나 부식성의 증기, 가스 등이 다량으로 체류하는 장소
② 화약류를 제조하거나 저장 또는 취급하는 장소
③ 습도가 높은 장소
④ 온도의 변화가 급격한 장소
⑤ 대 전류 회로, 고주파 발생회로 등에 의한 영향을 받을 우려가 있는 장소

③ 음향장치

음향장치는 수위실 등 상시 사람이 근무하는 장소에 설치하여야 하며, 그 음량 및 음색은 다른 기기의 소음 등과 명확히 구별할 수 있는 것으로 하여야 한다.

④ 누전경보기의 전원
- 전원은 분전반으로부터 전용회로로 하고 각 극에 개폐기 및 15[A] 이하의 과전류 차단기(배선용 차단기는 20[A] 이하의 것으로 각 극을 개폐할 수 있는 것)를 설치해야 한다.
- 전원을 분기할 때는 다른 차단기에 의하여 전원이 차단되지 않도록 할 것
- 전원 개폐기에는 누전경보기용임을 표시할 것

(5) 시험장치

① **도통시험** : 수신부와 영상변류기 사이의 외부배선 단선 유무를 시험
② **동작시험** : 누설전류 검출시험

> [기출]
>
> ※ 전기누전 화재경보기의 시험 방법
> ① 전압특성시험
> ② 전류특성시험
> ③ 접지저항시험
> ④ 주파수특성시험
> ⑤ 방수시험
> ⑥ 절연저항시험
> ⑦ 절연내력시험
> ⑧ 진동시험
> ⑨ 과누전시험
> ⑩ 충격시험 등

(6) 전기 누전화재경보기의 설치 장소

일반 건축물로서 불연 재료(incombustible material) 또는 준불연 재료가 아닌 재료에 철망 등의 금속재를 넣어 만든 것으로 다음의 기준에 해당되는 소방 대상물

제1종 장소	• 연면적 300[m^2] 이상인 것 • 계약 전류 용량(동일 건축물에 계약 종별이 다른 전기가 공급되는 경우에는 그중 최대 계약전류 용량을 말한다)이 100[A]를 초과하는 것
제2종 장소	• 연면적 500[m^2] 이상(사업장의 경우에는 1,000[m^2] 이상)인 것 • 계약 전류 용량이 100[A]를 초과하는 것(4층 이상의 공동 주택 및 사업장에 한한다)
제3종 장소	• 연면적 1,000[m^2] 이상의 창고로서(내화건축물은 제외)벽, 바닥 또는 천장의 전부 또는 일부를 불연재료가 아닌 재료에 철망을 넣어 만든 구조의 것

6 화재 대책

(1) 화재의 구분 ☆☆☆

구분 등급	화재의 구분	표시 색	소화기의 종류
A급	일반 가연물화재 (종이, 섬유, 목재 등)	백색	물소화기, 산·알칼리소화기, 강화액소화기
B급	유류화재	황색	분말소화기, 포소화기, 이산화탄소(탄산가스, CO_2) 소화기
C급	전기화재 (발전기, 변압기 등)	청색	분말소화기, 이산화탄소(탄산가스)소화기, 할로겐화합물소화기
D급	금속화재 (금속분 등)	무색, 표시없음	팽창질석, 팽창진주암, 건조사

(2) 예방대책 : 화재가 발생하기 전에 미리 발화를 방지하는 대책을 말한다.

(3) 국한대책 : 화재가 더 이상 확대되지 않도록 하는 대책을 말한다.

① 가연성 물질의 집적 방지
② 건물 및 설비의 불연성화
③ 위험물 시설의 지하매설
④ 방화벽, 방유제 등의 정비
⑤ 일정한 공지의 확보

(4) 소화 대책 : 초기 소화 및 본격적인 소화 활동을 뜻하며 소화설비로서 수동식 소화기, 자동식 스프링클러, 물 분무 소화장치, 소방 호스용의 옥내외 소화전(消火栓) 등이 있다.

(5) 피난 대책 : 비상구 등을 통하여 대피하는 대책을 말한다. 이때 피난구의 문은 안에서 바깥으로 열리는 구조로 하여야 한다.

합격의 key

▣ 문제
다음 중 전기화재 시 소화에 부적합한 소화기는?
㉮ 사염화탄소 소화기
㉯ 분말 소화기
㉰ 산 알칼리 소화기
㉱ CO_2 소화기

[해설]
㉰ 산 알칼리 소화기는 일반화재에 사용되고 전기화재에는 사용할 수 없다.

정답 ㉰

▣ 기출
* 누전 화재의 3요소
  ① 누전점
  ② 출화점
  ③ 접지점

CHAPTER 03 단원 예상문제

01 다음 전선이 연소될 때의 순서가 맞는 것은?

㉮ 착화 단계 - 순시 용단 단계 - 발화 단계 - 인화 단계
㉯ 인화 단계 - 착화 단계 - 발화 단계 - 순시 용단 단계
㉰ 순시 용단 단계 - 착화 단계 - 인화 단계 - 발화 단계
㉱ 발화 단계 - 순시 용단 단계 - 착화 단계 - 인화 단계

[해설] **절연전선의 과대 전류**
① 인화 단계 : 40 ~ 43A/mm²
② 착화 단계 : 43 ~ 60A/mm²
③ 발화 단계 : 60 ~ 120A/mm²
④ 순간 용단 : 120A/mm² 이상

02 전기설비의 경로별 재해 중 가장 높은 것은?

㉮ 접촉부의 과열   ㉯ 과전류
㉰ 누전   ㉱ 단락

[해설] **전기화재 및 폭발의 원인**
• 단락 : 25%(1순위)
• 스파크 : 24%
• 누전 : 15%
• 접촉부 과열 : 12%
• 절연 열화에 의한 발열 : 11%
• 과전류 : 8%

03 다음 전기화재의 원인으로 거리가 먼 것은?

㉮ 누전   ㉯ 단락
㉰ 과전류 ㉱ 접지

[해설] ㉱ **접지는 전기화재를** 예방하는 방법이다.

04 발화까지 이르는 누전전류의 최소치는 일반적으로 어느 정도인가?

㉮ 100~250mA
㉯ 300~500mA
㉰ 550~650mA
㉱ 700~800mA

[해설] 발화에 이르는 누설전류(누전전류)의 최솟값은 300 ~ 500[mA]이다.

05 전기설비로 인한 화재폭발의 위험 분위기를 생성하지 않도록 하기 위해 필요한 대책 중 옳지 않은 것은?

㉮ 폭발성 가스 누설 및 방출 방지
㉯ 폭발성 가스의 체류 방지
㉰ 폭발성 분진의 생성 방지
㉱ 폭발성 가스의 사용 방지

[해설] **위험 분위기 생성 방지**
① 폭발성 가스의 누설 및 방출 방지
② 폭발성 가스의 체류 방지
③ 폭발성 분진의 생성 방지

정답 01 ㉯ 02 ㉱ 03 ㉱ 04 ㉯ 05 ㉱

06 가스레인지에서 새어 나온 가연성 가스가 집안 가득 차 있다. 어두컴컴한 실내를 밝히기 위해 거실 형광등을 켜는 순간 큰 폭발이 일어났다. 다음 중 점화원으로 추정되는 것 중 가장 타당한 것은?

㉮ 마찰
㉯ 충격
㉰ 정전기
㉱ 전기불꽃

[해설] 형광등을 켜는 순간 폭발이 일어났으므로 가연성 가스와 형광등 전기불꽃에 의한 폭발로 추정할 수 있다.

07 누전 화재라는 것을 입증하기 위한 요건이 아닌 것은?

㉮ 누전점   ㉯ 발화점
㉰ 접지점   ㉱ 접속점

[해설] ㉱ 누전 화재는 누설전류에 의한 화재로 접속점과는 무관하다.

08 피뢰기의 제한 전압이 700[KV]이고, 충격 절연강도가 1,000[KV]라면, 보호 여유도는?

㉮ 12[%]   ㉯ 27[%]
㉰ 39[%]   ㉱ 43[%]

[해설] 피뢰기의 보호 여유도

$$여유도(\%) = \frac{충격절연 강도 - 제한전압}{제한전압} \times 100$$

$$여유도(\%) = \frac{1,000 - 700}{700} \times 100 = 42.86\%$$

09 다음 중 유류에 의한 화재는?

㉮ A급   ㉯ B급
㉰ C급   ㉱ D급

[해설]

구분 등급	화재의 구분	표시 색	소화기의 종류
A급	일반 가연물화재 (종이, 섬유, 목재 등)	백색	물소화기 산·알칼리소화기 강화액소화기
B급	유류화재	황색	분말소화기 포소화기 이산화탄소(탄산가스)소화기
C급	전기화재 (발전기, 변압기 등)	청색	분말소화기 이산화탄소(탄산가스)소화기 할로겐화합물소화기
D급	금속화재 (금속분 등)	무색, 표시없음	팽창질석 팽창진주암 건조사

10 피뢰기가 반드시 가져야 할 성능 중 틀린 것은?

㉮ 방전 개시 전압이 높을 것
㉯ 뇌전류 방전 능력이 클 것
㉰ 속류 차단을 확실하게 할 수 있을 것
㉱ 반복 동작이 가능할 것

[해설] **피뢰기가 구비해야 할 성능**
① 반복 동작이 가능할 것
② 구조가 견고하며 특성이 변하지 않을 것
③ 점검, 보수가 간단할 것
④ **충격 방전 개시 전압과 제한 전압이 낮을 것**
⑤ 뇌전류의 방전 능력이 크고, 속류의 차단이 확실하게 될 것

정답 06 ㉱ 07 ㉱ 08 ㉱ 09 ㉯ 10 ㉮

11 금속물질 화재의 소화방법으로 가장 부적절한 것은?

㉮ 포말소화
㉯ 탄산가스
㉰ 물
㉱ 건조사

[해설] **금속류의 화재**에는 건조사, 팽창질석, 팽창진주암 등을 이용한 **질식소화가 적당**하다. "물"은 냉각소화로서 적합하지 않다.

12 전기화재를 발화원으로 분류한 출화형태가 아닌 것은?

㉮ 감전에 의한 출화
㉯ 전기배선 또는 전기기기로부터의 출화
㉰ 정전기 불꽃에 의한 출화
㉱ 누전에 의한 출화

[해설] ㉮ "감전"은 전기에 의한 재해발생 형태이다. (발화원이 아니다)

13 누전경보기의 구성요소가 아닌 것은?

㉮ 변류기
㉯ 단로기
㉰ 수신기
㉱ 차단 기구

[해설] **누전경보기의 구성**
① 영상변류기 : 누설전류를 자동으로 검출하여 누전경보기의 수신기에 송신하는 장치
② 수신기 : 변류기로부터 검출된 신호를 수신하여 누전의 발생을 소방대상물의 관계인에게 경보를 통보하는 장치
③ 차단 기구 : 경계 전로에 누설전류가 흐르는 경우 그 경계 전로의 전원을 자동적으로 차단하는 장치
④ 음향장치 : 경보를 발하는 장치

14 SELV 및 PELV의 절연저항 값으로 적당한 것은?

㉮ 1.5MΩ 이상   ㉯ 1.0MΩ 이상
㉰ 0.3MΩ 이상   ㉱ 0.5MΩ 이상

[해설] **전로의 절연저항**

전로의 사용전압(V)	DC 시험 전압(V)	절연저항 (MΩ)
SELV(비접지회로) 및 PELV(접지회로)	250	0.5
FELV(1차와 2차가 전기적으로 절연되지 않은 회로), 500(V) 이하	500	1.0
500(V) 초과	1,000	1.0

* 특별저압(extra low voltage: 2차 전압이 AC 50V, DC 120V 이하)으로 SELV(비접지회로 구성) 및 PELV(접지회로 구성)은 1차와 2차가 전기적으로 절연된 회로, FELV는 1차와 2차가 전기적으로 절연되지 않은 회로

15 일반적인 변압기의 중성점 접지저항 값으로 적당한 것은?

㉮ $\frac{50}{1선지락전류}$ Ω 이하

㉯ $\frac{150}{1선지락전류}$ Ω 이하

㉰ $\frac{300}{1선지락전류}$ Ω 이하

㉱ $\frac{600}{1선지락전류}$ Ω 이하

[해설] **변압기의 중성점 접지 저항값**

① 일반적인 경우 : $\frac{150}{1선지락전류}$ Ω 이하

② 변압기의 고압·특고압측 전로 또는 사용 전압이 35kV 이하의 특고압전로가 저압측 전로와 혼촉하고 저압 전로의 대지전압이 150V를 초과하는 경우

정답   11 ㉰   12 ㉮   13 ㉯   14 ㉱   15 ㉯

- 1초 초과 2초 이내에 고압·특고압 전로를 자동으로 차단하는 장치를 설치할 때 :

  $\dfrac{300}{1선지락전류}$ Ω 이하

- 1초 이내에 고압·특고압 전로를 자동으로 차단하는 장치를 설치할 때 :

  $\dfrac{600}{1선지락전류}$ Ω 이하

16 저압 전선로 중 절연 부분의 전선과 대지 간 및 전선의 심선 상호 간의 절연 저항은 사용 전압에 대한 누설전류가 최대 공급 전류의 얼마를 넘지 않아야 하는가?

㉮ 1/1000 ㉯ 1/1500
㉰ 1/2000 ㉱ 1/2500

[해설] **누전전류(누설전류)의 크기**

보통 최대 공급 전류의 $\dfrac{1}{2000}$ (A)이 누설되고 있다고 본다.

17 접지의 종류와 목적에 대한 설명으로 틀린 것은?

㉮ 계통 접지 : 고압 전로와 저압 전로가 혼촉되었을 때 감전 및 화재 방지
㉯ 피뢰 접지 : 낙뢰로부터 전기기기의 손상 방지
㉰ 기기 접지 : 누전되고 있는 기기에 접촉 시의 감전 방지
㉱ 등전위 접지 : 정전기의 축적에 의한 폭발 방지

[해설]

접지의 종류	목 적
계통 접지	**고압 전로와 저압 전로의 혼촉**으로 인한 감전이나 화재를 **방지**하기 위해 변압기의 중성점을 접지하는 방식이다.
기기 접지	누전되고 있는 기기에 접촉되었을 때의 감전을 방지한다.
피뢰기 접지	낙뢰로부터 전기 기기의 손상을 방지한다.
정전기 장해 방지용 접지	정전기 축척에 의한 폭발 재해를 방지한다.
지락 검출용 접지	누전 차단기의 동작을 확실하게 한다.
등전위 접지	병원에 있어서의 의료기기 사용 시의 안전을 위해 설치한다.
잡음 대책용 접지	잡음에 의한 Electronics 장치의 파괴나 오동작을 방지한다.
기능용 접지	건축물 내에 설치된 전자기기의 안정적 가동을 확보하기 위한 목적으로 설치한다.

18 다음 중 B급 화재에 해당되는 것은?

㉮ 인화물질(유류)에 의한 화재
㉯ 전기 장치에 의한 화재
㉰ 미그네슘 등에 의한 금속화재
㉱ 일반 가연물에 의한 화재

[해설] ㉮ B급 화재
㉯ C급 화재
㉰ D급 화재
㉱ A급 화재

정답 16 ㉰ 17 ㉱ 18 ㉮

19 뇌 전압에 의한 손상의 우려가 있는 고압 및 특별고압의 전로 중 피뢰기를 시설하여야 할 곳이 아닌 것은?

㉮ 발전소, 변전소 또는 이에 준하는 장소의 가공전선 인입구 또는 인출구
㉯ 가공전선로에 접속하는 배전용 변압기의 고압측 및 특별고압측
㉰ 고압 및 특별고압의 지중전선로로부터 공급받는 수용장소의 인출구
㉱ 가공전선로와 지중전선로가 접속되는 곳

[해설] 피뢰기의 설치 장소
① **발전소·변전소** 또는 이에 준하는 장소의 **가공전선 인입구 및 인출구**
② 가공전선로에 접속하는 **배전용 변압기의 고압측 및 특고압측**
③ **고압 및 특고압 가공전선로로부터 공급을 받는 수용장소의 인입구**
④ **가공전선로와 지중전선로가 접속되는 곳**

20 위험물·폭발물 등의 저장장소에 설치하는 피뢰침의 보호각은 얼마 이하로 하는가?

㉮ 60도
㉯ 45도
㉰ 30도
㉱ 20도

[해설] 피뢰침의 보호각도 → 45도

21 접지 도체의 최소단면적의 기준으로 옳은 것은?

㉮ 특고압·고압 전기설비용 접지도체는 단면적 $2.5mm^2$ 이상의 연동선
㉯ 중성점 접지용 접지도체는 공칭단면적 $6mm^2$ 이상의 연동선
㉰ 7kV 이하의 전로의 접지도체는 $16mm^2$ 이상의 연동선
㉱ 사용전압이 25kV 이하인 특고압 가공전선로의 접지도체는 $6mm^2$ 이상의 연동선

[해설] 접지 도체의 최소단면적
① **특고압·고압 전기설비용 접지도체는 단면적 $6mm^2$ 이상의 연동선**
② **중성점 접지용 접지도체는 공칭단면적 $16mm^2$ 이상의 연동선**(다만, 다음의 경우에는 공칭단면적 $6mm^2$ 이상의 연동선)
  • 7kV 이하의 전로
  • 사용전압이 25kV 이하인 특고압 가공전선로.
③ 이동하여 사용하는 전기기계기구의 금속제 외함 등의 접지시스템
  • 특고압·고압 전기설비용 접지도체 및 중성점 접지용 접지도체 : 단면적이 $10mm^2$ 이상인 것
  • **저압 전기설비용 접지도체 : 단면적이 $0.75mm^2$ 이상인 것**(다만, 기타 유연성이 있는 연동연선은 1개 도체의 단면적이 $1.5mm^2$ 이상인 것)

정답 19 ㉰ 20 ㉯ 21 ㉱

22 누전으로 인해 목재 등이 탄화되고 지속적으로 열이 발생, 이로 인하여 화재가 발생하는 것을 무엇이라고 하는가?

㉮ 가네하라 현상
㉯ 톰슨효과
㉰ flash 현상
㉱ 제벡효과

[해설] **탄화 현상(가네하라 현상)**
목재나 플라스틱 등의 유기절연체의 표면에 누전 스파크 등에 의하여 탄화경로(전기통로)가 생성되고 그 부분에 전류가 흐르게 되면 열의 발생에 의해 발화하게 되는 현상

23 다음 중 발화점에 대한 설명으로 옳은 것은?

㉮ 점화원에 의해 불이 붙을 수 있는 최저 온도
㉯ 점화원에 의해 불이 붙을 수 있는 최저 증기 농도
㉰ 주위의 열로 인하여 스스로 불이 붙을 수 있는 최저 증기 농도
㉱ 주위의 열로 인하여 스스로 불이 붙을 수 있는 최저 온도

[해설] **발화점(발화온도)**
① 착화원 없이 가연성 물질을 대기 중에서 가열함으로써 스스로 연소 혹은 폭발을 일으키는 최저 온도
② 가연성 물질을 공기나 산소 중에서 가열한 후 발화 또는 폭발을 일으키기 시작하는 최저 온도

{참고} **인화점(인화온도)**
① 인화성 액체가 증발하여 공기 중에서 연소 하한 농도 이상의 혼합기체를 생성할 수 있는 가장 낮은 온도
② 가연성 액체의 액면 가까이에서 인화하는데 충분한 농도의 증기를 발산하는 최저 온도
③ 공기 중에서 그 액체의 표면 부근에서 불꽃의 전파가 일어나기에 충분한 농도의 증기를 발생시키는 최저 온도

정답 22 ㉮ 23 ㉱

CHAPTER 04 정전기 장·재해관리

01 정전기 위험요소 파악 및 제거

📍 주/요/내/용 알/고/가/기

1. 정전기 발생 현상
2. 정전기 발생에 영향을 주는 요인
3. 정전기 방전현상
4. 정전기의 최소 착화 에너지(정전에너지)
5. 정전기 재해 예방대책

1 정전기의 발생 및 영향

(1) 대전서열

① 대전서열은 소재가 접촉이나 마찰되어 질 때 (+)에 대전되기 쉬운 물질을 위에 두고, (−)에 대전되기 쉬운 물질을 아래로 하여 그 순서대로 열을 지은 것을 말한다.
② 대전서열에서 멀리 있는 물질끼리는 인력이 작용하고 가까이 있는 물질끼리는 척력이 작용한다. ✮
③ 대전서열에서 위의 물질과 아래 물질을 마찰시키면 위의 물질이 (+)로 아래의 물질이 (−)에 대전하며, 대전극성은 마찰하는 상대의 물질에 따라서 변한다. (예 유리와 철을 마찰시키면 유리는 (+), 철은 (−)에 대전하고 철과 테프론을 마찰시키면 철은 (+), 테프론은 (−)에 대전한다)
④ 대전서열에서 위치가 가까운 물질끼리의 마찰은 대전량이 적고 위치가 먼 물질끼리의 마찰은 대전량이 많다. ✮

[고분자 물질의 대전서열]

+	←							→					−
유리	머리카락	나이론	면	양피	알루미늄	폴리에스테르	종이	나무	철	아세테이트	동	스테인레스	고무	아크릴	폴리우레탄	합성섬유	폴리프로필렌	폴리에칠렌	염화비닐	실리콘	테프론

합격의 key

📘 용어정의
1. 정전기
전하의 공간이동이 적으며 전계의 영향은 크고 자계의 영향은 아주 작은 전기
2. 정전기 대전
물체와 물체사이에 접촉 또는 분리, 마찰, 충격, 유동 및 분사 등으로 인하여 전하가 축적된 상태를 말한다.
3. 고유저항
한변의 길이가 1m인 정육면체의 대향면 간의 저항을 말한다. 단위는 오옴(Ω−m)로 표시한다.
4. 도전율
고유저항의 역수치를 말하며, 단위는 지멘스/미터(S/m=Ω⁻¹m⁻¹)로 표시한다.
5. 정전기적 접지
대지에 대한 접지저항이 $10^6Ω$ 이하인 것을 말한다.

📘 확인
※ 전기와 정전기의 차이점
① 전기 : 흐르고 있음
② 정전기 : 정지해 있음

📘 용어정의
※ 대전
물질은 보통의 경우 전기적으로 중성 상태 즉, (+)전하량과 (−)전하량이 같은 상태에 있다. 외부 힘에 의해 전하량의 평형이 깨지면 물체는 (−)전기 혹은 (+)전기를 띠게 되는데 이렇게 전기를 띠게 되는 현상을 대전이라 하고 대전된 물체를 대전체라 한다.

📘 기출
※ 대전서열
(+)털가죽−상아−유리−명주−나무−솜−고무−셀룰로이드−에보나이트−(−)털가죽쪽으로 갈수록 (+)로 대전되려는 성질이 강하고 에보나이트쪽으로 갈수록 (−)로 대전되려는 성질이 강하다. 예를 들어 유리와 고무를 비비면 유리는 (+)로 대전되고 고무는 (−)로 대전된다. 명주와 에보나이트막대를 비비면 명주는 (+), 에보나이트막대는 (−)로 대전 된다.

(2) 정전기 발생현상 ✦✦

① 마찰대전
- 두 물체 사이의 마찰로 인한 접촉, 분리에서 발생한다. 예 롤러기

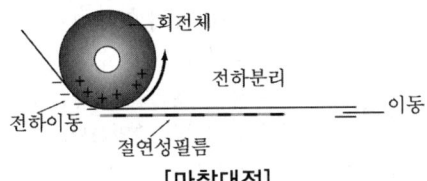
[마찰대전]

② 유동대전
- 액체류가 파이프 등 내부에서 유동 시 관 벽과 액체 사이에서 발생한다.
- 가솔린, 벤젠 등의 유속을 1m/sec 이하로 하여야 한다.

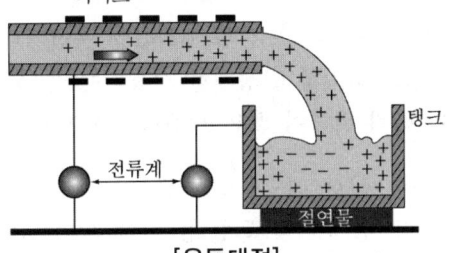
[유동대전]

③ 박리대전
- 밀착된 물체가 떨어지면서 자유전자의 이동으로 발생한다.
- 이 경우는 마찰대전보다 더 큰 에너지가 발생한다.

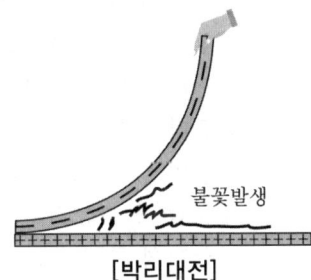
[박리대전]

④ 충돌대전
- 입자와 다른 고체와의 충돌과 급속한 분리에 의해 발생한다.

⑤ 분출대전
- 기체, 액체, 분체류가 단면적이 작은 분출구를 통과할 때 발생한다.

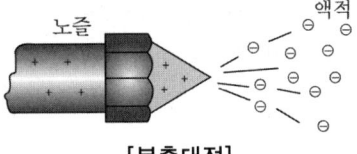
[분출대전]

⑥ 파괴대전
- 고체, 분체류와 같은 물체가 파괴됐을 때 전하분리 또는 전하의 균형이 깨지면서 정전기가 발생한다.

⑦ 비말대전
- 공간에 분출한 액체류가 가늘게 비산해서 분리되는 과정에서 정전기가 발생한다.

합격의 key

문제
다음은 정전기에 관련한 설명이다. 잘못된 것은?
㉮ 정전유도에 의한 힘은 반발력이다.
㉯ 발생한 정전기와 완화한 정전기의 차가 마찰을 받은 물체에 축적되는 현상을 대전이라 한다.
㉰ 같은 부호의 전하는 반발력이 작용한다.
㉱ 겨울철에 나일론제 셔츠 등을 벗을 때 경험한 부착현상이나 스파크발생은 박리대전현상이다.
[해설]
㉮ 정전유도에 의한 힘은 흡인력이다.
정답 ㉮

기출
* 정전기 발생 억제를 위한 배관 내 액체의 유속 제한
① 물이나 기체를 혼합하는 비수용성 위험물 : 유속은 1m/s 이하
② 저항률이 $10^{10}\Omega \cdot cm$ 미만 : 7m/s 이하
③ 저항률이 $10^{10}\Omega \cdot cm$ 이상 : 관경에 따라 1~5m/s
④ 이황화탄소: 1m/s 이하

참고
* 정전기 방지 위한 관경과 유속제한 값

관내경 (mm)	유속 (m/s)
12.5	8
25	4.9
50	3.5
100	2.5
200	1.8
400	1.3
600	1.0

* 정전기의 소멸과 완화시간
① 완화시간(시정수) : 발생한 정전기가 처음 값의 36.8%로 감소하는 시간을 말한다. ★
② 완화시간 = 대전체 저항 × 정전용량 = 고유저항 × 유전율
③ 고유저항 또는 유전율이 큰 물체일수록 대전 상태가 오래 지속된다.
④ 일반적으로 완화시간은 영전위 소요시간의 $\frac{1}{4} \sim \frac{1}{5}$ 정도이다.

(3) 정전기 발생에 영향을 주는 요인 ✦

물체의 특성	대전서열에서 멀리 있는 물체들끼리 마찰할수록 발생량이 많다.
물체의 표면 상태	표면이 거칠수록, 표면이 수분·기름 등에 오염될수록 발생량이 많다.
물체의 이력	처음 접촉, 분리할 때 정전기 발생량이 최고이고, 반복될수록 발생량은 줄어든다.
접촉 면적 및 압력	접촉면적이 넓을수록, 접촉압력이 클수록 발생량이 많다.
분리 속도	분리속도가 빠를수록 발생량이 많다.

(4) 정전기로 인한 화재 폭발방지를 하여야 하는 설비

다음 각 호의 설비를 사용할 때에 정전기에 의한 화재 또는 폭발 등의 위험이 발생할 우려가 있는 경우에는 해당 설비에 대하여 확실한 방법으로 접지를 하거나, 도전성 재료를 사용하거나 가습 및 점화원이 될 우려가 없는 제전(除電)장치를 사용하는 등 정전기의 발생을 억제하거나 제거하기 위하여 필요한 조치를 하여야 한다.

① 위험물을 탱크로리·탱크차 및 드럼 등에 주입하는 설비
② 탱크로리·탱크차 및 드럼 등 위험물저장설비
③ 인화성 물질을 함유하는 도료 및 접착제 등을 제조·저장·취급 또는 도포(塗布)하는 설비
④ 위험물 건조설비 또는 그 부속 설비
⑤ 인화성 고체를 저장하거나 취급하는 설비
⑥ 드라이클리닝 설비, 염색가공설비 또는 모피류 등을 씻는 설비 등 인화성 유기용제를 사용하는 설비
⑦ 유압, 압축공기 또는 고전위 정전기 등을 이용하여 인화성액체나 인화성 고체를 분무 또는 이송하는 설비
⑧ 고압가스를 이송하거나 저장·취급하는 설비
⑨ 화약류 제조설비
⑩ 발파공에 장전된 화약류를 점화시키는 경우에 사용하는 발파기(발파공을 막는 재료로 물을 사용하거나 갱도발파를 하는 경우는 제외한다)

(5) 정전기 방전형태 ✦

① 코로나 방전
- 전선 간에 가해지는 전압이 어떤 값 이상으로 되면 전선 주위의 전장이 강하게 되어 전선 표면의 공기가 국부적으로 절연이 파괴가 되어 빛과 소리를 내는 현상

[코로나 방전]

- 코로나 방전은 대전체나 방전물체의 돌기부분과 같은 끝부분에서 미약한 발광이 일어나는 현상이다.
- 방전에너지의 밀도가 낮아 재해의 원인이 되는 확률이 비교적 적다.
- 코로나 방전 결과 공기 중 오존(O_3)이 생성된다. ✭

② 브러쉬 방전(스트리머 방전)
- 코로나 방전이 보다 진전하여 수지상 발광과 펄스상의 파괴음을 수반하는 나뭇가지 모양의 방전을 말한다.
- 방전에너지가 크므로 재해의 원인이 될 수 있고, 화재, 폭발을 일으킬 수 있다.

[스트리머 방전]

③ 불꽃 방전
- 대전체 또는 접지체의 형태가 비교적 평활하고 그 간격이 작은 경우 그 공간에서 발생하는 강한 발광과 파괴음을 가진 방전을 말한다.
- 방전에너지가 커서 재해나 장해의 주요 원인이 된다.

[불꽃 방전]

④ 연면 방전
- 절연체 표면의 전계강도가 큰 경우에 고체표면을 따라서 진행하는 방전을 말한다.
- 불꽃 방전과 마찬가지로 방전에너지가 높아 재해나 장해의 원인이 된다.
- star-check 마크를 가지는 나뭇가지 형태의 발광을 수반한다.

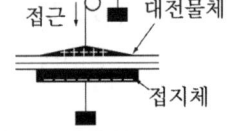
[연면 방전]

(6) 정전기의 최소 착화 에너지(정전에너지)

최소 착화 에너지(정전에너지)의 계산 ✭✭

$$E = \frac{1}{2}QV = \boxed{\frac{1}{2}CV^2} = \frac{Q^2}{2C}(J)$$

여기서, E : 정전기 에너지(J) C : 도체의 정전 용량(F)
V : 대전 전위(V) Q : 대전 전하량(C)

대전 전하량은 $Q = C \cdot V$ 대전 전위는 $V = \dfrac{Q}{C}$

② 정전기 재해 방지대책

(1) 인체에 대전된 정전기 위험 방지 조치 ✭✭
  ① 정전기용 안전화의 착용
  ② 제전복(除電服)의 착용
  ③ 정전기 제전용구의 사용
  ④ 작업장 바닥등에 도전성을 갖추도록 하는 등의 조치
  ⑤ Wrist Strap(손목 접지대)을 사용하여 접지선과 연결한다.

합격의 key

문제
폭발한계에 도달한 메탄가스가 공기에 혼합되었을 때 착화한계 전압은? (단, 메탄의 최소 착화에너지는 0.2mJ, 극간용량은 10pF이라 가정한다)
㉮ 6,325   ㉯ 5,225
㉰ 4,135   ㉱ 3,035

[해설]
$E = \frac{1}{2}CV^2$
$V^2 = \dfrac{E}{\frac{1}{2}C}$
$V = \sqrt{\dfrac{0.2 \times 10^{-3}}{\frac{1}{2} \times 10 \times 10^{-12}}}$
$= 6,325V (mJ = 10^{-3}J,$
$pF = 10^{-12}F)$

정답 ㉮

참고
1. 대전물체의 표면전위
$V_s = \dfrac{C_1 + C_2}{C_1} \cdot V_e$
여기서,
C_1 : 대전물체와 검출전극 간의 정전용량
C_2 : 검출전극과 대지 간의 정전용량
V_e : 검출전극의 전위
V_s : 대전물체의 표면전위

2. 접지되어 있지 않는 도전성 물체에 접촉한 경우 물체에 유도된 전압의 계산(단, 물체와 대지 사이의 저항은 무시)
$V = \dfrac{C_1}{C_1 + C_2} \cdot E$
여기서,
E : 송전선의 대지전압
C_1 : 송전선과 물체 사이의 정전용량
C_2 : 물체와 대지 사이의 정전용량

기출
※ 인체의 대전에 기인하여 발생하는 전격의 발생한계 전위는 3kV 정도이다.

합격의 key

[문제]
인체의 전기적 저항이 5000Ω 이고, 전류가 3mA가 흘렀다. 인체의 정전용량이 0.1[μF]라면 인체에 대전된 정전하는 몇 [μC]인가?
㉮ 0.5   ㉯ 1.0
㉰ 1.5   ㉱ 2.0

[해설]
$Q = C \cdot V$ (C : 정전용량[F], V : 전위[V])
$= 0.1 \times 15 = 1.5[\mu C]$
($V = I \times R = 3 \times 10^{-3} \times 5000 = 15V$)

정답 ㉰

[참고]
※ 제전기
- 이온을 이용하여 정전기를 중화시키는 기계
- 제전기의 제전효율은 설치 시에 90% 이상 되어야 한다.
- 정전기의 발생원으로부터 5~20cm 정도 떨어진 장소에 설치한다.

[기출]
※ 정전기 재해 방지대책 관리시스템
① 발생 전하량 예측
② 대전물체의 전하 축적 파악
③ 위험성 방전을 발생하는 물리적 조건 파악

[기출]
※ 제전기의 종류 및 특징

구분	전압인가식	자기방전식	방사선식
제전능력	크다.	보통	작다.
구조	복잡	간단	간단
취급	복잡	간단	복잡
적용범위	넓다.	좁다.	좁다.
기종	많다.	적다.	적다.

---

(2) **제전기 종류 및 특징** ✈

① 전압인가식 제전기
- 7,000V 정도의 전압으로 코로나 방전을 일으키고 발생된 이온으로 제전한다.
- 제전효과가 가장 좋다.

② 자기 방전식 제전기
- 스테인리스, 카본(7μm), 도전성 섬유(5μm) 등에 작은 코로나 방전을 일으켜서 제전한다.
- 아세테이트 필름의 권취 공정, 셀로판 제조 공정, 섬유 공장 등에 유용하나 2kV 내외의 대전이 남는 결점이 있다.
- 경제적이며 제전효과 좋다.

③ 이온 스프레이식 제전기
- 코로나 방전에 의해 발생한 이온을 blower로 대전체에 내뿜는 방식이다.
- 제전효율은 낮으나 폭발위험 있는 곳에 적당하다.

④ 방사선식 제전기
- 방사선 원소의 전리작용을 이용하여 제전한다.

(3) **제전기의 제전효과에 영향을 미치는 요인** ✈

① 제전기의 이온 생성능력
② 제전기 설치위치 및 설치각도
③ 대전물체의 대전전위 및 대전분포
④ 제전기의 설치 거리

(4) **정전기 재해 예방대책** ✈✈

① 접지(도체일 경우 효과 있으나 부도체는 효과 없다)
② 습기부여(공기 중 습도 60~70% 이상 유지한다)
③ 도전성 재료 사용(절연성 재료는 절대 금한다)
④ 대전 방지제 사용
- 외부용 일시성 대전방지제 : 음이온계
- 양이온계
- 비이온계

⑤ 제전기 사용
⑥ 유속 조절(석유류 제품 1m/s 이하)

CHAPTER 04 단원 예상문제

01 정전기의 발생 원인이 아닌 것은?
- ㉮ 마찰
- ㉯ 박리
- ㉰ 질식
- ㉱ 접촉

해설 **정전기 발생 현상**
① 마찰대전
  - 두 물체 사이의 마찰로 인한 접촉, 분리에서 발생한다.
  - 예 롤러기
② 유동 대전
  - 액체류가 파이프 등 내부에서 유동 시 관벽과 액체 사이에서 발생한다.
③ 박리 대전
  - 밀착된 물체가 떨어지면서 자유전자의 이동으로 발생한다.
④ 충돌 대전
  - 입자와 다른 고체와의 충돌과 급속한 분리에 의해 발생한다.
⑤ 분출 대전
  - 기체, 액체, 분체류가 단면적이 작은 분출구를 통과할 때 발생한다.
⑥ 파괴 대전
  - 고체, 분체류와 같은 물체가 파괴됐을 때 전하 분리 또는 전하의 균형이 깨지면서 정전기가 발생한다.

02 절연성 액체를 운반하는 관에 있어서 정전기로 인해 화재 및 폭발을 예방하기 위한 방법이 될 수 없는 것은?
- ㉮ 유속을 줄인다.
- ㉯ 관을 접지시킨다.
- ㉰ 도전성이 큰 재료의 관을 사용한다.
- ㉱ 관의 안지름이 작게 한다.

해설 ㉱ 관의 안지름을 크게 한다.

{참고} **정전기 재해 예방대책**
① 접지
  (도체일 경우 효과 있으나 부도체는 효과 없다)
② 습기 부여
  (공기 중 습도 60~70% 이상 유지한다)
③ 도전성 재료 사용(절연성 재료는 절대 금한다)
④ 대전 방지제 사용
⑤ 제전기 사용
⑥ 유속 조절(석유류 제품 1m/s 이하)

03 정전기 대전 현상의 설명으로 틀린 것은?
- ㉮ 마찰대전 : 두 물체가 서로 접촉 시 위치의 이동으로 전하의 분리 및 재배열이 일어나는 현상
- ㉯ 박리대전 : 상호 밀착되어 있는 물질이 떨어질 때 전하 분리에 의해 발생되는 현상
- ㉰ 유동대전 : 액체류를 파이프 등으로 수송할 때 액체와 파이프 등의 고체류와 접촉하면서 서로 대전되는 현상
- ㉱ 분출대전 : 도체가 전기장에 노출되면 도체에서 전하의 분극이 일어나면서 가까운 쪽에는 반대 극성이, 먼 쪽은 같은 극성의 전하가 대전되는 현상

해설 ㉱ 분출대전 : 기체, 액체, 분체류가 단면적이 작은 분출구를 통과할 때 발생하는 현상이다.

04 물체 간의 마찰로 인하여 발생된 정전기가 방전되지 못하고 축적되는 물질은?
- ㉮ 철
- ㉯ 구리
- ㉰ 경질유
- ㉱ 증류수

해설 ㉰ 경질유는 파이프 내부에서 유동 시 유동대전을 일으킨다.

정답 01 ㉰ 02 ㉱ 03 ㉱ 04 ㉰

{참고} 유동대전
① 액체류가 파이프 등 내부에서 유동 시 관벽과 액체 사이에서 발생한다.
② 가솔린, 벤젠 등의 유속을 1m/sec 이하로 하여야 한다.

05 아세톤을 취급하는 작업자에 의한 정전기로 인한 화재폭발을 방지하기 위해서는 인체 대전 전위를 얼마 이하로 유지해야 하는가? (단, 인체의 정전용량은 100[pF], 아세톤의 최소 착화 에너지는 1.15[mJ]이다.)

㉮ 2.3×10^6[V]   ㉯ 4.8×10^6[V]
㉰ 4.8×10^3[V]   ㉱ 2.3×10^3[V]

[해설] 정전기의 최소 착화 에너지

$$E = \frac{1}{2}CV^2$$

여기서, E : 정전기 에너지(J)
C : 도체의 정전 용량(F)
V : 대전 전위(V)

$E = \frac{1}{2}CV^2 \quad V^2 = \frac{E}{\frac{1}{2}C} \quad V = \sqrt{\frac{E}{\frac{1}{2}C}}$

$V = \sqrt{\frac{1.15 \times 10^{-3}}{\frac{1}{2} \times 100 \times 10^{-12}}} = 4795.83\text{V} = 4.8 \times 10^3 \text{V}$

($\text{pF} = 10^{-12}\text{F}, \text{mJ} = 10^{-3}\text{J}$)

06 정전기 발생량과 관련된 다음 내용 중 옳지 않은 것은?

㉮ 두 물질 간의 대전서열이 가까울수록 정전기의 발생량이 많다.
㉯ 물질의 표면이 수분이나 기름 등에 오염되어 있으면 정전기 발생량이 많아진다.
㉰ 접촉 면적이 넓을수록, 접촉압력이 증가할수록 정전기 발생량이 많아진다.
㉱ 분리속도가 빠를수록 정전기량이 많아진다.

[해설] 정전기 발생에 영향을 주는 요인

물체의 특성	대전서열에서 멀리 있는 물체들끼리 마찰할수록 발생량이 많다.
물체의 표면 상태	표면이 거칠수록, 표면이 수분, 기름 등에 오염될수록 발생량이 많다.
물체의 이력	처음 접촉, 분리할 때 정전기 발생량이 최고이고, 반복될수록 발생량은 줄어든다.
접촉 면적 및 압력	접촉 면적이 넓을수록, 접촉압력이 클수록 발생량이 많다.
분리 속도	분리속도가 빠를수록 발생량이 많다.

07 정전기 대전을 억제하는 방법이 아닌 것은?

㉮ 나일론 로프를 사용한다.
㉯ 대전 방지제를 사용한다.
㉰ 대전 방지복을 착용한다.
㉱ 마찰을 적게 한다.

[해설] ㉮ 나일론 로프는 정전기 발생량이 많다.
{참고} 인체에 대전된 정전기 위험 방지조치
① 정전기용 안전화의 착용
② 제전복(除電服)의 착용
③ 정전기 제전용구의 사용
④ 작업장 바닥 등에 도전성을 갖추도록 하는 등의 조치

08 정전용량 10μF인 물체에 전압을 1,000V로 충전하였을 때 물체가 가지는 정전에너지는 몇 Joule인가?

㉮ 50   ㉯ 0.5
㉰ 14   ㉱ 5

정답 05 ㉰ 06 ㉮ 07 ㉮ 08 ㉱

[해설] **정전 에너지**

$$E = \frac{1}{2}CV^2$$

여기서, E : 정전기 에너지(J)
C : 도체의 정전 용량(F)
V : 대전 전위(V)

$E = \frac{1}{2}CV^2 = \frac{1}{2} \times 10 \times 10^{-6} \times 1000^2 = 5\text{J}$
($\mu\text{F} = 10^{-6}\text{F}$)

09 폭발범위에 있는 가연성 가스 혼합물에 전압을 변화시키며 전기 불꽃을 주었더니 1,000V가 되는 순간 폭발이 일어났다. 이때 사용한 전기 불꽃의 콘덴서 용량은 0.1μF를 사용하였다면 이 가스에 대한 최소발화에너지는 얼마인가?

㉮ 5mJ   ㉯ 10mJ
㉰ 50mJ ㉱ 100mJ

[해설] **정전기의 최소 착화 에너지(정전에너지)**

$$E = \frac{1}{2}CV^2$$

여기서, E : 정전기 에너지(J)
C : 도체의 정전 용량(F)
V : 대전 전위(V)

$E = \frac{1}{2}CV^2 = \frac{1}{2} \times 0.1 \times 10^{-6} \times 1000^2$
$= 0.05\text{J} \times 1000 = 50\text{mJ}$
($\mu\text{F} = 10^{-6}\text{F}, 1\text{J} = 1000\text{mJ}$)

10 페인트를 스프레이로 뿌려 도장작업을 하는 작업 중 발생하는 정전기 대전으로 이루어진 것은?

㉮ 충돌 대전, 유동 대전
㉯ 마찰 대전, 유동 대전
㉰ 충돌 대전, 분출 대전
㉱ 유동 대전, 분출 대전

[해설]
• 페인트가 분출될 때 → 분출 대전
• 분출된 입자들 사이의 충돌 → 충돌 대전

11 정전기의 방전 형태에 해당하지 않는 것은?

㉮ 브러시(brush) 방전
㉯ 적외선(infrared-ray) 방전
㉰ 코로나(corona) 방전
㉱ 연면(surface) 방전

[해설] **정전기 방전형태**

코로나 방전	• 코로나 방전은 대전체나 방전 물체의 돌기부분과 같은 끝부분에서 미약한 발광이일어나는 현상이다. • 방전에너지의 밀도가 낮아 재해의 원인이 되는 확률이 비교적 적다.
브러시 방전	• 코로나 방전이 보다 진전하여 수지상 발광과 펄스상의 파괴음을 수반하는 방전을 말한다. • 가연성 가스, 증기 또는 민감한 분진에서 화재, 폭발을 일으킬 수 있다.
불꽃 방전	• 대전체 또는 접지체의 형태가 비교적 평활하고 그 간격이 작은 경우 그 공간에서 발생하는 강한 발광과 파괴음을 가진 방전을 말한다. • 방전에너지가 커서 재해나 장해의 주요 원인이 된다.

정답 09 ㉰ 10 ㉰ 11 ㉯

연면 방전	• 절연체 표면의 전계강도가 큰 경우에 **고체표면을 따라서 진행하는 방전**을 말한다. • 불꽃방전과 마찬가지로 방전에너지가 높아 재해나 장해의 원인이 된다.

12 다음 중 정전기의 발생에 영향을 주는 요인이 아닌 것은?

㉮ 접촉면적 및 압력
㉯ 분리 속도
㉰ 물체의 표면 상태
㉱ 외부 공기의 풍속

13 다음 중 정전기 방전 현상에 해당되지 않는 것은?

㉮ 연면 방전 ㉯ 불꽃 방전
㉰ 뇌상 방전 ㉱ 마찰 방전

[해설] 정전기 발생 현상
① 코로나 방전
• 전선 간에 가해지는 전압이 어떤 값 이상으로 되면 전선 주위의 전장이 강하게 되어 **전선 표면의 공기가 국부적으로 절연이 파괴가 되어 빛과 소리를 내는 현상**
② 브러시 방전
• 코로나 방전이 보다 진전하여 **수지상 발광과 펄스상의 파괴음을 수반하는 방전**을 말한다.
③ 불꽃 방전
• 대전체 또는 **접지체의 형태가 비교적 평활하고 그 간격이 작은 경우 그 공간에서 발생하는 강한 발광과 파괴음을 가진 방전**을 말한다.
④ 연면 방전
• 절연체 표면의 전계강도가 큰 경우에 **고체표면을 따라서 진행하는 방전**을 말한다.

14 다음 중 정전기에 의한 재해 방지대책으로 틀린 것은?

㉮ 대전방지제 등을 사용한다.
㉯ 공기 중의 습기를 제거한다.
㉰ 금속 등의 도체를 접지시킨다.
㉱ 배관 내 액체가 흐를 경우 유속을 제한한다.

[해설] ㉯ 공기 중의 습도를 60~70% 이상 유지하여야 한다.

{참고} (1) 정전기 재해 예방대책
① **접지**(도체일 경우 효과 있으나 부도체는 효과 없다)
② **습기 부여**(공기 중 습도 60~70% 이상 유지한다)
③ **도전성 재료 사용**(절연성 재료는 절대 금한다)
④ **대전방지제 사용**
⑤ **제전기 사용**
⑥ **유속 조절**(석유류 제품 1m/s 이하)

(2) 인체에 대전된 정전기 위험 방지조치
① 정전기용 안전화의 착용
② 제전복(除電服)의 착용
③ 정전기제전용구의 사용
④ 작업장 바닥 등에 도전성을 갖추도록 하는 등의 조치

15 착화에너지가 0.1mJ인 가스가 있는 사업장의 전기설비의 정전용량이 0.6nF일 때 방전 시 착화 가능한 최소 대전전위는 약 몇 V인가?

㉮ 289 ㉯ 385
㉰ 577 ㉱ 1154

[해설] 정전기의 최소 착화에너지

$$E = \frac{1}{2}CV^2$$

여기서, E : 정전기 에너지(J)
C : 도체의 정전 용량(F)
V : 대전 전위(V)

$E = \frac{1}{2}CV^2 \quad V^2 = \frac{E}{\frac{1}{2}C} \quad V = \sqrt{\frac{E}{\frac{1}{2}C}}$

$V = \sqrt{\frac{0.1 \times 10^{-3}}{\frac{1}{2} \times 0.6 \times 10^{-9}}} = 577.35\text{V}$

$(\text{mJ} = 10^{-3}\text{J}, \text{nF} = 10^{-9}\text{F})$

정답 12 ㉱ 13 ㉱ 14 ㉯ 15 ㉰

16 다음 중 전자, 통신기기 등의 전자파장해(EMI)를 방지하기 위한 조치로 가장 거리가 먼 것은?

㉮ 접지를 실시한다.
㉯ 차폐제를 설치한다.
㉰ 필터를 설치한다.
㉱ 절연을 보강한다.

[해설] **전자파장해 방지대책**
① 접지한다.
② 차폐제 설치
③ 필터회로 설치
④ 과전압 보호소자 설치

17 휘발유를 저장하던 이동저장 탱크에 등유나 경유를 이동 저장탱크의 밑부분으로부터 주입할 때에 액표면이 주입관의 정상 부분을 넘는 높이가 될 때까지 그 주입 배관 내의 유속은 몇 m/s 이하로 하여야 하는가?

㉮ 0.5 ㉯ 1.0
㉰ 1.5 ㉱ 2.0

[해설] 정전기의 유동대전을 방지하기 위하여 인화성 물질의 유속을 1m/s 이하로 하여야 한다.

18 다음 중 글로우 코로나(Glow Corona)에 대한 설명으로 틀린 것은?

㉮ 전압이 2000V 정도에 도달하면 코로나가 발생하는 전극의 끝단에 자색의 광점이 나타난다.
㉯ 회로에 예민한 전류계가 삽입되어 있으면, 수 μA 정도의 전류가 흐르는 것을 감지할 수 있다.
㉰ 전압을 상승시키면 전류도 점차로 증가하여 스파크 방전에 의해 전극간이 교락된다.
㉱ Glow Corona는 습도에 의하여 큰 영향을 받는다.

[해설] ㉱ 글로우 코로나는 습도의 영향이 크지 않다.

19 다음 중 정전기로 인하여 재해가 발생되는 경우가 아닌 것은?

㉮ 도체 부분에 접지를 한 상태일 때
㉯ 가연성 가스 및 증기가 폭발한계 내에 있을 때
㉰ 배관 내의 액체 위험물을 1m/s 이상의 유속으로 이송할 때
㉱ 정전기의 방전에너지가 가스 및 증기의 착화에너지 이상일 때

[해설] ㉮ 도체의 접지는 정전기 재해 방지대책에 해당한다.

20 콘덴서의 단자전압이 1kV, 정전용량이 740pF일 경우 방전에너지는 약 몇 mJ인가?

㉮ 370 ㉯ 37
㉰ 3.7 ㉱ 0.37

[해설]
$$E = \frac{1}{2}CV^2$$
여기서, C : 정전 용량(F)
V : 전위(V)

$E = \frac{1}{2} \times 740 \times 10^{-12} \times 1000^2$
$= 3.7 \times 10^{-4} J \times 1000 = 0.37 mJ$
($J = 1,000mJ$, $pF = 10^{-12}F$)

21 정전기 방전의 종류 중 공기 중에 놓여진 절연체 표면의 전계강도가 큰 경우 고체 표면을 따라 진행하는 방전을 무엇이라 하는가?

㉮ 코로나 방전
㉯ 연면 방전
㉰ 스트리머 방전
㉱ 불꽃 방전

[해설] 고체 표면을 따라 진행하는 방전 → 연면 방전

정답 16 ㉱ 17 ㉯ 18 ㉱ 19 ㉮ 20 ㉱ 21 ㉯

22 다음 중 정전기의 발생 요인으로 적절하지 않은 것은?

㉮ 도전성 재료에 의한 발생
㉯ 박리에 의한 발생
㉰ 유동에 의한 발생
㉱ 마찰에 의한 발생

[해설] ㉮ 도전성 재료에서는 정전기가 잘 발생하지 않는다. 절연성 재료에서 정전기 발생이 많다.

23 다음 중 제전기의 설치 장소로 가장 적절한 것은?

㉮ 대전물체의 뒷면에 접지물체가 있는 경우
㉯ 정전기의 발생원으로부터 5~20cm 정도 떨어진 장소
㉰ 오물과 이물질이 자주 발생하고 묻기 쉬운 장소
㉱ 온도가 150℃, 상대습도가 80% 이상인 장소

[해설] **제전기 설치 위치**
① 제전기를 설치하고자 하는 위치 전후의 전위를 측정하여 제전의 목표치를 만족하는 장소 또는 제전 효율이 90% 이상 되는 위치에 설치한다.
② 정전기 발생원에서 최소한의 표준 이격 거리에서 가장 가까운 거리에 설치한다.
④ 대전 물체 배면의 접지체 또는 정전기의 발생원, 제전기에 오물이 묻기 쉬운 장소, 온도가 150℃ 상대습도가 80% 이상 되는 장소는 피한다.

24 파이프 등에 유체가 흐를 때 발생하는 유동대전에 가장 큰 영향을 미치는 요인은?

㉮ 유체의 이동거리
㉯ 유체의 정도
㉰ 유체의 속도
㉱ 유체의 양

[해설] 유체의 속도가 빠를수록 정전기 발생량이 많아진다.

정답 22 ㉮ 23 ㉯ 24 ㉰

CHAPTER 05 전기 방폭관리

01 전기방폭설비, 전기방폭 사고예방 및 대응

> **주/요/내/용 알/고/가/기**
> 1. 방폭구조의 종류
> 2. 안전간격 및 폭발등급
> 3. 폭발 위험장소 및 위험장소별 방폭구조
> 4. 전기설비의 방폭화 방법

> **합격의 key**
>
> **용어정의**
>
> ※ 방폭구조
> (Type of Protection)
> 폭발성 분위기에서 점화되지 않도록 하기 위하여 전기기기에 적용되는 특수한 조치를 말한다.
>
> ※ 방폭부품
> (Ex component)
> 전기기기 및 모듈의 부품을 말하며, 기호 "U"로 표시하고, 폭발성가스 분위기에서 사용하는 전기기기 및 시스템에 사용할 때 단독으로 사용하지 않고 추가 고려사항이 요구된다.

1 방폭구조의 종류 및 특징 ✮✮✮

(1) 용어 정의

1) "폭발위험장소(hazardous area)"란 전기기기를 제작·설치·사용함에 있어서 특별한 주의를 요할 정도로 폭발성가스분위기가 조성되거나 조성될 우려가 있는 장소를 말한다.

2) "비폭발위험장소(non-hazardous area)"란 전기기기를 제작·설치·사용함에 있어서 특별한 주의를 요할 정도로 폭발성가스분위기가 조성될 우려가 없는 장소를 말한다.

3) "기기보호등급(equipment protection levels)"이란 폭발위험장소에 설치되는 전기기기를 식별 및 선별하기 위한 체계로서, 폭발위험장소 내에 설치되는 전기기기가 점화원으로 될 가능성을 토대로 전기기기에 지정된 보호수준을 말한다.

4) "전기기기 그룹(group of electrical equipment for explosive atmospheres)"이란 전기기기가 사용되는 폭발성 분위기에 따라 분류한 전기기기의 그룹을 말한다.

① 폭발성 분위기에서 사용되는 전기기기는 다음과 같이 세 가지로 분류한다.

그룹 Ⅰ	폭발성 분위기가 존재하는 광산에서 사용할 수 있는 전기기기
그룹 Ⅱ	광산 외에 폭발성가스분위기가 존재하는 장소에서 사용할 수 있는 전기기기
그룹 Ⅲ	폭발성 분진 분위기가 존재하는 장소에서 사용할 수 있는 전기기기

② 전기기기 그룹에 따른 기기 선정

가스 및 증기 하위 등급	허용 전기기기 그룹
ⅡA	Ⅱ, ⅡA, ⅡB 또는 ⅡC
ⅡB	Ⅱ, ⅡB 또는 ⅡC
ⅡC	Ⅱ 또는 ⅡC

5) "위험장소"란 폭발성 분위기의 발생 빈도 및 지속 시간에 따라 구분하는 폭발위험장소를 말한다.

0종 장소	폭발성가스 분위기가 연속적으로, 장기간 또는 빈번하게 존재하는 장소
1종 장소	정상작동 중에 폭발성가스 분위기가 주기적 또는 간헐적으로 생성되기 쉬운 장소
2종 장소	정상작동 중 폭발성가스 분위기가 조성되지 않을 것으로 예상되며, 생성된다 하더라도 짧은 기간에만 지속되는 장소

6) "보호초저압(protective extra-low voltage) PELV"이란 정상상태의 조건 및 싱글폴트(single fault, 단일고장)조건(다른 전기회로에서 발생하는 어스폴트(earth faults)는 제외한다)에서 초저전압을 초과하지 아니하는 전기시스템을 말한다.

> **참고**
> ※ 안전 초저전압
> (safety extra-low voltage)
> 주 전원으로부터 공급하는 경우에는 안전 절연변압기 또는 절연 권선이 있는 컨버터를 통하여 공급하고, 선간전압 및 전원선과 접지 사이의 무부하 전압이 50V 이하의 전압

7) "안전초저압(safety extra-low voltage) SELV"이란 정상상태의 조건 및 싱글폴트(single fault)조건(다른 전기회로에서 발생하는 어스폴트(earth faults, 누전)를 포함한다)에서 초저전압을 초과하지 아니하는 전기시스템을 말한다.

(2) 방폭구조의 종류 및 특징 ✦✦✦

1) 내압 방폭구조(d)
   ① 전기기기의 외함 내부에서 가연성가스의 폭발이 발생할 경우 그 외함이 폭발압력에 견디고, 접합면, 개구부 등을 통해 외부의 가연

성가스에 인화되지 아니하도록 한 방폭구조를 말한다.
② 폭발한 고열 가스가 용기의 틈을 통하여 누설되더라도 틈의 냉각 효과(최대안전틈새 적용)로 인하여 폭발의 위험이 없도록 한다.
③ 원통형 나사 접합부의 체결 나사산 수는 5산 이상이어야 한다.
④ 내압방폭구조 플랜지 접합부와 장애물 간 최소 이격거리

가스 그룹	최소 이격거리(mm)
ⅡA	10
ⅡB	30
ⅡC	40

⑤ 내압 방폭 구조의 내부 압력

내용적(cm^3)	내부 압력(kg/cm^2)
2~100	6 이상
100 이상	8 이상

2) 압력 방폭구조(p)

외함 내부의 보호가스 압력을 외부 대기 압력보다 높게 유지함으로써 외부 대기가 외함 내부로 유입되지 아니하도록 한 방폭구조를 말한다.

3) 유입 방폭구조(o)

① 전기기기 전체 또는 전기기기의 일부를 보호액체에 잠기게 함으로써 보호액체의 상부 또는 외함 외부에 존재하는 폭발성가스분위기에 점화가 일어나지 아니하도록 한 방폭구조를 말한다.
② 유면은 항상 10mm 이상이 되어야 하고, 온도는 60℃ 이상이면 사용을 금지한다.

4) 안전증 방폭구조(e)

정상작동상태 중 또는 특정한 비정상 상태에서 가연성가스의 점화원이 될 수 있는 전기 불꽃 아크 또는 고온 부분의 발생을 방지하기 위하여 안전도를 증가시킨 방폭구조를 말한다.

5) 본질안전 방폭구조(ia, ib)

폭발성분위기에 노출되는 기기 및 연결 배선 내의 에너지를 스파크 또는 가열효과에 의하여 점화를 유발할 수 있는 수준 이하로 제한하는 방폭구조를 말한다.

기출

* 내압방폭구조에서 안전간극(화염일주한계)를 작게 하는 이유
  * 최소점화에너지 이하로 열을 식히기 위하여
  * 폭발화염이 외부로 전파되지 않도록 하기 위하여

참고

* 내압방폭용기의 성능시험
① 성능시험은 충격시험을 실시한 시료 중 하나를 사용해서 실시한다.
② 성능시험은 모든 내용물이 용기에 장착한 상태로 시험한다.
③ 제조자가 제시한 자세한 부품 배열방법이 있고, 빈 용기가 최악의 폭발압력을 발생시키는 조건인 경우에는 빈 용기 상태로 시험을 할 수 있다.
④ 부품의 일부가 용기에 포함되지 않은 상태에서 사용할 수 있도록 설계된 경우, 가장 가혹한 조건에서 시험을 실시해야 한다.
⑤ 인증기관은 제조자가 제시한 내용을 근거로 허용되는 용기의 종류 및 부품 배열방법을 인증서에 명시해야 한다.
⑥ 부품이 용기 내부에서 이동하여 사용할 수 있는 경우, 부품의 배열은 최악의 조립조건에서 시험해야 한다.

참고

분진 내압 방폭구조 (tD)	주변의 분진입자가 침입할 수 없도록 된 특수방진밀폐함 또는 전기설비의 안전운전에 방해될 정도의 분진이 침투할 수 없도록 한 보통 방진밀폐함을 갖는 방폭구조를 말한다.
분진 몰드 방폭구조 (mD)	분진층 또는 분진운의 점화를 방지하기 위하여, 전기불꽃 또는 열에 의한 점화가 될 수 있는 부분을 콤파운드로 덮은 방폭구조를 말한다.
분진 본질 안전 방폭구조 (iD)	폭발성 분진분위기에 노출되어 있는 기계·기구 내의 전기에너지, 권선 상호 간의 전기불꽃 또는 열의 영향을 점화에너지 이하의 수준까지 제한하는 것을 기반으로 하는 방폭구조를 말한다.
분진 압력 방폭구조 (pD)	밀폐함 내부에 폭발성 분진 분위기의 형성을 막기 위하여 주위환경보다 높은 압력을 가하여 밀폐함에 보호가스를 적용하는 방폭구조를 말한다.

참고

분진 방폭구조	
특수방진방폭구조	SDP
보통방진방폭구조	DP
밀폐방진방폭구조	DIP
분진특수방폭구조	XDP

6) 비점화 방폭구조(n)

① 정상작동 및 특정 이상상태에서 주위의 폭발성분위기를 점화시키지 아니하는 전기 기계 및 기구에 적용하는 방폭구조를 말한다.
② 2종 장소에만 사용할 수 있다.

7) 몰드 방폭구조(m)

폭발성 분위기에 점화를 유발할 수 있는 부분에 컴파운드를 충전함으로써 설치 및 운전 조건에서 폭발성 분위기에 점화가 일어나지 아니하도록 한 방폭구조를 말한다.

8) 충전 방폭구조(q)

폭발성가스분위기에 점화를 유발할 수 있는 부분을 고정설치하고 그 주위 전체를 충전물질로 둘러쌈으로써 외부 폭발성분위기에 점화가 일어나지 아니하도록 한 방폭구조를 말한다.

9) 특수 방폭구조(s)

내압, 유입, 압력, 안전증, 본질안전 이외의 방폭구조로서 폭발성 가스 또는 증기에 점화 또는 위험분위기로 인화를 방지할 수 있는 것이 시험, 기타에 의하여 확인된 구조를 말한다.

10) 방진 방폭구조(tD)

분진층이나 분진운의 점화를 방지하기 위하여 용기로 보호하는 전기기기에 적용되는 분진침투방지, 표면온도제한 등의 방법을 말한다.

[방폭구조의 기호] ✦✦✦

가스·증기 방폭구조		기호
가스·증기 방폭구조	내압 방폭구조	d
	압력 방폭구조	p
	유입 방폭구조	o
	안전증 방폭구조	e
	본질안전 방폭구조	ia or ib
	충전 방폭구조	q
	비점화 방폭구조	n
	몰드 방폭구조	m
	특수 방폭구조	s
분진 방폭구조	방진 방폭구조	tD

② 방폭형 전기기기 및 전기 방폭 사고 예방

(1) 안전 간격(Safety gap) ✿✿✿

① 용기 내(8L, 틈의 안길이 25mm의 구형 용기)에 폭발성 가스를 채우고 점화시켰을 때 폭발 화염이 용기 외부까지 전달되지 않는 한계의 틈

② 폭발성 분위기에 있는 용기의 접합면 틈새를 통해 화염이 내부에서 외부로 전파되는 것을 저지할 수 있는 틈새의 최대 간격치

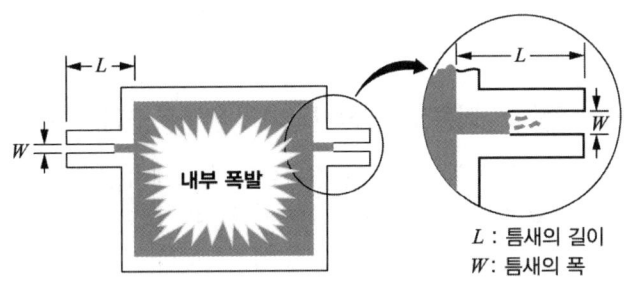

L : 틈새의 길이
W : 틈새의 폭

(2) 방폭 전기기기의 분류

① 방폭 전기기기는 탄광용 Group Ⅰ, 공장 및 사업장용 Group Ⅱ로 분류하고 있다.

② 내압방폭구조 및 본질안전방폭구조의 전기기기는 그 방폭성능에 따라 ⅡA, ⅡB, ⅡC의 3개 Group으로 분류하고 있다.

[화염일주한계에 의한 분류 ✿✿]

폭발성 가스의 분류	A	B	C
화염일주한계	0.9mm 이상	0.5mm 초과 0.9mm 미만	0.5mm 이하
내압방폭구조의 전기기기의 분류	ⅡA	ⅡB	ⅡC

[최소점화전류비에 의한 분류 ✿]

폭발성 가스의 분류	A	B	C
최소점화전류비	0.8 초과	0.45 이상 0.8 이하	0.45 미만
본질안전 방폭구조의 전기기기의 분류	ⅡA	ⅡB	ⅡC

* 최소점화전류(Minimum ignition current) : 폭발성 분위기가 전기불꽃에 의하여 폭발을 일으킬 수 있는 최소의 회로 전류로서, 폭발성 가스의 종류에 따라서 다르다.

합격의 key

확인
* 안전간격 = 최대안전틈새 = 화염일주한계 ★

문제
폭발성 가스의 폭발등급 측정에 사용되는 표준용기는 내용적이 ( )L, 틈의 안길이 ( )mm인 용기로써 틈의 폭W(mm)를 변환시켜서 화염 일주 한계를 측정하는 것이다. ( )안에 들어갈 값은?
㉮ 0.6, 0.4
㉯ 0.4, 0.6
㉰ 25, 8
㉱ 8, 25

[해설]
안전간격(화염 일주 한계) : 용기 내(8L, 틈의 안길이 25mm의 구형 용기)에 폭발성 가스를 채우고 점화시켰을 때 폭발 화염이 용기 외부까지 전달되지 않는 한계의 틈

정답 ㉱

용어정의
* 최고 표면온도(Maximum surface temperature)
사용 중 가장 불리한 작동 조건하에서 전기기기의 일부 또는 표면에서 발생하는 주위의 폭발 위험 분위기를 점화시킬 수 있는 가장 높은 온도를 말하며, 해당 방폭구조에 따라 기기 내부온도 또는 외부온도로 한다.

* 발화도
폭발위험장소에 사용하는 방폭구조의 전기설비는 기기의 외면 온도가 상승하여 물질의 발화온도 이상이 되는 것을 방지하는 성능이 요구되고 있다. 대상물질의 발화온도를 기준으로 해서 발화위험성을 가스 증기 및 분진에 대해서 여러 단계로 분류하고 있다. 이것이 발화도이다.

합격의 key

[문제]
방폭전기 설비를 올바르게 선정하여 균형 있는 방폭 능력을 유지하기 위하여 위험장소를 분류하는데 0종 장소란 어떤 조건을 말하는가?

㉮ 이상 상태나 통상상태에서 위험 분위기를 생성할 우려가 없는 장소
㉯ 이상 상태에서 위험 분위기를 생성할 우려가 있는 장소
㉰ 통상상태에서 위험 분위기가 연속 또는 지속적으로 존재하는 장소
㉱ 수선, 보수 등의 경우 누설되어 폭발성 가스가 집적되어 있는 장소

[해설]
0종 장소 : 기기 등이 정상상태에서 가스폭발이 지속적으로 우려되는 장소(용기 내부)

정답 ㉰

[기출]
* 위험장소의 판정 기준 ★
  ① 위험 증기의 양
  ② 가스의 특성(공기와의 비중 차)
  ③ 위험 가스의 현존 가능성
  ④ 통풍의 정도
  ⑤ 작업자에 의한 영향

* 위험 분위기 생성방지
  ① 폭발성 가스의 누설 및 방출 방지
  ② 폭발성 가스의 체류 방지
  ③ 폭발성 분진의 생성 방지

---

* 최소점화전류비: 메탄의 점화 전류 값에 대한 대상 가스의 점화 전류 값의 비로서 메탄가스의 최소점화전류를 기준으로 나타낸다.

[참고] 폭발등급(폭발성 가스를 구분하는 과거 기준)

폭발 등급	안전간격(mm)	해당 가스
1등급	0.6mm 초과	메탄, 에탄, 프로판, 부탄
2등급	0.4mm 초과 0.6mm 이하	에틸렌, 석탄가스
3등급	0.4mm 이하	수소, 아세틸렌

(3) 가스·증기 발화온도 및 전기기기의 온도등급과의 관계 ★★

폭발 위험장소에 사용되는 전기설비에 대해서는 정상시 또는 고장시 기기의 외면 온도가 상승하여도 위험분위기 상태 물질의 발화온도 이상으로 되지 않도록 온도등급을 결정하여야 한다.

폭발위험 장소 구분에 따른 온도등급	가스·증기의 발화온도(℃)	전기기기의 최고 표면온도(℃)	허용 가능한 기기의 온도등급
T1	>450(450 초과)	450 이하	T1~T6
T2	>300(300 초과) (또는 300 초과 450 이하)	300 이하	T2~T6
T3	>200(200 초과) (또는 200 초과 300 이하)	200 이하	T3~T6
T4	>135(135 초과) (또는 135 초과 200 이하)	135 이하	T4~T6
T5	>100(100 초과) (또는 100 초과 135 이하)	100 이하	T5~T6
T6	>85(85 초과) (또는 85 초과 100 이하)	85 이하	T6

(4) 폭발 위험장소의 구분

1) 폭발위험이 있는 장소의 설정 및 관리

① 사업주는 다음 각 호의 장소에 대하여 폭발위험장소의 구분도(區分圖)를 작성하는 경우에는 「산업표준화법」에 따른 한국산업표준으로 정하는 기준에 따라 가스폭발 위험장소 또는 분진폭발 위험장소로 설정하여 관리하여야 한다.
  - 인화성 액체의 증기나 인화성 가스 등을 제조·취급 또는 사용하는 장소
  - 인화성 고체를 제조·사용하는 장소

② 사업주는 제1항에 따른 폭발위험장소의 구분도를 작성·관리하여야 한다.

(5) 위험장소의 분류 ✦✦✦

[가스폭발 위험장소]

0종 장소	가. 설비의 내부 나. 인화성 또는 가연성 액체 피트(PIT) 등의 내부 다. 인화성 또는 가연성의 가스나 증기가 지속적으로 또는 장기간 체류하는 곳
1종 장소	가. 통상의 상태에서 위험 분위기가 쉽게 생성되는 곳 나. 운전, 유지 보수 또는 누설에 의하여 자주 위험 분위기가 생성되는 곳 다. 설비 일부의 고장 시 가연성 물질의 방출과 전기계통의 고장이 동시에 발생되기 쉬운 곳 라. 환기가 불충분한 장소에 설치된 배관 계통으로 배관이 쉽게 누설되는 구조의 곳 마. 주변 지역보다 낮아 가스나 증기가 체류할 수 있는 곳 바. 상용의 상태에서 위험 분위기가 주기적 또는 간헐적으로 존재하는 곳
2종 장소	가. 환기가 불충분한 장소에 설치된 배관계통으로 배관이 쉽게 누설되지 않는 구조의 곳 나. 가스켓(GASKET), 팩킹(PACKING) 등의 고장과 같이 이상상태에서만 누출될 수 있는 공정설비 또는 배관이 환기가 충분한 곳에 설치될 경우 다. 1종 장소와 직접 접하며 개방되어 있는 곳 또는 1종 장소와 닥트, 트랜치, 파이프 등으로 연결되어 이들을 통해 가스나 증기의 유입이 가능한 곳 라. 강제 환기방식이 채용되는 곳으로 환기설비의 고장이나 이상 시에 위험 분위기가 생성될 수 있는 곳

참고

1. 분진방폭구조 분진의 종류
  - 폭연성 분진 : 공기 중의 산소가 적은 분위기 또는 이산화탄소 중에서도 착화하며 부유상태에서 심하게 폭발을 일으키는 금속분진으로 마그네슘, 알루미늄, 티탄, 지르코늄 등이 있다.
  - 가연성 분진 : 공기 중의 산소를 이용하여 발열반응을 일으키는 분진을 말하며 소맥분, 전분, 사탕수지, 합성수지, 화학약품 등 비 전도성의 것과 카본블랙, 코크스, 철, 동 등 도전성이 있는 것으로 나눈다.

2. 분진폭발 방지 대책
① 작업장 등은 분진이 퇴적하지 않은 형상으로 한다.
② 분진 취급 장치에는 유효한 집진 장치를 설치한다.
③ 분체 프로세스의 장치는 밀폐화하고 누설이 없도록 한다.
④ 물을 분무함으로써 분진 제거, 수분 공급에 의한 폭발방지 및 정전기를 제거한다.

합격의 key

참고

* 방폭 전기기기의 선정
가. 모든 방폭 전기기기는 가스 등의 발화온도의 분류와 적절히 대응하는 온도등급의 것을 선정하여야 한다.
나. 사용장소에 가스 등이 2종류 이상 존재할 수 있는 경우에는 가장 위험도가 높은 물질의 위험특성과 적절히 대응하는 방폭 전기기기를 선정하여야 한다. 단, 가스 등의 2종 이상의 혼합물인 경우에는 혼합물의 위험특성에 적절히 대응하는 방폭 전기기기를 선정하여야 한다.
다. 사용 중에 전기적 이상 상태에 의하여 방폭성능에 영향을 줄 우려가 있는 전기기기는 사전에 적절한 전기적 보호장치를 설치하여야 한다.

문제

방폭 전기기기의 선정 시 고려 사항에서 제외될 항목은?
㉮ 가스 등의 발화온도
㉯ 설치될 지역의 방폭지역 등급 구분
㉰ 주변 온도, 습도, 먼지, 표고 등의 환경조건은 고려하지 않아도 된다.
㉱ 압력, 유입, 안전증 방폭구조의 경우 최고 표면 온도

[해설]
㉰ 주변 온도, 습도, 먼지, 표고 등의 환경조건도 고려하여야 한다.

정답 ㉰

[분진폭발 위험장소]

20종 장소	분진운 형태의 가연성 분진이 폭발농도를 형성할 정도로 충분한 양이 정상 작동 중에 연속적으로 또는 자주 존재하거나, 제어할 수 없을 정도의 양 및 두께의 분진층이 형성될 수 있는 장소
21종 장소	20종 장소 외의 장소로서, 분진운 형태의 가연성 분진이 폭발농도를 형성할 정도의 충분한 양이 정상 작동 중에 존재할 수 있는 장소
22종 장소	21종 장소 외의 장소로서, 가연성 분진운 형태가 드물게 발생 또는 단기간 존재할 우려가 있거나, 이상 작동 상태 하에서 가연성 분진운이 형성될 수 있는 장소

(6) 위험장소별 방폭구조 ✿✿✿

분류		적요
가스폭발위험장소	0종 장소	본질안전 방폭구조(ia) 그 밖에 관련 공인 인증 기관이 0종 장소에서 사용이 가능한 방폭구조로 인증한 방폭구조
	1종 장소	내압 방폭구조(d) 압력 방폭구조(p) 충전 방폭구조(q) 유입 방폭구조(o) 안전증 방폭구조(e) 본질안전 방폭구조(ia, ib) 몰드 방폭구조(m) 그 밖에 관련 공인 인증 기관이 1종 장소에서 사용이 가능한 방폭구조로 인증한 방폭구조
	2종 장소	0종 장소 및 1종 장소에 사용 가능한 방폭구조 비점화 방폭구조(n) 그 밖에 2종 장소에서 사용하도록 특별히 고안된 비방폭형 구조
분진폭발위험장소	20종 장소	밀폐방진 방폭구조(DIP A20 또는 DIP B20) 그 밖에 관련 공인 인증 기관이 20종 장소에서 사용이 가능한 방폭구조로 인증한 방폭구조
	21종 장소	밀폐방진 방폭구조(DIP A20 또는 A21, DIP B20 또는 B21) 특수방진 방폭구조(SDP) 그 밖에 관련 공인 인증 기관이 21종 장소에서 사용이 가능한 방폭구조로 인증한 방폭구조
	22종 장소	20종 장소 및 21종 장소에서 사용 가능한 방폭구조 일반방진 방폭구조(DIP A22 또는 DIP B22) 보통방진 방폭구조(DIP) 그 밖에 22종 장소에서 사용하도록 특별히 고안된 비방폭형 구조

(7) 방폭기기의 표시 ✮✮

방폭기기 표시방법 ✮✮

```
Ex d  IIA T1 IP 54
```

Ex : 방폭구조의 상징
d : 방폭구조(내압 방폭구조)
IIA : 가스·증기 및 분진의 그룹
T1 : 온도등급
IP 54 : 보호등급

방폭구조	기호
내 압	d
압 력	p
안전증	e
유 입	o
본질안전	ia, ib
특 수	s
특수분진	SDP
보통방진	DP
방지특수	XDP

분류		기호
산업용 II	가스·증기	A
		B
		C
	분진	11
		12
		13

온도등급
T_1
T_2
T_3
T_4
T_5
T_6

보호등급
IP ○○

기타사항

[표기 예]
- 가스·증기의 경우 : Ex d II A T2 IP 54
- 분진의 경우 : Ex SDP II 11

폭발성 가스의 분류	A	B	C
최대 안전 틈새 범위 (내압)	0.9mm 이상	0.5mm 초과 0.9mm 미만	0.5mm 이하
최소 점화 전류비 (본질안전)	0.8 초과	0.45 이상 0.8 이하	0.45 미만
적용 기기 (내압, 본질안전, 비점화)	IIA	IIB	IIC
대표적 가스	암모니아, 일산화탄소, 벤젠, 아세톤, 에탄올, 메탄올, 프로판	부타디엔, 에틸렌, diethyl ether, 에틸렌옥사이드, 도시가스	아세틸렌, 수소, 유화탄소

참고

※ 폭발위험장소에 전기설비를 설치할 때 전기적인 방호조치

① 배선은 단락 사고 및 지락사고 시의 위해한 영향과 과부하로부터 보호하여야 한다.
② 모든 전기기기는 단락 사고 및 지락 사고 시의 위해한 영향과 과부하로부터 보호하여야 한다.
③ 회전전기기계, 발전기의 경우 정격 전압 및 정격 주파수에서의 기동전류 또는 단락 전류에 이상 과열없이 연속적으로 견딜 수 없다면, 다음과 같은 과부하 보호 조치를 추가하여야 한다.
  가. 전기기계의 정격전류보다 크지 않은 값에서 3상 모두를 감시할 수 있는 전류 종속·시간 지연 보호장치를 설치하되, 설정전류의 1.05배에서 2시간 이내에 작동되지 않고 1.2배에서 2시간 이내에 작동
  나. 내장된 온도감지기에 의한 직접적인 온도제어 장치
  다. 기타 이와 동등 이상의 장치
④ 변압기는 정격 전압 및 정격 주파수에서 2차 단락전류를 이상 과열없이 연속적으로 견딜 수 없거나 또는 접속된 부하의 사고에 따라 과부하가 될 우려가 없는 경우에는 과부하 보호장치를 추가하여야 한다.
⑤ 단락보호 및 지락보호 장치는 고장상태에서 자동재폐로가 되지 않아야 한다.
⑥ 다상 전기기기(예, 삼상 전동기)에서는 한 상 또는 그 이상의 상의 결상 운전으로 과열을 방지할 수 있는 조치를 취하여야 한다. 전기기기의 자동차단이 점화위험 그 자체보다 더 큰 위험을 가져올 수 있는 경우에는 신속한 응급조치를 취할 수 있도록 자동차단장치 대신 경보장치를 사용할 수 있다.

(8) 폭발 위험장소가 표기되어 있는 경우의 기기 보호수준(EPL)

위험장소	기기 보호등급
0종	"Ga"
1종	"Ga" 또는 "Gb"
2종	"Ga", "Gb" 또는 "Gc"
20종	"Da"
21종	"Da" 또는 "Db"
22종	"Da", "Db" 또는 "Dc"

참고 (국가표준인증 KS C IEC 60079-0)

기기보호등급(Equipment Protection Level) : EPL로 표현되며 점화원이 될 수 있는 가능성에 기초하여 기기에 부여된 보호등급이다.

가스폭발 보호등급	분진폭발 보호등급
1. EPL Ga : 폭발성 가스 분위기에 설치되는 기기로 정상 작동, 예상된 오작동, 드문 오작동 중에 점화원이 될 수 없는 "매우 높은" 보호 등급의 기기이다. 2. EPL Gb : 폭발성 가스 분위기에 설치되는 기기로 정상 작동, 예상된 오작동 중에 점화원이 될 수 없는 "높은" 보호 등급의 기기이다. 3. EPL Gc : 폭발성 가스 분위기에 설치되는 기기로 정상 작동 중에 점화원이 될 수 없고 정기적인 고장 발생 시 점화원으로서 비활성 상태의 유지를 보장하기 위하여 추가적인 보호장치가 있을 수 있는 "강화된" 보호등급의 기기이다.	1. EPL Da : 폭발성 분진 분위기에 설치되는 기기로 정상 작동, 예상된 오작동, 드문 오작동 중에 점화원이 될 수 없는 "매우 높은" 보호 등급의 기기이다. 2. EPL Db : 폭발성 분진 분위기에 설치되는 기기로 정상 작동, 예상된 오작동 중에 점화원이 될 수 없는 "높은" 보호 등급의 기기이다. 3. EPL Dc : 폭발성 분진 분위기에 설치되는 기기로 정상 작동 중에 점화원이 될 수 없고 정기적인 고장 발생 시 점화원으로서 비활성 상태의 유지를 보장하기 위하여 추가적인 보호장치가 있을 수 있는 "강화된" 보호등급의 기기이다.

3 방폭구조의 선정 및 유의사항

(1) 방폭구조의 구비조건

① 시건장치 할 것
② 도선의 인입 방식을 정확히 채택할 것
③ 접지 할 것
④ 퓨즈 사용

(2) 전기설비의 방폭화 방법 ✯✯

① 점화원의 방폭적 격리(전폐형 방폭구조) : 내압, 압력, 유입 방폭구조
② 전기설비의 안전도 증강 : 안전증 방폭구조
③ 점화능력의 본질적 억제 : 본질안전 방폭구조

(3) 방폭구조 전기설비 설치의 표준환경 조건

주변온도	$-20℃ \sim +40℃$
표 고	1,000m 이하
상대습도	45~85%
공해, 부식성 가스, 진동	전기설비에 특별한 고려를 필요로 하는 정도의 공해, 부식성 가스, 진동 등이 존재하지 않는 환경

(4) 전기기기를 적합하게 선정하기 위하여 다음과 같은 정보를 확보한다.

① 폭발위험장소 등급 및 기기 보호 등급
② 기기 그룹에 적합한 가스 등급
③ 온도 등급 또는 가스의 점화 온도
④ 전기기기의 용도
⑤ 외부 영향 및 주변 온도

(5) 방폭 전기기기의 선정 시 고려사항 ✯

① 방폭 전기기기가 설치될 지역의 방폭지역 등급 구분
② 가스등의 발화온도
③ 내압 방폭구조의 경우 최대 안전틈새
④ 본질안전 방폭구조의 경우 최소점화 전류
⑤ 압력 방폭구조, 유입 방폭구조, 안전증 방폭구조의 경우 최고표면 온도

참고

* 방폭기기가 작동될 수 있는 표준대기조건
(KS C IEC 60079 계열의 규격을 준수하는 기기는 다음의 대기조건에서 공기와 가스, 증기, 미스트의 혼합물에 의해 발생하는 폭발성 가스 분위기가 존재하는 위험장소에 사용할 수 있다.)
① 온도 : $-20 \sim +60℃$
② 압력 : 80kPa(0.8bar) ~110kPa(1.1bar)
③ 정상 산소 함량의 공기 : 21% v/v

* 최고 표면온도는 제조자가 별도로 규정하지 않는 한, $-20 \sim +40℃$의 작동 대기온도를 기준으로 정한다.

⑥ 방폭 전기기기가 설치될 장소의 주변 온도, 표고 또는 상대습도, 먼지, 부식성 가스 또는 습기 등의 환경조건

(6) 방폭 전기설비 계획 수립 시의 기본방침

① 가연성 가스 및 가연성 액체의 위험특성 확인
② 시설장소의 재 조건 검토
③ 위험장소 종별 및 범위의 결정

(7) 환기가 충분한 장소

대기 중의 가스 또는 증기의 밀도가 폭발 하한계의 25%를 초과하여 축적되는 것을 방지하기 위한 충분한 환기량이 보장되는 장소를 말하며 다음 각 호의 장소는 환기가 충분한 장소로 볼 수 있다.

① 옥외
② 수직 또는 수평의 외부 공기 흐름을 방해하지 않는 구조의 건축물 또는 실내로서 지붕과 한 면의 벽만 있는 건축물
③ 밀폐 또는 부분적으로 밀폐된 장소로써 옥외의 동등한 정도의 환기가 자연 환기 방식 또는 고장 시 경보 발생 등의 조치가 되어있는 강제 환기 방식으로 보장되는 장소
④ 기타 적합한 방법으로 환기량을 계산하여 폭발 하한계의 15% 농도를 초과하지 않음이 보장되는 장소

CHAPTER 05 단원 예상문제

01 전기설비의 안전도 증강에 의거 제작된 전기기기의 방폭구조는?

㉮ 안전증 방폭구조 전기기기
㉯ 내압 방폭구조 전기기기
㉰ 본질안전 방폭구조 전기기기
㉱ 압력 방폭구조 전기기기

[해설] 전기 설비의 방폭화 방법
① 점화원의 방폭적 격리 : 내압, 압력, 유입 방폭구조
② 전기 설비의 안전도 증강 : 안전증 방폭구조
③ 점화 능력의 본질적 억제 : 본질안전 방폭구조

02 다음 중 점화원이 될 우려가 있는 부분을 용기 내에 넣고 신선한 공기 또는 불연성 기체 등의 보호 기체를 용기의 내부에 압입함으로써 내부의 압력을 유지하여 폭발성가스가 침입하지 않도록 한 방폭구조는?

㉮ Flameproof Enclosures
㉯ Pressurized Apparatus
㉰ Increased Safety
㉱ Oil Immersion

[해설] <u>압력 방폭구조</u>(Pressurized Apparatus) : 아크를 발생시키는 <u>전기설비를 용기에 넣고 용기 내부에 불연성 가스(공기 또는 질소)를 압입</u>하여 용기 내부로 폭발성 가스나 침입하는 것을 방지하는 구조

03 전기설비의 방폭구조를 나타내는 기호로서 틀린 것은?

㉮ 내압 방폭구조 : d
㉯ 안전증 방폭구조 : e
㉰ 본질안전 방폭구조 : s
㉱ 압력 방폭구조 : p

[해설]

가스, 증기, 분진 방폭구조		기호
가스, 증기 방폭 구조	내압 방폭구조	d
	압력 방폭구조	p
	유입 방폭구조	o
	안전증 방폭구조	e
	본질안전 방폭구조	ia or ib
	충전 방폭구조	q
	비점화 방폭구조	n
	몰드 방폭구조	m
	특수 방폭구조	s
분진 방폭구조	방진 방폭구조	tD

04 다음 방폭구조 중 전폐형 구조로 된 것이 아닌 것은?

㉮ 내압 방폭구조
㉯ 유입 방폭구조
㉰ 압력 방폭구조
㉱ 안전증 방폭구조

[해설] <u>전폐형 구조(점화원의 방폭적 격리) : 내압, 압력, 유입 방폭구조</u>

{참고} 전기설비의 방폭화 방법
① 점화원의 방폭적 격리 : 내압, 압력, 유입 방폭구조
② 전기설비의 안전도 증강 : 안전증 방폭구조
③ 점화능력의 본질적 억제 : 본질안전 방폭구조

정답 01 ㉮ 02 ㉯ 03 ㉰ 04 ㉱

05 방폭 지역으로 구분하는 것에 대한 내용으로 틀린 것은?

㉮ 인화성 액체의 증기 또는 가연성 가스가 쉽게 존재할 가능성이 있는 지역
㉯ 인화점이 40℃ 이하의 액체가 저장, 취급되고 있는 지역
㉰ 인화점이 65℃ 이하의 액체가 인화점 이상으로 저장, 취급되고 있는 지역
㉱ 인화점 150℃를 초과하는 액체가 인화점 이상으로 사용되고 있는 설비의 외부 지역

[해설] 다음 각 호의 장소는 방폭지역으로 구분하여야 한다.
① 인화성 또는 가연성의 증기가 쉽게 존재할 가능성이 있는 지역
② 인화점 40℃ 이하의 액체가 저장, 취급되고 있는 지역
③ 인화점 65℃ 이하의 액체가 인화점 이상으로 저장, 취급될 수 있는 지역
④ 인화점이 100℃ 이하인 액체의 경우 해당 액체의 인화점 이상으로 저장, 취급되고 있는 지역

06 다음의 위험 장소 중 1종으로 구분할 수 없는 것은?

㉮ 통상의 상태에서 위험 분위기가 쉽게 생성되는 곳
㉯ 유지, 보수 또는 누설에 의하여 자주 위험 분위기가 생성되는 곳
㉰ 정상 가동 상태에서 폭발성 가스가 가끔 누출되는 곳
㉱ 조작상의 실수, 오작동에 의하여 폭발성 가스가 누출되거나 체류할 수 있는 곳

[해설] ㉱ 이상 시에 위험 분위기가 생성되는 곳으로 2종 장소에 해당한다.

{참고} 방폭지역의 종별 결정

	가스폭발 위험장소
0종 장소	가. 설비의 내부 나. 인화성 또는 가연성 액체가 피트(PIT) 등의 내부 다. 인화성 또는 가연성의 가스나 증기가 지속적으로 또는 장기간 체류하는 곳
1종 장소	가. 통상의 상태에서 위험분위기가 쉽게 생성되는 곳 나. 운전·유지 보수 또는 누설에 의하여 자주 위험분위기가 생성되는 곳 다. 설비 일부의 고장 시 가연성물질의 방출과 전기계통의 고장이 동시에 발생되기 쉬운 곳 라. 환기가 불충분한 장소에 설치된 배관 계통으로 배관이 쉽게 누설되는 구조의 곳 마. 주변 지역보다 낮아 가스나 증기가 체류할 수 있는 곳 바. 상용의 상태에서 위험분위기가 주기적 또는 간헐적으로 존재하는 곳
2종 장소	가. 환기가 불충분한 장소에 설치된 배관계통으로 배관이 쉽게 누설되지 않는 구조의 곳 나. 가스켓(GASKET), 팩킹(PACKING) 등의 고장과 같이 이상상태에서만 누출될 수 있는 공정설비 또는 배관이 환기가 충분한 곳에 설치될 경우 다. 1종 장소와 직접 접하며 개방되어 있는 곳 또는 1종장소와 닥트, 트랜치, 파이프 등으로 연결되어 이들을 통해 가스나 증기의 유입이 가능한 곳 라. 강제 환기방식이 채용되는 곳으로 환기설비의 고장이나 이상 시에 위험 분위기가 생성될 수 있는 곳

정답 05 ㉱ 06 ㉱

07 산업안전보건법에서 정하는 폭발위험 장소의 분류 중 1종 장소에 해당하는 것은?

㉮ 용기, 장치, 배관 등의 내부
㉯ 맨홀, 벤트, 피트 등의 주위
㉰ 개스킷, 패킹 등의 주위
㉱ 호퍼, 분진저장소 등의 내부

[해설] ㉮ 0종 장소
㉯ 1종 장소
㉰ 2종 장소
㉱ 20종 장소

08 용기 내부에 아크 또는 고열이 발생하여 폭발이 일어날 경우에 용기가 폭발압력에 견디고, 외부의 폭발성 가스에 인화될 위험이 없도록 하는 방폭구조는?

㉮ 내압 방폭구조
㉯ 비점화 방폭구조
㉰ 안전증 방폭구조
㉱ 특수 방진 방폭구조

[해설] 용기가 폭발압력에 견디는 구조 → 내압 방폭구조

{참고} (1) **내압 방폭구조(d)**
아크를 발생시키는 전기설비를 전폐용기에 넣고 용기내부에 폭발이 일어날 경우에 **용기가 폭발압력에 견뎌** 외부의 폭발성 가스에 인화될 위험이 없도록 한 구조

(2) **압력 방폭구조(P)**
아크를 발생시키는 전기설비를 용기에 넣고 **용기 내부에 불연성 가스(공기 또는 질소)를 압입**하여 용기 내부로 폭발성 가스나 침입하는 것을 방지하는 구조

(3) **유입 방폭구조(o)**
아크를 발생시키는 전기설비를 용기에 넣고 **용기 내부에 보호액을 채워 외부의 폭발성 가스에 접촉 시 점화의 우려가 없도록 한 방폭구조**

(4) **안전증 방폭구조(e)**
정상 운전 중의 내부에서 불꽃이 발생하지 않도록 전기적, 기계적, 구조적으로 온도 상승에 대해 **안전도를 증가시킨 구조**

(5) **본질안전 방폭구조(ia, ib)**
정상 시 또는 단락, 단선, 지락 등의 사고 시에 발생하는 아크, 불꽃, 고열에 의하여 폭발성 가스나 증기에 점화되지 않는 것이 확인된 구조

(6) **비점화 방폭구조(n)**
① 전기 기기가 **정상작동 및 비정상 상태에서** 주위의 폭발성 가스 분위기를 **점화시키지 못하도록 만든 방폭구조**
② **2종 장소에만 사용할 수 있다.**

(7) **몰드 방폭구조(m)**
전기기기의 스파크 또는 열로 인해 폭발성 위험 분위기에 점화되지 않도록 **컴파운드를 충전해서 보호한 방폭구조**

(8) **충전 방폭구조(q)**
폭발성 가스 분위기를 점화시킬 수 있는 부품을 고정하여 설치하고, 그 **주위를 충전재로 완전히 둘러쌈**으로서 외부의 폭발성 가스 분위기를 점화시키지 않도록 하는 방폭구조

(9) **특수 방폭구조(s)**
내압, 유입, 압력, 안전증, 본질안전 이외의 방폭구조로서 폭발성 가스 또는 증기에 점화 또는 위험 분위기로 인화를 방지할 수 있는 것이 시험, 기타에 의하여 확인된 구조

(10) **방진 방폭구조(tD)**
분진층이나 분진운의 점화를 방지하기 위하여 용기로 보호하는 전기기기에 적용되는 분진 침투 방지, 표면 온도 제한 등의 방법을 말한다.

09 방폭구조 전기기계·기구의 선정기준에서 1종 위험장소에 선정할 수 없는 방폭구조는 무엇인가?

㉮ 본질안전 방폭구조
㉯ 충전 방폭구조
㉰ 안전증 방폭구조
㉱ 비점화 방폭구조

[해설] ㉱ 비점화 방폭구조는 2종 장소에만 선정할 수 있다.

{참고} **비점화 방폭구조(n)**
① 전기기기가 **정상 작동 및 비정상 상태에서 주위의 폭발성 가스 분위기를 점화시키지 못하도록 만든 방폭구조**
② **2종 장소에만 사용할 수 있다.**

정답 07 ㉯ 08 ㉮ 09 ㉱

10 다음 중 폭발위험장소의 분류가 0종인 장소에서 사용할 수 있는 방폭구조는?

㉮ 안전증 방폭구조
㉯ 내압 방폭구조
㉰ 유입 방폭구조
㉱ 본질안전 방폭구조

[해설] 위험장소별 방폭구조

가스 폭발 위험 장소	0종 장소	본질안전 방폭구조(ia)
	1종 장소	내압 방폭구조(d) 압력 방폭구조(p) 충전 방폭구조(q) 유입 방폭구조(o) 안전증 방폭구조(e) 본질안전 방폭구조(ia, ib) 몰드 방폭구조(m)
	2종 장소	0종 장소 및 1종 장소에 사용 가능한 방폭구조 비점화 방폭구조(n)
분진 폭발 위험 장소	20종 장소	밀폐방진 방폭구조(DIP A20 또는 DIP B20)
	21종 장소	밀폐방진 방폭구조(DIP A20 또는 A21, DIP B20 또는 B21) 특수방진 방폭구조(SDP)
	22종 장소	20종 장소 및 21종 장소에서 사용 가능한 방폭구조 일반방진 방폭구조(DIP A22 또는 DIP B22) 보통방진 방폭구조(DIP)

11 산업안전보건법상 폭발위험장소의 분류에 있어 다음 내용에 해당하는 장소는?

"분진운 형태의 가연성 분진이 폭발농도를 형성할 정도의 충분한 양이 정상작동 중에 존재할 수 있는 장소"

㉮ 0종 장소 ㉯ 1종 장소
㉰ 20종 장소 ㉱ 21종 장소

[해설]

	분진폭발 위험장소
20종 장소	분진운 형태의 가연성 분진이 폭발농도를 형성할 정도로 충분한 양이 **정상작동 중에 연속적으로 또는 자주 존재하거나, 제어할 수 없을 정도의 양 및 두께의 분진 층이 형성**될 수 있는 장소
21종 장소	20종 장소 외의 장소로서, 분진운 형태의 **가연성 분진이 폭발농도를 형성할 정도의 충분한 양이 정상작동 중에 존재할 수 있는 장소**
22종 장소	21종 장소 외의 장소로서, 가연성 **분진운 형태가 드물게 발생 또는 단기간 존재할 우려가 있거나, 이상작동 상태 하에서 가연성 분진 운이 형성**될 수 있는 장소

12 방폭구조 전기기계·기구의 선정기준에 있어 가스폭발 위험장소의 제1종 장소에 사용할 수 없는 방폭구조는?

㉮ 내압 방폭구조
㉯ 안전증 방폭구조
㉰ 본질안전 방폭구조
㉱ 비점화 방폭구조

[해설] 비점화방폭구조는 2종 장소에만 사용할 수 있다.

13 위험 분위기가 존재하는 장소의 전기기기에 방폭 성능을 갖추기 위한 일반적 방법으로 적절하지 않은 것은?

㉮ 점화원의 격리
㉯ 전기기기 안전도 증강
㉰ 점화능력의 본질적 억제
㉱ 점화원으로 되는 확률을 0으로 낮춤

정답 10 ㉱ 11 ㉱ 12 ㉱ 13 ㉱

해설 전기설비의 방폭화 방법
① 점화원의 방폭적 격리 : 내압, 압력, 유입 방폭구조
② 전기 설비의 안전도 증강 : 안전증 방폭구조
③ 점화 능력의 본질적 억제 : 본질안전 방폭구조

14 다음 정의에 해당하는 방폭구조는?

"전기기기의 과도한 온도 상승, 아크 또는 스파크 발생의 위험을 방지하기 위해 추가적인 안전조치를 통한 안전도를 증가시킨 방폭구조"

㉮ 내압 방폭구조
㉯ 안전증 방폭구조
㉰ 본질안전 방폭구조
㉱ 유입 방폭구조

해설 안전도를 증강시킨 구조 → 안전증 방폭구조

15 다음 중 인화성 액체의 증기 또는 가연성 가스에 의한 가스폭발 위험장소의 분류에 해당되지 않는 것은?

㉮ 0종 장소
㉯ 1종 장소
㉰ 2종 장소
㉱ 3종 장소

해설 가스폭발 위험장소 : 0종, 1종, 2종 장소
분진폭발 위험장소 : 20종, 21종, 22종 장소

16 위험장소의 분류에 있어 다음 설명에 해당하는 것은?

"분진운 형태의 가연성 분진이 폭발농도를 형성할 정도로 충분한 양이 정상 작동 중에 연속적으로 또는 자주 존재하거나 제어할 수 없을 정도의 양 및 두께의 분진 층이 형성될 수 있는 장소"

㉮ 0종 장소
㉯ 20종 장소
㉰ 1종 장소
㉱ 21종 장소

해설 정상작동 중에 분진폭발이 연속적으로 또는 자주 우려되는 장소 → 20종 장소

정답 14 ㉯ 15 ㉱ 16 ㉯

CHAPTER 06 화학물질 안전관리 실행

01 화학물질(위험물, 유해화학물질) 확인

📍 주/요/내/용 알/고/가/기

1. 위험물의 기초화학
2. 위험물의 정의
3. 위험물의 정의 및 종류
4. 노출기준
5. 유해화학물질의 유해요인

용어정의

"화학물질"이란 원소 및 원소간의 화학반응에 의하여 생성된 물질을 말한다.

"혼합물"이란 화학적으로 반응하지 않는 두 가지 이상의 화학물질이 섞여있는 물질을 말한다.

문제

다음 물질을 혼합할 때 위험성(발화 또는 폭발)이 존재하는 것은?
㉮ 황-에테르
㉯ 황-아세톤
㉰ 황-케톤
㉱ 황-황산

[해설]
㉱ 황-황산은 반응하여 폭발을 일으킨다.

정답 ㉱

1 위험물의 기초화학

(1) 보일의 법칙

모든 기체는 온도가 일정할 때 부피는 압력에 반비례한다.

$$P_1 \times V_1 = P_2 \times V_2$$

여기서, P_1 : 처음 압력　　P_2 : 나중 압력
　　　　V_1 : 처음 부피　　V_2 : 나중 부피

(2) 샤를의 법칙

모든 기체의 부피는 압력이 일정할 때 절대 온도에 비례한다.

$$\frac{V_1}{T_1} = \frac{V_2}{T_2}$$

여기서, V_1 : 처음 부피　　V_2 : 나중 부피
　　　　$T_1(°K)$: 처음 온도(273+℃)　$T_2(°K)$: 나중 온도(273+℃)

(3) 보일-샤를의 법칙

일정량 기체의 부피는 압력에 반비례하고 절대 온도에 비례한다.

$$\frac{P_1 \times V_1}{T_1} = \frac{P_2 \times V_2}{T_2}$$

여기서, P_1 : 처음 압력　　P_2 : 나중 압력
　　　　V_1 : 처음 부피　　V_2 : 나중 부피
　　　　$T_1(°K)$: 처음 온도(273+℃)　$T_2(°K)$: 나중 온도(273+℃)

(4) 이상기체 상태방정식

$$P \times V = n \times R \times T = \frac{W}{M} \times R \times T$$

여기서, P : 압력(atm)
  n : 몰수(W/M)
  T : 절대온도(273+℃)(°K)
  M : 분자량
  V : 부피(m^3)
  R : 0.082(atm · m^3/kg · mole · K)
  W : 무게(kg)

(5) 풍해성

결정수를 함유하는 물질이 공기 중에 결정수를 잃는 현상

(6) 금수성

물과 반응하여 발화하거나 가연성 가스를 발생시키는 성질

금수성 물질의 종류 ★

① 리튬
② 칼륨 · 나트륨
③ 알킬알루미늄 · 알킬리튬
④ 칼슘 탄화물(탄화칼슘), 알루미늄 탄화물(탄화알루미늄)

2 위험물의 정의

위험물이란 일반적으로 화재 또는 폭발을 일으킬 위험성이 있거나, 인간의 건강에 유해하든지 인간의 안전을 위협할 우려가 있는 물질이라고 할 수 있다.

(1) 위험물의 특징

① 물 또는 산소와 반응이 용이하다.
② 반응속도가 급격히 진행된다.
③ 반응 시 발생되는 발열량이 크다.
④ 수소와 같은 가연성 가스를 발생시킨다.
⑤ 화학적 구조나 결합력이 불안정하다.

기출

위험물안전관리법상 위험물 분류
1류 산화성 고체
2류 가연성 고체
3류 자연발화성 및 금수성 물질
4류 인화성 액체
5류 자기반응성 물질
6류 산화성 액체

참고

※ 위험물의 특징
제1류 산화성고체 (강산화제)
1. 공통성질
 ① 무색결정, 백색분말
 ② 불연성, 조연성, 강산화제
 ③ 비중 1보다 큼 (물보다 무거움)
 ④ 수용성
 ⑤ 조해성(공기 중 수분을 흡수하여 고체가 액체로 변함)
 ⑥ 알칼리금속의 과산화물은 물과 반응시 발열 및 산소 방출
 ⑦ 가열, 충격, 마찰에 의해 산소 방출
2. 저장 및 취급방법
 ① 통풍이 잘되는 찬곳
 ② 가열 · 충격 · 마찰 피할 것
 ③ 습기주의, 밀봉 저장할 것
 ④ 가연물과 접촉 피할 것
 ⑤ 소화 : 주수에 의한 냉각소화(알칼리금속 과산화물제외)
3. 품명 및 지정수량
 ① 아염소산염류, 염소산염류, 과염소산염류, 무기과산화물 : 50kg
 ② 브롬산염류, 질산염류, 요오드산염류 : 300kg
 ③ 과망간산염류, 중크롬산염류 : 1000kg

제2류 가연성 고체 (환원제)
1. 공통성질
 ① 낮은 온도에서 착화, 연소속도 빠름
 ② 유독성, 연소 시 유독 gas 발생
 ③ 산화제와 접촉 시 발화(1류, 6류)
 ④ 철, 마그네슘, 금속분은 물, 산과 접촉 시 발화
2. 저장 및 취급방법
 ① 가열 및 점화원 피할 것

합격의 key

② 산화성물질(1,6류) 피할 것
③ 소화 : 주수에 의한 냉각소화(철, 마그네슘, 금속분 제외)
3. 품명 및 지정수량
① 황린, 적린, 유황 : 100kg
② 철분, 마그네슘, 금속분 : 500kg
③ 인화성 고체(고형알코올) : 1000kg

제3류 자연발화성, 금수성 물질
1. 공통 성질
① 공기와 접촉 시 열을 흡수하여 자연발화 - 알칼리금속, 알칼리토금속(1,2족금속), 알킬알루미늄, 알킬리튬, 유기금속화합물, 황린
② 수분과 접촉 시 발열, 가연성가스 발생(황린 제외)
2. 저장 및 취급방법
① 금수성물질 : 수분 접촉 금지
② 자연발화성 물질 : 공기노출금지(보호액 저장)
③ 화기엄금 : 가연성가스 발생
④ 다량일 경우 : 소분 저장, 희석제 혼입
3. 품명 및 지정수량
① 칼륨, 나트륨, 알킬알루미늄, 알킬리튬 : 10kg
② 황린 : 20kg
③ 알칼리금속 및 알칼리토금속, 유기금속 화합물 : 50kg
④ 칼슘 또는 알루미늄의 탄화물, 금속의 수소화물, 금속의 인화물 : 300kg

제4류 인화성 액체
1. 공통 성질
① 물보다 가볍고, 물에 녹기 어렵다.
② 증기는 공기보다 무겁다.(시안화수소 제외)
③ 연소한 낮음 - 증기는 공기와 약간 혼합되어도 연소 우려
④ 증기는 높은 곳으로 배출할 것
⑤ 전기부도체, 정전기 축적 쉬움
⑥ 증발연소 (연소 확대 빠름)
2. 저장 및 취급방법
① 화기엄금

③ 위험물의 종류 ☆☆☆

(1) 폭발성 물질 및 유기과산화물	가. 질산에스테르류 다. 니트로화합물 마. 디아조화합물 사. 유기과산화물	나. 니트로화합물 라. 아조화합물 바. 하이드라진 유도체

특급 암기법
폭발(폭발성 물질)하는 질산에(질산에스테르) 니태아조(니트로, 니트로소, 아조, 디아조) 하드라유(하이드라진 유도체, 유기과산화물)
⇒ 폭발하는 질산에 니태워줘? 하더라

(2) 물반응성 물질 및 인화성 고체	가. 리튬 다. 황 마. 황화인·적린 사. 알킬알루미늄·알킬리튬 아. 마그네슘 분말 자. 금속 분말(마그네슘 분말은 제외한다) 차. 알칼리금속(리튬·칼륨 및 나트륨은 제외한다) 카. 유기 금속화합물(알킬알루미늄 및 알킬리튬은 제외한다) 타. 금속의 수소화물 파. 금속의 인화물 하. 칼슘 탄화물, 알루미늄 탄화물	나. 칼륨·나트륨 라. 황린 바. 셀룰로이드류

특급 암기법
물 반응성 물질 : 나(나트륨), 칼(칼륨·칼슘), 알(알킬알루미늄·알킬리튬), 물(물반응성물질) 리(리튬)
⇒ 나! 칼 안물거야
인화성 고체 : 인화성 황인(황, 황린, 황화인, 적린)이 젤(셀룰로이드류) 금(금속분말), 마(마그네슘)
⇒ 인화성 황, 인이 제일 겁나!

(3) 산화성 액체 및 산화성 고체	가. 차아염소산 및 그 염류 다. 염소산 및 그 염류 마. 브롬산 및 그 염류 사. 과산화수소 및 무기 과산화물 아. 질산 및 그 염류 자. 과망간산 및 그 염류 차. 중크롬산 및 그 염류	나. 아염소산 및 그 염류 라. 과염소산 및 그 염류 바. 요오드산 및 그 염류

특급 암기법
염소(염소산) 보러(브롬산) 요과(요오드산, 과산화수소, 무기과산화물, 과망간산)하고 질산 가는 중(중크롬산)!
⇒ 염소 보러 요과하고 질산 가는 중!

(4) 인화성 액체	가. 에틸에테르, 가솔린, 아세트알데히드, 산화프로필렌, 그 밖에 인화점이 섭씨 23도 미만이고 초기 끓는점이 섭씨 35도 이하인 물질 **특급 암기법** **235 아세트알**(아세트알데히드)**샴푸**(산화프로필렌)**가 거슬린**(가솔린) **에테르**(에틸에테르) ⇒ 235 아세트알 샴푸가 거슬린 에테르 나. 노르말헥산, 아세톤, 메틸에틸케톤, 메틸알코올, 에틸알코올, 이황화탄소, 그 밖에 인화점이 섭씨 23도 미만이고 초기 끓는점이 섭씨 35도를 초과하는 물질 **특급 암기법**  **235 아세톤 메에케**(메틸에틸케톤)**해! 노!**(노르말헥산) **이황화탄**(이황화탄소) **알콜**(메틸알콜, 에틸알콜) ⇒ 235 아세톤 매에케해! NO! 이황화탄 알콜 다. 크실렌, 아세트산아밀, 등유, 경유, 테레핀유, 이소아밀알코올, 아세트산, 하이드라진, 그 밖에 인화점이 섭씨 23도 이상 섭씨 60도 이하인 물질 **특급 암기법**  **아세트산아**(아세트산, 아세트산아밀)**! 텔레비전**(테레핀유) **켜실땐**(크실렌) **2360 등**(등유)**을 경유**(경유) **하이**(하이드라진)**소**(이소아밀알콜)**!** ⇒ 아세트산아! 텔레비전(TV) 켜실땐 2360 등을 경유 하이소!
(5) 인화성 가스	가. 수소 나. 아세틸렌 다. 에틸렌 라. 메탄 마. 에탄 바. 프로판 사. 부탄 아. 인화한계 농도의 최저한도가 13% 이하 또는 최고한도와 최저한도의 차가 12% 이상인 것으로서 표준압력(101.3kPa) 하의 20℃에서 가스 상태인 물질 **특급 암기법** **폭발 1등급** : 메, 에, 프로, 부 **폭발 2등급** : 에틸렌 **폭발 3등급** : 수소, 아세틸렌

② 정전기발생 주의 및 예방조치
③ 증기는 가급적 높은곳으로 배출
④ 질식소화(주수소화 금지-연소면 확대로 위험)

제5류 자기반응성 물질
1. 공통 성질
   ① 산소 함유하고 있어 공기 중 산소 없이도 가열, 충격, 마찰에 의해 자연발화·폭발
   ② 연소속도 빨라서 폭발성 지님
2. 저장 및 취급방법
   ① 화기엄금, 충격주의 표지
   ② 가열, 충격, 마찰, 화원 금지
   ③ 소분저장, 용기 밀전밀봉할 것
   ④ 다량의 주수에 의한 냉각소화
3. 품명 및 지정수량
   ① 유기과산화물, 질산에스테르류(니트로글리세린, 니트로셀룰로오스) : 10kg
   ② 니트로화합물(T.N.T / T.N.P), 니트로소화합물, 아조화합물, 디아조화합물, 히드라진유도체 : 200kg
   ③ 히드록실아민, 히드로실아민염류 : 100kg

제6류 산화성 액체
1. 공통성실
   ① 강산화제, 불연성, 조연성
   ② 비중 1보다 큼, 수용성
   ③ 물과 접촉 시 발열
2. 저장 및 취급방법
   ① 물, 유기물, 가연물, 고체산화제와 접촉 금지
   ② 저장용기는 내산성일
   ③ 밀봉, 밀전, 피부접촉시 즉시세척
   ④ 소화 : 마른모래 및 탄산가스에 의한 질식소화
3. 품명 및 지정수량
   ① 과염소산과산화수소질산 : 300kg

합격의 key

(6) 부식성 물질	가. 부식성 산류 ① 농도가 20퍼센트 이상인 염산, 황산, 질산, 그 밖에 이와 같은 정도 이상의 부식성을 가지는 물질 ② 농도가 60퍼센트 이상인 인산, 아세트산, 불산, 그 밖에 이와 같은 정도 이상의 부식성을 가지는 물질 나. 부식성 염기류 농도가 40퍼센트 이상인 수산화나트륨, 수산화칼륨, 그 밖에 이와 같은 정도 이상의 부식성을 가지는 염기류 • 20% : 염, 황, 질 • 40% : 수나, 수칼 • 60% : 인, 아, 불
(7) 급성 독성 물질	가. 쥐에 대한 경구투입실험에 의하여 실험동물의 50퍼센트를 사망시킬 수 있는 물질의 양, 즉 LD_{50}(경구, 쥐)이 킬로그램당 300밀리그램-(체중) 이하인 화학물질 나. 쥐 또는 토끼에 대한 경피흡수실험에 의하여 실험동물의 50퍼센트를 사망시킬 수 있는 물질의 양, 즉 LD_{50}(경피, 토끼 또는 쥐)이 킬로그램당 1000밀리그램-(체중) 이하인 화학물질 다. 쥐에 대한 4시간 동안의 흡입실험에 의하여 실험동물의 50퍼센트를 사망시킬 수 있는 물질의 농도, 즉 가스 LC_{50}(쥐, 4시간 흡입)이 2500ppm 이하인 화학물질, 증기 LC_{50}(쥐, 4시간 흡입)이 10mg/L 이하인 화학물질, 분진 또는 미스트 1mg/L 이하인 화학물질 경구 : 300mg/kg 경피 : 1000mg/kg 가스 : 2500ppm 증기 : 10mg/L 분진·미스트 : 1mg/L

④ 노출기준

"노출기준"이라 함은 근로자가 유해인자에 노출되는 경우 노출기준 이하 수준에서는 거의 모든 근로자에게 건강상 나쁜 영향을 미치지 아니하는 기준을 말하며, 1일 작업시간 동안의 시간가중평균 노출기준(Time Weighted Average, TWA), 단시간 노출기준(Short Term Exposure Limit, STEL) 또는 최고 노출기준(Ceiling, C)으로 표시한다.

(1) 시간가중평균 노출기준(TWA 농도) ✰✰

① 일 8시간 작업하는 동안 반복 노출되더라도 건강장해를 일으키지 않는 유해물질의 평균농도
② 1일 8시간 작업을 기준으로 하여 유해인자의 측정치에 발생시간을 곱하여 8시간으로 나눈 값을 말하며 산출 공식은 다음과 같다.

$$TWA환산값 = \frac{C_1 \cdot T_1 + C_2 \cdot T_2 + \cdots\cdots + C_n \cdot T_n}{8}$$

여기서, C : 유해인자의 측정치(단위 : ppm 또는 mg/m³)
T : 유해인자의 발생시간(단위 : 시간)

(2) 단시간 노출기준(STEL 농도) ✰✰

① 근로자가 1회에 15분간 유해인자에 노출되는 경우의 기준을 말한다.
② 이 기준 이하에서는 1회 노출 간격이 1시간 이상인 경우 1일 작업시간 동안 4회까지 노출이 허용될 수 있는 기준을 말한다.

> **참고**
>
> "단시간 노출값(STEL, Short-Term Exposure Limit)"이란 15분 간의 시간 가중 평균값으로서 노출농도가 시간 가중 평균값을 초과하고 단시간 노출값 이하인 경우
>
> ① 1회 노출 지속시간이 15분 미만이어야 한다.
> ② 이러한 상태가 1일 4회 이하로 발생해야 한다.
> ③ 각 회의 간격은 60분 이상이어야 한다.

(3) 최고 노출기준(C)(Ceiling 농도) ✰✰

① 근로자가 1일 작업시간 동안 잠시라도 노출되어서는 아니되는 기준을 말한다.
② 노출기준 앞에 "C"를 붙여 표시한다.

참고

* 독극물의 측정 단위
① MLD : 실험 동물 가운데 한 마리를 치사시키는데 필요한 최소의 양
② LD50(Lethal Dose) : 1회 투여로 인하여 7~10일 이내에 실험동물의 50%를 치사시키는 양. 실험동물 체중 1kg당 mg으로 나타낸다.
③ LC50(Lethal Concentration) : 실험 동물의 50%가 사망하는 유해 물질의 농도
④ LJ50 : 일정 농도에서 실험 동물의 50%가 사망하는 데 소요되는 시간
⑤ EC50(Effective Concentration) : 투여량 농도에 대한 과반수 영향농도를 말한다.
⑥ IC50(Inhibition Concentration) : 투여량 농도에 대한 과반수 활성억제농도를 말한다.
⑦ "무영향농도" : 투여량 또는 투여농도에 있어서 어떠한 영향도 나타나지 않는 양 또는 농도를 말한다.

문제

다음 물질을 혼합할 때 위험성(발화 또는 폭발)이 존재하는 것은?
㉮ 황-에테르
㉯ 황-아세톤
㉰ 황-케톤
㉱ 황-황산

[해설]
㉱ 황-황산은 반응하여 폭발을 일으킨다.

정답 ㉱

참고

* 노출기준적용에 영향을 미치는 용인
① 근로시간
② 작업강도
③ 온열조건
④ 이상기압 등

합격의 key

> **참고**
> ① 고용노동부장관은 유해인자를 유해성·위험성 평가 등의 결과에 따라 다음 각 호의 물질 또는 인자로 정하여 관리하여야 한다.
> 1. 제조 등 금지물질
> 2. 제조 등 허가물질
> 3. 노출기준 설정 대상 유해인자
> 4. 허용기준 설정 대상 유해인자
> 5. 작업환경측정 대상 유해인자
> 6. 특수건강진단 대상 유해인자
> 7. 관리대상 유해물질
> ② 유해인자 노출실태조사
> 고용노동부장관은 유해인자의 관리에 필요한 자료를 확보하기 위하여 유해인자의 취급량·노출량, 취급 근로자 수, 취급 공정 등을 주기적으로 조사할 수 있다.

> **문제**
> 공기 중에 3ppm의 디메틸아민(TLV-TWA : 10ppm)과 20ppm의 시클로헥산올(TLV-TWA : 50ppm)이 있고, 10ppm의 산화프로필렌(TLV-TWA : 20ppm)이 존재한다면 혼합 TLV-TWA는 몇 ppm인가?
>
> [해설]
> 1. 노출지수
> $R = \dfrac{3}{10} + \dfrac{20}{50} + \dfrac{10}{20}$
> $= 1.2$
> 2. 혼합물의 $TLV-TWA$
> $= \dfrac{3+20+10}{1.2}$
> $= 27.5$ (ppm)
>
> 정답 27.5(ppm)

(4) 노출기준 사용상의 유의사항

① 각 유해인자의 노출기준은 당해 유해인자가 단독으로 존재하는 경우의 노출기준을 말하며, 2종 또는 그 이상의 유해인자가 혼재하는 경우에는 각 유해인자의 상가작용으로 유해성이 증가할 수 있으므로 다음 식에 의하여 산출하는 노출기준을 사용하여야 한다. 노출기준은 다음 식에 의하여 산출하는 수치가 1을 초과하지 아니하는 것으로 한다.

노출기준의 계산

1.
$$\text{노출지수 } R = \frac{C_1}{T_1} + \frac{C_2}{T_2} + \cdots + \frac{C_n}{T_n}$$

여기서 C : 화학물질 각각의 측정치
T : 화학물질 각각의 노출기준
$R > 1$: 노출기준을 초과함.

2. 혼합물의 TLV-TWA

$$TLV-TWA = \frac{C_1 + C_2 + \cdots + C_n}{R}$$

3. 액체 혼합물의 구성성분(%)을 알 때 혼합물의 허용농도(노출기준)

$$\text{혼합물의 노출기준}(mg/m^3) = \frac{1}{\dfrac{f_a}{TLV_a} + \dfrac{f_b}{TLV_b} + \cdots + \dfrac{f_n}{TLV_n}}$$

여기서, f_a, f_b, f_n : 액체 혼합물에서의 각 성분 무게(중량) 구성비(%)
TLV_a, TLV_b, TLV_n : 해당 물질의 노출기준(mg/m^3)

② 노출기준은 1일 8시간 작업을 기준으로 하여 제정된 것이므로 이를 이용할 때에는 근로시간, 작업의 강도, 온열조건, 이상기압 등이 노출기준 적용에 영향을 미칠 수 있으므로 이와 같은 제반요인에 대한 특별한 고려를 하여야 한다.
③ 유해인자에 대한 감수성은 개인에 따라 차이가 있으며 노출기준 이하의 작업 환경에서도 직업성 질병에 이환되는 경우가 있으므로 노출기준을 직업병 진단에 사용하거나 노출기준 이하의 작업환경이라는 이유만으로 직업성 질병의 이환을 부정하는 근거 또는 반증 자료로 사용할 수 없다.
④ 노출기준은 대기오염의 평가 또는 관리상의 지표로 사용할 수 없다.

⑤ 유해인자의 노출기준이 규정되지 아니한 유해인자의 노출기준은 미국산업위생전문가협회(American Conference of Governmental Industrial Hygienists, ACGIH)에서 매년 채택하는 노출기준(TLVs)을 준용한다.

⑥ 물질 간에 유해성이 인체의 서로 다른 부위에 유해작용을 하는 경우에는 유해성이 각각 작용하므로 혼재하는 물질 중 어느 한 가지라도 노출기준을 넘는 경우 노출기준을 초과하는 것으로 한다.

5 유해화학물질의 유해요인

시험출제빈도가 낮은 내용입니다.
위주로 가볍게 공부하세요!

(1) 유해인자의 유해성·위험성 평가 및 관리

1) 고용노동부장관은 유해인자가 근로자의 건강에 미치는 유해성·위험성을 평가하고 그 결과를 관보 등에 공표할 수 있다.

① 유해성·위험성 평가의 대상이 되는 유해인자의 선정기준은 다음 각 호와 같다.
가. 유해성·위험성 평가가 필요한 유해인자
나. 노출 시 변이원성(變異原性 : 유전적인 돌연변이를 일으키는 물리적·화학적 성질), 흡입독성, 생식독성(生殖毒性 : 생물체의 생식에 해를 끼치는 약물 등의 독성), 발암성 등 근로자의 건강장해 발생이 의심되는 유해인자
다. 그 밖에 사회적 물의를 일으키는 등 유해성·위험성 평가가 필요한 유해인자

② 고용노동부장관은 선정된 유해인자에 대한 유해성·위험성 평가를 실시할 때에는 다음 각 호의 사항을 고려해야 한다.
가. 독성시험자료 등을 통한 유해성·위험성 확인
나. 화학물질의 노출이 인체에 미치는 영향
다. 화학물질의 노출수준

2) 고용노동부장관은 유해성·위험성 평가 결과 등을 고려하여 고용노동부령으로 정하는 바에 따라 유해성·위험성 수준별로 유해인자를 구분하여 관리하여야 한다.(다음 각 호의 물질 또는 인자로 정하여 관리해야 한다)
가. 노출기준 설정 대상 유해인자
나. 허용기준 설정 대상 유해인자

> **참고**
> 단시간 노출 값을 구한 경우 이 값이 허용기준 TWA를 초과하고 허용기준 STEL 이하인 때에는 다음 어느 하나 이상에 해당되면 허용기준을 초과한 것으로 판정한다.
> ① 1회 노출 지속시간이 15분 이상인 경우
> ② 1일 4회를 초과하여 노출되는 경우
> ③ 각 회의 간격이 60분 미만인 경우

> **참고**
> ※ 허용기준 이하 유지 대상 유해인자
> 1. 납 및 그 무기화합물
> 2. 니켈(불용성 무기화합물로 한정한다)
> 3. 디메틸포름아미드
> 4. 벤젠
> 5. 2-브로모프로판
> 6. 석면(제조·사용하는 경우만 해당한다)
> 7. 6가크롬 화합물
> 8. 이황화탄소
> 9. 카드뮴 및 그 화합물
> 10. 톨루엔-2,4-디이소시아네이트 또는 톨루엔-2,6-디이소시아네이트
> 11. 트리클로로에틸렌
> 12. 포름알데히드
> 13. 노말헥산

> **기출**
> ※ 방사성 물질의 위험도
> ① 반감기가 짧을수록 위험성이 크다.
> ② α입자를 방출하는 핵종일수록 위험성이 크다.
> ③ 방사선의 에너지가 높을수록 위험성이 크다.
> ④ 체내에 흡수되기 쉽고 잘 배설되지 않는 것일수록 위험성이 크다.

> **참고**
>
> ※ 고용노동부장관이 노출 기준을 정하는 경우에는 다음 각 호의 사항을 고려해야 한다.
>
> 1. 해당 유해인자에 따른 건강장해에 관한 연구·실태조사의 결과
> 2. 해당 유해인자의 유해성·위험성의 평가 결과
> 3. 해당 유해인자의 노출기준 적용에 관한 기술적 타당성

다. 제조 등 금지물질
라. 제조 등 허가물질
마. 작업환경측정 대상 유해인자
바. 특수건강진단 대상 유해인자
사. 관리대상 유해물질

(2) 유해인자 허용기준의 준수 ✄

① 사업주는 발암성 물질 등 근로자에게 중대한 건강장해를 유발할 우려가 있는 유해인자로서 대통령령으로 정하는 유해인자는 작업장 내의 그 노출농도를 고용노동부령으로 정하는 허용기준 이하로 유지하여야 한다. 다만, 다음 각 호의 어느 하나에 해당하는 경우에는 그러하지 아니하다.

유해인자에 대한 작업장 노출농도를 허용기준 이하로 유지하지 않아도 되는 경우

① 유해인자를 취급하거나 정화·배출하는 시설 및 설비의 설치나 개선이 현존하는 기술로 가능하지 아니한 경우
② 천재지변 등으로 시설과 설비에 중대한 결함이 발생한 경우
③ 고용노동부령으로 정하는 임시 작업과 단시간 작업의 경우
④ 그 밖에 대통령령으로 정하는 경우

---

② 사업주는 유해인자의 노출농도를 허용기준 이하로 유지하도록 노력하여야 한다.

허용기준 이하로 유지하여야 하는 유해인자

1. 납 및 그 무기화합물
2. 니켈(불용성 무기화합물로 한정한다)
3. 디메틸포름아미드
4. 벤젠
5. 2-브로모프로판
6. 석면(제조·사용하는 경우만 해당한다)
7. 6가크롬 화합물
8. 이황화탄소
9. 카드뮴 및 그 화합물
10. 톨루엔-2,4-디이소시아네이트 또는 톨루엔-2,6-디이소시아네이트
11. 트리클로로에틸렌
12. 포름알데히드
13. 노말헥산

(3) 유해물질의 유해요인

① 유해물질의 농도와 접촉시간

> [Haber의 법칙]
> 유해지수(k) = 유해물질의 농도(c) × 접촉시간(t)

② 근로자의 감수성
③ 작업 강도
④ 기상조건

(4) 유해 · 위험 예방조치

안전조치	• 기계 · 기구, 그 밖의 설비에 의한 위험 • 폭발성, 발화성 및 인화성 물질 등에 의한 위험 • 전기, 열, 그 밖의 에너지에 의한 위험
보건조치	• 원재료 · 가스 · 증기 · 분진 · 흄(fume) · 미스트(mist) · 산소결핍 · 병원체 등에 의한 건강장해 • 방사선 · 유해광선 · 고열 · 한랭 · 초음파 · 소음 · 진동 · 이상기압 등에 의한 건강장해 • 사업장에서 배출되는 기체 · 액체 또는 찌꺼기 등에 의한 건강장해 • 계측감시(計測監視), 컴퓨터 단말기 조작, 정밀공작 등의 작업에 의한 건강장해 • 단순반복작업 또는 인체에 과도한 부담을 주는 작업에 의한 건강장해 • 환기 · 채광 · 조명 · 보온 · 방습 · 청결 등의 적정기준을 유지하지 아니하여 발생하는 건강장해 • 폭염 · 한파에 장시간 작업함에 따라 발생하는 건강장해

(5) 유해물 취급상의 안전조치 ✭

① 유해물 발생원의 봉쇄
② 유해물의 위치, 작업공정의 변경
③ 작업공정의 은폐 및 작업장의 격리

(6) 유해물질 중 입자상 물질의 구분

흄(fume)	금속의 증기가 공기 중에서 응고되어 화학변화를 일으켜 고체의 미립자로 되어 공기 중에 부유하는 것
미스트(mist)	액체의 미세한 입자가 공기 중에 부유하고 있는 것
분진(dust)	기계적 작용에 의해 발생된 고체 미립자가 공기 중에 부유하고 있는 것
스모크(smoke)	유기물의 불완전 연소에 의해 생긴 미립자

[문제]
유해물 취급상의 안전조치에 해당되지 않는 것은?

㉮ 작업숙련자 배치
㉯ 유해물 발생원의 봉쇄
㉰ 유해물의 위치, 작업공정의 변경
㉱ 작업공정의 은폐와 작업장의 격리

[해설]
㉮ 유해물질 취급 작업에서는 작업숙련자를 배치하여도 위험은 마찬가지이다.

정답 ㉮

02 화학물질(위험물, 유해화학물질) 유해 위험성 확인

> **주/요/내/용 알/고/가/기**
> 1. 위험물의 성질 및 위험성
> 2. 위험물 등의 저장 및 취급방법
> 3. 인화성가스 취급 시 주의사항
> 4. 유해화학물질 취급 시 주의사항
> 5. 물질안전보건자료

1 위험물의 성질 및 위험성

(1) 발화성 물질의 저장법

① 나트륨, 칼륨 : 석유 속 저장
② 황린 : 물속에 저장
③ 적린, 마그네슘, 칼륨 : 격리저장
④ 질산은 ($AgNO_3$) 용액 : 햇빛 피하여 저장(빛에 의해 광분해 반응 일으킴)
⑤ 벤젠 : 산화성물질과 격리저장
⑥ 탄화칼슘(CaC_2, 카바이트) : 금수성물질로서 물과 격렬히 반응하므로 건조한 곳에 보관
⑦ 질산 : 통풍이 잘 되는 곳에 보관하고 물기와의 접촉을 피한다.

(2) 니트로셀룰로오스(질화면)의 저장법

건조하면 분해폭발하므로 알콜에 적셔 습하게 보관한다.

(3) 중독 증세

① 수은중독 : 구내염, 혈뇨, 손 떨림 증상
② 납중독 : 신경근육 계통 장애
③ 크롬중독 : 비중격천공증세
④ 벤젠중독 : 조혈기관 장애(백혈병)

참고

* 레이노씨병
  수지의 근육마비를 일으킨다.

* 잠함병(잠수병)
  감압을 너무 빠르게 하면 고압상태에서 흡수, 용해되었던 질소가 기포를 형성하여 혈액흐름을 방해하여 장애를 일으키는 현상이다.

* 포스핀(PH_3)
  기상 인화수소

(4) 기타사항

① N_2O(아산화질소) : 가연성 마취제, 웃음가스로 알려짐
② 잠함병(잠수병)의 원인 물질 : 질소(N_2)
③ 금수성 물질 : 탄화칼슘(카바이드), 금속나트륨, 금속칼륨 금속리튬, 알킬알루미늄, 알킬리튬
④ 진동이 심한 작업장 : 레이노씨병
⑤ 인화칼슘은 수분(H_2O)과 반응하여 유독성가스인 포스핀(PH_3)을 발생시킨다.
⑥ 암모니아 가스는 네슬러 시약에 갈색으로 변색한다.
⑦ 포스겐가스 누설검지의 시험지 : 하리슨시험지

합격의 key

문제
다음의 물질 중 고농도에서 질식을 일으키는 물질이 아닌 것은?
㉮ 벤젠
㉯ 시안화수소
㉰ 황화수소
㉱ 일산화탄소

[해설]
벤젠은 중독을 일으킨다.(백혈병)

정답 ㉮

참고
가연성물질과 산화성고체가 혼합 시 연소에 미치는 영향
① 공기 중보다 강한 산화작용이 일어나 화염온도가 상승하여 연소속도가 빨라지며 화염길이가 증가해 연소 확대 위험이 증가한다.
② 발화점이 낮아진다.
③ 가스나 가연성증기의 경우 공기혼합보다 연소범위가 확대된다.
④ 최소점화에너지가 감소한다.
⑤ 폭발위험이 증가한다.
⑥ 가연성 유기화합물과 혼합 시 연소 위험성이 증가한다.

문제
다음 화학물질 중 물에 잘 용해되는 것은?
㉮ 아세톤
㉯ 벤젠
㉰ 톨루엔
㉱ 휘발유

[해설]
㉮ 아세톤은 물에 잘 용해된다.

정답 ㉮

② 위험물 등의 저장 및 취급방법

> 시험출제빈도가 낮은 내용입니다.
> 위주로 가볍게 공부하세요!

(1) 위험물질 등의 제조 등 작업 시의 조치

위험물을 제조 또는 취급하는 때에는 폭발·화재 및 누출을 방지하기 위한 적절한 방호조치를 취하지 아니하고서는 다음 각 호의 행위를 하여서는 아니 된다.

① 폭발성 물질, 유기과산화물을 화기나 그 밖에 점화원이 될 우려가 있는 것에 접근시키거나 가열하거나 마찰시키거나 충격을 가하는 행위
② 물반응성 물질, 인화성 고체를 각각 그 특성에 따라 화기나 그 밖에 점화원이 될 우려가 있는 것에 접근시키거나 발화를 촉진하는 물질 또는 물에 접촉시키거나 가열하거나 마찰시키거나 충격을 가하는 행위
③ 산화성 액체·산화성 고체를 분해가 촉진될 우려가 있는 물질에 접촉시키거나 가열하거나 마찰시키거나 충격을 가하는 행위
④ 인화성 액체를 화기나 그 밖에 점화원이 될 우려가 있는 것에 접근시키거나 주입 또는 가열하거나 증발시키는 행위
⑤ 인화성 가스를 화기나 그 밖에 점화원이 될 우려가 있는 것에 접근시키거나 압축·가열 또는 주입하는 행위
⑥ 부식성 물질 또는 급성 독성물질을 누출시키는 등으로 인체에 접촉시키는 행위
⑦ 위험물을 제조하거나 취급하는 설비가 있는 장소에 인화성 가스 또는 산화성 액체 및 산화성 고체를 방치하는 행위

(2) 물과의 접촉금지

물반응성 물질·인화성 고체를 취급하는 경우에는 물과의 접촉을 방지하기 위하여 완전 밀폐된 용기에 저장 또는 취급하거나 빗물 등이 스며들지 아니하는 건축물 내에 보관 또는 취급하여야 한다.

(3) 호스 등을 사용한 인화성 물질 등의 주입

위험물을 액상의 상태에서 호스 또는 배관 등을 사용하여 화학설비, 탱크로리, 드럼 등에 주입하는 작업을 하는 때에는 그 호스 또는 배관 등의 결합부를 확실히 연결하고 누출이 없는 것을 확인한 후에 당해 작업을 하여야 한다.

(4) 가솔린이 남아 있는 설비에의 등유 등의 주입

가솔린이 남아 있는 화학설비, 탱크로리, 드럼 등에 등유나 경유를 주입하는 작업을 하는 때에는 미리 그 내부를 깨끗하게 씻어내고 가솔린의 증기를 불활성 가스로 바꾸는 등 안전한 상태로 되어 있는 것을 확인한 후에 당해 작업을 하여야 한다. 다만, 다음 각 호의 조치를 하는 경우에는 그러하지 아니하다.

① 등유나 경유의 주입 전에 탱크로리·드럼 등과 주입설비 사이에 접속선 또는 접지선을 연결하여 전위 차를 줄이도록 할 것
② 등유나 경유를 주입하는 경우에는 그 액표면의 높이가 주입관의 선단의 높이를 넘을 때까지 주입속도를 매초당 1미터 이하로 할 것

(5) 산화에틸렌 등의 취급

① 산화에틸렌·아세트알데히드 또는 산화프로필렌을 화학설비, 탱크로리, 드럼 등에 주입하는 작업을 하는 때에는 미리 그 내부의 불활성 가스외의 가스나 증기를 불활성 가스로 바꾸는 등 안전한 상태로 되어 있는 것을 확인한 후에 당해 작업을 하여야 한다.
② 산화에틸렌·아세트알데히드 또는 산화프로필렌을 화학설비, 탱크로리, 드럼 등에 저장하는 때에는 항상 그 내부의 불활성 가스외의 가스나 증기를 불활성 가스로 바꾸어 놓는 상태에서 저장하여야 한다.

(6) 폭발위험이 있는 장소의 설정 및 관리

다음 각 호의 장소에 대하여 폭발위험장소의 구분도(區分圖)를 작성하는 경우에는 「산업표준화법」에 따른 한국산업표준으로 정하는 기준에 따라 가스 폭발 위험장소 또는 분진폭발 위험장소로 설정하여 관리하여야 한다.

① 인화성 액체의 증기나 인화성 가스 등을 제조·취급 또는 사용하는 장소
② 인화성 고체를 제조·사용하는 장소

(7) 인화성 액체 등을 수시로 취급하는 장소

① 인화성 액체, 인화성 가스 등을 수시로 취급하는 장소에서는 환기가 충분하지 않은 상태에서 전기기계·기구를 작동시켜서는 아니 된다.

> **실기기출 ★**
> 용융 고열물 취급 피트의 수증기 폭발 방지
> 용융고열물을 취급하는 피트에 대하여 수증기 폭발을 방지하기 위하여 다음 각 호의 조치를 하여야 한다.
> 1. 지하수가 내부로 새어드는 것을 방지할 수 있는 구조로 할 것. 다만, 내부에 고인 지하수를 배출할 수 있는 설비를 설치한 경우에는 그러하지 아니하다.
> 2. 작업 용수 또는 빗물 등이 내부로 새어드는 것을 방지할 수 있는 격벽 등의 설비를 주위에 설치할 것

② 수시로 밀폐된 공간에서 스프레이 건을 사용하여 인화성 액체로 세척·도장 등의 작업을 하는 경우에는 다음 각 호의 조치를 하고 전기기계·기구를 작동시켜야 한다.
- 인화성 액체, 인화성 가스 등으로 폭발위험 분위기가 조성되지 않도록 해당 물질의 공기 중 농도가 인화하한계값의 25퍼센트를 넘지 않도록 충분히 환기를 유지할 것
- 조명 등은 고무, 실리콘 등의 패킹이나 실링재료를 사용하여 완전히 밀봉할 것
- 가열성 전기기계·기구를 사용하는 경우에는 세척 또는 도장용 스프레이건과 동시에 작동되지 않도록 연동장치 등의 조치를 할 것
- 방폭구조 외의 스위치와 콘센트 등의 전기기기는 밀폐공간 외부에 설치되어 있을 것

(8) 폭발 또는 화재 등의 예방 ✈

① 인화성 물질의 증기, 가연성 가스 또는 가연성 분진이 존재하여 폭발 또는 화재가 발생할 우려가 있는 장소에서는 당해 증기·가스 또는 분진에 의한 폭발 또는 화재를 예방하기 위하여 위해 환풍기, 배풍기(排風機) 등 환기장치를 적절하게 설치해야 한다.
② 증기 또는 가스에 의한 폭발 또는 화재를 미리 감지할 수 있는 가스 검지 및 경보장치를 설치하고 그 성능이 발휘될 수 있도록 하여야 한다.

3 인화성 가스 취급 시 주의사항

(1) 가스의 종류 및 특징 ✈

① 액화가스
상온에서 낮은 압력으로도 쉽게 액화되는 가스
예 프로판(C_3H_8), 부탄(C_4H_{10}), 암모니아(NH_3), 염소(Cl_2), 이산화탄소(CO_2)

② 압축가스
상온에서 압축하여도 쉽게 액화되지 않는 가스
예 헬륨(He), 네온(Ne), 아르곤(Ar), 수소(H_2), 산소(O_2), 질소(N_2), 일산화탄소(CO), 공기 등

③ 용해가스
액화하기 위해 압축하면 분해를 발하므로, 용기에 다공물질 채우고 용제에 용해하여 충전한 가스 예 아세틸렌(C_2H_2)

기출

* 아세틸렌 충전 용기
① 다공물질 종류 : 규조토, 석면, 석회, 목탄, 산화철, 탄산마그네슘, 다공성플라스틱
② 용제 : 아세톤, 디메틸포름아미드(DMF)

비교

* 용기의 분출 또는 누출 사고의 원인
① 용기에서 용기밸브의 이탈
② 용기밸브에서의 가스 누설
③ 안전밸브의 미작동
④ 용기에 부속된 압력계의 파열

(2) 고압 가스용기 파열사고의 원인 ✈

① 용기의 내압력 부족
② 용기 내 압력의 이상상승
③ 용기 내에서 폭발성 혼합가스의 발화

(3) 가스용기의 취급 시 주의사항 ✈

① 가스용기를 사용·설치·저장 또는 방치하지 않아야 하는 장소
- 통풍 또는 환기가 불충분한 장소
- 화기를 사용하는 장소 및 그 부근
- 위험물 또는 인화성 액체를 취급하는 장소 및 그 부근

② 용기의 온도를 섭씨 40도 이하로 유지할 것
③ 전도의 위험이 없도록 할 것
④ 충격을 가하지 아니하도록 할 것
⑤ 운반할 때에는 캡을 씌울 것
⑥ 사용할 때에는 용기의 마개에 부착되어 있는 유류 및 먼지를 제거할 것
⑦ 밸브의 개폐는 서서히 할 것
⑧ 사용 전 또는 사용 중인 용기와 그 외의 용기를 명확히 구별하여 보관할 것
⑨ 용해아세틸렌의 용기는 세워 둘 것
⑩ 용기의 부식·마모 또는 변형상태를 점검한 후 사용할 것

(4) 화재위험작업 시의 준수사항

① 사업주는 통풍이나 환기가 충분하지 않은 장소에서 화재위험작업을 하는 경우에는 통풍 또는 환기를 위하여 산소를 사용해서는 아니 된다.
② 사업주는 가연성물질이 있는 장소에서 화재위험작업을 하는 경우에는 화재예방에 필요한 다음 각 호의 사항을 준수하여야 한다.

화재위험작업을 하는 경우에 화재예방을 위하여 준수하여야 하는 사항
1. 작업 준비 및 작업 절차 수립
2. 작업장 내 위험물의 사용·보관 현황 파악
3. 화기 작업에 따른 인근 가연성 물질에 대한 방호조치 및 소화기구 비치
4. 용접불티 비산방지덮개, 용접방화포 등 불꽃, 불티 등 비산방지조치
5. 인화성 액체의 증기 및 인화성 가스가 남아 있지 않도록 환기 등의 조치
6. 작업근로자에 대한 화재 예방 및 피난 교육 등 비상조치

③ 사업주는 작업시작 전에 화재예방을 위하여 준수하여야 하는 사항을 확인하고 불꽃·불티 등의 비산을 방지하기 위한 조치 등 안전조치를 이행한 후 근로자에게 화재위험작업을 하도록 해야 한다.
④ 사업주는 화재위험작업이 시작되는 시점부터 종료 될 때까지 작업내용, 작업일시, 안전점검 및 조치에 관한 사항 등을 해당 작업 장소에 서면으로 게시해야 한다. 다만, 같은 장소에서 상시·반복적으로 화재위험작업을 하는 경우에는 생략할 수 있다.

(5) 가스용접 등의 작업

인화성 가스, 불활성 가스 및 산소를 사용하여 금속의 용접·용단 또는 가열작업을 하는 경우에는 가스 등의 누출 또는 방출로 인한 폭발·화재 또는 화상을 예방하기 위하여 다음 각 호의 사항을 준수하여야 한다.

① 가스 등의 호스와 취관(吹管)은 손상·마모 등에 의하여 가스 등이 누출할 우려 없는 것을 사용할 것
② 가스 등의 취관 및 호스의 상호 접촉부분은 호스밴드, 호스클립 등 조임기구를 사용하여 가스 등이 누출되지 않도록 할 것
③ 가스 등의 호스에 가스 등을 공급하는 경우에는 미리 그 호스에서 가스 등이 방출되지 않도록 필요한 조치를 할 것
④ 사용 중인 가스등을 공급하는 공급구의 밸브나 콕에는 그 밸브나 콕에 접속된 가스등의 호스를 사용하는 사람의 이름표를 붙이는 등 가스등의 공급에 대한 오조작을 방지하기 위한 표시를 할 것
⑤ 용단작업을 하는 경우에는 취관으로부터 산소의 과잉방출로 인한 화상을 예방하기 위하여 근로자가 조절밸브를 서서히 조작하도록 주지시킬 것
⑥ 작업을 중단하거나 마치고 작업장소를 떠날 경우에는 가스 등의 공급구의 밸브나 콕을 잠글 것
⑦ 가스 등의 분기관은 전용 접속기구를 사용하여 불량체결을 방지하여야 하며, 서로 이어지지 않는 구조의 접속기구 사용, 서로 다른 색상의 배관·호스의 사용 및 꼬리표 부착 등을 통하여 서로 다른 가스배관과의 불량체결을 방지할 것

(6) 폭발·화재 및 위험물 누출에 의한 위험방지

① 사업주는 인화성 가스가 발생할 우려가 있는 지하작업장에서 작업하는 때(터널 등의 건설작업의 경우를 제외한다) 또는 가스도관에서 가스가 발산될 위험이 있는 장소에서 굴착작업을 하는 경우에는 폭발이나 화재를 방지하기 위하여 다음 각 호의 조치를 하여야 한다.

㉠ 가스의 농도를 측정하는 자를 지명하고 다음 각목의 경우에 그로 하여금 당해가스의 농도를 측정하도록 하는 일

가스농도 측정을 하여야 하는 경우
• 매일 작업을 시작하기 전 • 가스의 누출이 의심되는 경우 • 가스가 발생하거나 정체할 위험이 있는 장소가 있는 경우 • 장시간 작업을 계속하는 때(이 경우 4시간마다 가스농도를 측정하도록 하여야 한다)

㉡ 가스의 농도가 인화하한계 값의 25퍼센트 이상으로 밝혀진 때에는 즉시 근로자를 안전한 장소에 대피시키고 화기 그 밖에 점화원이 될 우려가 있는 기계·기구 등의 사용을 중지하며 통풍·환기 등을 할 것

② 사업주는 부식성 물질을 동력을 사용하여 호스로 압송(壓送)하는 작업을 하는 때에는 당해압송에 사용하는 설비에 대하여 다음 각 호의 조치를 하여야 한다.

㉠ 압송에 사용하는 설비의 운전자가 보기 쉬운 위치에 압력계를 설치하고 운전자가 쉽게 조작할 수 있는 위치에 동력을 차단할 수 있는 조치를 할 것

㉡ 호스 및 그 접속용구는 압송하는 부식성 액체에 대하여 내식성(耐蝕)·내열성 및 내한성을 가진 것을 사용할 것

㉢ 호스의 사용정격압력을 당해 호스에 표시하고 당해 사용정격압력을 초과하여 압송하지 아니할 것

㉣ 호스의 내부에 이상압력이 가하여져 위험이 있는 때에는 압송에 사용하는 설비에 과압방지장치를 설치할 것

㉤ 호스와 호스외의 관 및 호스 상호간의 접속부분에 대하여는 접속용구를 사용하여 누출이 없도록 확실히 접속할 것

㉥ 운전자를 지정하고 압송에 사용하는 설비의 운전 및 압력계의 감시를 행하도록 할 것

> 🔍 **용어정의**
>
> "유기화합물"이란 상온·상압(常壓)에서 휘발성이 있는 액체로서 다른 물질을 녹이는 성질이 있는 유기용제(有機溶劑)를 포함한 탄화수소계화합물을 말한다.
>
> "금속류"란 고체가 되었을 때 금속광택이 나고 전기·열을 잘 전달하며, 전성(展性)과 연성(延性)을 가진 물질을 말한다.
>
> "산·알칼리류"란 수용액(水溶液) 중에서 해리(解離)하여 수소이온을 생성하고 염기와 중화하여 염을 만드는 물질과 산을 중화하는 수산화합물로서 물에 녹는 물질을 말한다.
>
> "가스상태 물질류"란 상온·상압에서 사용하거나 발생하는 가스 상태의 물질을 말한다.
>
> "발암성물질"이란 암을 유발하는 물질로 확인되었거나 의심되는 물질을 말한다.
>
> "임시작업"이란 일시적으로 하는 작업 중 월 24시간 미만인 작업을 말한다. 다만, 월 10시간 이상 24시간 미만인 작업이 매월 행하여지는 작업은 제외한다.
>
> "단시간작업"이란 관리대상 유해물질을 취급하는 시간이 1일 1시간 미만인 작업을 말한다. 다만, 1일 1시간 미만인 작업이 매일 수행되는 경우는 제외한다.
>
> "유기화합물 취급 특별장소"란 유기화합물을 취급하는 다음 각 목의 어느 하나에 해당하는 장소를 말한다.
>   가. 선박의 내부
>   나. 차량의 내부
>   다. 탱크의 내부(반응기 등 화학설비 포함)
>   라. 터널이나 갱의 내부
>   마. 맨홀의 내부
>   바. 핏트(pit)의 내부
>   사. 통풍이 충분하지 않은 수로의 내부
>   아. 덕트의 내부
>   자. 수관(水管)의 내부
>   차. 그 밖에 통풍이 충분하지 않은 장소

ⓢ 호스 및 그 접속용구는 매일 사용 전에 점검하고 손상·부식 등의 결함에 의하여 압송하는 부식성 액체가 날아 흩어지거나 새어나갈 위험이 있는 때에는 이를 교환 할 것

③ 사업주는 압축한 가스의 압력을 사용하여 부식성 액체를 압송하는 작업을 하는 때에는 공기 외의 가스를 당해 압축가스로 사용하여서는 아니 된다. 다만, 당해 작업을 종료한 후 즉시 당해 가스를 배제한 때 또는 당해 가스가 잔재하는 것을 표시하는 등 근로자가 압송에 사용한 설비의 내부에 출입하여도 질식의 위험이 발생할 우려가 없도록 조치한 때에는 질소나 탄산가스를 사용할 수 있다.

④ 사업주는 급성 독성물질의 누출로 인한 위험을 방지하기 위하여 다음 각 호의 조치를 하여야 한다.
  ㉠ 사업장 내 급성 독성물질의 저장 및 취급량을 최소화할 것
  ㉡ 급성 독성물질을 취급 저장하는 설비의 연결 부분은 누출되지 않도록 밀착시키고 매월 1회 이상 연결 부분에 이상이 있는지를 점검할 것
  ㉢ 급성 독성물질을 폐기·처리하여야 하는 경우에는 냉각·분리·흡수·흡착·소각 등의 처리공정을 통하여 급성 독성물질이 외부로 방출되지 않도록 할 것
  ㉣ 급성 독성물질 취급설비의 이상 운전으로 급성 독성물질이 외부로 방출될 경우에는 저장·포집 또는 처리설비를 설치하여 안전하게 회수할 수 있도록 할 것
  ㉤ 급성 독성물질을 폐기·처리 또는 방출하는 설비를 설치하는 경우에는 자동으로 작동될 수 있는 구조로 하거나 원격조정 할 수 있는 수동조작구조로 설치할 것
  ㉥ 급성 독성물질을 취급하는 설비의 작동이 중지된 경우에는 근로자가 쉽게 알 수 있도록 필요한 경보설비를 근로자와 가까운 장소에 설치할 것
  ㉦ 급성 독성물질이 외부로 누출된 경우에는 감지·경보할 수 있는 설비를 갖출 것

(7) 화재감시자 ✱

1) 사업주는 근로자에게 다음 각 호의 어느 하나에 해당하는 장소에서 용접·용단 작업을 하도록 하는 경우에는 화재감시자를 지정하여 용접·용단 작업 장소에 배치해야 한다. 다만, 같은 장소에서 상시·반복적으로 용접·용단 작업을 할 때 경보용 설비·기구, 소화 설비 또는

소화기가 갖추어진 경우에는 화재감시자를 지정·배치하지 않을 수 있다.

① 작업반경 11미터 이내에 건물구조 자체나 내부(개구부 등으로 개방된 부분을 포함한다)에 가연성 물질이 있는 장소
② 작업반경 11미터 이내의 바닥 하부에 가연성 물질이 11미터 이상 떨어져 있지만 불꽃에 의해 쉽게 발화될 우려가 있는 장소
③ 가연성 물질이 금속으로 된 칸막이·벽·천장 또는 지붕의 반대쪽 면에 인접해 있어 열전도나 열복사에 의해 발화될 우려가 있는 장소

2) 사업주는 근로자에게 다음 각 호의 어느 하나에 해당하는 장소에서 화재위험작업을 하도록 하는 경우에는 화재의 위험을 감시하고 화재 발생 시 사업장 내 근로자의 대피를 유도하는 업무만을 담당하는 화재감시자를 지정하여 화재위험작업 장소에 배치하여야 한다.

① 연면적 15,000제곱미터 이상의 건설공사 또는 개조공사가 이루어지는 건축물의 지하장소
② 연면적 5,000제곱미터 이상의 냉동·냉장창고시설의 설비공사 또는 단열공사 현장
③ 액화석유가스 운반선 중 단열재가 부착된 액화석유가스 저장시설에 인접한 장소

3) 사업주는 배치된 화재감시자에게 업무 수행에 필요한 확성기, 휴대용 조명기구 및 화재대피용 마스크 등 대피용 방연장비를 지급해야 한다.

> 확인
> * 화재감시자의 업무
> ① 해당 장소에 가연성 물질이 있는지 여부의 확인
> ② 가스 검지, 경보 성능을 갖춘 가스 검지 및 경보 장치의 작동 여부의 확인
> ③ 화재 발생 시 사업장 내 근로자의 대피 유도

4 유해화학물질 취급 시 주의사항

(1) 유해·위험물질의 제조 등 금지

① 누구든지 다음 각 호의 어느 하나에 해당하는 제조 등 금지물질을 제조·수입·양도·제공 또는 사용해서는 아니 된다.

제조 등 금지물질을 제조·수입·양도·제공 또는 사용해서는 아니 되는 경우

① 직업성 암을 유발하는 것으로 확인되어 근로자의 건강에 특히 해롭다고 인정되는 물질
② 유해성·위험성이 평가된 유해인자나 유해성·위험성이 조사된 화학물질 중 근로자에게 중대한 건강장해를 일으킬 우려가 있는 물질

② ①에도 불구하고 시험·연구 또는 검사 목적의 경우로서 다음 각 호의 어느 하나에 해당하는 경우에는 제조 등 금지물질을 제조·수입·양도·제공 또는 사용할 수 있다.

> **제조 등 금지물질을 제조·수입·양도·제공 또는 사용할 수 있는 경우**
> 1. 제조·수입 또는 사용을 위하여 고용노동부령으로 정하는 요건을 갖추어 고용노동부장관의 승인을 받은 경우
> 2. 「화학물질관리법」에 따른 금지물질의 판매허가를 받은 자가 시험용·연구용·검사용 시약을 목적으로 제조·수입·판매 허가를 받은 자나 사용 승인을 받은 자에게 제조등 금지물질을 양도 또는 제공하는 경우

참고
1. 금지유해물질의 제조·사용 시 적어야 하는 사항
- 근로자의 이름
- 금지유해물질의 명칭
- 제조량 또는 사용량
- 작업내용
- 작업 시 착용한 보호구
- 누출, 오염, 흡입 등의 사고가 발생한 경우 피해 내용 및 조치 사항

2. 특별관리물질 취급 시 적어야 하는 사항
1. 근로자의 이름
2. 특별관리물질의 명칭
3. 취급량
4. 작업내용
5. 작업 시 착용한 보호구
6. 누출, 오염, 흡입 등의 사고가 발생한 경우 피해 내용 및 조치 사항

(2) 제조 등이 금지되는 유해물질

① β - 나프틸아민[91-59-8]과 그 염(β - Naphthylamine and its salts)
② 4-니트로디페닐[92-93-3]과 그 염(4-Nitrodiphenyl and its salts)
③ 백연[1319-46-6]을 함유한 페인트(함유된 중량의 비율이 2퍼센트 이하인 것은 제외한다)
④ 벤젠[71-43-2]을 함유하는 고무풀(함유된 중량의 비율이 5퍼센트 이하인 것은 제외한다)
⑤ 석면(Asbestos ; 1332-21-4 등)
⑥ 폴리클로리네이티드 터페닐
  (Polychlorinated terphenyls ; 61788-33-8 등)
⑦ 황린(黃燐)[12185-10-3] 성냥(Yellow phosphorus match)
⑧ 제1호, 제2호, 제5호 또는 제6호에 해당하는 물질을 함유한 혼합물(함유된 중량의 비율이 1퍼센트 이하인 것은 제외한다)
⑨ 「화학물질관리법」 제2조제5호에 따른 금지물질(같은 법 제3조 제1항 제1호부터 제12호까지의 규정에 해당하는 화학물질은 제외한다)
⑩ 그 밖에 보건 상 해로운 물질로서 산업재해보상보험 및 예방심의위원회의 심의를 거쳐 고용노동부장관이 정하는 유해물질

(3) 관리대상 유해물질에 의한 건강장해의 예방

1) "관리대상 유해물질"이란 근로자에게 상당한 건강장해를 일으킬 우려가 있어 건강장해를 예방하기 위한 보건상의 조치가 필요한 원재료·가스·증기·분진·흄(fume), 미스트(mist)로서 유기화합물, 금속류, 산·알칼리류, 가스 상태 물질류를 말한다.

2) 작업수칙

사업주는 관리대상 유해물질 취급설비나 그 부속설비를 사용하는 작업을 하는 경우에 관리대상 유해물질이 새지 않도록 다음 각 호의 사항에 관한 작업수칙을 정하여 이에 따라 작업하도록 하여야 한다.

가. 밸브·콕 등의 조작(관리대상 유해물질을 내보내는 경우에만 해당한다)
나. 냉각장치, 가열장치, 교반장치 및 압축장치의 조작
다. 계측장치와 제어장치의 감시·조정
라. 안전밸브, 긴급 차단장치, 자동경보장치 및 그 밖의 안전장치의 조정
마. 뚜껑·플랜지·밸브 및 콕 등 접합부가 새는지 점검
바. 시료(試料)의 채취
사. 관리대상 유해물질 취급설비의 재가동 시 작업방법
아. 이상사태가 발생한 경우의 응급조치
자. 그 밖에 관리대상 유해물질이 새지 않도록 하는 조치

3) 탱크 내 작업

① 사업주는 근로자가 관리대상 유해물질이 들어 있던 탱크 등을 개조·수리 또는 청소를 하거나 해당 설비나 탱크 등의 내부에 들어가서 작업하는 경우에 다음 각 호의 조치를 하여야 한다.

가. 관리대상 유해물질에 관하여 필요한 지식을 가진 사람이 해당 작업을 지휘하도록 할 것
나. 관리대상 유해물질이 들어올 우려가 없는 경우에는 작업을 하는 설비의 개구부를 모두 개방할 것
다. 근로자의 신체가 관리대상 유해물질에 의하여 오염된 경우나 작업이 끝난 경우에는 즉시 몸을 씻게 할 것
라. 비상시에 작업설비 내부의 근로자를 즉시 대피시키거나 구조하기 위한 기구와 그 밖의 설비를 갖추어 둘 것
마. 작업을 하는 설비의 내부에 대하여 작업 전에 관리대상 유해물질의 농도를 측정하거나 그 밖의 방법에 따라 근로자가 건강에 장해를 입을 우려가 있는지를 확인할 것
바. 설비 내부에 관리대상 유해물질이 있는 경우에는 설비 내부를 환기장치로 충분히 환기시킬 것
사. 유기화합물을 넣었던 탱크에 대하여 제1호부터 제6호까지의 규정에 따른 조치 외에 작업 시작 전에 다음 각 목의 조치를 할 것

참고

* 허가 대상 유해물질의 종류
1. α-나프틸아민 [134-32-7]및 그 염 (α-Naphthylamine and its salts)
2. 디아니시딘[119-90-4] 및 그 염(Dianisidine and its salts)
3. 디클로로벤지딘 [91-94-1] 및 그 염 (Dichlorobenzidine and its salts)
4. 베릴륨(Beryllium ; 7440-41-7)
5. 벤조트리클로라이드 (Benzotrichloride ; 98-07-7)
6. 비소[7440-38-2] 및 그 무기화합물(Arsenic and its inorganic compounds)
7. 염화비닐(Vinyl chloride ; 75-01-4)
8. 콜타르피치 [65996-93-2] 휘발물 (Coal tar pitch volatiles)
9. 크롬광 가공(열을 가하여 소성 처리하는 경우만 해당한다)(Chromite ore processing)
10. 크롬산 아연 (Zinc chromates ; 13530-65-9 등)
11. o-톨리딘[119-93-7] 및 그 염(o-Tolidine and its salts)
12. 황화니켈류(Nickel sulfides ; 12035-72-2, 16812-54-7)
13. 제1호부터 제4호까지 또는 제6호부터 제12호까지의 어느 하나에 해당하는 물질을 함유한 혼합물(함유된 중량의 비율이 1퍼센트 이하인 것은 제외한다)
14. 제5호의 물질을 함유한 혼합물(함유된 중량의 비율이 0.5퍼센트 이하인 것은 제외한다)
15. 그 밖에 보건상 해로운 물질로서 산업재해보상보험및예방심의위원회의 심의를 거쳐 고용노동부장관이 정하는 유해물질

- 유기화합물이 탱크로부터 배출된 후 탱크 내부에 재 유입되지 않도록 할 것
- 물이나 수증기 등으로 탱크 내부를 씻은 후 그 씻은 물이나 수증기 등을 탱크로부터 배출시킬 것
- 탱크 용적의 3배 이상의 공기를 채웠다가 내보내거나 탱크에 물을 가득 채웠다가 배출시킬 것

② 사업주는 근로자가 그 설비의 내부에 머리를 넣고 작업하지 않도록 하고 작업하는 근로자에게 주의하도록 미리 알려야 한다.

4) 명칭 등의 게시

사업주는 관리대상 유해물질을 취급하는 작업장의 보기 쉬운 장소에 다음 각 호의 사항을 게시하여야 한다.

가. 관리대상 유해물질의 명칭
나. 인체에 미치는 영향
다. 취급상 주의사항
라. 착용하여야 할 보호구
마. 응급조치와 긴급 방재 요령

5) 출입의 금지

① 사업주는 관리대상 유해물질을 취급하는 실내작업장에 관계 근로자가 아닌 사람의 출입을 금지하고, 그 내용을 보기 쉬운 장소에 게시하여야 한다. 다만, 관리대상 유해물질 중 금속류, 산·알칼리류, 가스 상태 물질류를 1일 평균 합계 100리터(기체인 경우에는 그 기체의 부피 1세제곱미터를 2리터로 환산한다) 미만을 취급하는 작업장은 그러하지 아니하다.

② 사업주는 관리대상 유해물질이나 이에 따라 오염된 물질은 일정한 장소를 정하여 폐기·저장 등을 하여야 하며, 그 장소에는 관계 근로자가 아닌 사람의 출입을 금지하고, 그 내용을 보기 쉬운 장소에 게시하여야 한다.

6) 유해성 등의 주지

사업주는 관리대상 유해물질을 취급하는 작업에 근로자를 종사하도록 하는 경우에 근로자를 작업에 배치하기 전에 다음 각 호의 사항을 근로자에게 알려야 한다.

가. 관리대상 유해물질의 명칭 및 물리적·화학적 특성

나. 인체에 미치는 영향과 증상
다. 취급상의 주의사항
라. 착용하여야 할 보호구와 착용 방법
마. 위급상황 시의 대처방법과 응급조치 요령
바. 그 밖에 근로자의 건강장해 예방에 관한 사항

(4) 허가대상 유해물질

1) "허가대상 유해물질"이란 고용노동부장관의 허가를 받지 않고는 제조·사용이 금지되는 물질로서 산업안전보건법시행령 제88조에 따른 물질을 말한다.

2) 유해·위험물질의 제조 등 허가

① 허가대상물질을 제조하거나 사용하려는 자는 고용노동부장관의 허가를 받아야 한다. 허가받은 사항을 변경할 때에도 또한 같다.
② 허가대상물질 제조·사용자는 그 제조·사용설비를 허가기준에 적합하도록 유지하여야 하며, 그 기준에 적합한 작업방법으로 허가대상물질을 제조·사용하여야 한다.
③ 고용노동부장관은 허가대상물질 제조·사용자의 제조·사용설비 또는 작업방법이 허가기준에 적합하지 아니하다고 인정될 때에는 그 기준에 적합하도록 제조·사용설비를 수리·개조 또는 이전하도록 하거나 그 기준에 적합한 작업방법으로 그 물질을 제조·사용하도록 명할 수 있다.
④ 고용노동부장관은 허가대상물질 제조·사용자가 다음 각 호의 어느 하나에 해당하면 그 허가를 취소하거나 6개월 이내의 기간을 정하여 영업을 정지하게 할 수 있다. 다만, 제1호에 해당할 때에는 그 허가를 취소하여야 한다.

허가대상물질의 제조·사용 허가를 취소하거나 6개월 이내의 기간을 정하여 영업을 정지하게 할 수 있는 경우

① 거짓이나 그 밖의 부정한 방법으로 허가를 받은 경우(취소에 해당함)
② 허가기준에 맞지 아니하게 된 경우
③ 제조·사용설비 및 작업방법이 허가기준에 적합하지 않거나, 제조·사용설비를 수리·개조 또는 이전 및 기준에 적합한 작업방법으로 제조·사용하도록 한 명령을 위반한 경우
④ 자체검사 결과 이상을 발견하고도 즉시 보수 및 필요한 조치를 하지 아니한 경우

참고

* 석면조사
① 건축물이나 설비를 철거하거나 해체하려는 경우에 해당 건축물·설비소유주등은 다음 각 호의 사항을 고용노동부령으로 정하는 바에 따라 조사("일반석면조사")한 후 그 결과를 기록하여 보존하여야 한다.
　1. 해당 건축물이나 설비에 석면이 함유되어 있는지 여부
　2. 해당 건축물이나 설비 중 석면이 함유된 자재의 종류, 위치 및 면적
② 건축물이나 설비 중 대통령령으로 정하는 규모 이상의 건축물·설비소유주등은 석면조사기관에 다음 각 호의 사항을 조사("기관석면조사")하도록 한 후 그 결과를 기록하여 보존하여야 한다. 다만, 석면함유 여부가 명백한 경우 등 대통령령으로 정하는 사유에 해당하여 고용노동부령으로 정하는 절차에 따라 확인을 받은 경우에는 기관석면조사를 생략할 수 있다.
　1. 해당 건축물이나 설비에 석면이 함유되어 있는지 여부
　2. 해당 건축물이나 설비 중 석면이 함유된 자재의 종류, 위치 및 면적
　3. 해당 건축물이나 설비에 함유된 석면의 종류 및 함유량
③ 건축물·설비소유주등이 「석면안전관리법」 등 다른 법률에 따라 건축물이나 설비에 대하여 석면조사를 실시한 경우에는 고용노동부령으로 정하는 바에 따라 일반 석면조사 또는 기관 석면조사를 실시한 것으로 본다.

참고

* 석면조사 대상
① 건축물의 연면적 합계가 50제곱미터 이상이면서, 그 건축물의 철거·해체하려는 부분의 면적 합계가 50제곱미터 이상인 경우

② 주택의 연면적 합계가 200제곱미터 이상이면서, 그 주택의 철거·해체하려는 부분의 면적 합계가 200제곱미터 이상인 경우
③ 설비의 철거·해체하려는 부분에 다음 각 목의 어느 하나에 해당하는 자재를 사용한 면적의 합이 15제곱미터 이상 또는 그 부피의 합이 1세제곱미터 이상인 경우
  가. 단열재
  나. 보온재
  다. 분무재
  라. 내화피복재
  마. 개스킷(Gasket)
  바. 패킹(Packing)재
  사. 실링(Sealing)재
  아. 그 밖에 가목부터 사목까지의 자재와 유사한 용도로 사용되는 자재로서 고용노동부장관이 정하여 고시한 자재
④ 파이프 길이의 합이 80미터 이상이면서, 그 파이프의 철거·해체하려는 부분의 보온재로 사용된 길이의 합이 80미터 이상인 경우

* 석면조사 제외 대상
① 건축물이나 설비의 철거·해체 부분에 사용된 자재가 설계도서, 자재 이력 등 관련 자료를 통해 석면을 함유하고 있지 않음이 명백하다고 인정되는 경우
② 건축물이나 설비의 철거·해체 부분에 석면이 1퍼센트(무게 퍼센트) 초과하여 함유된 자재를 사용하였음이 명백하다고 인정되는 경우

■참고
* 석면조사 방법
① 건축도면, 설비제작 도면 또는 사용자재의 이력 등을 통하여 석면 함유 여부에 대한 예비조사를 할 것
② 건축물이나 설비의 해체·제거할 자재 등에 대하여 성질과 상태가 다른 부분들을 각각 구분할 것

3) 명칭 등의 게시

사업주는 허가대상 유해물질을 제조하거나 사용하는 작업장에 다음 각 호의 사항을 보기 쉬운 장소에 게시하여야 한다.
1. 허가대상 유해물질의 명칭
2. 인체에 미치는 영향
3. 취급상의 주의사항
4. 착용하여야 할 보호구
5. 응급처치와 긴급 방재 요령

4) 작업수칙

사업주는 근로자가 허가대상 유해물질(베릴륨 및 석면은 제외한다)을 제조·사용하는 경우에 다음 각 호의 사항에 관한 작업수칙을 정하고, 이를 해당 작업근로자에게 알려야 한다.
1. 밸브·콕 등의 조작(허가대상 유해물질을 제조하거나 사용하는 설비에 원재료를 공급하는 경우 또는 그 설비로부터 제품 등을 추출하는 경우에 사용되는 것만 해당한다)
2. 냉각장치, 가열장치, 교반장치 및 압축장치의 조작
3. 계측장치와 제어장치의 감시·조정
4. 안전밸브, 긴급 차단장치, 자동경보장치 및 그 밖의 안전장치의 조정
5. 뚜껑·플랜지·밸브 및 콕 등 접합부가 새는지 점검
6. 시료(試料)의 채취 및 해당 작업에 사용된 기구 등의 처리
7. 이상 상황이 발생한 경우의 응급조치
8. 허가대상 유해물질을 용기에 넣거나 꺼내는 작업 또는 반응조 등에 투입하는 작업
9. 그 밖에 허가대상 유해물질이 새지 않도록 하는 조치

5) 유해성 등의 주지

사업주는 근로자가 허가대상 유해물질을 제조하거나 사용하는 경우에 다음 각 호의 사항을 근로자에게 알려야 한다.
1. 물리적·화학적 특성
2. 발암성 등 인체에 미치는 영향과 증상
3. 취급상의 주의사항
4. 착용하여야 할 보호구와 착용 방법
5. 위급상황 시의 대처방법과 응급조치 요령
6. 그 밖에 근로자의 건강장해 예방에 관한 사항

6) 방독마스크의 지급 등

사업주는 근로자가 허가대상 유해물질을 제조하거나 사용하는 작업을 하는 경우에 개인전용의 방진마스크나 방독마스크 등을 지급하여 착용하도록 하여야 한다.

7) 보호복 등의 비치

① 사업주는 근로자가 피부장해 등을 유발할 우려가 있는 허가대상 유해물질을 취급하는 경우에 불침투성 보호복·보호장갑·보호장화 및 피부보호용 약품을 갖추어 두고 이를 사용하도록 하여야 한다.
② 근로자는 지급된 보호구를 사업주의 지시에 따라 착용하여야 한다.

(5) 석면의 제조·사용 작업, 해체·제거 작업 및 유지·관리의 조치기준

1) 사업주는 석면 해체·제거 작업에 근로자를 종사하도록 하는 경우에 다음 각 호의 개인보호구를 지급하여 착용하도록 하여야 한다.

① 방진마스크(특급만 해당)나 송기 마스크 또는 전동식 호흡보호구 (다만, 분무된 석면이나 석면이 함유된 보온재 또는 내화피복재의 해체·제거작업에 종사하는 경우에는 송기 마스크 또는 전동식 호흡보호구를 지급하여 착용)
② 고글(Goggles)형 보호안경(근로자의 눈 부분이 노출될 경우에만 지급)
③ 신체를 감싸는 보호복과 보호 신발

2) 석면 해체·제거작업 계획 수립

① 사업주는 석면해체·제거작업을 하기 전에 일반 석면조사 또는 기관 석면조사 결과를 확인한 후 다음 각 호의 사항이 포함된 석면 해체·제거작업 계획을 수립하고, 이에 따라 작업을 수행하여야 한다.
 • 석면해체·제거작업의 절차와 방법
 • 석면 흩날림 방지 및 폐기방법
 • 근로자 보호조치
② 사업주는 석면해체·제거작업 계획을 수립한 경우에 이를 해당 근로자에게 알려야 하며, 작업장에 대한 석면조사 방법 및 종료일자, 석면조사 결과의 요지를 해당 근로자가 보기 쉬운 장소에 게시하여야 한다.

합격의 key

③ 시료채취는 구분된 부분들 각각에 대하여 그 크기를 고려하여 채취 수를 달리하여 조사를 할 것

* 구분된 부분들 각각에서 크기를 고려하여 1개만 고형시료를 채취·분석하는 경우에는 그 1개의 결과를 기준으로 해당 부분의 석면 함유 여부를 판정하여야 하며, 2개 이상의 고형시료를 채취·분석하는 경우에는 석면함유율이 가장 높은 결과를 기준으로 해당 부분의 석면 함유 여부를 판정하여야 한다.

* 석면농도를 측정할 수 있는 자의 자격
① 석면조사기관에 소속된 산업위생관리산업기사 또는 대기환경산업기사 이상의 자격을 가진 사람
② 지정측정기관에 소속된 산업위생관리산업기사 이상의 자격을 가진 사람

* 석면해체·제거작업의 안전성의 평가 기준
① 석면해체·제거작업 기준의 준수 여부
② 장비의 성능
③ 보유인력의 교육이수, 능력개발, 전산화 정도 및 그 밖에 필요한 사항

* 석면해체·제거작업 완료 후의 석면농도 기준 1세제곱센티미터당 0.01개를 말한다.

참고

* 석면농도의 측정방법
① 석면해체·제거작업장 내의 작업이 완료된 상태를 확인한 후 공기가 건조한 상태에서 측정할 것
② 작업장 내에 침전된 분진을 비산(飛散)시킨 후 측정할 것
③ 시료채취기를 작업이 이루어진 장소에 고정하여 공기 중 입자상 물질을 채취하는 지역시료채취방법으로 측정할 것

> **참고**
> ① 사업주는 금지유해물질의 보관용기는 해당 물질이 새지 않도록 다음 각 호의 기준에 맞도록 하여야 한다.
>   1. 뒤집혀 파손되지 않는 재질일 것
>   2. 뚜껑은 견고하고 뒤집혀 새지 않는 구조일 것
> ② 사업주는 금지유해물질의 보관용기는 전용 용기를 사용하고 사용한 용기는 깨끗이 세척하여 보관하여야 한다.
> ③ 용기에는 경고표지를 붙여야 한다.

(6) 금지유해물질에 의한 건강장해의 예방

① 사업주는 근로자가 금지유해물질을 취급하는 경우에 피부노출을 방지할 수 있는 불침투성 보호복·보호장갑 등을 개인전용의 것으로 지급하고 착용하도록 하여야 한다.

② 사업주는 보호복과 보호장갑 등을 평상복과 분리하여 보관할 수 있도록 전용 보관함을 갖추고 필요 시 오염 제거를 위하여 세탁을 하는 등 필요한 조치를 하여야 한다.

③ 사업주는 근로자로 하여금 금지유해물질을 취급하도록 하는 경우에 별도의 정화통을 갖춘 근로자 전용 호흡용 보호구를 지급하고 착용하도록 하여야 한다.

④ 금지유해물질을 시험·연구 목적으로 제조하거나 사용하는 자는 다음 각 호의 조치를 하여야 한다.
  - 제조·사용 설비는 밀폐식 구조로서 금지유해물질의 가스, 증기 또는 분진이 새지 않도록 할 것. 다만, 밀폐식 구조로 하는 것이 작업의 성질상 현저히 곤란하여 부스식 후드의 내부에 그 설비를 설치한 경우는 제외한다.
  - 금지유해물질을 제조·저장·취급하는 설비는 내식성(耐蝕性)의 튼튼한 구조일 것
  - 금지유해물질을 저장하거나 보관하는 양은 해당 시험·연구에 필요한 최소량으로 할 것
  - 금지유해물질의 특성에 맞는 적절한 소화설비를 갖출 것
  - 제조·사용·취급 조건이 해당 금지유해물질의 인화점 이상인 경우에는 사용하는 전기 기계·기구는 적절한 방폭구조(防爆構造)로 할 것
  - 실험실 등에서 가스·액체 또는 잔재물을 배출하는 경우에는 안전하게 처리할 수 있는 설비를 갖출 것

⑤ 금지 유해 물질의 제조·사용 시 적어야 하는 사항
  - 근로자의 이름
  - 금지 유해 물질의 명칭
  - 제조량 또는 사용량
  - 작업 내용
  - 작업 시 착용한 보호구
  - 누출, 오염, 흡입 등의 사고가 발생한 경우 피해 내용 및 조치 사항

(7) 밀폐공간에서의 건강장애 예방

1) 작업장의 적정공기 수준

① "산소결핍"이란 공기 중의 산소농도가 18퍼센트 미만인 상태를 말한다. ✮✮

작업장의 적정 공기 수준 ✮✮
• 산소농도의 범위가 18% 이상 23.5% 미만 • 이산화탄소의 농도가 1.5% 미만 • 일산화탄소의 농도가 30ppm 미만 • 황화수소의 농도가 10ppm 미만

2) 밀폐공간 작업 프로그램의 수립·시행

① 사업주는 밀폐공간에 근로자를 종사하도록 하는 경우에 다음 각 호의 내용이 포함된 밀폐공간 작업 프로그램을 수립하여 시행하여야 한다. ✮

밀폐공간 보건작업 프로그램 내용
• 사업장 내 밀폐공간의 위치 파악 및 관리 방안 • 밀폐공간 내 질식·중독 등을 일으킬 수 있는 유해·위험 요인의 파악 및 관리 방안 • 밀폐공간 작업 시 사전 확인이 필요한 사항에 대한 확인 절차 • 안전보건교육 및 훈련 • 그 밖에 밀폐공간 작업 근로자의 건강장해 예방에 관한 사항

② 사업주는 근로자가 밀폐공간에서 작업을 시작하기 전에 다음 각 호의 사항을 확인하여 근로자가 안전한 상태에서 작업하도록 하여야 하며, 밀폐공간에서의 작업이 종료될 때까지 각 호의 내용을 해당 작업장 출입구에 게시하여야 한다.
• 작업 일시, 기간, 장소 및 내용 등 작업 정보
• 관리감독자, 근로자, 감시인 등 작업자 정보
• 산소 및 유해가스 농도의 측정결과 및 후속조치 사항
• 작업 중 불활성가스 또는 유해가스의 누출·유입·발생 가능성 검토 및 후속조치 사항
• 작업 시 착용하여야 할 보호구의 종류
• 비상연락체계

용어정의

"밀폐공간"이란 산소결핍, 유해가스로 인한 질식·화재·폭발 등의 위험이 있는 장소를 말한다.

"유해가스"란 이산화탄소·일산화탄소·황화수소 등의 기체로서 인체에 유해한 영향을 미치는 물질을 말한다.

"산소결핍증"이란 산소가 결핍된 공기를 들이마심으로써 생기는 증상을 말한다.

참고

* 밀폐공간 출입금지 표지

가. 규격 : 밀폐공간의 크기에 따라 적당한 규격으로 하되, 최소한 가로 21센티미터, 세로 29.7센티미터 이상으로 한다.
나. 색상 : 전체 바탕은 흰색, 글씨는 검정색, 위험 글씨는 노란색, 전체 테두리 및 위험 글자 영역의 바탕은 빨간색으로 한다.

3) 사업주는 근로자가 밀폐공간에서 작업을 하는 경우에 작업을 시작할 때마다 사전에 다음 각 호의 사항을 작업근로자(감시인을 포함한다)에게 알려야 한다. ✿
   ① 산소 및 유해가스농도 측정에 관한 사항
   ② 환기설비의 가동 등 안전한 작업방법에 관한 사항
   ③ 보호구의 착용과 사용방법에 관한 사항
   ④ 사고 시의 응급조치 요령
   ⑤ 구조요청을 할 수 있는 비상연락처, 구조용 장비의 사용 등 비상 시 구출에 관한 사항

4) 산소 및 유해가스 농도의 측정
   ① 사업주는 밀폐공간에서 근로자에게 작업을 하도록 하는 경우 작업을 시작(작업을 일시 중단하였다가 다시 시작하는 경우를 포함한다)하기 전에 밀폐공간의 산소 및 유해가스 농도의 측정 및 평가에 관한 지식과 실무경험이 있는 자를 지정하여 그로 하여금 해당 밀폐공간의 산소 및 유해가스 농도를 측정하여 적정공기가 유지되고 있는지를 평가하도록 해야 한다.
   ② 밀폐공간의 산소 및 유해가스 농도를 측정 및 평가하는 자에 대하여 밀폐공간에서 작업을 시작하기 전에 다음 각 호의 사항의 숙지 여부를 확인하고 필요한 교육을 실시해야 한다.

산소 및 유해가스 농도를 측정 및 평가하는 자에 대한 교육 내용
• 밀폐공간의 위험성 • 측정장비의 이상 유무 확인 및 조작 방법 • 밀폐공간 내에서의 산소 및 유해가스 농도 측정방법 • 적정공기의 기준과 평가 방법

   ③ 사업주는 산소 및 유해가스 농도를 측정한 결과 적정공기가 유지되고 있지 아니하다고 평가된 경우에는 작업장을 환기시키거나, 근로자에게 공기호흡기 또는 송기마스크를 지급하여 착용하도록 하는 등 근로자의 건강장해 예방을 위하여 필요한 조치를 하여야 한다.

5) 환기
   ① 사업주는 밀폐공간에 근로자를 종사하도록 하는 경우에 작업 시작 전 및 작업 중에 해당 작업장을 적정공기 상태가 유지되도록 환기

하여야 한다. 다만, 폭발이나 산화 등의 위험으로 인하여 환기할 수 없거나 작업의 성질상 환기하기가 매우 곤란한 경우에는 근로자에게 공기호흡기 또는 송기마스크를 지급하여 착용하도록 하고 환기하지 아니할 수 있다.

② 근로자는 지급된 보호구를 착용하여야 한다.

6) 출입금지

① 사업주는 밀폐공간에 근로자를 종사하도록 하는 경우에는 그 장소에 근로자를 입장시킬 때와 퇴장시킬 때마다 인원을 점검하여야 한다.

② 사업주는 밀폐공간에서 하는 작업에 근로자를 종사하도록 하는 경우에는 그 밀폐공간에서 작업하는 근로자가 아닌 사람이 그 장소에 출입하는 것을 금지하고, 출입금지 표지를 밀폐공간 근처의 보기 쉬운 장소에 게시하여야 한다.

7) 감시인의 배치

① 사업주는 근로자가 밀폐공간에서 작업을 하는 동안 작업상황을 감시할 수 있는 감시인을 지정하여 밀폐공간 외부에 배치하여야 한다.

② 감시인은 밀폐공간에 종사하는 근로자에게 이상이 있을 경우에 구조요청 등 필요한 조치를 한 후 이를 즉시 관리감독자에게 알려야 한다.

③ 사업주는 근로자가 밀폐공간에서 작업을 하는 동안 그 작업장과 외부의 감시인 간에 항상 연락을 취할 수 있는 설비를 설치하여야 한다.

8) 사고 시의 대피

① 사업주는 근로자가 밀폐공간에서 작업을 하는 경우에 산소결핍이나 유해가스로 인한 질식·화재·폭발 등의 우려가 있으면 즉시 작업을 중단시키고 해당 근로자를 대피하도록 하여야 한다.

② 사업주는 근로자를 대피시킨 경우 적정공기 상태임이 확인될 때까지 그 장소에 관계자가 아닌 사람이 출입하는 것을 금지하고, 그 내용을 해당 장소의 보기 쉬운 곳에 게시하여야 한다.

③ 근로자는 출입이 금지된 장소에 사업주의 허락 없이 출입하여서는 아니 된다.

참고

※ 밀폐공간에서의 건강장애 예방

1. **사고 시의 대피**
① 사업주는 근로자가 밀폐공간에서 작업을 하는 경우에 산소결핍이나 유해가스로 인한 질식·화재·폭발 등의 우려가 있으면 즉시 작업을 중단시키고 해당 근로자를 대피하도록 하여야 한다.
② 사업주는 근로자를 대피시킨 경우 적정공기 상태임이 확인될 때까지 그 장소에 관계자가 아닌 사람이 출입하는 것을 금지하고, 그 내용을 해당 장소의 보기 쉬운 곳에 게시하여야 한다.
③ 근로자는 출입이 금지된 장소에 사업주의 허락 없이 출입하여서는 아니 된다.

2. **긴급 구조훈련**
사업주는 긴급상황 발생 시 대응할 수 있도록 밀폐공간에서 작업하는 근로자에 대하여 비상연락체계 운영, 구조용 장비의 사용, 공기호흡기 또는 송기마스크의 착용, 응급처치 등에 관한 훈련을 6개월에 1회 이상 주기적으로 실시하고, 그 결과를 기록하여 보존하여야 한다.

3. **의사의 진찰**
사업주는 근로자가 산소결핍증이 있거나 유해가스에 중독되었을 경우에 즉시 의사의 진찰이나 처치를 받도록 하여야 한다.

4. **보호구의 지급**
사업주는 공기호흡기 또는 송기마스크를 지급하는 때에 근로자에게 질병 감염의 우려가 있는 경우에는 개인전용의 것을 지급하여야 한다.

9) 안전대 등 보호구 지급

① 사업주는 밀폐공간에서 작업하는 근로자가 산소결핍이나 유해가스로 인하여 추락할 우려가 있는 경우에는 해당 근로자에게 안전대나 구명밧줄, 공기호흡기 또는 송기마스크를 지급하여 착용하도록 하여야 한다.
② 안전대나 구명밧줄을 착용하도록 하는 경우에 이를 안전하게 착용할 수 있는 설비 등을 설치하여야 한다.
③ 근로자는 제1항에 따라 지급된 보호구를 착용하여야 한다.

10) 대피용 기구의 비치

사업주는 밀폐공간에 근로자를 종사하도록 하는 경우에 공기호흡기 또는 송기마스크, 사다리 및 섬유로프 등 비상시에 근로자를 피난시키거나 구출하기 위하여 필요한 기구를 갖추어 두어야 한다.

11) 구출 시 공기호흡기 또는 송기마스크의 사용

사업주는 밀폐공간에서 위급한 근로자를 구출하는 작업을 하는 경우 그 구출작업에 종사하는 근로자에게 공기호흡기 또는 송기마스크를 지급하여 착용하도록 하여야 한다.

(8) 환기장치의 설치 기준

후드	① 유해물질이 발생하는 곳마다 설치할 것 ② 유해인자의 발생형태와 비중, 작업방법 등을 고려하여 해당 분진 등의 발산원(發散源)을 제어할 수 있는 구조로 설치할 것 ③ 후드(hood) 형식은 가능하면 포위식 또는 부스식 후드를 설치할 것 ④ 외부식 또는 리시버식 후드는 해당 분진 등의 발산원에 가장 가까운 위치에 설치할 것
덕트	① 가능하면 길이는 짧게 하고 굴곡부의 수는 적게할 것 ② 접속부의 안쪽은 돌출된 부분이 없도록 할 것 ③ 청소구를 설치하는 등 청소하기 쉬운 구조로 할 것 ④ 덕트 내부에 오염물질이 쌓이지 않도록 이송속도를 유지할 것 ⑤ 연결 부위 등은 외부 공기가 들어오지 않도록 할 것
배풍기	국소배기장치에 공기정화장치를 설치하는 경우 정화 후의 공기가 통하는 위치에 배풍기(排風機)를 설치하여야 한다. 다만, 빨아들여진 물질로 인하여 폭발할 우려가 없고 배풍기의 날개가 부식될 우려가 없는 경우에는 정화 전의 공기가 통하는 위치에 배풍기를 설치할 수 있다.
배기구	분진 등을 배출하기 위하여 설치하는 국소배기장치(공기정화장치가 설치된 이동식 국소배기장치는 제외한다)의 배기구를 직접 외부로 향하도록 개방하여 실외에 설치하는 등 배출되는 분진 등이 작업장으로 재유입되지 않는 구조로 하여야 한다.
공기정화 장치	분진 등을 배출하는 장치나 설비에는 그 분진 등으로 인하여 근로자의 건강에 장해가 발생하지 않도록 흡수·연소·집진(集塵) 또는 그 밖의 적절한 방식에 의한 공기정화장치를 설치하여야 한다.

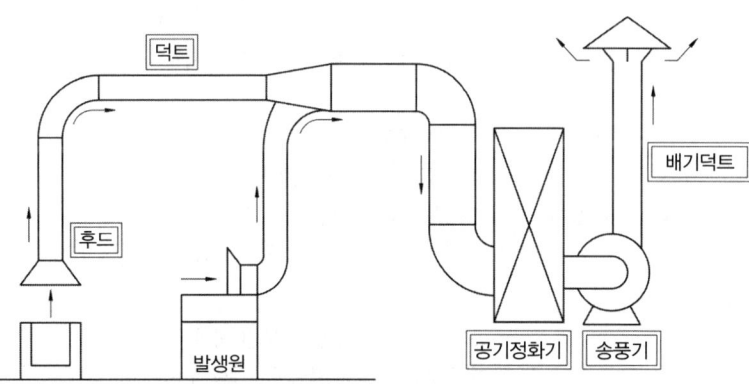

[국소배기시설의 계통도]

(9) 전체 환기장치의 설치기준

① 송풍기 또는 배풍기(덕트를 사용하는 경우에는 해당 덕트의 흡입구를 말한다)는 가능한 한 해당 분진 등의 발산원에 가장 가까운 위치에 설치할 것
② 송풍기 또는 배풍기는 직접 외부로 향하도록 개방하여 실외에 설치하는 등 배출되는 분진 등이 작업장으로 재유입되지 않는 구조로 할 것

(10) 공기의 부피와 환기

근로자가 인체에 해로운 잔재물 등을 취급하는 작업에 종사하는 실내작업장에 대하여 공기의 부피와 환기를 다음 각 호의 기준에 맞도록 하여야 한다.

① 바닥으로부터 4미터 이상 높이의 공간을 제외한 나머지 공간의 공기의 부피는 근로자 1명당 10세제곱미터 이상이 되도록 할 것
② 직접 외부를 향하여 개방할 수 있는 창을 설치하고 그 면적은 바닥면적의 20분의 1 이상으로 할 것(근로자의 보건을 위하여 충분한 환기를 할 수 있는 설비를 설치한 경우는 제외한다)
③ 기온이 섭씨 10도 이하인 상태에서 환기를 하는 경우에는 근로자가 매초 1미터 이상의 기류에 닿지 않도록 할 것

(11) 국소배기장치의 점검

사업주는 국소배기장치를 처음으로 사용하는 경우나 국소배기장치를 분해하여 개조하거나 수리를 한 후 처음으로 사용하는 경우에 다음 각 호에서 정하는 바에 따라 사용 전에 점검하여야 한다.

국소배기장치	• 덕트와 배풍기의 분진 상태 • 덕트 접속부가 헐거워졌는지 여부 • 흡기 및 배기 능력 • 그 밖에 국소배기장치의 성능을 유지하기 위하여 필요한 사항
공기정화장치	• 공기정화장치 내부의 분진 상태 • 여과제진장치(濾過除塵裝置)의 여과재 파손 여부 • 공기정화장치의 분진 처리능력 • 그 밖에 공기정화장치의 성능 유지를 위하여 필요한 사항

CHAPTER 06 단원 예상문제

01 다음 물질 중 산화성 액체 및 산화성 고체의 종류가 아닌 것은?

㉮ 질산 및 그 염류
㉯ 유기과산화물
㉰ 염소산 및 그 염류
㉱ 과망간산염

[해설] ㉯ 유기과산화물은 "폭발성 물질 및 유기과산화물"에 해당한다.

{참고} 1. **산화성 액체 및 산화성 고체**
① 차아염소산 및 그 염류
② 아염소산 및 그 염류
③ 염소산 및 그 염류
④ 과염소산 및 그 염류
⑤ 브롬산 및 그 염류
⑥ 요오드산 및 그 염류
⑦ 과산화수소 및 무기 과산화물
⑧ 질산 및 그 염류
⑨ 과망간산 및 그 염류
⑩ 중크롬산 및 그 염류

실력이 되고! 합격이 되는! 특급 암기법

염소(염소산)보러(브롬산) 요과하고(요오드산, 과산화수소, 과망간산) 질산 가는 중(중크롬산)

2. **폭발성 물질 및 유기과산화물**
① 질산에스테르류
② 니트로화합물
③ 니트로소화합물
④ 아조화합물
⑤ 디아조화합물
⑥ 하이드라진 유도체
⑦ 유기과산화물

실력이 되고! 합격이 되는! 특급 암기법

폭발하는(폭발성 물질) 질산에(질산에스테르) 니(니트로, 니트로소) 태아조(아조, 디아조) 하드라유!(하이드라진 유도체, 유기과산화물)

02 다음 중 산업안전보건법상 발화성 물질로 분류되지 않는 것은?

㉮ 리튬
㉯ 아세틸렌
㉰ 셀룰로이드류
㉱ 칼슘탄화물

[해설] **물반응성 물질 및 인화성 고체**
① 리튬   ② 칼륨·나트륨
③ 황   ④ 황린
⑤ 황화인·적린   ⑥ 셀룰로이드류
⑦ 알킬알루미늄·알킬리튬
⑧ 마그네슘 분말
⑨ 금속 분말(마그네슘 분말은 제외한다)
⑩ 알칼리금속(리튬·칼륨 및 나트륨은 제외한다)
⑪ 유기 금속화합물(알킬알루미늄 및 알킬리튬은 제외한다)
⑫ 금속의 수소화물
⑬ 금속의 인화물
⑭ 칼슘 탄화물, 알루미늄 탄화물

03 법령상 부식성 물질에 해당되는 것은?

㉮ 과염소다
㉯ 아세틸렌
㉰ 디아조화합물
㉱ 수산화나트륨

[해설]

부식성 물질	가. **부식성 산류** ① 농도가 20퍼센트 이상인 **염산, 황산, 질산**, 그 밖에 이와 같은 정도 이상의 부식성을 가지는 물질 ② 농도가 60퍼센트 이상인 **인산, 아세트산, 불산**, 그 밖에 이와 같은 정도 이상의 부식성을 가지는 물질 나. **부식성 염기류** 농도가 40퍼센트 이상인 **수산화나트륨, 수산화칼륨**, 그 밖에 이와 같은 정도 이상의 부식성을 가지는 염기류

정답 01 ㉯ 02 ㉯ 03 ㉱

04 위험물에 대한 일반적 개념으로 올바르지 못한 것은?

㉮ 자연계에 흔히 존재하는 물 또는 산소와의 반응이 용이하다.
㉯ 화학적 구조 및 결합력이 불안정하다.
㉰ 화학적 구조가 복잡한 고분자 물질이다.
㉱ 반응속도가 급격히 진행된다.

[해설] 위험물의 특징
① 물 또는 산소와 반응이 용이하다.
② 반응속도가 급격히 진행된다.
③ 반응 시 발생되는 발열량이 크다.
④ 수소와 같은 가연성 가스를 발생시킨다.
⑤ 화학적 구조나 결합력이 불안정하다.

05 위험물안전관리법상 자기반응성 물질은 제 몇 류 위험물로 분류하는가?

㉮ 제1류 위험물 ㉯ 제3류 위험물
㉰ 제4류 위험물 ㉱ 제5류 위험물

[해설] 위험물안전관리법상 위험물의 분류
1류 : 산화성 고체
2류 : 가연성 고체
3류 : 자연발화성 및 금수성 물질
4류 : 인화성액체
5류 : 자기반응성물질
6류 : 산화성 액체

06 등유, 경유 그 밖에 1기압에서 인화점이 섭씨 21도 이상 70도 미만인 인화성 액체는 제4류 위험물 중 어디에 속하는가?

㉮ 제 1석유류
㉯ 제 2석유류
㉰ 제 3석유류
㉱ 제 4석유류

[해설] 제4류 위험물
① 특수인화물 : 1기압에서 액체로 되는 것으로서 인화점이 -20℃ 이하, 비점 40℃ 이하, 발화점 100℃ 이하인 것
② 제 1석유류 : 1기압에서 액체로 되는 것으로서 인화점이 21℃ 미만인 것
③ 제 2석유류 : 1기압에서 액체로 되는 것으로서 인화점이 21℃ 이상 70℃ 미만인 것
④ 제 3석유류 : 1기압에서 액체로 되는 것으로서 인화점이 70℃ 이상 200℃ 미만인 것
⑤ 제 4석유류 : 1기압에서 액체로 되는 것으로서 인화점이 200℃ 이상 250℃ 미만인 것

07 위험물질 중에서 급격한 반응으로 고열과 부피팽창을 수반하는 물질은?

㉮ 폭발물 ㉯ 인화물
㉰ 발화물 ㉱ 기화물

[해설] 급격한 반응으로 고열과 부피팽창을 수반하는 물질 → 폭발물

08 공기 중에 3ppm의 디메틸아민(demethylamine, TLV-TWA : 10ppm)과 20ppm의 시클로헥산올(cyclohexanol, TLV-TWA : 50ppm)이 있고, 10ppm의 산화프로필(propyleneoxide, TLV-TWA : 20ppm)이 존재한다면 혼합 TLV-TWA는 얼마인가?

㉮ 12.5ppm ㉯ 22.5ppm
㉰ 27.5ppm ㉱ 32.5ppm

[해설]
1. 노출지수 $EI = \dfrac{C_1}{T_1} + \dfrac{C_2}{T_2} + ... + \dfrac{C_n}{T_n}$

   여기서 C : 화학물질 각각의 측정치
   T : 화학물질 각각의 노출 기준
   $EI > 1$: 노출 기준을 초과함.

2. 혼합물의 TLV-TWA
   $$TLV-TWA = \dfrac{C_1 + C_2 + ... + C_n}{EI}$$

정답 04 ㉰ 05 ㉱ 06 ㉯ 07 ㉮ 08 ㉰

$$EI = \frac{3}{10} + \frac{20}{50} + \frac{10}{20} = 1.2$$

$$TLV-TWA = \frac{3+20+10}{1.2} = 27.5\text{ppm}$$

09 제4류 위험물(인화성 액체)의 공통 성질 중 틀린 것은?

㉮ 증기는 공기보다 무겁다.
㉯ 대부분 물보다 가볍고 물에 잘 녹는다.
㉰ 착화온도가 낮은 것은 위험하다.
㉱ 증기는 공기와 혼합하여 연소한다.

[해설] 제4류 인화성 액체
1. **공통 성질**
  ① **물보다 가볍고, 물에 녹기 어렵다.**
  ② 증기는 공기보다 무겁다.(시안화수소 제외)
  ③ 연소하한이 낮다.
  ④ 증기는 높은 곳으로 배출할 것
  ⑤ 전기부도체, 정전기 축적 쉬움
  ⑥ 증발연소(연소확대 빠름)
2. **저장 및 취급방법**
  ① 화기엄금
  ② 정전기발생 주의 및 예방조치
  ③ 증기는 가급적 높은 곳으로 배출
  ④ 질식소화(주수소화금지-연소면 확대로 위험)

10 다음 중 조혈기관 장해의 주된 요인이 되는 유해성 물질은?

㉮ 벤젠   ㉯ 유기수은
㉰ 망간   ㉱ 카드뮴

[해설] 중독 증세
  ① 수은중독 : 구내염, 혈뇨, 손 떨림 증상
  ② 납중독 : 신경근육 계통 장애
  ③ 크롬중독 : 비중격천공 증세
  ④ 벤젠 : 조혈기관 장애(백혈병)

11 다음 중 아세틸렌은 어느 물질에 용해 시켜 보관하는가?

㉮ 아세톤   ㉯ 벤젠
㉰ 기름   ㉱ 물

[해설] 아세틸렌의 용제 : 아세톤, 디메틸포름아미드(DMF)

12 8시간 작업 중 작업자가 다음과 같은 물질의 혼합물에 폭로되었다. 혼합물의 허용기준(TLV$_{mix}$)에 대한 설명으로 옳은 것은?

[보기]
- Acrylic acid : 4ppm(TLV : 10ppm)
- Standard solvent : 60ppm(TLV : 100ppm)
- Ethylether : 200ppm(TLV : 400ppm)

㉮ TLV$_{mix}$ 값은 176ppm이며, 허용기준 초과이다.
㉯ TLV$_{mix}$ 값은 176ppm이며, 허용기준 이하이다.
㉰ TLV$_{mix}$ 값은 264ppm이며, 허용기준 초과이다.
㉱ TLV$_{mix}$ 값은 264ppm이며, 허용기준 이하이다.

[해설]
1. 노출지수 $EI = \frac{C_1}{T_1} + \frac{C_2}{T_2} + ... + \frac{C_n}{T_n}$

  여기서 C : 화학물질 각각의 측정치
  T : 화학물질 각각의 노출기준
  $EI > 1$: 노출기준을 초과함.

2. 혼합물의 TLV-TWA
$$TLV-TWA = \frac{C_1 + C_2 + ... + C_n}{EI}$$

1. $EI = \frac{4}{10} + \frac{60}{100} + \frac{200}{400} = 1.5$
  (EI 이 1을 초과하였으므로 노출기준 초과)

2. $TLV-TWA = \frac{4+60+200}{1.5} = 176\text{ppm}$

정답 09 ㉯ 10 ㉮ 11 ㉮ 12 ㉮

13 다음 중 황린에 대한 설명으로 옳은 것은?

㉮ 주수에 의한 냉각소화는 황화수소를 발생시키므로 사용을 금한다.
㉯ 황린은 자연발화하므로 물 속에 보관한다.
㉰ 황린은 황과 인의 화합물이다.
㉱ 독성 및 부식성이 없다.

[해설] **발화성 물질의 저장법**
① 나트륨, 칼륨 : 석유 속 저장
② **황린 : 물속에 저장**
③ 적린, 마그네슘, 칼륨 : 격리 저장
④ 질산은 ($AgNO_3$) 용액 : 햇빛 피하여 저장(빛에 의해 광분해 반응 일으킴)
⑤ 벤젠 : 산화성물질과 격리 저장
⑥ 탄화 칼슘(CaC_2, 카바이트) : 금수성물질로서 물과 격렬히 반응하므로 건조한 곳에 보관

14 다음 중 산업안전보건법상 폭발성 물질에 해당하는 것은?

㉮ 유기과산화물
㉯ 칼슘
㉰ 황
㉱ 알킬알루미늄

[해설] ㉮ 폭발성물질 및 유기과산화물
㉯, ㉰, ㉱ 물반응성 물질 및 인화성 고체

{참고} (1) **폭발성 물질 및 유기과산화물**
가. 질산에스테르류
나. 니트로화합물
다. 니트로소화합물
라. 아조화합물
마. 디아조화합물
바. 하이드라진 유도체
사. 유기과산화물
아. 그 밖에 가목부터 사목까지의 물질과 같은 정도의 폭발 위험이 있는 물질
자. 가목부터 아목까지의 물질을 함유한 물질

(2) **물반응성 물질 및 인화성 고체**
가. 리튬
나. 칼륨·나트륨
다. 황
라. 황린
마. 황화인·적린
바. 셀룰로이드류
사. 알킬알루미늄·알킬리튬
아. 마그네슘 분말
자. 금속 분말(마그네슘 분말은 제외한다)
차. 알칼리금속(리튬·칼륨 및 나트륨은 제외한다)
카. 유기 금속화합물(알킬알루미늄 및 알킬리튬은 제외한다)
타. 금속의 수소화물
파. 금속의 인화물
하. 칼슘 탄화물, 알루미늄 탄화물
거. 그 밖에 가목부터 하목까지의 물질과 같은 정도의 발화성 또는 인화성이 있는 물질
너. 가목부터 거목까지의 물질을 함유한 물질

15 다음 위험물의 저장 및 취급방법이 잘못된 것은?

㉮ 나트륨, 칼륨은 석유 속에 저장한다.
㉯ 황린은 통풍이 잘되는 서늘한 외부에 보관한다.
㉰ 마그네슘은 물과의 접촉을 피한다.
㉱ 질산암모늄은 가열, 충격, 마찰을 피한다.

[해설] **발화성 물질의 저장법**
① **나트륨, 칼륨 : 석유 속 저장**
② **황린 : 물속에 저장**
③ 적린, 마그네슘, 칼륨 : 격리저장
④ 질산은 ($AgNO_3$) 용액 : 햇빛 피하여 저장(빛에 의해 광분해 반응 일으킴)
⑤ 벤젠 : 산화성물질과 격리저장
⑥ 탄화칼슘(CaC_2, 카바이트) : 금수성물질로서 물과 격렬히 반응하므로 건조한 곳에 보관

16 다음 중 위험물의 분류상 금수성 물질이 아닌 것은?

㉮ 칼슘   ㉯ 칼륨
㉰ 나트륨   ㉱ 마그네슘

[해설] ㉱ 마그네슘은 인화성 고체에 해당한다.

정답 13 ㉯ 14 ㉮ 15 ㉯ 16 ㉱

{참고} **금수성 물질의 종류**
① 리튬
② 칼륨 · 나트륨
③ 알킬알루미늄 · 알킬리튬
④ 칼슘 탄화물(탄화칼슘), 알루미늄 탄화물(탄화알루미늄)

17 초석이라고도 부르기도 하며, 흑색화약의 주원료로 사용되는 산화성 물질로 환기가 좋은 냉암소에 보관해야 할 물질은?

㉮ 질산칼륨
㉯ 질산나트륨
㉰ 질산암모늄
㉱ 과염소산나트륨

[해설] **질산칼륨(초석, KNO_3)**
① 색깔이 없는 사방 정계의 결정으로, 가연성 물질과 섞이면 폭발한다.
② 흑색 화약이나 성냥, 유약, 의약 따위의 제조에 쓰인다.

18 다음 중 산업안전보건법에 따라 위험물질의 종류를 분류할 때 잘못 분류한 것은?

㉮ 인화한계 농도의 최저한도가 12퍼센트 이하 또는 최고한도와 최저한도의 차가 10퍼센트 이상인 것으로서 표준압력(101.3kPa)하의 20℃에서 가스상태인 물질
㉯ 인화점이 섭씨 23도 이상 섭씨 60도이하인 등유는 인화성 액체이다.
㉰ 농도가 25%인 황산은 부식성 물질이다.
㉱ 쥐에 대한 경구투여 실험 시 LD_{50}이 300mg/kg인 물질은 독성 물질이다.

[해설] ㉮ **인화성 가스** : 인화한계 농도의 **최저한도가 13퍼센트 이하 또는 최고한도와 최저한도의 차가 12퍼센트 이상인 것으로서 표준압력(101.3kPa)하의 20℃에서 가스상태인 물질**

{참고}

인화성 가스	가. 수소 나. 아세틸렌 다. 에틸렌 라. 메탄 마. 에탄 바. 프로판 사. 부탄 아. 인화한계 농도의 최저한도가 13퍼센트 이하 또는 최고한도와 최저한도의 차가 12퍼센트 이상인 것으로서 표준압력(101.3kPa)하의 20℃에서 가스상태인 물질

19 다음의 주의사항에 해당하는 물질은?

> 특히 산화제와 접촉 및 혼합을 엄금하여, 화재 시 주수소화를 피하고 건조한 모래 등으로 질식소화를 한다.

㉮ 마그네슘
㉯ 과염소산나트륨
㉰ 황인
㉱ 과산화수소

[해설] 건조사 등으로 질식소화를 하여야 하는 경우
→ 금속화재로서 마그네슘이 해당된다.

{참고} **제2류 가연성 고체(환원제)**
1. 철, 마그네슘, 금속분은 물, 산과 접촉 시 발화
2. 소화 : 주수에 의한 냉각소화(철, 마그네슘, 금속분은 건조사 등에 의한 질식소화)

20 가열 · 마찰 · 충격 또는 다른 화학물질과의 접촉 등으로 인하여 산소나 산화제의 공급이 없더라도 폭발 등 격렬한 반응을 일으킬 수 있는 물질은?

㉮ 알코올류
㉯ 무기과산화물
㉰ 니트로화합물
㉱ 과망간산칼륨

정답 17 ㉮ 18 ㉮ 19 ㉮ 20 ㉰

[해설] 산소, 산화제의 공급 없더라도 폭발을 일으키는 물질 → 폭발성물질로서 니트로 화합물이 해당된다.

21 다음 중 물 속에 저장이 가능한 물질은?
㉮ 칼륨
㉯ 황린
㉰ 인화칼슘
㉱ 탄화알루미늄

[해설] **발화성 물질의 저장법**
① 나트륨, 칼륨 : 석유 속 저장
② 황린 : 물속에 저장
③ 적린, 마그네슘, 칼륨 : 격리 저장
④ 질산은($AgNO_3$) 용액 : 햇빛 피하여 저장(빛에 의해 광분해 반응 일으킴)
⑤ 벤젠 : 산화성물질과 격리 저장
⑥ 탄화칼슘(CaC_2, 카바이트) : 금수성 물질로서 물과 격렬히 반응하므로 건조한 곳에 보관

22 다음 중 니트로글리세린에 관한 설명으로 틀린 것은?
㉮ 물에 잘 녹으며, 액체 상태로 운반한다.
㉯ 점화하면 즉시 연소하고, 다량이면 폭발량이 강하다.
㉰ 상온에서 액체이지만 겨울철에는 동결한다.
㉱ 질산과 황산의 혼산 중에 글리세린을 반응시켜 만든다.

[해설] ㉮ 충격, 마찰에 예민하여 액체 상태의 운반은 금지한다.

23 위험물 저장소에 빗물이 스며들자 불꽃이 일어나면서 보관 중이던 물질이 폭발하였다면 다음 중 저장소에 보관 중인 물건으로 추정되는 것은?
㉮ 과염소산나트륨
㉯ 나트륨
㉰ 피크린산
㉱ 트리니트로톨루엔(TNT)

[해설] 빗물에 의해 발화하는 물질은 금수성물질로서 나트륨이 해당된다.

24 다음 중 산업안전보건법상 위험물의 인화성 가스에 해당하지 않는 것은?
㉮ 수소
㉯ 질산에스테르
㉰ 아세틸렌
㉱ 메탄

[해설] ㉯ 질산에스테르는 위험물의 분류 중 "폭발성 물질 및 유기과산화물"에 해당한다.

정답 21 ㉯ 22 ㉮ 23 ㉯ 24 ㉯

03 화학물질 취급설비 개념 확인

> 주/요/내/용 알/고/가/기
> 1. 화학설비 및 그 부속설비의 종류
> 2. 안전밸브를 설치하여야 하는 곳
> 3. 파열판을 설치하여야 하는 경우
> 4. 안전밸브등의 작동요건 및 배출용량
> 5. 차단밸브의 설치금지
> 6. 통기설비(대기밸브, Breather valve)
> 7. 화염방지기
> 8. 반응기 및 증류탑 설계시 고려사항
> 9. 열교환기 일상점검항목
> 10. 건조설비 취급시 주의사항
> 11. 건조설비의 사용
> 12. 닫힌루프 제어계(피드백제어)
> 13. 제어계 작동순서
> 14. 안전장치의 종류
> 15. 관 부속품
> 16. 공동현상
> 17. 수격작용

1 화학설비 및 그 부속설비

(1) 화학설비 및 그 부속설비의 종류

화학설비의 종류
① 반응기·혼합조 등 화학물질 반응 또는 혼합장치
② 증류탑·흡수탑·추출탑·감압탑 등 화학물질 분리장치
③ 저장탱크·계량탱크·호퍼·사일로 등 화학물질 저장 또는 계량설비
④ 응축기·냉각기·가열기·증발기 등 열교환기류
⑤ 고로 등 점화기를 직접 사용하는 열교환기류
⑥ 카렌다·혼합기·발포기·인쇄기·압출기 등 화학제품 가공설비
⑦ 분쇄기·분체분리기·용융기 등 분체화학물질 취급장치
⑧ 결정조·유동탑·탈습기·건조기 등 분체화학물질 분리장치
⑨ 펌프류·압축기·이젝타 등의 화학물질 이송 또는 압축설비

화학설비의 부속설비의 종류
① 배관·밸브·관·부속류 등 화학물질 이송 관련 설비
② 온도·압력·유량 등을 지시·기록 등을 하는 자동제어 관련 설비
③ 안전밸브·안전판·긴급차단 또는 방출밸브 등 비상조치 관련 설비
④ 가스누출감지 및 경보 관련 설비
⑤ 세정기·응축기·벤트스택·플레어스택 등 폐가스처리설비
⑥ 사이클론·백필터·전기집진기 등 분진처리설비
⑦ ①~⑥의 설비를 운전하기 위하여 부속된 전기 관련 설비
⑧ 정전기 제거장치·긴급 샤워설비 등 안전 관련 설비

(2) 화학설비를 설치하는 건축물의 구조

화학설비 및 그 부속설비를 내부에 설치하는 건축물의 바닥·벽·기둥·계단 및 지붕 등에는 불연성의 재료를 사용하여야 한다.

(3) 부식방지 ✦

화학설비 또는 그 배관(화학설비 또는 그 배관의 밸브나 콕은 제외한다) 중 위험물 또는 인화점이 섭씨 60도 이상인 물질이 접촉하는 부분에 대해서는 위험물질 등에 의하여 그 부분이 부식되어 폭발·화재 또는 누출되는 것을 방지하기 위하여 위험물질 등의 종류·온도·농도 등에 따라 부식이 잘 되지 않는 재료를 사용하거나 도장(塗裝) 등의 조치를 하여야 한다.

(4) 덮개 등의 접합부 ✦

사업주는 화학설비 또는 그 배관의 덮개·플랜지·밸브 및 콕의 접합부에 대하여 위험물질 등의 누출로 인한 폭발·화재 또는 위험물의 누출을 방지하기 위하여 적절한 개스킷(gasket)을 사용하고 접합면을 상호 밀착시키는 등 적절한 조치를 하여야 한다.

(5) 밸브 등의 개폐 방향의 표시 등

사업주는 화학설비 또는 그 배관의 밸브·콕 또는 이것들을 조작하기 위한 스위치 및 누름버튼 등에 대하여 이들의 오조작으로 인한 폭발·화재 또는 위험물의 누출을 방지하기 위하여 개폐 방향을 색채 등으로 표시하여 구분되도록 하여야 한다.

(6) 안전밸브를 설치하여야 하는 곳

1) 다음 각 호의 어느 하나에 해당하는 설비에 대해서는 과압에 따른 폭발을 방지하기 위하여 폭발 방지 성능과 규격을 갖춘 안전밸브 또는 파열판을 설치하여야 한다. 다만, 안전밸브 등에 상응하는 방호장치를 설치한 경우에는 그러하지 아니하다.

[문제]
고압가스장치 중 안전밸브의 설치 위치가 아닌 것은?
㉮ 압축기 각 단의 토출 측
㉯ 저장탱크 상부
㉰ 펌프의 흡입 측
㉱ 감압밸브 뒤 배관

[해설]
㉰ 안전밸브는 과압을 방출하는 밸브로 펌프의 흡입측에는 필요 없다.

[정답] ㉰

안전밸브(또는 파열판)을 설치하여야 하는 곳 ✿
① 압력용기(안지름이 150밀리미터 이하 치인 압력용기는 제외하며, 압력용기 중 관형 열교환기의 경우에는 관의 파열로 인하여 상승한 압력이 압력용기의 최고사용압력을 초과할 우려가 있는 경우만 해당한다)   ② 정변위 압축기   ③ 정변위 펌프(토출측에 차단밸브가 설치된 것만 해당한다)   ④ 배관(2개 이상의 밸브에 의하여 차단되어 대기온도에서 액체의 열팽창에 의하여 파열될 우려가 있는 것으로 한정한다)   ⑤ 그 밖의 화학설비 및 그 부속설비로서 해당 설비의 최고사용압력을 초과할 우려가 있는 것

2) 안전밸브 등을 설치하는 경우에는 다단형 압축기 또는 직렬로 접속된 공기압축기에 대해서는 각 단 또는 각 공기압축기별로 안전밸브 등을 설치하여야 한다. ✿

3) 안전밸브에 대해서는 다음 각 호의 구분에 따른 검사주기마다 국가교정기관에서 교정을 받은 압력계를 이용하여 설정압력에서 안전밸브가 적정하게 작동하는지를 검사한 후 납으로 봉인하여 사용하여야 한다.

안전밸브 검사주기 ✿✿
① 화학공정 유체와 안전밸브의 디스크 또는 시트가 직접 접촉될 수 있도록 설치된 경우 : 2년마다 1회 이상   ② 안전밸브 전단에 파열판이 설치된 경우 : 3년마다 1회 이상   ③ 공정안전보고서 제출 대상으로서 고용노동부장관이 실시하는 공정안전보고서 이행상태 평가 결과가 우수한 사업장의 안전밸브의 경우 : 4년마다 1회 이상

4) 사업주는 납으로 봉인된 안전밸브를 해체하거나 조정할 수 없도록 조치하여야 한다.

[안전밸브]

(7) 파열판의 설치

> **파열판을 설치하여야 하는 경우** ✿✿
> ① 반응폭주 등 급격한 압력상승의 우려가 있는 경우
> ② 급성독성물질의 누출로 인하여 주위의 작업환경을 오염시킬 우려가 있는 경우
> ③ 운전 중 안전밸브에 이상 물질이 누적되어 안전밸브가 작동되지 아니할 우려가 있는 경우

[파열판]

(8) 파열판 및 안전밸브의 직렬설치

사업주는 급성 독성물질이 지속적으로 외부에 유출될 수 있는 화학설비 및 그 부속설비에 파열판과 안전밸브를 직렬로 설치하고 그 사이에는 압력지시계 또는 자동경보장치를 설치하여야 한다.

(9) 안전밸브 등의 작동요건 및 배출용량

① 안전밸브 등이 안전밸브 등을 통하여 보호하려는 설비의 최고사용압력 이하에서 작동되도록 하여야 한다. 다만, 안전밸브 등이 2개 이상 설치된 경우에 1개는 최고사용압력의 1.05배(외부화재를 대비한 경우에는 1.1배) 이하에서 작동되도록 설치할 수 있다. ✿✿

② 안전밸브 등의 배출용량은 그 작동원인에 따라 각각의 소요분출량을 계산하여 가장 큰 수치를 당해 안전밸브 등의 배출용량으로 하여야 한다.

(10) 차단밸브의 설치금지

사업주는 안전밸브 등의 전·후단에는 차단밸브를 설치하여서는 아니 된다. 다만, 다음 각 호의 1에 해당하는 경우에는 자물쇠형 또는 이에 준하는 형식의 차단밸브를 설치할 수 있다.

안전밸브의 전·후단에 차단밸브를 설치할 수 있는 경우

① 인접한 화학설비 및 그 부속설비에 안전밸브 등이 각각 설치되어 있고 당해 화학설비 및 그 부속설비의 연결배관에 차단밸브가 없는 경우
② 안전밸브 등의 배출용량의 2분의 1 이상에 해당하는 용량의 자동압력조절밸브(구동용 동력원의 공급을 차단할 경우 열리는 구조인 것에 한한다)와 안전밸브 등이 병렬로 연결된 경우
③ 화학설비 및 그 부속설비에 안전밸브 등이 복수방식으로 설치되어 있는 경우
④ 예비용 설비를 설치하고 각각의 설비에 안전밸브 등이 설치되어 있는 경우
⑤ 열팽창에 의하여 상승된 압력을 낮추기 위한 목적으로 안전밸브가 설치된 경우
⑥ 하나의 플레어스택(flare stack)에 2 이상의 단위공정의 플레어헤더(flare header)를 연결하여 사용하는 경우로서 각각의 단위공정의 플레어헤더에 설치된 차단밸브의 열림·닫힘상태를 중앙제어실에서 알 수 있도록 조치한 경우

(11) 배출물질의 처리

사업주는 안전밸브 등으로부터 배출되는 위험물을 연소·흡수·세정(洗淨)·포집(捕集) 또는 회수 등의 방법으로 처리하여야 한다. 다만, 다음 각호의 어느 하나에 해당하는 경우에는 배출되는 위험물을 안전한 장소로 유도하여 외부로 직접 배출할 수 있다.

배출물질을 직접 외부로 배출할 수 있는 경우

① 배출물질을 연소·흡수·세정·포집 또는 회수 등의 방법으로 처리할 경우에 파열판의 기능을 저해할 우려가 있는 경우
② 배출물질을 연소처리할 경우에 유해성 가스를 발생시킬 우려가 있는 경우
③ 고압상태의 위험물이 대량으로 배출되어 연소·흡수·세정·포집 또는 회수 등의 방법으로 완전히 처리할 수 없는 경우
④ 공정설비가 있는 지역과 떨어진 인화성 가스 또는 인화성 액체 저장탱크에 안전밸브 등이 설치될 때에 저장탱크에 냉각설비 또는 자동소화설비 등 안전상의 조치를 하였을 경우
⑤ 그 밖에 배출량이 적거나 배출 시 급격히 분산되어 재해의 우려가 없으며, 냉각설비 또는 자동소화설비 등 안전상의 조치를 하였을 경우

합격의 key

> **⊙기출** ★
> * 통기밸브(breather valve)는 탱크 내의 압력을 대기압과 평행하게 유지하는 역할을 한다.

(12) 통기설비(통기밸브, Breather valve) ✦✦

① 인화성 액체를 저장·취급하는 대기압탱크에는 통기관 또는 통기밸브(breather valve) 등을 설치하여야 한다.
② 통기설비는 정상운전 시에 대기압탱크 내부가 진공 또는 가압되지 않도록 충분한 용량의 것을 사용하여야 하며, 철저하게 유지·보수를 하여야 한다.

[통기밸브]

> **🔍용어정의**
> * 화염방지기(Flame Arrester) 화염의 흐름을 차단하는 장치를 말하며 통기관, 소염소자 등으로 구성된다.

(13) 화염방지기(Flame Arrester)의 설치 등 ✦✦

인화성 액체 및 인화성 가스를 저장 취급하는 화학설비에서 증기나 가스를 대기로 방출하는 경우에는 외부로부터의 화염을 방지하기 위하여 화염방지기를 그 설비 상단에 설치하여야 한다. 다만, 대기로 연결된 통기관에 통기밸브가 설치되어 있거나, 인화점이 섭씨 38도 이상 60도 이하인 인화성 액체를 저장·취급할 때에 화염방지 기능을 가지는 인화방지망을 설치한 경우에는 그러하지 아니하다.

(14) 내화기준

가스폭발 위험장소 또는 분진폭발 위험장소에 설치되는 건축물 등에 대해서는 다음 각 호에 해당하는 부분을 내화구조로 하여야 하며, 그 성능이 항상 유지될 수 있도록 점검·보수 등 적절한 조치를 하여야 한다. 다만, 건축물 등의 주변에 화재에 대비하여 물 분무시설 또는 폼 헤드(foam head)설비 등의 자동소화설비를 설치하여 건축물 등이 화재 시에 2시간 이상 그 안전성을 유지할 수 있도록 한 경우에는 내화구조로 하지 아니할 수 있다.

내화구조로 하여야 하는 부분
① 건축물의 기둥 및 보 : 지상 1층(지상 1층의 높이가 6미터를 초과하는 경우에는 6미터)까지
② 위험물 저장·취급용기의 지지대(높이가 30센티미터 이하인 것은 제외한다) : 지상으로부터 지지대의 끝부분까지
③ 배관·전선관 등의 지지대 : 지상으로부터 1단(1단의 높이가 6미터를 초과하는 경우에는 6미터)까지

(15) 방유제 설치 ✯

사업주는 위험물질을 액체상태로 저장하는 저장탱크를 설치하는 때에는 위험물질이 누출되어 확산되는 것을 방지하기 위하여 방유제(防油堤)를 설치하여야 한다.

(16) 화학설비 및 부속설비의 개조·수리·청소 작업 시 조치

사업주는 화학설비와 그 부속설비의 개조·수리 및 청소 등을 위하여 해당 설비를 분해하거나 해당 설비의 내부에서 작업을 하는 경우에는 다음 각 호의 사항을 준수하여야 한다.

① 작업책임자를 정하여 해당 작업을 지휘하도록 할 것
② 작업장소에 위험물 등이 누출되거나 고온의 수증기가 새어나오지 않도록 할 것
③ 작업장 및 그 주변의 인화성 액체의 증기나 인화성 가스의 농도를 수시로 측정할 것

(17) 사용 전의 점검 등

1) 사업주는 다음 각 호의 어느 하나에 해당하는 경우에는 화학설비 및 그 부속 설비의 안전검사 내용을 점검한 후 해당 설비를 사용하여야 한다. ✯

설비의 안전검사 내용을 점검한 후 사용하여야 하는 경우
① 처음으로 사용하는 경우
② 분해하거나 개조 또는 수리를 한 경우
③ 계속하여 1개월 이상 사용하지 아니한 후 다시 사용하는 경우

2) 해당 화학설비 또는 그 부속설비의 용도를 변경하는 경우(사용하는 원재료의 종류를 변경하는 경우를 포함한다)에도 해당 설비의 다음 각 호의 사항을 점검 한 후 사용하여야 한다.

① 그 설비 내부에 폭발이나 화재의 우려가 있는 물질이 있는지 확인

② 안전밸브·긴급차단장치 및 그 밖의 방호장치 기능의 이상 유무
③ 냉각장치·가열장치·교반장치·압축장치·계측장치 및 제어장치 기능의 이상 유무

(18) 화학설비의 안전거리 기준 ✭✭

[안전거리]

구분	안전거리
1. 단위공정시설 및 설비로부터 다른 단위공정시설 및 설비의 사이	설비의 바깥 면으로부터 10미터 이상
2. 플레어스택으로부터 단위공정시설 및 설비, 위험물질 저장탱크 또는 위험물질 하역설비의 사이	플레어스택으로부터 반경 20미터 이상. 다만, 단위공정시설 등이 불연재로 시공된 지붕 아래에 설치된 경우에는 그러하지 아니하다.
3. 위험물질 저장탱크로부터 단위공정시설 및 설비, 보일러 또는 가열로의 사이	저장탱크의 바깥 면으로부터 20미터 이상. 다만, 저장탱크의 방호벽, 원격조종 소화설비 또는 살수설비를 설치한 경우에는 그러하지 아니하다.
4. 사무실·연구실·실험실·정비실 또는 식당으로 부터 단위공정시설 및 설비, 위험물질 저장탱크, 위험물질 하역설비, 보일러 또는 가열로의 사이	사무실 등의 바깥 면으로부터 20미터 이상. 다만, 난방용 보일러인 경우 또는 사무실 등의 벽을 방호구조로 설치한 경우에는 그러하지 아니하다.

2 특수화학설비

(1) 특수화학설비의 종류 ✭

위험물질을 기준량 이상으로 제조 또는 취급하는 다음 각 호의 1에 해당하는 화학설비를 특수화학설비라 한다.

특수화학설비 ✭
① 발열반응이 일어나는 반응장치
② 증류·정류·증발·추출 등 분리를 행하는 장치
③ 가열시켜주는 물질의 온도가 가열되는 위험물질의 분해온도 또는 발화점보다 높은 상태에서 운전되는 설비
④ 반응폭주 등 이상 화학반응에 의하여 위험물질이 발생할 우려가 있는 설비
⑤ 온도가 섭씨 350도 이상이거나 게이지 압력이 980킬로파스칼 이상인 상태에서 운전되는 설비
⑥ 가열로 또는 가열기

[문제]
염소산 칼륨 40kg, 니트로글리세린 8kg과 니트로글리콜 2kg을 취급하는 설비는 어느 것에 해당되는가? (염소산 칼륨 기준량 50kg, 니트로글리세린 기준량 10kg, 니트로글리콜 기준량 10kg)
㉮ 특수화학설비
㉯ 화학설비
㉰ 위험설비
㉱ 특정설비

[해설]
$\frac{40}{50} + \frac{8}{10} + \frac{2}{10} = 2.25$
(값이 1을 초과하면 기준량을 초과함) → 특수화학설비

[정답] ㉮

[확인]
* 특수화학설비의 방호장치 종류 ★★
① 계측장치
② 자동경보장치
③ 긴급차단장치
④ 예비동력원

[확인]
* 계측장치의 종류 ★★
① 온도계
② 압력계
③ 유량계

(2) 특수화학설비의 방호장치 설치 ✿✿

계측장치	특수화학설비를 설치하는 때에는 내부의 이상상태를 조기에 파악하기 위하여 필요한 온도계·유량계·압력계 등의 계측장치를 설치하여야 한다.
자동경보장치	특수 화학설비를 설치하는 때에는 그 내부의 이상상태를 조기에 파악하기 위하여 필요한 자동경보장치를 설치하여야 한다. 다만, 자동경보장치를 설치하는 것이 곤란한 때에는 감시인을 두고 당해 특수화학설비의 운전 중 당해설비를 감시하도록 하는 등의 조치를 하여야 한다.
긴급차단장치	특수화학설비를 설치하는 때에는 이상상태의 발생에 따른 폭발·화재 또는 위험물의 누출을 방지하기 위하여 원재료 공급의 긴급차단, 제품 등의 방출, 불활성가스의 주입 또는 냉각용수등의 공급을 위하여 필요한 장치 등을 설치하여야 한다.
예비동력원	• 동력원의 이상에 의한 폭발 또는 화재를 방지하기 위하여 즉시 사용할 수 있는 예비동력원을 갖추어 둘 것 • 밸브·콕·스위치 등에 대하여는 오조작을 방지하기 위하여 잠금장치를 하고 색채표시 등으로 구분할 것

> ⓞ기출
>
> ※ 긴급차단장치의 차단방식
> • 공기압식
> • 유압식
> • 전기식
> • 스프링식

3 반응기

(1) 반응기(Chemical reactor)

"반응기(chemical reactor)"란 원료물질을 화학적 반응을 통하여 성질이 다른 물질로 전환하는 설비로서 이와 관련된 계측, 제어 등 일련의 부속장치를 포함하는 장치를 말한다.

(2) 반응기의 구분

운전방식에 의한 분류	회분식 반응기 (batch reactor)	• 원료를 반응기 내에 주입하고, 일정 시간 반응시킨 다음 생성물을 꺼내는 방식. • 반응이 진행되는 동안 원료 도입 또는 생성물의 배출이 없다. • 다품종 소량 생산에 유리하다.
	반회분식 반응기 (semi-batch reactor)	• 반응 성분의 일부를 반응기 내에 넣어두고 반응이 진행됨에 따라 다른 성분을 계속 첨가하는 형식의 반응기이다.
	연속 반응기 (plug flow reactor)	• 원료를 연속적으로 반응기에 도입하는 동시에 반응 생성물을 연속적으로 반응기에 배출시키면서 반응을 진행시키는 반응기이다. • 소품종 대량생산에 적합하다.
구조에 의한 분류	① 관형반응기 ② 탑형반응기 ③ 교반기형 반응기 ④ 유동층형 반응기	

> ─문제─
>
> 원료를 연속적으로 반응기에 도입하는 동시에 반응 생성물을 연속적으로 반응기에서 배출시키면서 반응을 진행시키도록 조작하는 연속반응기에 해당하는 것은?
>
> ㉮ batch reactor
> ㉯ plug flow reactor
> ㉰ semi batch reactor
> ㉱ stirred tank reactor
>
> [해설]
> 연속적으로 반응기에 도입하는 동시에 반응 생성물을 연속적으로 배출시킴 → 연속식반응기 (plug flow reactor)
>
> 정답 ㉯

합격의 key

문제
반응기를 설계할 때 고려해야 할 요인 중 가장 관계가 적은 것은?
㉮ 상의 형태
㉯ 온도 범위
㉰ 부식성
㉱ 중간생성물의 유무

[해설]
반응기의 설계 시 주요 인자
① 온도 ② 압력
③ 부식성 ④ 상의 형태
⑤ 체류시간

정답 ㉱

(3) 반응기의 구비조건
① 고온, 고압에 견딜 것
② 균일한 혼합이 가능할 것
③ 촉매의 활성에 영향 주지 않을 것
④ 체류시간 있을 것
⑤ 냉각장치, 가열장치 가질 것

(4) 반응기의 설계 시 주요 인자 ✈
① 온도
② 압력
③ 부식성
④ 상의 형태
⑤ 체류시간

4 증류탑

(1) 증류탑(Distillation tower)
용액의 성분을 증발시켜서 끓는 점 차이를 이용하여 증발분을 응축하여 원하는 성분별로 분류하는 기기

(2) 증류탑 종류
① 충전탑 : 증기와 액체와의 접촉면적을 크게 하기 위하여 탑 속에 충전물을 채운 형태의 탑이다.

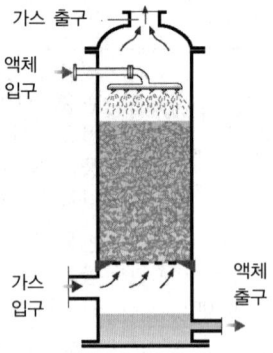

문제
충전탑과 트레이드탑을 비교할 때 트레이드탑의 특징으로 알맞은 것은?
㉮ 압력손실이 적다.
㉯ hold up이 적다.
㉰ 기체 상승속도를 크게 할 수 있다.
㉱ 부식성 유체에 적합하지 않다.

[해설]
㉱ 트레이드 탑은 부식성 유체에 적합하지 않다.

정답 ㉱

② 단탑 : 빈 탑 속에 여러 개의 수평관을 일정한 간격으로 설치하여 증기와 액체를 접촉시켜 증류, 흡수, 추출을 행하는 장치이다.
③ 포종탑 : 탑 속의 각 단판에 포종을 설치, 유해 성분의 흡수효율을 높인 장치이다.

④ 다공판탑
⑤ 니플 트레이
⑥ 벨러스트 트레이

(3) 증류탑 설계 시 주요 인자 ✦

① 온도
② 압력
③ 부식성
④ 액 및 가스비율
⑤ 연속식 및 회분식

> 🔍 비교
> 반응기 설계 시 주요 인자
> ① 온도
> ② 압력
> ③ 부식성
> ④ 상의 형태
> ⑤ 체류시간

(4) 증류탑의 일상 점검 항목 ✦

① 보온재·보냉재의 파손 상황
② 도장의 열화정도
③ 볼트의 풀림 여부
④ 플랜지, 맨홀, 용접부 등에서의 누출 여부
⑤ 증기 배관의 열팽창에 의한 과도한 힘이 가해지지 않는지 여부

(5) 증류탑 개방 시 점검 항목 ✦

① 트레이의 부식상태
② 포종의 막힘 여부
③ 넘쳐흐르는 둑의 높이가 설계와 같은지 여부
④ 용접선의 상황 및 포종의 고정 어부
⑤ 균열, 손상 여부

(6) 증류장치 운전 시 주의사항

① 라인, 라인업 확인
② 증류탑으로 원료액이 공급되는지 확인
③ 응축기에 냉각수 확인
④ 계기의 조정 및 펌프의 작동상태 점검

합격의 key

문제
열교환 탱크 외부를 두께 0.2m의 석면(k=0.037kcal/mhr℃)으로 보온하였더니 석면의 내면은 40℃, 외면은 20℃이었다. 면적 1m² 당 1시간에 손실되는 열량(kcal)은?
㉮ 0.0037　㉯ 0.037
㉰ 1.37　㉱ 3.7

[해설]
열교환기 손실열량
$Q = K \times A \times \dfrac{\Delta T}{\Delta X}$ (kcal/hr)
(K : 전열계수, A : 면적
 ΔX : 두께, ΔT : 온도변화량)
$Q = 0.037 \times 1 \times \dfrac{(40-20)}{0.2}$
　= 3.7kcal

정답 ㉱

문제
열교환기 내의 각 장치와 용도(사용 목적)가 맞게 연결되어 있는 것은?
㉮ 기화기 – 공급물의 예열
㉯ 증류탑 재비기 – 탑저액의 재증발
㉰ 증류탑 예열기 – 액화가스의 가열기화
㉱ 증류탑 탑저 냉각기 – 탑정 증기의 응축

[해설]
㉮ 기화기 – 액화가스의 가열기화
㉰ 증류탑 예열기 – 공급물의 예열
㉱ 증류탑 탑정 냉각기 – 탑정 증기의 응축

정답 ㉯

기출
※ 열교환기의 열교환 능률을 향상시키기 위한 방법
① 유체의 유속을 적절하게 조절한다.
② 유체의 흐르는 방향을 향류로 한다.
③ 열교환기 입구와 출구의 온도차를 크게 한다.
④ 열전도율이 좋은 재료를 사용한다.

5 열교환기

(1) 열교환기(Heat exchanger)

온도가 높은 유체로부터 전열벽을 통하여 온도가 낮은 유체에 열을 전달하는 장치

(2) 열교환기 손실열량 ✈

열 교환기의 열 손실량 계산
$$Q = K \times A \times \dfrac{\Delta T}{\Delta X} (\text{kcal/hr})$$
여기서, K : 전열계수, A : 면적, ΔX : 두께, ΔT : 온도변화량

(3) 열교환기 효율이 낮아지는 원인

① Scale이 관내 외벽에 부착되었을 때
② 비응축 가스가 축적되었을 때
③ 폐쇄의 경우 스팀측 유량이 급속히 감소하여 배압이 올라간다.
④ 가열시킬 물질의 유량이 중지되는 경우

(4) 열교환기의 일상점검 항목 ✈

① 보온재 및 보냉재의 상태
② 도장의 열화상태
③ 용접부 등으로부터의 누출 여부
④ 기초볼트의 풀림 상태

(5) 다관식 열교환기의 종류

① 고정관판 열교환기
② 유동두식(유동관판식) 열교환기
③ U자관 열교환기
④ Kettle형 열교환기

참고 | 열교환기의 종류

1. 기하학적 형태에 따른 분류

원통 다관식(Shell&Tube) 열교환기	가장 널리 사용되고 있는 열교환기로 폭넓은 범위의 열전달량을 얻을 수 있으므로 적용범위가 매우 넓고, 신뢰성과 효율이 높다.
이중관식(Double Pipe Type) 열교환기	외관 속에 전열관을 동심원상태로 삽입하여 전열관 내 및 외관동체의 환상부에 각각 유체를 흘려서 열교환 시키는 구조이다.
평판형(Plate Type) 열교환기	유로 및 강도를 고려하여 요철(凹凸)형으로 프레스 성형된 전열판을 포개서 교대로 각기 유체가 흐르게 한 구조이다.
공냉식 냉각기(Air Cooler)	냉각수 대신에 공기를 냉각유체로 하고 팬을 사용하여 전열관의 외면에 공기를 강제 통풍시켜 내부 유체를 냉각시키는 구조이다.
가열로(Fired Heater)	액체 혹은 기체연료를 버너를 이용하여 연소시키고 이 때 발생하는 연소열을 이용하여 튜브 내의 유체를 가열하는 구조이다.
코일식(Coil Type) 열교환기	탱크나 기타 용기 내의 유체를 가열하기 위하여 용기 내에 전기 코일이나 스팀 라인을 넣어 감아둔 구조이다.

2. 기능에 따른 분류

열교환기(Heat Exchanger)	두 공정 흐름 사이에 열을 교환하는 장치를 말한다.
냉각기(Cooler)	냉각수 등의 냉각매체를 이용하여 Process Stream을 냉각한다.
응축기(Condenser)	냉각수 등의 냉각매체를 이용하여 Process Stream을 응축한다.
재비기(Reboiler)	스팀 등의 가열매체를 이용하여 증류탑의 바닥에서 유입되는 공정유체를 Boiling시켜 증기를 발생시킴으로써 증류탑으로 공급되어야 할 열을 전달한다.
증발기(Evaporator)	용액의 질을 향상시키기 위해 스팀 등을 이용하여 증발에 의해 용매를 제거시킨다.
예열기(Preheater)	공정으로 유입되는 유체를 가열한다.
2상 흐름 열교환기(Two Phase Flow Heat Exchanger)	2상의 혼합물이 Shell측 또는 Tube측으로 흐르는 열교환기를 말하며, 응축기와 재비기 등으로 구별된다.

6 건조설비

(1) 건조기의 종류

1) 고체건조기
   ① 상자건조기 : 입상의 고체를 회분식으로 건조하는 방식
   ② 터널건조기 : 다량을 연속적으로 건조하는 방식
   ③ 회전건조기 : 회전통 내의 원료에 열가스를 접촉하여 건조하는 방식

2) 용액, 슬러리 건조기
   ① 드럼건조기 : 롤러 사이에서 증발, 건조하는 방식
   ② 교반건조기 : 원료가 점착성이 있어 타 건조기 사용이 어려울 때 사용
   ③ 분무건조기 : 고온가스 중에서 액체를 미세하게 분산시켜 건조하는 방식

(2) 건조설비 취급 시 주의사항

1) 위험물 건조설비 중 건조실을 독립된 단층건물로 하여야 하는 경우 ✈

   위험물 건조설비 중 건조실을 설치하는 건축물의 구조는 독립된 단층건물로 하여야 한다. 다만, 당해 건조실을 건축물의 최상층에 설치하거나 건축물이 내화구조인 때에는 그러하지 아니하다.

   건조실을 독립된 단층건물로 하여야 하는 경우 ✈

   ① 위험물 또는 위험물이 발생하는 물질을 가열·건조하는 경우 내용적이 1세제곱미터($1m^3$) 이상인 건조설비
   ② 위험물이 아닌 물질을 가열·건조하는 경우로서 다음 각목의 1의 용량에 해당하는 건조설비
   • 고체 또는 액체연료의 최대 사용량이 시간당 10킬로그램(10kg/h) 이상
   • 기체연료의 최대 사용량이 시간당 1세제곱미터($1m^3/h$) 이상
   • 전기사용 정격용량이 10킬로와트(10kW) 이상

용어정의

※ 건조설비
건조란 수분을 포함하는 재료로부터 열(전도, 대류, 복사)에 의하여 고체 중의 수분을 기화·증발시키는 일련의 행위를 말하며, 이와 같은 조작에 필요한 수단, 즉 설비·장치를 건조설비라 한다.

문제

다음은 위험물 건조설비를 설치하는 건축물 구조에 관한 사항이다. 건조실을 설치하는 건축물의 구조가 독립된 단층건물로 해야 하는 조건이 아닌 것은? (단, 최상층에 설치 또는 내화구조로 설치하지 않음.)

㉮ 고체 또는 액체 연료의 최대 사용량이 10kg/hr 이상
㉯ 가열·건조기의 내용적이 $10cm^3$ 이상
㉰ 기체 연료의 사용량 $1m^3/hr$ 이상
㉱ 전기사용 정격 용량 10kW 이상

[해설]
㉯ 가열·건조기의 내용적이 $1m^3$ 이상인 경우

정답 ㉯

2) 건조설비의 구조

사업주는 건조설비를 설치하는 때에는 다음 각 호와 같은 구조로 설치하여야 한다. 다만, 건조물의 종류, 가열건조의 정도, 열원의 종류 등에 따라 폭발 또는 화재가 발생할 우려가 없는 때에는 그러하지 아니하다.

건조실의 구조 ✮

① 건조설비의 바깥 면은 불연성 재료로 만들 것
② 건조설비(유기 과산화물을 가열 건조하는 것을 제외한다)의 내면과 내부의 선반이나 틀은 불연성 재료로 만들 것
③ 위험물 건조설비의 측벽이나 바닥은 견고한 구조로 할 것
④ 위험물 건조설비는 그 상부를 가벼운 재료로 만들고 주위상황을 고려하여 폭발구를 설치할 것
⑤ 위험물 건조설비는 건조하는 경우에 발생하는 가스·증기 또는 분진을 안전한 장소로 배출시킬 수 있는 구조로 할 것
⑥ 액체연료 또는 인화성 가스를 열원의 연료로서 사용하는 건조설비는 점화하는 경우에는 폭발 또는 화재를 예방하기 위하여 연소실이나 그밖에 점화하는 부분을 환기시킬 수 있는 구조로 할 것
⑦ 건조설비의 내부는 청소하기 쉬운 구조로 할 것
⑧ 건조설비의 감시창·출입구 및 배기구 등과 같은 개구부는 발화시에 불이 다른 곳으로 번지지 아니하는 위치에 설치하고 필요한 경우에는 즉시 밀폐할 수 있는 구조로 할 것
⑨ 건조설비는 내부의 온도가 부분적으로 상승하지 아니하는 구조로 설치할 것
⑩ 위험물 건조설비의 열원으로서 직화를 사용하지 아니할 것
⑪ 위험물 건조설비가 아닌 건조설비의 열원으로서 직화를 사용하는 경우에는 불꽃 등에 의한 화재를 예방하기 위하여 덮개를 설치하거나 격벽을 설치할 것

3) 건조설비의 부속 전기설비

① 사업주는 건조설비에 부속된 전열기·전동기 및 전등 등에 접속된 배선 및 개폐기를 사용하는 때에는 그 건조설비 전용의 것을 사용하여야 한다.
② 사업주는 위험물 건조설비의 내부에서 전기불꽃의 발생으로 인하여 위험물의 점화원이 될 우려가 있는 전기기계·기구 또는 배선을 설치하여서는 아니 된다.

4) 건조설비의 사용

사업주는 건조설비를 사용하여 작업을 하는 때에는 폭발 또는 화재를 예방하기 위하여 다음 각 호의 사항을 준수하여야 한다.

건조설비 사용 시 폭발·화재 예방 위한 준수사항 ✄
① 위험물 건조설비를 사용하는 때에는 미리 내부를 청소하거나 환기할 것 ② 위험물 건조설비를 사용하는 때에는 건조로 인하여 발생하는 가스·증기 또는 분진에 의하여 폭발·화재의 위험이 있는 물질을 안전한 장소로 배출시킬 것 ③ 위험물 건조설비를 사용하여 가열 건조하는 건조물은 쉽게 이탈되지 아니하도록 할 것 ④ 고온으로 가열 건조한 인화성 액체는 발화의 위험이 없는 온도로 냉각한 후에 격납시킬 것 ⑤ 건조설비(바깥 면이 현저히 고온이 되는 설비만 해당한다)에 가까운 장소에는 인화성 액체를 두지 않도록 할 것

5) 건조설비의 온도 측정

사업주는 건조설비에 대하여는 내부의 온도를 수시로 측정할 수 있는 장치를 설치하거나 내부의 온도가 자동으로 조정되는 장치를 설치하여야 한다.

7 제어장치, 안전장치, 계측장치 등

(1) 제어장치

기계나 설비를 목적에 알맞도록 조절하는 장치이다.

1) 열린 루프 제어계(개회로 방식)

① 열린 루프 제어계의 대표적인 예는 시퀀스제어이다.
② 시퀀스제어는 한 동작이 끝나면 그 결과를 좇아 다음 동작이 시작되는 순서 제어이며 세탁기, 자동판매기, 엘리베이터, 공장 등의 가공공정 자동화 등에 이용되고 있다.

[개회로방식 제어계 작동순서 ✄]

공정설비	⇒	검출부	⇒	조절부	⇒	조작부
		온도, 압력, 유량 등을 계기에서 검출		검출부로부터 신호받아 설정치를 적절히 조절		조절부로 부터의 신호에 의해 개폐 동작(밸브 등)

―문제―
화학공장의 폐회로방식 제어계의 작동 순서 중 올바른 것은?
㉮ 공정설비 – 검출부 – 조작부 – 조절계 – 공정설비
㉯ 공정설비 – 검출부 – 조절계 – 조작부 – 공정설비
㉰ 공정설비 – 조작부 – 검출부 – 조절계 – 공정설비
㉱ 공정설비 – 조작부 – 조절계 – 검출부 – 공정설비
[정답] ㉯

―참고―
* 감압밸브
① 고압의 증기를 저압으로 낮추는 역할을 한다.
② 형식 : 스프링식, 벨로즈식, 추식, 다이어프램식

―문제―
후압이 존재하고 증기압 변화량을 제어할 목적의 경우 어떠한 안전방출장치를 사용해야 하는가?
㉮ 스프링식 안전방출 장치
㉯ 파열판식 안전방출 장치
㉰ 릴리프식 안전방출 장치
㉱ 벨로즈(bellows)식 안전방출 장치

[해설]
후압이 존재하는 경우 벨로즈(bellows)식을 사용하여야 한다.
[정답] ㉱

2) 닫힌 루프 제어계(피드백 제어)

① 닫힌 루프 제어계의 대표적인 예는 피드백 제어이다.
② 피드백 제어는 제어결과를 입력측으로 되돌림으로써 제어결과가 소기의 목적에 일치하도록 연속적으로 조절하여 제어의 질을 개선하는 효과를 가져오게 한다. ✮

[폐회로방식 제어계 작동순서 ✮]

| 공정설비 | ⇨ | 검출부
온도, 압력, 유량 등을 계기에서 검출 | ⇨ | 조절부
검출부로부터 신호받아 설정치를 적절히 조절 | ⇨ | 조작부
조절부로 부터의 신호에 의해 개폐동작(밸브 등) | ⇨ | 공정설비 |

(2) 안전장치

1) 안전밸브

"안전밸브(safety valve)"이란 밸브 입구 쪽의 압력이 설정압력에 도달하면 자동적으로 작동하여 유체가 분출되고 일정 압력 이하가 되면 정상상태로 복원되는 방호장치를 말한다.

[안전밸브의 종류]

① 중추식	압력이 상승할 경우 추의 중량을 이용하여 가스를 외부로 배출하는 방식
② 지렛대식 (레버식)	지렛대 사이에 추를 설치하여 추의 위치에 따라 가스 배출량이 결정되는 방식
③ 파열판식	용기 내 압력이 급격히 상승 시 얇은 금속판이 파열되며 가스를 외부로 배출하는 방식
④ 스프링식	가장 많이 사용되는 방식으로 용기 내 압력이 설정압력 이상이 되면 스프링의 작동으로 가스를 외부로 배출하는 방식. 분출용량에 따라 저양식, 고양정식, 전양정식, 전량식이 있다. ✮
⑤ 가용전식	용기 내의 온도가 설정 온도 이상이 되면 가용금속이 녹아 가스를 배출하는 방식

2) 파열판

"파열판(rupture disc)"이란 "안전밸브"에 대체할 수 있는 방호장치로서 판 입구 측의 압력이 설정압력에 도달하면 판이 파열하면서 유체가 분출하도록 용기 등에 설치된 얇은 판을 말한다.

참고

1. 폭발 방산구 : 폭발위험이 있는 장치, 용기, 건물 내에서 폭발이 일어날 때 설비가 파괴되지 않도록 강도가 약한 부분을 설치하여 폭발압력이 외부로 배출되게 하는 장치이다.
2. 폭발억제장치 : 밀폐된 설비, 탱크 내에 폭발이 발생하는 경우 압력상승현상을 신속히 감지하여 전자기기를 이용, 소화제를 자동으로 착화된 수면에 분사하여 폭발확대를 제거하는 장치를 말한다. 폭발검출기구, 소화용 약제 및 추진제, 방출기구, 제어기구 등으로 구성되어 있다.

참고

릴리프밸브(relief valve)
① 회로의 압력이 설정 압력에 도달하면 유체(流體)의 일부 또는 전량을 배출시켜 회로 내의 압력을 설정 값 이하로 유지하는 압력제어 밸브로서 안전밸브와 같은 역할을 한다.
② 온수보일러와 같은 액체계의 과도한 상승 압력의 방출에 이용되고, 설정압력이 되었을 때 압력상승에 비례하여 개방정도가 커지는 밸브이다.

> **반드시 파열판을 설치하여야 하는 경우** ★★
> ① 반응 폭주 등 급격한 압력상승의 우려가 있는 경우
> ② 독성물질의 누출로 인하여 주위의 작업환경을 오염시킬 우려가 있는 경우
> ③ 운전 중 안전밸브에 이상 물질이 누적되어 안전밸브가 작동되지 아니할 우려가 있는 경우

3) **체크밸브** : 유체의 역류를 방지한다. ★

4) **대기밸브(통기밸브, Breather valve)** : 탱크 내의 압력을 대기압과 평행하게 유지하는 역할을 한다. ★★

5) **블로밸브(blow valve)** : 과잉 압력을 방출한다.

6) **화염방지기(flame arrester)** : 외부로부터의 화염을 차단할 목적으로 인화성 액체(유류탱크) 및 인화성 가스 저장 설비의 상단에 설치한다. ★★

7) **벤트스택(Vent stack)** : 탱크 내 압력을 정상상태로 유지하기 위한 가스 방출장치이다.

8) **플레어스택(Flare stack)** : 가스, 고휘발성 액체의 증기를 연소하여 대기 중에 방출하는 장치이다. Seal Drum을 통해 점화버너에 착화 연소하여 가연성, 독성, 냄새 제거 후 대기 중에 방출한다.

9) **blow-down** : 공정액체를 빼내고 안전하게 처리하기 위한 설비이다.

10) **Steam trap** : 증기 배관 내에 생성하는 응축수를 제거할 때 증기가 배출되지 않도록 하면서 응축수를 자동적으로 배출하기 위한 장치이다.

(3) 송풍기와 압축기

압축기(compressor)는 기체를 압축하는 장치로서 통상 압력이 $1kg_f/cm^3$ 이상을 압축하는 기계를 말하며 그 이하를 송풍기(blower)라고 한다.

1) 송풍기 및 압축기의 구분

터보형 (회전형)	원심식	케이싱 안에 장치된 회전차의 회전에 의한 원심력을 이용하여 기체를 압송한다.
	사류식	날개차 부분의 유로가 회전축에 대해 일정 각도로 기울어져 있어 날개차의 경사 방향으로 유입되어 경사 방향으로 유출 되는 형식이다.
	축류식	프로펠러의 회전에 의한 추진력에 의해 기체를 압송하는 방식이다.
용적형	왕복형	왕복하는 피스톤에 의해서 실린더 내의 공기를 압축한다.
	회전형	케이싱 내에 맞물려 회전하는 로터(Rotor)가 회전하면서 공기를 흡입, 압축한다.

2) 송풍기의 상사 법칙

송풍기의 상사 법칙

① $Q_2 = Q_1 \times \left(\dfrac{D_2}{D_1}\right)^3 \times \dfrac{N_2}{N_1}$

② $P_2 = P_1 \times \left(\dfrac{D_2}{D_1}\right)^2 \times \left(\dfrac{N_2}{N_1}\right)^2 \times \dfrac{\rho_2}{\rho_1}$

③ $HP_2 = HP_1 \times \left(\dfrac{D_2}{D_1}\right)^5 \times \left(\dfrac{N_2}{N_1}\right)^3 \times \dfrac{\rho_2}{\rho_1}$

여기서 Q : 송풍량　　P : 송풍기 정압　　HP : 축동력
　　　　D : 임펠러 직경　N : 회전수　　　　ρ : 가스밀도

3) 왕복식 압축기의 이상음

실린더 주변 이상음	크랭크 주변 이상음
① 흡입, 배기밸브의 불량 ② 실린더 내 이물질 혼입 ③ 피스톤링의 파손 및 마모 ④ 피스톤과 실린더와의 틈새가 너무 많을 때 ⑤ 피스톤과 실린더헤드와의 틈새가 없을 때	• 크로스 헤드의 마모나 헐거움 • 주 베어링의 마모나 헐거움 • 연결봉 베어링의 마모나 헐거움

4) 흡, 배기밸브 불량으로 인한 주요 현상

① 가스 온도가 올라간다.
② 가스압력에 변화를 초래한다.
③ 밸브 작동음에 이상을 초래한다.

용어정의

* 용적형
  체적의 감소를 통해 압력을 증가 시키는 압축방식을 이용한다.

* 터보형(회전형)
  가스의 운동에너지를 압력에너지로 변환시켜 압축한다.

문제

송풍기를 용적형과 회전형으로 구분한다면 용적형 송풍기에 해당하는 것은?
㉮ 원심식 송풍기
㉯ 축류 송풍기
㉰ 회전식 송풍기
㉱ 가동익형 송풍기

정답　㉰

참고

* 송풍기 상사법칙
  ① 송풍기 압력은 회전수의 제곱에 비례
  ② 동력은 회전수 세제곱에 비례
  ③ 용적은 회전자 직경의 세제곱에 비례
  ④ 압력은 회전자 직경의 제곱에 비례
  ⑤ 원주속도는 회전자 직경에 비례
  ⑥ 동력은 회전자 직경의 5제곱에 비례

합격의 key

문제
고압가스 저장용기 중 이음새 없는 용기와 용접용기를 비교할 때 용접용기의 이점이 아닌 것은?
㉮ 가스누설의 위험이 적다.
㉯ 가격이 저렴한 강판을 사용하므로 경제적이다.
㉰ 판재 사용으로 치수와 형태의 선택이 자유롭다.
㉱ 용기의 두께 차이가 적다.

[해설]
㉮ 용접용기는 이음부에서 가스누설의 위험이다.

정답 ㉮

용어정의
* 펌프
낮은 곳에서 높은 곳으로 액체를 올리거나, 액체에 압력을 가하여 멀리 보내는 데 사용한다.

---

(4) 배관 및 피팅류

1) 관이음의 종류

① 고압 및 독성물질 배관 : 누설 방지 위해 배관을 용접접합하여 사용
② 부착장소의 보수나 수리의 용이 목적 : 플랜지 접합부 사용
③ 관이 길고 온도 변화에 따른 신축을 고려할 때 : 신축이음 사용

2) 용접 용기의 장단점(용접 용기와 이음새 없는 용기의 비교)

장점	① 저렴한 강관을 사용하므로 이음새 없는 용기보다 제조비용이 저렴하다. ② 강판을 성형하고 용접하므로 용기의 형태나 크기의 선택이 이음새 없는 용기보다 자유롭다. ③ 두께가 일정한 강판을 사용하므로 용기 두께 공차가 적다.
단점	① 용접 이음부에 의한 불연속부의 존재로 결함 발생 우려가 있다. ② 용접 결함에 의한 가스 등 누설 우려가 있다.

3) 관의 부속품 ✮

2개관의 연결	플랜지, 유니언, 니플, 소켓
관의 지름 변경	리듀서, 부싱
관로방향 변경	엘보, Y형 관이음쇠, 티, 십자
유로차단	플러그, 밸브, 캡
유량조절	• 게이트밸브(gate valve) : 차단용 밸브로서 게이트가 열리거나 닫히며 유로를 차단 또는 개방한다. • 글로브밸브(glove valve) : 유량제어의 목적으로 가장 많이 사용된다. • 체크밸브(check valve) : 유체가 한 방향으로만 흐르도록 하는 역류방지용 밸브이다. ✮ • 니들밸브(needle valve) : 공압작동식 밸브이다. 공기의 압력으로 변이 열리거나 닫히며 조절한다.

4) 배관의 이상 현상

① 공동현상(Cavitation) ✮
유체의 증기압이 물의 증기압보다 낮을 경우 부분적으로 증기를 발생시켜 배관을 부식시키는 현상이다.

펌프에서 공동현상 발생원인	① 펌프의 흡입수두가 클 때 ② 펌프의 마찰손실이 클 때 ③ 펌프의 임펠러 속도가 클 때 ④ 펌프의 설치 위치가 수원보다 높을 때 ⑤ 관내 수온이 높을 때 ⑥ 관내의 물의 정압이 그때의 증기압보다 낮을 때 ⑦ 흡입관의 구경이 작을 때 ⑧ 흡입거리가 길 때 ⑨ 유량이 증가하여 펌프물이 과속으로 흐를 때
펌프에서 공동현상 방지대책	① 펌프의 흡입수두를 작게 한다. ② 펌프의 마찰손실을 작게 한다. ③ 펌프의 임펠러 속도를 작게 한다. ④ 펌프의 설치 위치를 수원보다 낮게 한다. ⑤ 배관 내 물의 정압을 그때의 증기압보다 높게 한다. ⑥ 흡입관의 구경을 크게 한다. ⑦ 펌프를 2대 이상 설치한다.

② **수격작용(Water hammering, 물망치 작용)** ✈

밸브를 급격히 개폐 시에 배관 내를 유동하던 물이 배관을 치는 현상(압력파가 급격히 관내를 왕복하는 현상)으로 배관 파열을 초래한다.

③ **맥동현상(surging)**

압축기와 송풍기의 관로에 심한 공기의 맥동과 진동을 발생하면서 유량이 단속적으로 변하여 펌프입출구에 설치된 진공계, 압력계가 흔들리고 진동과 소음이 일어나며 펌프의 도출량의 변화(불안정한 운전)를 초래한다.

④ **베이퍼로크(Vapor lock)**

유체이동 시 배관 내에서 외부 영향 받아 액체가 기체로 변하는 현상

합격의 key

◎기출
* 펌프의 구분
  ① 터보형 펌프 (비용적형)
    • 원심식
    • 경사류식
    • 축류식
  ② 용적형 펌프
    • 왕복식
    • 회전식

◎기출
* 패킹의 종류
  ① 매커니컬실(mechanical seal) : 펌프케이싱과 샤프트 중앙부분에 물이 한방울도 새지 않도록 섬세한 다듬질이 필요하며 인화성 액화가스 또는 유독 유체 취급에 가장 적합한 방법
  ② 오일실(oil seal)
  ③ 플랜지패킹 (flange packing)
  ④ 그랜드패킹 (gland packing)
  ⑤ 나사용패킹 (thread packing)
  ⑥ 오링(O-ring)

◎기출
* 수격작용 발생원인
  ① 펌프가 갑자기 정지할 때
  ② 밸브를 급히 개폐할 때
  ③ 정상운전 시 유체의 압력변동이 생길 때

* 맥동현상 발생원인
  ① 배관 중에 수조가 있을 때
  ② 배관 중에 기체상태의 부분이 있을 때
  ③ 유량조절밸브가 배관 중 수조의 위치 후방에 있을 때
  ④ 펌프의 특성곡선이 산모양이고 운전점이 그 정상부일 때

* 맥동현상(surging) 방지법
  ① 풍량을 감소시킨다.
  ② 배관의 경사를 완만하게 한다.
  ③ 교축밸브를 기계에 근접하게 설치한다.
  ④ 토출가스를 흡입 측에 바이패스 시키거나 방출밸브에 의해 대기로 방출시킨다.

합격의 key

[문제]
다음 유량계 중 압력 차에 의하여 유량을 측정하는 가변류 유량계가 아닌 것은?
㉮ 오리피스메타 (orifice meter)
㉯ 벤튜리메타 (ventri meter)
㉰ 로타메타 (rota meter)
㉱ 피토튜브 (pitot tube)

[해설]
압력 차에 의하여 유량을 측정하는 가변류 유량계 : 오리피스메타, 벤튜리메타, 피토튜브

정답 ㉰

---

(5) 계측장치 ⇨ 시험출제빈도가 낮은 내용입니다. 가볍게 읽고 넘어가세요!

1) 유량계(Flow meter)

배관 등에 설치하여 공정 중의 유량을 측정하기 위한 계기를 말한다.

차압식 유량계 (Differential pressure flow meter)	유체가 통과하는 관로 내에 조리개(Orifice, Ventury 등)을 설치하고 그 전후에서 생기는 압력차를 이용하여 유량을 측정한다. • 오리피스 미터(Orifice meter) • 벤튜리 미터(Ventury meter) • 플로 노즐(Flow Nozzle) • 피토관
면적식 유량계 (Area flow meter)	배관 내부에 설치된 부자(Float)가 유량에 따라 변화하는 것을 이용하여 유량을 측정한다. • 로타미터(Rota Meter)
용적식 유량계 (Positive displacement flow meter)	오발기어(Ovalgear)나 루트(Root)의 회전 수를 이용하여 유량을 측정한다. • 습식 가스미터(Wet Gas Meter)
전자식 유량계 (Electromagnetic flow meter)	배관 외측에 설치된 전자코일을 이용하여 유량을 측정한다.
초음파 유량계 (Ultrasonic flow meter)	유체 내에서의 초음파 전파속도를 이용하여 유량을 측정한다.

2) 온도계

용기, 배관 등의 화학공정·장치에 부착되어 공정 중의 온도를 측정할 수 있는 계기이다.

① 팽창식 온도계 : 열팽창 계수가 다른 2가지의 금속판을 붙인 것으로서 온도 변화에 따라 휘어짐을 이용한 온도계를 말한다.

② 봉입식 온도계 : 감온부에 주입된 매개체에 따라 비압축성의 액체 팽창을 이용한 액체압력온도계, 기체압력변화의 원리를 이용하여 휘발성 액체를 주입한 증기압력온도계와 불활성 가스의 압력변화를 이용한 기체압력온도계 등을 말한다.

③ 열전대 온도계 : 지벡(SEEBECK)효과을 이용하여 서로 다른 2종류의 금속선의 한쪽을 접합시켜 열을 가할 경우 발생되는 열기전력을 이용한 온도계를 말한다.

④ 저항식 온도계 : 백금, 동, 니켈 등으로 만든 측온 저항소자로 온도에 따라 변화되는 전기저항을 브릿지(BRIDGE)회로에서 측정한 온도계를 말한다.

⑤ 색 온도계 : 측정체의 색깔에 따라서 온도를 측정하는 온도계를 말한다.
⑥ 방사식 온도계 : 물체에 온도가 상승하게 되면 적외선을 90% 이상 함유한 방사에너지(RADIATION ENERGY)를 방사하게 되는데, 이를 이용한 온도계를 말한다.

3) 압력계

기체나 액체의 압력을 측정하기 위한 계기

① 압력계의 종류

탄성 압력계	탄성을 이용하여 압력을 재는 계기(計器). • 부르돈관식 • 벨로즈식 • 다이어프램식
전기식 압력계	금속 또는 반도체의 전기저항이 압력에 따라 변화하는 현상을 이용한 압력계
액주식 압력계	압력에 의해 발생되는 힘과 액주의 무게가 평형을 이룰 때, 액주의 높이로부터 압력을 재는 계기

② 측정방법에 의한 분류

1차 압력계	지시된 압력을 직접 측정하는 방식이다. • 자유피스톤식 압력계 • 액주계
2차 압력계	압력에 의한 변화를 탄성에 의해 측정하고 그 변화율로 압력을 측정하는 방식이다. • 부르돈관식 • 벨로우즈식 • 다이어프램 • 전기저항식 • 피에조 전기압력계

─문제─

다음 중 압력과 힘의 관계로부터 압력을 직접 측정하는 1차 압력계는?
㉮ 부르돈관식 압력계
㉯ 자유피스톤형 압력계
㉰ 벨로우즈식 압력계
㉱ 전기저항 압력계

[해설]
㉯ 자유피스톤형 압력계는 1차 압력계이다.

────정답 ㉯

CHAPTER 06 단원 예상문제

01 폭발화재 발생 시 장치 내부의 이상 압력을 안전하게 방출 경감시키는 장치와 거리가 먼 것은?

㉮ 안전밸브
㉯ 파열판
㉰ 폭압 방산구
㉱ 격리 밸브

[해설] **이상 압력을 방출하는 장치**
① 안전밸브
② 파열판
③ 폭압 방산구

{참고} 1. 안전밸브(safety valve) : 밸브 입구 쪽의 압력이 설정 압력에 도달하면 자동적으로 작동하여 유체가 분출되고 일정 압력 이하가 되면 정상상태로 되는 방호장치이다.
2. 파열판(rupture disc) : 안전밸브에 대체할 수 있는 방호 장치로서 판 입구 측의 압력이 설정 압력에 도달하면 판이 파열하면서 유체가 분출하도록 용기 등에 설치된 얇은 판을 말한다.
3. 폭발 방산구 : 폭발 위험이 있는 장치, 용기, 건물 내에서 폭발이 일어날 때 설비가 파괴되지 않도록 강도가 약한 부분을 설치하여 폭발압력이 외부로 배출되게 하는 장치이다.

02 화학 공정의 되먹임(피드백)제어에서 제어알고리즘을 이용하여 제어할 값을 결정하는 곳은?

㉮ 검출부
㉯ 조절부
㉰ 조작부
㉱ 전송부

[해설] **조절부** : 검출부로부터 신호를 받아 설정치를 적절히 조절하는 역할을 한다.

03 법령상 가스 집합 장치는 화기를 사용하는 설비로부터 몇 m 이상 떨어진 장소에 설치하여야 하는가?

㉮ 1   ㉯ 5
㉰ 10   ㉱ 15

[해설] 가스집합 장치는 화기를 사용하는 설비로부터 5미터 이상 떨어진 장소에 설치하여야 한다.

04 압력방출장치가 간단하여 시간 지연이 없고 저항이 적어 압력상승이 급격한 경우에 많이 사용하는 방호장치는?

㉮ 파열판   ㉯ 안전밸브
㉰ 블로우다운 ㉱ 플레어스택

[해설] 압력상승이 급격한 경우에는 파열판을 사용하여야 한다.

{참고} **파열판을 설치하여야 하는 경우**
① <u>반응폭주 등 급격한 압력상승의 우려가 있는 경우</u>
② <u>급성독성물질의 누출로 인하여 주위의 작업환경을 오염시킬 우려가 있는 경우</u>
③ 운전 중 안전밸브에 이상 물질이 누적되어 <u>안전밸브가 작동되지 아니할 우려가 있는 경우</u>

05 다음 중 과압에 의한 장치의 파손을 방지하기 위해 설치하는 방호설비가 아닌 것은?

㉮ 안전밸브
㉯ 파열판
㉰ 폭압 방산공
㉱ 블로우다운 시스템

[해설] **과압에 의한 폭발방지** : 안전밸브, 파열판, 폭압 방산공

정답 01 ㉱ 02 ㉯ 03 ㉯ 04 ㉮ 05 ㉱

{참고} 1. **파열판**(rupture disc) : "안전밸브"에 대체할 수 있는 방호장치로서 **판 입구 측의 압력이 설정압력에 도달하면 판이 파열하면서 유체가 분출**하도록 용기 등에 설치된 얇은 판을 말한다.
2. **안전밸브**(safety valve) : 밸브 입구 쪽의 **압력이 설정압력에 도달하면 자동적으로 작동하여 유체가 분출**되고 일정압력 이하가 되면 **정상상태로 복원**되는 방호장치를 말한다.
3. **폭발 방산구** : 폭발위험이 있는 장치 용기, 건물 내에서 폭발이 일어날 때 설비가 파괴되지 않도록 **강도가 약한 부분을 설치하여 폭발압력이 외부로 배출**되게 하는 장치를 말한다.

06 다음은 위험물 건조설비를 설치하는 건축물 구조에 관한 사항이다. 건조실을 설치하는 건축물의 구조가 독립된 단층 건물로 해야하는 조건이 아닌 것은?
(단, 최상층에 설치 또는 내화구조로 설치하지 않음)

㉮ 고체 또는 액체 연료의 최대 사용량이 10kg/hr 이상
㉯ 기체 연료의 사용량 1m³/hr 이상
㉰ 가열·건조기의 내용적이 10cm³ 이상
㉱ 전기사용 정격 용량 10kW 이상

[해설] ㉰ 위험물 가열·건조기의 내용적이 1m³ 이상인 경우

{참고} **위험물 건조설비를 독립된 단층건물로 해야 하는 조건**
① **위험물**을 가열·건조하는 경우 내용적이 **1세제곱미터 이상**인 건조설비
② **위험물이 아닌 물질**을 가열·건조하는 경우로서 다음 각목의 1의 용량에 해당하는 건조설비
가. **고체 또는 액체연료의 최대사용량이 시간당 10킬로그램 이상**
나. **기체연료**의 최대사용량이 **시간당 1세제곱미터 이상**
다. **전기사용 정격용량이 10킬로와트 이상**

07 화학설비의 안전장치로서 파열판을 설치해야 할 경우로서 가장 거리가 먼 것은?

㉮ 급격한 압력 상승의 우려가 있는 경우
㉯ 내부 물질이 액체와 분말의 혼합 상태인 경우
㉰ 방출량이 많고 순간적으로 많은 방출이 필요한 경우
㉱ 액체의 열팽창에 의한 압력 상승 방지를 해야 하는 경우

[해설] **파열판을 설치하여야 하는 경우**
① 반응폭주 등 **급격한 압력 상승의 우려가 있는 경우**
② **급성독성물질의 누출**로 인하여 주위의 작업환경을 오염시킬 우려가 있는 경우
③ 운전 중 안전밸브에 이상 물질이 누적되어 **안전밸브가 작동되지 아니할 우려가 있는 경우**

08 반응기의 이상 압력 상승으로부터 반응기를 보호하기 위해 파열판과 안전밸브를 설치하고자 한다. 다음 중 반응폭주 현상이 일어났을 때 반응기 내부의 과압을 가장 잘 분출할 수 있는 방법은?

㉮ 파열판, 안전밸브의 순서대로 반응기 상부에 직렬로 설치한다.
㉯ 안전밸브, 파열판의 순서대로 반응기 상부에 직렬로 설치한다.
㉰ 파열판과 안전밸브를 병렬로 반응기 상부에 설치한다.
㉱ 반응기 내부의 압력이 낮을 때는 직렬 연결이 좋고, 압력이 높을 때는 병렬 연결이 좋다.

[해설] 이상 압력 상승으로부터 반응기를 보호하고자 할 때에는 파열판과 안전밸브를 병렬로 반응기 상부에 설치하는 것이 압력 방출에 효과적이다.

정답 06 ㉰ 07 ㉱ 08 ㉰

09 건조설비의 사용상 주의점이 아닌 것은?

㉮ 건조설비 가까이 가연성 물질을 두지 말 것
㉯ 고온으로 가열 건조한 물질은 즉시 격리 저장할 것
㉰ 위험물 건조설비를 사용할 때는 미리 내부를 청소하거나 환기시킨 후 사용할 것
㉱ 건조로 인해 발생하는 가스, 증기 또는 분진에 의한 화재, 폭발의 위험이 있는 물질은 안전한 장소로 배출할 것

[해설] ㉯ 고온으로 가열 건조한 인화성 액체는 발화의 위험이 없는 온도로 냉각한 후에 격납시킬 것

{참고} 건조설비의 사용
① 위험물건조설비를 사용하는 때에는 미리 내부를 청소하거나 환기할 것
② 위험물건조설비를 사용하는 때에는 건조로 인하여 발생하는 가스·증기 또는 분진에 의하여 폭발·화재의 위험이 있는 물질을 안전한 장소로 배출시킬 것
③ 위험물건조설비를 사용하여 가열 건조하는 건조물은 쉽게 이탈되지 아니하도록 할 것
④ 건조설비(바깥 면이 현저히 고온이 되는 설비만 해당한다)에 가까운 장소에는 인화성 액체를 두지 않도록 할 것

10 화학설비에서 단위공정시설 및 설비로부터 다른 단위 공정시설 및 설비 사이의 적당한 안전거리는 설비의 외면으로부터 몇 m 이상 유지되도록 하여야 하는가?

㉮ 3
㉯ 5
㉰ 8
㉱ 10

[해설] 화학설비의 안전거리 기준

구분	안전거리
1. 단위공정시설 및 설비로부터 다른 **단위공정시설 및 설비의 사이**	설비의 바깥 면으로부터 **10미터 이상**
2. 플레어스택으로부터 단위공정시설 및 설비, **위험물질 저장탱크** 또는 위험물질 하역설비의 사이	플레어스택으로부터 반경 **20미터 이상**. 다만, 단위공정시설 등이 불연재로 시공된 지붕 아래에 설치된 경우에는 그러하지 아니하다.
3. **위험물질 저장탱크**로부터 단위공정시설 및 설비, 보일러 또는 가열로의 사이	저장탱크의 바깥 면으로부터 **20미터 이상**. 다만, 저장탱크의 방호벽, 원격조종 소화설비 또는 살수설비를 설치한 경우에는 그러하지 아니하다.
4. 사무실·연구실·실험실·정비실 또는 식당으로부터 단위공정시설 및 설비, **위험물질 저장탱크**, 위험물질 하역설비, 보일러 또는 가열로의 사이	사무실 등의 바깥 면으로부터 **20미터 이상**. 다만, 난방용 보일러인 경우 또는 사무실 등의 벽을 방호구조로 설치한 경우에는 그러하지 아니하다.

11 화학공정에서 반응을 시키기 위한 조작 조건에 해당되지 않는 것은?

㉮ 반응 온도   ㉯ 반응 농도
㉰ 반응 높이   ㉱ 반응 압력

[해설] 반응기 : 화학 반응을 일으키는 기구로서 반응 물질의 농도, 온도, 압력 등에 의하여 많은 영향을 받는다.

12 염소산 칼륨 40kg, 니트로글리세린 8kg과 니트로글리콜 2kg을 취급하는 설비는 어느 것에 해당되는가?(염소산 칼륨 기준량 50kg, 니트로글리세린 기준량 10kg, 니트로글리콜 기준량 10kg)

㉮ 특정설비   ㉯ 화학설비
㉰ 위험설비   ㉱ 특수화학설비

정답 09 ㉯ 10 ㉱ 11 ㉰ 12 ㉱

[해설] $\frac{40}{50} + \frac{8}{10} + \frac{2}{10} = 1.8$
(값이 1을 초과하면 기준량을 초과함)
→ 특수화학설비

{참고} 특수화학설비 : **위험물질을 기준량 이상으로 제조 또는 취급**하는 다음 각 호의 1에 해당하는 화학 설비
① 발열반응이 일어나는 반응장치
② 증류 · 정류 · 증발 · 추출 등 분리를 행하는 장치
③ 가열시켜주는 물질의 온도가 가열되는 위험물질의 분해온도 또는 발화점 보다 높은 상태에서 운전되는 설비
④ 반응폭주 등 이상 화학반응에 의하여 위험물질이 발생할 우려가 있는 설비
⑤ 온도가 섭씨 350도 이상이거나 게이지압력이 제곱센티미터당 10킬로그램 이상인 상태에서 운전되는 설비
⑥ 가열로 또는 가열기

13 여러 가지 성분의 액체 혼합물을 각 성분별로 분리하고자 할 때 비점의 차이를 이용하여 감압 또는 가압 하에서 분리하는 화학설비를 무엇이라 하는가?

㉮ 건조기
㉯ 반응기
㉰ 증발관
㉱ 증류탑

[해설] **증류탑** : 증발하기 쉬운 차이(비점차) 이용하여 액체 혼합물의 성분을 각각의 액체로 분리하는 장치

14 다음 배관설비 중 역류를 방지하기 위하여 설치하는 밸브는?

㉮ 글로브 밸브
㉯ 체크 밸브
㉰ 게이트 밸브
㉱ 시퀀스 밸브

[해설] 역류 방지 밸브 → 체크 밸브

15 다음 중 증류탑의 일상점검 항목으로 볼 수 없는 것은?

㉮ 도장의 상태
㉯ 트레이(Tray)의 부식상태
㉰ 보온재, 보냉재의 파손 여부
㉱ 접속부, 맨홀부 및 용접부에서의 외부 누출 유무

[해설] 증류탑의 일상점검 항목
① **보온재·보냉재**의 파손 상황
② **도장의 열화** 정도
③ **볼트의 풀림** 여부
④ 플랜지, 맨홀, **용접부 등에서의 누출** 여부
⑤ 증기 배관의 열팽창에 의한 과도한 힘이 가해지지 않는지 여부

{참고} 증류탑 개방 시 점검 항목
① **트레이의 부식** 상태
② **포종의 막힘** 여부
③ 넘쳐흐르는 **둑의 높이**가 설계와 같은지 여부
④ **용접선의 상황 및 포종의 고정** 여부
⑤ **균열, 손상** 여부

16 다음 중 반응기를 구조형식에 의하여 분류할 때 이에 해당하지 않는 것은?

㉮ 탑형
㉯ 회분식
㉰ 교반조형
㉱ 유동층형

[해설]

운전방식(조작방식)에 의한 분류	구조에 의한 분류
① 회분식 반응기 (Batch Reactor)	① 관형반응기
② 반회분식 반응기 (semi-batch reactor)	② 탑형반응기
	③ 교반기형 반응기
③ 연속 반응기 (plug flow reactor)	④ 유동층형 반응기

정답 13 ㉱ 14 ㉯ 15 ㉯ 16 ㉯

17 다음 중 릴리프밸브(relief valve)의 주된 사용 대상으로 가장 적절한 것은?

㉮ 액체
㉯ 가스
㉰ 기체
㉱ 증기

[해설] 릴리프밸브(relief valve)
① 회로의 압력이 설정 압력에 도달하면 유체(流體)의 일부 또는 전량을 배출시켜 회로 내의 압력을 설정 값 이하로 유지하는 <u>압력제어 밸브로서 안전밸브와 같은 역할</u>을 한다.
② 온수보일러와 같은 <u>액체계의 과도한 상승 압력의 방출에 이용되고, 설정압력이 되었을 때 압력상승에 비례하여 개방정도가 커지는 밸브</u>이다.

18 특수화학설비란 섭씨 몇 ℃ 이상인 상태에서 운전되는 설비를 말하는가?

㉮ 150℃
㉯ 250℃
㉰ 350℃
㉱ 450℃

[해설] <u>특수화학설비의 종류 : 위험물질을 기준량 이상으로 제조 또는 취급</u>하는 다음 각 호의 1에 해당하는 화학설비를 특수화학설비라 한다.
① <u>발열반응</u>이 일어나는 반응장치
② 증류·정류·증발·추출 등 <u>분리를 행하는 장치</u>
③ 가열시켜주는 물질의 온도가 가열되는 <u>위험물질의 분해온도 또는 발화점 보다 높은 상태에서 운전되는 설비</u>
④ 반응폭주 등 이상 화학반응에 의하여 <u>위험물질이 발생할 우려가 있는 설비</u>
⑤ 온도가 섭씨 350도 이상이거나 게이지 압력이 980킬로파스칼 이상인 상태에서 운전되는 설비
⑥ 가열로 또는 가열기

19 다음 중 관로의 크기를 변경하고자 할 때 사용하는 관 부속품은?

㉮ 밸브(valve)   ㉯ 엘보우(elbow)
㉰ 부싱(bushing)   ㉱ 플랜지(flange)

[해설] 관의 부속품
① <u>2개관의 연결</u> : 플랜지, <u>유니언</u>, 니플, 소켓 사용
② <u>관의 지름 변경</u> : 리듀서, 부싱 사용
③ <u>관로 방향 변경</u> : <u>엘보</u>, Y형 관이음쇠, 티, 십자 사용
④ <u>유로차단</u> : <u>플러그, 밸브</u>, 캡
⑤ 유량조절
 • 게이트밸브(gate valve)
 • 글로브밸브(glove valve)
 • 체크밸브(checke valve) : 역류방지용 밸브
 • 니들밸브(needle valve)

20 화학장치에서 반응기의 위험성을 점검하고 있다. 반응기에서 화학반응이 있을 때 특히 유의할 사항들로 나열한 것은?

㉮ 낙하, 절단
㉯ 감전, 협착
㉰ 비래, 붕괴
㉱ 반응 폭주, 과압

[해설] 반응기는 화학반응을 일으키기 위해 고온, 고압이 필요하므로 과압, 반응 폭주 등의 위험이 존재한다.

21 배관에 설치되는 밸브, 트랩, 기기 등의 앞에 설치하여 유체 속에 섞여 있는 이물질을 제거하여 기기 성능을 보호하기 위하여 설치하는 것은?

㉮ reducer   ㉯ plug
㉰ ball valve   ㉱ strainer

[해설] 밸브 등의 이물질을 제거하기 위하여 설치
→ strainer

정답 17 ㉮ 18 ㉰ 19 ㉰ 20 ㉱ 21 ㉱

22 다음 중 반응기를 구조형식에 의하여 분류할 때 이에 해당하지 않는 것은?

㉮ 탑형
㉯ 회분식
㉰ 교반조형
㉱ 유동층형

[해설] 반응기의 구조에 의한 분류
① 관형 반응기
② 탑형 반응기
③ 교반기형 반응기
④ 유동층형 반응기

{참고} 운전방식(조작방식)에 의한 분류
① 회분식 반응기(Batch Reactor)
② 반회분식 반응기(semi-batch reactor)
③ 연속 반응기(plug flow reactor)

23 산업안전보건법상 위험물질을 기준량 이상으로 제조 또는 취급하는 특수화학설비에 설치하여야 할 계측장치가 아닌 것은?

㉮ 온도계
㉯ 유량계
㉰ 압력계
㉱ 경보계

[해설] 특수화학설비의 방호장치
① 계측장치(온도계, 압력계, 유량계)
② 자동경보장치
③ 긴급차단장치
④ 예비동력원

정답 22 ㉯ 23 ㉱

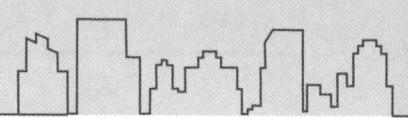

CHAPTER 07 화공안전 비상조치 계획·대응

> 시험출제빈도가 낮은 내용입니다. 가볍게 읽고 넘어가세요!

01 비상조치계획 및 평가

주/요/내/용 알/고/가/기

1. 비상조치계획 및 평가

1 비상조치계획 및 평가

(1) 비상사태의 구분

1) 조업상의 비상사태
   ① 중대한 화재사고가 발생한 경우
   ② 중대한 폭발사고가 발생한 경우
   ③ 독성화학물질의 누출사고 또는 환경오염 사고가 발생한 경우
   ④ 인근지역의 비상사태 영향이 사업장으로 파급될 우려가 있는 경우

2) 자연재해는 태풍, 폭우 및 지진 등 천재지변이 발생한 경우를 말한다.

(2) 비상사태 파악 및 분석

1) 사업장의 안전보건총괄책임자는 보유설비와 취급하고 있는 위험물질에 의한 발생 가능한 비상사태를 체계적으로 검토한다.

2) 위험성 파악과 비상조치계획의 수립에 있어서는 발생 가능성이 큰 비상사태를 기준으로 하되 발생 가능성은 적으나 심각한 결과를 초래할 수 있는 비상사태도 포함시킨다.

3) 발생 가능한 비상사태의 분석에 포함시킬 사항
   ① 공정별로 예상되는 비상사태
   ② 비상사태 전개과정
   ③ 최대피해 규모

참고

* 유해·위험물질의 성상 조사

각 공정별로 사용하는 원부재료와 중간제품 및 완제품에 대한 가연성, 유해성 등의 성상을 조사하고 그 물질의 저장, 취급 및 폐기에 관한 안전지침을 작성한다.

④ 피해 최소화대책
⑤ 과거 유사한 중대사고의 기록
⑥ 비상사태의 결과예측

(3) 비상조치계획의 수립

1) 비상조치계획 수립 시의 원칙
   ① 근로자의 인명보호에 최우선 목표를 둔다.
   ② 가능한 비상사태를 모두 포함시킨다.
   ③ 비상통제 조직의 업무분장과 임무를 분명하게 한다.
   ④ 주요 위험설비에 대하여는 내부 비상조치계획 뿐만 아니라 외부 비상조치 계획도 포함시킨다.
   ⑤ 비상조치계획은 분명하고 명료하게 작성되어 모든 근로자가 이용할 수 있도록 한다.
   ⑥ 비상조치계획은 문서로 작성하여 모든 근로자가 쉽게 활용할 수 있는 장소에 비치한다.

2) 비상조치계획에 포함하여야 하는 사항
   ① 근로자의 사전 교육
   ② 비상시 대피절차와 비상 대피로의 지정
   ③ 대피 전 안전조치를 취해야 할 주요 공정설비 및 절차
   ④ 비상 대피 후 직원이 취해야 할 임무와 절차
   ⑤ 피해자에 대한 구조·응급조치 절차
   ⑥ 내·외부와의 연락 및 통신체계
   ⑦ 비상사태 발생 시 통제조직 및 업무 분장
   ⑧ 사고 발생 시와 비상 대피 시의 보호구 착용 지침
   ⑨ 비상사태 종료 후 오염물질 제거 등 수습 절차
   ⑩ 주민 홍보 계획
   ⑪ 외부기관과의 협력체제

참고

* 비상조치위원회
(1) 위원회의 구성은 다음과 같다.
  (가) 위원장 – 안전보건책임자
  (나) 간사 – 안전부서장
  (다) 위원 – 생산부장, 공무부장, 기술부장, 총무부장, 기타 위원장이 필요하다고 지명한 임직원
(2) 비상조치위원회는 사고조사반을 구성하여 사고조사 보고서를 작성하고 복구계획과 예방대책을 수립한다.

(4) 비상조치계획의 검토

1) 사업장의 안전보건책임자는 다음과 같은 경우에 비상조치계획을 검토한다.
   ① 처음 비상조치계획 수립 시
   ② 각 비상조치요원의 임무가 변경된 경우
   ③ 비상조치계획 자체가 변경된 경우

2) 비상조치계획의 수립과 검토 시에는 근로자 및 근로자 대표의 의견을 청취하여 자발적인 참여가 이루어지도록 한다.

3) 비상사태의 종류 및 비상사태의 전개에 따라 신속한 결정과 조치가 가능한지를 검토한다.

(5) 비상대피 계획

1) 비상대피 계획의 목적
   비상사태의 통제와 억제에 있으며 비상사태의 발생은 물론 비상사태의 확대 전파를 저지하고 이로 인한 인명피해를 최소화하는데 있다.

2) 적절하고 신속한 비상대피 계획의 확립을 위해 준비하여야 하는 사항
   ① 경보 발령절차
   ② 비상통로 및 비상구의 명확한 표시
   ③ 근로자 등의 대피절차 및 대피장소의 결정
   ④ 대피장소별 담당자의 지정, 그들의 임무 및 책임사항
   ⑤ 비상통제센터의 위치 및 비상통제센터와의 보고체계 확립
   ⑥ 임직원 명부 및 하도급업체 방문자 명단의 확보와 대피자의 확인 체계 확립
   ⑦ 대피장소에서 근로자 및 일반대중의 행동요령
   ⑧ 임직원 비상연락망의 확보
   ⑨ 외부비상조치기관과의 연락수단 및 통신망 확보

(6) 비상경보의 종류

경계경보	① 비상 사이렌으로 3분간 장음으로 취명한다. ② 필요 시 공정상의 이상 또는 독성물질의 누출위험이 없을 때까지 취명하며 다음과 같은 조치를 취하도록 한다. • 모든 안전작업허가서는 효력을 상실하며 허가서는 발급자에게 반납한다. • 흡연과 가열기구는 사용이 금지된다. • 운전요원은 필요한 안전조치와 함께 비상사태 지휘자의 지시에 따른다.
가스누출경보	① 고·저음의 파상음을 연속적으로 취명한다. ② 가스가 누출되는 동안 계속 취명하며 다음과 같은 조치를 취하도록 한다. • 모든 안전작업허가서는 효력을 상실하며 허가서는 발급자에게 반납한다. • 흡연과 가열기구는 사용이 금지된다. • 운전요원은 필요한 비상운전정지 조치와 함께 비상지휘자의 지시에 따른다. • 독성가스 누출 시는 비상방송의 안내에 따라 호흡보호장비를 휴대하고 비상지휘자의 지시에 따른다.
대피경보	① 단음으로 연속 취명되며 비상사태 종료 시까지 계속 취명된다. ② 폭발 또는 독성물질의 다량 누출 등 급박한 위험상황일 때에 취명하며 대피에 필요한 지시사항과 대피경로 및 대피장소를 반복하여 안내하며 다음과 같은 조치를 취하도록 한다. • 모든 작업을 중지한다. • 비상지휘자가 지명한 요원(비상운전반 등)을 제외한 모든 사람들은 지시에 따라 대피한다. • 풍향을 고려하여 대피지역을 지정한다. • 필요한 경우 비상사태 발생지역의 진입을 통제하고 인근 공장 및 주민의 대피를 지시한다.
화재경보	① 5초 간격 중·단음으로 계속 취명한다. ② 이 경보는 화재로 인한 비상사태에 발신되며 다음과 같은 조치를 취하도록 한다. • 비상지휘자는 비상방송을 통해 비상 출동반을 비롯한 비상통제조직체제의 동원과 필요한 비상가동정지와 소방 활동을 지시한다. • 모든 안전작업 허가서는 효력을 상실하며 허가서는 발급자에게 반납한다.

화재경보	• 모든 방문자와 불필요한 인원은 비상지휘자의 지시에 따라 지정된 장소로 대피한다. • 비상통제 조직의 구성원 외에는 비상발생 장소에 접근하거나, 진화작업에 지장을 주어서는 안 된다.
해제경보	1분간 장음으로 취명하며 비상방송을 통해 상황의 종료와 조치 사항에 대하여 안내한다.

(7) 비상훈련의 실시 및 조정

1) 비상훈련의 실시

비상 및 재난대책은 비상운전 절차에서부터 피난, 소방계획에 이르기까지 전반적인 비상훈련을 월 1회 이상 각급 교대조 및 생산공정 단위로 실시하여 근로자들이 비상사태 시 행동요령을 숙지토록 한다.

2) 비상훈련 평가

① 비상훈련 시에는 평가회를 실시하고 그 결과를 기록으로 비치해야 한다.
② 평가기록에 따라 문제점을 보완하고 계획을 수정하여 현실적으로 적합한 계획을 수립 실행한다.

3) 합동훈련 및 지원체제의 확립

정부관계자의 참관에 의한 감사 훈련 및 소방지원단 합동훈련을 분기별 1회 실시하고 그 기록을 유지 보관한다.

(8) 주민홍보계획

1) 사업장은 비상사태 발생에 대비하여 인근 거주 주민에게 유해·위험 설비에 관한 정보를 제공한다.

2) 대주민 홍보계획에는 다음 사항을 포함시킨다.

① 유해·위험설비의 종류
② 사용하고 있는 유해·위험물질 및 그 관리대책
③ 비상사태 발생 경보체계 등 인지방법
④ 비상사태 발생 시 주민행동 요령
⑤ 중대사고가 주민에게 미치는 영향
⑥ 중대사고로 입은 상해에 대한 적절한 치료 방법

3) 효과적인 대주민 홍보를 위하여는 다음과 같은 원칙이 지켜지도록 한다.
   ① 대주민 홍보 시에는 관할 지방기관 및 인근 사업장과 협조하도록 한다.
   ② 대주민 홍보는 정기적으로 반복해야 하며 필요 시 주민들의 현장 출입도 허가되도록 한다.
   ③ 대주민 홍보수준 및 이해정도에 관해 평가해야 하며 대주민 홍보 내용의 수정이 필요한 경우 이들을 수정 보완한다.

4) 비상사태 중의 홍보
   ① 비상사태가 발생했을 경우 주요위험시설 인근 지역에 거주하는 주민 또는 작업자들에게 가능한 신속하게 중대사고 발생을 알리는 등 정보를 제공한다.
   ② 비상사태 발생기간 중에 각종 최근 정보를 홍보하여야 하며 특히 과거에 제공한 정보와 상이한 주민행동 요령이 필요할 때에는 언론기관과 협조한다.

5) 중대사고 이후 사고조사 결과 및 주민과 환경에 미칠 장·단기적 영향을 주민들에게 홍보한다.

CHAPTER 08 화공 안전운전·점검

01 공정안전, 물질안전보건자료 등

> **주/요/내/용 알/고/가/기**
> 1. 공정안전보고서의 제출 대상
> 2. 공정안전보고서의 내용
> 3. 공정위험성 분석기법의 종류
> 4. 물질안전보건자료 내용
> 5. 물질안전보건자료 작성 제외 대상

1 공정안전의 개요

시험출제빈도가 낮은 내용입니다.
위주로 가볍게 공부하세요!

(1) 공정안전관리(PSM : Process Safety Management)

중대산업사고를 야기할 가능성이 있는 공정·설비들을 체계적이고 지속적으로 관리하기 위해 사업주가 잠재된 사고의 위험요인을 사전에 발굴·제거하여 중대산업사고를 체계적으로 예방하는 제도를 말한다.

(2) 중대산업사고

① 근로자가 사망하거나 부상을 입을 수 있는 유해, 위험설비에서의 누출·화재·폭발 사고
② 인근 지역의 주민이 인적 피해를 입을 수 있는 설비에서의 누출·화재·폭발 사고

(3) 공정안전 리더십

① 공정안전관리를 위해서는 관리자들에게 공정안전문화, 비전, 기대값, 역할, 책임 사항 등을 가르쳐야 한다.
② 관리자는 공정안전에 대한 가치, 우선순위 그리고 관심 분야를 자발적으로 표현하는 기회를 찾기 위한 노력을 하여야 한다.
③ 회사의 모든 계층은 공정안전 리더십에 대한 책임과 의무를 나누어야 한다.

> **용어정의**
> "공정안전문화(Process safety culture)"란 공정안전관리를 이행하는데 있어서 사업장이 추구하는 가치와 실제적 활동의 조화를 말한다.

(4) 공정흐름도(PFD, Process Flow Diagram)

공정계통과 장치 설계 기준을 나타내주는 도면이며 주요 장치, 장치 간의 공정 연관성, 운전조건, 운전변수, 물질·에너지 수지, 제어 설비 및 연동장치 등의 기술적 정보를 파악할 수 있는 도면을 말한다.

> 공정흐름도(Process Fow Diagram, PFD)에 포함하여야 할 사항
> (공정안전보고서의 제출·심사·확인 및 이행상태평가 등에 관한 규정)
> ① 주요 동력기계, 장치 및 설비의 표시 및 명칭
> ② 주요 계장설비 및 제어설비
> ③ 물질 및 열 수지
> ④ 운전온도 및 운전압력

2 공정안전보고서

(1) 공정안전보고서의 작성·제출

1) 사업주는 사업장에 대통령령으로 정하는 유해하거나 위험한 설비가 있는 경우 그 설비로부터의 위험물질 누출, 화재 및 폭발 등으로 인하여 사업장 내의 근로자에게 즉시 피해를 주거나 사업장 인근 지역에 피해를 줄 수 있는 사고로서 대통령령으로 정하는 사고("중대산업사고")를 예방하기 위하여 대통령령으로 정하는 바에 따라 공정안전보고서를 작성하고 고용노동부장관에게 제출하여 심사를 받아야 한다. 이 경우 공정안전보고서의 내용이 중대산업사고를 예방하기 위하여 적합하다고 통보받기 전에는 관련된 유해하거나 위험한 설비를 가동해서는 아니 된다.

2) 사업주는 공정안전보고서를 작성할 때 산업안전보건위원회의 심의를 거쳐야 한다. 다만, 산업안전보건위원회가 설치되어 있지 아니한 사업장의 경우에는 근로자대표의 의견을 들어야 한다.

> **참고**
> * 공정안전보고서의 작성 사업주는 보고서를 작성할 때 다음 각 호의 어느 하나에 해당하는 사람으로서 공단이 실시하는 관련교육을 28시간 이상 이수한 사람 1명 이상을 포함시켜야 한다.
>   ① 기계, 금속, 화공, 요업, 전기, 전자, 안전관리 또는 환경분야 기술사 자격을 취득한 사람
>   ② 기계, 전기 또는 화공안전 분야의 산업안전지도사 자격을 취득한 사람
>   ③ ①에 따른 관련분야의 기사 자격을 취득한 사람으로서 해당 분야에서 7년 이상 근무한 경력이 있는 사람
>   ④ ①에 따른 관련분야의 산업기사 자격을 취득한 사람으로서 해당 분야에서 9년 이상 근무한 경력이 있는 사람
>   ⑤ 4년제 이공계 대학을 졸업한 후 해당 분야에서 9년 이상 근무한 경력이 있는 사람 또는 2년제 이공계 대학을 졸업한 후 해당 분야에서 11년 이상 근무한 경력이 있는 사람

> **참고**
> ＊ 재심사 신청
> ① 사업주는 보고서를 반려 받은 경우에는 지방노동관서장의 재제출 명령을 받은 날로부터 3월 이내에 보고서를 새로이 작성하여 재심사 신청하여야 한다.
> ② 심사 신청을 위한 보고서의 작성·제출 등 처리절차는 최초로 심사신청 할 경우의 처리절차와 같다.

3) 공정안전보고서의 제출 시기

사업주는 유해하거나 위험한 설비의 설치·이전 또는 주요 구조부분의 변경공사의 착공일(기존 설비의 제조·취급·저장 물질이 변경되거나 제조량·취급량·저장량이 증가하여 유해·위험물질 규정량에 해당하게 된 경우에는 그 해당일을 말한다) 30일 전까지 공정안전보고서를 2부 작성하여 공단에 제출해야 한다.

(2) 공정안전보고서의 심사

1) 공단은 공정안전보고서를 제출받은 경우에는 제출받은 날부터 30일 이내에 심사하여 1부를 사업주에게 송부하고, 그 내용을 지방고용노동관서의 장에게 보고해야 한다.

   ① 공단은 공정안전보고서를 제출받은 경우에는 30일 이내에 심사하여 1부를 사업주에게 송부하여야 한다.

   ② 공단은 공정안전보고서를 심사한 결과 「위험물안전관리법」에 따른 화재의 예방·소방 등과 관련된 부분이 있다고 인정되는 경우에는 그 관련 내용을 관할 소방관서의 장에게 통보하여야 한다.

   ③ 심사결과 구분 ✭✭

적정	보고서의 심사기준을 충족시킨 경우
조건부 적정	보고서의 심사기준을 대부분 충족하고 있으나 부분적인 보완이 필요하다고 판단할 경우
부적정	보고서의 심사기준을 충족시키지 못한 경우

2) 사업주는 심사를 받은 공정안전보고서를 사업장에 갖추어 두어야 한다.(공정안전보고서를 송부받은 날부터 5년간 보존하여야 한다.)

3) 사업주는 심사를 받은 공정안전보고서의 내용을 변경하여야 할 사유가 발생한 경우에는 지체 없이 그 내용을 보완하여야 한다.

(3) 공정안전보고서의 이행

사업주와 근로자는 심사를 받은 공정안전보고서의 내용을 지켜야 한다.

(4) 공정안전보고서의 확인

1) 사업주는 심사를 받은 공정안전보고서의 내용을 실제로 이행하고 있는지 여부에 대하여 고용노동부령으로 정하는 바에 따라 고용노동부장관의 확인을 받아야 한다.

2) 공정안전보고서를 제출하여 심사를 받은 사업주는 다음 각 호의 시기별로 공단의 확인을 받아야 한다. 다만, 화공안전 분야 산업안전지도사 또는 대학에서 조교수 이상으로 재직하고 있는 사람으로서 화공 관련 교과를 담당하고 있는 사람, 그 밖에 자격 및 관련 업무 경력 등을 고려하여 고용노동부장관이 정하여 고시하는 요건을 갖춘 사람에게 자체감사를 하게하고 그 결과를 공단에 제출한 경우에는 공단은 확인을 하지 아니할 수 있다.(안전보건진단을 받은 사업장 등 고용노동부장관이 정하여 고시하는 사업장의 경우에는 공단의 확인을 생략할 수 있다)

신규로 설치될 유해·위험설비	설치 과정 및 설치 완료 후 시운전단계 각 1회
기존에 설치되어 사용 중인 유해·위험설비	심사 완료 후 3개월 이내
유해·위험설비와 관련한 공정의 중대한 변경의 경우	변경 완료 후 1개월 이내
유해·위험설비 또는 이와 관련된 공정에 중대한 사고 또는 결함이 발생한 경우	1개월 이내

3) 공단은 사업주로부터 확인요청을 받은 날부터 1개월 이내에 내용이 현장과 일치하는지 여부를 확인하고, 확인한 날부터 15일 이내에 그 결과를 사업주에게 통보하고 지방고용노동관서의 장에게 보고해야 한다.

적합	현장과 일치하는 경우
부적합	현장과 일치하지 아니하는 경우
조건부 적합	현장과 불일치하는 사항 또는 조건부 적정 사항 중 확인일 이후에 조치하여도 안전상에 문제가 없는 경우

① 공단은 확인 실시 결과 부적합 또는 조건부 적합 판정을 한 경우에는 부적합 또는 조건부 적합 판정 사유와 변경 요구 내용 등을 구체적이고 명확하게 작성하여 관할 지방노동관서의 장에게 보고하여야 한다.

> **참고**
> ※ 확인 요청
> ① 사업주는 확인을 받고자 할 때에는 확인을 받고자 하는 날의 20일 이전에 공단에 확인을 요청하여야 한다.
> ② 공단은 사업주로부터 확인요청을 받은 때에는 요청서 접수일로부터 7일 이내에 확인 실시 일정을 결정하여 사업주에게 알려야 한다.
> ③ 공단의 확인을 면제 받고자 할 경우에는 다음 각 호의 사항이 포함된 자체감사 결과를 공단에 제출하여야 한다.
> - 자체감사에 참여한 외부 전문가의 자격 입증 서류 1부
> - 공단이 정한 자체감사 확인점검표 1부
> - 자체감사결과에 따른 보완 및 시정 계획서 1부

② 지방노동관서의 장은 공단으로부터 확인결과 보고를 받은 때에는 부적합 사항에 대해 7일 이내에 사업주에게 변경계획의 작성을 명하는 등 필요한 행정조치를 하여야 하며 사업주는 행정조치를 받은 날로부터 15일 이내에 변경계획을 작성하여 지방노동관서의 장에게 제출하여야 한다.

(5) 공정안전보고서 이행상태 평가

1) 고용노동부장관은 고용노동부령으로 정하는 바에 따라 공정안전보고서의 이행상태를 정기적으로 평가할 수 있다.
2) 고용노동부장관은 공정안전보고서의 확인(신규로 설치되는 유해·위험설비의 경우에는 설치완료 후 시운전 단계에서의 확인을 말한다) 후 1년이 경과한 날부터 2년 이내에 공정안전보고서 이행상태평가를 하여야 한다.
3) 고용노동부장관은 이행상태평가 후 4년마다 이행상태평가를 하여야 한다. 다만, 다음 각 호의 어느 하나에 해당하는 경우에는 1년 또는 2년마다 실시할 수 있다.

> **1년 또는 2년마다 이행상태 평가를 실시할 수 있는 경우**
> ① 이행상태평가 후 사업주가 이행상태 평가를 요청하는 경우
> ② 사업장에 출입하여 검사 및 안전·보건점검 등을 실시한 결과 변경요소 관리계획 미준수로 공정안전보고서 이행상태가 불량한 것으로 인정되는 경우 등 고용노동부장관이 정하여 고시하는 경우

4) 이행상태평가는 공정안전보고서의 세부 내용에 관하여 실시한다.
5) 고용노동부장관은 평가 결과 보완상태가 불량한 사업장의 사업주에게는 공정안전보고서의 변경을 명할 수 있으며, 이에 따르지 아니하는 경우 공정안전보고서를 다시 제출하도록 명할 수 있다.

(6) 공정안전보고서의 제출 대상 ☆☆☆

1) 공정안전보고서를 작성하여야 하는 유해·위험설비란 다음 각 호의 어느 하나에 해당하는 사업을 하는 사업장의 경우에는 그 보유설비를 말하고, 그 외의 사업을 하는 사업장의 경우에는 유해·위험물질 중 하나 이상을 규정량 이상 제조·취급·사용·저장하는 설비 및 그 설비의 운영과 관련된 모든 공정설비를 말한다.

```
┌─────────────────────────────────────────────────────────┐
│              공정안전보고서 제출 대상 ★★★                  │
│                                                         │
│  ① 원유 정제처리업                                        │
│  ② 기타 석유정제물 재처리업                                │
│  ③ 석유화학계 기초화학물 제조업 또는 합성수지 및 기타 플라스틱물질 제조업  │
│  ④ 질소 화합물, 질소·인산 및 칼리질 화학비료 제조업 중 질소질 비료 제조  │
│  ⑤ 복합비료 및 기타 화학비료 제조업 중 복합비료 제조(단순혼합 또는 배합에 │
│     의한 경우는 제외한다)                                  │
│  ⑥ 화학 살균·살충제 및 농업용 약제 제조업[농약 원제(原劑) 제조만 해당한다] │
│  ⑦ 화약 및 불꽃제품 제조업                                 │
│                                          특급 암기법       │
│  ─────────────────────────────────────────────────       │
│  화재·폭발 – 원유, 석유정제물, 화약 및 불꽃제품              │
│  중독·질식 – 농약, 비료(복합비료, 질소질 비료)              │
└─────────────────────────────────────────────────────────┘

2) 설비의 주요 구조 부분을 변경함으로써 공정안전보고서를 제출하여야 하는 경우 ★

   ① 생산량의 증가, 원료 또는 제품의 변경을 위하여 반응기(관련설비 포함)를 교체 또는 추가로 설치하는 경우
   ② 변경된 생산설비 및 부대설비의 해당 전기정격용량이 300킬로와트 이상 증가한 경우(유해·위험물질의 누출·화재·폭발과 무관한 자동화창고·조명설비 등은 제외)
   ③ 플레어스택을 설치 또는 변경하는 경우

3) 다음 각 호의 설비는 유해·위험설비로 보지 아니한다.

┌─────────────────────────────────────────────────────────┐
│           공정안전보고서 제출 제외 대상 설비 ★★★            │
│                                                         │
│  ① 원자력 설비                                            │
│  ② 군사시설                                               │
│  ③ 사업주가 해당 사업장 내에서 직접 사용하기 위한 난방용 연료의 저장 설비 │
│     및 사용 설비                                          │
│  ④ 도매·소매시설                                          │
│  ⑤ 차량 등의 운송설비                                      │
│  ⑥「액화석유가스의 안전관리 및 사업법」에 따른 액화석유가스의 충전·저장시설 │
│  ⑦「도시가스사업법」에 따른 가스공급시설                     │
│  ⑧ 그 밖에 고용노동부장관이 누출·화재·폭발 등으로 인한 피해의 정도가 │
│     크지 않다고 인정하여 고시하는 설비                      │
└─────────────────────────────────────────────────────────┘
```

> 확인
> ※ 공정안전자료의 허용농도는 시간가중평균농도(TWA농도)를 기준으로 한다.

(7) 공정안전보고서의 내용

1) 공정안전보고서의 내용 ✮✮✮

   ① 공정안전자료
   ② 공정위험성 평가서
   ③ 안전운전계획
   ④ 비상조치계획
   ⑤ 그 밖에 공정상의 안전과 관련하여 노동부장관이 필요하다고 인정하여 고시하는 사항

2) 공정안전보고서의 세부 내용 ✮

   ① 공정안전자료
   - 취급·저장하고 있거나 취급·저장하려는 유해·위험물질의 종류 및 수량
   - 유해·위험물질에 대한 물질안전보건자료
   - 유해·위험설비의 목록 및 사양
   - 유해·위험설비의 운전방법을 알 수 있는 공정도면
   - 각종 건물·설비의 배치도
   - 폭발위험장소 구분도 및 전기단선도
   - 위험설비의 안전설계·제작 및 설치 관련 지침서

② 공정위험성 평가서

[공정위험성 분석기법의 종류별 특징]

체크리스트 (Checklist)기법	공정 및 설비의 오류, 결함상태, 위험상황 등을 목록화한 형태로 작성하여 경험적으로 비교함으로써 위험성을 파악하는 방법
상대위험순위결정기법 (DMI) (Dow and Mond Indices)	공정 및 설비에 존재하는 위험에 대하여 상대위험 순위를 수치로 지표화하여 그 피해정도를 나타내는 방법
작업자 실수 분석기법 (HEA) (Human Error Analysis)	설비의 운전원, 보수반원, 기술자 등의 실수에 의해 작업에 영향을 미칠 수 있는 요소를 평가하고 그 실수의 원인을 파악·추적하여 정량(定量)적으로 실수의 상대적 순위를 결정하는 방법
사고예상 질문 분석기법 (What-if)	공정에 잠재하고 있는 위험요소에 의해 야기될 수 있는 사고를 사전에 예상·질문을 통하여 확인·예측하여 공정의 위험성 및 사고의 영향을 최소화하기 위한 대책을 제시하는 방법
위험과 운전분석(HAZOP) 기법(Hazard and Operability Studies)	• 공정에 존재하는 위험 요소들과 공정의 효율을 떨어뜨릴 수 있는 운전상의 문제점을 찾아내어 그 원인을 제거하는 방법 • 화학공장의 공정위험평가기법에서 공정변수(process parameter)와 가이드 워드를 사용하여 비정상 상태(deviation)가 일어날 수 있는 원인을 찾고 결과를 예측함과 동시에 대책을 세워나가는 방법
이상위험도분석(FMECA) 기법(Failure Modes Effects and Criticality Analysis)	공정 및 설비의 고장의 형태 및 영향, 고장형태별 위험도 순위 등을 결정하는 방법
결함수분석(FTA)기법 (Fault Tree Analysis)	사고의 원인이 되는 장치의 이상이나 고장의 다양한 조합 및 작업자 실수 원인을 연역적으로 분석하는 방법
사건수 분석(ETA)기법 (Event Tree Analysis)	초기사건으로 알려진 특정한 장치의 이상 또는 운전자의 실수에 의해 발생되는 잠재적인 사고결과를 정량(定量)적으로 평가·분석하는 방법
원인결과분석(CCA)기법 (Cause-Consequence Analysis)	잠재된 사고의 결과 및 사고의 근본적인 원인을 찾아내고 사고결과와 원인 사이의 상호 관계를 예측하여 위험성을 정량(定量)적으로 평가하는 방법

> **참고**
>
> * 안전성검토법 (Safety Review)
> 공장의 운전 및 유지 절차가 설계목적과 기준에 부합되는지를 확인하는 것을 그 목적으로 하며 결과의 형태로 검사보고서를 작성하는 위험성평가기법이다.
>
> * 정성적 위험성평가
> 어떠한 위험요소가 존재하는지를 찾아내는 위험성 평가 방법이다. 체크리스트(Checklist), 사고 예상 질문 분석(what-if), 상대위험순위(dow and mondindices), 위험과 운전분석(HAZOP), PHA, FMEA, 작업자 실수 분석(human error analysis)등이 있다.
>
> * 정량적 위험성평가
> ① 공학적 평가법과 수학적 기법에 기초하여 설비 또는 운전과 관련된 사고위험의 예상 빈도 및 심도를 모두 고려하여 위험도를 평가하는 방법
> ② 관심 있는 위험도에 대한 빈도와 심도 모두를 고려하여 위험도를 평가하는 방법
> ③ 위험요소를 확률적으로 분석하는 평가방법이다. 결함수분석(FTA), 사건수분석(ETA), 원인-결과분석(cause-consequence analysis), 피해 영향 범위 산정기법 등이 있다.

예비위험분석(PHA)기법 (Preliminary Hazard Analysis)	공정 또는 설비 등에 관한 상세한 정보를 얻을 수 없는 상황에서 위험물질과 공정 요소에 초점을 맞추어 초기위험을 확인하는 방법
공정위험분석(PHR)기법 (Process Hazard Review)	기존설비 또는 공정안전보고서를 제출·심사 받은 설비에 대하여 설비의 설계·건설·운전 및 정비의 경험을 바탕으로 위험성을 평가·분석하는 방법

③ 안전운전계획
- 안전운전지침서
- 설비점검·검사 및 보수계획, 유지계획 및 지침서
- 안전작업허가
- 도급업체 안전관리계획
- 근로자 등 교육계획
- 가동 전 점검지침
- 변경요소 관리계획
- 자체감사 및 사고조사계획
- 그 밖에 안전운전에 필요한 사항

④ 비상조치계획
- 비상조치를 위한 장비·인력보유현황
- 사고발생 시 각 부서·관련 기관과의 비상연락체계
- 사고발생 시 비상조치를 위한 조직의 임무 및 수행 절차
- 비상조치계획에 따른 교육계획
- 주민홍보계획
- 그 밖에 비상조치 관련 사항

3 물질안전보건자료(MSDS : Material Safety Data Sheet)

(1) 물질안전보건자료의 작성 및 제출 ★★

화학물질 또는 이를 함유한 혼합물로서 "물질안전보건자료대상물질"을 제조하거나 수입하려는 자는 다음 각 호의 사항을 적은 물질안전보건자료를 고용노동부령으로 정하는 바에 따라 작성하여 고용노동부장관에게 제출하여야 한다. 이 경우 고용노동부장관은 고용노동부령으로 물질안전보건자료의 기재 사항이나 작성 방법을 정할 때 「화학물질관리법」 및 「화학물질의 등록 및 평가 등에 관한 법률」과 관련된 사항에 대해서는 환경부장관과 협의하여야 한다.

물질안전보건자료에 적어야 하는 사항 ★★

1. 제품명
2. 물질안전보건자료 대상물질을 구성하는 화학물질 중 유해인자의 분류기준에 해당하는 화학물질의 명칭 및 함유량
3. 안전 및 보건상의 취급 주의 사항
4. 건강 및 환경에 대한 유해성, 물리적 위험성
5. 물리·화학적 특성 등 고용노동부령으로 정하는 사항
   ① 물리·화학적 특성
   ② 독성에 관한 정보
   ③ 폭발·화재 시의 대처방법
   ④ 응급조치 요령
   ⑤ 그 밖에 고용노동부장관이 정하는 사항

물질안전보건자료의 작성항목(Data Sheet 16가지 항목) ★★

1. 화학제품과 회사에 관한 정보
2. 유해·위험성
3. 구성성분의 명칭 및 함유량
4. 응급조치요령
5. 폭발·화재 시 대처방법
6. 누출사고 시 대처방법
7. 취급 및 저장방법
8. 노출방지 및 개인 보호구
9. 물리화학적 특성
10. 안정성 및 반응성
11. 독성에 관한 정보
12. 환경에 미치는 영향
13. 폐기 시 주의사항
14. 운송에 필요한 정보
15. 법적규제 현황
16. 기타 참고사항

참고

※ 물질안전보건자료의 작성 및 제출

1. 물질안전보건자료대상물질을 제조·수입하려는 자가 물질안전보건자료를 작성하는 경우에는 그 물질안전보건자료의 신뢰성이 확보될 수 있도록 인용된 자료의 출처를 함께 적어야 한다.
2. 물질안전보건자료 및 화학물질의 명칭 및 함유량에 관한 자료는 물질안전보건자료대상물질을 제조하거나 수입하기 전에 공단에 제출해야 한다.
3. 물질안전보건자료를 공단에 제출하는 경우에는 공단이 구축하여 운영하는 물질안전보건자료시스템을 통한 전자적 방법으로 제출해야 한다. 다만, 물질안전보건자료시스템이 정상적으로 운영되지 않거나 신청인이 물질안전보건자료시스템을 이용할 수 없는 등의 부득이한 사유가 있는 경우에는 전자적 기록매체에 수록하여 직접 또는 우편으로 제출할 수 있다.

참고

※ 물질안전보건자료의 작성 및 제출

1. 물질안전보건자료 대상물질을 제조하거나 수입하려는 자는 물질안전보건자료 대상물질을 구성하는 화학물질 중 유해인자의 분류기준에 해당하지 아니하는 화학물질의 명칭 및 함유량을 고용노동부장관에게 별도로 제출하여야 한다. 다만, 다음 각 호의 어느 하나에 해당하는 경우는 그러하지 아니하다.

합격의 key

유해인자의 분류기준에 해당하지 아니하는 화학물질의 명칭 및 함유량을 고용노동부장관에게 제출하지 않아도 되는 경우

① 제출된 물질안전보건자료에 화학물질의 명칭 및 함유량이 전부 포함된 경우
② 물질안전보건자료 대상물질을 수입하려는 자가 물질안전보건자료 대상물질을 국외에서 제조하여 우리나라로 수출하려는 자("국외제조자")로부터 물질안전보건자료에 적힌 화학물질 외에는 유해인자의 분류기준에 해당하는 화학물질이 없음을 확인하는 내용의 서류를 받아 제출한 경우

2. 물질안전보건자료 대상물질을 제조하거나 수입한 자는 물질안전보건자료에 적어야 하는 사항 중 다음 각 호의 사항 중 어느 하나가 변경된 경우 그 변경 사항을 반영한 물질안전보건자료를 고용노동부장관에게 제출하여야 한다.
   가. 제품명(구성성분의 명칭 및 함유량의 변경이 없는 경우로 한정한다)
   나. 물질안전보건자료대상물질을 구성하는 화학물질 중 화학물질의 명칭 및 함유량(제품명의 변경 없이 구성성분의 명칭 및 함유량만 변경된 경우로 한정한다)
   다. 건강 및 환경에 대한 유해성, 물리적 위험성

3. 물질안전보건자료대상물질을 제조하거나 수입하는 자는 변경사항을 반영한 물질안전보건자료를 지체 없이 공단에 제출해야 한다.

(2) 물질안전보건자료의 제공

① 물질안전보건자료 대상물질을 양도하거나 제공하는 자는 이를 양도받거나 제공받는 자에게 물질안전보건자료를 제공하여야 한다.
② 물질안전보건자료 대상물질을 제조하거나 수입한 자는 이를 양도받거나 제공받은 자에게 변경된 물질안전보건자료를 제공하여야 한다.
③ 물질안전보건자료를 제공하는 경우에는 물질안전보건자료시스템 제출 시 부여된 번호를 해당 물질안전보건자료에 반영하여 물질안전보건자료대상물질과 함께 제공하거나 그 밖에 고용노동부장관이 정하여 고시한 바에 따라 제공해야 한다.
④ 동일한 상대방에게 같은 물질안전보건자료대상물질을 2회 이상 계속하여 양도 또는 제공하는 경우에는 해당 물질안전보건자료대상물질에 대한 물질안전보건자료의 변경이 없으면 추가로 물질안전보건자료를 제공하지 않을 수 있다. 다만, 상대방이 물질안전보건자료의 제공을 요청한 경우에는 그렇지 않다.

물질안전보건자료 작성 제외 대상 ✰✰

1. 「건강기능식품에 관한 법률」에 따른 건강기능식품
2. 「농약관리법」에 따른 농약
3. 「마약류 관리에 관한 법률」에 따른 마약 및 향정신성의약품
4. 「비료관리법」에 따른 비료
5. 「사료관리법」에 따른 사료
6. 「생활주변방사선 안전관리법」에 따른 원료물질
7. 「생활화학제품 및 살생물제의 안전관리에 관한 법률」에 따른 안전확인대상 생활화학제품 및 살생물제품 중 일반소비자의 생활용으로 제공되는 제품
8. 「식품위생법」에 따른 식품 및 식품첨가물
9. 「약사법」에 따른 의약품 및 의약외품
10. 「원자력안전법」에 따른 방사성물질
11. 「위생용품 관리법」에 따른 위생용품
12. 「의료기기법」에 따른 의료기기
12의2. 「첨단재생의료 및 첨단바이오의약품 안전 및 지원에 관한 법률」에 따른 첨단바이오의약품
13. 「총포·도검·화약류 등의 안전관리에 관한 법률」에 따른 화약류
14. 「폐기물관리법」에 따른 폐기물
15. 「화장품법」에 따른 화장품
16. 제1호부터 제15호까지의 규정 외의 화학물질 또는 혼합물로서 일반소비자의 생활용으로 제공되는 것(일반소비자의 생활용으로 제공되는 화학물질 또는 혼합물이 사업장 내에서 취급되는 경우를 포함한다)
17. 고용노동부장관이 정하여 고시하는 연구·개발용 화학물질 또는 화학제품. 이 경우 법 제110조제1항부터 제3항까지의 규정에 따른 자료의 제출만 제외된다.
18. 그 밖에 고용노동부장관이 독성·폭발성 등으로 인한 위해의 정도가 적다고 인정하여 고시하는 화학물질

실력이 되고! 합격이 되는! 특급 암기법

<u>비료로 농 사</u>지은 식품, 건강식품, 위생용품 폐기물에서 <u>화약, 방사성 원료물질</u> 나와서 <u>소비자용 의료기기, 첨단 의약품, 마약, 화장품</u>으로 치료했다.

(3) 물질안전보건자료의 일부 비공개 승인

① 영업비밀과 관련되어 화학물질의 명칭 및 함유량을 물질안전보건자료에 적지 아니하려는 자는 고용노동부령으로 정하는 바에 따라 고용노동부장관에게 신청하여 승인을 받아 해당 화학물질의 명칭 및 함유량을 대체할 수 있는 대체자료로 적을 수 있다. 다만, 근로자에게 중대한 건강장해를 초래할 우려가 있는 화학물질로서 산업재해보상보험 및 예방심의위원회의 심의를 거쳐 고용노동부장관이 고시하는 것은 그러하지 아니하다.

참고

* **물질안전보건자료의 일부 비공개 승인**

1. **고용노동부장관은** 승인 신청을 받은 경우 고용노동부령으로 정하는 바에 따라 화학물질의 명칭 및 함유량의 대체 필요성, 대체자료의 적합성 및 물질안전보건자료의 적정성 등을 검토하여 승인 여부를 결정하고 신청인에게 그 결과를 통보하여야 한다.
2. **고용노동부장관은** 승인에 관한 기준을 산업재해보상보험 및 예방심의위원회의 심의를 거쳐 정한다.
3. **고용노동부장관은** 유효기간이 만료되는 경우에도 계속하여 대체자료로 적으려는 자가 그 유효기간의 연장승인을 신청하면 유효기간이 만료되는 다음 날부터 5년 단위로 그 기간을 계속하여 연장 승인할 수 있다.
4. 신청인은 승인 또는 연장승인에 관한 결과에 대하여 **고용노동부령으로** 정하는 바에 따라 고용노동부장관에게 이의신청을 할 수 있다.
5. **고용노동부장관은** 이의신청에 대하여 고용노동부령으로 정하는 바에 따라 승인 또는 연장 승인 여부를 결정하고 그 결과를 신청인에게 통보하여야 한다.

> **참고**
>
> * 물질안전보건자료에 적지 아니한 정보의 제공을 요구할 수 있는 경우
> 1. 보건관리자가 대상 화학물질로 인하여 근로자에게 직업병 발생 등 중대한 건강상의 장해가 발생할 우려가 있다고 판단하는 경우
> 2. 의사 또는 산업보건의가 근로자의 치료를 위하여 필요하다고 판단하는 경우
> 3. 대상 화학물질로 인하여 근로자에게 직업병 발생 등 중대한 건강상의 장해가 발생해 해당 근로자나 근로자대표가 정보제공을 요구하는 것이 필요하다고 판단하는 경우

② 승인의 유효기간은 승인을 받은 날부터 5년으로 한다. ✯
③ 고용노동부장관은 다음 각 호의 어느 하나에 해당하는 경우에는 승인 또는 연장승인을 취소할 수 있다. 다만, ①의 경우에는 그 승인 또는 연장승인을 취소하여야 한다.

승인 또는 연장승인을 취소할 수 있는 경우
① 거짓이나 그 밖의 부정한 방법으로 승인 또는 연장승인을 받은 경우 ② 승인 또는 연장승인을 받은 화학물질이 근로자에게 중대한 건강장해를 초래할 우려가 있는 화학물질에 해당하게 된 경우

④ 다음 각 호의 어느 하나에 해당하는 자는 근로자의 안전 및 보건을 유지하거나 직업성 질환 발생 원인을 규명하기 위하여 근로자에게 중대한 건강장해가 발생하는 등 고용노동부령으로 정하는 경우에는 물질안전보건자료 대상물질을 제조하거나 수입한 자에게 대체자료로 적힌 화학물질의 명칭 및 함유량 정보를 제공할 것을 요구할 수 있다. 이 경우 정보 제공을 요구받은 자는 고용노동부장관이 정하여 고시하는 바에 따라 정보를 제공하여야 한다.

근로자의 안전 및 보건을 유지, 직업성 질환 발생원인 규명을 위하여 대체자료를 제공할 것을 제조자 및 수입자에게 요구할 수 있는 자 ✯
① 근로자를 진료하는 「의료법」에 따른 의사 ② 보건관리자 및 보건관리전문기관 ③ 산업보건의 ④ 근로자대표 ⑤ 역학조사 실시 업무를 위탁받은 기관 ⑥ 「산업재해보상보험법」 업무상질병판정위원회

> **참고**
>
> * 국외제조자가 선임한 자에 의한 정보 제출
> ① 국외제조자는 고용노동부령으로 정하는 요건을 갖춘 자를 선임하여 물질안전보건자료 대상물질을 수입하는 자를 갈음하여 다음 각 호에 해당하는 업무를 수행하도록 할 수 있다.
>
> | 국외제조자가 선임한 자의 업무 수행 내용 |
> |---|
> | ① 물질안전보건자료의 작성·제출
② 화학물질의 명칭 및 함유량 또는 분류기준에 해당하지 아니하는 화학물질의 명칭 및 함유량에 따른 확인 서류의 제출
③ 대체자료 기재 승인, 유효기간 연장승인 및 이의신청 |
>
> ② 선임된 자는 고용노동부장관에게 물질안전보건자료를 제출하는 경우 그 물질안전보건자료를 해당 물질안전보건자료 대상물질을 수입하는 자에게 제공하여야 한다.

(4) 물질안전보건자료의 게시 및 교육 ✯✯

① 물질안전보건자료대상물질을 취급하는 사업주는 다음 각 호의 어느 하나에 해당하는 장소 또는 전산장비에 항상 물질안전보건자료를 게시하거나 갖추어 두어야 한다. 다만, 장비에 게시하거나 갖추어 두는 경우에는 고용노동부장관이 정하는 조치를 해야 한다.

물질안전보건자료를 게시 또는 비치하여야 하는 장소

- 물질안전보건자료 대상물질을 취급하는 작업공정이 있는 장소
- 작업장 내 근로자가 가장 보기 쉬운 장소
- 근로자가 작업 중 쉽게 접근할 수 있는 장소에 설치된 전산장비

② 건설공사, 임시 작업 또는 단시간 작업에 대해서는 물질안전보건자료대상물질의 관리 요령으로 대신 게시하거나 갖추어 둘 수 있다. 다만, 근로자가 물질안전보건자료의 게시를 요청하는 경우에는 제1항에 따라 게시해야 한다.

③ 사업주는 물질안전보건자료 대상물질을 취급하는 작업공정별로 고용노동부령으로 정하는 바에 따라 물질안전보건자료 대상물질의 관리요령을 게시하여야 한다.(작업공정별 관리 요령은 유해성·위험성이 유사한 물질안전보건자료대상물질의 그룹별로 작성하여 게시할 수 있다)

물질안전보건자료대상물질의 작업공정별 관리요령에 포함사항

- 제품명
- 건강 및 환경에 대한 유해성, 물리적 위험성
- 안전 및 보건상의 취급주의 사항
- 적절한 보호구
- 응급조치 요령 및 사고 시 대처방법

> ③ 선임된 자는 고용노동부령으로 정하는 바에 따라 국외제조자에 의하여 선임되거나 해임된 사실을 고용노동부장관에게 신고하여야 한다.

비교합시다!

물질안전보건자료에 적어야 하는 사항 ★★

1. 제품명
2. 물질안전보건자료 대상물질을 구성하는 화학물질 중 유해인자의 분류기준에 해당하는 화학물질의 명칭 및 함유량
3. 안전 및 보건상의 취급 주의 사항
4. 건강 및 환경에 대한 유해성, 물리적 위험성
5. 물리·화학적 특성 등 고용노동부령으로 정하는 사항
   ① 물리·화학적 특성
   ② 독성에 관한 정보
   ③ 폭발·화재 시의 대처방법
   ④ 응급조치 요령
   ⑤ 그 밖에 고용노동부장관이 정하는 사항

④ 사업주는 다음 각 호의 어느 하나에 해당하는 경우에는 작업장에서 취급하는 물질안전보건자료대상물질의 내용을 근로자에게 교육하고 교육을 실시하였을 때에는 교육시간 및 내용 등을 기록하여 보존해야 한다. 이 경우 교육받은 근로자에 대해서는 해당 교육 시간만큼 안전·보건교육을 실시한 것으로 본다.(유해성·위험성이 유사한 물질안전보건자료대상물질을 그룹별로 분류하여 교육할 수 있다)

물질안전보건자료 대상물질의 내용을 근로자에게 교육하여야 하는 경우
① 물질안전보건자료 대상물질을 제조·사용·운반 또는 저장하는 작업에 근로자를 배치하게 된 경우 ② 새로운 물질안전보건자료대상물질이 도입된 경우 ③ 유해성·위험성 정보가 변경된 경우

물질안전보건자료에 관한 교육내용 ✿
① 대상 화학물질의 명칭(또는 제품명) ② 물리적 위험성 및 건강 유해성 ③ 취급상의 주의사항 ④ 적절한 보호구 ⑤ 응급조치 요령 및 사고 시 대처방법 ⑥ 물질안전보건자료 및 경고표지를 이해하는 방법

(5) 물질안전보건자료 대상물질 용기 등의 경고표시 ✿✿

① 물질안전보건자료 대상물질을 양도하거나 제공하는 자는 고용노동부령으로 정하는 방법에 따라 이를 담은 용기 및 포장에 경고표시를 하여야한다. 다만, 용기 및 포장에 담는 방법 외의 방법으로 물질안전보건자료 대상물질을 양도하거나 제공하는 경우에는 고용노동부장관이 정하여 고시한 바에 따라 경고표시 기재 항목을 적은 자료를 제공하여야 한다.
② 사업주는 사업장에서 사용하는 물질안전보건자료 대상물질을 담은 용기에 고용노동부령으로 정하는 방법에 따라 경고표시를 하여야 한다. 다만, 용기에 이미 경고표시가 되어있는 등 고용노동부령으로 정하는 경우에는 그러하지 아니하다.

(6) 작성원칙

① MSDS는 한글로 작성하는 것을 원칙으로 하되 화학물질명, 외국기관명 등의 고유명사는 영어로 표기할 수 있다. ✮

② 제1항에도 불구하고 실험실에서 시험·연구목적으로 사용하는 시약으로서 MSDS가 외국어로 작성된 경우에는 한국어로 번역하지 아니할 수 있다.

③ 시험결과를 반영하고자 하는 경우에는 해당국가의 우량실험기준(GLP)에 따라 수행한 시험결과를 우선적으로 고려하여야 한다.

④ 외국어로 되어있는 MSDS를 번역하는 경우에는 자료의 신뢰성이 확보될 수 있도록 최초 작성기관명 및 시기를 함께 기재하여야 하며, 다른 형태의 관련 자료를 활용하여 MSDS를 작성하는 경우에는 참고문헌의 출처를 기재하여야 한다.

⑤ MSDS 작성에 필요한 용어, 작성에 필요한 기술지침은 한국산업안전보건공단이 정할 수 있다.

⑥ MSDS의 작성단위는 「계량에 관한 법률」이 정하는 바에 의한다. ✮

⑦ 각 작성항목은 빠짐없이 작성하여야 한다. 다만, 부득이 어느 항목에 대해 관련 정보를 얻을 수 없는 경우에는 작성란에 "자료없음"이라고 기재하고, 적용이 불가능하거나 대상이 되지 않는 경우에는 작성란에 "해당없음"이라고 기재한다. ✮

⑧ 구성 성분의 함유량을 기재하는 경우에는 함유량의 ± 5%의 범위에서 함유량의 범위(하한값~상한값)로 함유량을 대신하여 표시할 수 있다. 이 경우 함유량이 5% 미만인 경우에는 그 하한값을 1%[발암성 물질, 생식세포 변이원성 물질은 0.1%, 호흡기과민성 물질(가스인 경우에 한함) 0.2%, 생식독성 물질은 0.3%]이상으로 표시한다.

⑨ 사업주가 MSDS를 작성할 때에는 취급근로자의 건강보호 목적에 맞도록 성실하게 작성하여야 한다.

합격의 key

참고

* 중대한 건강장해 우려 화학물질의 유해성·위험성 조사
① 고용노동부장관은 근로자의 건강장해를 예방하기 위하여 필요하다고 인정할 때에는 고용노동부령으로 정하는 바에 따라 암 또는 그밖에 중대한 건강장해를 일으킬 우려가 있는 화학물질을 제조·수입하는 자 또는 사용하는 사업주에게 해당 화학물질의 유해성·위험성 조사와 그 결과의 제출 또는 유해성·위험성 평가에 필요한 자료의 제출을 명할 수 있다.
② 화학물질의 유해성·위험성 조사 명령을 받은 자는 유해성·위험성 조사 결과 해당 화학물질로 인한 근로자의 건강장해가 우려되는 경우 근로자의 건강장해를 예방하기 위하여 시설·설비의 설치 또는 개선 등 필요한 조치를 하여야 한다.
③ 고용노동부장관은 제출된 조사 결과 및 자료를 검토하여 근로자의 건강장해를 예방하기 위하여 필요하다고 인정하는 경우에는 해당 화학물질을 제구분하여 관리하거나 해당 화학물질을 제조·수입한 자 또는 사용하는 사업주에게 근로자의 건강장해 예방을 위한 시설·설비의 설치 또는 개선 등 필요한 조치를 하도록 명할 수 있다.

* 중대한 건강장해 우려 화학물질의 유해성·위험성 조사결과 등의 제출)
① 화학물질의 유해성·위험성 조사결과의 제출을 명령받은 자는 화학물질의 유해성·위험성 조사결과서에 다음 각 호의 서류 및 자료를 첨부하여 명령을 받은 날부터 45일 이내에 고용노동부장관에게 제출해야 한다. 다만, 고용노동

4 신규화학물질의 유해성·위험성 조사보고서

(1) 신규화학물질의 유해성 · 위험성 조사보고서의 제출

1) 대통령령으로 정하는 화학물질 외의 화학물질("신규화학물질")을 제조하거나 수입하려는 자는 신규화학물질에 의한 근로자의 건강장해를 예방하기 위하여 그 신규화학물질의 유해성·위험성을 조사하고 그 조사보고서를 고용노동부장관에게 제출하여야 한다. 다만, 다음 각 호의 어느 하나에 해당하는 경우에는 그러하지 아니하다.

> **신규화학물질의 유해성·위험성 조사보고서를 제출하지 않아도 되는 경우**
>
> 1. 일반 소비자의 생활용으로 제공하기 위하여 신규화학물질을 수입하는 경우로서 고용노동부령으로 정하는 경우
>   ① 해당 신규화학물질이 완성된 제품으로서 국내에서 가공하지 않는 경우
>   ② 해당 신규화학물질의 포장 또는 용기를 국내에서 변경하지 않거나 국내에서 포장하거나 용기에 담지 않는 경우
>   ③ 해당 신규화학물질이 직접 소비자에게 제공되고 국내의 사업장에서 사용되지 않는 경우
>
> 2. 신규화학물질의 수입량이 소량(신규화학물질의 연간 수입량이 100킬로그램 미만인 경우로서 고용노동부장관의 확인을 받은 경우)이거나 그 밖에 위해의 정도가 적다고 인정되는 경우로서 고용노동부령으로 정하는 경우(다음 각 호의 어느 하나에 해당하는 경우로서 고용노동부장관의 확인을 받은 경우)
>   ① 제조하거나 수입하려는 신규화학물질이 시험·연구를 위하여 사용되는 경우
>   ② 신규화학물질을 전량 수출하기 위하여 연간 10톤 이하로 제조하거나 수입하는 경우
>   ③ 신규화학물질이 아닌 화학물질로만 구성된 고분자화합물로서 고용노동부장관이 정하여 고시하는 경우

참고

유해성·위험성 조사 제외 화학물질

1. 원소
2. 천연으로 산출된 화학물질
3. 「건강기능식품에 관한 법률」에 따른 건강기능식품
4. 「군수품관리법」 및 「방위사업법」에 따른 군수품
   [「군수품관리법」 제3조에 따른 통상품(痛常品)은 제외한다]
5. 「농약관리법」에 따른 농약 및 원제
6. 「마약류 관리에 관한 법률」에 따른 마약류
7. 「비료관리법」에 따른 비료
8. 「사료관리법」에 따른 사료
9. 「생활화학제품 및 살생물제의 안전관리에 관한 법률」에 따른 살생물 물질 및 살생물 제품
10. 「식품위생법」에 따른 식품 및 식품첨가물
11. 「약사법」에 따른 의약품 및 의약외품(醫藥外品)
12. 「원자력안전법」에 따른 방사성물질
13. 「위생용품 관리법」에 따른 위생용품
14. 「의료기기법」에 따른 의료기기
15. 「총포·도검·화약류 등의 안전관리에 관한 법률」에 따른 화약류
16. 「화장품법」에 따른 화장품과 화장품에 사용하는 원료
17. 고용노동부장관이 명칭, 유해성·위험성, 근로자의 건강장해 예방을 위한 조치 사항 및 연간 제조량·수입량을 공표한 물질로서 공표된 연간 제조량·수입량 이하로 제조하거나 수입한 물질
18. 고용노동부장관이 환경부장관과 협의하여 고시하는 화학물질 목록에 기록되어 있는 물질

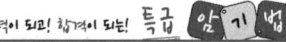

비료로 농 사지은 식품, 건강식품, 군수품, 위생용품에서 화약, 방사성물질 나와서 의료기기, 의약품, 마약, 화장품으로 치료했더니 천연 원소인 살생물의 위험조사 제외됐다.

합격의 key

부장관은 독성시험 성적에 관한 서류의 경우 해당 화학물질의 시험에 상당한 시일이 걸리는 등 기한 내에 제출할 수 없는 부득이한 사유가 있을 때에는 30일의 범위에서 제출기한을 연장할 수 있다.

1. 해당 화학물질의 안전·보건에 관한 자료
2. 해당 화학물질의 독성시험 성적서
3. 해당 화학물질의 제조 또는 사용·취급방법을 기록한 서류 및 제조 또는 사용 공정도(工程圖)
4. 그 밖에 해당 화학물질의 유해성·유험성과 관련된 서류 및 자료

② 유해성·위험성 평가에 필요한 자료의 제출 명령을 받은 사람은 명령을 받은 날부터 45일 이내에 해당 자료를 고용노동부장관에게 제출해야 한다.

---

2) 신규화학물질을 제조하거나 수입하려는 자는 제조하거나 수입하려는 날 30일(연간 제조하거나 수입하려는 양이 100킬로그램 이상 1톤 미만인 경우에는 14일) 전까지 신규화학물질 유해성·위험성 조사보고서를 첨부하여 고용노동부장관에게 제출하여야 한다(다만, 그 신규화학물질을 「화학물질의 등록 및 평가 등에 관한 법률」에 따라 환경부장관에게 등록한 경우에는 고용노동부장관에게 유해성·위험성 조사보고서를 제출한 것으로 본다). ✿✿

3) 신규화학물질 제조자 등은 유해성·위험성을 조사한 결과 해당 신규화학물질에 의한 근로자의 건강장해를 예방하기 위하여 필요한 조치를 하여야 하는 경우 이를 즉시 시행하여야 한다.

4) 고용노동부장관은 신규화학물질의 유해성·위험성 조사보고서가 제출되면 고용노동부령으로 정하는 바에 따라 그 신규화학물질의 명칭, 유해성·위험성, 근로자의 건강장해 예방을 위한 조치 사항 등을 공표하고 관계 부처에 통보하여야 한다.

5) 고용노동부장관은 유해성·위험성 조사보고서 또는 환경부장관으로부터 제공받은 신규화학물질 등록자료 및 유해성심사 결과를 검토한 결과 필요한 조치를 명하려는 경우에는 유해성·위험성 조사보고서를 제출받은 날 또는 환경부장관으로부터 신규화학물질 등록자료 및 유해성심사 결과를 제공받은 날부터 30일(연간 제조하거나 수입하려는 양이 100킬로그램 이상 1톤 미만인 경우에는 14일) 이내에 유해성·위험성 조사보고서를 제출한 자 또는 유해성·위험성 조사보고서를 제출한 것으로 보는 자에게 신규화학물질의 유해성·위험성 조치사항을 통지해야 한다. 다만, 추가 검토에 필요한 자료제출을 요청한 경우에는 그 자료를 제출받은 날부터 30일(연간 제조하거나 수입하려는 양이 100킬로그램 이상 1톤 미만인 경우에는 14일) 이내에 서식에 따라 유해성·위험성 조치사항을 통지해야 한다.

6) 고용노동부장관은 환경부장관으로부터 받은 서류 등을 검토한 결과 필요한 조치를 명하려는 경우에는 유해성·위험성 조치사항 통지서를 작성하여 환경부장관에게 송부하여야 한다.

7) 고용노동부장관은 제출된 신규화학물질의 유해성·위험성 조사보고서를 검토한 결과 근로자의 건강장해 예방을 위하여 필요하다고 인정할 때에는 신규화학물질 제조자 등에게 시설·설비를 설치·정비하고 보호구를 갖추어 두는 등의 조치를 하도록 명할 수 있다.

8) 신규화학물질 제조자 등이 신규화학물질을 양도하거나 제공하는 경우에는 근로자의 건강장해 예방을 위하여 조치하여야 할 사항을 기록한 서류를 함께 제공하여야 한다.

물질안전보건자료

1. 화학물질 또는 이를 함유한 혼합물로서 "물질안전보건자료대상물질"을 제조하거나 수입하려는 자는 다음 각 호의 사항을 적은 물질안전보건자료를 고용노동부령으로 정하는 바에 따라 작성하여 고용노동부장관에게 제출하여야 한다.

물질안전보건자료에 적어야 하는 사항(기재사항) ★★

1. 제품명
2. 물질안전보건자료 대상물질을 구성하는 화학물질 중 유해인자의 분류기준에 해당하는 화학물질의 명칭 및 함유량
3. 안전 및 보건상의 취급 주의 사항
4. 건강 및 환경에 대한 유해성, 물리적 위험성
5. 물리·화학적 특성 등 고용노동부령으로 정하는 사항
   ① 물리·화학적 특성
   ② 독성에 관한 정보
   ③ 폭발·화재 시의 대처방법
   ④ 응급조치 요령
   ⑤ 그 밖에 고용노동부장관이 정하는 사항

물질안전보건자료의 작성항목(Data Sheet 16가지 항목) ★★

1. 화학제품과 회사에 관한 정보
2. 유해·위험성
3. 구성성분의 명칭 및 함유량
4. 응급조치요령
5. 폭발·화재 시 대처방법
6. 누출사고 시 대처방법
7. 취급 및 저장방법
8. 노출방지 및 개인보호구
9. 물리화학적 특성
10. 안정성 및 반응성
11. 독성에 관한 정보
12. 환경에 미치는 영향
13. 폐기 시 주의사항
14. 운송에 필요한 정보
15. 법적규제 현황
16. 기타 참고사항

핵심요약 시험에 강하다!

물질안전보건자료 작성 제외 대상 ☆☆

1. 「건강기능식품에 관한 법률」에 따른 건강기능식품
2. 「농약관리법」에 따른 농약
3. 「마약류 관리에 관한 법률」에 따른 마약 및 향정신성의약품
4. 「비료관리법」에 따른 비료
5. 「사료관리법」에 따른 사료
6. 「생활주변방사선 안전관리법」에 따른 원료물질
7. 「생활화학제품 및 살생물제의 안전관리에 관한 법률」에 따른 안전확인대상 생활화학제품 및 살생물제품 중 일반소비자의 생활용으로 제공되는 제품
8. 「식품위생법」에 따른 식품 및 식품첨가물
9. 「약사법」에 따른 의약품 및 의약외품
10. 「원자력안전법」에 따른 방사성물질
11. 「위생용품 관리법」에 따른 위생용품
12. 「의료기기법」에 따른 의료기기
12의2. 「첨단재생의료 및 첨단바이오의약품 안전 및 지원에 관한 법률」에 따른 첨단바이오의약품
13. 「총포·도검·화약류 등의 안전관리에 관한 법률」에 따른 화약류
14. 「폐기물관리법」에 따른 폐기물
15. 「화장품법」에 따른 화장품
16. 제1호부터 제15호까지의 규정 외의 화학물질 또는 혼합물로서 일반소비자의 생활용으로 제공되는 것(일반소비자의 생활용으로 제공되는 화학물질 또는 혼합물이 사업장 내에서 취급되는 경우를 포함한다)
17. 고용노동부장관이 정하여 고시하는 연구·개발용 화학물질 또는 화학제품. 이 경우 법 제110조 제1항부터 제3항까지의 규정에 따른 자료의 제출만 제외된다.
18. 그 밖에 고용노동부장관이 독성·폭발성 등으로 인한 위해의 정도가 적다고 인정하여 고시하는 화학물질

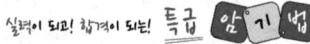

비료로 농 사지은 식품, 건강식품, 위생용품 폐기물에서 화약, 방사성 원료물질 나와서 소비자용 의료 기기, 첨단 의약품, 마약, 화장품으로 치료했다.

2. 물질안전보건자료 대상물질을 양도하거나 제공하는 자는 이를 양도받거나 제공받는 자에게 물질안전보건자료를 제공하여야 한다.

3. 물질안전보건자료 대상물질을 취급하려는 사업주는 작성하였거나 제공받은 물질안전보건자료를 고용노동부령으로 정하는 방법에 따라 물질안전보건자료 대상물질을

취급하는 작업장 내에 이를 취급하는 근로자가 쉽게 볼 수 있는 장소에 게시하거나 갖추어 두어야 하며, 작업공정별로 물질안전보건자료 대상물질의 관리요령을 게시하여야 한다.

물질안전보건자료를 게시 또는 비치하여야 하는 장소
• 물질안전보건자료 대상물질을 취급하는 작업공정이 있는 장소 • 작업장 내 근로자가 가장 보기 쉬운 장소 • 근로자가 작업 중 쉽게 접근할 수 있는 장소에 설치된 전산장비

4. 사업주는 물질안전보건자료 대상물질을 취급하는 근로자의 안전 및 보건을 위하여 고용노동부령으로 정하는 바에 따라 해당 근로자를 교육하는 등 적절한 조치를 하여야 한다.

물질안전보건자료에 관한 교육내용 ★
① 대상 화학물질의 명칭(또는 제품명) ② 물리적 위험성 및 건강 유해성 ③ 취급상의 주의사항 ④ 적절한 보호구 ⑤ 응급조치 요령 및 사고 시 대처방법 ⑥ 물질안전보건자료 및 경고표지를 이해하는 방법

5. 물질안전보건자료 대상물질을 양도하거나 제공하는 자는 고용노동부령으로 정하는 방법에 따라 이를 담은 용기 및 포장에 경고표시를 하여야 하며, 사업장에서 사용하는 물질안전보건자료 대상물질을 담은 용기에 고용노동부령으로 정하는 방법에 따라 경고표시를 하여야 한다.

핵심요약

물질안전보건자료에 적어야 하는 사항 ☆☆	관리요령에 포함사항	교육내용
1. 제품명 2. 물질안전보건자료 대상물질을 구성하는 화학물질 중 유해인자의 분류기준에 해당하는 화학물질의 명칭 및 함유량 3. 안전 및 보건상의 취급 주의사항 4. 건강 및 환경에 대한 유해성, 물리적 위험성 5. 물리·화학적 특성 등 고용노동부령으로 정하는 사항 ① 물리·화학적 특성 ② 독성에 관한 정보 ③ 폭발·화재 시의 대처방법 ④ 응급조치 요령 ⑤ 그 밖에 고용노동부장관이 정하는 사항	1. 제품명 2. 건강 및 환경에 대한 유해성, 물리적 위험성 3. 안전 및 보건상의 취급주의 사항 4. 적절한 보호구 5. 응급조치 요령 및 사고 시 대처방법	1. 대상화학물질의 명칭(또는 제품명) 2. 물리적 위험성 및 건강 유해성 3. 취급상의 주의사항 4. 적절한 보호구 5. 응급조치 요령 및 사고 시 대처방법 6. 물질안전보건자료 및 경고표지를 이해하는 방법

적어야 하는 사항, 관리요령에 포함사항(명칭 및 함유량 제외), 교육내용(명칭 및 함유량 제외)의 공통 내용
1. 제품명(명칭)
2. 명칭 및 함유량
3. 물리적 위험성 및 건강 유해성
4. 취급 주의 사항
5. 응급조치 요령, 사고 시 대처법

CHAPTER 08 단원 예상문제

01 다음 중 물질안전보건자료(MSDS)의 작성 항목이 아닌 것은?

㉮ 유해·위험성
㉯ 물리화학적 특성
㉰ 유해 물질의 제조법
㉱ 누출 사고 시 대처 방법

[해설] **물질안전보건자료의 작성항목**
1. 화학제품과 회사에 관한 정보
2. 유해·위험성
3. 구성 성분의 명칭 및 함유량
4. 응급조치요령
5. 폭발·화재 시 대처 방법
6. 누출 사고 시 대처 방법
7. 취급 및 저장방법
8. 노출 방지 및 개인보호구
9. 물리 화학적 특성
10. 안성성 및 반응성
11. 독성에 관한 정보
12. 환경에 미치는 영향
13. 폐기 시 주의사항
14. 운송에 필요한 정보
15. 법적 규제 현황
16. 기타 참고사항

02 다음 중 유해·위험설비의 설치·이전 시 공정안전보고서의 제출 시기로 옳은 것은?

㉮ 공사 완료 전까지
㉯ 공사 후 시운전 익일까지
㉰ 공사의 착공일 30일 전까지
㉱ 설비 가동 후 30일 내에

[해설] **공정안전보고서의 제출 시기**
사업주는 유해·위험설비의 설치·이전 또는 주요 구조 부분의 변경 공사의 **착공 30일 전까지 공정안전보고서를 2부 작성하여 공단에 제출**하여야 한다.

{참고} **공정안전보고서의 내용**
① 공정안전자료
② 공정 위험성 평가서
③ 안전운전계획
④ 비상조치계획
⑤ 그 밖에 공정상의 안전과 관련하여 노동부장관이 필요하다고 인정하여 고시하는 사항

정답 01 ㉰ 02 ㉰

CHAPTER 09 화재 · 폭발 검토

01 화재 · 폭발 이론 및 발생 이해

주/요/내/용 알/고/가/기

1. 연소의 3요소
2. 인화점과 발화점의 정의
3. 기체, 액체, 고체의 연소의 형태
4. 자연발화를 일으키는 열의 종류
5. 자연발화가 되기 쉬운 조건
6. 혼합위험의 특성
7. 연소범위(폭발범위)
8. 위험도의 계산
9. 완전연소 조성농도

용어정의
* 최소발화에너지
  연소(폭발)한계 내에서 가연성 가스 또는 폭발성 분진을 발화시킬 수 있는 최소의 에너지를 말한다.

기출
* 최소발화에너지에 영향을 미치는 요소
  ① 물질의 조성
  ② 압력
  ③ 온도
  ④ 혼입물

확인 ★
* 온도가 높을수록, 압력이 높을수록 최소발화에너지는 감소한다.

① 연소의 정의

가연성 물질이 공기 중 산소와 결합하여 열과 불꽃을 내며 타는 현상을 말한다.

② 연소의 3요소 ★

① 가연물　　② 열 or 점화원　　③ 산소(공기)

폭발의 성립조건
① 가스 및 분진이 밀폐된 공간 내에 존재할 것
② 가연성 가스, 증기 또는 분진이 폭발범위 내에 존재할 것
③ 점화원이 존재할 것
④ 산소가 존재할 것

③ 인화점(인화온도) ★

- 인화성 액체가 증발하여 공기 중에서 연소 하한 농도 이상의 혼합 기체를 생성할 수 있는 가장 낮은 온도
- 가연성 액체의 액면 가까이에서 인화하는데 충분한 농도의 증기를 발산하는 최저온도
- 공기 중에서 그 액체의 표면 부근에서 불꽃의 전파가 일어나기에 충분한 농도의 증기를 발생시키는 최저온도

4 발화점(발화 온도)

- 착화원 없이 가연성 물질을 대기 중에서 가열함으로써 스스로 연소 혹은 폭발을 일으키는 최저온도
- 가연성 물질을 공기나 산소 중에서 가열한 후 발화 또는 폭발을 일으키기 시작하는 최저온도

5 연소점

점화원의 존재 하에 지속적인 연소를 일으키는 최저온도

6 연소의 분류

(1) 기체, 액체, 고체의 연소의 형태

기체의 연소	확산 연소	가연성 가스가 공기 중에 확산되어 연소하는 형태 예 대부분 가스의 연소
액체의 연소	증발 연소	액체 자체가 연소되는 것이 아니라 액체 표면에서 발생하는 증기가 연소하는 형태 예 대부분 액체의 연소
고체의 연소	표면 연소	가연성 가스를 발생하지 않고 물질 그 자체가 연소하는 형태 예 코크스, 목탄, 금속분 등
	분해 연소	가열 분해에 의해 발생된 가연성 가스가 공기와 혼합되어 연소하는 형태 예 목재, 종이, 석탄, 플라스틱 등 일반 가연물
	증발 연소	고체 가연물이 가열에 의해 발생한 가연성 증기가 연소하는 형태 예 황, 나프탈렌
	자기 연소	자체 내 산소를 함유하고 있어 공기 중 산소를 필요치 않고 연소하는 형태 예 니트로 화합물, 다이너마이트 등

(2) 자연발화

외부 점화원 없이 자체의 열에 의해 발화하는 현상

(3) 자연발화를 일으키는 열의 종류

① 산화열에 의한 발열 : 석탄, 원면, 건성유 등
② 분해열에 의한 발열 : 셀룰로이드, 니트로셀룰로오스
③ 흡착열에 의한 발열 : 활성탄, 목탄 등
④ 미생물에 의한 발열 : 퇴비, 먼지 등

○ 기출

* 그을음 연소
  열분해를 일으키기 쉬운 불안정한 물질로서 열분해로 발생한 휘발분이 점화되지 않을 경우 다량의 발연을 수반하는 연소

참고

* 액면상의 연소확대 양상
① 액온이 인화점보다 높은 경우
  - 예혼합형전파 : 연소범위 내에 화염은 그 증기층을 통해 전파된다.
  - 전파속도 : 액체온도의 증가에 따라 증가된다.
  - 연소속도가 빠르고 화재 크기의 변화가 작다.
② 액온이 인화점보다 낮은 경우
  - 예열형전파 : 액면이 예열되어 점화된 후부터 연소가 확대된다.
  - 화염의 전파 : 표면장력 구동류의 이동속도에 비례해서 화염의 전파속도가 빨라지고 전파속도가 빠를 때 화염의 크기가 변화된다.
  - 일정시간 가열 후 화재가 발생되고 액체의 이동으로 인한 화재 크기의 변화가 많다.

(4) 자연발화가 되기 쉬운 조건 ✦✦
① 표면적이 넓을 것
② 열전도율이 적을 것
③ 주위의 온도가 높을 것
④ 발열량이 클 것
⑤ 수분이 적당량 존재할 것

(5) 자연발화에 영향을 미치는 요인
① 열의 축적
② 열전도율
③ 공기의 유동
④ 발열량
⑤ 수분

(6) 자연발화 방지법 ✦
① 저장소의 온도를 낮출 것
② 산소와의 접촉을 피할 것
③ 통풍 및 환기를 철저히 할 것
④ 습도가 높은 곳에는 저장하지 말 것

(7) 혼합위험의 특성 ✦
① 가압 하에서 발화지연이 짧다.
② 주위온도보다 발화온도가 낮아지면 발화지연이 짧다.
③ 혼합물인 경우 단독물의 혼합보다 발화지연이 짧아진다.
④ 햇빛이나 기타의 빛으로 광분해 반응이 수반될 수 있다.

7 연소범위(폭발범위)

(1) 폭발 한계(폭발범위, 연소범위)
가연성 물질이 공기와 혼합하여 일정 농도 범위 내에서 폭발이 일어날 수 있는 범위를 말한다.

(2) 폭발 하한계 ✦
① 폭발이 시작되는 최저의 용량비를 말한다.
② 가연성 물질의 용량이 폭발하한계보다 낮으면 폭발은 일어나지 않는다.

(3) 폭발 상한계 ✦
① 폭발이 계속되는 최고의 용량비를 말한다.
② 가연성 물질의 용량이 폭발상한계보다 높으면 공기 중 산소가 부족하여 폭발은 중지된다.

용어정의
* 발화지연 (Ignition delay)
발화에 이르는 반응이 시작되고 실제 화염이 생길 때까지의 유도기간

기출
* 폭발범위에 영향을 주는 인자
① 온도
② 압력
③ 공기조성

기출
* 혼합위험의 영향 인자
• 온도
• 압력
• 농도

(4) 온도, 압력과의 관계

① 압력 상승 시는 하한계는 불변, 상한계는 상승한다.
② 온도 상승 시는 하한계는 약간 하강, 상한계는 상승한다.
③ 폭발하한계가 낮을수록, 폭발 상한계는 높을수록 폭발범위가 넓어져 위험하다.

8 위험도의 계산

위험도의 계산

$$위험도(H) = \frac{U_2 - U_1}{U_1}$$

여기서, U_1 : 폭발 하한계(%) U_2 : 폭발 상한계(%)

예제

공기 중에서 수소의 폭발 하한계가 4.0vol%, 상한계가 75.0vol%라면 수소의 위험도는 얼마인가?

해설 위험도(H) = $\frac{U_2 - U_1}{U_1}$ = $\frac{75 - 4}{4}$ = 17.75   * 위험도는 단위가 없습니다.

정답 17.75

9 완전연소 조성 농도(화학 양론 농도, 이론 산소농도)

발열량이 최대이고 폭발 파괴력이 가장 강한 농도를 말한다.

완전연소 조성 농도(화학 양론 농도)

$$C_{st}(Vol\%) = \frac{100}{1 + 4.773\left(n + \frac{m - f - 2\lambda}{4}\right)}$$

여기서, n : 탄소, m : 수소, f : 할로겐 원소, λ : 산소의 원자 수, 4.773 : 공기의 몰수

예제

프로판(C_3H_8)가스가 공기 중 연소할 때의 화학 양론 농도는 약 얼마인가?
(단, 공기 중의 산소 농도는 21%이다)

해설 $C_{st}(Vol\%) = \frac{100}{1 + 4.773\left(n + \frac{m - f - 2\lambda}{4}\right)}$

여기서, n : 탄소, m : 수소, f : 할로겐 원소, λ : 산소의 원자 수

프로판(C_3H_8)에서 n : 3, m : 8, f, λ = 0이므로

C_{st} = $\frac{100}{1 + 4.773(3 + \frac{8}{4})}$ = 4.02(vol%)

정답 4.02(vol%)

참고

1. 단열압축
- 단열상태에서 압력을 가하면 작은 충격에 의해서도 발화가 일어난다.
- 평활한 금속판상에 한 방울의 니트로글리세린을 떨어뜨려 놓고 금속추로 타격을 가할 때 니트로글리세린 중 아주 작은 기포가 존재한 경우, 기포가 존재하지 않은 경우보다 작은 충격에 의해서도 발화가 일어나는 현상

2. 단열압축 현상의 관계식

$$\frac{T_2}{T_1} = \left(\frac{P_2}{P_1}\right)^{\frac{r-1}{r}}$$

r은 공기의 비열비(1.4)

$T_1(K)$: 단열압축 전의 온도(K = 273 + ℃)
$T_2(K)$: 단열압축 후의 온도
P_1(기압) : 단열압축 전의 압력
P_2(기압) : 단열압축 후의 압력

문제

20℃ 1기압의 공기를 압축비 3으로 단열압축 하였을 때, 온도는 약 몇 ℃가 되겠는가?

㉮ 84
㉯ 128
㉰ 182
㉱ 1091

[해설]

$\frac{T_2}{T_1} = \left(\frac{P_2}{P_1}\right)^{\frac{r-1}{r}}$

$T_2 = T_1 \times \left(\frac{P_2}{P_1}\right)^{\frac{r-1}{r}}$

$T_2 = (273 + 20) \times \left(\frac{3}{1}\right)^{\frac{1.4 - 1}{1.4}}$

= 401.04(K) − 273 = 128(℃)

정답 ㉯

참고

※ 화학양론농도
화학반응이 일어날 때 원래의 원자가 없어지거나 새로운 원자가 생겨나지 않으며 반응 전과 후의 원자의 개수와 양은 보존된다는 사실에 바탕을 둔다.

02 소화 원리 이해

> 주/요/내/용 알/고/가/기
> 1. 소화방법
> 2. 소화기의 종류
> 3. 할로겐 화합물 소화기의 소화약제

1 소화방법

(1) 제거 소화

가연물의 제거에 의한 소화방법

예
- 촛불을 입으로 불어 끈다.
- 산불이 진행되는 방향의 나무를 제거한다.
- 가스화재나 전기화재 시 가스공급 밸브나 차단기를 닫는다.

(2) 질식소화

가연물이 연소할 때 공기 중의 산소농도를 21%에서 15% 이하로 낮추어 소화하는 방법

예
- 분말소화기
- 포소화기
- 이산화탄소(CO_2)소화기
- 물의 분무 등

(3) 냉각소화

가연물의 온도를 떨어뜨려 소화하는 방법 or 물의 증발 잠열을 이용하는 방법

예
- 물
- 산알칼리 소화기
- 강화액 소화기

(4) 억제효과(부촉매효과)

연소반응을 억제하는 부촉매를 이용하는 소화방법

예
- 할로겐 화합물 소화기(할론 소화기)

기출
* 화재의 국한대책 ★
  (화재 확대방지 대책)
  ① 가연성 물질의 집적 방지
  ② 건물, 설비의 불연성화
  ③ 일정 공지의 확보
  ④ 방화벽, 방유액의 정비
  ⑤ 위험물 시설의 지하 매설

참고
* Flash over 방지대책
  ① 천장의 불연화 : 천장 및 측벽을 불연화하여 화재의 발전을 지연한다.
  ② 가연물 양의 제한 : 건물 내 가연물의 양을 제한하고 수용 가연물을 불연화, 난연화 한다.
  ③ 개구부의 제한 : 개구 인자가 적으면 Flash over 발생시기가 늦으므로 개구부의 크기를 제한하여 지연시킨다.

* Flash over
  화재가 발생하여 가연성 가스가 천장 근처에 체류 → 가스농도가 증가하여 천장이 화염에 쌓임 → 천장의 복사열에 의하여 바닥의 가연물이 급속히 가열 착화하며 바닥 면 전체가 화염에 덮임

용어정의
* 증발 잠열(기화열)
  액체가 기체로 될 때 흡수하는 열, 증발잠열이 클수록 주변의 열을 많이 빼앗으므로 주위온도는 내려간다.

2 소화기의 종류

(1) 화재의 분류 및 소화방법 ☆☆☆

분류	구분색	가연물	주된 소화 효과	적응 소화제
A급 화재	백색	일반 가연물 화재	냉각 효과	물, 강화액소화기, 산·알칼리소화기
B급 화재	황색	유류 화재	질식 효과	포 소화기, CO_2소화기, 분말소화기
C급 화재	청색	전기 화재	질식, 억제효과	CO_2소화기, 분말소화기, 할로겐 화합물 소화기
D급 화재	표시없음 (무색)	금속 화재	질식 효과	건조사, 팽창 질석, 팽창 진주암

(2) 소화기 종류별 사용대상 화재

[소화기구의 소화약제별 적응성]

소화약제 구분	가스			분말		액체				기타			
적응 대상	이산화탄소 소화약제	할로겐화합물 소화약제	할로겐화합물 및 불활성기체 소화약제	인산염류 소화약제	중탄산염류 소화약제	산알칼리 소화약제	강화액 소화약제	포 소화약제	물·침윤 소화약제	고체에어로졸 화합물	마른 모래	팽창질석·팽창진주암	그 밖의 것
A급 화재 (일반화재)	–	○	○	○	–	○	○	○	○	○	○	○	–
B급 화재 (유류화재)	○	○	○	○	○	○	○	○	○	○	○	○	–
C급 화재 (전기화재)	○	○	○	○	○	*	*	*	*	○	–	–	–

[비고] "*" 소화약제별 적응성은 「소방시설 설치 및 관리에 관한 법률」 제 37조에 의한 형식승인 및 제품검사의 기술기준에 따라 화재 종류별 적응성에 적합한 것으로 인정되는 경우에 한한다.

> **확인 ★**
> * 물의 봉상수주 냉각효과
> * 물의 무상수주 질식효과

> **기출 ★**
> * 이산화탄소 및 할로겐 화합물 소화약제의 특징
> ① 소화 속도가 빠르다.
> ② 전기 절연성이 우수하며 부식성이 없다.
> ③ 저장에 의한 변질이 없어 장기간 저장이 용이하다.
> ④ 밀폐공간에서는 질식 및 중독의 위험성 때문에 사용이 제한된다.

참고
※ 분말소화약제의 주성분
- 제1종 소화분말 : 탄산수소나트륨 (중탄산나트륨, $NaHCO_3$)
- 제2종 소화분말 : 탄산수소칼륨 (중탄산칼륨, $KHCO_3$)
- 제3종 소화분말 : 제1인산암모늄 ($NH_4H_2PO_4$)
- 제4종 소화분말 : 요소와 탄산수소칼륨이 화합된 분말

기출
※ 이산화탄소 약제의 장점
- 기체 팽창율 및 기화 잠열이 크다.
- 액화가 용이한 불연성 가스이다.
- 전기의 부도체로서 C급 화재에 적응성이 있다.
- 자체 증기압이 높아 자체 증기압으로 방사가 가능하며 화재 심부까지 침투가 용이하다.
- 소화약제의 부식이 없고 관리가 용이하다.

기출
※ 포소화약제 혼합장치
① 차압혼합장치 (프레져 프로포셔너)
② 관로혼합장치 (라인 프로포셔너)
③ 압입혼합장치 (프레져 사이드 프로포셔너)
④ 펌프혼합장치 (펌프 프로포셔너)

(3) 소화효과에 따른 소화기의 종류

1) 냉각소화 효과

① 물소화기
- 물에 의한 냉각작용으로 소화효과를 증대하기 위해 인산염, 계면활성제 등을 첨가한다.
- 방출방식 : 수동펌프, 축압, 가스가압식

② 산, 알칼리 소화기
- 소화기의 내부에 탄산수소나트륨($NaHCO_3$) 수용액과 진한황산(H_2SO_4)이 분리 저장된 상태에서 레버를 누르면 탄산수소나트륨 수용액과 황산의 화학반응 결과 발생되는 탄산가스의 압력으로 물을 방출시키는 소화기이다.
- H_2SO_4 + $2NaHCO_3$ → $2CO_2$ ↑ + $2H_2O$ + Na_2SO_4
  (황산)   (중탄산나트륨)   (이산화탄소)   (물)   (황산나트륨)
- 방출방식 : 전도식, 파병식(이중병식)

③ 강화액 소화기 : 부동액을 첨가하여 물의 동해를 방지한 소화기이다. ✯
- 탄산칼륨(K_2CO_3)이 농축된 강알카리성의 수용액, 즉 강화액을 용기 내에 넣고 방사용 에너지로서 질소가스($8 \sim 10kg/cm^2$)를 봉입한 소화기이다.
- 방출방식 : 축압, 가스가압, 반응(파병식)

2) 질식소화 효과

① 분말소화기
- A.B.C급 분말 소화기 : 일반화재, 유류화재, 전기화재에 적합한 소화약제인 제1인산암모늄을 충전한 소화기이다.
- B.C 분말 소화기 : 유류화재, 전기화재에 적합한 중탄산소다, 중탄산칼륨을 충전한 소화기이다.
- 방출방식 : 축압식, 가스가압식

② 이산화탄소 소화기(탄산가스 소화기)
- 이산화탄소(CO_2)를 액화시켜 철제용기에 넣은 것이다.
- 피부에 닿으면 동상이 우려되므로 주의해야 한다.
- 무창층, 지하층, 밀폐된 거실 등에서는 질식이 우려되므로 사용을 금지한다.

③ 포 소화기
- 화학포(탄산수소나트륨, 황산알미늄)소화기와 기계포(수성막포, 계면활성제 포)소화기가 있으며 거품이 연소면을 덮어 질식 및 냉각에 의해 소화한다.
- 밀폐공간에서 화재진압 시 질식 등의 우려가 있는 소화기(분말, 이산화탄소, 하론소화기)의 문제점을 제거하여 지하실 등에 적응이 가능하다.

④ 할로겐 화합물 소화기
- 가격이 비싸고 공기 중 오존층을 파괴하는 물질로 사용이 규제되어 생산량이 크게 줄었다.
- 할로겐 화합물 소화기를 소화기 본체 내부에 충전하여 화재발생 시 외부로 방출하여 화재를 소화시키는 소화기이다.
- 할로겐 화합물 소화약제

[소화약제의 종류 ✈]

명칭	화학식(성분)
하론 1301	CF_3Br
하론 1211	CF_2ClBr 무색, 무취이며 전기적으로 부전도성인 기체이다.
하론 2402	$C_2F_4Br_2$
하론 1011	CH_2ClBr
하론 1040	CCl_4 또는 사염화탄소(CTC)

- 사염화탄소 소화기(CTC)는 실내에서는 포스겐가스($COCl_2$)에 의한 중독위험이 있다. ✈
- 부촉매 효과 : I 〉 Br 〉 Cl 〉 F ✈
  안정성 : F 〉 Cl 〉 Br 〉 I
- 방출방식 : 축압식, 가스가압식

(4) 가압방식에 의한 소화기의 분류

① 가압식 소화기
소화약제의 방출원이 되는 압축가스를 본체 용기와는 별도로(내부 또는 외부)전용용기(압력 봄베)에 봉입하여 봉판이 파괴되면 충전되어 있던 압축가스의 압력으로 본체의 소화약제를 외부로 방사하는 방식의 소화기를 말한다.

> **참고**
> ※ 소화기 사용상 주의사항
> ① 적응화재에만 사용해야 한다.
> ② 불 가까이 접근하여 사용하되, 화상을 입지 않도록 주의한다.
> ③ 바람을 등지고 풍상에서 풍하로 방사한다.
> ④ 이산화탄소 소화기는 지하층, 무창층에는 질식의 우려가 있으므로 사용하지 않아야 하며, 방사 시 기화에 따른 동상을 입지 않도록 주의한다. 방사된 가스는 호흡하지 않아야 하며 방사 후 즉시 환기를 실시한다.
> ⑤ 하론소화기는 하론 1301소화기 이외에는 무창층, 지하층, 사무실 또는 거실로서 바닥면적 20m² 미만의 장소에서는 사용할 수 없다. (다만, 배기를 위한 유효한 개구부가 있는 장소인 경우에는 그렇지 않다.)

> **참고**
> ※ 불활성기체 소화약제
> ① IG-541 소화약제 : 질소(52 ± 4)vol%, 아르곤(40 ± 4)vol%, 이산화탄소(8~9)vol%로 구성되어야 한다.
> ② IG-01 소화약제 : 아르곤이 99.9vol% 이상이어야 한다.
> ③ IG-100 소화약제 : 질소가 99.9vol% 이상이어야 한다.
> ④ IG-55 소화약제 : 질소(50 ± 5)vol%, 아르곤(50 ± 5)vol%로 구성되어야 한다.

② 축압식 소화기
  소화기 본체에 소화약제와 압축가스가 함께 봉입되어 있는 방식의 소화기를 말한다.

(5) 감지기 종류

① 열감지기
  - 차동식감지기(스폿형, 분포형) : 실내온도의 상승률이 일정한 값을 넘었을 때 동작한다.
  - 정온식감지기(스폿형, 감지선형) : 실온이 일정 온도 이상으로 상승하였을 때 작동한다.
  - 보상식감지기(스폿형) : 차동성을 가지면서 차동식의 단점을 보완하여 고온에서도 반드시 작동하도록 한 것이다.

② 연기감지기
  - 이온화식 : 검지부에 연기가 들어가는데 따라 이온전류가 변화하는 것을 이용했다.
  - 광전식 : 검지부에 연기가 들어가는데 따라 광전소자의 입사광량이 변화하는 것을 이용했다.

기출
* 차동식 감지기의 종류
① 공기식(공기팽창식)
② 열전대식
③ 열반도체식

CHAPTER 09 단원 예상문제

01 다음의 할로겐화합물 소화약제 중 비점이 가장 낮은 것은?

㉮ Halon 2402
㉯ Halon 1301
㉰ Halon 1211
㉱ Halon 1011

[해설] Halon 1301의 비점 : -57.8℃
Halon 1211의 비점 : -3.4℃
Halon 2402의 비점 : 47.5℃

02 다음은 최소 발화에너지에 대한 설명이다. 틀린 것은?

㉮ 최소발화에너지는 압력이 증가할수록 낮아진다.
㉯ 최소발화에너지는 온도가 높아질수록 낮아진다.
㉰ 최소발화에너지는 공기 중에서 보다 산소 중에서 더 낮다.
㉱ 최소발화에너지는 혼합기체의 흐름이 있으면 유속 증가에 따라 감소한다.

[해설] 1. **최소발화에너지**
연소(폭발)한계 내에서 가연성 가스 또는 폭발성 분진을 발화시킬 수 있는 최소의 에너지를 말한다.
2. **최소발화에너지에 영향을 미치는 요소**
① 물질의 조성
② 압력
③ 온도
④ 혼입물

03 포소화기 또는 분말소화기의 소화(消火) 원리와 관계되는 것은?

㉮ 질식소화
㉯ 제거소화
㉰ 부촉매소화
㉱ 연속관계의 차단

[해설] 포소화기, 분말 소화기의 주된 소화작용은 질식효과이다.

{참고} **질식 소화** : 가연물이 연소할 때 공기 중의 산소 농도를 21%에서 15% 이하로 낮추어 소화하는 방법

[예] • 분말소화기
• 포소화기
• 이산화탄소(CO_2)소화기
• 물의 분무 등

04 이산화탄소 및 할로겐화합물 소화설비의 특징과 거리가 먼 것은?

㉮ 소화 속도가 빠르다.
㉯ 전기기기류 화재에 사용된다.
㉰ 변질 우려가 있어 장기간 저장이 어렵다.
㉱ 소화할 때 주변을 오염시키지 않아 부식성이 없다.

[해설] **이산화탄소 및 할로겐화합물 소화약제의 특징**
① 소화 속도가 빠르다.
② 전기 절연성이 우수하며 부식성이 없다.
③ 저장에 의한 <u>변질이 없어 장기간 저장이 용이하다.</u>
④ 밀폐공간에서는 질식 및 중독의 위험성 때문에 사용이 제한된다.

정답 01 ㉯ 02 ㉱ 03 ㉮ 04 ㉰

05 연소한계에 영향을 가장 적게 미치는 것은?
㉮ 온도
㉯ 압력
㉰ 이산화탄소
㉱ 산소

[해설] 온도가 높을수록 압력이 높을수록 산소농도가 높을수록 연소는 잘 된다.

{참고} **폭발한계와 온도, 압력과의 관계**
① 압력 상승 시는 하한계는 불변, 상한계는 상승한다.
② 온도 상승 시는 하한계는 약간 하강, 상한계는 상승한다.
③ 폭발하한계가 낮을수록, 폭발 상한계는 높을수록 폭발범위가 넓어져 위험하다.

06 전기설비의 화재에 사용되는 소화기의 소화제로 알맞은 것은?
㉮ 산 및 알칼리   ㉯ 물거품
㉰ 염화칼슘   ㉱ 탄산가스

[해설] 전기화재에는 탄산가스(CO_2) 소화기가 가장 적합하다.

{참고}

분류	A급 화재	B급 화재	C급 화재	D급 화재
구분색	백색	황색	청색	표시없음 (무색)
가연물	일반 화재	유류 화재	전기 화재	금속 화재
주된 소화 효과	냉각 효과	질식 효과	질식, 억제효과	질식 효과
적응 소화제	물, 강화액 소화기, 산, 알칼리 소화기	포말 소화기, CO_2 소화기, 분말 소화기	CO_2 소화기, 분말 소화기, 할로겐화합물 소화기	건조사, 팽창질석, 팽창진주암

07 주위의 온도가 정해진 비율 이상으로 상승할 때 작동하며, 온도 상승이 완만한 화염의 감지에는 효과가 적은 단점이 있는 자동화재 탐지설비는?
㉮ 정온식 감지기
㉯ 보상식 감지기
㉰ 차동식 감지기
㉱ 복사 감지기

[해설] 주위의 온도가 정해진 비율 이상으로 상승했을 때 작동 → 차동식

{참고} **열감지기 종류**

차동식감지기 (스폿형, 분포형)	실내온도의 상승률이 일정한 값을 넘었을 때 동작한다.
정온식감지기 (스폿형, 감지선형)	실온이 일정 온도 이상으로 상승하였을 때 작동한다.
보상식감지기 (스폿형)	차동성을 가지면서 차동식의 단점을 보완하여 고온에서도 반드시 작동하도록 한 것이다.

연기감지기 종류

이온화식	검지부에 연기가 들어가는 데 따라 이온전류가 변화하는 것을 이용했다.
광전식	검지부에 연기가 들어가는데 따라 광전소자의 입사광량이 변화하는 것을 이용했다.

08 윤활유를 닦은 기름걸레를 햇빛이 잘 드는 작업장의 구석에 모아 두었을 때 가장 가능성이 높은 재해는?
㉮ 분진폭발
㉯ 자연발화에 의한 화재
㉰ 정전기 불꽃에 의한 화재
㉱ 기계의 마찰열에 의한 화재

[해설] 기름걸레를 햇빛이 잘 드는 곳에 두었을 경우 자연발화에 의한 화재가 우려된다.

{참고} **자연발화** : 외부 점화원 없이 자체의 열에 의해 발화하는 현상

정답 05 ㉰ 06 ㉱ 07 ㉰ 08 ㉯

09 다음 중 폭발의 위험성이 가장 높은 것은?

㉮ 폭발 상한농도
㉯ 완전연소 조성농도
㉰ 폭발 상한선과 하한선의 중간점 농도
㉱ 폭굉 상한선과 하한선의 중간점 농도

[해설] **완전연소 조성농도(화학양론농도, 이론산소농도)** : 발열량이 최대이고 **폭발 파괴력이 가장 강한 농도** 를 말한다.

{참고} 완전연소 조성 농도

$$C_{st}(Vol\%) = \frac{100}{1 + 4.773\left(n + \frac{m-f-2\lambda}{4}\right)}$$

여기서, n : 탄소
m : 수소
f : 할로겐원소
λ : 산소의 원자 수
4.773 : 공기의 몰수

10 다음의 소화 방법 중에서 액체의 증발 잠열을 이용하여 소화시키는 것으로 물을 이용하는 방법은 주로 어떤 소화 방법에 해당되는가?

㉮ 냉각소화법 ㉯ 연소억제법
㉰ 세서소화법 ㉱ 질식소화법

[해설] 소화 방법
(1) **제거 소화** : **가연물의 제거**에 의한 소화 방법
(2) **질식 소화** : 가연물이 연소할 때 공기 중의 산소 농도를 21%에서 15% 이하로 낮추어 소화하는 방법
(3) 냉각 소화 : **가연물의 온도를 떨어뜨려 소화**하는 방법 or **물의 증발잠열을 이용**하는 방법
(4) 억제 효과(부촉매 효과) : 연소반응을 억제하는 **부촉매를 이용하는 소화방법**

11 다음 중 분말소화약제에 대한 설명으로 틀린 것은?

㉮ B급, C급 화재의 소화에 적당하다.
㉯ 방사원으로는 질소가스를 사용한다.
㉰ 주된 소화효과는 희석효과이다.
㉱ 축압식과 가스가압식이 있다.

[해설] ㉰ 분말소화기의 주된 소화효과는 질식효과이다.

{참고} 분말소화기
• A.B.C 분말 소화기 : 일반화재, 유류화재, 전기화재에 적합한 소화약제인 **제1인산암모늄을 충전**한 소화기이다.
• B.C 분말 소화기 : 유류화재, 전기화재에 적합한 중탄산소다, 중탄산칼륨을 충전한 소화기이다.
• **방출방식 : 축압식, 가스가압식**

12 다음 중 자연발화에 대한 설명으로 가장 적절한 것은?

㉮ 점화원을 잘 관리하면 자연발화를 방지할 수 있다.
㉯ 자연발화는 외부로 방열하는 열보다 내부에서 발생하는 열의 양이 많은 경우에 발생한다.
㉰ 습도를 높게 하면 자연발화를 방지할 수 있다.
㉱ 윤활유를 닦은 걸레의 보관 용기로는 금속재보다는 플라스틱 제품이 더 좋다.

[해설] **자연발화**는 외부 **점화원 없이 자체의 열에 의해 발화**하는 현상으로 내부에서 발생하는 열이 많은 경우 발생한다.

13 다음 중 CO_2 소화기의 주된 소화효과는?

㉮ 희석소화 ㉯ 제거소화
㉰ 억제소화 ㉱ 질식소화

[해설] 이산화탄소(CO_2)소화기 → 질식소화

정답 09 ㉯ 10 ㉮ 11 ㉰ 12 ㉯ 13 ㉱

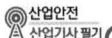

{참고} 소화 방법
(1) **제거 소화** : 가연물의 제거에 의한 소화 방법
  예 • 촛불을 입으로 불어끈다.
     • 산불이 진행되는 방향의 나무를 제거한다.
     • 가스화재나 전기화재 시 가스 공급 밸브나 차단기를 닫는다.
(2) **질식 소화** : 가연물이 연소할 때 공기 중의 산소 농도를 21%에서 15% 이하로 낮추어 소화하는 방법
  예 • 분말소화기
     • 포소화기
     • 이산화탄소(CO_2)소화기
     • 물의 분무 등

14 다음 중 화재의 종류와 그 화재급수가 올바르게 연결된 것은?

㉮ 목재에 의한 화재 – A급 화재
㉯ 전기에 의한 화재 – D급 화재
㉰ 유류에 의한 화재 – C급 화재
㉱ 금속에 의한 화재 – B급 화재

[해설] ㉯ 전기에 의한 화재 – C급 화재
㉰ 유류에 의한 화재 – B급 화재
㉱ 금속에 의한 화재 – D급 화재

15 다음 중 이산화탄소 및 할로겐화합물 소화기의 소화약제에 대한 특징으로 틀린 것은?

㉮ 소화 속도가 빠르다.
㉯ 장기간 저장이 가능하다.
㉰ 주로 냉각 효과에 의한 소화 방식이다.
㉱ 전기 절연성이 커서 전기기계류의 화재에 사용된다.

[해설] ㉰ 이산화탄소 소화기는 질식 효과, 할로겐화합물 소화기는 연소반응 억제효과에 의한 소화를 한다.

{참고} **이산화탄소 및 할로겐화합물 소화약제의 특징**
① 소화 속도가 빠르다.
② 전기 절연성이 우수하며 부식성이 없다.
③ 저장에 의한 변질이 없어 장기간 저장이 용이하다.
④ 밀폐공간에서는 질식 및 중독의 위험성 때문에 사용이 제한된다.

16 다음 중 연소의 3요소가 아닌 것은?

㉮ 연쇄반응   ㉯ 점화원
㉰ 산소공급원   ㉱ 가연물

[해설] **연소의 3요소**
① 가연물
② 열 or 점화원
③ 산소 (공기)

17 다음 중 고체물질의 연소 종류가 아닌 것은?

㉮ 표면연소   ㉯ 증발연소
㉰ 자기연소   ㉱ 확산연소

[해설] ㉱ 확산연소는 기체의 연소 형태이다.

{참고} **기체, 액체, 고체의 연소의 형태**

기체의 연소	확산 연소	가연성 가스가 공기 중에 확산되어 연소하는 형태 예 대부분 가스의 연소
액체의 연소	증발 연소	액체자체가 연소되는 것이 아니라 액체 표면에서 발생하는 증기가 연소하는 형태 예 대부분 액체의 연소
고체의 연소	표면 연소	가연성 가스를 발생하지 않고 물질 그 자체가 연소하는 형태 예 코크스, 목탄, 금속분 등
	분해 연소	가열 분해에 의해 발생된 가연성 가스가 공기와 혼합되어 연소하는 형태 예 목재, 종이, 석탄, 플라스틱 등 일반 가연물
	증발 연소	고체가연물의 가열에 의해 발생한 가연성 증기가 연소하는 형태 예 황, 나프탈렌
	자기 연소	자체 내 산소를 함유하고 있어 공기 중 산소를 필요치 않고 연소하는 형태 예 니트로 화합물, 다이너마이트 등

정답 14 ㉮ 15 ㉰ 16 ㉮ 17 ㉱

18 다음 중 전기설비 화재의 소화에 가장 적합한 것은?

㉮ 건조사
㉯ 포 소화기
㉰ CO_2 소화기
㉱ 봉상강화액 소화기

[해설] 전기설비의 화재에는 이산화탄소(CO_2) 소화기가 소화 후 설비의 고장을 일으키지 않아 가장 적합하다.

19 액체의 표면에서 발생한 증기농도가 공기 중에서 연소 하한농도가 될 수 있는 가장 낮은 액체온도를 의미하는 것은?

㉮ 착화점
㉯ 발화점
㉰ 인화점
㉱ 연소점

[해설] **인화점(인화온도)**
① 인화성 액체가 증발하여 공기 중에서 연소하한 농도 이상의 혼합기체를 생성할 수 있는 가장 낮은 온도
② 가연성 액체의 액면 가까이에서 인화하는데 충분한 농도의 증기를 발산하는 최저 온도
③ 공기 중에서 그 액체의 표면 부근에서 불꽃의 전파가 일어나기에 충분한 농도의 증기를 발생시키는 최저 온도

{참고} **발화점(발화온도)**
① 착화원 없이 가연성 물질을 대기 중에서 가열함으로써 스스로 연소 혹은 폭발을 일으키는 최저 온도
② 가연성 물질을 공기나 산소 중에서 가열 후 발화 또는 폭발을 일으키기 시작하는 최저 온도

20 다음 중 연소의 3요소에 해당하는 물질이 아닌 것은?

㉮ 메탄
㉯ 공기
㉰ 정전기 방전
㉱ 이산화탄소

[해설] ㉮ 메탄 – 가연물
㉯ 공기(산소)
㉰ 정전기 방전 – 점화원

{참고} **연소의 3요소**
① 가연물
② 열 or 점화원
③ 산소 (공기)

21 정전기 방전의 종류 중 부도체의 표면을 따라서 star-check 마크를 가지는 나뭇가지 형태의 발광을 수반하는 것은?

㉮ 기중방전
㉯ 연면방전
㉰ 불꽃방전
㉱ 고압방전

[해설] 고체표면을 따라서 진행하는 방전 → 연면방전

22 하론 소화기는 연소의 어느 요소를 제거함으로서 소화작용을 하는가?

㉮ 발화원
㉯ 가연물
㉰ 연쇄반응
㉱ 탄화물

[해설] 할로겐화합물소화기(할론소화기)는 <u>연소반응을 억제하는 부촉매를 이용하는 소화방법</u>이다.

23 다음 중 물을 소화재로 사용하는 주된 이유로 가장 적합한 것은?

㉮ 기화되기 쉬우므로
㉯ 증발잠열이 크므로
㉰ 환원성이므로
㉱ 부촉매 효과가 있으므로

[해설] **냉각 소화** : 가연물의 온도를 떨어뜨려 소화하는 방법 or <u>물의 증발잠열을 이용</u>하는 방법
예 • 물
• 산알칼리 소화기
• 강화액소화기

정답 18 ㉰ 19 ㉰ 20 ㉱ 21 ㉯ 22 ㉰ 23 ㉯

24 다음 중 할로겐화합물 소화약제의 주된 효과는?

㉮ 냉각효과
㉯ 억제효과
㉰ 질식효과
㉱ 제거효과

[해설] **억제효과(부촉매효과)** : 연소반응을 억제하는 **부촉매를 이용하는 소화방법**
  예 할로겐화물 소화기(할론 소화기)

25 다음 중 고체물질의 연소 종류가 아닌 것은?

㉮ 표면연소
㉯ 증발연소
㉰ 자기연소
㉱ 확산연소

[해설] ㉱ 확산연소는 대부분 가스의 연소형태이다.

26 가정에서 튀김기름으로 요리를 하다가 식용유에 불이 붙었을 때 채소류를 기름에 넣으면 불이 꺼지는 경우에 해당되는 소화법은?

㉮ 냉각소화법
㉯ 질식소화법
㉰ 제거소화법
㉱ 화석소화법

[해설] 채소의 물기를 이용한 소화이므로 냉각소화에 해당한다.

{참고} **냉각소화** : 가연물의 온도를 떨어뜨려 소화하는 방법 or **물의 증발잠열을 이용**하는 방법
  예 ・물
  ・산알칼리 소화기
  ・강화액소화기

27 다음 중 이산화탄소 소화기의 사용이 가능한 것은?

㉮ 전기설비가 존재하는 한랭한 지역에서의 화재
㉯ 사람이 존재하는 밀폐된 지역에서의 화재
㉰ LiH, NaH와 같은 금속수소화합물에 의한 화재
㉱ 제5류 위험물(자기 반응성 물질)에 의한 화재

[해설] ㉮ 전기설비의 화재에는 소화 후 설비고장을 일으키지 않는 이산화탄소 소화기가 가장 적합하다.
㉯ 이산화탄소 소화기는 밀폐지역에서 사용 시 질식의 위험이 있다.
㉰ 금속화재의 소화에는 건조사, 팽창질석, 팽창진주암이 적합하다.
㉱ 제5류 위험물(자기반응성물질)은 냉각소화가 적합하다.

28 다음 중 독성가스의 발생으로 화재에 사용할 수 없는 할로겐화합물 소화약제는?

㉮ 할론 1211 소화약제
㉯ 할론 1301 소화약제
㉰ 할론 2402 소화약제
㉱ 할론 104 소화약제

[해설] **사염화탄소 소화기**(하론 1040, 104, CCl_4, CTC)는 실내에서는 포스겐 가스($COCl_2$)에 의한 중독 위험이 있다.

정답 24 ㉯ 25 ㉱ 26 ㉮ 27 ㉮ 28 ㉱

03 폭발의 원리 및 특성

> 주/요/내/용 알/고/가/기
>
> 1. 화재의 분류 및 소화 방법
> 2. 분진폭발의 발생순서
> 3. 가스폭발과 분진폭발의 비교
> 4. 폭발 현상(슬롭오버, 블래비, 증기운 폭발)
> 5. 안전간격 및 폭발등급

1 화재의 종류

(1) 화재의 분류 및 소화 방법 ✰✰✰

분류	구분색	가연물	주된 소화 효과	적응 소화제
A급 화재	백색	일반 가연물 화재	냉각 효과	물, 강화액소화기, 산·알칼리소화기
B급 화재	황색	유류 화재	질식 효과	포 소화기, CO_2소화기, 분말소화기
C급 화재	청색	전기 화재	질식, 억제효과	CO_2소화기, 분말소화기, 할로겐 화합물 소화기
D급 화재	표시없음 (무색)	금속 화재	질식 효과	건조사, 팽창 질석, 팽창 진주암

2 연소파와 폭굉파

(1) 연소파(Combustion wave)

가연성 가스에 적당한 공기를 혼합하여 폭발범위 내에 이르면 화염의 전파속도가 빨라져 그 속도가 0.1~10m/sec 정도가 되는데 이를 연소파라 한다.

(2) 폭굉파

충격파(shock wave)의 일종으로 화염의 전파속도가 음속 이상일 경우이며 그 속도가 1,000~3,500m/sec에 이른다.

용어정의

* **폭발(Explosion)**
용기의 파열 또는 급격한 화학반응 등에 의해 가스가 급격히 팽창함으로써 압력이나 충격파가 생성되어 급격히 이동하는 현상을 말한다.

* **폭굉유도거리(DID)**
완만한 연소가 격렬한 폭굉으로 발전되는 거리

기출

* **폭발의 성립 조건** ★
① 가스 및 분진이 밀폐된 공간에 존재하여야 한다.
② 가연성 가스, 증기 또는 분진이 폭발 범위 내에 머물러야 한다.
③ 점화원이 존재하여야 한다.
④ 산소가 존재하여야 한다.

* 기상폭발의 피해 중 압력상승에 기인하는 피해가 예측되는 경우 검토를 요하는 사항
① 가연성 혼합기의 형성 상황
② 압력상승 시 취약부의 파괴
③ 개구부가 있는 공간 내의 화염전파와 압력 상승

기출

* 분진이 발화 폭발하기 위한 조건
① 가연 성질
② 미분 상태
③ 점화원의 존재
④ 산소 공급

폭굉유도거리(DID)가 짧아지는 요인
• 점화에너지가 강할수록 짧다.
• 연소속도가 큰 가스일수록 짧다.
• 관경이 가늘거나 관 속에 이물질 있을 경우 짧다.
• 압력이 높을수록 짧다.

(3) 반응폭주

온도, 압력 등 제어상태가 규정의 조건을 벗어나는 것에 의해 반응속도가 지수 함수적으로 증대되고 용기 내의 온도, 압력이 이상 상승하여 규정 조건을 벗어나고 반응이 과격화되는 현상

3 폭발의 분류

(1) 폭발원인 물질의 상태에 의한 분류

① 기상폭발
- 가스폭발 : 가연성 가스와 조연성 가스(산소)가 일정 비율로 혼합되어 있는 혼합 가스가 점화원과 접촉 시 가스 폭발을 일으킨다.
  예 수소, 일산화탄소, 메탄, 에탄, 프로판, 아세틸렌 등
- 분무폭발 : 공기 중에 분출된 가연성액체의 미세한 액적이 무상으로 되어 공기 중에 부유하고 있을 때에 발생하는 폭발이다.
- 분진폭발 : 분진, mist 등이 일정 농도 이상으로 공기와 혼합 시 발화원에 의해 분진 폭발을 일으킨다.
  예 마그네슘, 티타늄 등의 분말, 곡물가루 등

[분진폭발의 발생 순서]

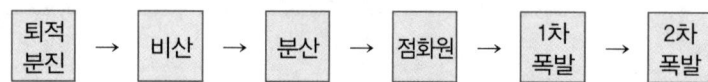

[분진폭발에 영향을 미치는 인자]

① 입도와 입도분포	입자가 작고 표면적이 클수록 폭발이 용이하다.
② 분진의 화학적 성분과 반응성	발열량이 클수록, 휘발성분이 많을수록 폭발이 용이하다.
③ 입자의 형상과 표면의 상태	입자의 형상이 구형(球形)일수록 폭발성이 약하고 입자의 표면이 산소에 대한 활성을 가질수록 폭발성이 높다.
④ 분진 속의 수분	분진 속에 수분이 있으면 부유성 및 정전기 대전성을 감소시켜 폭발의 위험이 낮아진다.
⑤ 분진의 부유성	분진의 부유성이 클수록 공기 중 체류시간이 길어져 폭발이 용이하다.

[가스폭발과 분진폭발의 비교]

가스폭발	• 화염이 크다.　　• 연소속도가 빠르다.
분진폭발	• 폭발압력, 에너지가 크다. • 연소시간이 길다. • 불완전연소로 인한 중독(CO)이 발생한다. • 주위의 분진에 의해 2차, 3차의 폭발로 파급될 수 있다.

② 응상폭발 : 고상과 액상의 총칭이다.
- 수증기폭발 : 액체의 폭발적인 비등현상으로 상태변화(액체 → 기체)가 일어나며 발생하는 폭발
- 증기폭발 : 물, 액체 등이 과열에 의하여 순간적으로 증기화되어 폭발 현상을 일으킨다.
- 전선폭발 : 금속의 전선에 대전류가 흘러 전선이 가열되고 용융과 기화가 급격하게 진행되어 폭발을 일으킨다.

(2) 폭발의 공정별 분류

① 핵폭발 : 원자핵의 분열 또는 융합에 동반하여 일어나는 강한 에너지의 유출에 의해 발생
② 물리적 폭발 : 물리변화를 주체로 한 폭발
- 고압용기 파열
- 탱크 감압 파손
- 폭발적 증발 및 압력방출에 의해 발생

③ 화학적 폭발 : 화학반응에 의하여 짧은 시간에 급격한 압력상승을 수반할 때 압력이 급격하게 방출되며 폭발이 일어난다.
- 산화폭발 : 연소가 비정상상태로 되는 경우로서 가연성 가스, 증기, 분진, 미스트 등이 공기와 혼합하여 발생한다.
- 분해폭발 : 가스 분자의 분해에 의하여 폭발을 일으킨다.
  예 아세틸렌, 니트로셀룰로오스, 유기과산화물 등
- 중합폭발 : 염화비닐, 초산비닐, 시안화수소 등이 폭발적으로 중합이 발생되면 격렬하게 발열하여 압력이 급상승하며 폭발을 일으킨다.
- 촉매폭발 : 촉매에 의해 폭발하는 것으로 수소-산소, 수소-염소에 빛을 쬐면 폭발하는 것이 해당된다.

④ 가스폭발
⑤ 분진폭발

분진폭발을 일으키는 물질	분진폭발을 일으키지 않는 물질
• 금속분 　(알루미늄, 마그네슘, 아연분말) • 플라스틱 • 농산물 • 황	• 시멘트 • 생석회(CaO) • 석회석 • 탄산칼슘($CaCO_3$)

합격의 key

기출

＊ 최대폭발압력(Pm)에 영향을 주는 요인
① Pm은 화학양론비에서 최대가 된다.
② Pm은 용기의 형태 및 부피에 큰 영향을 받지 않는다.
③ Pm은 초기 온도가 높을수록 감소한다.
④ Pm은 초기 압력이 상승할수록 증가한다.

기출

＊ 고압가스 용기 파열사고의 주요 원인
① 용기의 내압력 부족
② 용기 내의 이상 압력 상승
③ 용기 내 폭발성 혼합기의 발화

＊ 고압가스 용기 파열사고 중 내압력 부족의 원인
① 용기 내벽의 부식
② 강재의 피로
③ 용접 불량

용어정의

＊ 기계적 폭발
고압, 비반응성 기체 또는 증기가 들어있는 용기의 파열에 의한 폭발을 말한다.

＊ 밀폐계 폭발
용기나 빌딩 등 밀폐된 공간에서 일어나는 폭발을 말한다.

> **용어정의**
> ＊ 가스누출감지 경보기 가연성 또는 독성물질의 가스를 감지하여 그 농도를 지시하며, 미리 설정해 놓은 가스농도에서 자동적으로 경보가 울리도록 하는 장치를 말한다.

- 분진폭발을 일으키는 분진 입자는 크기는 약 100마이크론 이하이다.
- 분진폭발의 시험장치로는 하트만식(Hart mann)이 널리 사용된다.

⑥ 물리적 폭발과 화학적 폭발의 병립에 의한 폭발

(3) 폭발의 형태에 의한 분류

발화원에 의한 폭발	착화파괴형 폭발	용기 내에서의 위험물의 착화에 의한 압력상승으로 폭발한다.
	누설발화형 폭발	용기에서 누출된 위험물의 착화에 의해 폭발한다.
반응열 축적에 의한 폭발	자연발화형 폭발	열 축적에 의한 발화에 의해 폭발한다.
	반응폭주형 폭발	반응열에 의한 반응폭주로 인해 폭발이 발생한다.
과열액체 증기폭발	열 이동형 증기폭발	저비점의 액체가 고열물과 접촉하여 순간적인 증발로 인해 폭발이 발생한다.
	평형 파탄형 폭발	용기 파손에 의한 고압액체의 증발로 인해 폭발이 발생한다.

(4) 폭발현상 ✦

① 슬롭오버(Slop-over)현상 : 석유화재에서 수분을 포함한 소화약제 방사시에 급작스런 기화로 인해 열유를 비산시키는 현상(위험물 저장탱크 화재 시 물 또는 포를 화염이 왕성한 표면에 방사할 때 위험물과 함께 탱크 밖으로 흘러 넘치는 현상)

② 보일오버(Boil Over)현상 : 유류저장탱크의 화재 중 탱크저부에 물 또는 물-기름 에멀젼이 수증기로 변해 갑작스런 탱크 외부로의 분출을 발생시키는 현상

③ 프로스오버(Froth-over) 현상 : 저장탱크 속의 물이 점성을 가진 뜨거운 기름의 표면 아래에서 끓을 때 급격한 부피팽창에 의하여 화재를 수반하지 않고 유류가 탱크 외부로 분출되는 현상

④ 블래비(Bleve)현상(비등액 팽창 증기 폭발) : 가연성 액화가스에서 외부화재에 의해 탱크 내 액체가 비등하고 증기가 팽창하면서 폭발을 일으키는 현상으로 벽면파괴를 동반한다.

⑤ 개방계 증기운폭발(Unconfined vapor cloud explosion, "UVCE") : 가연성 가스가 지속적으로 누출되면서 대기 중에 구름형태로 모여 바람 등의 영향으로 움직이다가 점화원에 의하여 순간적으로 모든 가스가 동시에 폭발하는 현상을 말한다.

증기운 폭발의 특징
① 증기운의 크기가 증가하면 점화확률도 증가한다. ② 증기운에 의한 재해는 폭발력보다는 화재가 원인이 된다. ③ 폭발효율이 적다. 대략 연소에너지의 약 20%만이 폭풍파로 전환된다. ④ 증기와 공기의 난류혼합은 폭발력을 증대시킨다. ⑤ 증기 누출부로부터 먼 지점에서의 착화는 폭발의 충격을 증가시킨다.

4 가스폭발의 원리

(1) 가스폭발

기체가 빠른 반응속도로 발열반응을 일으켜 급격히 팽창하면서 충격적인 열과 압력을 발생시켜 파괴작용을 나타내는 현상을 가스폭발이라 한다.

(2) 가스누출감지 경보기의 설치 ✈

① 가스누출감지 경보기를 설치할 때에는 감지대상 가스의 특성을 충분히 고려하여 가장 적절한 것을 선정한다.
② 하나의 감지대상 가스가 가연성이면서 독성인 경우에는 독성가스를 기준하여 가스누출감지 경보기를 선정한다.

(3) 가스누출감지 경보기를 설치하여야 할 장소

① 건축물 내·외에 설치되어 있는 가연성 및 독성물질을 취급하는 압축기, 밸브, 반응기, 배관 연결부위 등 가스의 누출이 우려되는 화학설비 및 부속설비 주변
② 가열로 등 발화원이 있는 제조설비 주위에 가스가 체류하기 쉬운 장소
③ 가연성 및 독성물질의 충진용 설비의 접속부의 주위
④ 방폭지역 내에 위치한 변전실, 배전반실, 제어실 등
⑤ 기타 특별히 가스가 체류하기 쉬운 장소

(4) 가스누출감지 경보기의 설치 위치

① 가스누출감지 경보기는 가능한 한 가스의 누출이 우려되는 누출부위 가까이 설치하여야 한다.
② 건축물 밖에 설치되는 가스누출감지 경보기는 풍향, 풍속, 가스의 비중 등을 고려하여 가스가 체류하기 쉬운 지점에 설치한다.
③ 건축물 내에 설치되는 가스누출감지 경보기는 감지대상가스의 비중이 공기보다 무거운 경우에는 건축물내의 하부에, 공기보다 가벼운 경우에는 건축물의 환기구 부근 또는 당해 건축물내의 상부에 설치하여야 한다.

문제

물의 비등현상 중 막비등(film boiling)에서 핵비등 상태로 급격하게 이행하는 하한점은?
㉮ Burn-out point
㉯ Leidenfrost point
㉰ Sub-cooling boiling point
㉱ Entrainment point

[해설]
막비등(film boiling)에서 핵비등 상태로 급격하게 이행하는 하한점을 Leidenfrost point라 한다.

정답 ㉯

문제

가스폭발 한계의 측정에 있어서 화염의 전파 방향이 어느 방향일 때 가장 넓은 값을 나타내는가?
㉮ 상향
㉯ 하향
㉰ 수평
㉱ 방향에 관계없다.

정답 ㉮

④ 가스누출감지 경보기의 경보기는 근로자가 상주하는 곳에 설치하여야 한다.

(5) 가스누출감지 경보기의 경보 설정치 ✈

① 가연성 가스 누출감지 경보기는 감지대상 가스의 폭발하한계 25% 이하, 독성가스 누출감지 경보기는 해당 독성가스의 허용농도 이하에서 경보가 울리도록 설정하여야 한다.
② 가스누출감지 경보의 정밀도는 경보설정치에 대하여 가연성 가스 누출감지 경보기는 ±25% 이하, 독성가스누출감지 경보기는 ±30% 이하이어야 한다.

(6) 가스누출감지 경보기의 성능

① 가연성 가스누출감지 경보기는 담배연기 등에, 독성가스 누출감지 경보기는 담배연기, 기계세척유 가스, 등유의 증발가스, 배기가스 및 탄화수소계 가스, 기타 잡가스에는 경보가 울리지 않아야 한다.
② 가스누출감지 경보기의 가스 감지에서 경보발신까지 걸리는 시간은 경보농도 1.6배 시 보통 30초 이내일 것. 다만, 암모니아, 일산화탄소 또는 이와 유사한 가스 등을 감지하는 가스누출감지 경보기는 1분 이내로 한다.
③ 경보정밀도는 전원의 전압 등의 변동률이 ±10%까지 저하되지 않아야 한다.
④ 지시계 눈금의 범위는 가연성가스용은 0에서 폭발하한계값, 독성가스는 0에서 허용농도의 3배값(암모니아를 실내에서 사용하는 경우에는 150)이어야 한다.
⑤ 경보를 발신한 후에는 가스농도가 변화하여도 계속 경보를 울려야 하며, 그 확인 또는 대책을 조치할 때에는 경보가 정지되어야 한다.

(7) 가스누출감지 경보기의 구조

① 충분한 강도를 지니며 취급 및 정비가 쉬워야 한다.
② 가스에 접촉하는 부분은 내식성의 재료 또는 충분한 부식방지 처리를 한 재료를 사용하고 그 외의 부분은 도장이나 도금처리가 양호한 재료이어야 한다.
③ 가연성가스(암모니아를 제외한다) 누출감지경보기는 방폭성능을 갖는 것이어야 한다.
④ 수신회로가 작동상태에 있는 것을 쉽게 식별할 수 있어야 한다.
⑤ 경보는 램프의 점등 또는 점멸과 동시에 경보를 울리는 것이어야 한다.

📖 확인 ★
* 안전 간격 = 최대 안전 틈새 = 화염 일주 한계

5 폭발등급

(1) **안전 간격(Safety Gap)** ✖✖ : 부피 8l, 틈의 안길이 25mm인 구형 용기에 혼합가스를 채우고 점화시켰을 때 화염이 외부까지 전달되지 않는 한계의 틈

> **확인**
> ※ 화염 일주 한계
> 화염이 전파되는 것을 저지할 수 있는 틈새의 최대 간격 치(화염이 외부까지 전달되지 않는 한계의 틈)
>
> ※ 안전 간격 = 최대 안전 틈새 = 화염 일주 한계

(2) 폭발성 가스의 분류

폭발성 가스의 분류	A	B	C
최대 안전 틈새 범위(내압)	0.9mm 이상	0.5mm 초과 0.9mm 미만	0.5mm 이하
최소 점화 전류비 (본질안전)	0.8 초과	0.45 이상 0.8 이하	0.45 미만
적용 기기 (내압, 본질안전, 비점화)	IIA	IIB	IIC
대표적 가스	암모니아, 일산화탄소, 벤젠, 아세톤, 에탄올, 메탄올, 프로판	부타디엔, 에틸렌, diethyl ether, 에틸렌옥사이드, 도시가스	아세틸렌, 수소, 유화탄소

(3) 가스 · 증기 발화온도 및 전기기기의 온도등급 ✖

폭발 위험장소에 사용되는 전기설비에 대해서는 정상시 또는 고장시 기기의 외면 온도가 상승하여도 위험분위기 상태 물질의 발화온도 이상으로 되지 않도록 온도등급을 결정하여야 한다.

폭발위험 장소 구분에 따른 온도등급	가스 · 증기의 발화온도(℃)	전기기기의 최고 표면온도(℃)	허용 가능한 기기의 온도등급
T1	>450(450 초과)	450 이하	T1~T6
T2	>300(300 초과) (또는 300 초과 450 이하)	300 이하	T2~T6
T3	>200(200 초과) (또는 200 초과 300 이하)	200 이하	T3~T6
T4	>135(135 초과) (또는 135 초과 200 이하)	135 이하	T4~T6
T5	>100(100 초과) (또는 100 초과 135 이하)	100 이하	T5~T6
T6	>85(85 초과) (또는 85 초과 100 이하)	85 이하	T6

합격의 key

문제
다음 중 폭발 방호(Explosion Protection)대책과 관계가 가장 작은 것은?
㉮ 불활성화(Inserting)
㉯ 폭발억제(Explosion Suppression)
㉰ 폭발방산(Explosion Vending)
㉱ 폭발봉쇄(Containment)

정답 ㉮

문제
폭발압력과 가연성 가스의 농도와의 관계에 대해 설명한 것 중 옳은 것은?
㉮ 가연성 가스의 농도가 너무 희박하거나 진하여도 폭발 압력은 높아진다.
㉯ 폭발압력은 양론 농도보다 약간 높은 농도에서 최대폭발압력이 된다.
㉰ 최대폭발압력의 크기는 공기와의 혼합기체에서보다 산소의 농도가 큰 혼합기체에서 더 낮아진다.
㉱ 가연성 가스의 농도와 폭발 압력은 반비례 관계이다.

[해설]
㉮ 가연성 가스의 농도가 너무 희박하거나 진하면 폭발은 중지되므로 폭발압력은 낮아진다.
㉰ 최대폭발압력의 크기는 공기보다 산소의 농도가 클 때 더 높아진다.
㉱ 가연성 가스의 농도와 폭발 압력은 비례관계이다.

정답 ㉯

참고

발화원에 의한 폭발	• 착화파괴형 폭발: 용기내에서의 위험물의 착화에 의한 압력상승으로 폭발한다. • 누설발화형 폭발: 용기에서 누출된 위험물의 착화에 의해 폭발한다.
반응열 축적에 의한 폭발	• 자연발화형 폭발: 열축적에 의한 발화에 의해 폭발한다. • 반응폭주형 폭발: 반응열에 의한 반응폭주로 인해 폭발이 발생한다.
과열액체증기폭발	• 열 이동형 증기폭발: 저비점의 액체가 고열물과 접촉하여 순간적인 증발로 인해 폭발이 발생한다. • 평형 파탄형 폭발: 용기 파손에 의한 고압액체의 증발로 인해 폭발이 발생한다.

---

04 폭발방지대책 수립

📍 **주/요/내/용 알/고/가/기**

1. 폭발 재해의 근본 대책
2. 불활성화 방법
3. 혼합가스의 폭발범위 계산
4. 최소산소농도 계산

1 폭발방지대책

(1) 폭발 예방대책

① 폭발 분위기 형성 방지 ② 불활성 물질 주입
③ 착화원 관리 ④ 가스농도 감지 및 측정

(2) 폭발 재해의 근본대책 ✦

① 폭발봉쇄: 공기 중에 방출되어서 안 되는 유독성 물질 등의 폭발 시 안전밸브나 파열판을 통해 저장소 등으로 보내어 압력을 완화시켜 폭발을 방지한다.
② 폭발억제: 압력상승 시 폭발억제장치가 작동하여 소화기를 터지게 하여 큰 폭발이 되지 않도록 폭발을 진압하는 방법이다.
③ 폭발방산: 안전밸브나 파열판 등으로 탱크 내 압력을 방출시켜 폭발을 방지하는 방법이다.

(3) 폭발 형태에 따른 예방대책

착화파괴형 폭발	• 불활성 가스로 치환 • 혼합가스의 조성관리	• 발화원 관리 • 열에 민감한 물질의 생성 방지
누설착화형 폭발	• 위험물의 누설 방지 • 누설물질의 검지 경보	• 밸브의 오조작 방지 • 발화원 관리
반응폭주형 폭발	• 발열반응 특성 조사 • 냉각시설의 조작	• 반응속도 계측관리
자연발화형 폭발	• 물질의 자연발화성 조사 • 혼합위험 방지	• 온도 계측관리 • 물질의 단열특성 조사
열 이동형 증기폭발	• 수분 침입의 방지 • 주수파쇄설비 설계	• 고온 폐기물의 처치
평형 파탄형 폭발	• 용기의 강도 유지 • 화재로 인한 용기 파열 방지	• 반응폭주에 의한 압력상승 방지

(4) 불활성화 방법

진공퍼지 (저압퍼지) (Vacuum Purging)	• 용기를 진공시킨 다음 불활성 가스(Inert gas)를 주입하여 산소농도를 낮춘다. • 반응기에 일반적으로 사용되는 퍼지방법이다. • 큰 용기는 진공에 견디도록 설계되지 않아 큰 용기에는 사용할 수 없다.
압력퍼지 (Pressure Purging)	• 용기에 불활성 가스(Inert gas)를 주입하여 가압된 불활성 가스(Inert gas)가 용기 내에서 충분히 확산된 후 대기중으로 방출하여 산소농도를 낮춘다. • 압력퍼지는 진공퍼지에 비해 퍼지시간이 매우 짧다. • 압력퍼지는 진공퍼지보다 불활성 가스(Inert gas) 소모량이 많다.
스위프퍼지 (Sweep Through purging)	• 용기의 한 개구부로부터 불활성 가스(Inert gas)를 가하고, 다른 개구부로 부터 대기로 혼합가스를 용기에서 배출시키는 방식이다. 즉, 퍼지가스는 상압에서 가해지고 혼합가스는 대기압에서 배출된다. • 용기나 장치가 압력을 가하거나 진공으로 할 수 없을 때 사용한다. • 큰 저장용기를 퍼지할 때 적합하나 많은 양의 불활성 가스(Inert gas)를 필요로 하므로 많은 경비가 소요된다.
사이폰퍼지 (Siphon Purging)	• 용기에 액체(물)를 채운 다음 액체가 용기로부터 드레인될 때 불활성 가스(Inert gas)를 용기의 증기 공간에 주입한다. 주입되는 불활성 가스(Inert gas)의 부피는 용기의 부피와 같고 퍼지속도는 액체를 방출하는 속도와 같게 한다. • 액체를 용기에 채운 다음 용기의 상부에 잔류해 있는 산소를 제거하기 위하여 스위프퍼지 공정을 사용하면 사이폰퍼지 공정외의 비용이 추가되지만 산소 농도를 매우 낮은 수준으로 줄이는데 유리하다. • 큰 저장용기를 퍼지할 때 경비를 최소화하는데 이용한다.

(5) 분진폭발의 방호

① 분진의 생성 방지
② 발화원의 제거
③ 불활성 물질의 첨가

용어정의

※ 불활성화
불활성 가스를 용기에 주입하여 산소농도를 MOC(최소산소농도) 이하로 낮추는 것을 말한다.

기출

※ 연소방지 첨가물질 : 질소, 헬륨, 이산화탄소

문제

다음은 증기 또는 가스의 공기 혼합가스에 불활성 가스를 주입하여 산소의 농도를 MOC 이하로 낮게하는 불활성화 공정에 관한 사항이다. 큰 용기에 사용할 수 없는 불활성화 방법은?

㉮ 진공퍼지
㉯ 압력퍼지
㉰ 스위프퍼지
㉱ 사이폰퍼지

[해설]
㉮ 진공퍼지는 큰 용기에는 사용할 수 없다.

정답 ㉮

용어정의

※ 프리퍼지(pre-purge)
점화하기 전에 폭발 방지를 위하여 노(爐) 안에 차 있는 미연소 가스를 밖으로 불어내는 것을 말한다.

기출

※ 분진폭발 시험 장치로 하트만(Hartmann)식이 많이 사용된다.

합격의 key

> **참고**
> ※ 폭발한계(폭발범위) 폭발이 일어나는데 필요한 가연성 가스의 특정한 농도범위를 말하며, 공기 중의 가연성 가스가 연소하는데 필요한 농도의 하한과 상한을 각각 폭발하한계(LFL), 폭발상한계(UFL)라 하고 보통 1기압, 상온에서의 부피 백분율(Vol %)로 표시한다.

> **기출**
> ※ 폭발압력은 화학양론농도보다 약간 높은 농도에서 최대폭발압력이 된다.

> **기출**
> ※ 폭발한계에 영향을 주는 요소
> 1. 점화원 : 폭발한계를 결정하기 위한 점화원은 충분한 에너지가 필요하다.
> 2. 측정 용기의 직경 : 가는 관에서는 화염이 관벽에 냉각되어 소멸되는 일도 있어 폭발범위가 좁혀지게 된다. 관벽의 영향이 없는 큰 장치가 필요하다.
> 3. 화염의 전파 방향 : 위쪽으로 전파하는 화염에서 측정하면 가장 넓은 값이 나오고, 아래쪽으로 전파하는 화염에서는 가장 좁게 나오며, 수평전파 화염은 그 중간치를 나타낸다.
> 4. 압력의 영향 : 폭발한계는 압력변화에 영향을 받는다. 필요하다.
> 5. 발화 온도 : 어떤 온도 이상이 되면 발화가 일어나는 한계온도를 자연발화온도 혹은 발화온도라 한다.

2 폭발하한계 및 상한계의 계산

(1) 혼합 가스의 폭발 범위

폭발 범위(폭발 상한계, 하한계)의 계산 : 르 샤틀리에의 공식 ★★

$$\frac{100}{L}(Vol\%) = \frac{V_1}{L_1} + \frac{V_2}{L_2} + \frac{V_3}{L_3} \cdots \Rightarrow L = \frac{100}{\frac{V_1}{L_1} + \frac{V_2}{L_2} + \frac{V_3}{L_3} \cdots}$$

여기서, L : 혼합가스의 폭발하한계(상한계)
L_1, L_2, L_3 : 단독가스의 폭발하한계(상한계)
V_1, V_2, V_3 : 단독가스의 공기 중 부피
$100 : V_1 + V_2 + V_3 + \cdots$ (단독가스 부피의 합)

완전연소 조성 농도(화학양론 농도, 이론산소 농도) ★★

$$C_{st}(Vol\%) = \frac{100}{1 + 4.773\left(n + \frac{m-f-2\lambda}{4}\right)}$$

여기서, n : 탄소 m : 수소
f : 할로겐원소 λ : 산소의 원자 수

폭발범위의 계산 : Jones식

1. 폭발하한계 $= 0.55 \times C_{st}$
2. 폭발상한계 $= 3.50 \times C_{st}$

여기서, $C_{st}(Vol\%) = \dfrac{100}{1 + 4.773\left(n + \dfrac{m-f-2\lambda}{4}\right)}$

(n : 탄소, m : 수소, f : 할로겐원소, λ : 산소의 원자 수)

예제 01 ✿✿

가연성 혼합가스가 메탄(CH_4) 80Vol%, 에탄(C_2H_6) 10Vol%, 부탄($n-C_4H_{10}$) 10Vol% 로 구성되어져 있다. 공기 중에서 이 3성분 혼합가스의 화학양론 조성을 구하면? (단, 각 단독가스의 화학양론 조성은 메탄 9.5Vol%, 에탄 5.6Vol%, 부탄 3.1Vol% 로 한다.)

㉮ 4.5Vol% ㉯ 5.2Vol% ㉰ 6.1Vol% ㉱ 7.4Vol%

[해설] 혼합가스의 양론조성은 $\dfrac{100}{L} = \dfrac{V_1}{L_1} + \dfrac{V_2}{L_2} + \dfrac{V_3}{L_3} \cdots$

$$\dfrac{(80+10+10)}{L} = \dfrac{80}{9.5} + \dfrac{10}{5.6} + \dfrac{10}{3.1}$$

$$L = \dfrac{100}{\dfrac{80}{9.5} + \dfrac{10}{5.6} + \dfrac{10}{3.1}} = 7.4(Vol\%)$$

[정답] ㉱

예제 02 ✿✿

에틸에테르와 에틸알콜의 3:1의 혼합증기 몰비가 각각 0.75, 0.25이고, 단독가스의 폭발상한을 각각 48Vol%, 19Vol%라면 혼합성 가스의 폭발상한값은?

㉮ 2.2Vol% ㉯ 3.47Vol% ㉰ 22Vol% ㉱ 34.7Vol%

[해설] $\dfrac{100}{L} = \dfrac{V_1}{L_1} + \dfrac{V_2}{L_2} + \dfrac{V_3}{L_3} \cdots$ 에서

몰비(부피비)가 3 : 1이므로

$$\dfrac{(3+1)}{L} = \dfrac{3}{48} + \dfrac{1}{19}$$

$$L = \dfrac{4}{\dfrac{3}{48} + \dfrac{1}{19}} = 34.7Vol\%$$

[참고] (몰비 = 부피비, 0.75 : 0.25 = 75% : 25%)

$$\dfrac{(75+25)}{L} = \dfrac{75}{48} + \dfrac{25}{19}$$

$$L = \dfrac{100}{\dfrac{75}{48} + \dfrac{25}{19}} = 34.7Vol\%$$

[정답] ㉱

합격의 key

예제 03

메탄 70Vol%, 부탄 30Vol% 혼합가스의 공기 중 폭발하한계는?
(각 물질의 폭발하한계는 Jones식에 의해 추산하시오.)

㉮ 1.2vol%   ㉯ 3.2vol%   ㉰ 5.7vol%   ㉱ 7.7vol%

[해설] (1) 메탄의 폭발하한계
Jones식의 폭발하한계 = 0.55×Cst
폭발상한계 = 3.50×Cst

$$C_{st} = \frac{100}{1 + 4.773(n + \frac{m-f-2\lambda}{4})}$$

(n : 탄소, m : 수소, f : 할로겐원소, λ : 산소의 원자수)

메탄 CH_4에서 (n : 1, m : 4, f : 0, λ : 0)

$$C_{st} = \frac{100}{1 + 4.773(1 + \frac{4}{4})} = 9.482$$

폭발하한계 = 0.55 × Cst = 0.55×9.482 = 5.21

(2) 부탄의 폭발하한계
부탄 C_4H_{10}에서 (n : 4, m : 10, f : 0, λ : 0)

$$C_{st} = \frac{100}{1 + 4.773(4 + \frac{10}{4})} = 3.122$$

폭발하한계 = 0.55×Cst = 0.55×3.122 = 1.71

(3) 혼합가스의 폭발하한계

$$\frac{100}{L} = \frac{V_1}{L_1} + \frac{V_2}{L_2} + \frac{V_3}{L_3} \cdots$$

$$\frac{100}{L} = \frac{70}{5.21} + \frac{30}{1.71}$$

$$L = \frac{100}{\frac{70}{5.21} + \frac{30}{1.71}} = 3.22 \text{Vol \%}$$

[정답] ㉯

예제 04

폭발한계와 완전 연소 조성 관계인 Jones식을 이용하여 부탄(C_4H_{10})의 폭발 하한계를 구하면 몇 vol% 인가?

㉮ 1.4vol%   ㉯ 1.7vol%   ㉰ 2.0vol%   ㉱ 2.3vol%

[해설] 1. 완전연소조성농도(화학양론농도)
부탄 C_4H_{10}에서 (n : 4, m : 10, f : 0, λ : 0)

$$C_{st} = \frac{100}{1 + 4.773(4 + \frac{10}{4})} = 3.122(\text{vol\%})$$

2. Jones식에 의한 폭발 하한계
폭발 하한계 = 0.55 × Cst = 0.55 × 3.122 = 1.71(vol%)

[정답] ㉯

(2) 최소산소농도(MOC농도) = 화염을 전파하기 위한 최소한의 산소농도

최소 산소농도 ✦✦

$$\text{MOC농도} = \text{폭발하한계} \times \frac{\text{산소의 몰수}}{\text{연료의 몰수}} (\text{Vol\%})$$

예제 01 ✦

프로판(C_3H_8)의 연소에 필요한 최소 산소농도의 값은?
(단, 프로판의 폭발하한은 2.2Vol%)

㉮ 8.1Vol% ㉯ 11.1Vol% ㉰ 15.1Vol% ㉱ 20.1Vol%

[해설]
$\text{MOC농도} = \text{폭발하한계} \times \frac{\text{산소의 몰수}}{\text{연료의 몰수}} (\text{Vol\%})$

프로판의 연소식 : $1C_3H_8 + 5O_2 = 3CO_2 + 4H_2O$ (여기서 1, 5, 3, 4 = 몰수)

프로판의 최소산소농도 = $2.2 \times \frac{5}{1} = 11\text{Vol\%}$

[정답] ㉯

예제 02 ✦

부탄(C_4H_{10})의 연소에 필요한 최소 산소농도의 값은?
(단, 부탄의 폭발하한은 1.6Vol%)

㉮ 10.4Vol% ㉯ 11.1Vol% ㉰ 18.4Vol% ㉱ 22.5Vol%

[해설]
$\text{MOC농도} = \text{폭발하한계} \times \frac{\text{산소의 몰수}}{\text{연료의 몰수}} (\text{Vol\%})$

부탄의 연소식 : $1C_4H_{10} + 6.5O_2 = 4CO_2 + 5H_2O$ (여기서 1, 6.5, 4, 5 = 몰수)

부탄의 최소산소농도 = $1.6 \times \frac{6.5}{1} = 10.4\text{Vol\%}$

[정답] ㉮

예제 03

메탄올의 연소반응이 다음과 같을 때 최소산소농도(MOC)는 약 얼마인가?
(단, 메탄올의 연소하한값(L)은 6.7vol%이다.)

$$CH_3OH + 1.5O_2 \rightarrow CO_2 + 2H_2O$$

㉮ 1.5Vol% ㉯ 6.7Vol% ㉰ 10Vol% ㉱ 15Vol%

[해설]
$\text{MOC농도} = 6.7 \times \frac{1.5}{1} = 10.05 \,(\text{Vol\%})$

[정답] ㉰

CHAPTER 09 단원 예상문제

01 고분진폭발이 일어나지 않는 물질은?

㉮ 마그네슘
㉯ 스텔라이트
㉰ 소맥분
㉱ 질석 가루

[해설] **분진폭발을 일으키지 않는 물질** : 석회석 가루(생석회), 시멘트 가루, 대리석 가루, 탄산칼슘, 질석 가루

02 가스폭발에 대한 기술 중 옳지 않은 것은?

㉮ 최소점화에너지는 가스 농도에 관계없이 변화하지 않는다.
㉯ 폭발범위는 측정조건을 바꾸면 변화한다.
㉰ 점화원 에너지가 약할수록 폭굉유도 거리는 길다.
㉱ 혼합가스의 폭발한계는 르샤틀리에 식으로 변한다.

[해설] ㉮ **최소점화에너지**는 연소(폭발)한계 내에서 가연성 가스 또는 폭발성 분진을 발화시킬 수 있는 최소의 에너지를 말하며 **가스의 농도 조성에 따라 변화한다.**

03 가연성 가스가 밀폐된 용기 내에서 폭발할 때 최대폭발 압력에 영향을 주는 인자가 아닌 것은?

㉮ 가연성 가스의 초기압력
㉯ 가연성 가스의 초기농도
㉰ 가연성 가스의 온도
㉱ 가연성 가스의 유량

[해설] 최대폭발압력에 영향을 주는 인자는 온도, 압력, 농도이다.

04 화염의 전파속도가 음속보다 빨라 파면 선단에 충격파가 형성되며 보통 그 속도가 1,000 ~ 3,500m/s에 이르는 현상을 무엇이라 하는가?

㉮ 폭발현상 ㉯ 폭굉현상
㉰ 파괴현상 ㉱ 폭풍현상

[해설] **폭굉파** : 충격파(shock wave)의 일종으로 화염의 전파속도가 음속 이상일 경우이며 그 속도가 1,000~3,500m/sec에 이른다.

05 가연성 가스의 연소 범위에 대한 설명으로 옳은 것은?

㉮ 착화 온도의 상한과 하한 범위
㉯ 연소할 수 있는 최저 온도
㉰ 인화온도의 상한과 하한 범위
㉱ 연소할 수 있는 혼합가스의 농도 범위

[해설] **폭발 한계 (폭발 범위, 연소 범위)** : 가연성 물질이 공기와 혼합하여 일정 농도 범위 내에서 **폭발이 일어날 수 있는 범위**를 말한다.

정답 01 ㉱ 02 ㉮ 03 ㉱ 04 ㉯ 05 ㉱

06 분진폭발의 발생 순서로 옳은 것은?

㉮ 퇴적분진 – 비산 – 분산 – 발화원 발생 – 폭발
㉯ 퇴적분진 – 발화원 발생 – 분산 – 비산 – 폭발
㉰ 퇴적분진 – 분산 – 비산 – 발화원 발생 – 폭발
㉱ 비산 – 퇴적분진 – 분산 – 발화원 발생 – 폭발

[해설] **분진폭발의 발생 순서**
퇴적분진 → 비산 → 분산 → 점화원 → 1차폭발 → 2차 폭발

07 분진폭발에 관한 설명 중 옳지 않은 것은?

㉮ 분진폭발은 가스폭발에 비하여 유독물의 발생이 많다.
㉯ 분진폭발은 가스폭발과 마찬가지로 폭발범위가 존재한다.
㉰ 분진폭발은 실내를 건조시켜 점화원을 제거하는 것이 가장 효과적인 폭발방지책이다.
㉱ 금속분말도 분진폭발을 일으킨다.

[해설] 분진폭발은 분진, mist 등이 **일정 농도 이상으로 공기와 혼합 시에 발화원에 의해 폭발을 일으키므로** 분진의 농도를 폭발범위 이하로 낮추는 것이 폭발방지책이다.

{참고}

가스폭발과 분진폭발의 비교	
가스폭발	• 화염이 크다. • 연소속도가 빠르다.
분진폭발	• 폭발압력, 에너지가 크다. • 연소시간이 길다. • 불완전연소로 인한 중독(CO)이 발생한다.

08 사료공장, 금속가공공장, 종이공장 및 섬유공장에서 공통적으로 일어날 수 있는 재해는?

㉮ 분진폭발
㉯ 금수성물질의 화재
㉰ 증기폭발
㉱ 액상폭발

[해설]

분진폭발을 일으키는 물질	분진폭발을 일으키지 않는 물질
• 금속분(알루미늄, 마그네슘, 아연 분말) • 플라스틱 • 농산물 • 황	• 시멘트 • 생석회(CaO) • 석회석 • 탄산칼슘($CaCO_3$)

09 혼합가스의 조성이 다음 [표]와 같을 때 공기 중 폭발하한계는 약 몇 vol% 인가?

가스	조성	폭발하한계 (vol%)	폭발상한계 (vol%)
프로판	50%	2.2	9.5
이황화탄소	30%	1.2	44
일산화탄소	20%	12.5	74

㉮ 1.20
㉯ 2.03
㉰ 3.67
㉱ 5.30

[해설]

$$\frac{100}{L} = \frac{V_1}{L_1} + \frac{V_2}{L_2} + \frac{V_3}{L_3} \cdots \text{ (Vol\%)}$$

$$L = \frac{100}{\frac{V_1}{L_1} + \frac{V_2}{L_2} + \frac{V_3}{L_3} \cdots}$$

여기서,
L : 혼합가스의 폭발하한계(상한계)
L_1, L_2, L_3 : 단독가스의 폭발하한계(상한계)
V_1, V_2, V_3 : 단독가스의 공기 중 부피
$100 : V_1 + V + V_3 + \cdots$

정답 06 ㉮ 07 ㉰ 08 ㉮ 09 ㉯

$$\frac{(50+30+20)}{L} = \frac{50}{2.2} + \frac{30}{1.2} + \frac{20}{12.5}$$

$$L = \frac{100}{\frac{50}{2.2} + \frac{30}{1.2} + \frac{20}{12.5}} = 2.03(\text{vol}\%)$$

10 다음 중 폭발의 최소발화에너지에 대한 설명으로 틀린 것은?

㉮ 불활성기체의 첨가는 최소발화에너지를 크게 한다.
㉯ 최소발화에너지는 화학양론농도보다 조금 높은 농도일 때 최솟값이 된다.
㉰ 혼합기체의 농도가 증가함에 따라 최소발화에너지는 상승한다.
㉱ 혼합기체의 온도가 상승하면 최소발화에너지도 상승한다.

[해설] ㉱ 혼합기체의 온도가 상승하면 발화에 필요한 최소발화에너지는 감소한다.

{참고} **최소발화에너지**
- 연소(폭발)한계 내에서 가연성 가스 또는 폭발성 분진을 발화시킬 수 있는 최소의 에너지를 말한다.
- 최소 발화에너지는 화학양론 농도보다 조금 높은 농도일 때 최솟값이 된다. = 화학양론 농도보다 조금 높은 농도에서 최대폭발이 된다.

11 다음 중 분진폭발에 대한 설명으로 틀린 것은?

㉮ 일반적으로 입자의 크기가 클수록 위험이 더 크다.
㉯ 산소의 농도가 증가될 경우 폭발 위험은 증가된다.
㉰ 주위 공기의 난류확산은 위험을 증가시킨다.
㉱ 가스폭발에 비하여 불완전 연소를 일으키기 쉽다.

[해설] ㉮ 입자의 크기가 작을수록 위험이 더 크다.

{참고} **분진폭발에 영향을 미치는 인자**

①	입도와 입도분포	입자가 작고 표면적이 클수록 폭발이 용이하다.
②	분진의 화학적 성분과 반응성	발열량이 클수록, 휘발성분이 많을수록 폭발이 용이하다.
③	입자의 형상과 표면의 상태	입자의 형상이 **구형(求刑)**일수록 폭발성이 약하고 입자의 표면이 산소에 대한 활성을 가질수록 폭발성이 높다.
④	분진 속의 수분	분진 속에 **수분**이 있으면 부유성 및 정전기 대전성을 감소시켜 **폭발의 위험이 낮아진다**.
⑤	분진의 부유성	분진의 **부유성**이 클수록 공기 중 체류시간이 길어져 폭발이 용이하다.

12 폭발범위가 1.8 ~ 8.5vol% 인 가스의 위험도는 얼마인가?

㉮ 0.8   ㉯ 3.7
㉰ 5.7   ㉱ 6.7

[해설]

$$\text{위험도}(H) = \frac{U_2 - U_1}{U_1}$$

여기서, U_1 : 폭발 하한계(%),
U_2 : 폭발 상한계(%)

$$H = \frac{8.5 - 1.8}{1.8} = 3.72$$

13 다음 [표]는 공기 중 표준상태에서 가연성 물질의 연소 한계를 나타낸 것이다. 위험도가 가장 높은 것은?

물 질	상한계(vol%)	하한계(vol%)
프로판	9.5	2.1
메탄	15.0	5.0
헥산	7.4	1.2
톨루엔	6.7	1.4

㉮ 프로판   ㉯ 메탄
㉰ 헥산   ㉱ 톨루엔

정답 10 ㉱ 11 ㉮ 12 ㉯ 13 ㉰

[해설]

$$위험도(H) = \frac{U_2 - U_1}{U_1}$$

여기서, U_1 : 폭발 하한계(%),
U_2 : 폭발 상한계(%)

1. 프로판 : $H = \frac{9.5 - 2.1}{2.1} = 3.52$
2. 메탄 : $H = \frac{15.0 - 5.0}{5.0} = 2.0$
3. 헥산 : $H = \frac{7.4 - 1.2}{1.2} = 5.17$
4. 톨루엔 : $H = \frac{6.7 - 1.4}{1.4} = 3.79$

14 다음 중 가연성 가스의 폭발한계에 대한 설명으로 옳은 것은?

㉮ 불활성 가스를 첨가하면 폭발범위는 좁아진다.
㉯ 일반적으로 압력이 증가되면 폭발범위는 좁아진다.
㉰ 일반적으로 온도가 상승되면 폭발범위는 좁아진다.
㉱ 공기 중에서 보다 산소 중에서 폭발범위는 좁아진다.

[해설] ㉯ 압력이 증가하면 폭발범위는 넓어진다.
㉰ 온도가 상승하면 폭발범위는 넓어진다.
㉱ 공기 중에서 보다 산소 중에서 폭발범위는 넓어진다.

{참고} 폭발범위와 온도, 압력과의 관계
① 압력 상승 시 하한계는 불변, 상한계는 상승한다.
② 온도 상승 시 하한계는 약간 하강, 상한계는 상승한다.
③ 폭발하한계가 낮을수록, 폭발 상한계는 높을수록 폭발범위가 넓어져 위험하다.

15 가연성 가스가 발생할 우려가 있는 지하 작업장에서의 작업 시 폭발 또는 화재를 방지하기 위하여 가스의 농도가 폭발하한계 값의 몇 % 이상으로 밝혀진 경우 즉시 근로자를 안전한 장소에 대피시켜야 하는가?

㉮ 15   ㉯ 25
㉰ 33   ㉱ 40

[해설] 가스의 농도가 인화하한계 값의 25퍼센트 이상으로 밝혀진 때에는 즉시 근로자를 안전한 장소에 대피시키고 화기 그 밖에 점화원이 될 우려가 있는 기계·기구 등의 사용을 중지하며 통풍·환기 등을 할 것

16 다음 중 증기운폭발에 대한 설명으로 틀린 것은?

㉮ 대기 중에 다량의 가연성 가스 및 기화하기 쉬운 가연성액체가 누출되어 발화원에 의해 발생한다.
㉯ 증기운폭발은 일종의 가스폭발이다.
㉰ 증기운폭발은 주로 폐쇄공간에서 발생한다.
㉱ LNG가 누출될 때에도 증기운폭발을 할 수 있다.

[해설] 개방계 증기운폭발(Unconfined vapor cloud explosion, "UVCE") : 가연성 가스가 지속적으로 누출되면서 대기 중에 구름형태로 모여 바람 등의 영향으로 움직이다가 점화원에 의하여 순간적으로 모든 가스가 동시에 폭발하는 현상으로 폐쇄공간에서 일어나는 폭발이 아니다.

17 부피조성이 메탄 65%, 에탄 20%, 프로판 15%인 혼합가스의 공기 중 폭발하한계는 몇 vol% 인가? (단, 메탄, 에탄, 프로판의 폭발하한계는 각각 5.0vol%, 3.0vol%, 2.1vol%이다.)

㉮ 2.63   ㉯ 3.73
㉰ 4.83   ㉱ 5.9

정답 14 ㉮ 15 ㉯ 16 ㉰ 17 ㉯

[해설]

$$\frac{100}{L} = \frac{V_1}{L_1} + \frac{V_2}{L_2} + \frac{V_3}{L_3} \cdots \text{ (Vol\%)}$$

$$L = \frac{100}{\frac{V_1}{L_1} + \frac{V_2}{L_2} + \frac{V_3}{L_3} \cdots}$$

여기서,
L : 혼합가스의 폭발하한계(상한계)
L_1, L_2, L_3 : 단독가스의 폭발하한계(상한계)
V_1, V_2, V_3 : 단독가스의 공기 중 부피
$100 : V_1 + V + V_3 + \cdots$

$$\frac{(65+20+15)}{L} = \frac{65}{5.0} + \frac{20}{3.0} + \frac{15}{2.1}$$

$$L = \frac{100}{\frac{65}{5.0} + \frac{20}{3.0} + \frac{15}{2.1}} = 3.73 \text{(vol\%)}$$

18 다음 중 폭발범위가 가장 넓은 것은?

㉮ 부탄 ㉯ 메탄
㉰ 프로판 ㉱ 아세틸렌

[해설]

가스	폭발하한계 (V%)	폭발상한계 (V%)
아세틸렌	2.5	81.0
부탄	1.8	8.4
메탄	5	15
프로판	2.1	9.5

19 다음 중 폭발하한계에 대한 설명으로 틀린 것은?

㉮ 일반적으로 폭발한계 범위는 온도 상승에 의하여 넓어 지게 된다.
㉯ 공기 중 폭발하한계는 온도가 100℃ 증가함에 따라 약 8%씩 증가한다.
㉰ 일반적으로 압력이 상승되면 폭발상한계도 증가한다.
㉱ 산소 중에서의 폭발하한계는 공기 중에서와 같다.

[해설] ㉯ 폭발하한계는 온도 증가에 따라 감소한다.
{참고} 폭발한계와 온도, 압력과의 관계
① 압력 상승 시 하한계는 불변, 상한계는 상승한다.
② 온도 상승 시 하한계는 약간 하강, 상한계는 상승한다.
③ 폭발하한계가 낮을수록, 폭발 상한계는 높을수록 폭발범위가 넓어져 위험하다.

20 폭발을 분류할 때 원인물질의 물리적 상태에 따라 기상폭발과 응상폭발로 구분하는데 다음 중 응상폭발을 하는 물질이 아닌 것은?

㉮ TNT ㉯ 연화약
㉰ 아세틸렌 ㉱ 다이너마이트

[해설] ㉰ 아세틸렌은 가스폭발로서 기상폭발에 해당한다.
{참고} ① 기상폭발
• 가스폭발   • 분무폭발
• 분진폭발   • 수증기폭발
• 증기폭발   • 전선폭발

21 부탄의 공기 중 연소하한값 1.6 vol%일 경우, 연소에 필요한 최소산소농도는 약 몇 vol% 인가?

㉮ 9.4 ㉯ 10.4
㉰ 11.4 ㉱ 12.4

[해설] 최소산소농도(MOC 농도)

$$\text{폭발하한계} \times \frac{\text{산소의 몰수}}{\text{연료의 몰수}} \text{ (Vol\%)}$$

1. 부탄의 연소식
   $1C_4H_{10} + 6.5O_2 = 4CO_2 + 5H_2O$
   (여기서 1, 6.5, 4, 5는 몰수)

2. 부탄의 최소산소농도 $= 1.6 \times \frac{6.5}{1}$
   $= 10.4 \text{(Vol\%)}$

정답 18 ㉱ 19 ㉯ 20 ㉰ 21 ㉯

22 다음 중 폭발범위에 대한 설명으로 옳은 것은?

㉮ 가연성 가스와 공기와의 혼합가스에 점화원을 주었을 때 폭발이 일어나는 혼합가스의 농도 범위
㉯ 가연성 액체의 액면 근방에 생기는 증기가 착화할 수 있는 온도 범위
㉰ 공기밀도에 대한 폭발성가스 및 증기의 폭발가능 밀도 범위
㉱ 폭발화염이 내부에서 외부로 전파될 수 있는 용기의 틈새 간격 범위

[해설] **폭발한계(폭발범위, 연소범위)** : 가연성 물질이 공기와 혼합하여 일정 농도범위 내에서 **폭발이 일어날 수 있는 범위**를 말한다.

23 다음 중 폭발의 종류와 해당하는 물질의 연결이 잘못된 것은?

㉮ 산화폭발 – LPG
㉯ 중합폭발 – 산화에틸렌
㉰ 분해폭발 – 아세틸렌
㉱ 분진폭발 – 하이드라진

[해설] ㉱ 하이드라진은 분해폭발을 한다.

24 대기 중에 대량의 가연성 가스가 유출되거나 대량의 가연성 액체가 유출하여 그것으로부터 발생하는 증기가 공기와 혼합해서 가연성 혼합기체를 형성하고, 점화원에 의하여 발생하는 폭발을 무엇이라 하는가?

㉮ UVCE   ㉯ BLEVE
㉰ Detonation   ㉱ Boil over

[해설] 대량의 가스가 누출되어 증기운을 형성하여 점화원에 의해 발생하는 폭발 → 증기운 폭발(UVCE)

{참고} 1. 개방계 증기운 폭발(Unconfined vapor cloud explosion, "UVCE") : 가연성가스가 지속적으로 누출되면서 대기 중에 구름형태로 모여 바람 등의 영향으로 움직이다가 점화원에 의하여 순간적으로 모든 가스가 동시에 폭발하는 현상을 말한다.
2. 블래비(Bleve)현상(비등액 팽창증기폭발) : 가연성 액화가스에서 외부 화재에 의해 탱크 내 액체가 비등하고 증기가 팽창하면서 폭발을 일으키는 현상으로 벽면파괴를 동반한다.

25 프로판(C_3H_8) 1몰이 완전연소하기 위한 산소의 화학양론 계수는 얼마인가?

㉮ 2   ㉯ 3
㉰ 4   ㉱ 5

[해설] 완전연소 조성 농도(화학양론 농도)

$$C_{st}(Vol\%) = \frac{100}{1+4.773\left(n+\frac{m-f-2\lambda}{4}\right)}$$

여기서, n : 탄소
m : 수소
f : 할로겐원소
λ : 산소의 원자 수
4.773 : 공기의 몰수

- 프로판(C_3H_8)에서 n : 3, m : 8, f, $\lambda = 0$이므로

$$C_{st} = \frac{100}{1+4.773\left(3+\frac{8}{4}\right)} = 4.02(vol\%)$$

- 4vol%로는 완전 연소되지 못하므로 답은 5vol%가 됩니다.

정답 22 ㉮ 23 ㉱ 24 ㉮ 25 ㉱

MEMO

PART 05

Industrial Engineer Industrial Safety

건설공사 안전 관리

CHAPTER 01 건설공사 특성분석

CHAPTER 02 건설공사 위험성

CHAPTER 03 건설업 산업안전보건관리비 관리

CHAPTER 04 건설현장 안전시설 관리

CHAPTER 05 비계·거푸집 가시설 위험방지

CHAPTER 06 공사 및 작업종류별 안전

노력하는 당신은 언제나 아름답습니다.
구민사가 당신의 합격을 기원합니다.

CHAPTER 01 건설공사 특성 분석

01 건설공사 특수성 분석

> 주/요/내/용 알/고/가/기
> 1. 건설공사 안전관리계획의 수립
> 2. 건설공사발주자의 산업재해 예방 조치
> 3. 산업재해가 발생할 위험이 있다고 판단되어 설계변경을 요청할 수 있는 경우
> 4. 설치·해체·조립하는 등의 작업을 하는 경우 건설공사 도급인이 안전보건조치를 하여야 하는 기계·기구
> 5. 산업재해를 예방하기 위하여 필요한 조치를 하여야 하는 장소

1 안전관리 계획 ⇨ 시험출제빈도가 낮은 내용입니다. 가볍게 읽고 넘어가세요!

(1) 안전관리 총괄 계획서

1) 건설공사의 개요 및 안전관리조직

① 공사의 개요 : 공사전반에 대한 개략을 파악하기 위한 위치도·공사개요·전체공정표 및 설계도서

② 안전관리조직 : 공사관리조직 및 임무에 관한 사항으로서 시설물의 시공안전 및 공사장 주변 안전에 대한 점검·확인 등을 위한 관리조직표

2) 공정별 안전점검계획

자체안전점검, 정기안전점검 시기·내용·안전점검공정표 등 실시계획 등에 관한 사항

3) 공사장 주변의 안전관리대책

공사 중 지하매설물의 방호, 인접 시설물의 보호 등 공사장 및 공사현장 주변에 대한 안전관리에 관한 사항

4) 통행안전시설의 설치 및 교통소통에 관한 계획

공사장 주변의 교통소통대책, 교통안전 시설물, 교통사고 예방대책 등 교통안전 관리에 관한 사항

문제

건설공사 안전관리계획서에 있어 아래의 사항이 포함되어야 할 계획서는?

1. 공사개요
2. 안전관리조직
3. 공정별 안전점검 계획
4. 공사장 및 주변 안전점검 계획
5. 통행 안전시설 설치 및 교통소통 계획
6. 안전관리비 집행계획
7. 안전교육계획
8. 비상시 긴급조치계획

㉮ 안전관리계획서(총괄)
㉯ 공종별 안전관리계획서
㉰ 유해위험방지계획서
㉱ 안전개선계획서

정답 ㉮

5) 안전관리비 집행계획

안전관리비의 계상액, 산정 내역, 사용계획 등에 관한 사항

6) 안전교육 및 비상 시 긴급조치계획

① **안전교육계획** : 안전교육계획표, 교육의 종류·내용 및 교육관리에 관한 사항
② **비상 시 긴급조치계획** : 공사현장에서의 비상사태에 대비한 비상 연락망, 비상동원조직, 경보체제, 응급조치 및 복구 등에 관한 사항

(2) 공종별 안전관리계획
  (대상 시설물별 건설공법 및 시공절차를 포함한다)

가설공사, 토공사, 철근콘크리트 공사, 강구조물 공사, 해체공사로 구분하여 각 공종별로 작성한다.

① 채택공법 및 사용 자재
② 안전성 계산서
③ 시공 상세도면 및 안전시공 절차
④ 지하매설물 방호 및 인접 구조물 보호 대책
⑤ 안전점검 계획서 및 안전 점검표

2 건설재해 예방대책

① 설계, 적산, 시공 등의 안전보건 대책 강화
② 기계 설비, 공법 등의 안전보건 확보
③ 안전보건 관리체제의 정비
④ 기술기준의 정비
⑤ 안전보건 교육 강화
⑥ 건강 장해 대책의 강화

3 건설공사 안전관리계획의 수립(건설기술 진흥법 시행령)

(1) 안전관리계획을 수립하여야 하는 건설공사는 다음 각 호와 같다. 이 경우 원자력시설공사는 제외하며, 해당 건설공사가 유해·위험 방지 계획을 수립하여야 하는 건설공사에 해당하는 경우에는 해당 계획과 안전관리계획을 통합하여 작성할 수 있다.

1. 「시설물의 안전 및 유지관리에 관한 특별법」에 따른 1종 시설물 및 2종 시설물의 건설공사(유지관리를 위한 건설공사는 제외한다)
2. 지하 10미터 이상을 굴착하는 건설공사(이 경우 굴착 깊이 산정 시 집수정(集水井), 엘리베이터 피트 및 정화조 등의 굴착 부분은 제외하며, 토지에 높낮이 차가 있는 경우 굴착 깊이의 산정방법은 「건축법 시행령」을 따른다.)
3. 폭발물을 사용하는 건설공사로서 20미터 안에 시설물이 있거나 100미터 안에 사육하는 가축이 있어 해당 건설공사로 인한 영향을 받을 것이 예상되는 건설공사
4. 10층 이상 16층 미만인 건축물의 건설공사
4의2. 다음 각 목의 리모델링 또는 해체공사
   가. 10층 이상인 건축물의 리모델링 또는 해체공사
   나. 「주택법」에 따른 수직 증축형 리모델링
5. 「건설기계관리법」에 따라 등록된 다음 각 목의 어느 하나에 해당하는 건설기계가 사용되는 건설공사
   가. 천공기(높이가 10미터 이상인 것만 해당한다)
   나. 항타 및 항발기
   다. 타워크레인
5의2. 다음 각 호의 가설구조물을 사용하는 건설공사
   가. 높이가 31미터 이상인 비계
   나. 작업발판 일체형 거푸집 또는 높이가 5미터 이상인 거푸집 및 동바리
   다. 터널의 지보공(支保工) 또는 높이가 2미터 이상인 흙막이 지보공
   라. 동력을 이용하여 움직이는 가설구조물
6. 그 밖에 발주자 또는 인·허가 기관의 장이 필요하다고 인정하는 가설구조물

참고

* 시설물 관리계획에 포함사항
① 시설물의 적정한 안전과 유지관리를 위한 조직·인원 및 장비의 확보에 관한 사항
② 긴급상황 발생 시 조치 체계에 관한 사항
③ 시설물의 설계·시공·감리 및 유지관리 등에 관련된 설계도서의 수집 및 보존에 관한 사항
④ 안전점검 또는 정밀안전진단의 실시에 관한 사항
⑤ 보수·보강 등 유지관리 및 그에 필요한 비용에 관한 사항

7. 다음 각 목의 어느 하나에 해당하는 건설공사
  가. 발주자가 안전관리가 특히 필요하다고 인정하는 건설공사
  나. 해당 지방자치단체의 조례로 정하는 건설공사 중에서 인·허가 기관의 장이 안전관리가 특히 필요하다고 인정하는 건설공사

(2) 건설업자와 주택건설등록업자는 안전관리계획을 수립하여 발주청 또는 인·허가기관의 장에게 제출하는 경우에는 미리 공사감독자 또는 건설사업관리기술인의 검토·확인을 받아야 하며, 건설공사를 착공하기 전에 발주청 또는 인·허가기관의 장에게 제출해야 한다. 안전관리계획의 내용을 변경하는 경우에도 또한 같다.

(3) 안전관리계획을 제출받은 발주청 또는 인·허가기관의 장은 20일 이내에 안전관리계획의 내용을 심사하여 건설업자 또는 주택건설등록업자에게 그 결과를 통보하여야 한다.

(4) 발주청 또는 인·허가기관의 장이 안전관리계획의 내용을 심사하는 경우에는 건설안전점검기관에 검토를 의뢰하여야 한다. 다만, 「시설물의 안전 및 유지관리에 관한 특별법」에 따른 1종 시설물 및 2종 시설물의 건설공사의 경우에는 한국시설안전공단에 안전관리계획의 검토를 의뢰하여야 한다.

(5) 발주청 또는 인·허가기관의 장은 안전관리계획의 심사 결과를 다음 각 호의 구분에 따라 판정한 후 승인서(보완이 필요한 사유를 포함)를 건설업자 또는 주택건설등록업자에게 발급하여야 한다.

적정	안전에 필요한 조치가 구체적이고 명료하게 계획되어 건설공사의 시공상 안전성이 충분히 확보되어 있다고 인정될 때
조건부 적정	안전성 확보에 치명적인 영향을 미치지는 아니하지만 일부 보완이 필요하다고 인정될 때
부적정	시공 시 안전사고가 발생할 우려가 있거나 계획에 근본적인 결함이 있다고 인정될 때

(6) 발주청 또는 인·허가기관의 장은 건설업자 또는 주택건설등록업자가 제출한 안전관리계획서가 부적정 판정을 받은 경우에는 안전관리계획의 변경 등 필요한 조치를 하여야 한다.

4 건설업 등의 산업재해 예방(산업안전보건법)

(1) 건설공사발주자의 산업재해 예방 조치 ✈

① 총 공사금액이 50억 원 이상인 건설공사발주자는 산업재해 예방을 위하여 건설공사의 계획, 설계 및 시공 단계에서 다음 각 호의 구분에 따른 조치를 하여야 한다.

건설공사 계획단계	해당 건설공사에서 중점적으로 관리하여야 할 유해·위험요인과 이의 감소방안을 포함한 기본 안전보건대장을 작성할 것
건설공사 설계단계	기본안전보건대장을 설계자에게 제공하고, 설계자로 하여금 유해·위험요인의 감소방안을 포함한 설계안전보건대장을 작성하게 하고 이를 확인할 것
건설공사 시공단계	건설공사발주자로부터 건설공사를 최초로 도급받은 수급인에게 설계안전보건대장을 제공하고, 그 수급인에게 이를 반영하여 안전한 작업을 위한 공사안전보건대장을 작성하게 하고 그 이행 여부를 확인할 것

> **참고**
> ※ 공사 안전보건 대장에 포함하여 이행 여부를 확인해야 할 사항
> - 설계 안전보건 대장의 위험성 평가 내용이 반영된 공사 중 안전보건 조치 이행 계획
> - 유해 위험 방지 계획서의 심사 및 확인 결과에 대한 조치 내용
> - 산업안전보건관리비의 사용계획 및 사용내역
> - 건설공사의 산업재해 예방 지도를 위한 계약 여부, 지도 결과 및 조치 내용

② 건설공사발주자는 안전보건 분야의 전문가에게 대장에 기재된 내용의 적정성 등을 확인받아야 한다.

대장에 기재된 내용의 적정성을 확인할 수 있는 안전보건 전문가

1. 건설안전 분야의 산업안전지도사 자격을 가진 사람
2. 건설안전기술사 자격을 가진 사람
3. 건설안전기사 자격을 취득한 후 건설안전 분야에서 3년 이상의 실무경력이 있는 사람
4. 건설안전산업기사 자격을 취득한 후 건설안전 분야에서 5년 이상의 실무경력이 있는 사람

(2) 공사기간 단축 및 공법변경 금지

① 건설공사발주자 또는 건설공사도급인(건설공사발주자로부터 해당 건설공사를 최초로 도급받은 수급인 또는 건설공사의 시공을 주도하여 총괄·관리하는 자)은 설계도서 등에 따라 산정된 공사기간을 단축해서는 아니 된다.

② 건설공사발주자 또는 건설공사도급인은 공사비를 줄이기 위하여 위험성이 있는 공법을 사용하거나 정당한 사유 없이 정해진 공법을 변경해서는 아니 된다.

(3) 건설공사 기간의 연장

① 건설공사발주자는 다음 각 호의 어느 하나에 해당하는 사유로 건설공사가 지연되어 해당 건설공사 도급인이 산업재해 예방을 위하여 공사기간의 연장을 요청하는 경우에는 특별한 사유가 없으면 공사기간을 연장하여야 한다.

도급인이 공사기간의 연장을 요청하는 경우에 발주자가 공사기간을 연장하여야 하는 경우
① 태풍·홍수 등 악천후, 전쟁·사변, 지진, 화재, 전염병, 폭동, 그밖에 계약 당사자가 통제할 수 없는 사태의 발생 등 불가항력의 사유가 있는 경우
② 건설공사발주자에게 책임이 있는 사유로 착공이 지연되거나 시공이 중단된 경우

② 건설공사의 관계수급인은 태풍·홍수 등 통제할 수 없는 사태의 발생 등 불가항력의 사유가 있는 경우 또는 건설공사 도급인에게 책임이 있는 사유로 착공이 지연되거나 시공이 중단되어 해당 건설공사가 지연된 경우에 산업재해 예방을 위하여 건설공사 도급인에게 공사기간의 연장을 요청할 수 있다. 이 경우 건설공사 도급인은 특별한 사유가 없으면 공사기간을 연장하거나 건설공사 발주자에게 그 기간의 연장을 요청하여야 한다.

(4) 건설공사의 산업재해 예방 지도

1) 대통령령으로 정하는 공사 [공사금액 1억원 이상 120억원(토목공사는 150억원) 미만인 공사와 건축허가의 대상이 되는 공사]의 건설공사발주자 또는 건설공사도급인(건설공사발주자로부터 건설공사를 최초로 도급받은 수급인은 제외한다)은 해당 건설공사를 착공하려는 경우 지정받은 전문기관("건설재해예방전문지도기관")과 건설 산업재해 예방을 위한 지도계약을 체결하여야 한다.

2) 다만, 다음 각 호의 어느 하나에 해당하는 공사는 제외한다.(건설재해예방전문지도기관과 건설 산업재해 예방을 위한 지도계약을 체결

하지 않아도 되는 경우) ✦
① 공사기간이 1개월 미만인 공사
② 육지와 연결되지 않은 섬 지역(제주특별자치도는 제외한다)에서 이루어지는 공사
③ 안전관리자의 자격을 가진 사람을 선임(같은 광역지방자치단체의 구역 내에서 같은 사업주가 시공하는 셋 이하의 공사에 대하여 공동으로 안전관리자의 자격을 가진 사람 1명을 선임한 경우를 포함한다)하여 안전관리자의 업무만을 전담하도록 하는 공사
④ 유해위험방지계획서를 제출해야 하는 공사

(5) 기계 · 기구 등에 대한 건설공사 도급인의 안전조치

건설공사 도급인은 자신의 사업장에서 타워크레인 등 대통령령으로 정하는 기계 · 기구 또는 설비 등이 설치되어 있거나 작동하고 있는 경우 또는 이를 설치 · 해체 · 조립하는 등의 작업이 이루어지고 있는 경우에는 필요한 안전조치 및 보건 조치를 하여야 한다.

설치 · 해체 · 조립하는 등의 작업을 하는 경우 건설공사 도급인이 안전보건조치를 하여야 하는 기계 · 기구

1. 타워크레인
2. 건설용 리프트
3. 항타기(해머나 동력을 사용하여 말뚝을 박는 기계) 및 항발기(박힌 말뚝을 빼내는 기계)

5 안전조치(산업안전보건법)

(1) 사업주는 굴착, 채석, 하역, 벌목, 운송, 조작, 운반, 해체, 중량물 취급, 그 밖의 작업을 할 때 불량한 작업방법 등에 의한 위험으로 인한 산업재해를 예방하기 위하여 필요한 조치를 하여야 한다.

(2) 사업주는 근로자가 다음 각 호의 어느 하나에 해당하는 장소에서 작업을 할 때 발생할 수 있는 산업재해를 예방하기 위하여 필요한 조치를 하여야 한다. ✦ (산업재해 예방을 위하여 필요한 조치를 하여야 하는 장소)

① 근로자가 추락할 위험이 있는 장소
② 토사 · 구축물 등이 붕괴할 우려가 있는 장소
③ 물체가 떨어지거나 날아올 위험이 있는 장소
④ 천재지변으로 인한 위험이 발생할 우려가 있는 장소

참고

※ 타워크레인, 건설용 리프트, 항타기 등을 설치 · 해체 · 조립하는 등의 작업을 하는 경우 실시 · 확인 또는 조치해야 하는 사항

1. 작업시작 전 기계 · 기구 등을 소유 또는 대여하는 자와 합동으로 안전점검 실시
2. 작업을 수행하는 사업주의 작업계획서 작성 및 이행여부 확인(영 제66조 제1호 및 제3호에 한정한다)
3. 작업자가 법에서 정한 자격 · 면허 · 경험 또는 기능을 가지고 있는지 여부 확인(영 제66조 제1호 및 제3호에 한정한다)
4. 그 밖에 해당 기계 · 기구 또는 설비 등에 대하여 안전보건규칙에서 정하고 있는 안전보건 조치
5. 기계 · 기구 등의 결함, 작업방법과 절차 미준수, 강풍 등 이상 환경으로 인하여 작업수행 시 현저한 위험이 예상되는 경우 작업 중지 조치

02 안전관리 고려사항 확인

> 주/요/내/용 알/고/가/기
> 1. 표준관입시험
> 2. 베인테스트(vane test)
> 3. 보링의 종류
> 4. 지반개량공법
> 5. 보일링현상
> 6. 히빙현상

1 건설공사 재해분석

> 시험출제빈도가 낮은 내용입니다.
> 가볍게 공부하세요!

(1) 건설공사 시의 주된 재해

① 떨어짐(추락) : 높이가 있는 곳에서 사람이 떨어짐
② 넘어짐(전도) : 사람이 미끄러지거나 넘어짐
③ 맞음(낙하·비래) : 날아오거나 떨어진 물체에 맞음
④ 부딪힘·접촉 : 물체에 부딪힘, 접촉
⑤ 끼임 : 기계설비에 끼이거나 감김

(2) 출입의 금지

다음 각 호의 작업 또는 장소에 울타리를 설치하는 등 관계 근로자가 아닌 사람의 출입을 금지하여야 한다. 다만, ② 및 ⑦의 장소에서 수리 또는 점검 등을 위하여 그 암(arm) 등의 움직임에 의한 하중을 충분히 견딜 수 있는 안전지지대 또는 안전블록 등을 사용하도록 한 경우에는 그러하지 아니하다.

① 추락에 의하여 근로자에게 위험을 미칠 우려가 있는 장소
② 유압(流壓), 체인 또는 로프 등에 의하여 지탱되어 있는 기계·기구의 덤프, 램(ram), 리프트, 포크(fork) 및 암 등이 갑자기 작동함으로써 근로자에게 위험을 미칠 우려가 있는 장소
③ 케이블 크레인을 사용하여 작업을 하는 경우에는 권상용(卷上用) 와이어로프 또는 횡행용(橫行用) 와이어로프가 통하고 있는 도르래 또는 그 부착부의 파손에 의하여 위험을 발생시킬 우려가 있는 그 와이어로프의 내각측(內角側)에 속하는 장소
④ 인양전자석(引揚電磁石) 부착 크레인을 사용하여 작업을 하는 경우에는 달아 올려진 화물의 아래쪽 장소
⑤ 인양전자석 부착 이동식 크레인을 사용하여 작업을 하는 경우에는

달아 올려진 화물의 아래쪽 장소
⑥ 리프트를 사용하여 작업을 하는 다음 각 목의 장소
  ㉠ 리프트 운반구가 오르내리다가 근로자에게 위험을 미칠 우려가 있는 장소
  ㉡ 리프트의 권상용 와이어로프 내각측에 그 와이어로프가 통하고 있는 도르래 또는 그 부착부가 떨어져 나감으로써 근로자에게 위험을 미칠 우려가 있는 장소
⑦ 지게차·구내운반차(작업장 내 운반을 주목적으로 하는 차량으로 한정한다.)·화물자동차 등의 차량계 하역운반기계 및 고소(高所)작업대의 포크·버킷(bucket)·암 또는 이들에 의하여 지탱되어 있는 화물의 밑에 있는 장소. 다만, 구조상 갑작스러운 하강을 방지하는 장치가 있는 것은 제외한다.
⑧ 운전 중인 항타기(杭打機) 또는 항발기(杭拔機)의 권상용 와이어로프 등의 부착 부분의 파손에 의하여 와이어로프가 벗겨지거나 드럼(drum), 도르래 뭉치 등이 떨어져 근로자에게 위험을 미칠 우려가 있는 장소
⑨ 화재 또는 폭발의 위험이 있는 장소
⑩ 낙반(落磐) 등의 위험이 있는 다음 각 목의 장소
  ㉠ 부석의 낙하에 의하여 근로자에게 위험을 미칠 우려가 있는 장소
  ㉡ 터널 지보공(支保工)의 보강작업 또는 보수작업을 하고 있는 장소로서 낙반 또는 낙석 등에 의하여 근로자에게 위험을 미칠 우려가 있는 장소
⑪ 토사·암석 등의 붕괴 또는 낙하로 인하여 근로자에게 위험을 미칠 우려가 있는 토사 등의 굴착작업 또는 채석작업을 하는 장소 및 그 아래 장소
⑫ 암석 채취를 위한 굴착작업, 채석에서 암석을 분할가공하거나 운반하는 작업, 그 밖에 이러한 작업에 수반(隨伴)한 작업을 하는 경우에는 운전 중인 굴착기계·분할기계·적재기계 또는 운반기계에 접촉함으로써 근로자에게 위험을 미칠 우려가 있는 장소
⑬ 해체작업을 하는 장소
⑭ 하역작업을 하는 경우에는 쌓아놓은 화물이 무너지거나 화물이 떨어져 근로자에게 위험을 미칠 우려가 있는 장소
⑮ 다음 각 목의 항만하역작업 장소
  ㉠ 해치커버[(해치보드(hatch board) 및 해치빔(hatch beam)을 포함한다)]의 개폐·설치 또는 해체작업을 하고 있어 해치보드 또는 해치빔 등이 떨어져 근로자에게 위험을 미칠 우려가 있는 장소

ⓒ 양화장치(揚貨裝置) 붐(boom)이 넘어짐으로써 근로자에게 위험을 미칠 우려가 있는 장소
ⓔ 양화장치, 데릭(derrick), 크레인, 이동식 크레인에 매달린 화물이 떨어져 근로자에게 위험을 미칠 우려가 있는 장소
⑯ 벌목, 목재의 집하 또는 운반 등의 작업을 하는 경우에는 벌목한 목재 등이 아래 방향으로 굴러 떨어지는 등의 위험이 발생할 우려가 있는 장소
⑰ 양화장치 등을 사용하여 화물의 적하[부두 위의 화물에 훅(hook)을 걸어 선(船) 내에 적재하기까지의 작업을 말한다] 또는 양하(선 내의 화물을 부두 위에 내려 놓고 훅을 풀기까지의 작업을 말한다)를 하는 경우에는 통행하는 근로자에게 화물이 떨어지거나 충돌할 우려가 있는 장소
⑱ 굴착기 붐·암·버킷 등의 선회(旋回)에 의하여 근로자에게 위험을 미칠 우려가 있는 장소

2 지반의 조사

(1) 지하탐사법

① 터파보기(test pit)
- 삽으로 실제 지반을 굴착해 보는 방법(구멍을 파보는 방법)
- 경미한 건물에 이용된다.

② 짚어보기(sound rod, 탐사정)
- 직경 9mm정도의 철봉을 손으로 지층에 관입하여 지반의 울림, 꽂히는 속도 등으로 지반의 경련상태를 판단하는 방법

③ 물리적 탐사법
- 전기저항식, 탄성파식, 강제진동식 등

(2) Sounding Test

저항체를 지중에 삽입하여 저항력에 의해 흙의 저항 및 물리적 성질을 측정하는 방법

① 표준관입시험(standard penetration test)
- 표준 샘플러 63.5[kg]의 해머로 75[cm]의 높이에서 낙하시켜 관입량 30[cm]에 달하는데 요하는 타격횟수로서 사질지반(모래)의 밀도를 측정하는 방법이다.
- 타격횟수의 값이 클수록 밀실한 토질이다.

용어정의

* **지반조사**
지반을 구성하는 지층의 분포, 흙의 성질, 지하수의 상태 등을 알아내어 구조물의 설계, 시공에 필요한 기초적인 자료를 얻기위한 조사이다.

문제

표준관입시험에서 30cm 관입에 필요한 타격회수(N)가 50 이상일 때 모래의 상대밀도는 어떤 상태인가?
㉮ 몹시 느슨하다.
㉯ 느슨하다.
㉰ 보통이다.
㉱ 대단히 조밀하다.

정답 ㉱

[타격횟수에 따른 지반의 판정]

타격횟수	지반의 판정
4회 미만	대단히 연약한 지반
4~10회	연약한 지반
10~30회	보통지반
30~50회	밀실한 지반
50회 이상	대단히 밀실한 지반

② 베인 테스트(vane test)

보링 구멍을 이용하여 십자 날개형의 베인 테스터를 지반에 박고 이것을 회전시켜 그 회전력에 의하여 점토(진흙)의 점착력을 판별하는 방법이다.

③ 보링(Boring)

지중에 철판을 꽂아 천공하면서 토사를 채취, 지반조사하는 방법

㉠ 보링(boring) 시 주의사항
- 보링의 깊이는 경미한 건물은 기초 폭의 1.5~2.0배, 지지층 이상으로 한다.
- 간격은 약 30[m]로 하고 중간지점은 물리적 탐사법을 이용한다.
- 한 장소에서 3개소 이상 실시한다.
- 보링 구멍은 수직으로 판다.
- 채취 시료는 충분히 양생해야 한다.

㉡ 보링(boring)의 종류

회전식 보링 (rotary boring)	천공날을 회전시켜 천공하는 공법으로 가장 많이 사용되는 방법이며, 지질의 상태를 가장 정확히 파악할 수 있다.
수세식 보링 (wash boring)	보링 내 선단에서 물을 뿜어내어 나온 진흙물을 침전시켜 토질을 분석하는 방법으로 깊은 지층 조사가 가능하다.
충격식 보링 (percussion boring)	낙하, 충격에 의해 파쇄되는 토사나 암석을 이용하여 분석하는 방법이다.
오거 보링 (auger boring)	송곳(auger)을 이용해 깊이 10[m] 이내의 시추에 사용되며 얕은 점토층의 분석에 사용된다.

④ 샘플링(Sampling)

㉠ 불교란시료 : 자연상태로 흩어지지 않게 채취한 시료
㉡ Thin Wall Sampling : 연약점토, 사질지반에 적합
㉢ Composite Sampling : 굳은 점토 및 모래 채취에 적합
㉣ Dension Sampling : 경질점토에 적합
㉤ Foil Sampling : 연약지반에 적합

용어정의
* 토질시험
  시료를 실험실에 가져다 하는 시험을 말한다.

기출
함수비
$\left(\dfrac{\text{흙의 습윤 단위중량}}{\text{흙의 건조 단위중량}} - 1\right) \times 100$

3 토질시험방법 ⇨ 시험출제빈도가 낮은 내용입니다. 가볍게 읽고 넘어가세요!

(1) 전단시험

흙이 힘을 받고 파괴될 때의 세기, 즉 전단강도(剪斷强度)를 조사하는 시험

① 직접 전단 시험
② 간접 전단 시험

(2) 압축시험

① **1축 압축시험** : 원통 모양으로 정형한 흙을 위아래로 눌러 파괴시켜 흙의 강도 및 예민비를 결정한다.
② **3축 압축시험** : 원통 모양의 흙을 고무막으로 싸고 주위에서 액압을 주어 위아래로 힘을 가한다.

(3) 압밀시험

디스크 모양의 흙에 위아래로 흙을 첨가하여 변형의 크기를 조사하여, 자연상태 흙에 대한 과거와 장래의 변형을 예측하기 위해 행해진다.

(4) 투수시험

흙 속의 물이 통과하기 쉬운 정도를 조사하는 시험

(5) 지내력시험

기초 밑면에 재하판을 설치하고 하중을 걸어 지반에 하중을 걸어서 지반의 지내력을 추정하는 시험

① 평판재하시험
② 말뚝재하시험
③ 말뚝박기시험

4 토공계획 ⇨ 시험출제빈도가 낮은 내용입니다. 가볍게 읽고 넘어가세요!

(1) 사전조사

① 지반조사   ② 대지 조사
③ 계절 및 기상상태   ④ 관계법령

(2) 관리조사
① 굴착토질 및 지하수 상태
② 주변 지반 침하 및 균열
③ 인접구조물의 침하 및 균열
④ 굴착심도에 따른 공사상황 등

(3) 시공계획

시공방법 ⇨ 장비선정 ⇨ 공해대책 ⇨ 굴착 ⇨ 반출

5 지반의 이상현상 및 안전대책

(1) 지반의 부동침하
① 부동침하 원인 : 연약지반, 지하수, 경사지반 등
② 지반개량공법의 종류 ✈
  ㉠ 치환공법 : 연약지반을 양질의 재료로 치환하는 방법
  ㉡ 탈수공법 : 지반 내 물을 탈수하여 흙을 개량하는 방법

탈수공법의 종류
• **점토층** : 샌드드레인공법, 페이퍼드레인공법, 진공배수공법
• **사질토** : 웰포인트공법

  ㉢ 다짐말뚝공법 : 말뚝을 형성하여 지반을 다져서 지반을 개량하는 공법
  ㉣ 주입공법 : 약액주입공법, 시멘트주입공법
  ㉤ 재하공법 : 연약 지반에 미리 하중을 가하여 흙을 압밀시키는 공법

> **참고 — 재하공법의 종류**
> • 선행재하공법(Preloading)
>   사전에 미리 성토하여 흙을 압밀시키는 공법
> • 압성토공법(Surcharge, 과재하중공법)
>   계획높이 이상으로 성토하여 강제 침하를 시켜 지내력을 증대시키는 공법
> • 사면선단재하공법
>   성토의 비탈면 부분을 계획보다 넓게 하여 비탈면 끝부분의 전단강도를 증대시키는 공법

  ㉥ 언더피닝공법 : 기존 구조물에 근접하여 시공 시 기존 구조물을 보호하기 위한 공법으로 기초저면보다 깊은 구조물을 시공하거나 기존 구조물을 보호하기 위하여 기초하부를 보강하는 공법이다.

용어정의

* **바이브로 플로테이션**
  진동기를 이용하여 지반을 다짐하는 모래지반의 개량공법

* **약액주입공법**
  사질지반에 시멘트 점토, 벤토나이트, 아스팔트 등의 약액을 주입하여 지반을 보강하는 공법이다.

* **시멘트주입공법**
  사질지반에 파이프를 지중에 박고 시멘트를 주입하여 지반을 보강하는 공법이다.

* **생석회말뚝공법**
  생석회 말뚝을 지반에 형성하여 생석회가 흙 속의 물을 급속하게 탈수하는 동시에 말뚝의 부피가 2배로 팽창하여 지반을 강제 압밀시키는 공법이다.

* **전기충격공법**
  지반 속에 고압전류를 일으켜 그 충격으로 다짐하는 공법이다.

참고
* **굴착공사의 압성토 공법**
  연약지반에 흙 쌓기(성토)를 하면 지지력이 부족하여 과도한 침하를 일으키고 흙 쌓기 부의 측면에 융기가 발생한다. 이를 방지하기 위하여 흙 쌓기 부의 양측 하단에 흙을 쌓아 균형을 유지시키는 공법이다.

합격의 key

문제

히빙현상 방지대책으로 틀린 것은?
㉮ 흙막이 벽체의 근입 깊이를 깊게한다.
㉯ 흙막이 벽체 배면의 지반을 개량하여 흙의 전단강도를 높인다.
㉰ 부풀어 솟아오르는 바닥면의 토사를 제거한다.
㉱ 소단을 두면서 굴착한다.

정답 ㉰

③ 사질토와 점토의 개량공법 ✸

사질토(모래)의 개량공법	• 다짐말뚝공법 • 바이브로 플로테이션 • 약액주입공법	• 다짐모래말뚝공법 • 전기충격공법 • 웰포인트공법
점성토의 개량공법	• 치환공법 • 재하공법 • 생석회말뚝공법	• 탈수공법 • 압성토공법

(2) 히빙(Heaving)현상 ✸✸

① 연약한 점토지반에서 굴착에 의한 흙막이 내·외면의 흙의 중량차이(토압)로 인해 굴착저면의 흙이 부풀어 올라오는 현상을 말한다.
② 흙막이 바깥 흙이 안으로 밀려든다.

히빙 발생원인	① 배면지반과 터파기 저면과의 토압 차 ② 연약지반 및 하부지반의 강성 부족 ③ 지표면의 토사적치 등 과재하 ④ 흙막이 밑둥넣기 부족
히빙현상 방지책 ✸	① 양질의 재료로 지반을 개량한다(흙의 전단강도 높인다). ② 어스앵커 설치 ③ 시트파일 등의 근입심도 검토(흙막이 벽체의 근입깊이를 깊게 한다) ④ 굴착주변에 웰포인트 공법을 병행한다. ⑤ 소단을 두면서 굴착한다. ⑥ 굴착주변의 상재하중을 제거 ⑦ 굴착저면에 토사 등의 인공중력을 가중시킴 ⑧ 토류벽의 배면토압을 경감시키고, 약액주입공법 및 탈수공법을 적용

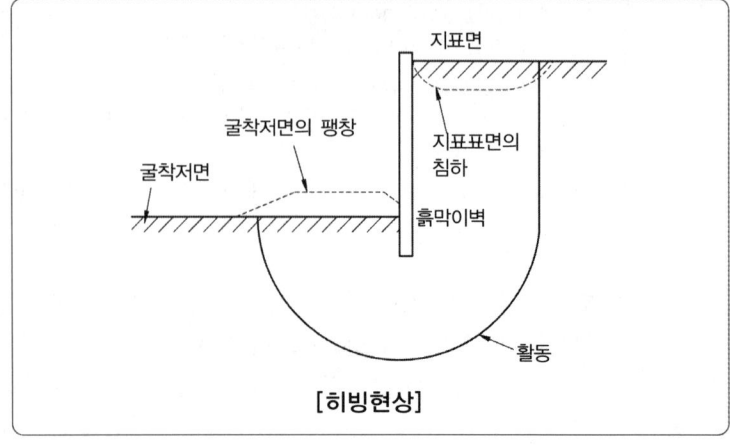

[히빙현상]

(3) 보일링(Boiling) 현상 ✯✯

① 사질토 지반에서 굴착저면과 흙막이 배면과의 수위 차이로 인해 굴착저면의 흙과 물이 함께 위로 솟구쳐 오르는 현상(모래의 액상화 현상)을 말한다.
② 모래가 액상화 되어 솟아오른다.

보일링 발생 원인 ✯	보일링 현상 방지책 ✯✯
• 배면지반과 터파기 저면과의 수위 차	• 지하수위 저하
• 포화지반 및 지하수위가 높은 경우	• 지하수 흐름 변경
• 사질지반 및 파이핑의 형성	• 근입벽을 깊게 한다.
• 흙막이 밑둥 넣기 부족	• 작업 중지

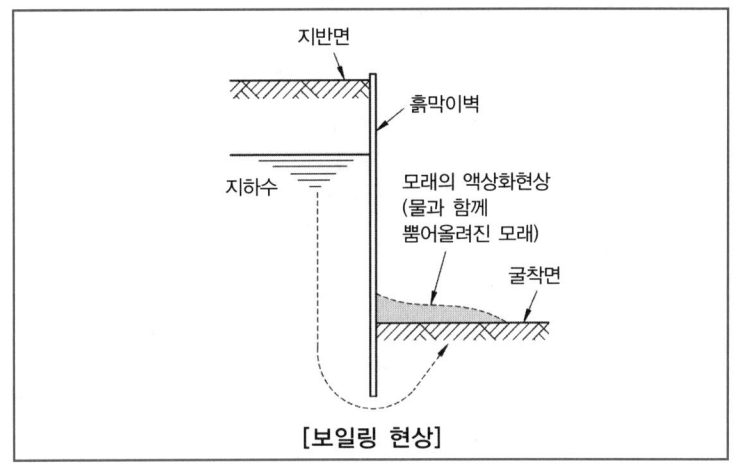

[보일링 현상]

(4) 파이핑(Piping) 현상

보일링(Boiling) 현상으로 인하여 지반 내에서 물의 통로가 생기면서 흙이 세굴되는 현상을 말한다.

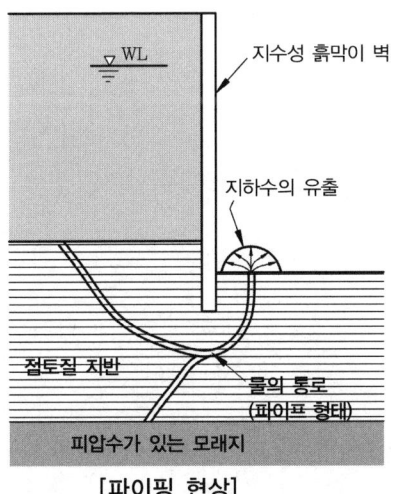

[파이핑 현상]

> **기출**
>
> ＊흙의 동상현상 방지책
> ① 모관수의 상승을 차단하기 위하여 지하 수위 상층에 조립토층을 설치한다.
> ② 지표의 흙을 화학약품으로 처리한다.
> ③ 흙 속에 단열재료를 매입한다.
> ④ 배수구를 설치하여 지하 수위를 저하시킨다.

(5) 압밀 침하 현상

외력에 의해 간극 내 물이 빠지며 흙의 입자가 좁아지며 침하되는 현상을 말한다.

(6) 흙의 동상(frost heaving) 현상

물이 결빙되는 위치로 지속적으로 유입되는 조건에서 온도가 하강함에 따라 토중수가 얼어 생성된 결빙 크기가 계속 커져 지표면이 부풀어 오르는 현상

CHAPTER 01 단원 예상문제

01 입경이 가늘고 비교적 균일하면서 느슨하게 쌓여 있는 모래 지반이 물로 포화되어 있을 때 지진이나 충격을 받으면 일시적으로 전단강도를 잃어버리는 현상은?

㉮ 모관 현상
㉯ 보일링 현상
㉰ 틱소트로피
㉱ 액상화 현상

[해설] **액상화 현상** : 모래 지반이 물로 포화되어 있을 때 지진이나 충격을 받으면 일시적으로 전단강도를 잃어버리는 현상

02 흙의 함수비 측정시험을 하였다. 먼저 용기의 무게를 잰 결과 10g이었다. 시료를 용기에 넣은 후에 총 무게는 40g, 그대로 건조 시킨 후 무게는 30g이었다. 함수비는?

㉮ 25%
㉯ 30%
㉰ 50%
㉱ 75%

[해설] 함수비 $= \dfrac{물의\ 중량}{흙의\ 중량} \times 100 = \dfrac{10}{20} \times 100 = 50(\%)$

- 흙의 중량 = 40 − 10(용기 무게) − 10(물의 중량) = 20
- 물의 중량 = 40 − 30 = 10

03 가설자재의 안전율에 대한 정의로 가장 알맞은 것은?

㉮ 재료의 파괴응력도와 허용응력도의 비이다.
㉯ 재료가 받을 수 있는 허용응력도이다.
㉰ 재료의 변형이 일어나는 한계응력도이다.
㉱ 재료가 받을 수 있는 허용하중을 나타내는 것이다.

[해설] 안전율 $= \dfrac{파단강도}{허용응력}$

04 단면이 20cm × 20cm, 길이가 7m인 기둥에 10ton의 압축력이 축방향으로 작용할 때 압축응력은?

㉮ 320ton/m²   ㉯ 250ton/m²
㉰ 200ton/m²   ㉱ 100ton/m²

[해설] 압축응력 $\sigma = \dfrac{P_t}{A}$

$\sigma = \dfrac{10}{0.2 \times 0.2} = 250(\text{ton/m}^2)$

05 가설구조물 부재의 강성이 부족하여 가늘고 긴 부재가 압축력에 의하여 파괴되는 현상은?

㉮ 좌굴   ㉯ 탄성변형
㉰ 한계변형   ㉱ 횡변형

[해설] **좌굴 현상** : 가늘고 긴 부재가 압축력에 의하여 파괴되는 현상

정답 01 ㉱ 02 ㉰ 03 ㉮ 04 ㉯ 05 ㉮

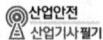

06 보일링(boiling) 현상을 방지하기 위한 대책으로 가장 거리가 먼 것은?

㉮ 굴착 배면의 지하 수위를 낮춘다.
㉯ 토류벽의 근입 깊이를 깊게 한다.
㉰ 토류벽 상단부에 버팀대(strut)를 보강한다.
㉱ 토류벽 선단에 코어 및 필터층을 설치한다.

[해설] 보일링 현상 방지책
① 지하 수위 저하
② 지하수 흐름 변경
③ 근입벽을 깊게 한다.
④ 작업 중지

07 공사금액이 500억 인 공사에서 선임해야 할 최소 안전관리자 수는?

㉮ 1명   ㉯ 2명
㉰ 3명   ㉱ 4명

[해설] 건설업 안전관리자 선임
- 공사금액 **50억 원** 이상(관계수급인은 100억 원 이상) 120억 원 미만
  (토목공사업의 경우에는 150억 원 미만) 또는 공사금액 120억 원 이상(토목공사업의 경우에는 150억 원 이상) 800억 원 미만 : 1명 이상
- 공사금액 **800억 원 이상** 1,500억 원 미만 : 2명 이상(다만, 전체 공사기간을 100으로 할 때 공사 시작에서 15에 해당하는 기간과 공사 종료 전의 15에 해당하는 기간 동안은 1명 이상으로 한다)
- 공사금액 **1,500억 원 이상** 2,200억 원 미만 : 3명 이상 (다만, 전체 공사기간 중 전·후 15에 해당하는 기간은 2명 이상으로 한다)
- 공사금액 **2,200억 원 이상** 3천억 원 미만 : 4명 이상 (다만, 전체 공사기간 중 전·후 15에 해당하는 기간은 2명 이상으로 한다)
- 공사금액 **3천억 원 이상** 3,900억 원 미만 : 5명 이상(다만, 전체 공사기간 중 전·후 15에 해당하는 기간은 3명 이상으로 한다)
- 공사금액 **3,900억 원** 이상 4,900억 원 미만 : 6명 이상 (다만, 전체 공사기간 중 전·후 15에 해당하는 기간은 3명 이상으로 한다)
- 공사금액 **4,900억 원** 이상 6천억 원 미만 : 7명 이상(다만, 전체 공사기간 중 전·후 15에 해당하는 기간은 4명 이상으로 한다)
- 공사금액 **6천억 원** 이상 7,200억 원 미만 : 8명 이상. 다만, 전체 공사기간 중 전·후 15에 해당하는 기간은 4명 이상으로 한다)
- 공사금액 **7,200억 원** 이상 8,500억 원 미만 : 9명 이상. 다만, 전체 공사기간 중 전·후 15에 해당하는 기간은 5명 이상으로 한다)
- 공사금액 **8,500억 원** 이상 : 1조원 미만(10명 이상. 다만, 전체 공사기간 중 전·후 15에 해당하는 기간은 5명 이상으로 한다)
- **1조원** 이상 : 11명 이상[매 2억 원**(2조 원 이상** 부터는 매 3천억 원)마다 **1명씩 추가**한다]. 다만, 전체 공사기간 중 전·후 15에 해당하는 기간은 선임 대상 안전관리자 수의 2분의 1(소수점 이하는 올림한다) 이상으로 한다)

08 기초의 안전상 부동침하를 방지하는 대책이 아닌 것은?

㉮ 구조물의 전체 하중이 기초에 균등하게 분포되도록 한다.
㉯ 기초 상호간을 지중보로 연결한다.
㉰ 한 구조물의 기초는 2종류 이상의 복합적인 기초형식으로 한다.
㉱ 기초 지반 아래의 토질이 연약할 경우는 연약지반 처리 공법으로 보강한다.

[해설] ㉰ 서로 다른 기초를 복합시공 할 경우 부동침하의 원인이 된다.

정답 06 ㉰ 07 ㉮ 08 ㉰

09 사질토 지반 굴착 시 모래의 보일링 현상에 의한 흙막이 공의 붕괴를 예방하기 위한 대책으로 틀린 것은?

㉮ 흙막이벽의 근입장 증가
㉯ 주변의 지하 수위 저하
㉰ 투수 거리를 길게 하기 위한 지수벽 설치
㉱ 굴착 주변의 상재 하중 증가

[해설] **보일링 현상 방지책**
① 지하 수위 저하
② 지하수 흐름 변경
③ 근입벽을 깊게 한다.
④ 작업 중지

10 히빙(heaving)현상이 잘 발생하는 토질 지반은?

㉮ 연약한 점토 지반
㉯ 연약한 사질토 지반
㉰ 견고한 점토 지반
㉱ 견고한 사질토 지반

[해설] **히빙현상**
① <u>연약한 점토 지반에서 굴착</u>에 의한 흙막이 내·외면의 <u>흙의 중량 차이(토압)로 인해</u> 굴착 저면의 <u>흙이 부풀어 올라오는 현상</u>을 말한다.
② 흙막이 바깥 흙이 안으로 밀려든다.

11 압밀에 대한 설명으로 옳지 않은 것은?

㉮ 압밀이란 흙의 간극 속에서 물이 배수됨으로써 오랜 시간에 걸쳐 압축되는 현상을 말한다.
㉯ 압밀시험의 목적은 지반의 침하 속도와 침하량을 추정해서 설계 시공의 자료를 얻는 데 있다.
㉰ 일반적으로 점토는 투수계수가 작아 압밀이 장시간에 걸쳐 일어나, 간극비가 작아 침하량은 작다.
㉱ 압밀이 완료되면 과잉간극수압(U_e)은 0이 된다.

[해설] **압밀침하 현상**
① 흙 속에 하중이 가해지면 간극수가 배출되면서 천천히 압축되는 현상
② <u>점토지반은</u> 모래에 비해 간극비가 크고 투수계수가 작아 <u>오랜 기간 압축이 이루어지며 침하량은 모래에 비하여 대단히 크다.</u>

12 다음 중 흙에 관한 전단시험의 종류가 아닌 것은?

㉮ 직접전단시험
㉯ 일축압축시험
㉰ 삼축압축시험
㉱ CBR 시험

[해설] **CBR 시험법** : 흙에 대하여 <u>관입법으로 노상토지지력비를 결정</u>하는 시험방법

정답 09 ㉱ 10 ㉮ 11 ㉰ 12 ㉱

13 느슨하게 쌓여 있는 모래 지반이 물로 포화되어 있을 때 지진이나 충격을 받으면 일시적으로 전단강도를 잃어버리는 현상은?

㉮ 모관 현상
㉯ 보일링 현상
㉰ 틱소트로피
㉱ 액상화 현상

[해설] **액상화 현상** : 모래 지반이 물로 포화되어 있을 때 지진이나 충격을 받으면 일시적으로 전단강도를 잃어버리는 현상

14 다음 중 흙의 동상방지 대책으로 옳지 않은 것은?

㉮ 동결되지 않는 흙으로 치환한다.
㉯ 지하수위를 낮춘다.
㉰ 지하수위 상층에 세립층을 쌓는다.
㉱ 지표의 흙을 화학약품 처리하여 동결 온도를 낮춘다.

[해설] **흙의 동상현상 방지책**
① 모관수의 상승을 차단하기 위하여 지하 수위 상층에 조립토층을 설치한다.
② 지표의 흙을 화학약품으로 처리한다.
③ 흙 속에 단열재료를 매입한다.
④ 배수구를 설치하여 지하 수위를 저하시킨다.
⑤ 동결되지 않은 흙으로 치환한다.

15 흙의 상태는 함수량에 따라 액체, 소성, 반고체, 고체 등으로 변화하는데 이러한 흙의 성질을 무엇이라 하는가?

㉮ 흙의 팽창
㉯ 흙의 연경도
㉰ 흙의 다짐
㉱ 흙의 밀도

[해설] **연경도** : 점착성이 있는 흙의 함수량을 변화시킬 때 액성, 소성반고체, 고체의 상태로 변화하는 흙의 성질

16 다음 중 모래 지반의 내부 마찰각을 구할 수 있는 시험 방법은?

㉮ 웰 포인트
㉯ 표준관입시험
㉰ 지내력시험
㉱ 베인테스트

[해설] 모래의 내부 마찰각을 구하는 시험은 표준관입시험이다.

{참고} 1. **표준 관입 시험(standard penetration test)**
① 표준 샘플러 63.5[kg]의 해머로 75[cm]의 높이에서 낙하시켜 관입량 30[cm]에 달하는데 요하는 타격횟수로서 사질지반(모래)의 밀도를 측정하는 방법이다.
② 타격횟수의 값이 클수록 밀실한 토질이다.

2. 베인 테스트(vane test)
보링 구멍을 이용하여 십자 날개형의 베인 테스터를 지반에 박고 이것을 회전시켜 그 회전력에 의하여 점토(진흙)의 점착력을 판별하는 방법이다.

정답 13 ㉱ 14 ㉰ 15 ㉯ 16 ㉯

17
지반조사 방법 중 작업 현장에서 인력으로 간단하게 실시할 수 있는 것으로 얕은 깊이(사질토의 경우 약 3~4m)의 토사 채취를 활용하는 방법은?

㉮ 오거 보링
㉯ 수세식 보링
㉰ 회전식 보링
㉱ 충격식 보링

[해설] **보링의 종류**
① 회전식 보링(rotary boring) : 천공날을 회전시켜 천공하는 공법으로 가장 많이 사용되는 방법이다.
② 수세식 보링(wash boring) : 보링내 선단에서 물을 뿜어내어 나온 진흙물을 침전시켜 토질을 분석하는 방법으로 깊은 지층조사가 가능하다.
③ 충격식 보링(percussion boring) : 낙하, 충격에 의해 파쇄되는 토사나 암석을 이용하여 분석하는 방법이다.
④ 오거 보링(auger boring) : 송곳(auger)을 이용해 깊이 10[m] 이내의 시추에 사용되며 얕은 점토층의 분석에 사용된다.

18
연약한 지반 위에 성토를 하거나 직접 기초를 건설하고자 할 때 지중 점토층의 압밀을 촉진시키기 위한 탈수 공법의 종류가 아닌 것은?

㉮ 샌드 드레인공법
㉯ 웰포인트 공법
㉰ 약액주입공법
㉱ 페이퍼 드레인공법

[해설] ㉰ 약액주입공법은 약액을 주입하여 투수성을 감소시키는 고결공법에 해당한다.

19
표준관입시험(SPT)에서의 N값은 샘플러를 63.5kg 해머로 흐트러지지 않을 지반에 몇 cm 관입하는데 필요한 타격 횟수인가?

㉮ 15cm   ㉯ 30cm
㉰ 60cm   ㉱ 75cm

[해설] **표준 관입 시험(standard penetration test)**
① 표준 샘플러 63.5[kg]의 해머로 75[cm]의 높이에서 낙하시켜 관입량 30[cm]에 달하는데 요하는 타격횟수로서 사질지반(모래)의 밀도를 측정하는 방법이다.
② 타격횟수의 값이 클수록 밀실한 토질이다.

타격횟수에 따른 지반의 판정
• 타격횟수 4회 미만 : 대단히 연약한 지반
• 타격횟수 4~10회 : 연약한 지반
• 타격횟수 10~30회 : 보통 지반
• 타격횟수 30~50회 : 밀실한 지반
• 타격횟수 50회 이상 : 대단히 밀실한 지반

20
점성토 지반의 개량공법으로 가장 적합하지 않은 것은?

㉮ 여성토(Pre-loading) 공법
㉯ 바이브로 플로테이션 공법
㉰ 치환공법
㉱ 페이퍼 드레인 공법

[해설]

모래의 개량공법	점토의 개량공법
• 다짐말뚝공법 • 다짐모래말뚝공법 • **바이브로 플로테이션** • 전기충격공법 • 약액주입공법 • 웰포인트공법	• 치환공법 • 탈수공법 • 재하공법 • 압성토공법 • 생석회말뚝공법

정답 17 ㉮ 18 ㉰ 19 ㉯ 20 ㉯

CHAPTER 02 건설공사 위험성

01 건설공사 유해·위험요인 파악

주/요/내/용 알/고/가/기

1. 유해위험방지계획서를 제출해야 될 건설공사
2. 유해위험 방지계획서 심사 결과의 구분
3. 유해위험방지계획서 제출 시 첨부서류
4. 사전조사 및 작업계획서 내용
5. 일정한 신호방법을 정하여야 하는 작업
6. 재해발생 위험이 높다고 판단되어 설계변경을 요청할 수 있는 경우

1 유해위험방지계획서를 제출해야 될 건설공사 ✦✦✦

[문제]
유해·위험방지계획서를 제출해야 할 대상 공사에 대한 설명으로 잘못된 것은?
㉮ 지상 높이가 31m 이상인 건축물 또는 공작물의 건설, 개조 또는 해체 공사
㉯ 최대지간 길이가 50m 이상인 교량건설 등의 공사
㉰ 다목적댐·발전용댐 및 저수용량 2천만톤 이상의 용수전용댐 건설 등의 공사
㉱ 깊이가 5m 이상인 굴착공사

[해설]
㉱ 깊이가 10m 이상인 굴착공사가 해당된다.

정답 ㉱

유해·위험방지계획서 작성대상(건설공사) ✦✦✦

① 다음 각 목의 어느 하나에 해당하는 건축물 또는 시설 등의 건설·개조 또는 해체공사
  가. 지상높이가 31미터 이상인 건축물 또는 인공구조물
  나. 연면적 3만 제곱미터 이상인 건축물
  다. 연면적 5천 제곱미터 이상인 시설로서 다음의 어느 하나에 해당하는 시설
    1) 문화 및 집회시설(전시장 및 동물원·식물원은 제외한다)
    2) 판매시설, 운수시설(고속철도의 역사 및 집배송시설은 제외한다)
    3) 종교시설
    4) 의료시설 중 종합병원
    5) 숙박시설 중 관광숙박시설
    6) 지하도상가
    7) 냉동·냉장 창고시설
② 연면적 5천제곱미터 이상의 냉동·냉장창고시설의 설비공사 및 단열공사
③ 최대 지간길이(다리의 기둥과 기둥의 중심사이의 거리)가 50미터 이상인 교량건설 등 공사
④ 터널 건설 등의 공사
⑤ 다목적댐, 발전용댐 및 저수용량 2천만톤 이상의 용수 전용 댐, 지방상수도 전용 댐 건설 등의 공사
⑥ 깊이 10미터 이상인 굴착공사

- 지상높이 31m, 연면적 3만m², 사람 많은 시설 연면적 5,000m²
- 연면적 5,000m² 냉동·냉장창고시설
- 최대 지간길이가 50미터 이상 교량
- 터널
- 저수용량 2천만 톤 이상 댐
- 10미터 이상인 굴착

2 유해위험방지계획서의 확인사항

(1) 사업주는 건설공사 중 6개월 이내마다 다음 각 호의 사항에 관하여 공단의 확인을 받아야 한다.
   ① 유해·위험방지계획서의 내용과 실제 공사 내용이 부합하는지 여부
   ② 유해·위험방지계획서 변경내용의 적정성
   ③ 추가적인 유해·위험요인의 존재 여부

(2) 자체심사 및 확인업체의 사업주는 해당 공사 준공 시까지 6개월 이내마다 자체확인을 하여야 한다. 다만, 그 공사 중 사망재해가 발생한 경우에는 공단의 확인을 받아야 한다.

(3) 공단은 확인 결과 해당 사업장의 유해·위험의 방지상태가 적정하다고 판단되는 경우에는 5일 이내에 확인 결과 통지서를 사업주에게 발급하여야 하며, 확인 결과 경미한 유해·위험요인이 발견된 경우에는 일정한 기간을 정하여 개선하도록 권고하되, 해당 기간 내에 개선되지 아니한 경우에는 기간 만료일부터 10일 이내에 확인 결과 조치 요청서에 그 이유를 적은 서면을 첨부하여 지방고용노동관서의 장에게 보고하여야 한다.

(4) 공단은 확인 결과 중대한 유해·위험요인이 있어 작업의 중지, 사용 중지 및 주요 시설의 개선 등이 필요하다고 인정되는 경우에는 지체 없이 확인 결과 조치 요청서에 그 이유를 적은 서면을 첨부하여 지방고용노동관서의 장에게 보고하여야 한다.

(5) 유해위험 방지계획서 심사 결과의 구분 ✦

적정	근로자의 안전과 보건을 위하여 필요한 조치가 구체적으로 확보되었다고 인정되는 경우
조건부 적정	근로자의 안전과 보건을 확보하기 위하여 일부 개선이 필요하다고 인정되는 경우
부적정	기계·설비 또는 건설물이 심사기준에 위반되어 공사 착공 시 중대한 위험 발생의 우려가 있거나 계획에 근본적 결함이 있다고 인정되는 경우

③ 유해위험방지계획서 제출 시 첨부서류

사업주가 건설공사에 해당하는 유해·위험방지계획서를 제출하려면 건설공사 유해·위험방지계획서 다음 각 호 서류를 첨부하여 해당 공사의 착공 전날까지 공단에 2부를 제출하여야 한다.

(1) 공사 개요 및 안전보건관리계획

① 공사 개요서
② 공사현장의 주변 현황 및 주변과의 관계를 나타내는 도면
   (매설물 현황을 포함한다)
③ 건설물, 사용 기계설비 등의 배치를 나타내는 도면
④ 전체 공정표
⑤ 산업안전보건관리비 사용계획(별지 제46호 서식)
⑥ 안전관리 조직표
⑦ 재해 발생 위험 시 연락 및 대피방법

(2) 작업 공사 종류별 유해·위험방지계획

④ 사전조사 및 작업계획서의 작성

(1) 사전조사 및 작업계획서의 작성 대상작업 및 내용

다음 각 호의 작업을 하는 경우 근로자의 위험을 방지하기 위하여 해당 작업, 작업장의 지형·지반 및 지층 상태 등에 대한 사전조사를 하고 그 결과를 기록·보존하여야 하며, 조사결과를 고려하여 작업계획서를 작성하고 그 계획에 따라 작업을 하도록 하여야 한다.

사전조사 및 작업계획서를 작성하여야 하는 작업 ☆☆

① 타워크레인을 설치·조립·해체하는 작업
② 차량계 하역운반기계 등을 사용하는 작업(화물자동차를 사용하는 도로 상의 주행작업은 제외한다)
③ 차량계 건설기계를 사용하는 작업
④ 화학설비와 그 부속설비를 사용하는 작업
⑤ 전기 작업(해당 전압이 50볼트를 넘거나 전기에너지가 250볼트암페어를 넘는 경우로 한정한다)
⑥ 굴착면의 높이가 2미터 이상이 되는 지반의 굴착작업
⑦ 터널굴착작업
⑧ 교량(상부구조가 금속 또는 콘크리트로 구성되는 교량으로서 그 높이가 5미터 이상이거나 교량의 최대 지간 길이가 30미터 이상인 교량으로 한정한다)의 설치·해체 또는 변경작업
⑨ 채석작업
⑩ 구축물, 건축물, 그 밖의 시설물 등의 해체작업
⑪ 중량물의 취급작업
⑫ 궤도나 그 밖의 관련 설비의 보수·점검 작업
⑬ 열차의 교환·연결 또는 분리 작업("입환작업")

[사전조사 및 작업계획서 내용 ☆☆☆]

작업명	사전조사 내용	작업계획서 내용
1. 타워크레인을 설치·조립·해체하는 작업 ☆☆	-	가. 타워크레인의 종류 및 형식 나. 설치·조립 및 해체순서 다. 작업도구·장비·가설설비(假設設備) 및 방호설비 라. 작업인원의 구성 및 작업근로자의 역할 범위 마. 타워크레인의 지지 방법
2. 차량계 하역운반기계 등을 사용하는 작업	-	가. 해당 작업에 따른 추락·낙하·전도·협착 및 붕괴 등의 위험 예방 대책 나. 차량계 하역운반기계 등의 운행경로 및 작업방법
3. 차량계 건설기계를 사용하는 작업 ☆☆	해당 기계의 굴러 떨어짐, 지반의 붕괴 등으로 인한 근로자의 위험을 방지하기 위한 해당 작업장소의 지형 및 지반상태	가. 사용하는 차량계 건설기계의 종류 및 성능 나. 차량계 건설기계의 운행경로 다. 차량계 건설기계에 의한 작업방법
4. 화학설비와 그 부속설비 사용하는 작업	-	가. 밸브·콕 등의 조작(해당 화학설비에 원재료를 공급하거나 해당 화학설비에서 제품 등을 꺼내는 경우만 해당한다) 나. 냉각장치·가열장치·교반장치(攪拌裝置) 및 압축장치의 조작 다. 계측장치 및 제어장치의 감시 및 조정 라. 안전밸브, 긴급차단장치, 그 밖의 방호장치 및 자동경보장치의 조정 마. 덮개판·플랜지(flange)·밸브·콕 등의 접합부에서 위험물 등의 누출 여부에 대한 점검 바. 시료의 채취 사. 화학설비에서는 그 운전이 일시적 또는 부분적으로 중단된 경우의 작업방법 또는 운전 재개 시의 작업방법 아. 이상 상태가 발생한 경우의 응급조치 자. 위험물 누출 시의 조치 차. 그 밖에 폭발·화재를 방지하기 위하여 필요한 조치

작업명	사전조사 내용	작업계획서 내용
5. 전기작업	–	가. 전기작업의 목적 및 내용 나. 전기작업 근로자의 자격 및 적정 인원 다. 작업 범위, 작업책임자 임명, 전격·아크 섬광·아크 폭발 등 전기 위험 요인 파악, 접근 한계거리, 활선접근 경보장치 휴대 등 작업시작 전에 필요한 사항 라. 전로차단에 관한 작업계획 및 전원(電源) 재투입 절차 등 작업 상황에 필요한 안전 작업 요령 마. 절연용 보호구 및 방호구, 활선작업용 기구·장치 등의 준비·점검·착용·사용 등에 관한 사항 바. 점검·시운전을 위한 일시 운전, 작업 중단 등에 관한 사항 사. 교대 근무 시 근무 인계(引繼)에 관한 사항 아. 전기작업장소에 대한 관계 근로자가 아닌 사람의 출입금지에 관한 사항 자. 전기안전작업계획서를 해당 근로자에게 교육할 수 있는 방법과 작성된 전기안전작업계획서의 평가·관리계획 차. 전기 도면, 기기 세부 사항 등 작업과 관련되는 자료
6. 굴착작업 ☆☆	가. 형상·지질 및 지층의 상태 나. 균열·함수(含水)·용수 및 동결의 유무 또는 상태 다. 매설물 등의 유무 또는 상태 라. 지반의 지하수위 상태	가. 굴착방법 및 순서, 토사 반출 방법 나. 필요한 인원 및 장비 사용계획 나. 매설물 등에 대한 이설·보호대책 라. 사업장 내 연락방법 및 신호방법 마. 흙막이 지보공 설치방법 및 계측계획 바. 작업지휘자의 배치계획 사. 그 밖에 안전·보건에 관련된 사항
7. 터널굴착 작업 ☆☆	보링(boring) 등 적절한 방법으로 낙반·출수(出水) 및 가스폭발 등으로 인한 근로자의 위험을 방지하기 위하여 미리 지형·지질 및 지층상태를 조사	가. 굴착의 방법 나. 터널지보공 및 복공(覆工)의 시공방법과 용수(湧水)의 처리방법 다. 환기 또는 조명시설을 설치할 때에는 그 방법

작업명	사전조사 내용	작업계획서 내용
8. 교량작업	-	가. 작업 방법 및 순서 나. 부재(部材)의 낙하·전도 또는 붕괴를 방지하기 위한 방법 다. 작업에 종사하는 근로자의 추락 위험을 방지하기 위한 안전조치 방법 라. 공사에 사용되는 가설 철구조물 등의 설치·사용·해체 시 안전성 검토 방법 마. 사용하는 기계 등의 종류 및 성능, 작업방법 바. 작업지휘자 배치계획 사. 그 밖에 안전·보건에 관련된 사항
9. 채석작업 ✿	지반의 붕괴·굴착기계의 굴러 떨어짐 등에 의한 근로자에게 발생할 위험을 방지하기 위한 해당 작업장의 지형·지질 및 지층의 상태	가. 노천굴착과 갱내굴착의 구별 및 채석방법 나. 굴착면의 높이와 기울기 다. 굴착면 소단(小段)의 위치와 넓이 라. 갱내에서의 낙반 및 붕괴방지 방법 마. 발파방법 바. 암석의 분할방법 사. 암석의 가공장소 아. 사용하는 굴착기계·분할기계·적재기계 또는 운반기계의 종류 및 성능 자. 토석 또는 암석의 적재 및 운반방법과 운반경로 차. 표토 또는 용수(湧水)의 처리방법
10. 구축물, 건축물, 그 밖의 시설물 등의 해체작업 ✿✿	해체건물 등의 구조, 주변 상황 등	가. 해체의 방법 및 해체 순서도면 나. 가설설비·방호설비·환기설비 및 살수·방화설비 등의 방법 다. 사업장 내 연락방법 라. 해체물의 처분계획 마. 해체작업용 기계·기구 등의 작업계획서 바. 해체작업용 화약류 등의 사용계획서 사. 그 밖에 안전·보건에 관련된 사항
11. 중량물의 취급 작업	-	가. 추락위험을 예방할 수 있는 안전대책 나. 낙하위험을 예방할 수 있는 안전대책 다. 전도위험을 예방할 수 있는 안전대책 라. 협착위험을 예방할 수 있는 안전대책 마. 붕괴위험을 예방할 수 있는 안전대책
12. 궤도와 그 밖의 관련 비의 보수·점검작업 13. 입환작업 (入換作業)	-	가. 적절한 작업 인원 나. 작업량 다. 작업순서 라. 작업방법 및 위험요인에 대한 안전조치방법 등

(2) 작업지휘자의 지정

다음 ①, ②, ③, ④의 작업 시 작업계획서를 작성한 경우 작업지휘자를 지정하여 작업계획서에 따라 작업을 지휘하도록 하여야 한다. 다만, 차량계 하역운반기계 등을 사용하는 작업에 대하여 작업 장소에 다른 근로자가 접근할 수 없거나 한 대의 차량계 하역운반기계 등을 운전하는 작업으로서 주위에 근로자가 없어 충돌 위험이 없는 경우에는 작업지휘자를 지정하지 아니할 수 있다.

작업지휘자를 지정하여야 하는 작업 ★

① 차량계 하역운반기계 등을 사용하는 작업(화물자동차를 사용하는 도로상의 주행작업은 제외한다)
② 굴착면의 높이가 2미터 이상이 되는 지반의 굴착작업
③ 교량(상부구조가 금속 또는 콘크리트로 구성되는 교량으로서 그 높이가 5미터 이상이거나 교량의 최대 지간 길이가 30미터 이상인 교량으로 한정한다)의 설치·해체 또는 변경 작업
④ 중량물의 취급작업
⑤ 항타기나 항발기를 조립·해체·변경 또는 이동하여 작업을 하는 경우

(3) 일정한 신호방법의 결정

다음 각 호의 작업을 하는 경우 일정한 신호방법을 정하여 신호하도록 하여야 하며, 운전자는 그 신호에 따라야 한다.

일정한 신호방법을 정하여야 하는 작업 ★

① 양중기(揚重機)를 사용하는 작업
② 차량계 하역운반기계의 유도자를 배치하는 작업
③ 차량계 건설기계의 유도자를 배치하는 작업
④ 항타기 또는 항발기의 운전작업
⑤ 중량물을 2명 이상의 근로자가 취급하거나 운반하는 작업
⑥ 양화장치를 사용하는 작업
⑦ 궤도작업차량의 유도자를 배치하는 작업
⑧ 입환작업(入換作業)

> 참고

＊ 공사기간 연장 요청
건설공사를 타인에게 도급하는 자는 다음 각 호의 어느 하나에 해당하는 사유로 공사가 지연되어 그의 수급인이 산업재해 예방을 위하여 공사기간 연장을 요청하는 경우 특별한 사유가 없으면 공사기간 연장 조치를 하여야 한다.
1. 태풍·홍수 등 악천후, 전쟁 또는 사변, 지진, 화재, 전염병, 폭동, 그 밖에 계약 당사자의 통제범위를 초월하는 사태의 발생 등 불가항력의 사유에 의한 경우
2. 도급하는 자의 책임으로 착공이 지연되거나 시공이 중단된 경우

5 설계변경의 요청

(1) 건설공사의 수급인은 가설구조물의 붕괴 등 재해발생 위험이 높다고 판단되는 경우에는 전문가의 의견을 들어 건설공사를 발주한 도급인에게 설계변경을 요청할 수 있다. 이 경우 재해발생 위험이 높다고 판단되는 경우 및 수급인이 의견을 들어야 하는 전문가에 관하여 구체적인 사항은 대통령령으로 정한다.

재해발생 위험이 높다고 판단되어 설계변경을 요청할 수 있는 경우 ✈
(다음 각 호의 구조물을 설치·운용할 때 구조물의 붕괴·낙하 등 재해발생의 위험이 높은 경우로 한다)

1. 높이 31미터 이상인 비계(飛階)
2. 작업발판 일체형 거푸집 또는 높이 5미터 이상인 거푸집 동바리
3. 터널의 지보공(支保工) 또는 높이 2미터 이상인 흙막이 지보공
4. 동력을 이용하여 움직이는 가설구조물

설계변경 시 수급인이 의견을 들어야 하는 전문가

1. 건축구조기술사(토목공사 및 터널의 지보공 또는 높이 2미터 이상인 흙막이 지보공은 제외)
2. 토목구조기술사(토목공사로 한정한다)
3. 토질 및 기초 기술사(터널의 지보공 또는 높이 2미터 이상인 흙막이 지보공으로 한정한다)
4. 건설기계기술사(동력을 이용하여 움직이는 가설구조물로 한정한다)

(2) 고용노동부장관으로부터 공사 중지 또는 계획변경 명령을 받은 수급인은 설계변경이 필요한 경우에 건설공사를 발주한 도급인에게 설계변경을 요청할 수 있다.

(3) 설계변경 요청을 받은 도급인은 고용노동부령으로 정하는 특별한 사유가 없으면 이를 반영하여 설계를 변경하여야 한다.

(4) 설계변경 요청 내용, 절차, 그 밖에 필요한 사항은 고용노동부령으로 정한다. 이 경우 미리 국토교통부장관과 협의하여야 한다.

CHAPTER 02 단원 예상문제

01 다음 중 사전조사 및 작업계획서를 작성하여야 하는 대상 작업이 아닌 것은?

㉮ 타워크레인을 설치·조립·해체하는 작업
㉯ 차량계 건설기계를 사용하는 작업
㉰ 채석작업
㉱ 굴착면의 높이가 1.5미터 이상이 되는 지반의 굴착작업

[해설] **사전조사 및 작업계획서 작성 대상 작업**
① 타워크레인을 설치·조립·해체하는 작업
② 차량계 하역운반기계 등을 사용하는 작업(화물자동차를 사용하는 도상의 주행작업은 제외)
③ 차량계 건설기계를 사용하는 작업
④ 화학설비와 그 부속설비를 사용하는 작업
⑤ 전기작업(해당 전압이 50볼트를 넘거나 전기에너지가 250볼트암페어를 넘는 경우로 한정)
⑥ **굴착면의 높이가 2미터 이상이 되는 지반의 굴착작업**
⑦ 터널굴착 작업
⑧ 교량(상부구조가 금속 또는 콘크리트로 구성되는 교량으로서 그 높이가 5미터 이상이거나 교량의 최대 지간 길이가 30미터 이상인 교량으로 한정)의 설치·해체 또는 변경 작업
⑨ 채석작업
⑩ 구축물, 건축물, 그 밖의 시설물 등의 해체작업
⑪ 중량물의 취급작업
⑫ 궤도나 그 밖의 관련 설비의 보수·점검작업
⑬ 열차의 교환·연결 또는 분리 작업(입환작업)

02 다음 중 유해·위험방지계획서 제출 대상인 것은?

㉮ 지상높이가 20m인 건축물의 해체공사
㉯ 깊이 5.5m인 굴착공사
㉰ 최대 지간거리가 50m인 교량건설공사
㉱ 저수용량 1천만톤인 용수전용 댐

[해설] **유해위험방지계획서 제출대상 건설공사**
1. 다음 각 목의 어느 하나에 해당하는 건축물 또는 시설 등의 건설·개조 또는 해체공사
   가. **지상높이가 31미터 이상**인 건축물 또는 인공구조물
   나. **연면적 3만제곱미터 이상**인 건축물
   다. **연면적 5천제곱미터 이상**인 시설로서 다음의 어느 하나에 해당하는 시설
      1) 문화 및 집회시설(전시장 및 동물원·식물원은 제외한다)
      2) 판매시설, 운수시설(고속철도의 역사 및 집배송시설은 제외한다)
      3) 종교시설
      4) 의료시설 중 종합병원
      5) 숙박시설 중 관광숙박시설
      6) 지하도상가
      7) 냉동·냉장 창고시설
2. **연면적 5천제곱미터 이상의 냉동·냉장창고시설의 설비공사 및 단열공사**
3. **최대 지간길이**(다리의 기둥과 기둥의 중심사이의 거리)가 **50미터 이상인 교량 건설** 등 공사
4. 터널 건설 등의 공사
5. **다목적댐**, 발전용댐, **저수용량 2천만톤 이상의 용수 전용 댐**, 지방상수도 전용 댐 건설 등의 공사
6. 깊이 10미터 이상인 굴착공사

정답 01 ㉱ 02 ㉰

실패! 되고! 합격이 되는! 특급 암기법

- 지상높이 31m, 연면적 3만m², 사람 많은 시설 연면적 5,000m²
- 연면적 5,000m² 냉동·냉장창고시설
- 최대 지간길이가 50미터 이상 교량
- 터널
- 저수용량 2천만톤 이상 댐
- 10미터 이상인 굴착

03 유해·위험 방지 계획서를 작성하는 자격 요건에 해당되지 않는 것은?

㉮ 건설안전분야 산업안전 지도사
㉯ 건설안전기술사
㉰ 건설안전 산업기사 이상으로서 실무경력 7년인 자
㉱ 건설안전 기사로서 실무경력 4년인 자

[해설] 유해·위험방지계획서 작성 자격을 갖춘 자
① 건설안전 분야 산업안전 지도사
② 건설안전기술사 또는 토목·건축 분야 기술사
③ **건설안전 산업기사** 이상으로서 건설안전 관련 실무경력이 **7년(기사는 5년) 이상**인 사람

04 다음 중 작업지휘자를 지정하여야 하는 대상작업이 아닌 것은?

㉮ 차량계 하역운반기계 등을 사용하는 작업
㉯ 굴착면의 높이가 1.5미터 이상이 되는 지반의 굴착작업
㉰ 중량물의 취급작업
㉱ 항타기나 항발기를 조립·해체·변경 또는 이동하여 작업을 하는 경우

[해설] 작업지휘자를 지정하여야 하는 작업
① **차량계 하역운반기계 등을 사용하는 작업** (화물자동차를 사용하는 도로상의 주행작업은 제외한다)
② **굴착면의 높이가 2미터 이상이 되는 지반의 굴착작업**
③ **교량**(상부구조가 금속 또는 콘크리트로 구성되는 교량으로서 그 **높이가 5미터 이상**이거나 교량의 **최대 지간 길이가 30미터 이상**인 교량으로 한정한다)의 **설치·해체 또는 변경 작업**
④ **중량물의 취급작업**
⑤ **항타기나 항발기를 조립·해체·변경 또는 이동하여 작업을 하는 경우**

05 유해·위험 방지계획서의 첨부서류에 해당하지 않는 것은?

㉮ 공사용 기계·설비·건설물 등의 견적서
㉯ 전체공정표
㉰ 건설물·공사용 기계설비 등의 배치를 나타내는 도면 및 서류
㉱ 산업안전보건관리비 사용계획

[해설] 유해·위험방지계획서 제출 시 첨부서류
1. 공사 개요 및 안전보건관리의 계획
   ① 공사개요서
   ② 공사현장의 주변 현황 및 주변과의 관계를 나타내는 도면
   ③ 전체 공정표
   ④ 건설물, 사용 기계설비 등의 배치를 나타내는 도면
   ⑤ 산업안전보건관리비 사용계획
   ⑥ 안전관리조직표
   ⑦ 재해 발생 위험시 연락 및 대피방법
2. 작업공사 종류별 유해·위험방지계획

정답 03 ㉱ 04 ㉯ 05 ㉮

06 유해·위험 방지계획서의 제출 시 첨부 서류의 항목이 아닌 것은?

㉮ 공사개요
㉯ 전체 공정표
㉰ 안전관리 조직표
㉱ 보호장비 폐기계획

[해설] 유해·위험방지계획서 작성 시 첨부서류
(1) **공사 개요 및 안전보건관리계획**
① 공사 개요서
② 공사현장의 주변 현황 및 주변과의 관계를 나타내는 도면(매설물 현황을 포함한다)
③ 건설물, 사용 기계설비 등의 배치를 나타내는 도면
④ 전체 공정표
⑤ 산업안전보건관리비 사용계획(별지 제46호 서식)
⑥ 안전관리조직표
⑦ 재해 발생 위험 시 연락 및 대피방법

(2) **작업 공사 종류별 유해·위험방지계획**

정답 06 ㉱

02 건설공사 위험성 평가(위험성 추정 · 결정)

① 1단계 : 사전조사

위험성 평가 실시 규정 작성, 평가 대상 선정, 위험성 수준 기준 설정, 허용 가능한 위험성 수준 설정, 평가에 필요한 자료를 수집하는 단계이다.

(1) 위험성 평가 실시 규정 포함사항
① 평가의 목적 및 방법
② 평가담당자 및 책임자의 역할
③ 평가 시기 및 절차
④ 근로자에 대한 참여 · 공유 방법 및 유의사항
⑤ 결과의 기록 및 보존

(2) 평가팀의 구성(건설업)

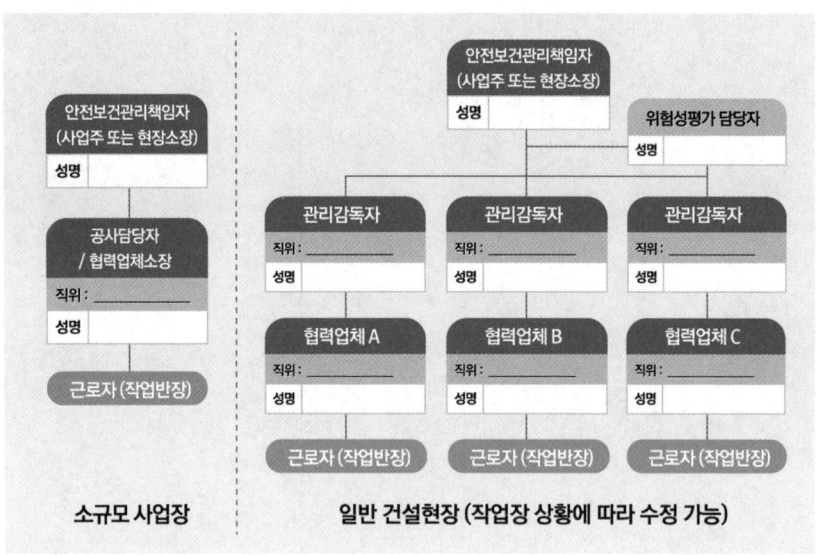

(3) 위험성 수준과 그 판단기준 등의 설정

사전에 사업주와 근로자가 모여 유해 · 위험요인이 "얼마나 위험한지"에 대한 기준을 미리 정해 객관성을 확보하고, 사업장에서 「허용 가능한 위험성의 수준」은 어느 정도인지 미리 정하는 단계이다.

① 〈위험성 수준 설정〉			② 〈판단기준 설정〉	③ 〈허용 가능한 기준〉	
〈1단계〉	〈3단계〉	〈5단계〉			
"O"	"상"	"매우 높음"	사망 또는 영구 장애를 일으키는 재해	"허용 불가능"	감소대책 수립
		"높음"	6개월 이상의 휴업을 요하는 부상이나 질병		
	"중"	"중간"	3일~6개월 미만의 휴업을 요하는 부상이나 질병		
"X"	"하"	"낮음"	3일 미만의 휴업을 요하는 부상이나 질병	"허용 가능"	법에서 정한 기준 이상 상태 유지
		"매우 낮음"	휴업을 요하지 않는 부상이나 질병		

(4) 평가에 필요한 자료를 수집

1) 사업장의 유해·위험요인을 빠짐없이 발굴하고 적절한 위험성 감소대책을 마련하기 위해 안전보건정보(자료)를 찾고 분석하여 활용한다.

2) 활용 가능한 안전보건정보
   ① 작업 표준, 작업 절차서 등의 정보
   ② 기계·기구, 설비 등의 사양서, 물질안전보건자료 등 유해·위험 요인 관련 정보
   ③ 기계·기구, 설비 등의 공정흐름도 등과 작업 주변의 환경에 관한 정보
   ④ 도급사업장이 있는 경우 혼재 작업의 위험성 및 작업 상황에 관한 정보
   ⑤ 사업장 및 동종·유사 사업장 재해사례, 재해통계에 관한 정보
   ⑥ 작업환경 측정 자료, 근로자 건강진단 결과 등

합격의 key

안전보건정보에 대한 사전조사표(예시)

작업(공정)		안전보건정보			생산품	
원재료		(업종명 : OOO 제조업)			근로자수	명

공정(작업) 순서	기계·기구 및 설비		유해화학물질			그 밖의 유해위험정보
	기계·기구 설비명	수량	화학 물질명	취급량 /일	취급 시간	
						• 작업표준, 작업절차에 관한 정보 • 기계·기구 및 설비의 사양서, 물질안전보건자료 등의 유해 위험요인에 관한 정보 • 기계·기구 및 설비의 공정흐름과 작업주변의 환경에 관한 정보 • 도금(일부, 전부 또는 혼재작업) (유□, 무□) • 재해사례, 재해통계 등에 관한 정보 • 안전작업허가증 필요 작업 유무 (유□, 무□) • 중량물 인력취급 시 단위 중량(kg) 및 취급형태 (들기□, 밀기□, 끌기□) • 작업환경측정 측정 유무 (측정□, 미측정□, 해당무□) • 근로자 건강 진단 유무 (유□, 무□) • 근로자 구성 및 경력특성 여성근로자 □ 고령근로자 □ 외국인 근로자 □ 1년 미만 미숙련자 □ 비정규직 근로자 □ 장애근로자 □ • 그 밖에 위험성 평가에 참고가 되는 자료 등

② 2단계 : 유해·위험요인 파악

사업장 순회점검 및 안전보건 점검표 활용 등을 통해 사업장의 유해·위험요인을 파악하는 단계이다.

(1) 평가의 대상 ✈

① 위험성 평가 대상은 "업무 중 합리적으로 예견 가능한 모든 유해·위험요인"이다.
② 매우 경미한 부상 및 질병만을 초래할 것으로 '명백히' 예상되는 유해·위험요인은 평가대상에서 제외할 수 있다.
③ 부상 및 질병을 예상할 때는 최악의 상황에서 가장 큰 부상 또는 질병이 일어날 것을 예상하여 기준으로 삼는다.
④ 아차사고 사례를 수집한 내용을 확인하고 사고의 원인이 된 위험요인에 대한 유해·위험요인에 대한 위험성 평가를 실시한다.
(아차사고 사례를 수집하고 있지 않은 경우, 이 절차를 갖추도록 한다.)
⑤ 중대재해의 원인이 되는 유해·위험요인에 대해 지체 없이 수시 위험성 평가를 실시한다.(누락되어 있다면 수시 위험성 평가를 실시하고 그 외 유해·위험요인에 대해서는 위험성 평가 재검토를 실시한다.)

(2) 위험성 평가 대상 분류

유해·위험요인을 파악하기 위해 작업·공정을 구분·분류한다.
(작업 분류 시 연관된 작업은 별도로 구분하지 않는 것도 가능하다.)

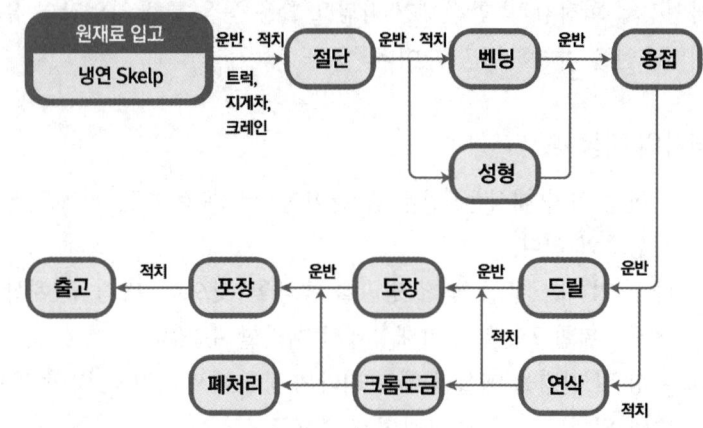

공정 흐름도에 따른 분류 예시

> **참고**
> 1. 기타의 위험성 평가 방법
>   ① 작업안전 분석(JSA) 방법
>   ② 위험과 운전 분석 (HAZOP) 방법
>   ③ 상대위험순위 결정 (Dow and Mond Indices) 방법
>   ④ 작업자 실수 분석(HEA) 방법
>   ⑤ 사고 예상 질문 분석 (What-if) 방법
>   ⑥ 이상위험도 분석 (FMECA) 방법
>   ⑦ 결함수 분석(FTA) 방법
>   ⑧ 사건수 분석(ETA) 방법
>   ⑨ 원인결과 분석(CCA) 방법
>
> 2. 위험성 평가의 방법
>   ① 위험성 수준 3단계 판단법, ② 체크리스트법, ③ 핵심요인 기술법 등을 모두 활용할 수 있다.
>   ② 위험성 수준 3단계 판단법, 체크리스트법, 핵심요인 기술법은 중소 사업장에서 쉽고 간편하게 사용할 수 있는 방법이다.
>   ③ 「위험성 수준 3단계 판단법」을 우선 권하지만 유해·위험요인이 극히 적은 사업장은 「체크리스트법」을 사용할 수 있고, 단순·단기작업, 유지보수 작업은 「핵심요인 기술법」을 사용할 수 있으며, 사업장에 따라 적절하게 조합하여 실시할 수도 있다.
>   ④ 기존에 빈도·강도법을 통해 위험성 평가를 적절하게 실시해 왔다면 단순히 쉽고 간단하다는 이유만으로 방법을 변경할 필요는 없다. 빈도·강도법은 위험성 수준을 더 정확히 파악할 수 있는 방법이다.

(3) 유해·위험요인을 파악하는 방법

1) 순회점검에 의한 방법

위험성 평가 수행자(평가팀)가 정기적으로 사업장을 순회 점검하여 기계·기구 및 설비나 작업의 유해·위험요인을 파악하는 방법

※ 특별한 사정이 없으면 "사업장 순회점검에 의한 방법"이 포함되어야 함

사전준비	유의사항
• 사업장에서 발생한 재해와 질병 기록 • 이전에 실시한 점검사항의 기록 • 유해·위험작업 또는 설비의 목록	• 점검자는 사업장 작업에 정통할 것 • 측정이 필요한 경우 계측기 등을 준비할 것 • 교대 작업인 경우 점검 시간대를 조정할 것 • 점검 이후 필요한 때마다 점검자 회의를 개최할 것

2) 근로자들의 상시적 제안에 의한 방법

사업장의 위험성을 가장 잘 알 수 있는 근로자들이 제안을 할 수 있는 창구를 마련하여 유해·위험요인을 파악하는 방법

사전준비	유의사항
• 사내 근로자의 제안 절차 마련 및 시행 • 포상이나 인센티브제도 마련	• 제안에 따른 불이익이 없도록 할 것 • 근로자의 제안에 대해 실제 반영을 검토할 것 • 제안 내용 및 제안에 따른 결과를 공유할 것 • 근로자가 이해할 수 있는 언어로 제도를 설명할 것 • 참여를 제한하는 관행 및 장벽의 제거

3) 설문조사 · 인터뷰 등 청취조사에 의한 방법

위험성 평가 수행자가 현장 근로자와의 면담을 통해 직접 경험한 기계 · 기구 및 설비나 작업의 유해 · 위험요인을 파악하는 방법

사전준비	유의사항
• 청취 대상을 누구로 할 것인지 사전에 선정 • 현재 작업에 어느 정도 정통한 사람, 안전보건에 관한 교육을 받은 사람, 유해 · 위험 요인에 대한 판단이 가능한 사람 등 현장 책임자가 바람직함	• 청취조사는 계획에 따라 실시하되, 조사표를 사용할 것 • 특정한 사람으로 한정하지 말 것 • 청취조사 과정에서 개인정보 보호 (비밀유지)

4) 안전보건자료에 의한 방법

재해 조사보고서, 건강진단, 아차사고 등 안전보건자료를 참고하여 유해 · 위험요인을 파악하는 방법

사전준비	유의사항
• 산업안전보건위원회 등의 회의록 또는 기록 • 발생한 사고나 질병의 보고서 • 작업환경 측정이나 건강진단의 실시 결과 • 물질안전보건자료 • 작업 전 안전점검 회의(TBM) 등 안전 · 보건 활동 기록 등	• 사고가 발생했을 때 수행하고 있던 작업 또는 원인을 대상으로 할 것 • 건강진단에서는 유소견자의 작업 또는 원인을 대상으로 할 것 • 기존 안전보건활동에 의해 파악 및 기록된 사항을 포함할 것

5) 체크리스트에 의한 방법

사업장에서 이뤄지는 작업에 대하여 안전보건 체크리스트를 작성하여 유해·위험요인을 파악하는 방법

사전준비	유의사항
• 작업의 목록화	• 작업 중 부상이나 질병으로 이어질 수 있는 유해·위험 요인을 도출 • 작업의 단계별로 유해·위험요인을 기재

(4) 유해·위험요인에 포함 가능한 요인 ✈

① 사용기계·기구, 사용물질 자체의 위험요인
② 소음, 분진, 유해물질 등 작업환경과 관련된 유해요인
③ 작업방법 및 작업 중 예상되는 근로자의 불안전한 행동
④ 작업 장소 간 화물이동(운반)의 위험요인
⑤ 보수 및 수리 등 비정형 작업에 대한 위험요인
⑥ 안전보건관련 조직, 교육, 검사 등 관리적 결함사항 등

(5) 위험성과 현재의 안전·보건조치를 확인

유해·위험요인 파악을 위한 방법론(접근법)의 핵심적인 질문은 다음과 같다.

- 유해·위험요인은 무엇인가?
- 유해·위험요인에 노출되는 사람은 누구인가?
- 유해·위험요인으로부터 어떻게 부상이나 질병으로 이어지는가?

기계류(수직형 드릴)의 유해·위험요인 파악의 예			
유해·위험요인 파악			
직업	위험구역	시나리오		
		유해·위험요인	위험한 상황	위험한 사건
공구교환	작업구역	날카로운 공구에 의한 손의 베임	공구를 장착 및 고정하는 작업	불시 기동으로 인한 회전하는 공구와 접촉

3 3단계 : 위험성 결정

유해·위험요인별 위험성을 사업장이 설정한 허용 가능한 위험성의 기준과 비교하여 위험성의 수준이 허용 가능한지 여부를 판단하는 단계이다.

(1) 위험성의 수준을 높게 분류하여야 하는 경우

① 「산업안전보건법」 등에서 규정하는 사항을 만족하지 않는 경우
② 중대재해나 건강장해가 일어날 것이 명확하게 예상되는 경우
③ 많은 근로자가 위험에 노출될 것이 예상되는 경우
④ 동종업계 등에서 발생한 중대재해와 연관이 있는 유해·위험요인 등

(2) 위험성 평가의 방법

1) 위험성 수준 3단계 판단법

위험성 결정을 위해 유해·위험요인의 위험성을 가늠하고 판단할 때, 위험성 수준을 상·중·하 또는 고·중·저와 같이 간략하게 구분하고, 직관적으로 이해할 수 있도록 위험성의 수준을 표시하는 방법이다.

2) 체크리스트법

유해·위험요인을 파악하고, 유해·위험요인별로 체크리스트를 만들어 위험성을 줄이기 위한 현재 조치가 적정한지 아닌지 "○" 또는 "×"으로 표시하는 방법이다.

① 목록에 제시된 유해·위험요인의 위험성과 현재 조치사항을 종합하여, 그 위험성이 우리 사업장에서 허용 가능한 수준의 위험인지 여부를 판단한다.
② 체크리스트가 지나치게 단순하게 작성되었거나, 주관적으로 작성된 경우 중요한 유해·위험요인을 빠트릴 수 있으므로 주의하여야 한다.

※ 예 이 프레스는 위험한가? (×)
→ 이 프레스는 작업 시 광전자식 방호장치가 제대로 작동하는가? (○)

3) 핵심요인 기술법

① 영국 산업안전보건청(HSE), 국제노동기구(ILO)에서 위험성 수준이 높지 않고, 유해·위험요인이 많지 않은 중·소규모 사업장의 위험성 평가를 위해 제시한 방법의 하나이다.
② 단계적으로 핵심 질문에 답변하는 방법으로 간략하게 위험성 평가를 실시할 수 있다.

③ "유해·위험요인은 무엇인지?" "누가, 어떻게 피해를 입는지?" "현재 시행 중인 안전조치는 무엇인지?" "추가적으로 필요한 조치는 무엇인지?"의 질문에 단계적으로 답변하며 위험성을 결정하고, **위험성 감소대책을 수립**하여 시행하게 된다.

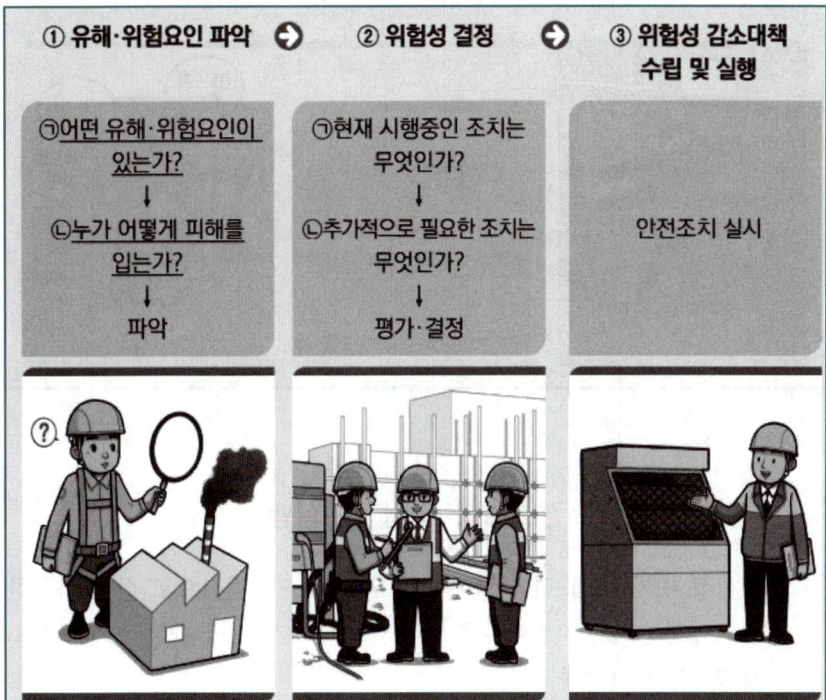

4) 빈도 · 강도법

① 사업장에서 파악된 유해·위험요인이 얼마나 위험한지를 판단하기 위해 **위험성의 빈도(가능성)와 강도(중대성)를 곱셈, 덧셈, 행렬** 등의 방법으로 조합하여 위험성의 크기(수준)를 산출해 보고, 이 위험성의 크기가 허용 가능한 수준인지 여부를 살펴보는 방법이다.

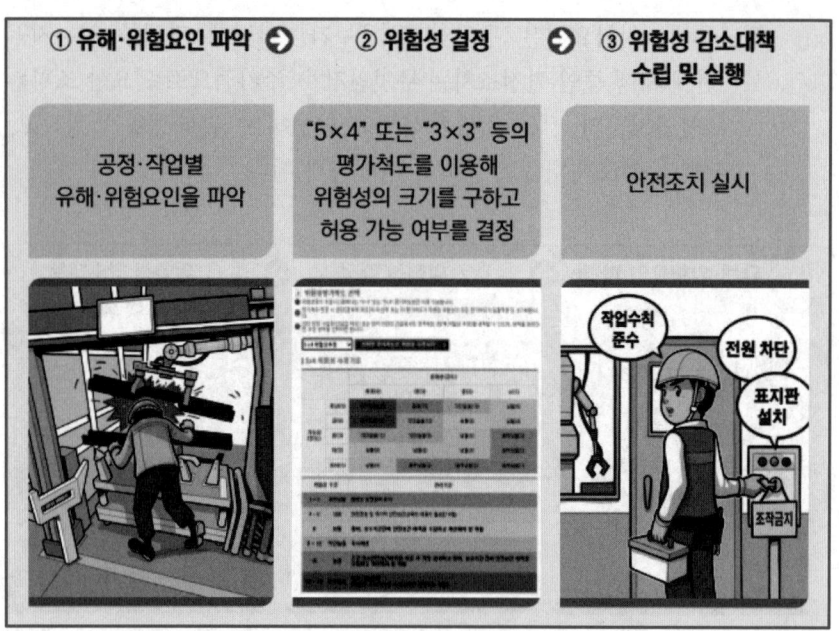

④ 4단계 : 위험성 감소대책 수립 및 실행

위험성 평가 결과 허용 불가능한 위험성을 합리적으로 실천 가능한 범위에서 가능한 낮은 수준으로 감소시키기 위한 대책을 수립하고 시행하는 단계이다.

1) 파악된 유해·위험요인 중 중대재해 발생 위험, 다수의 근로자가 위험에 노출되거나 질병발생 위험, 동종업종 사업장의 사고발생 또는 질병발생 사례 등이 있는 항목의 개선대책은 우선적으로 선정하여 가장 빨리 개선하여야 한다.

2) 위험성 감소를 위한 대책 수립 시에는 다음 순서를 고려하여 위험성 감소대책을 마련한다.

    산업안전보건법에 규정된 방법을 최우선으로 검토 → 제거·대체 (본질적 대책) → 공학적 대책 → 관리적 대책 → 개인보호구

3) 감소대책 실행 후 해당 공정 또는 작업의 위험성 수준이 사전에 자체 설정한 허용 가능한 위험성의 범위인지 재확인하고 조치토록 한다.

합격의 key

법령 등에 규정된 사항의 실시 (해당 사항이 있는 경우)

① 본질적 (근원적) 대책 — 위험한 작업의 폐지·변경, 유해위험물질 또는 유해위험요인이 보다 적은 재료로의 대체, 설계나 계획단계에서 위험성을 제거 또는 저감하는 조치

② 공학적 대책 — 인터록, 안전장치, 방호문, 국소배기장치 등

③ 관리적 대책 — 매뉴얼 정비, 출입금지, 노출관리, 교육훈련 등

④ 개인 보호구의 사용 — 상기①~③의 조치를 취하더라도 제거·감소할 수 없었던 위험성에 대해서만 실시

유해·위험 요인	제거·대체	공학적 대책	관리적 대책	개인보호구
건설현장 개구부	설계·시공 시 개구부 최소화	안전난간 또는 덮개 설치	'추락 위험' 표지판 설치	안전모·안전대 착용
끼임 위험 기계·기구	끼임 위험이 없는 자동화 기계 도입	덮개 등 방호장치 설치	'Lock Out, Tag Out' 안전작업허가제 도입	말려 들어갈 위험이 없는 작업복 착용
유해 화학물질	- 유해물질 제거 또는 저독성 물질로 대체 예 메탄올 → 에탄올	- 국소배기장치 설치 - 누출방지 조치 등	- 작업절차서 준수 - 작업환경 측정을 통한 노출관리	- 방독마스크, 내화학장갑, 보안경 등 착용
인화성 가스	인화성 완화 예 아세틸렌 → LPG	- 전기설비 방폭 조치(점화원 관리) - 가스검지기·긴급차단 장치 연동 설치 - 환기·배기 장치 설치	- 작업절차서 준수 - 정비작업 허가제 도입	- 제전작업복 착용 - 가스검지기 휴대 - 방폭공구 사용
밀폐공간	- 밀폐공간 내부 기계·기구 제거 예 내부모터 → 외부모터	- 환기·배기 장치 설치 - 유해가스 경보기 설치	- 출입금지 표지설치 - 작업허가제 도입 - 감시인 배치	- 송기마스크

⑤ 5단계 : 위험성 평가의 공유

주요 결과와 근로자들이 담당하는 작업에서의 유해·위험요인, 그 위험성 수준, 위험성 감소를 위해 해야 할 일들을 공유하는 단계

(1) 근로자에게 위험성 평가를 실시한 결과를 공유해야 할 내용
① 근로자가 종사하는 작업과 관련된 유해·위험요인
② 유해·위험요인의 위험성 결정 결과
③ 유해·위험요인의 위험성 감소대책과 그 실행 계획 및 실행 여부
④ 위험성 감소대책에 따라 근로자가 준수하거나 주의하여야 할 사항

⑥ 6단계 : 기록 및 보존

위험성 평가 실시내용을 확인하기 위해 위험성 평가의 결과를 기록하고 보존하는 단계

평가 예시

1. 작업공종

- 철근작업 : 철근반입 – 철근가공 및 운반 – 철근조립

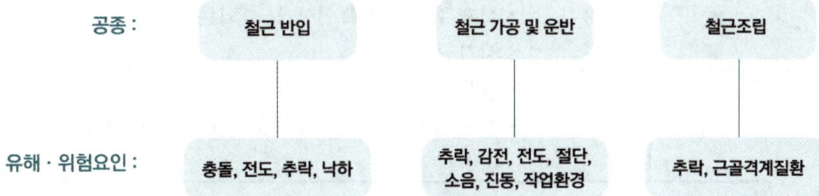

2. 유해위험요인

작업형태	유해위험요인
철근가공 및 운반	철근가공을 위한 운반 작업에서 가공물의 낙하, 위험한 표면에 부딪힘, 불안정한 운송수단에 가공물의 낙하, 철근 가공기의 작동에 의한 전기감전 위험, 과도한 소음 및 진동 발생, 가공기 취급 부주의로 인한 절단 위험

3. 위험성 추정 및 위험성 결정

위험성 추정은 부상이나 질병의 발생가능성과 중대성의 곱셈식으로 산출한다.

위험성 추정 및 위험성 결정 (예)

※ 위험의 발생 가능성이 상(3)이고, 위험의 중대성이 대(3)인 경우 위험성 추정 값은 9점(높음)에 해당하여 즉시 개선대책을 실행하여야 하는 단계임

(1) 위험의 발생 가능성(빈도)

구분	가능성	기준
상	3	• 발생 가능성이 높음 • 실제 유해위험요인에 노출되는 시간이 매일 6시간 이상인 경우
중	2	• 발생 가능성이 있음 • 실제 유해위험요인에 노출되는 시간이 매일 2~6시간인 경우
하	1	• 발생 가능성이 낮음 • 실제 유해위험요인에 노출되는 시간이 매일 2시간 미만인 경우

(2) 위험의 중대성(강도)

구분	중대성	기준
대	3	• 사망을 초래할 수 있는 사고 • 화학물질, 분진, 소음 등 노출기준(권고기준)을 초과 • 발암성, 변이원성, 생식독성 물질 취급 • 직업병 유소견자 발생
중	2	• 실명, 절단 등 상해를 초래할 수 있는 사고 • 의료기관의 치료를 요하는 사고 • 화학물질, 분진, 소음 등 노출기준(권고기준)의 50% 이상인 경우
소	1	• 아차사고를 초래할 수 있는 경우 • 화학물질, 분진, 소음 등 노출기준(권고기준)의 50% 미만인 경우

(3) 위험성 추정표

가능성(빈도) \ 중대성(강도)	대 (3)	중 (2)	소 (1)
상 (3)	높음 (9)	높음 (6)	보통 (3)
중 (2)	높음 (6)	보통 (4)	낮음 (2)
하 (1)	보통 (3)	낮음 (2)	낮음 (1)

* 위험성 결정은 유해위험요인의 발생 가능성과 중대성을 평가하여 3단계의 낮음(1~2), 보통(3~4), 높음(6~9)로 구분하였고, 평가점수가 높은 순서대로 관리 우선 순위를 결정하였다.

(4) 위험성 결정

위험성 수준		관리기준	비고
1~2	낮음	현재 상태 유지	근로자에게 유해위험성 정보 및 주기적인 안전보건교육의 제공
3~4	보통	개선	안전보건대책을 수립하고 개선하며, 현재 설치되어 있는 환기장치의 효율성 검토 및 성능개선 실시
6~9	높음	즉시 개선	작업을 지속하려면 즉시 개선을 실행해야 함

4. 위험성 감소대책 수립 및 실행

위험성을 결정 한 후 개선조치가 필요한 "보통" 및 "높음" 위험에 해당하는 작업 및 공정은 감소대책을 수립하여 개선 후 위험성 수준이 "낮음"에 해당하도록 하였고, 담당자를 지정하여 조치가 이루어질 수 있도록 조치 요구일과 조치 완료일 명기하고, 개선조치가 완료되었을 경우 완료여부를 확인할 수 있도록 하였다.

위험성 평가표(예시)

회사명 : ○○건설(주)　　　　　공정대분류 : 철근가공 및 운반　　　　　세부분류 : 철근가공 및 운반작업　　　　　위험성평가 실시일 : 2023년 08월 01일

분류	유해위험요인 파악		현재 안전보건조치	현재 위험성			감소대책	
	원인	유해위험요인	법규/노출기준 등 관련근거	가능성(빈도)	중대성(강도)	위험성	NO	세부내용
1. 기계적 요인	1.2 위험한 표면 (절단, 베임, 긁힘)	철근제품의 가공 및 운반시 위험한 표면에 부딪힘, 쓸림	산업안전보건규칙 제38조(사전조사 및 작업계획서의 작성 등)	1	2	낮음 (2)		1. 장비작업 시 현장주의 2. 절단, 절곡작업 시 손 쓸림 및 찔림 주의
	1.3 기계(설비)의 낙하, 비래, 전복, 붕괴, 전도위험 부분	철근가공을 위한 인양작업시 줄걸이 불량 낙하	산업안전보건규칙 제14조(낙하물에 의한 위험의 방지)	3	2	높음 (6)	1-1.3	1. 유도자 배치 2. 이동경로 접근금지
	1.6 추락위험 부분 (개구부 등)	철근의 인양작업 중 가공품의 낙하	산업안전보건규칙 제37조(해지장치의 사용)	1	3	보통 (3)		줄걸이로프 이상 유무 확인 및 권선 외이어 상태확인
2. 전기적 요인	2.1 간전(안전전압초과)	철근 가공기 작동시 감전위험	산업안전보건규칙 제302조(전기 기계·기구의 접지)	2	1	낮음 (2)		1. 우천시 운외작업 중지 2. 접지형 콘센트 사용
5. 작업 특성요인	5.1 소음	철근 절단 작업시 과도한 소음 발생	산업안전보건규칙 제516조(청력보호구의 지급 등)	2	1	낮음 (2)		청력보호구 착용
	5.3 진동	철근 절단 및 절곡시 과도한 진동 발생	산업안전보건규칙 제518조(진동보호구의 지급 등)	2	2	보통 (4)	1-5.3	귀마개 착용
	5.7 중량물 취급작업	일정 간격 휴식 미실시		2	1	낮음 (2)		1. 근골격계질환예방 교육 실시 2. 스트레칭 교육 실시
6. 작업환경요인	6.1 기후/고온/한랭	외부 작업으로 인한 고온, 한랭의 환경에 노출	산업안전보건규칙 제562조(고열장해 예방 조치)	2	1	낮음 (2)		1. 일정간격 휴식 및 휴게실 마련 2. 냉난방기 설치 제공
	6.3 공간 및 이동통로	협소한 작업공간으로 인한 철재류의 이동시 충돌	산업안전보건규칙 제563조(한랭장해 예방 조치)	2	1	낮음 (2)		안전통로 확보
								살수호스 배치

CHAPTER 03 건설업 산업안전보건관리비 관리

01 건설업 산업안전보건관리비 규정

주/요/내/용 알/고/가/기
1. 안전관리비 계상방법
2. 안전관리비의 사용내역 및 사용 제외 항목

1 산업안전보건관리비의 계상 및 사용

(1) 건설공사 등의 산업안전보건관리비 계상

1) 건설공사 발주자가 도급계약을 체결하거나 건설공사의 시공을 주도하여 총괄·관리하는 자(건설공사발주자로부터 건설공사를 최초로 도급받은 수급인은 제외한다)가 건설공사 사업계획을 수립할 때에는 고용노동부장관이 정하여 고시하는 바에 따라 산업재해 예방을 위하여 사용하는 비용("산업안전보건관리비")을 도급금액 또는 사업비에 계상(計上)하여야 한다.

2) 건설공사 도급인은 산업안전보건관리비를 법에서 정하는 바에 따라 사용하고 고용노동부령으로 정하는 바에 따라 그 사용명세서를 작성하여 보존하여야 한다.

3) 선박의 건조 또는 수리를 최초로 도급받은 수급인은 사업 계획을 수립할 때에는 고용노동부장관이 정하여 고시하는 바에 따라 산업안전보건관리비를 사업비에 계상하여야 한다.

4) 건설공사 도급인 또는 선박의 건조 또는 수리를 최초로 도급받은 수급인은 산업안전보건관리비를 산업재해 예방 외의 목적으로 사용해서는 아니 된다.

(2) 적용범위 : 산업안전보건법 제2조 제11호의 건설공사 중 총 공사금액 2천만 원 이상인 공사에 적용한다. 다만, 단가계약에 의하여 행하는 공사에 대하여는 총 계약금액을 기준으로 적용한다.

합격의 key

참고
* 건설업 산업안전보건관리비
산업재해 예방을 위하여 건설공사 현장에서 직접 사용되거나 해당 건설업체의 본사에 설치된 안전전담부서에서 법령에 규정된 사항을 이행하는 데 소요되는 비용을 말한다.

기출
* 산업안전보건관리비의 효율적인 집행을 위하여 고용노동부장관이 정할 수 있는 기준
1. 공사의 진척 정도에 따른 사용기준
2. 사업의 규모별·종류별 사용방법 및 구체적인 내용
3. 그 밖에 산업안전보건관리비 사용에 필요한 사항

(3) 산업안전보건관리비의 사용

① 건설공사 도급인은 도급금액 또는 사업비에 계상(計上)된 산업안전보건관리비의 범위에서 그의 관계 수급인에게 해당 사업의 위험도를 고려하여 적정하게 산업안전보건관리비를 지급하여 사용하게 할 수 있다.

② 건설공사 도급인은 산업안전보건관리비를 사용하는 해당 건설공사의 금액이 4천만원 이상인 때에는 매월(건설공사가 1개월 이내에 종료되는 사업의 경우에는 해당 건설공사가 끝나는 날이 속하는 달을 말한다) 사용명세서를 작성하고, 건설공사 종료 후 1년 동안 보존해야 한다. ✄

③ 공사금액 1억원 이상 120억원(토목공사업에 속하는 공사는 150억원) 미만인 공사와 「건축법」에 따른 건축허가의 대상이 되는 공사의 건설공사발주자 또는 건설공사도급인(건설공사발주자로부터 건설공사를 최초로 도급받은 수급인은 제외한다)은 해당 건설공사를 착공하려는 경우 건설재해예방전문지도기관과 건설 산업재해 예방을 위한 지도계약을 체결하여야 한다. 다만, 다음 각 호의 어느 하나에 해당하는 공사는 제외한다.

산업안전보건관리비 사용 시 ✄
재해예방 전문지도기관의 지도를 받지 않아도 되는 공사

- 공사 기간이 1개월 미만인 공사
- 육지와 연결되지 아니한 섬 지역(제주특별자치도는 제외한다)에서 이루어지는 공사
- 사업주가 안전관리자의 자격을 가진 사람을 선임(같은 광역 자치단체의 지역 내에서 같은 사업주가 경영하는 셋 이하의 공사에 대하여 공동으로 안전관리자 자격을 가진 사람 1명을 선임한 경우를 포함한다)하여 안전관리자의 업무만을 전담하도록 하는 공사
- 유해·위험방지계획서를 제출하여야 하는 공사

④ 건설공사의 건설공사발주자 또는 건설공사도급인(건설공사도급인은 건설공사발주자로부터 건설공사를 최초로 도급받은 수급인은 제외한다)은 건설 산업재해 예방을 위한 지도계약을 해당 건설공사 착공일의 전날까지 체결해야 한다.

(4) 산업안전보건관리비 계상기준

① 발주자가 도급계약 체결을 위한 원가계산에 의한 예정가격을 작성하거나, 자기공사자가 건설공사 사업 계획을 수립할 때에는 산업안전보건관리비를 계상하여야 한다. 다만, 발주자가 재료를 제공하거나 일부 물품이 완제품의 형태로 제작·납품되는 경우에는 해당 재료비 또는 완제품 가액을 대상액에 포함하여 산출한 산업안전보건관리비와 해당 재료비 또는 완제품 가액을 대상액에서 제외하고 산출한 산업안전보건관리비의 1.2배에 해당하는 값을 비교하여 그 중 작은 값 이상의 금액으로 계상한다.

> ① 발주자의 재료비 포함 산업안전보건관리비
> ② 발주자의 재료비 제외한 산업안전보건관리비×1.2
> ①, ② 중 작은 값 이상으로 한다.

산업안전보건관리의 계상

1. 대상액이 5억 원 미만 또는 50억 원 이상
   산업안전보건관리비 = 대상액(재료비 + 직접 노무비) × 비율

2. 대상액이 5억 원 이상 50억 원 미만
   산업안전보건관리비 = 대상액(재료비 + 직접 노무비) × 비율
   　　　　　　　　　 + 기초액(C)

3. 대상액이 명확하지 않은 경우
   도급계약 또는 자체사업계획상 책정된 총 공사금액의 10분의 7에 해당하는 금액을 대상액으로 하고 제1호 및 제2호에서 정한 기준에 따라 계상

② 발주자는 계상한 산업안전보건관리비를 입찰공고 등을 통해 입찰에 참가하려는 자에게 알려야 한다.

③ 발주자와 건설공사도급인 중 자기공사자를 제외하고 발주자로부터 해당 건설공사를 최초로 도급받은 수급인(도급인)은 공사계약을 체결할 경우 계상된 산업안전보건관리비를 공사도급계약서에 별도로 표시하여야 한다.

④ 하나의 사업장 내에 건설공사 종류가 둘 이상인 경우(분리발주한 경우를 제외한다)에는 공사금액이 가장 큰 공사종류를 적용한다.

⑤ 발주자 또는 자기공사자는 설계변경 등으로 대상액의 변동이 있는 경우 지체 없이 산업안전보건관리비를 조정 계상하여야 한다. 다만, 설계변경으로 공사금액이 800억 원 이상으로 증액된 경우에는 증액된 대상액을 기준으로 재 계상한다.

설계변경 시 산업안전보건관리비 조정·계상 방법

1. 설계변경에 따른 산업안전보건관리비는 다음 계산식에 따라 산정한다.
   설계변경에 따른 산업안전보건관리비
   = 설계변경 전의 산업안전보건관리비 + 설계변경으로 인한 산업안전보건관리비 증감액

2. 설계변경으로 인한 산업안전보건관리비 증감액은 다음 계산식에 따라 산정한다.
   설계변경으로 인한 산업안전보건관리비 증감액
   = 설계변경 전의 산업안전보건관리비 × 대상액의 증감 비율

3. 대상액의 증감 비율은 다음 계산식에 따라 산정한다. 이 경우, 대상액은 예정가격 작성 시의 대상액이 아닌 설계변경 전·후의 도급계약서상의 대상액을 말한다.
   대상액의 증감 비율 =
   [(설계변경 후 대상액 − 설계변경 전 대상액) / 설계변경 전 대상액] × 100%

[별표 1] 공사종류 및 규모별 산업안전보건관리비 계상기준표오

구 분 공사 종류	대상액 5억 원 미만인 경우 적용비율(%)	대상액 5억 원 이상 50억 원 미만인 경우		대상액 50억 원 이상인 경우 적용비율(%)	보건관리자 선임 대상 건설공사의 적용비율(%)
		적용비율(%)	기초액		
건축공사	3.11(%)	2.28(%)	4,325천원	2.37(%)	2.64(%)
토목공사	3.15(%)	2.53(%)	3,300천원	2.60(%)	2.73(%)
중건설공사	3.64(%)	3.05(%)	2,975천원	3.11(%)	3.39(%)
특수건설공사	2.07(%)	1.59(%)	2,450천원	1.64(%)	1.78(%)

[별표 2] 공사 진척에 따른 산업안전보건관리비 사용기준

공정률	사용기준
50퍼센트 이상 70퍼센트 미만	50퍼센트 이상
70퍼센트 이상 90퍼센트 미만	70퍼센트 이상
90퍼센트 이상	90퍼센트 이상

※ 공정률은 기성공정률을 기준으로 한다.

[예제] 다음 [보기]의 건설공사에 적합한 산업안전보건관리비를 계상하시오.

[보기]
수자원시설공사(댐), 재료비와 직접 노무비의 합이 4,500,000,000원인 경우

[정답]
1. 수자원시설공사(댐) → 중건설공사
2. • 대상액 = 재료비 + 직접 노무비 = 4,500,000,000원
   • 대상액이 5억 원 이상 50억 원 미만이므로
   산업안전보건관리비 = 대상액(재료비 + 직접 노무비) × 비율 + 기초액(C)
                    = 4,500,000,000원 × 0.0305 + 2,975,000원
                    = 140,225,000원

합격의 key

용어정의

* 산업안전보건관리비 대상액
공사원가계산서 구성항목 중 직접재료비, 간접재료비와 직접노무비를 합한 금액(발주자가 재료를 제공할 경우에는 해당 재료비를 포함한 금액)을 말한다.

확인

* 산업안전보건관리비 계상법의 예

경우 1)
건축공사로
직접재료비 10억 원,
직접노무비 30억 원
공사인 경우 안전관리비
= (40억 원 × 0.0228)
  + 4,325,000원
= 95,525,000원

경우 2)
토목공사로 대상액의 구분이 되어 있지 않으며
총 공사금액이 100억 원
일 경우

1. 대상액
= 100억 원 × 0.7
= 7,000,000,000원

2. 산업안전보건관리비
= 7,000,000,000원 × 0.026
= 182,000,000원

용어정의

* 자기공사자
발주자와 건설업을 행하는 자가 같은 경우를 말한다.

참고

* 건설공사의 종류
1. 건축공사
가. 「건설산업기본법 시행령」에 따라 토지에 정착 하는 공작물 중 지붕과 기둥(또는 벽)이 있는 것과 이에 부수되는 시설물을 건설하는 공사 및 이와 함께 부대하여 현장 내에서 행하는 공사
나. 「건설산업기본법 시행령」의 전문공사로서 건축물과 관련하여 분리하여 발주되었고 시간적·장소적으로도 독립하여 행하는 공사

합격의 key

2. 토목공사

가. 「건설산업기본법 시행령」에 따라 토목 공작물을 설치하거나 토지를 조성·개량하는 공사, '라' 목 종합적인 계획, 관리 및 조정에 따라 산업의 생산시설, 환경오염을 예방·제거 재활용하기 위한 시설, 에너지 등의 생산·저장·공급시설 등의 건설공사 및 이와 함께 부대하여 현장 내에서 행하는 공사

나. 「건설산업기본법 시행령」의 전문공사로서 같은 표 제1호 건축공사 외의 시설물과 관련하여 분리하여 발주되었고 시간적·장소적으로도 독립하여 행하는 공사

3. 중건설공사

가. 고제방 댐 공사 등
  - 댐, 신설공사, 제방신설공사와 관련한 제반시설공사

나. 화력, 수력, 원자력, 열병합 발전시설 등 설치공사
  - 화력, 수력, 원자력, 열병합 발전시설과 관련된 신설공사 및 제반시설공사

다. 터널신설공사 등
  - 도로, 철도, 지하철 공사로서 터널, 교량, 토공사 등이 포함된 복합시설물로 구성된 공사에 있어 터널 공사비 비중이 가장 큰 비중을 차지하는 건설공사

4. 특수건설공사

「건설산업기본법 시행령」에 따라 수목원, 공원, 녹지, 숲의 조성 등 경관 및 환경을 조성·개량 등의 건설공사로서 조경공사에 해당하는 공사와 아래 각목에 따른 건설공사 중 다른 공사와 분리하여 발주되었고 시간적·장소적으로도 독립하여 행하는 공사

가. 「전기공사업법」에 의한 공사
나. 「정보통신공사업법」에 의한 공사
다. 「소방공사업법」에 의한 공사
라. 「문화재수리공사업법」에 의한 공사

② 산업안전보건관리비의 사용 기준

(1) 수급인 또는 자기공사자는 안전관리비를 항목별 사용기준에 따라 건설사업장에서 근무하는 근로자의 산업재해 및 건강장해 예방을 위한 목적으로만 사용하여야 한다.

(2) 산업안전보건관리비의 사용 내역 ✯✯

① 안전관리자·보건관리자 임금 등
② 안전시설비 등
③ 보호구 등
④ 안전보건 진단비 등
⑤ 안전보건 교육비 등
⑥ 근로자 건강장해 예방비 등
⑦ 건설재해예방전문지도기관 기술지도비
⑧ 본사 전담조직 근로자 임금 등
⑨ 위험성 평가 등에 따른 소요비용

(3) 산업안전보건관리비의 세부 사용 항목 ✯✯

1. 안전관리자·보건관리자의 임금 등	① 안전관리 또는 보건관리 업무만을 전담하는 안전관리자 또는 보건관리자의 임금과 출장비 전액 (지방고용노동관서에 선임 보고한 날부터 발생한 비용에 한정한다.) ② 안전관리 또는 보건관리 업무를 전담하지 않는 안전관리자 또는 보건관리자의 임금과 출장비의 각각 2분의 1에 해당하는 비용(지방고용노동관서에 선임 보고한 날부터 발생한 비용에 한정한다.) ③ 안전관리자를 선임한 건설공사 현장에서 산업재해 예방 업무만을 수행하는 작업지휘자, 유도자, 신호자 등의 임금 전액 ④ 작업을 직접 지휘·감독하는 직·조·반장 등 관리감독자의 직위에 있는 자가 업무를 수행하는 경우에 지급하는 업무수당(임금의 10분의 1 이내)

2. 안전시설비	① 산업재해 예방을 위한 안전난간, 추락방호망, 안전대 부착설비, 방호장치(기계·기구와 방호장치가 일체로 제작된 경우, 방호장치 부분의 가액에 한함) 등 안전시설의 구입·임대 및 설치 등을 위해 소요되는 비용 ② 스마트 안전장비 구입·임대 비용. 다만, 계상된 산업안전보건관리비 총액의 10분의 2를 초과할 수 없다. ③ 용접 작업 등 화재 위험작업 시 사용하는 소화기의 구입·임대비용	**기출** * 산업안전보건관리비의 사용 ① 수급인 또는 자체사업을 하는 자가 사업의 일부를 타인에게 도급하려는 경우에는 도급금액 또는 사업비에 계상된 산업안전보건관리비의 범위에서 그의 수급인에게 해당 사업의 위험도를 고려하여 적정하게 산업안전보건관리비를 지급하여 사용하게 할 수 있다. ② 사업주는 고용노동부장관이 정하는 바에 따라 해당 공사를 위하여 계상된 산업안전보건관리비를 그가 사용하는 근로자와 그의 수급인이 사용하는 근로자의 산업재해 및 건강장해 예방에 사용하고 그 사용명세서를 작성하고 공사 종료 후 1년간 보존하여야 한다.
3. 보호구 등	① 보호구의 구입·수리·관리 등에 소요되는 비용 ② 근로자가 보호구를 직접 구매·사용하여 합리적인 범위 내에서 보전하는 비용 ③ 안전관리자 등의 업무용 피복, 기기 등을 구입하기 위한 비용 ④ 안전관리자 및 보건관리자가 안전보건 점검 등을 목적으로 건설공사 현장에서 사용하는 차량의 유류비·수리비·보험료	
4. 안전보건진단비 등	① 유해위험방지계획서의 작성 등에 소요되는 비용 ② 안전보건진단에 소요되는 비용 ③ 작업환경 측정에 소요되는 비용 ④ 그 밖에 산업재해예방을 위해 법에서 지정한 전문기관 등에서 실시하는 진단, 검사, 지도 등에 소요되는 비용	
5. 안전보건교육비 등	① 의무교육이나 이에 준하여 실시하는 교육을 위해 건설공사 현장의 교육 장소 설치·운영 등에 소요되는 비용 ② 산업재해 예방이 주된 목적인 교육을 실시하기 위해 소요되는 비용 ③ 「응급의료에 관한 법률」에 따른 안전보건교육 대상자 등에게 구조 및 응급처치에 관한 교육을 실시하기 위해 소요되는 비용 ④ 안전보건관리책임자, 안전관리자, 보건관리자가 업무 수행을 위해 필요한 정보를 취득하기 위한 목적으로 도서, 정기간행물을 구입하는 데 소요되는 비용 ⑤ 건설공사 현장에서 안전기원제 등 산업재해 예방을 기원하는 행사를 개최하기 위해 소요되는 비용. 다만, 행사의 방법, 소요된 비용 등을 고려하여 사회통념에 적합한 행사에 한한다. ⑥ 건설공사 현장의 유해·위험요인을 제보하거나 개선 방안을 제안한 근로자를 격려하기 위해 지급하는 비용	

> **참고**
>
> * 안전·보건관계자의 범위
> - 안전보건관리책임자
> - 안전보건총괄책임자
> - 안전관리자
> - 보건관리자
> - 관리감독자
> - 명예산업안전감독관
> - 안전·보건보조원
> - 본사 안전전담부서 안전전담직원

> **참고**
>
> * 관리감독자 안전보건 업무 수행 시 수당지급 작업
> 1. 건설용 리프트·곤돌라를 이용한 작업
> 2. 콘크리트 파쇄기를 사용하여 행하는 파쇄작업(2미터 이상인 구축물 파쇄에 한정한다)
> 3. 굴착 깊이가 2미터 이상인 지반의 굴착작업
> 4. 흙막이지보공의 보강, 동바리 설치 또는 해체 작업
> 5. 터널 안에서의 굴착작업, 터널거푸집의 조립 또는 콘크리트 작업
> 6. 굴착작업의 깊이가 2미터 이상인 암석 굴착 작업
> 7. 거푸집지보공의 조립 또는 해체작업
> 8. 비계의 조립, 해체 또는 변경작업
> 9. 건축물의 골조, 교량의 상부구조 또는 탑의 금속제의 부재에 의하여 구성되는 것(5미터 이상에 한정한다)의 조립, 해체 또는 변경작업
> 10. 콘크리트 공작물(높이 2미터 이상에 한정한다)의 해체 또는 파괴 작업
> 11. 전압이 75볼트 이상인 정전 및 활선작업
> 12. 맨홀작업, 산소결핍장소에서의 작업
> 13. 도로에 인접하여 관로, 케이블 등을 매설하거나 철거하는 작업
> 14. 전주 또는 통신주에서의 케이블 공중가설작업

6. 근로자 건강장해 예방비 등	① 법·영·규칙에서 규정하거나 그에 준하여 필요로 하는 각종 근로자의 건강장해 예방에 필요한 비용 ② 중대재해 목격으로 발생한 정신질환을 치료하기 위해 소요되는 비용 ③ 「감염병의 예방 및 관리에 관한 법률」에 따른 감염병의 확산 방지를 위한 마스크, 손소독제, 체온계 구입 비용 및 감염병병원체 검사를 위해 소요되는 비용 ④ 휴게시설을 갖춘 경우 온도, 조명 설치·관리기준을 준수하기 위해 소요되는 비용 ⑤ 건설공사 현장에서 근로자 심폐소생을 위해 사용되는 자동심장충격기(AED) 구입에 소요되는 비용 ⑥ 온열·한랭질환으로부터 근로자 건강장해를 예방하기 위한 임시 휴게시설 설치·해체·임대 비용 및 냉·난방기기의 임대 비용

7. 건설재해예방전문지도기관의 지도에 대한 대가로 자기공사자가 지급하는 비용

8. 「중대재해 처벌 등에 관한 법률」에 해당하는 건설사업자가 아닌 자가 운영하는 사업에서 안전보건 업무를 총괄·관리하는 3명 이상으로 구성된 본사 전담조직에 소속된 근로자의 임금 및 업무수행 출장비 전액. 다만, 산업안전보건관리비 총액의 20분의 1을 초과할 수 없다.

9. 위험성평가 또는 유해·위험요인 개선을 위해 필요하다고 판단하여 산업안전보건위원회 또는 노사협의체에서 사용하기로 결정한 사항을 이행하기 위한 비용(산업안전보건위원회 또는 노사협의체가 없는 현장의 경우에는 안전 및 보건에 관한 협의체에서 결정한 사항을 이행하기 위한 비용을 말한다.) 계상된 산업안전보건관리비 총액의 10분의 15를 초과할 수 없다.

(4) 도급인 및 자기공사자는 다음 각 호의 어느 하나에 해당하는 경우에는 산업안전보건관리비를 사용할 수 없다. ✈

① 「(계약예규)예정가격작성기준」중 "경비"에 해당되는 비용
 (단, 산업안전보건관리비 제외)
② 다른 법령에서 의무사항으로 규정한 사항을 이행하는 데 필요한 비용
③ 근로자 재해예방 외의 목적이 있는 시설·장비나 물건 등을 사용하기 위해 소요되는 비용
④ 환경 관리, 민원 또는 수방대비 등 다른 목적이 포함된 경우

(5) 도급인 및 자기공사자는 공사진척에 따른 산업안전보건관리비 사용기준을 준수하여야 한다. 다만, 건설공사발주자는 건설공사의 특성 등을 고려하여 사용기준을 달리 정할 수 있다.

(6) 도급인 및 자기공사자는 도급금액 또는 사업비에 계상된 산업안전보건관리비의 범위에서 그의 관계수급인에게 해당 사업의 위험도를 고려하여 적정하게 산업안전보건관리비를 지급하여 사용하게 할 수 있다.

(7) 사용내역의 확인
① 도급인은 산업안전보건관리비 사용내역에 대하여 공사 시작 후 6개월마다 1회 이상 발주자 또는 감리자의 확인을 받아야 한다. 다만, 6개월 이내에 공사가 종료되는 경우에는 종료 시 확인을 받아야 한다. ✦
② 발주자, 감리자 및 관계 근로감독관은 산업안전보건관리비 사용내역을 수시 확인할 수 있으며, 도급인 또는 자기공사자는 이에 따라야 한다.
③ 발주자 또는 감리자는 산업안전보건관리비 사용내역 확인 시 기술지도 계약 체결, 기술지도 실시 및 개선 여부 등을 확인하여야 한다.

(8) 실행예산의 작성 및 집행
① 공사금액 4천만 원 이상의 도급인 및 자기공사자는 공사실행예산을 작성하는 경우에 해당 공사에 사용하여야 할 산업안전보건관리비의 실행예산을 계상된 산업안전보건관리비 총액 이상으로 별도 편성해야 하며, 이에 따라 산업안전보건관리비를 사용하고 산업안전보건관리비 사용내역서를 작성하여 해당 공사현장에 갖추어 두어야 한다. ✦
② 도급인 및 자기공사자는 산업안전보건관리비 실행예산을 작성하고 집행하는 경우에 선임된 해당 사업장의 안전관리자가 참여하도록 하여야 한다.

> **참고**
> "스마트 안전 장비"란 무선설비 및 무선통신을 이용하여 건설공사 현장의 안전을 관리하는 장비 또는 장비를 구축·운영하는 체계 또는 시스템을 말한다.
>
> 1. 건설근로자 위치추적, 무선 신호 송수신 모니터링, 위치 관제 시스템 등 실시간 근로자의 안전관리를 위한 장비
>   - 근로자 안전을 위한 위치 파악용 센서 등 장비
>   - 근로자 위치정보를 송수신하는 유무선 통신 네트워크
>   - 실시간 위치기반 작업자 안전관제 및 위급상황 발생시 긴급구호 등을 위한 시스템
>
> 2. 고정식 및 이동식 지능형 CCTV를 설치하여 건설 현장 위험지역 작업자 실시간 영상관제 및 이상발생 경고 알림 장비
>
> 3. 작업지시, 위험성평가서, 안전점검 일지, 안전작업 허가서 등을 스마트폰과 PC로 수행하고 안전관리서류를 DB화하여 위험분석 및 조치를 통해 안전사고 예방하는 장비
>
> 4. 위험요소 스마트 모니터링 시스템
>   - 가설 흙막이 원격계측 장비, 구조물 균열 감지 장비, 중장비의 근로자 접근 감지 장비, 밀폐공간에서의 일산화탄소·가스 등 유해물질 측정 장비 등 위험요소 장비 및 위험요소 장비와 연동하여 건설 현장 위험 사전 예측 및 경고, 대응을 위한 모니터링 시스템
>
> 5. 고소작업 시 안전고리 미체결 시 경고음 발생 장비와 이를 현장관리자에게 정보를 전송하는 장치 및 시스템

CHAPTER 03 단원 예상문제

01 건설건설업 산업안전보건관리비 계상 및 사용 기준을 제정하여 사용하게 된 직접적인 동기로 가장 알맞은 것은?

㉮ 공사의 품질을 좋게 하기 위함이다.
㉯ 공사의 원가를 절감하기 위함이다.
㉰ 공사 시에 근로자의 생명과 안전을 지키기 위함이다.
㉱ 공사 중 공사기간을 단축하기 위함이다.

[해설] 산업안전보건관리비 계상 및 사용 기준을 제정한 목적은 공사 시에 근로자의 생명과 안전을 지키기 위함이다.

02 산업안전보건관리비 항목 중 안전시설비로 사용가능한 것은?

㉮ 원활한 공사수행을 위한 가설시설 중 비계설치 비용
㉯ 소음관련 민원예방을 위한 건설현장 소음방지용 방음시설 설치 비용
㉰ 근로자의 재해예방을 위한 목적으로만 사용하는 지능형 CCTV에 사용되는 비용의 5분의 1에 해당하는 비용
㉱ 기계·기구 등과 일체형 안전장치의 전체 구입비용

[해설] ① 공사수행을 위한 비계는 산업안전보건관리비로 사용할 수 없다.
② 소음방지용 방음시설은 산업안전보건관리비로 사용할 수 없다.
④ 기계·기구와 방호장치가 일체로 제작된 경우, 방호장치 부분의 가액만 산업안전보건관리비로 사용이 가능하다.

{참고} 1. 안전시설비 등
① 산업재해 예방을 위한 **안전난간, 추락방호망, 안전대 부착설비, 방호장치**(기계·기구와 방호장치가 일체로 제작된 경우, 방호장치 부분의 가액에 한함) 등 안전시설의 **구입·임대 및 설치등**을 위해 소요되는 비용
② **스마트 안전장비 구입·임대 비용.** 다만, 계상된 **산업안전보건관리비 총액의 10분의 2**를 초과할 수 없다.
③ 용접 작업 등 화재 위험작업 시 사용하는 소화기의 구입·임대비용
2. 다음 각 호의 어느 하나에 해당하는 경우에는 안전보건관리비를 사용할 수 없다.
① 「(계약예규)예정가격작성기준」 중 "경비"에 해당되는 비용(단, 산업안전보건관리비 제외)
② 다른 법령에서 의무사항으로 규정한 사항을 이행하는 데 필요한 비용
③ 근로자 재해예방 외의 목적이 있는 시설·장비나 물건 등을 사용하기 위해 소요되는 비용
④ 환경관리, 민원 또는 수방대비 등 다른 목적이 포함된 경우

03 재해예방 전문 지도기관의 기술 지도 대상 제외 사업장이 아닌 것은?

㉮ 공사기간이 6월 미만인 건설공사
㉯ 전국 도서지방(제주도 제외)에서 행하는 공사
㉰ 유해·위험방지계획서 제출 대상 공사
㉱ 유자격 전담 안전관리자를 선임한 공사

[해설] 산업안전보건관리비 사용 시 재해예방 전문 지도기관의 지도를 받지 않아도 되는 공사
① 공사기간이 1개월 미만인 공사
② 육지와 연결되지 아니한 섬지역(제주특별자치도는 제외)에서 이루어지는 공사
③ 사업주가 안전관리자의 자격을 가진 사람을 선임하여 안전관리자의 업무만을 전담하도록 하는 공사
④ 유해·위험방지계획서를 제출하여야 하는 공사

▶ 정답 01 ㉰ 02 ㉰ 03 ㉮

04 건설업 산업안전보건관리비 사용내역에 해당되지 않는 것은?

㉮ 안전관리자의 인건비
㉯ 추락방지용 안전 시설비
㉰ 각종 개인보호구의 구입, 수리, 관리 등에 소요되는 비용
㉱ 안전담당자 업무수당 외의 인건비

해설 산업안전보건관리비의 사용 기준

1. 안전관리자·보건관리자의 임금 등

① 안전관리 또는 보건관리 업무만을 **전담**하는 **안전관리자 또는 보건관리자의 임금과 출장비 전액**(지방고용노동관서에 선임 보고한 날부터 발생한 비용에 한정한다.)
② 안전관리 또는 보건관리 업무를 **전담하지 않는 안전관리자 또는 보건관리자의 임금과 출장비의 각각 2분의 1에 해당하는 비용** (지방고용노동관서에 선임 보고한 날부터 발생한 비용에 한정한다.)
③ **안전관리자를 선임한 건설공사 현장에서 산업재해 예방 업무만을 수행하는 작업지휘자, 유도자, 신호자 등의 임금 전액**
④ 작업을 직접 지휘·감독하는 직·조·반장 등 **관리감독자의 직위에 있는 자가 업무를 수행하는 경우에 지급하는 업무수당(임금의 10분의 1 이내)**

2. 안전시설비

① 산업재해 예방을 위한 **안전난간, 추락방호망, 안전대 부착설비, 방호장치**(기계·기구와 방호장치가 일체로 제작된 경우, 방호장치 부분의 가액에 한함) 등 안전시설의 구입·임대 및 설치 등을 위해 소요되는 비용
② **스마트 안전장비 구입·임대 비용.** 다만, 계상된 **산업안전보건관리비 총액의 10분의 2를 초과할 수 없다.**
③ 용접 작업 등 화재 위험작업 시 사용하는 소화기의 구입·임대비용

3. 보호구 등

① **보호구의 구입·수리·관리** 등에 소요되는 비용
② 근로자가 **보호구를 직접 구매·사용하여** 합리적인 범위 내에서 **보전하는 비용**
③ **안전관리자 등의 업무용 피복, 기기 등을 구입**하기 위한 비용
④ **안전관리자 및 보건관리자가 안전보건 점검 등을 목적**으로 건설공사 현장에서 **사용하는 차량의 유류비·수리비·보험료**

4. 안전보건진단비 등

① **유해위험방지계획서의 작성** 등에 소요되는 비용
② **안전보건진단에 소요**되는 비용
③ **작업환경 측정에 소요**되는 비용
④ 그 밖에 산업재해예방을 위해 법에서 지정한 전문기관 등에서 실시하는 진단, 검사, 지도 등에 소요되는 비용

5. 안전보건교육비 등

① **의무교육**이나 이에 준하여 실시하는 교육을 위해 **건설공사 현장의 교육 장소 설치·운영** 등에 소요되는 비용
② **산업재해 예방이 주된 목적인 교육을 실시하기 위해 소요**되는 비용
③ 「응급의료에 관한 법률」에 따른 **안전보건교육 대상자 등에게 구조 및 응급처치에 관한 교육을 실시하기 위해 소요**되는 비용
④ 안전보건관리책임자, 안전관리자, 보건관리자가 **업무 수행을 위해 필요한 정보를 취득하기 위한 목적으로 도서, 정기간행물을 구입**하는 데 소요되는 비용
⑤ 건설공사 현장에서 **안전기원제 등 산업재해 예방을 기원하는 행사를 개최**하기 위해 소요되는 비용. 다만, 행사의 방법, 소요된 비용 등을 고려하여 사회통념에 적합한 행사에 한한다.
⑥ 건설공사 현장의 **유해·위험요인을 제보**하거나 **개선방안을 제안한 근로자를 격려하기 위해 지급**하는 비용

6. 근로자 건강장해 예방비 등

① 법·영·규칙에서 규정하거나 그에 준하여 필요로 하는 **각종 근로자의 건강장해 예방에 필요한 비용**
② **중대재해 목격으로 발생한 정신질환을 치료**하기 위해 소요되는 비용
③ 「감염병의 예방 및 관리에 관한 법률」에 따른 **감염병의 확산 방지를 위한 마스크, 손소독제, 체온계 구입비용 및 감염병병원체 검사**를 위해 소요되는 비용
④ **휴게시설을 갖춘 경우 온도, 조명 설치·관리기준을 준수하기 위해 소요**되는 비용
⑤ 건설공사 현장에서 근로자 심폐소생을 위해 사용되는 **자동심장충격기(AED) 구입에 소요**되는 비용
⑥ **온열·한랭질환**으로부터 **근로자 건강장해를 예방하기 위한 임시 휴게시설 설치·해체·임대 비용 및 냉·난방기기의 임대 비용**

정답 04 ㉱

7. 건설재해예방전문지도기관의 지도에 대한 대가로 자기 공사자가 지급하는 비용
8. 「중대재해 처벌 등에 관한 법률」에 해당하는 건설사업자가 아닌 자가 운영하는 사업에서 **안전보건 업무를 총괄·관리하는 3명 이상으로 구성된 본사 전담조직에 소속된 근로자의 임금 및 업무수행 출장비 전액.** 다만, 산업안전보건관리비 총액의 20분의 1을 초과할 수 없다.
9. **위험성평가** 또는 **유해·위험요인 개선**을 위해 필요하다고 판단하여 산업안전보건위원회 또는 노사협의체에서 사용하기로 **결정한 사항을 이행하기 위한 비용**(산업안전보건위원회 또는 노사협의체가 없는 현장의 경우에는 **안전 및 보건에 관한 협의체에서 결정한 사항을 이행하기 위한 비용**을 말한다). 계상된 산업안전보건관리비 총액의 10분의 15를 초과할 수 없다.

05 건설업 산업안전보건관리비를 계상할 때 대상액에 곱해주는 비율이 가장 작은 공사종류는?

㉮ 토목공사
㉯ 건축공사
㉰ 중건설공사
㉱ 특수건설공사

[해설] 공사종류 및 규모별 산업안전보건관리비 계상기준표

구분 공사종류	대상액 5억 원 미만인 경우 적용비율(%)	대상액 5억 원 이상 50억 원 미만인 경우 적용비율(%)		대상액 50억 원 이상인 경우 적용비율(%)	보건관리자 선임 대상 건설공사의 적용비율(%)
		적용비율(%)	기초액		
건축공사	3.11(%)	2.28(%)	4,325천원	2.37(%)	2.64(%)
토목공사	3.15(%)	2.53(%)	3,300천원	2.60(%)	2.73(%)
중건설공사	3.64(%)	3.05(%)	2,975천원	3.11(%)	3.39(%)
특수건설공사	2.07(%)	1.59(%)	2,450천원	1.64(%)	1.78(%)

06 다음 중 건설업 산업안전보건관리비 계상 및 사용기준에서의 산업안전보건관리비 대상액을 의미하는 것은?

㉮ 총 공사금액
㉯ 직접재료비와 간접노무비의 합
㉰ 간접인건비와 직접노무비의 합
㉱ 직, 간접재료비와 직접노무비의 합

[해설] **산업안전보건관리비 대상액**
공사원가계산서 구성항목 중 **직접재료비, 간접재료비와 직접노무비를 합한 금액**(발주자가 재료를 제공할 경우에는 해당 재료비를 포함한 금액)을 말한다.

CHAPTER 04 건설현장 안전시설 관리

01 안전시설 설치 및 관리

주/요/내/용 알/고/가/기

1. 방망의 구조
2. 방망사의 강도
3. 안전난간의 구조 및 설치요건
4. 안전대의 구분
5. 토석붕괴의 내적, 외적원인
6. 굴착작업시 조사사항
7. 굴착면의 기울기 및 높이 기준
8. 흙막이 지보공을 설치한 때 점검 사항
9. 잠함 또는 우물통의 내부에서 굴착작업 시 급격한 침하로 인한 위험방지 조치
10. 터널 굴착작업 시 시공계획 작성
11. 자동경보장치의 작업 시작 전 점검
12. 터널 지보공을 설치한 때 점검 사항
13. 낙하·비래 위험방지 조치
14. 낙하물방지망 또는 방호선반을 설치 시 준수사항
15. 투하설비의 설치

1 추락재해 및 대책

(1) 추락 발생 원인

① 작업발판 불량
② 작업장 정리정돈 불량
③ 안전대 미착용
④ 추락방호망 미설치
⑤ 안전난간 미설치

(2) 추락에 의한 위험 방지

1) 추락의 방지

① 근로자가 추락하거나 넘어질 위험이 있는 장소[작업발판의 끝·개구부(開口部) 등을 제외한다]또는 기계·설비·선박블록 등에서 작업을 할 때에 근로자가 위험해질 우려가 있는 경우 비계(飛階)를 조립하는 등의 방법으로 작업 발판을 설치하여야 한다.
② 작업발판을 설치하기 곤란한 경우 추락방호망을 설치하여야 한다.

> **참고**
>
> 사업주는 작업발판 및 추락방호망을 설치하기 곤란한 경우에는 근로자로 하여금 3개 이상의 버팀대를 가지고 지면으로부터 안정적으로 세울 수 있는 구조를 갖춘 이동식 사다리를 사용하여 작업을 하게 할 수 있다. 이 경우 사업주는 근로자가 다음 각 호의 사항을 준수하도록 조치해야 한다.
>
> ① 평탄하고 견고하며 미끄럽지 않은 바닥에 이동식 사다리를 설치할 것
> ② 이동식 사다리의 넘어짐을 방지하기 위해 다음 각 목의 어느 하나 이상에 해당하는 조치를 할 것
> • 이동식 사다리를 견고한 시설물에 연결하여 고정할 것
> • 아웃트리거(outrigger, 전도방지용 지지대)를 설치하거나 아웃트리거가 붙어있는 이동식 사다리를 설치할 것
> • 이동식 사다리를 다른 근로자가 지지하여 넘어지지 않도록 할 것
> ③ 이동식 사다리의 제조사가 정하여 표시한 이동식 사다리의 최대사용하중을 초과하지 않는 범위 내에서만 사용할 것
> ④ 이동식 사다리를 설치한 바닥면에서 높이 3.5미터 이하의 장소에서만 작업할 것
> ⑤ 이동식 사다리의 최상부 발판 및 그 하단 디딤대에 올라서서 작업하지 않을 것(다만, 높이 1미터 이하의 사다리는 제외한다.)
> ⑥ 안전모를 착용하되, 작업 높이가 2미터 이상인 경우에는 안전모와 안전대를 함께 착용할 것
> ⑦ 이동식 사다리 사용 전 변형 및 이상 유무 등을 점검하여 이상이 발견되면 즉시 수리하거나 그 밖에 필요한 조치를 할 것

다만, 추락방호망을 설치하기 곤란한 경우에는 근로자에게 안전대를 착용하도록 하는 등 추락위험을 방지하기 위하여 필요한 조치를 하여야 한다.

③ 사업주는 추락방호망을 설치하는 경우에는 한국산업표준에서 정하는 성능 기준에 적합한 추락방호망을 사용하여야 한다.

④ 사업주는 작업발판 및 추락방호망을 설치하기 곤란한 경우에는 근로자로 하여금 3개 이상의 버팀대를 가지고 지면으로부터 안정적으로 세울 수 있는 구조를 갖춘 이동식 사다리를 사용하여 작업을 하게 할 수 있다.

2) 개구부 등의 방호 조치

① 작업발판 및 통로의 끝이나 개구부로서 근로자가 추락할 위험이 있는 장소에는 안전난간, 울타리, 수직형 추락방망 또는 덮개 등의 방호 조치를 충분한 강도를 가진 구조로 튼튼하게 설치하여야 하며, 덮개를 설치하는 경우에는 뒤집히거나 떨어지지 않도록 설치하여야 한다. 이 경우 어두운 장소에서도 알아볼 수 있도록 개구부임을 표시해야 하며, 수직형 추락방망은 한국산업표준에서 정하는 성능기준에 적합한 것을 사용해야 한다.

② 난간 등을 설치하는 것이 매우 곤란하거나 작업의 필요상 임시로 난간 등을 해체하여야 하는 경우 추락방호망을 설치하여야 한다. 다만, 추락방호망을 설치하기 곤란한 경우에는 근로자에게 안전대를 착용하도록 하는 등 추락할 위험을 방지하기 위하여 필요한 조치를 하여야 한다.

3) 안전대의 부착설비

① 추락할 위험이 있는 높이 2미터 이상의 장소에서 근로자에게 안전대를 착용시킨 경우 안전대를 안전하게 걸어 사용할 수 있는 설비 등을 설치하여야 한다. 이러한 안전대 부착설비로 지지로프 등을 설치하는 경우에는 처지거나 풀리는 것을 방지하기 위하여 필요한 조치를 하여야 한다.

② 안전대 및 부속설비의 이상 유무를 작업을 시작하기 전에 점검하여야 한다.

4) 지붕 위에서의 위험 방지

① 사업주는 근로자가 지붕 위에서 작업을 할 때에 추락하거나 넘어질 위험이 있는 경우에는 다음 각 호의 조치를 해야 한다.
• 지붕의 가장자리에 안전난간을 설치할 것

- 채광창(skylight)에는 견고한 구조의 덮개를 설치할 것
- 슬레이트 등 강도가 약한 재료로 덮은 지붕에는 폭 30센티미터 이상의 발판을 설치할 것 ✯

② 사업주는 작업 환경 등을 고려할 때 1) 조치를 하기 곤란한 경우에는 추락방호망을 설치해야 한다. 다만, 사업주는 작업 환경 등을 고려할 때 추락방호망을 설치하기 곤란한 경우에는 근로자에게 안전대를 착용하도록 하는 등 추락 위험을 방지하기 위하여 필요한 조치를 해야 한다.

5) 승강설비의 설치

높이 또는 깊이가 2미터를 초과하는 장소에서 작업하는 경우 해당 작업에 종사하는 근로자가 안전하게 승강하기 위한 건설작업용 리프트 등의 설비를 설치하여야 한다. 다만, 승강설비를 설치하는 것이 작업의 성질상 곤란한 경우에는 그러하지 아니하다.

6) 울타리의 설치

근로자에게 작업 중 또는 통행 시 굴러 떨어짐으로 인하여 근로자가 화상·질식 등의 위험에 처할 우려가 있는 케틀(kettle), 호퍼(hopper), 피트(pit) 등이 있는 경우에 그 위험을 방지하기 위하여 필요한 장소에 높이 90센티미터 이상의 울타리를 설치하여야 한다.

7) 조명의 유지

근로자가 높이 2미터 이상에서 작업을 하는 경우 그 작업을 안전하게 하는 데에 필요한 조명을 유지하여야 한다.

(3) 추락방호망

1) 추락방호망의 설치

추락방호망의 설치기준 ✯✯✯

① 추락방호망의 설치위치는 가능하면 작업면으로부터 가까운 지점에 설치하여야 하며, 작업면으로부터 망의 설치지점까지의 수직거리는 10미터를 초과하지 아니할 것
② 추락방호망은 수평으로 설치하고, 망의 처짐은 짧은 변 길이의 12퍼센트 이상이 되도록 할 것
③ 건축물 등의 바깥쪽으로 설치하는 경우 망의 내민 길이는 벽면으로부터 3미터 이상 되도록 할 것. 다만, 그물코가 20밀리미터 이하인 망을 사용한 경우에는 낙하물방지망을 설치한 것으로 본다.

용어정의

① "방망"이라 함은 그물코가 다수 연속된 것을 말한다.
② "매듭"이라 함은 그물코의 정점을 만드는 방망사의 매듭을 말한다.
③ "테두리로프"라 함은 방망주변을 형성하는 로프를 말한다.
④ "재봉사"라 함은 테두리로프와 방망을 일체화하기 위한 실을 말한다.
⑤ "달기로프"라 함은 방망을 지지점에 부착하기 위한 로프를 말한다.
⑥ "시험용사"라 함은 등속인장시험에 사용하기 위한 것으로서 방망사와 동일한 재질의 것을 말한다.

참고

※ 테두리 로프 및 달기 로프의 강도
① 테두리 로프 및 달기로프는 "등속인장시험"을 행한 경우 인장강도가 1,500kg 이상이어야 한다.
② 시험편의 유효길이는 로프 직경의 30배 이상으로 시험편수는 5개 이상으로 하고, 산술평균하여 로프의 인장강도를 산출한다.

2) 방망의 구조

① **소재** : 합성섬유 또는 그 이상의 물리적 성질을 갖는 것이어야 한다.
② **그물코** : 사각 또는 마름모로서 그 크기는 10센티미터 이하이어야 한다.
③ **방망의 종류** : 매듭방망으로서 매듭은 원칙적으로 단매듭을 한다.
④ **테두리 로프와 방망의 재봉** : 테두리 로프는 각 그물코를 관통시키고 서로 중복됨이 없이 재봉사로 결속한다.
⑤ **테두리 로프 상호의 접합** : 테두리 로프를 중간에서 결속하는 경우는 충분한 강도를 갖도록 한다.
⑥ **달기 로프의 결속** : 달기 로프는 3회 이상 엮어 묶는 방법 또는 이와 동등 이상의 강도를 갖는 방법으로 테두리 로프에 결속하여야 한다.

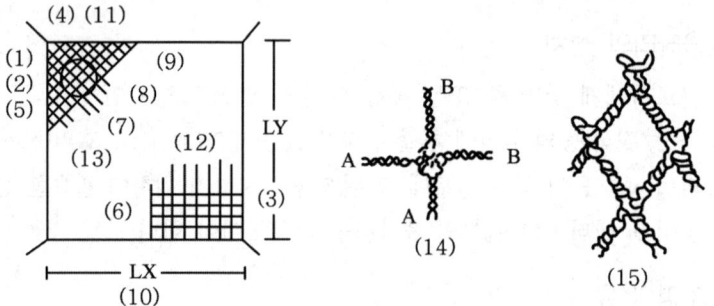

[그림 1]

[표] 넷트 각부의 명칭(그림 1관련)

번호	명칭	번호	명칭
1	방망사	9	매듭
2	테두리로프	10	재봉치수
3	재봉사	11	방망
4	달기로프	12	사각그물코
5	중간달기로프	13	마름모그물코
6	실험용사	14	매듭방망
7	그물코	15	매듭 없는 방망
8	그물코 치수		

3) 방망사의 강도

방망사는 시험용사로부터 채취한 시험편의 양단을 인장시험기로 시험하거나 또는 이와 유사한 방법으로서 등속인장시험을 한 경우 그 강도는 [표 1] 및 [표 2]에 정한 값 이상이어야 한다.

[표 1] 방망사의 신품에 대한 인장강도 ✩

그물코의 크기 (단위 : 센티미터)	방망의 종류(단위 : 킬로그램)	
	매듭 없는 방망	매듭방망
10	240	200
5		110

[표 2] 방망사의 폐기 시 인장강도 ✩

그물코의 크기 (단위 : 센티미터)	방망의 종류(단위 : 킬로그램)	
	매듭 없는 방망	매듭방망
10	150	135
5		60

4) 방망의 사용방법

[방망의 허용 낙하높이]

높이 종류/ 조건	낙하높이(H_1)		방망과 바닥면 높이(H_2)	
	단일방망	복합방망	10센티미터 그물코	5센티미터 그물코
L<A	$\frac{1}{4}(L+2A)$	$\frac{1}{5}(L+2A)$	$\frac{0.85}{4}(L+3A)$	$\frac{0.95}{4}(L+3A)$
L≥A	3/4L	3/5L	0.85L	0.95L

또, L, A의 값은 [그림 2], [그림 3]에 의한다.

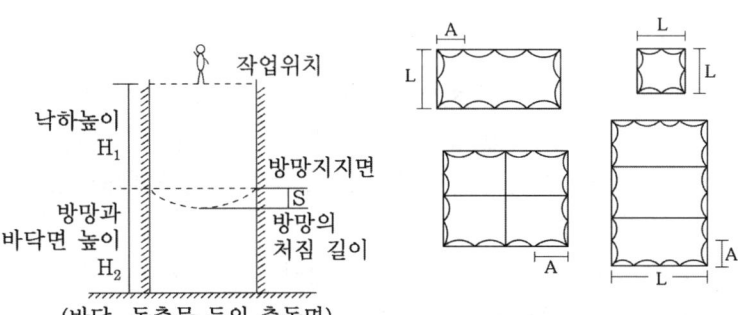

[그림 2]

[그림 3] L과 A의 관계

L - 단변방향길이 (단위 : 미터)
A - 장변방향 방망의 지지간격
    (단위 : 미터)

문제

10cm 그물코인 방망을 설치한 경우에 망 밑 부분에 충돌위험이 있는 바닥면 또는 기계설비와의 수직거리(H_2)는 얼마 이상이어야 하는가?(단, L(1개의 방망일 때 가장 짧은 변의 길이) = 12m, A(방망 주변의 지지점 간격) = 6m)

㉮ 10.2m
㉯ 12.2m
㉰ 14.2m
㉱ 16.2m

[해설]
10cm 그물코이며 L≥A이므로 방망과 바닥면의 높이
$H_2 = 0.85L = 0.85 \times 12$
$= 10.2m$
(L≥A일 때)

정답 ㉮

5) 지지점의 강도 ✦

지지점의 강도는 다음 각 호에 의한 계산 값 이상이어야 한다.

① 방망 지지점은 600킬로그램의 외력에 견딜 수 있는 강도를 보유하여야 한다.

② 연속적인 구조물이 방망 지지점인 경우의 외력 계산

$$F = 200 \times B$$

여기에서 F는 외력(단위 : 킬로그램), B는 지지점간격(단위 : m)이다.

참고 지지재료에 따른 허용응력

(단위 : kg/cm²)

허용응력 지지재료	압축	인장	전단	휨	부착
일반구조용 강재	2,400	2,400	1,350	2,400	
콘크리트	4주 압축 강도의 2/3	4주 압축강도의 1/15			14(경량골재 를 사용하는 것은 12)

6) 정기시험 ✦

① 방망의 정기시험은 사용개시 후 1년 이내로 하고, 그 후 6개월마다 1회씩 정기적으로 시험 용사에 대해서 등속 인장시험을 하여야 한다. 다만, 사용상태가 비슷한 다수의 방망의 시험 용사에 대하여는 무작위 추출한 5개 이상을 인장시험 했을 경우 다른 방망에 대한 등속 인장시험을 생략할 수 있다.

② 방망의 마모가 현저한 경우나 방망이 유해가스에 노출된 경우에는 사용 후 시험 용사에 대해서 인장시험을 하여야 한다.

7) 사용 제한 ✦

다음 각 호의 1에 해당하는 방망은 사용하지 말아야 한다.

① 방망사가 규정한 강도 이하인 방망
② 인체 또는 이와 동등 이상의 무게를 갖는 낙하물에 대해 충격을 받은 방망
③ 파손한 부분을 보수하지 않은 방망
④ 강도가 명확하지 않은 방망

8) 방망의 표시 : 방망에는 보기 쉬운 곳에 다음 각 호의 사항을 표시하여야 한다.
    ① 제조자명
    ② 제조연월
    ③ 재봉치수
    ④ 그물코
    ⑤ 신품인 때의 방망의 강도

(4) 안전난간의 구조 및 설치요건 ✭✭

안전난간의 구조 ✭✭

① 상부 난간대, 중간 난간대, 발끝막이판 및 난간기둥으로 구성할 것.
② 상부 난간대
  - 상부 난간대는 바닥면 등으로부터 90센티미터 이상 지점에 설치
  - 상부 난간대를 120센티미터 이하에 설치하는 경우 : 중간 난간대는 상부 난간대와 바닥면 등의 중간에 설치
  - 120센티미터 이상 지점에 설치하는 경우 : 중간 난간대를 2단 이상으로 설치, 난간의 상하 간격은 60센티미터 이하가 되도록 할 것(다만, 난간기둥 간의 간격이 25센티미터 이하인 경우에는 중간 난간대를 설치하지 않을 수 있다.)
③ 발끝막이판은 바닥면 등으로부터 10센티미터 이상의 높이를 유지할 것. (다만, 물체가 떨어지거나 날아올 위험이 없거나 그 위험을 방지할 수 있는 망을 설치하는 등 필요한 예방 조치를 한 장소는 제외)
④ 난간기둥은 상부 난간대와 중간 난간대를 견고하게 떠받칠 수 있도록 적정한 간격을 유지할 것
⑤ 상부 난간대와 중간 난간대는 난간 길이 전체에 걸쳐 바닥면등과 평행을 유지할 것
⑥ 난간대는 지름 2.7센티미터 이상의 금속제 파이프나 그 이상의 강도가 있는 재료일 것
⑦ 안전난간은 구조적으로 가장 취약한 지점에서 가장 취약한 방향으로 작용하는 100킬로그램 이상의 하중에 견딜 수 있는 튼튼한 구조일 것

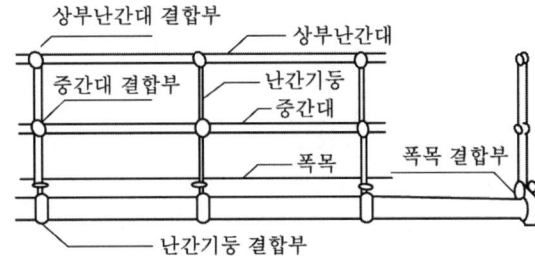

1 추락방호망의 구조

① 소재	합성섬유 또는 그 이상의 물리적 성질을 갖는 것
② 그물코	사각 또는 마름모로서 그 크기는 10센티미터 이하
③ 방망 지지점의 강도	• 600킬로그램의 외력에 견딜 수 있는 강도를 보유할 것 • 연속적인 구조물이 방망 지지점인 경우의 외력 계산 $$F = 200 \times B$$ 여기서, F는 외력(단위 : 킬로그램) B는 지지점간격(단위 : m)이다.
④ 방망의 정기시험	사용개시 후 1년 이내로 하고, 그 후 6개월마다 1회씩 정기적으로 시험용사에 대해서 등속 인장시험을 하여야 한다.
⑤ 방망의 표시	제조자명, 제조연월, 재봉치수, 그물코, 신품인 때의 방망의 강도
⑥ 추락방호망의 인장강도	[방망사의 신품에 대한 인장강도] 	그물코의 크기 (단위 : 센티미터)	방망의 종류(단위 : 킬로그램)	
---	---	---
	매듭 없는 방망	매듭방망
10	240	200
5		110 | [방망사의 폐기 시 인장강도] | 그물코의 크기 (단위 : 센티미터)	방망의 종류(단위 : 킬로그램)	
---	---	---
	매듭 없는 방망	매듭방망
10	150	135
5		60	

(5) 추락방지 보호구

1) 안전대의 구분 ✯✯

종 류	사용 구분
벨트식	1개 걸이용
	U자 걸이용
안전그네식	추락방지대
	안전블록

2) 안전대의 선정 ✯

① U자 걸이용은 전주 위에서의 작업과 같이 발받침은 확보되어 있어도 불완전하여 체중의 일부는 U자 걸이로 하여 안전대에 지지하여야만 작업을 할 수 있으며, 1개 걸이의 상태로서는 사용하지 않는 경우에 선정해야 한다.

② 1개 걸이용은 안전대에 의지하지 않아도 작업할 수 있는 발판이 확보되었을 때 사용한다.

[그림 1] U자 걸이용 안전대

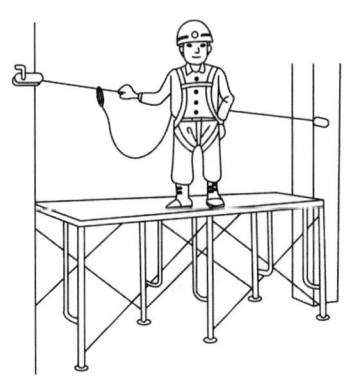

[그림 2] 1개 걸이용 안전대

3) 안전대의 보관

① 직사광선이 닿지 않는 곳
② 통풍이 잘되며 습기가 없는 곳
③ 부식성 물질이 없는 곳
④ 화기 등이 근처에 없는 곳

합격의 key

문제
추락 시 로프의 지지점에서 최하단까지의 거리 h를 계산하면? (단, 로프의 길이는 150cm, 로프의 신율은 30%이며 근로자의 신장은 180cm임)

㉮ 2.70m ㉯ 2.85m
㉰ 3.00m ㉱ 3.15m

[해설]
h = 로프의 길이+로프의 신장길이+작업자 키의 1/2
h = 150 + (150 × 0.3) + (180 × 1/2)
 = 285cm = 2.85m

[참고]
로프를 지지한 위치에서 바닥면까지의 거리를 H라 하면 H > h가 되어야만 한다.

정답 ㉯

확인

✻ 안전그네 ★
신체지지의 목적으로 전신에 착용하는 띠 모양의 것으로서 상체 등 신체 일부만 지지하는 것은 제외한다.

✻ 안전블록 ★
안전그네와 연결하여 추락발생 시 추락을 억제할 수 있는 자동잠김장치가 갖추어져 있고 죔줄이 자동적으로 수축되는 장치를 말한다.

✻ U자 걸이 ★
안전대의 죔줄을 구조물 등에 U자 모양으로 돌린 뒤 훅 또는 카라비너를 D링에, 신축조절기를 각 링 등에 연결하는 걸이 방법을 말한다.

✻ 1개 걸이 ★
죔줄의 한쪽 끝을 D링에 고정시키고 훅 또는 카라비너를 구조물 또는 구명줄에 고정시키는 걸이 방법을 말한다.

4) 폐기 : 다음 각 호의 1의 규정에 해당되는 안전대는 폐기하여야 한다.

로프	• 소선에 손상이 있는 것 • 페인트, 기름, 약품, 오물 등에 의해 변화된 것 • 비틀림이 있는 것 • 횡마로 된 부분이 헐거워진 것
벨트	• 끝 또는 폭에 1밀리미터 이상의 손상 또는 변형이 있는 것 • 양 끝의 헤짐이 심한 것
재봉 부분	• 재봉 부분의 이완이 있는 것 • 재봉실이 1개소 이상 절단되어 있는 것 • 재봉실의 마모가 심한 것
D링 부분	• 깊이 1밀리미터 이상 손상이 있는 것(그림의 X부분) • 눈에 보일 정도로 변형이 심한 것 • 전체적으로 녹이 슬어 있는 것 [D링]
후크, 버클부분	• 후크와 갈고리 부분의 안쪽에 손상이 있는 것(그림의 X부분) • 후크 외측에 깊이 1밀리미터 이상의 손상이 있는 것 • 이탈 방지장치의 작동이 나쁜 것 • 전체적으로 녹이 슬어 있는 것 • 변형되어 있거나 버클의 체결상태가 나쁜 것 [후크]

2 붕괴재해 및 대책

(1) 토석붕괴의 원인

토석붕괴의 외적원인 ✭✭	① 사면, 법면의 경사 및 기울기의 증가 ② 절토 및 성토 높이의 증가 ③ 공사에 의한 진동 및 반복 하중의 증가 ④ 지표수 및 지하수의 침투에 의한 토사 중량의 증가 ⑤ 지진, 차량, 구조물의 하중작용 ⑥ 토사 및 암석의 혼합층 두께
토석붕괴의 내적원인 ✭	① 절토 사면의 토질·암질 ② 성토 사면의 토질구성 및 분포 ③ 토석의 강도 저하

(2) 굴착작업 사전 점검사항

사업주는 굴착작업을 할 때에 토사 등의 붕괴 또는 낙하에 의한 위험을 미리 방지하기 위하여 다음 각 호의 사항을 점검해야 한다.

① 작업장소 및 그 주변의 부석·균열의 유무
② 함수(含水)·용수(湧水) 및 동결의 유무 또는 상태의 변화

(3) 굴착면의 붕괴 등에 의한 위험방지

① 사업주는 지반 등을 굴착하는 경우 굴착면의 기울기를 기준에 맞도록 해야 한다. 다만, 건설기준에 맞게 작성된 설계도서상의 굴착면의 기울기를 준수하거나 흙막이 등 기울기면의 붕괴 방지를 위하여 적절한 조치를 한 경우에는 그렇지 않다.
② 사업주는 비가 올 경우를 대비하여 측구(側溝)를 설치하거나 굴착 경사면에 비닐을 덮는 등 빗물 등의 침투에 의한 붕괴재해를 예방하기 위하여 필요한 조치를 해야 한다.

(4) 굴착작업 시 위험방지
(굴착작업 시 토사 등의 붕괴 또는 낙하에 의한 위험방지 조치)

사업주는 굴착작업 시 토사 등의 붕괴 또는 낙하에 의하여 근로자에게 위험을 미칠 우려가 있는 경우에는 미리 그 위험을 방지하기 위하여 필요한 조치를 해야 한다.

용어정의

* 붕괴·도괴
토사, 적재물, 구조물, 건축물, 가설물 등이 전체적으로 허물어져 내리거나 또는 주요 부분이 꺾어져 무너지는 경우를 말한다.

참고

* 절토작업 시 준수사항
① 상부에서 붕락 위험이 있는 장소에서의 작업은 금하여야 한다.
② 상·하부 동시작업은 금지하여야 하나 부득이한 경우 다음 각 목의 조치를 실시한 후 작업하여야 한다.
  • 견고한 낙하물 방호시설 설치
  • 부석 제거
  • 작업 장소에 불필요한 기계 등의 방치 금지
  • 신호수 및 담당자 배치
③ 굴착면이 높은 경우는 계단식으로 굴착하고 소단의 폭은 수평거리 2m 정도로 하여야 한다.
④ 사면경사 1:1 이하이며 굴착깊이 2m 이상일 경우는 안전대 등을 착용하고 작업해야 하며 부석이나 붕괴하기 쉬운 지반은 적절한 보강을 하여야 한다.
⑤ 우천 또는 해빙으로 토사붕괴가 우려되는 경우에는 작업 전 점검을 실시하여야 하며, 특히 굴착면 천단부 주변에는 중량물의 방치를 금하며 대형 건설기계 통과 시에는 적절한 조치를 확인하여야 한다.
⑥ 절토면을 장기간 방치할 경우는 경사면을 가마니 쌓기, 비닐 덮기 등 적절한 보호 조치를 하여야 한다.

참고
* 옹벽축조 시 준수 사항
  ① 수평방향의 연속시공을 금하며, 브럭으로 나누어 단위시공 단면적을 최소화하여 분단시공을 한다.
  ② 하나의 구간을 굴착하면 방치하지 말고 즉시 버팀 콘크리트를 타설하고 기초 및 본체구조물 축조를 마무리 한다.
  ③ 절취경사면에 전석, 낙석의 우려가 있고 혹은 장기간 방치할 경우에는 숏크리트, 록볼트, 넷트, 캔버스 및 모르터 등으로 방호한다.
  ④ 작업위치의 좌우에 만일의 경우에 대비한 대피통로를 확보하여 둔다.

용어정의
* 소단(berm)
  사면의 안정성을 높이기 위하여 사면 중간에 설치된 수평면

① 흙막이 지보공의 설치
② 방호망의 설치
③ 근로자의 출입 금지 등

(5) 굴착기계 등에 의한 위험방지

사업주는 굴착작업 시 굴착기계 등을 사용하는 경우 다음 각 호의 조치를 해야 한다.
① 굴착기계 등의 사용으로 가스도관, 지중전선로, 그 밖에 지하에 위치한 공작물이 파손되어 그 결과 근로자가 위험해질 우려가 있는 경우에는 그 기계를 사용한 굴착작업을 중지할 것
② 굴착기계 등의 운행경로 및 토석(土石) 적재장소의 출입방법을 정하여 관계 근로자에게 주지시킬 것

(6) 굴착기계 등의 유도

① 사업주는 굴착작업을 할 때에 굴착기계 등이 근로자의 작업장소로 후진하여 근로자에게 접근하거나 굴러 떨어질 우려가 있는 경우에는 유도자를 배치하여 굴착기계 등을 유도하도록 해야 한다.
② 운반기계 등의 운전자는 유도자의 유도에 따라야 한다.

(7) 토사붕괴의 예방 조치

① 적절한 경사면의 기울기를 계획하여야 한다.
② 경사면의 기울기가 당초 계획과 차이가 발생되면 즉시 재검토하여 계획을 변경시켜야 한다.
③ 활동할 가능성이 있는 토석은 제거하여야 한다.
④ 경사면의 하단부에 압성토 등 보강공법으로 활동에 대한 저항대책을 강구하여야 한다.
⑤ 말뚝(강관, H형강, 철근 콘크리트)을 타입하여 지반을 강화시킨다.

(8) 굴착면의 기울기 및 높이 기준 ✮✮✮✮

지반의 종류	굴착면의 기울기
모래	1 : 1.8
연암 및 풍화암	1 : 1.0
경암	1 : 0.5
그 밖의 흙	1 : 1.2

① 사질의 지반(점토질을 포함하지 않은 것)은 굴착면의 기울기를 1 : 1.5 이상으로 하고 높이는 5미터 미만으로 하여야 한다.
② 발파 등에 의해서 붕괴하기 쉬운 상태의 지반 및 매립하거나 반출시켜야 할 지반의 굴착면의 기울기는 1 : 1 이하 또는 높이는 2미터 미만으로 하여야 한다.

(9) 잠함 또는 우물통의 내부에서 굴착작업 시 급격한 침하로 인한 위험 방지 조치 ✮

급격한 침하로 인한 조치 ✮
① 침하관계도에 따라 굴착방법 및 재하량(載荷量) 등을 정할 것
② 바닥으로부터 천장 또는 보까지의 높이는 1.8미터 이상으로 할 것

(10) 잠함 등 내부에서의 굴착작업 시 준수사항 ✮

① 잠함·우물통·수직갱 그밖에 이와 유사한 건설물 또는 설비의 내부에서 굴착작업을 하는 때에는 다음 각 호의 사항을 준수하여야 한다.

잠함 등 내부에서 굴착작업 시 준수사항 ✮
• 산소결핍의 우려가 있는 때에는 산소의 농도를 측정하는 자를 지명하여 측정하도록 할 것
• 근로자가 안전하게 오르내리기 위한 설비를 설치할 것
• 굴착 깊이가 20미터를 초과하는 때에는 당해 작업장소와 외부와의 연락을 위한 통신설비 등을 설치할 것

② 산소농도 측정결과 산소의 결핍이 인정되거나 굴착깊이가 20미터를 초과하는 때에는 송기를 위한 설비를 설치하여 필요한 양의 공기를 송급하여야 한다.

참고

* 트렌치 굴착
① 통행자가 많은 장소에서 굴착하는 경우 굴착 장소에 방호울 등을 사용하여 접근을 금지시키고 안전표지판을 식별이 용이한 장소에 설치하여야 한다.
② 야간작업 시에는 작업장에 충분한 조명시설을 하여야 하며 임시로 설치 사용하는 시설물에는 형광벨트, 경광등 등을 설치하여야 한다.
③ 바닥면의 굴착 깊이를 확인하면서 작업하여야 한다.
④ 토사지반으로서 흙막이지보공을 설치하지 않는 경우 굴착 깊이는 1.5m 이하로 하여야 한다.
⑤ 수분을 많이 함유한 지반의 경우나 뒷채움 지반인 경우 또는 차량의 통행으로 붕괴되기 쉬운 경우에는 반드시 흙막이지보공을 설치하여야 한다.
⑥ 굴착 폭은 작업 및 대피가 용이하도록 충분한 넓이를 확보하여야 하며 굴착 깊이가 2m 이상일 경우에는 1m 이상 폭으로 한다.
⑦ 흙막이널판을 사용 할 경우에는 널판길이 1/3 이상의 근입장을 확보하여야 한다.
⑧ 굴착토사는 굴착바닥에서 45° 이상 경사선 밖에 적치하도록 하고 건설기계가 통행하는 장소에는 별도의 통행로를 설치하여야 한다.
⑨ 핸드브레이커를 이용하여 견고한 지반을 분쇄할 경우에는 보호장갑을 착용하여야 한다.
⑩ 핸드브레이커 사용을 위한 공기압축기는 작업이나 통행에 지장이 없는 장소에 설치하여야 한다.
⑪ 굴착 깊이가 1.5m 이상인 경우 적어도 30m 간격 이내로 사다리, 계단 등 승강설비를 설치하여야 한다.
⑫ 굴착 저면에서 휴식을 취하여서는 안 된다.

참고

굴착 깊이가 1.5미터 이상인 경우는 사다리, 계단 등 승강설비를 설치하여야 한다.

> 참고
>
> ※ 잠함 등의 내부에서 굴착작업 중지해야 하는 경우
> ① 근로자가 안전하게 오르내리기 위한 설비, 외부와의 연락을 위한 통신설비, 송기(送氣)를 위한 설비에 고장이 있는 경우
> ② 잠함 등의 내부에 많은 양의 물 등이 스며들 우려가 있는 경우

> 참고
>
> ※ 경사면의 안정성 검토 위한 조사 사항
> ① 지질조사 : 층별 또는 경사면의 구성 토질 구조
> ② 토질시험 : 최적함수비, 삼축압축강도, 전단시험, 점착도 등의 시험
> ③ 사면붕괴 이론적 분석 : 원호활절법, 유한요소법 해석
> ④ 과거의 붕괴된 사례 유무
> ⑤ 토층의 방향과 경사면의 상호관련성
> ⑥ 단층, 파쇄대의 방향 및 폭
> ⑦ 풍화의 정도
> ⑧ 용수의 상황

(11) 굴착작업 시 사전조사 및 작업계획서 내용 ★★

작업명	굴착작업
사전조사 ★★	① 형상·지질 및 지층의 상태 ② 균열·함수(含水)·용수 및 동결의 유무 또는 상태 ③ 매설물 등의 유무 또는 상태 ④ 지반의 지하수위 상태
작업 계획서 내용 ★	① 굴착방법 및 순서, 토사 반출 방법 ② 필요한 인원 및 장비 사용계획 ③ 매설물 등에 대한 이설·보호대책 ④ 사업장 내 연락방법 및 신호방법 ⑤ 흙막이 지보공 설치방법 및 계측계획 ⑥ 작업지휘자의 배치계획 ⑦ 그 밖에 안전·보건에 관련된 사항

특급 암기법
작업지휘자 배치 → 인원·장비계획 → 지보공 설치 → 매설물 보호 → 굴착, 반출

(12) 붕괴의 예측과 점검

1) 붕괴의 형태

① 토사의 미끄러져 내림(Sliding)은 광범위한 붕괴 현상으로 일반적으로 완만한 경사에서 완만한 속도로 붕괴한다.

② 토사의 붕괴는 사면 천단부 붕괴, 사면 중심부 붕괴, 사면 하단부 붕괴의 형태이며 작업 위치와 붕괴 예상지점의 사전조사를 필요로 한다.

③ 얕은 표층의 붕괴는 경사면이 침식되기 쉬운 토사로 구성된 경우 지표수와 지하수가 침투하여 경사면이 부분적으로 붕괴된다. 절토 경사면이 암반인 경우에도 파쇄가 진행됨에 따라서 균열이 많이 발생되고, 풍화하기 쉬운 암반인 경우에는 표층부 침식 및 절리 발달에 의해 붕괴가 발생된다.

④ 깊은 절토법면의 붕괴는 사질암과 전 석토층으로 구성된 심층부의 단층이 경사면 방향으로 하중 응력이 발생하는 경우 전단력, 점착력 저하에 의해 경사면의 심층부에서 붕괴될 수 있으며, 이러한 경우 대량의 붕괴재해가 발생된다.

⑤ 성토경사면의 붕괴는 성토 직후에 붕괴 발생률이 높으며, 다짐불충분 상태에서 빗물이나 지표수, 지하수 등이 침투되어 공극수압이 증가되어 단위 중량 증가에 의해 붕괴가 발생된다. 성토자체에 결함이 없어도 지반이 약한 경우는 붕괴되며, 풍화가 심한

급경사면과 미끄러져 내리기 쉬운 지층구조의 경사면에서 일어나는 성토 붕괴의 경우에는 성토된 흙의 중량이 지반에 부가되어 붕괴된다.

> **참고 사면의 활동유형**
>
> 1. 유한사면의 활동유형 : 급경사에서 급격히 변형하여 붕괴가 발생한다.
>   ① 원호활동
>   - 사면선단파괴 : 경사가 급하고 비점착성 토질
>   - 사면 내 파괴 : 견고한 지층이 얕은 경우
>   - 사면 저부파괴 : 경사가 완만하고 점착성인 경우
>   ② 대수나선활동 : 토층이 불균일할 때
>   ③ 복합곡선활동 : 연약한 토층이 얕은 곳에 존재할 때
> 2. 무한사면(평면활동) : 완만한 사면에 이동이 서서히 일어나는 활동

2) 토사붕괴의 예방을 위한 점검사항

① 전 지표면의 답사
② 경사면의 지층 변화부 상황 확인
③ 부석의 상황 변화의 확인
④ 용수의 발생 유·무 또는 용수량의 변화 확인
⑤ 결빙과 해빙에 대한 상황의 확인
⑥ 각종 경사면 보호공의 변위, 탈락 유·무
⑦ 점검 시기는 작업 전 중·후, 비온 후, 인접 작업구역에서 발파한 경우에 실시하다.

(13) 비탈면 보호공법

① 식생공	비탈진 면에 잔디를 심거나, 씨앗을 뿌려 잔디가 자라도록 한다.
② 블록 붙임공 및 돌 붙임공	돌, 콘크리트 블록을 경사각 45도 이하로 붙인다.
③ 콘크리트 블록 격자공	콘크리트 블록을 격자 모양으로 설치하고 자갈을 채우거나 나무를 심는다.
④ 돌 망태공	돌이 떨어질 염려가 있는 곳은 철망을 덮어 씌운다.
⑤ 모르타르 뿜어 붙이기공	콘크리트를 뿜어 붙인다.
⑥ 앵커볼트 보호공	앵커를 흙의 깊은 곳에 심어 비탈면을 보호한다.

합격의 key

◎기출

1. 비탈면 보호공법 (사면안정공법)
① 식생공
② 블록 붙임공
③ 콘크리트 뿜어붙이기 공
④ 콘크리트 격자공

2. 사면(비탈면)지반 개량공법
① 전기 화학적 공법
② 석회 안정처리 공법
③ 이온 교환 공법
④ 주입공법 : 시멘트, 약액 주입

용어정의

* 비탈면 보호공법 (사면안정공법)
비탈면의 풍화, 침식, 붕괴 등을 방지하기 위하여 식생공, 블록 설치, 콘크리트 피복 등의 방법으로 사면을 보호하는 것을 말한다.

용어정의

* 흙막이 벽
지반굴착 시 붕괴 및 인접지반의 침하 등을 방지하기 위하여 설치하는 구조물을 말한다.

* 띠장(Wale)
흙막이 벽에 작용하는 토압에 의한 휨모멘트와 전단력에 저항하도록 설치하는 휨부재로서 흙막이 벽체에 가해지는 토압을 버팀보 등에 전달하기 위해 벽면에 직접 수평으로 설치하는 부재를 말한다.

* 버팀보 (Strut or Raker)
흙막이 벽에 작용하는 수평력을 지지하기 위하여 경사 또는 수평으로 설치하는 부재를 말한다.

> 참고
> * 흙막이 공법의 분류
>
> **지지방식에 의한 분류**
> ① 자립공법
> ② 버팀대공법
>   • 경사 버팀대식 흙막이
>   • 수평 버팀대식 흙막이
> ③ 어스앵커공법
> ④ 타이로드공법
>
> **구조방식에 의한 분류**
> ① H-Pile공법
> ② 널말뚝공법
> ③ 지하연속벽공법
> ④ 탑다운공법

(14) 흙막이공법

1) 흙막이 지보공의 재료
흙막이 지보공의 재료로 변형·부식되거나 심하게 손상된 것을 사용해서는 아니 된다.

2) 흙막이 지보공의 조립도
① 사업주는 흙막이 지보공을 조립하는 경우 미리 그 구조를 검토한 후 조립도를 작성하여 그 조립도에 따라 조립하도록 해야 한다.
② 조립도에는 흙막이판·말뚝·버팀대 및 띠장 등 부재의 배치·치수·재질 및 설치방법과 순서가 명시되어야 한다.

3) 흙막이 지보공의 점검

흙막이 지보공을 설치한 때 점검사항 ☆☆
① 부재의 손상·변형·부식·변위 및 탈락의 유무와 상태
② 버팀대의 긴압의 정도
③ 부재의 접속부·부착부 및 교차부의 상태
④ 침하의 정도

4) 흙막이 공법의 종류

수평버팀대 공법	• 가장 일반적인 공법 • 널말뚝을 박고 흙파기를 하면서 수평버팀대를 대는 방법이다.
아일랜드 공법	• 중앙부를 파서 기초를 만든 다음, 이 기초에서 경사지게 버팀대를 대고 주변부분을 파는 공법이다.
어스 앵커 공법	• 버팀대 대신 어스 앵커(earth anchor)로 주위 벽을 지지하는 공법이다. • 널말뚝의 후면부를 천공하고 인장재를 삽입하여 경질지반에 정착시킴으로써 흙막이 널을 지지한다.
역타 공법 (탑 다운공법, TOP dOWN)	• 철골 기둥을 박고 미리 1층에서 지하층을 향해 콘크리트를 부어 넣어 흙막이로 하면서 지하층을 굴착하는 공법이다. • 구조체를 지하 공사의 가설로 사용 가능하며 공기단축, 도심지 내 지하층 깊이 증가로 인한 흙막이 공법 적용이 어려울 때 사용된다.
슬러리 월 공법 (지하연속벽 공법)	• 벤토나이트 안정액을 사용하여 지반의 붕괴를 방지하면서 굴착하여 그 속에 철근망을 삽입하고 콘크리트를 타설하여 흙막이 벽체를 형성하는 방법이다. • 소음, 진동이 적고 차수효과가 확실하다.

뉴매틱 케이슨 공법	• 케이슨의 작업실에 압축공기를 넣어 수압을 저지시킨다. • 내부의 밑을 파서 자중에 의해 침하시킨다. • 솟는 물이 많거나, 해저(海底) 기초 등에 사용
트렌치 컷 공법	• 2중 널말뚝을 박고 그 사이를 파서 건물 바깥둘레의 공사를 먼저 시공하여 이것을 흙막이 벽으로 하는 공법 • 측벽을 먼저 파내고 구조체 축조 후 중앙부를 파내어 지하 구조물을 완성하는 공법이다.

(15) 콘크리트 구조물 붕괴 안전대책

1) 지반 – 구축물 붕괴 및 토석·낙하에 의한 위험방지 조치

   사업주는 지반의 붕괴, 구축물의 붕괴 또는 토석의 낙하 등에 의하여 근로자에게 위험을 미칠 우려가 있는 때에는 당해 위험을 방지하기 위하여 다음 각 호의 조치를 하여야 한다.

   ① 지반은 안전한 경사로 하고 낙하의 위험이 있는 토석을 제거하거나 옹벽·흙막이지보공 등을 설치할 것
   ② 지반의 붕괴 또는 토석의 낙하원인이 되는 빗물이나 지하수 등을 배제할 것

2) 구축물 또는 이와 유사한 시설물 등의 안전유지

   사업주는 구축물 또는 이와 유사한 시설물이 자중·적재하중·적설·풍압·지진이나 진동 및 충격 등에 의하여 전도·폭발하거나 무너지는 등의 위험을 예방하기 위하여 다음 각 호의 조치를 하여야 한다.

   ① 구축물 또는 이와 유사한 시설물의 설계서에 따른 시공 여부 확인
   ② 구축물 또는 이와 유사한 시설물의 시공 시 건설공사시방서에 따른 시공 여부 확인
   ③ 「건축물의 구조기준 등에 관한 규칙」의 규정에 의한 구조기준 준수 여부 확인
   ④ 기타 고용노동부장관이 고시하는 사항에 대한 조치 확인

3) 구축물 또는 시설물의 안전성 평가를 실시하여야 하는 경우 ✦

   사업주는 구축물 등이 다음 각 호의 어느 하나에 해당하는 경우에는 구축물 등에 대한 구조검토, 안전진단 등의 안전성 평가를 하여 근로자에게 미칠 위험성을 미리 제거해야 한다.

> **참고**
> * 깊이 10.5m 이상의 굴착 작업 시 계측기기
>   ① 수위계
>   ② 경사계
>   ③ 하중 및 침하계
>   ④ 응력계
>
> * 터널의 계측장치
>   ① 내공변위 측정계
>   ② 천단침하 측정계
>   ③ 지중, 지표침하 측정계
>   ④ 록볼트 축력 측정계
>   ⑤ 숏크리트 응력 측정계

> **용어정의**
> * 록볼트(rock bolt)
>   암반 중에 정착하여 지반을 일체화 또는 보강하는 목적으로 사용하는 볼트 모양의 부재

구축물 또는 시설물의 안전성 평가를 실시하여야 하는 경우 ✦

① 구축물 등의 인근에서 굴착·항타작업 등으로 침하·균열 등이 발생하여 붕괴의 위험이 예상될 경우
② 구축물 등에 지진, 동해(凍害), 부동침하(불동침하) 등으로 균열·비틀림 등이 발생하였을 경우
③ 구축물 등이 그 자체의 무게·적설·풍압 또는 그 밖에 부가되는 하중 등으로 붕괴 등의 위험이 있을 경우
④ 화재 등으로 구축물 등의 내력(耐力)이 심하게 저하 되었을 경우
⑤ 오랜 기간 사용하지 아니하던 구축물 등을 재사용하게 되어 안전성을 검토하여야 하는 경우
⑥ 구축물 등의 주요구조부에 대한 설계 및 시공 방법의 전부 또는 일부를 변경하는 경우
⑦ 그 밖의 잠재위험이 예상될 경우

(16) 터널 굴착공사 안전대책

1) 터널 붕괴에 의한 위험방지

사업주는 터널 등의 건설작업에 있어서 붕괴 등에 의하여 근로자에게 위험을 미칠 우려가 있는 때 또는 유해·위험방지계획서 심사 시 계측시공을 지시받은 때에는 그에 필요한 계측장치 등을 설치하여 위험을 방지하기 위한 조치를 하여야 한다.

터널의 계측관리 사항(NATM 기준)

① 내공변위 측정　　② 천단침하 측정
③ 지중, 지표침하 측정　　④ 록볼트 축력측정
⑤ 숏크리트 응력 측정

2) 낙반에 의한 위험방지 조치

터널 등의 건설작업에 있어서 낙반 등에 의하여 근로자가 위험해질 우려 있는 경우에
① 터널지보공 및 록볼트의 설치
② 부석의 제거 등 위험을 방지하기 위하여 필요한 조치를 하여야 한다.

3) 터널 출입구 부근의 지반 붕괴에 의한 위험방지

사업주는 터널 등의 건설작업을 할 때에 터널 등의 출입구 부근의 지반의 붕괴나 토사 등의 낙하에 의하여 근로자가 위험해질 우려가 있는 경우에는 흙막이지보공이나 방호망을 설치하는 등 위험을 방지하기 위하여 필요한 조치를 해야 한다.

4) 인화성 가스 농도 측정
   ① 터널공사 등의 건설작업을 할 때에 인화성 가스가 발생할 위험이 있는 경우에는 폭발이나 화재를 예방하기 위하여 인화성 가스의 농도를 측정할 담당자를 지명하고, 그 작업을 시작하기 전에 가스가 발생할 위험이 있는 장소에 대하여 그 인화성 가스의 농도를 측정하여야 한다.
   ② 인화성 가스 농도를 측정한 결과 인화성 가스가 존재하여 폭발이나 화재가 발생할 위험이 있는 경우에는 인화성 가스 농도의 이상 상승을 조기에 파악하기 위하여 그 장소에 자동경보장치를 설치하여야 한다.
   ③ 지하철도공사를 시행하는 사업주는 터널굴착[개착식(開鑿式)을 포함한다)] 등으로 인하여 도시가스관이 노출된 경우에 접속부 등 필요한 장소에 자동경보장치를 설치하고, 「도시가스사업법」에 따른 해당 도시가스사업자와 합동으로 정기적 순회점검을 하여야 한다.

자동경보장치의 작업 시작 전 점검 사항 ✿✿
① 계기의 이상 유무
② 검지부의 이상 유무
③ 경보장치의 작동 상태

5) 가스제거 등의 조치
   터널 등의 굴착작업을 할 때에 인화성 가스가 분출할 위험이 있는 경우에는 그 인화성 가스에 의한 폭발이나 화재를 예방하기 위하여 보링(boring)에 의한 가스 제거 및 그 밖에 인화성 가스의 분출을 방지하는 등 필요한 조치를 하여야 한다.

6) 용접 등 작업 시의 조치
   터널 건설작업을 할 때에 그 터널 등의 내부에서 금속의 용접·용단 또는 가열작업을 하는 경우에는 화재를 예방하기 위하여 다음 각 호의 조치를 하여야 한다.

터널 내부에서 금속 용접·용단 가열작업 시 화재예방 조치
① 부근에 있는 넝마, 나무 부스러기, 종이 부스러기, 그 밖의 인화성 액체를 제거하거나, 그 인화성 액체에 불연성 물질의 덮개를 하거나, 그 작업에 수반하는 불티 등이 날아 흩어지는 것을 방지하기 위한 격벽을 설치할 것
② 해당 작업에 종사하는 근로자에게 소화설비의 설치장소 및 사용방법을 주지시킬 것
③ 해당작업 종료 후 불티 등에 의하여 화재가 발생할 위험이 있는지를 확인할 것

> **참고**
>
> * 출입의 금지
> ① 부석의 낙하에 의하여 근로자에게 위험을 미칠 우려가 있는 장소
> ② 터널지보공의 보강작업 또는 보수작업이 행하여지고 있는 장소로서 낙반 또는 낙석 등에 의하여 근로자에게 위험을 미칠 우려가 있는 장소

7) 방화담당자의 지정 등

터널 건설작업을 하는 경우에는 그 터널 내부의 화기나 아크를 사용하는 장소에 방화담당자를 지정하여 다음 각 호의 업무를 이행하도록 하여야 한다.

터널 건설작업 시 방화담당자의 업무
① 화기나 아크 사용 상황을 감시하고 이상을 발견한 경우에는 즉시 필요한 조치를 하는 일 ② 불 찌꺼기가 있는지를 확인하는 일

8) 소화설비 등

터널 건설작업을 하는 경우에는 해당 터널 내부의 화기나 아크를 사용하는 장소 또는 배전반, 변압기, 차단기 등을 설치하는 장소에 소화설비를 설치하여야 한다.

9) 작업의 중지 등

① 터널 건설작업을 할 때에 낙반·출수(出水) 등에 의하여 산업재해가 발생할 급박한 위험이 있는 경우에는 즉시 작업을 중지하고 근로자를 안전한 장소로 대피시켜야 한다.
② 재해 발생 위험을 관계 근로자에게 신속히 알리기 위한 비상벨 등 통신설비 등을 설치하고, 그 설치장소를 관계 근로자에게 알려 주어야 한다.

10) 터널지보공의 조립도

① 터널 지보공을 조립하는 경우에는 미리 그 구조를 검토한 후 조립도를 작성하고, 그 조립도에 따라 조립하도록 하여야 한다.
② 조립도에는 재료의 재질, 단면규격, 설치간격 및 이음방법 등을 명시하여야 한다.

11) 터널지보공 조립 또는 변경 시의 조치사항

① 주재(主材)를 구성하는 1세트의 부재는 동일 평면 내에 배치할 것
② 목재의 터널 지보공은 그 터널 지보공의 각 부재의 긴압 정도가 균등하게 되도록 할 것
③ 기둥에는 침하를 방지하기 위하여 받침목을 사용하는 등의 조치를 할 것
④ 강(鋼)아치 지보공의 조립은 다음 각 목의 사항을 따를 것

강아치 지보공 조립 시 준수사항

- 조립 간격은 조립도에 따를 것
- 주재가 아치작용을 충분히 할 수 있도록 쐐기를 박는 등 필요한 조치를 할 것
- 연결 볼트 및 띠장 등을 사용하여 주재 상호 간을 튼튼하게 연결할 것
- 터널 등의 출입구 부분에는 받침대를 설치할 것
- 낙하물이 근로자에게 위험을 미칠 우려가 있는 경우에는 널판 등을 설치할 것

⑤ 목재 지주식 지보공은 다음 각 목의 사항을 따를 것

목재 지주식 지보공 조립 시 준수사항

- 주기둥은 변위를 방지하기 위하여 쐐기 등을 사용하여 지반에 고정시킬 것
- 양끝에는 받침대를 설치할 것
- 터널 등의 목재 지주식 지보공에 세로 방향의 하중이 걸림으로써 넘어지거나 비틀어질 우려가 있는 경우에는 양끝 외의 부분에도 받침대를 설치할 것
- 부재의 접속부는 꺾쇠 등으로 고정시킬 것

⑥ 강아치 지보공 및 목재지주식 지보공 외의 터널 지보공에 대해서는 터널 등의 출입구 부분에 받침대를 설치할 것

12) 터널지보공의 설치

터널지보공 설치 시 점검 항목 ✱✱

① 부재의 손상·변형·부식·변위 탈락의 유무 및 상태
② 부재의 긴압의 정도
③ 부재의 접속부 및 교차부의 상태
④ 기둥 침하의 유무 및 상태

합격의 key

▶기출

※ 터널공사의 전기발파 작업
① 전선은 점화하기 전에 화약류를 충진한 장소로부터 30m 이상 떨어진 안전한 장소에서 도통시험 및 저항시험을 하여야 한다.
② 점화는 충분한 허용량을 갖는 발파기를 사용하고 규정된 스위치를 반드시 사용하여야 한다.
③ 발파 후 즉시 발파기를 발파모선으로부터 분리하여 단락시켜 재 점화가 되지 않도록 조치한다.
④ 점화는 선임된 발파책임자가 행하고 발파기의 핸들을 점화할 때 이외는 시건장치를 하거나 모선을 분리하여야 하며 발파책임자의 엄중한 관리 하에 두어야 한다.

합격의 key

> **참고**
> * 터널 굴착공법의 구분
>   ① 개착식 공법 (open cut method) 지표면 아래로부터 일정깊이까지 개착하여 터널본체를 완성한 후 매몰하여 터널을 만드는 공법
>   ② 침매공법 (immersed method) 해저 또는 수면하에 터널을 굴착하는 공법으로 지상에서 터널박스를 제작하여 물에 띄워 현장에 운반한 후 소정의 위치에 침하시켜 터널을 구축하는 공법이다.

> **기출**
> * 파일럿 터널
>   본 터널(main tunnel)을 시공하기 전에 터널에서 약간 떨어진 곳에 지질조사, 환기, 배수, 운반 등의 상태를 알아보기 위하여 설치하는 터널

> **참고**
> * 터널공사 발파작업 시 준수사항
> 1. 발파는 선임된 발파책임자의 지휘에 따라 시행하여야 한다.
> 2. 발파작업에 대한 특별시방을 준수하여야 한다.
> 3. 굴착단면 경계면에는 모암에 손상을 주지 않도록 시방에 명기된 정밀폭약(FINEX Ⅰ, Ⅱ) 등을 사용하여야 한다.
> 4. 지질, 암의 절리 등에 따라 화약량을 충분히 검토하여야 하며 시방기준과 대비하여 안전조치를 하여야 한다.
> 5. 발파책임자는 모든 근로자의 대피를 확인하고 지보공 및 복공에 대하여 필요한 조치의 방호를 한 후 발파하도록 하여야 한다.
> 6. 발파 시 안전한 거리 및 위치에서의 대피가 어려울 때에는 전면과 상부를 견고하게 방호한 임시대피장소를 설치하여야 한다.

> **참고** 터널 굴착공법
>
> | | |
> |---|---|
> | NATM 공법 | 암반을 천공하고 화약을 충전하여 발파한 후 스틸리브(Steel rib) 및 와이어매쉬(Wire mesh)를 설치하고 숏크리트(Shot crete)를 타설하여 시공하는 터널공법으로 적용지반의 범위가 넓으며 경제성이 우수한 공법으로서 주로 산악 터널공사에 적용한다. |
> | TBM 공법 | 발파를 하지 않고 tunnel boring machine의 회전 cutter에 의해 터널 전단면을 절삭 또는 파쇄하는 공법으로서, 주로 암반 터널 굴착공사에 적용한다. |
> | 실드 공법 | 실드라고 하는 강제 원통 굴삭기를 추진시켜 터널을 굴착하는 공법으로 연약한 토질, 용수가 있는 지반을 굴착하는데 유용하다. |

13) 발파작업 시 관리감독자의 직무

① 점화 전에 점화작업에 종사하는 근로자가 아닌 사람에게 대피를 지시하는 일
② 점화작업에 종사하는 근로자에게 대피장소 및 경로를 지시하는 일
③ 점화 전에 위험구역 내에서 근로자가 대피한 것을 확인하는 일
④ 점화순서 및 방법에 대하여 지시하는 일
⑤ 점화 신호를 하는 일
⑥ 점화작업에 종사하는 근로자에게 대피 신호를 하는 일
⑦ 발파 후 터지지 않은 장약이나 남은 장약의 유무, 용수(湧水)의 유무 및 암석·토사의 낙하 여부 등을 점검하는 일
⑧ 점화하는 사람을 정하는 일
⑨ 공기압축기의 안전밸브 작동 유무를 점검하는 일
⑩ 안전모 등 보호구 착용 상황을 감시하는 일

14) 발파작업 준수사항

① 얼어붙은 다이너마이트는 화기에 접근시키거나 그 밖의 고열물에 직접 접촉시키는 등 위험한 방법으로 융해하지 아니하도록 할 것
② 화약이나 폭약을 장전하는 경우에는 그 부근에서 화기를 사용하거나 흡연을 하지 않도록 할 것
③ 장전구(裝塡具)는 마찰·충격·정전기 등에 의한 폭발의 위험이 없는 안전한 것을 사용할 것
④ 발파공의 충진 재료는 점토·모래 등 발화성 또는 인화성의 위험이 없는 재료를 사용할 것

⑤ 점화 후 장전된 화약류가 폭발하지 아니한 때 또는 장전된 화약류의 폭발여부를 확인하기 곤란한 때에는 다음 각목의 사항을 따를 것
- 전기뇌관에 의한 경우에는 발파모선을 점화기에서 떼어 그 끝을 단락시켜 놓는 등 재점화되지 않도록 조치하고 그 때부터 5분 이상 경과한 후가 아니면 화약류의 장전장소에 접근시키지 않도록 할 것
- 전기뇌관 외의 것에 의한 경우에는 점화한 때부터 15분 이상 경과한 후가 아니면 화약류의 장전장소에 접근시키지 않도록 할 것

⑥ 전기뇌관에 의한 발파의 경우 점화하기 전에 화약류를 장전한 장소로부터 30미터 이상 떨어진 안전한 장소에서 전선에 대하여 저항측정 및 도통(導通)시험을 할 것

15) 터널 작업면의 적합한 조도

작업 구분	기준
막장 구간	70Lux 이상
터널 중간 구간	50Lux 이상
터널 입출구, 수직구 구간	30Lux 이상

16) 터널 굴착작업의 사전조사 및 작업계획서 내용 ✰✰

사전조사 내용	보링(boring) 등 적절한 방법으로 낙반·출수(出水) 및 가스폭발 등으로 인한 근로자의 위험을 방지하기 위하여 미리 지형·지질 및 지층상태를 조사
작업계획서 내용 ✰✰	① 굴착의 방법 ② 터널지보공 및 복공(覆工)의 시공방법과 용수(湧水)의 처리방법 ③ 환기 또는 조명시설을 설치할 때에는 그 방법

---

7. 화약류를 장진하기 전에 모든 동력선 및 활선은 장진기기로부터 분리시키고 조명회선을 포함한 모든 동력선은 발원점으로부터 최소한 15m 이상 후방으로 옮겨 놓도록 하여야 한다.
8. 발파용 점화회선은 타 동력선 및 조명회선으로부터 분리되어야 한다.
9. 발파 전 도화선 연결 상태, 저항치 조사 등의 목적으로 도통시험을 실시하여야 하며 발파기 작동상태를 사전 점검하여야 한다.
10. 발파 후에는 충분한 시간이 경과한 후 접근하도록 하여야 하며 다음 각 목의 조치를 취한 후 다음 단계의 작업을 행하도록 하여야 한다.
   가. 유독가스의 유무를 재확인하고 신속히 환풍기, 송풍기 등을 이용 환기시킨다.
   나. 발파책임자는 발파 후 가스 배출 완료 즉시 굴착면을 세밀히 조사하여 붕락 가능성의 뜬 돌을 제거하여야 하며 용출수 유무를 동시에 확인하여야 한다.
   다. 발파단면을 세밀히 조사하여 필요에 따라 지보공, 록볼트, 철망, 뿜어 붙이기 콘크리트 등으로 보강하여야 한다.
   라. 불발화약류의 유무를 세밀히 조사하여야 하며 발견 시 국부 재 발파, 수압에 의한 제거방식 등으로 잔류화약을 처리하여야 한다.

◎ 기출

※ 발파작업 시의 허용 진동치

건물 분류	건물기초에서의 허용 진동치 (센티미터/초)
문화재	0.2
주택, 아파트	0.5
상가 (금이 없는 상태)	1.0
철골 콘크리트 빌딩 및 상가	1.0~4.0

3 교량작업 및 채석작업 시 안전대책

(1) 교량작업 시 준수사항

교량(상부구조가 금속 또는 콘크리트로 구성되는 교량으로서 그 높이가 5미터 이상이거나 교량의 최대 지간 길이가 30미터 이상인 교량으로 한정한다)의 설치·해체 또는 변경 작업을 하는 경우에는 다음 각 호의 사항을 준수하여야 한다.
① 작업을 하는 구역에는 관계 근로자가 아닌 사람의 출입을 금지할 것
② 재료, 기구 또는 공구 등을 올리거나 내릴 경우에는 근로자로 하여금 달줄, 달포대 등을 사용하도록 할 것
③ 중량물 부재를 크레인 등으로 인양하는 경우에는 부재에 인양용 고리를 견고하게 설치하고, 인양용 로프는 부재에 두 군데 이상 결속하여 인양하여야 하며, 중량물이 안전하게 거치되기 전까지는 걸이로프를 해제시키지 아니할 것
④ 자재나 부재의 낙하·전도 또는 붕괴 등에 의하여 근로자에게 위험을 미칠 우려가 있을 경우에는 출입금지 구역의 설정, 자재 또는 가설시설의 좌굴(挫屈) 또는 변형 방지를 위한 보강재 부착 등의 조치를 할 것

(2) 채석작업 시 지반 붕괴 위험방지 조치

채석작업을 하는 경우 지반의 붕괴 또는 토석의 낙하로 인하여 근로자에게 발생할 우려가 있는 위험을 방지하기 위하여 다음 각 호의 조치를 하여야 한다.
① 점검자를 지명하고 당일 작업시작 전에 작업장소 및 그 주변 지반의 부석과 균열의 유무와 상태, 함수·용수 및 동결상태의 변화를 점검할 것
② 점검자는 발파 후 그 발파 장소와 그 주변의 부석 및 균열의 유무와 상태를 점검할 것

(3) 인접 채석장과의 연락

지반의 붕괴, 토석의 비래(飛來) 등으로 인한 근로자의 위험을 방지하기 위하여 인접한 채석장에서의 발파 시기·부석제거 방법 등 필요한 사항에 관하여 그 채석장과 연락을 유지해야 한다.

(4) 채석작업 시 붕괴 등에 의한 위험방지 조치

채석작업(갱내에서의 작업은 제외한다)을 하는 경우에 붕괴 또는 낙하에 의하여 근로자를 위험하게 할 우려가 있는 토석·입목 등을

미리 제거하거나 방호망을 설치하는 등 위험을 방지하기 위하여 필요한 조치를 하여야 한다.

(5) 채석작업 시 낙반 등에 의한 위험방지 조치

갱내에서 채석작업을 하는 경우로서 암석·토사의 낙하 또는 측벽의 붕괴로 인하여 근로자에게 위험이 발생할 우려가 있는 경우에 동바리 또는 버팀대를 설치한 후 천장을 아치형으로 하는 등 그 위험을 방지하기 위한 조치를 해야 한다.

(6) 운행경로 등의 주지

① 채석작업을 하는 경우에 미리 굴착기계 등의 운행경로 및 토석의 적재장소에 대한 출입방법을 정하여 관계 근로자에게 주지시켜야 한다.
② 채석작업을 하는 경우에 운행경로의 보수, 그밖에 경로를 유효하게 유지하기 위하여 감시인을 배치하거나 작업 중임을 표시하여야 한다.

(7) 사전조사 및 작업계획서의 내용

작업명	사전조사 내용	작업계획서 내용
교량 작업	–	가. 작업방법 및 순서 나. 부재(部材)의 낙하·전도 또는 붕괴를 방지하기 위한 방법 다. 작업에 종사하는 근로자의 추락 위험을 방지하기 위한 안전조치 방법 라. 공사에 사용되는 가설 철 구조물 등의 설치·사용·해체 시 안전성 검토 방법 마. 사용하는 기계 등의 종류 및 성능, 작업방법 바. 작업지휘자 배치계획 사. 그 밖에 안전·보건에 관련된 사항
채석 작업 ☆☆	지반의 붕괴·굴착기계의 전락(轉落) 등에 의한 근로자에게 발생할 위험을 방지하기 위한 해당 작업장의 지형·지질 및 지층의 상태	가. 노천굴착과 갱내굴착의 구별 및 채석방법 나. 굴착면의 높이와 기울기 다. 굴착면 소단(小段)의 위치와 넓이 라. 갱내에서의 낙반 및 붕괴방지 방법 마. 발파방법 바. 암석의 분할방법 사. 암석의 가공장소 아. 사용하는 굴착기계·분할기계·적재기계 또는 운반기계(이하 "굴착기계 등"이라 한다)의 종류 및 성능 자. 토석 또는 암석의 적재 및 운반방법과 운반경로 차. 표토 또는 용수(湧水)의 처리방법

합격의 key

용어정의
① 낙하물방지망
작업도중 자재, 공구 등의 낙하로 인한 피해를 방지하기 위하여 개구부 및 비계 외부에 수평방향으로 설치하는 망
② 방호선반
상부에서 작업도중 자재나 공구 등의 낙하로 인한 재해를 방지하기 위하여 개구부 및 비계 외부에 설치하는 낙하물 방지망 대신 설치하는 금속 판재
③ 수직보호망
비계 등의 가설구조물 외측면에 수직으로 설치하여, 작업장소에서 볼트나 공구 등이 비계의 외부로 낙하하는 것을 방지하기 위하여 사용하는 망 형태의 안전시설
④ 추락방호망
건설공사의 고소장소에서 추락으로 인한 근로자의 위험 방지를 목적으로 수평하게 설치하는 그물 모양의 망

비교 ★★
* 추락방호망의 설치
① 추락방호망의 설치위치는 가능하면 작업면으로부터 가까운 지점에 설치하여야 하며, 작업면으로부터 망의 설치지점까지의 수직거리는 10미터를 초과하지 아니할 것
② 추락방호망은 수평으로 설치하고, 망의 처짐은 짧은 변 길이의 12퍼센트 이상이 되도록 할 것
③ 건축물 등의 바깥쪽으로 설치하는 경우 망의 내민 길이는 벽면으로부터 3미터 이상되도록 할 것. 다만, 그물코가 20밀리미터 이하인 망을 사용한 경우에는 낙하물방지망을 설치한 것으로 본다.

4 낙하·비래재해 및 대책

(1) 낙하·비래의 발생 원인

① 높은 곳에 놓아둔 물건의 정리정돈 불량
② 불안전한 자재의 적재
③ 안전모 등 보호구의 미착용
④ 자재 투하를 위한 투하설비 미설치
⑤ 낙하물방지망의 미설치 및 불량
⑥ 인양 와이어로프의 불량
⑦ 크레인 훅의 해지장치 미설치
⑧ 매달기 작업 시 줄걸이 방법 불량
⑨ 낙하비래 위험장소의 출입금지 조치 등 작업통제 미비

(2) 낙하·비래의 예방대책

1) 낙하-비래 위험방지 조치 ★

① 낙하물방지망·수직보호망 또는 방호선반의 설치
② 출입금지구역의 설정
③ 보호구의 착용

2) 낙하물방지망 또는 방호선반 설치 시 준수사항 ★★

① 설치높이는 10미터 이내마다 설치하고, 내민 길이는 벽면으로부터 2미터 이상으로 할 것
② 수평면과의 각도는 20도 이상 30도 이하를 유지할 것

3) 투하설비의 설치 ★

사업주는 높이가 3미터 이상인 장소로부터 물체를 투하하는 때에는 적당한 투하설비를 설치하거나 감시인을 배치하는 등 위험방지를 위하여 필요한 조치를 하여야 한다.

CHAPTER 04 단원 예상문제

01 산소결핍에 의한 재해의 예방대책에 대한 설명으로 틀린 것은?

㉮ 작업시작 전 산소농도를 측정한다.
㉯ 공기호흡기 등의 필요한 보호구를 작업 전에 점검한다.
㉰ 산소결핍 장소에서는 공기호흡용 보호구를 착용한다.
㉱ 산소결핍의 위험이 있는 장소에서는 산소농도가 10% 이상 유지되도록 한다.

[해설] ㉱ 산소결핍의 위험이 있는 장소에서는 산소농도가 18% 이상 유지되도록 해야 한다.

02 터널작업 중 낙반 등에 의한 위험방지를 위해 취할 수 있는 조치사항이 아닌 것은?

㉮ 터널지보공 설치
㉯ 록볼트 설치
㉰ 부석의 제거
㉱ 산소의 측정

[해설] 터널 등의 건설작업에 있어서 낙반 등에 의하여 근로자가 위험해질 우려 있는 경우에
① **터널지보공 및 록볼트의 설치**
② **부석의 제거** 등 위험을 방지하기 위하여 필요한 조치를 하여야 한다.

03 낙하물방지망의 설치 기준으로 틀린 것은?

㉮ 높이는 10m이내마다 설치할 것
㉯ 내민 길이는 벽면으로부터 2m 이상으로 할 것
㉰ 수평면과의 각도는 20° 내지 30° 유지할 것
㉱ 방지망과 방지망 사이의 틈은 3cm 이내로 할 것

[해설] 낙하물방지망 또는 방호 선반을 설치 시 준수사항
① **설치높이는 10미터 이내마다** 설치하고, **내민 길이는** 벽면으로부터 **2미터 이상으로** 할 것
② 수평면과의 각도는 **20도 내지 30도를** 유지할 것

{참고} 추락방호망의 설치
① 추락방호망의 설치 위치는 가능하면 작업면으로부터 가까운 지점에 설치하여야 하며, 작업면으로부터 망의 설치지점까지의 **수직거리는 10미터를 초과하지 아니할 것**
② 추락방호망은 **수평으로 설치하고,** 망의 처짐은 **짧은 변 길이의 12퍼센트 이상**이 되도록 할 것
③ 건축물 등의 바깥쪽으로 설치하는 경우 망의 **내민 길이는 벽면으로부터 3미터 이상** 되도록 할 것. 다만, 그물코가 20밀리미터 이하인 망을 사용한 경우에는 낙하물방지망을 설치한 것으로 본다.

04 건설공사 중 추락 재해예방을 위한 추락 방지용 방망의 그물코 크기로 알맞은 것은?

㉮ 가로, 세로가 10cm 이하
㉯ 가로, 세로가 15cm 이하
㉰ 가로, 세로가 20cm 이하
㉱ 가로, 세로가 25cm 이하

[해설] 추락방호망의 그물코는 사각 또는 마름모로서 그 크기는 10센티미터 이하이어야 한다.

정답 01 ㉱ 02 ㉱ 03 ㉱ 04 ㉮

05 다음은 작업으로 인하여 물체가 낙하 또는 비래할 위험이 있는 경우 위험 방지를 위해 취해야 할 조치사항으로 가장 거리가 먼 것은?

㉮ 낙하물방지망 또는 방호선반의 설치
㉯ 출입 금지구역의 설정
㉰ 보호구의 착용
㉱ 감시인 배치

[해설] 낙하·비래 위험방지 조치
① 낙하물방지망·수직보호망 또는 방호선반의 설치
② 출입금지구역의 설정
③ 보호구의 착용

06 높이 2m 이상인 작업발판의 끝이나 개구부 등에서 추락을 방지하기 위한 설비로 가장 적합하지 않은 것은?

㉮ 안전난간
㉯ 덮개
㉰ 방호선반
㉱ 울타리

[해설] ㉰ 방호선반은 낙하·비래 위험 방지조치이다.
{참고} 작업발판 및 통로의 끝이나 개구부로서 근로자가 추락할 위험이 있는 장소에는 **안전난간, 울타리, 수직형 추락방망 또는 덮개 등의 방호조치를 충분한 강도를 가진 구조로 튼튼하게 설치**하여야 하며, 덮개를 설치하는 경우에는 뒤집히거나 떨어지지 않도록 설치하여야 한다.

07 낙하물 방지를 위하여 비계의 외부에 설치하는 방호선반의 내민길이(①)와 수평면에 대한 각도(②)는 각각 얼마를 기준으로 하는가?

㉮ ① : 벽면으로부터 2m 이상
　　② : 20도 내지 30도 유지
㉯ ① : 벽면으로부터 2m 이상
　　② : 30도 내지 40도 유지
㉰ ① : 벽면으로부터 3m 이상
　　② : 20도 내지 30도 유지
㉱ ① : 벽면으로부터 3m 이상
　　② : 30도 내지 40도 유지

[해설] 낙하물방지망 또는 방호선반을 설치 시 준수사항
① 설치 높이는 **10미터** 이내마다 설치하고, **내민 길이**는 벽면으로부터 **2미터 이상**으로 할 것
② 수평면과의 각도는 **20도 내지 30도**를 유지할 것

{참고} 추락방호망의 설치
① 추락방호망의 설치위치는 가능하면 작업면으로부터 가까운 지점에 설치하여야 하며, 작업면으로부터 망의 설치지점까지의 **수직거리는 10미터를 초과하지 아니할 것**
② 추락방호망은 **수평으로 설치**하고, **망의 처짐은 짧은 변 길이의 12퍼센트 이상**이 되도록 할 것
③ 건축물 등의 바깥쪽으로 설치하는 경우 망의 **내민 길이는 벽면으로부터 3미터 이상**이 되도록 할 것. 다만, 그물코가 20밀리미터 이하인 망을 사용한 경우에는 낙하물방지망을 설치한 것으로 본다.

08 토석의 붕괴 원인 중 외적 요인이 아닌 것은?

㉮ 사면의 경사 및 법면의 기울기
㉯ 절토 및 성토 높이
㉰ 진동 및 각종 하중
㉱ 토석의 강도

[해설] 1. 토석 붕괴의 외적 원인
① 사면, 법면의 **경사 및 기울기의 증가**
② **절토 및 성토 높이의 증가**
③ 공사에 의한 **진동 및 반복 하중의 증가**
④ 지표수 및 지하수의 침투에 의한 **토사 중량의 증가**
⑤ 지진, 차량, 구조물의 하중 작용
⑥ 토사 및 암석의 혼합층 두께

2. 토석 붕괴의 내적 원인
① 절토 사면의 토질·암질
② 성토 사면의 토질 구성 및 분포
③ **토석의 강도 저하**

정답 05 ㉱ 06 ㉰ 07 ㉮ 08 ㉱

09 추락 시 로프의 지지점에서 최하단까지의 거리(h)를 구하는 식으로 옳은 것은?

㉮ h = 로프의 길이 + 신장
㉯ h = 로프의 길이 + 신장 / 2
㉰ h = 로프의 길이 + 로프의 늘어난 길이 + 신장
㉱ h = 로프의 길이 + 로프의 늘어난 길이 + 신장 / 2

[해설] h = 로프의 길이 + 로프의 신장길이(늘어난 길이) + 작업자 키의 1/2

10 다음 중 일반적인 토석 붕괴의 형태가 아닌 것은?

㉮ 절토면의 붕괴
㉯ 미끄러져 내림(sliding)
㉰ 성토 법면의 붕괴
㉱ 깊은 심층의 붕괴

[해설] 토석 붕괴의 형태
① 절토면의 붕괴
② 미끄러져 내림
③ 성토법면의 붕괴

11 토사붕괴 시 조치사항과 직접적인 관계가 없는 것은?

㉮ 대피통로 및 공간의 확보
㉯ 동시작업의 금지
㉰ 2차 재해방지
㉱ 지하 매설물 파악

[해설] ㉱ 지하 매설물 파악은 굴착작업 전 조사항목이다.

12 잠함 내부 굴착작업 시 준수하여야 할 규정사항으로 틀린 것은?

㉮ 산소농도 측정
㉯ 승강설비 설치
㉰ 굴착깊이 10m 초과 시 통신설비 설치
㉱ 굴착깊이 20m 초과 시 송기설비 설치

[해설] 잠함 등 내부에서의 굴착작업 시 준수사항
① 산소결핍의 우려가 있는 때에는 산소의 농도를 측정하는 자를 지명하여 측정하도록 할 것
② 근로자가 안전하게 오르내리기 위한 설비를 설치할 것
③ 굴착 깊이가 20미터를 초과하는 때에는 당해 작업장소와 외부와의 연락을 위한 통신설비 등을 설치할 것
④ 산소농도 측정결과 산소의 결핍이 인정되거나 굴착깊이가 20미터를 초과하는 때에는 송기를 위한 설비를 설치하여 필요한 양의 공기를 송급하여야 한다.

13 흙막이 지보공을 설치할 때 붕괴 등의 위험방지를 위한 정기점검 사항이 아닌 것은?

㉮ 침하의 정도
㉯ 버팀대의 긴압의 정도
㉰ 형상 · 지질 및 지층의 상태
㉱ 부재의 손상 · 변형 · 부식 · 변위 및 탈락의 유무

[해설] 흙막이 지보공을 설치한 때 점검 사항
① 부재의 손상 · 변형 · 부식 · 변위 및 탈락의 유무와 상태
② 버팀대의 긴압의 정도
③ 부재의 접속부 · 부착부 및 교차부의 상태
④ 침하의 정도

정답 09 ㉱ 10 ㉱ 11 ㉱ 12 ㉰ 13 ㉰

14 안전대의 보관 장소로 틀린 것은?

㉮ 부식성 물질이 없는 곳
㉯ 화기 등이 근처에 없는 곳
㉰ 직사광선이 닿지 않는 곳
㉱ 통풍이 안 되며 습기가 많은 곳

[해설] 안전대의 보관 장소
① 직사광선이 닿지 않는 곳
② 통풍이 잘되며 습기가 없는 곳
③ 부식성 물질이 없는 곳
④ 화기 등이 근처에 없는 곳

15 발파작업 시 안전담당자의 유해, 위험 방지 업무가 아닌 것은?

㉮ 대피장소 및 경로를 지시한다.
㉯ 근로자가 대피한 것을 확인한다.
㉰ 적당한 시기를 선택하여 직접 점화한다.
㉱ 발파 후 불발장약을 점검한다.

[해설] 발파작업 시 관리감독자의 업무
① 점화 전에 점화작업에 종사하는 근로자가 아닌 사람에게 대피를 지시하는 일
② 점화작업에 종사하는 **근로자에게 대피장소 및 경로를 지시**하는 일
③ 점화 전에 위험구역 내에서 **근로자가 대피한 것을 확인**하는 일
④ 점화순서 및 방법에 대하여 지시하는 일
⑤ 점화신호를 하는 일
⑥ 점화작업에 종사하는 근로자에게 대피신호를 하는 일
⑦ **발파 후 터지지 않은 장약이나 남은 장약의 유무**, 용수(湧水)의 유무 및 암석·토사의 낙하 여부 **등을 점검**하는 일
⑧ **점화하는 사람을 정하는 일**
⑨ 공기압축기의 안전밸브 작동 유무를 점검하는 일
⑩ 안전모 등 보호구 착용 상황을 감시하는 일

16 다음 중 사면붕괴와 가장 관계가 먼 것은?

㉮ 사면이 위치한 고도
㉯ 사면의 기울기
㉰ 사면의 높이
㉱ 흙의 내부 마찰각

[해설] ㉮ 사면이 위치한 고도와 사면붕괴는 관계가 없다.

17 흙막이 지보공의 조립도에 명시되어야 할 사항이 아닌 것은?

㉮ 부재의 배치
㉯ 부재의 치수
㉰ 버팀대 긴압의 정도
㉱ 설치방법과 순서

[해설] 흙막이 지보공의 조립도에는 흙막이판·말뚝·버팀대 및 띠장 등 **부재의 배치·치수·재질 및 설치방법과 순서**가 명시되어야 한다.

18 안전난간의 구조 및 설치요건에 대한 기준으로 틀린 것은?

㉮ 상부 난간대는 경사로의 표면으로부터 90센티미터 이상에 설치한다.
㉯ 발끝막이판은 바닥면으로부터 10센티미터 이상의 높이를 유지한다.
㉰ 난간대는 지름 2센티미터 이상의 금속제 파이프나 그 이상의 강도를 가진 재료로 한다.
㉱ 안전난간은 임의의 점에서 임의의 방향으로 움직이는 100킬로그램의 이상의 하중을 견딜 수 있는 구조로 한다.

[해설] ㉰ **난간대는 지름 2.7센티미터 이상의 금속제 파이프**나 그 이상의 강도가 있는 재료일 것

정답 14 ㉱ 15 ㉰ 16 ㉮ 17 ㉰ 18 ㉰

{참고} 안전 난간의 구조 및 설치 요건
① 상부 난간대, 중간 난간대, 발끝막이판 및 난간 기둥으로 구성할 것
② 상부 난간대
- 상부 난간대는 바닥면 등으로부터 90센티미터 이상 지점에 설치
- 상부 난간대를 120센티미터 이하에 설치하는 경우 : 중간 난간대는 상부 난간대와 바닥면 등의 중간에 설치
- 120센티미터 이상 지점에 설치하는 경우 : 중간 난간대를 2단 이상으로 설치, 난간의 상하 간격은 60센티미터 이하가 되도록 할 것(다만, 난간기둥 간의 간격이 25센티미터 이하인 경우에는 중간 난간대를 설치하지 않을 수 있다.)
③ 발끝막이판은 바닥면 등으로부터 10센티미터 이상의 높이를 유지할 것
④ 난간기둥은 상부 난간대와 중간 난간대를 견고하게 떠받칠 수 있도록 적정한 간격을 유지할 것
⑤ 상부 난간대와 중간 난간대는 난간 길이 전체에 걸쳐 바닥면 등과 평행을 유지할 것
⑥ 난간대는 지름 2.7센티미터 이상의 금속제 파이프나 그 이상의 강도가 있는 재료일 것
⑦ 안전난간은 구조적으로 가장 취약한 지점에서 가장 취약한 방향으로 작용하는 100킬로그램 이상의 하중에 견딜 수 있는 튼튼한 구조일 것

19 추락에 의한 위험방지 조치사항으로 거리가 먼 것은?

㉮ 투하설비 설치
㉯ 작업발판 설치
㉰ 추락방호망 설치
㉱ 근로자에게 안전대 착용

[해설] ㉮ 투하설비 설치는 낙하비래 위험방지 조치이다.

20 근로자가 추락하거나 넘어질 위험이 있는 장소 또는 기계 · 설비 · 선박블록 등에서 작업을 할 때에 근로자가 위험해질 우려가 있는 경우 비계(飛階)를 조립하는 등의 방법으로 (   )을 설치하여야 한다. (   )에 적합한 용어는?

㉮ 안전난간
㉯ 작업발판
㉰ 추락방호망
㉱ 안전대

[해설]
1. 근로자가 추락하거나 넘어질 위험이 있는 장소 또는 기계 · 설비 · 선박블록 등에서 작업을 할 때에 근로자가 위험해질 우려가 있는 경우 비계(飛階)를 조립하는 등의 방법으로 작업발판을 설치하여야 한다.
2. 작업발판을 설치하기 곤란한 경우 안전방망을 설치하여야 한다. 다만, 안전방망을 설치하기 곤란한 경우에는 근로자에게 안전대를 착용하도록 하는 등 추락위험을 방지하기 위하여 필요한 조치를 하여야 한다.

21 다음 중 붕괴사고의 직접적인 방지 대책과 가장 거리가 먼 것은?

㉮ 우수(雨水), 지하수 등의 사전 배제
㉯ 가스분출 검사
㉰ 안전 경사 유지
㉱ 토사 유출 방지

[해설] ㉯ 가스분출검사는 붕괴사고의 직접적인 방지대책이 되지 못한다.

22 구조물 작업에서의 위험요인과 재해 형태가 가장 관련이 적은 것은?

㉮ 자재적재 및 통로 미확보 – 전도
㉯ 개구부 안전 난간 미설치 – 추락
㉰ 벽돌 등 중량물 취급 작업 – 협착
㉱ 항만 하역 작업 – 질식

[해설] ㉱ 질식은 밀폐공간에서 작업 시 산소결핍에 의해 발생한다.

정답 19 ㉮ 20 ㉯ 21 ㉯ 22 ㉱

23 다음 터널공법 중 전단면 기계 굴착에 의한 공법에 속하는 것은?

㉮ ASSM(American Steel Supported Method)
㉯ NATM(New Austrian Tunnelin Method)
㉰ TBM(Tunnel Boring Machine)
㉱ 개착식 공법

[해설] **TBM공법** : 발파를 하지 않고 tunnel boring machine의 회전 cutter에 의해 터널 전단면을 절삭 또는 파쇄하는 전단면 기계굴착공법으로, 주로 암반터널굴착공사에 적용한다.

24 발파작업에 종사하는 근로자로 하여금 발파 시 준수하도록 하여야 할 사항에 대한 기준으로 틀린 것은?

㉮ 벼락이 떨어질 우려가 있는 경우에는 장약장전 작업을 중지시킨다.
㉯ 근로자가 안전한 거리에 피난할 수 없을 때에는 전면과 상부를 견고하게 방호한 피난장소를 설치한다.
㉰ 전기뇌관 외의 것에 의하여 점화 후 장진된 화약류의 폭발여부를 확인하기 곤란한 때에는 점화 때부터 15분 이내에 신속히 확인하여 처리하여야 한다.
㉱ 얼어붙은 다이나마이트는 화기에 접근시키거나 기타의 고열물에 직접 접촉시키는 등 위험한 방법으로 융해하지 아니하도록 한다.

[해설] ㉰ 전기뇌관 외의 것에 의한 경우에는 점화한 때부터 15분 이상 경과한 후가 아니면 화약류의 장전장소에 접근시키지 않도록 할 것

{참고} 발파 작업 기준
① 얼어붙은 다이나마이트는 화기에 접근시키거나 그 밖의 고열물에 직접 접촉시키는 등 위험한 방법으로 융해하지 아니하도록 할 것
② 화약이나 폭약을 장전하는 경우에는 그 부근에서 화기를 사용하거나 흡연을 하지 않도록 할 것
③ 장전구(裝塡具)는 마찰·충격·정전기 등에 의한 폭발의 위험이 없는 안전한 것을 사용할 것
④ 발파공의 충진재료는 점토·모래 등 발화성 또는 인화성의 위험이 없는 재료를 사용할 것
⑤ 점화 후 장전된 화약류가 폭발하지 아니한 때 또는 장전된 화약류의 폭발여부를 확인하기 곤란한 때에는 다음 각목의 사항을 따를 것
  • 전기뇌관에 의한 경우에는 발파모선을 점화기에서 떼어 그 끝을 단락시켜 놓는 등 재점화되지 않도록 조치하고 그 때부터 5분 이상 경과한 후가 아니면 화약류의 장전장소에 접근시키지 않도록 할 것
  • 전기뇌관 외의 것에 의한 경우에는 점화한 때부터 15분 이상 경과한 후가 아니면 화약류의 장전장소에 접근시키지 않도록 할 것
⑥ 전기뇌관에 의한 발파의 경우 점화하기 전에 화약류를 장전한 장소로부터 30미터 이상 떨어진 안전한 장소에서 전선에 대하여 저항측정 및 도통(導通)시험을 할 것

25 추락재해를 방지하기 위한 안전대책 내용 중 틀린 것은?

㉮ 높이가 2m를 초과하는 장소에는 승강설비를 설치한다.
㉯ 이동식 사다리 구조의 폭은 30cm 이상으로 한다.
㉰ 접이식 사다리 기둥을 설치할 경우에 기둥과 수평면의 각도는 85도 이상으로 한다.
㉱ 슬레이트 지붕에서 발이 빠지는 등 추락 위험이 있을 경우 폭 30cm 이상의 발판을 설치한다.

[해설] ㉰ 기둥과 수평면과의 각도는 75도 이하로 하고, 접는식 사다리기둥은 철물 등을 사용하여 기둥과 수평면과의 각도가 충분히 유지되도록 할 것

정답 23 ㉰ 24 ㉰ 25 ㉰

{참고} **사다리 기둥의 구조**
① 견고한 구조로 할 것
② 재료는 심한 손상·부식 등이 없는 것으로 할 것
③ 기둥과 수평면과의 각도는 75도 이하로 하고, 접는식 사다리기둥은 철물 등을 사용하여 기둥과 수평면과의 각도가 충분히 유지되도록 할 것
④ 바닥 면적은 작업을 안전하게 하기 위하여 필요한 면적이 유지되도록 할 것

26 절토 공사 중 발생하는 비탈면 붕괴의 원인과 거리가 먼 것은?

㉮ 함수비 불변으로 흙의 단위중량 균일
㉯ 건조로 인하여 점성토의 점착력 상실
㉰ 점성토의 수축이나 팽창으로 균열 발생
㉱ 공사 진행으로 비탈면의 높이와 기울기 증가

[해설] ㉮ 함수비 증가로 인한 흙의 단위중량이 증가할 경우 비탈면 붕괴의 원인이 된다.

{참고} **절토 공사 시 비탈면 붕괴의 원인**
1. 외적 원인
① 함수비 증가로 인한 흙의 단위중량의 증가
② 비탈면 높이와 기울기의 증가
③ 발파, 공사용 기계의 충격으로 진동 발생
④ 지하수의 변동으로 인한 수압의 변화
2. 내적 원인
① 풍화작용 – 동결 융해, 건조수축
② 점성토의 수축이나 팽창으로 인한 균열 발생
③ 사질토의 진동이나 충격으로 인한 유동화
④ 내부 수압의 증대

27 추락방지용 방망의 지지점은 최소 몇 kg_f 이상의 충격력에 견딜 수 있어야 하는가?

㉮ 300kg_f ㉯ 500kg_f
㉰ 600kg_f ㉱ 1000kg_f

[해설] **추락방호망** 지지점의 강도는 다음 각 호에 의한 계산 값 이상이어야 한다.

① 방망 지지점은 **600킬로그램의 외력에 견딜 수 있는 강도**를 보유하여야 한다.
② 연속적인 구조물이 방망 지지점인 경우의 **외력 계산**

$$F = 200 \times B$$

여기에서 F는 외력(단위 : 킬로그램), B는 지지점 간격(단위 : m)이다.

28 슬레이트, 선라이트 등 강도가 약한 재료로 덮은 지붕 위에서의 작업 중 위험 방지를 위하여 필요한 발판의 폭에 대한 기준은?

㉮ 10cm 이상   ㉯ 20cm 이상
㉰ 25cm 이상   ㉱ 30cm 이상

[해설] **지붕 위에서 작업을 할 때의 위험 방지**
① 지붕의 가장자리에 안전난간을 설치할 것
② 채광창(skylight)에는 견고한 구조의 덮개를 설치할 것
③ 슬레이트 등 강도가 약한 재료로 덮은 **지붕에는 폭 30센티미터 이상의 발판**을 설치할 것

29 고소작업을 할 때 재료나 공구 등의 낙하로 인한 피해를 방지하기 위해 설치하는 설비에 해당하지 않는 것은?

㉮ 낙하물방지망
㉯ 수직보호망
㉰ 안전난간
㉱ 방호선반

[해설] ㉰ 안전난간은 추락방지 설비이다.

{참고} **낙하·비래 위험방지 조치**
① 낙하물방지망·수직보호망 또는 방호선반의 설치
② 출입금지구역의 설정
③ 보호구의 착용

정답   26 ㉮   27 ㉰   28 ㉱   29 ㉰

30 안전대 중 전주 위에서의 작업과 같이 발받침은 확보되어 있어도 불완전한 곳에서 작업하는 경우 선정해야 하는 것은?

㉮ 1개 걸이용
㉯ U자 걸이용
㉰ 추락방지대
㉱ 안전 블록

[해설] **안전대의 선정**
① **U자 걸이용은 전주 위에서의 작업과 같이 발받침은 확보되어 있어도 불완전하여 체중의 일부는 U자 걸이로 하여 안전대에 지지하여야만 작업을 할 수 있으며, 1개 걸이의 상태로서는 사용하지 않는 경우에 선정해야 한다.**
② 1개 걸이용은 안전대에 의지하지 않아도 작업할 수 있는 발판이 확보되었을 때 사용한다.

{참고} 안전대의 구분

종류	사용 구분
벨트식	1개 걸이용
	U자 걸이용
안전그네식	추락방지대
	안전 블록

31 건설공사에서 발코니 단부, 엘리베이터 입구, 재료 반입구 등과 같이 벽면 혹은 바닥에 추락의 위험이 우려되는 장소를 가리키는 용어는?

㉮ 비계
㉯ 개구부
㉰ 가설구조물
㉱ 연결통로

[해설] **개구부** : 발코니 단부, 엘리베이터 입구, 재료 반입구 등과 같이 벽면 혹은 바닥에 추락의 위험이 우려되는 장소

32 모래 지반을 굴착하려 할 때 굴착면의 기울기 기준으로 옳은 것은?

㉮ 1 : 1.5
㉯ 1 : 1.8
㉰ 1 : 1.0
㉱ 1 : 0.5

[해설] 굴착면의 기울기 및 높이 기준

지반의 종류	굴착면의 기울기
모래	1 : 1.8
연암 및 풍화암	1 : 1.0
경암	1 : 0.5
그 밖의 흙	1 : 1.2

33 개착식 굴착공사의 흙막이공법 중 버팀보공법을 적용하여 굴착할 때 지반 붕괴를 방지하기 위하여 사용하는 계측장치로 거리가 먼 것은?

㉮ 지하수위계
㉯ 경사계
㉰ 록볼트응력계
㉱ 변형률계

[해설] ㉰ 록볼트응력계는 터널의 계측장치이다.

{참고} 깊이 10.5m 이상의 굴착작업 시 계측기기
① 수위계
② 경사계
③ 하중 및 침하계
④ 응력계

정답 30 ㉯ 31 ㉯ 32 ㉯ 33 ㉰

34 다음 중 터널굴착 작업 시 시공계획의 내용이 아닌 것은?

㉮ 터널굴착방법
㉯ 터널지보공 및 복공의 시공방법과 용수처리방법
㉰ 자동경보장치의 설치방법
㉱ 환기 또는 조명시설을 하는 때에는 그 방법

[해설] 터널 굴착작업의 작업계획서 내용
① 굴착의 방법
② 터널지보공 및 복공(覆工)의 시공 방법과 용수(湧水)의 처리 방법
③ 환기 또는 조명시설을 설치할 때에는 그 방법

35 표준 안전 작업지침에 의하면 인력 굴착작업 시 굴착면이 높아 계단식 굴착을 할 때 소단의 폭은 수평거리 얼마 정도로 하여야 하는가?

㉮ 1m   ㉯ 1.5m
㉰ 2m   ㉱ 2.5m

[해설] 굴착면이 높은 경우는 계단식으로 굴착하고 소단의 폭은 수평거리 2m 정도로 하여야 한다.

36 자재 등의 물체 투하에 투하설비를 설치하거나 감시인을 배치하는 등의 조치를 취하여야 하는 최소 높이는 얼마 이상부터인가?

㉮ 2m   ㉯ 3m
㉰ 4m   ㉱ 5m

[해설] 투하설비의 설치
높이가 3미터 이상인 장소로부터 물체를 투하하는 때에는 적당한 투하설비를 설치하거나 감시인을 배치하는 등 위험방지를 위하여 필요한 조치를 하여야 한다.

37 채석작업 시 붕괴 또는 낙하에 의해 근로자에게 위험의 우려가 있을 때 설치해야 하는 것은?

㉮ 건널다리
㉯ 천막덮개
㉰ 손잡이
㉱ 방호망

[해설] 채석작업(갱내에서의 작업은 제외한다)을 하는 경우에 붕괴 또는 낙하에 의하여 근로자를 위험하게 할 우려가 있는 토석·입목 등을 미리 제거하거나 방호망을 설치하는 등 위험을 방지하기 위하여 필요한 조치를 하여야 한다.

38 붕괴 등에 의한 위험방지에 관한 기준으로 틀린 것은?

㉮ 인근의 항타 작업으로 침하가 발생하여 구축물의 붕괴위험이 예상될 경우 안전성평가를 실시한다.
㉯ 갱내에서의 축벽의 붕괴에 의하여 근로자에게 위험을 미칠 우려가 있을 때에는 지보공을 설치한다.
㉰ 높이가 2미터 이상인 장소로부터 물체를 투하하는 때에는 투하설비를 설치하거나 감시인을 배치한다.
㉱ 삭업으로 인하여 물체가 낙하 또는 비래할 위험이 있을 때에는 방호선반의 설치 등 필요한 조치를 취한다.

[해설] ㉰ 높이가 3미터 이상인 장소로부터 물체를 투하하는 때에는 적당한 투하설비를 설치하거나 감시인을 배치하는 등 위험방지를 위하여 필요한 조치를 하여야 한다.

정답 34 ㉰ 35 ㉰ 36 ㉯ 37 ㉱ 38 ㉰

39. 추락에 의한 위험방지와 관련된 다음 내용 중 ( )에 알맞은 것은?

> 사업주는 높이 또는 길이가 ( )미터를 초과하는 장소에서 작업을 하는 때에는 당해 작업에 종사하는 근로자가 안전하게 승강하기 위한 건설용 리프트 등의 설비를 설치하여야 한다.

㉮ 1.0 ㉯ 1.5
㉰ 2.0 ㉱ 2.5

[해설] 승강설비의 설치
높이 또는 깊이가 2미터를 초과하는 장소에서 작업하는 경우 해당 작업에 종사하는 근로자가 안전하게 승강하기 위한 건설용 리프트 등의 설비를 설치하여야 한다.

40. 터널 지보공을 설치한 경우에 수시로 점검하여 이상을 발견 시 즉시 보강하거나 보수해야 할 사항이 아닌 것은?

㉮ 부재의 손상·변형·부식·변위·탈락의 유무 및 상태
㉯ 부재의 긴압의 정도
㉰ 부재의 접속부 및 교차부의 상태
㉱ 계측기 설치상태

[해설] 터널지보공 설치 시 점검 항목
① 부재의 손상·변형·부식·변위 탈락의 유무 및 상태
② 부재의 긴압의 정도
③ 부재의 접속부 및 교차부의 상태
④ 기둥 침하의 유무 및 상태

41. 지반의 붕괴방지를 위한 굴착면의 기울기 기준으로 옳지 않은 것은?

㉮ 풍화암 - 1 : 1.0
㉯ 연암 - 1 : 1.0
㉰ 모래 - 1 : 1.5
㉱ 경암 - 1 : 0.5

[해설] 굴착면의 기울기 및 높이 기준

지반의 종류	굴착면의 기울기
모래	1 : 1.8
연암 및 풍화암	1 : 1.0
경암	1 : 0.5
그 밖의 흙	1 : 1.2

42. 흙막이벽 개굴착(open cut)공법에 해당하지 않는 것은?

㉮ 자립흙막이벽 공법
㉯ 수평버팀 공법
㉰ 어스앵커 공법
㉱ 비탈면 개굴착 공법

[해설] 흙막이 Open Cut 공법: 흙막이벽이나 버팀대, 띠장 등의 지보공을 설치하여 이에 의해 토사의 붕괴를 막으며 굴착을 진행하는 공법

• 자립 흙막이 벽 공법
• 수평버팀공법
• 어스앵커공법

정답 39 ㉰ 40 ㉱ 41 ㉰ 42 ㉱

43 다음 중 채석작업을 하는 때에 채석작업 계획서 작성 시 포함할 사항으로 옳지 않은 것은?

㉮ 굴착면의 높이와 기울기
㉯ 작업지휘자와 배치계획
㉰ 발파방법
㉱ 표토 또는 용수의 처리방법

[해설] **채석작업 계획서 내용**
① 노천굴착과 갱내굴착의 구별 및 채석 방법
② 굴착면의 높이와 기울기
③ 굴착면 소단(小段)의 위치와 넓이
④ 갱내에서의 낙반 및 붕괴 방지 방법
⑤ 발파 방법
⑥ 암석의 분할 방법
⑦ 암석의 가공 장소
⑧ 사용하는 굴착 기계·분할 기계·적재 기계 또는 운반기계의 종류 및 성능
⑨ 토석 또는 암석의 적재 및 운반 방법과 운반 경로
⑩ 표토 또는 용수(湧水)의 처리 방법

정답 43 ㉯

02 건설공구 및 장비 안전수칙

1 건설공구

(1) 석재 가공순서와 석공구

> 시험출제빈도가 낮은 내용입니다.
> 가볍게 공부하세요!

순서	석공구	가공내용
혹두기(메다듬)	쇠메	석재의 돌출부 등을 쇠메로 쳐서 평탄하게 한다.
정다듬	정	혹두기 면을 정으로 쪼아 평평하게 다듬는다.
도드락다듬	도드락망치	정다듬 면을 도드락망치로 더욱 평탄하게 마무리 한다.
잔다듬	날망치	도드락 다듬면 위를 날망치로 평탄하게 마무리 한다.
물갈기	숫돌, 금강사	잔다듬면을 숫돌이나 금강사로 갈아서 광택을 낸다.

(2) 철근가공 공구

1) 철근 절단용
   ① 철근 절단기(bar cutter)
   ② 쇠톱
   ③ 절단 가위(wire clipper)

2) 철근 구부림용
   ① 굽힘판(bar bender)
   ② 집게(hooker)
   ③ 파이프(pipe)

2 건설장비

(1) 차량계 건설기계

차량계 건설기계 종류

1. 도저형 건설기계(불도저, 스트레이트도저, 틸트도저, 앵글도저, 버킷도저 등)
2. 모터그레이더(motor grader, 땅 고르는 기계)
3. 로더(포크 등 부착물 종류에 따른 용도 변경 형식을 포함한다)
4. 스크레이퍼(scraper, 흙을 절삭·운반하거나 펴 고르는 등의 작업을 하는 토공기계)
5. 크레인형 굴착기계(크램쉘, 드래그라인 등)
6. 굴착기(브레이커, 크러셔, 드릴 등 부착물 종류에 따른 용도 변경 형식을 포함한다)
7. 항타기 및 항발기
8. 천공용 건설기계(어스드릴, 어스오거, 크롤러드릴, 점보드릴 등)
9. 지반 압밀침하용 건설기계(샌드드레인머신, 페이퍼드레인머신, 팩드레인머신 등)
10. 지반 다짐용 건설기계(타이어롤러, 매커덤롤러, 탠덤롤러 등)
11. 준설용 건설기계(버킷준설선, 그래브준설선, 펌프준설선 등)
12. 콘크리트 펌프카
13. 덤프트럭
14. 콘크리트 믹서 트럭
15. 도로포장용 건설기계(아스팔트 살포기, 콘크리트 살포기, 아스팔트 피니셔, 콘크리트 피니셔 등)
16. 제1호부터 제15호까지와 유사한 구조 또는 기능을 갖는 건설기계로서 건설작업에 사용하는 것

> **용어정의**
> ※ 차량계 건설기계
> 원동기를 내장하고 불특정 장소에 스스로 이동이 가능한 건설기계를 말한다.

(2) 굴착기(굴삭장비)

1) 충돌위험 방지조치

① 사업주는 굴착기에 사람이 부딪히는 것을 방지하기 위해 후사경과 후방영상표시장치 등 굴착기를 운전하는 사람이 좌우 및 후방을 확인할 수 있는 장치를 굴착기에 갖춰야 한다.
② 사업주는 굴착기로 작업을 하기 전에 후사경과 후방영상표시장치 등의 부착상태와 작동 여부를 확인해야 한다.

> **용어정의**
> ※ 굴삭기
> 땅을 파거나 깎을 때 사용되는 건설기계를 말한다.
>
> ※ 굴착기
> 땅이나 암석 따위를 파거나, 파낸 것을 처리하는 기계를 굴착기라 한다.
>
> ※ 굴착기의 전부장치는 붐, 암, 버킷으로 구성되어 있다.

> **참고**
>
> ※ 굴착기의 안전
> (1) 좌석 안전띠의 착용
>   ① 사업주는 굴착기를 운전하는 사람이 좌석안전띠를 착용하도록 해야 한다.
>   ② 굴착기를 운전하는 사람은 좌석안전띠를 착용해야 한다.
>
> (2) 잠금장치의 체결
> 사업주는 굴착기 퀵커플러(quick coupler)에 버킷, 브레이커(breaker), 크램셸(clamshell) 등 작업장치를 장착 또는 교환하는 경우에는 안전핀 등 잠금장치를 체결하고 이를 확인해야 한다.

2) 인양작업 시 조치

① 사업주는 다음 각 호의 사항을 모두 갖춘 굴착기의 경우에는 굴착기를 사용하여 화물 인양작업을 할 수 있다.
  • 굴착기의 퀵커플러 또는 작업장치에 달기구(훅, 걸쇠 등을 말한다)가 부착되어 있는 등 인양작업이 가능하도록 제작된 기계일 것
  • 굴착기 제조사에서 정한 정격하중이 확인되는 굴착기를 사용할 것
  • 달기구에 해지장치가 사용되는 등 작업 중 인양물의 낙하 우려가 없을 것

② 사업주는 굴착기를 사용하여 인양작업을 하는 경우에는 다음 각 호의 사항을 준수해야 한다.
  • 굴착기 제조사에서 정한 작업설명서에 따라 인양할 것
  • 사람을 지정하여 인양작업을 신호하게 할 것
  • 인양물과 근로자가 접촉할 우려가 있는 장소에 근로자의 출입을 금지시킬 것
  • 지반의 침하 우려가 없고 평평한 장소에서 작업할 것
  • 인양 대상 화물의 무게는 정격하중을 넘지 않을 것

(3) 셔블계 기계 ★

① 파워 셔블(power shovel)[dipper shovel : 동력삽]
  • 기계가 서 있는 지반면보다 높은 곳의 땅파기에 적합하다.
  • 앞으로 흙을 긁어서 굴착하는 방식이다.
  • 붐(boom)이 단단하여 굳은 지반의 굴착에도 사용된다.

② 드래그 셔블(drag shovel, 백호)
  • 기계가 서 있는 지면보다 낮은 장소의 굴착 및 수중굴착이 가능하다.
  • 지하층이나 기초의 굴착에 사용된다.
  • 굳은 지반의 토질도 정확한 굴착이 된다.

③ 드래그라인(drag line)
  • 기계가 서 있는 위치보다 낮은 장소의 굴착에 적당하고 굳은 토질에서의 굴착은 되지 않지만 굴착 반지름이 크다.
  • 작업범위가 광범위하고 수중굴착 및 연약한 지반의 굴착에 적합하다.

④ 클램셀(clamshell)
- 수중굴착 및 가장 협소하고 깊은 굴착이 가능하며 호퍼(hopper)에 적당하다.
- 연약지반이나 수중굴착 및 자갈 등을 싣는데 적합하다.
- 깊은 땅파기 공사와 흙막이 버팀대를 설치하는데 사용한다.

(4) 트랙터 기계

① 불도저(Bulldozer)
- 트랙터 앞면에 배토장치(blade)를 설치하여 흙의 성토, 100m 이내 단거리 운반, 땅고르기 등 작업에 적합하다.
- 불도저의 구분

회전장치에 의한 분류	• 크롤러형 • 타이어형
블레이드 조작방식에 의한 분류	• 와이어 로프식 • 유압식
블레이드 각도에 의한 분류	• 스트레이트 도저 • 앵글 도저 • 틸트 도저

② 스크레이퍼(scraper)
- 굴착, 적재, 운반, 성토, 흙 깔기, 흙 다지기의 작업을 하나의 기계로 사용할 수 있다.
- 불도저보다 운반거리 크다.(중, 장거리 운반이 가능하다)
- 피견인식과 자주식(모터 스크레이퍼)의 두 종류로 구분한다.

불도저 및 스크레이퍼의 1시간당 작업량 계산

$$Q = \frac{q \times f \times 60 \times E}{C_m} = q_0 \times E \, [\text{m}^3/\text{h}]$$

여기서, q : 블레이드 용량(1회의 흙 운반량)[m³]
q_0 : 거리를 고려하지 않는 삽날 이용량
E : 불도저의 작업 효율
f : 토량 환산 계수
C_m : 사이클 시간[min]

③ 로더(Loader) : 굴삭된 토사나 골재를 덤프 차량 등 운반기계에 싣는 데 사용된다.

기출
* 리퍼(Ripper)
연암(軟岩)을 파쇄할 목적으로 트랙터 후부에 장착하는 파쇄 공구로서 아스팔트 포장도로의 노반의 파쇄 또는 토사 중에 있는 암석제거에 사용된다.

문제
도로건설 작업 중 측구를 굴착하고자 한다. 가장 적합한 기계는 어느 것인가?
㉮ 드래그라인
㉯ 백호우
㉰ 불도저
㉱ 그레이더
정답 ㉯

참고
* 스트레이트, 앵글, 틸트 도저의 특징
① 스트레이트 도저 : 블레이드가 수평이고, 불도저의 진행 방향에 직각으로 블레이드를 부착한 것으로서 주로 중굴착 작업에 사용된다.
② 앵글 도저 : 블레이드의 방향이 20~30° 경사지게 부착된 것으로 사면굴착·정지·흙메우기 등으로 자체의 진행에 따라 흙을 회송하는 작업에 적당하다.
③ 틸트 도저 : 블레이드면 좌우의 높이를 변경할 수 있는 것으로서 단단한 흙의 도랑파기에 적당하다.
④ 힌지도저 : 앵글도저보다 큰 각으로 움직이며 제설 및 토사운반용으로 다량의 흙을 운반하는데 적합하다.

(5) 버킷계 기계

① 버킷 굴착기(Bucket excavator)
② 버킷 휠 굴착기(Bucket wheel excavator)
③ 트렌처(Trencher)

(6) 모터 그레이더(Motor grader) : 토공판을 작동시켜 지면의 정지작업(땅을 깎아 고르는 작업)을 하는데 사용된다.

(7) 항타기(pile driver) : 낙하해머, 디젤해머에 의한 강관말뚝, 널말뚝(Sheet Pile)의 항타작업에 사용된다.

(8) 어스 드릴(earth drill) : 붐에 어스 드릴용 장치를 부착하여 땅속에 규모가 큰 구멍을 파서 기초공사에 사용한다.

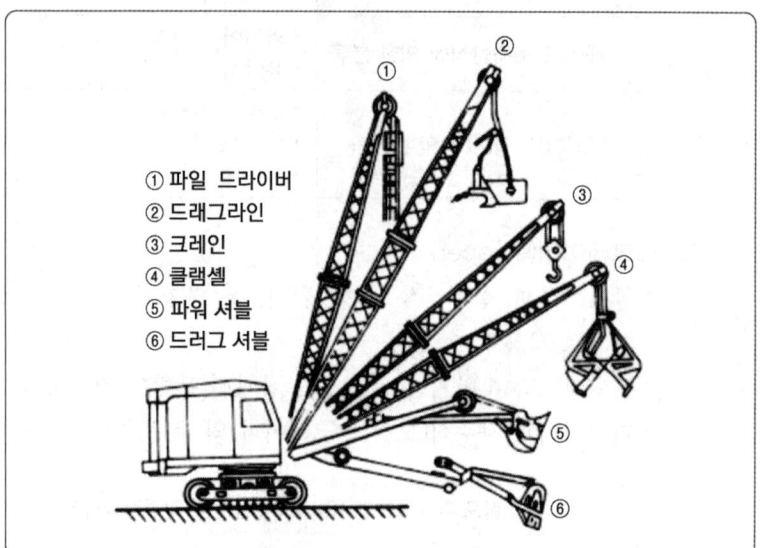

① 파일 드라이버
② 드래그라인
③ 크레인
④ 클램셸
⑤ 파워 셔블
⑥ 드러그 셔블

3 운반장비

① 덤프트럭
② 벨트컨베이어 : 터널 굴착에서의 토사운반, 쇄석기(碎石機)의 골재운반, 토지조성 때의 토사운반 등에 사용된다.
③ 덤프트레일러 : 견인차에 15~30t급의 덤프트레일러를 3~4대 정도 연결하여 한번에 45~120t의 토량을 운반할 수 있어 경비 및 작업시간 절감의 효과를 얻게 된다.
④ 지게차(Fork lift) : 경화물의 적재 및 운반에 이용된다.

문제
굴착과 싣기를 동시에 할 수 있는 토공기계가 아닌 것은?
㉮ 트랙터 셔블(tractor shovel)
㉯ 백호(back hoe)
㉰ 파워셔블(power shovel)
㉱ 모터그레이더(motor grader)

[해설]
㉱ 모터그레이더는 지반의 정지작업에 사용되는 기계이다.

정답 ㉱

용어정의
* 운반기계
  무거운 물건을 들어올리거나 이동시켜서 운반하는 기계를 말한다.
* 차량계 하역운반기계
  동력원에 의하여 특정되지 아니한 장소로 스스로 이동할 수 있는 기계로서 지게차·구내운반차·화물자동차 등을 말한다.

4 다짐장비

(1) 롤러

① 머캐덤 롤러(MACADAM ROLLER) : 삼륜차형을 한 것으로 쇄석 기층의 다지기나 아스팔트 포장의 처음 다지기에 이용된다.
② 탠덤 롤러(TANDEM ROLLER) : 2륜형식으로 머케덤롤러의 작업 후 마무리 다짐, 아스팔트 포장의 끝마무리용으로 이용된다.
③ 타이어 롤러(TIRE ROLLER) : 접지압을 공기압으로 조절할 수 있으며 접지압이 클수록 깊은 다짐이 가능하다.
④ 탬핑 롤러(Tamping roller) : 롤러 표면에 다수의 돌기를 만들어 부착한 것으로 고함수비의 점토질 다짐 및 흙속의 간극 수압 제거에 이용된다. ✯

(2) 소일콤팩터(Soil compactor)

4륜의 롤러에 철편을 붙인 평판식 진동다짐 기계로서 사질토 등의 다짐에 이용된다.

5 차량계 건설기계의 안전

(1) 차량계 건설기계의 운전자 위치이탈 시 조치 ✯✯

① 포크, 버킷, 디퍼 등의 장치를 가장 낮은 위치 또는 지면에 내려 둘 것
② 원동기를 정지시키고 브레이크를 확실히 거는 등 갑작스러운 이동을 방지하기 위한 조치를 할 것
③ 운전석을 이탈하는 경우에는 시동키를 운전대에서 분리시킬 것 다만, 운전석에 잠금장치를 하는 등 운전자가 아닌 사람이 운전하지 못하도록 조치한 경우에는 그러하지 아니하다.

(2) 차량계 건설기계의 넘어짐(전도) 방지 조치 ✯✯

① 유도자 배치
② 지반의 부동침하방지
③ 갓길의 붕괴방지
④ 도로의 폭 유지

합격의 key

문제
다음 중 다짐용 전압롤러로 점착력이 큰 진흙다짐에 가장 적합한 것은?
㉮ 탬핑롤러
㉯ 타이어롤러
㉰ 진동롤러
㉱ 탠덤롤러

[해설]
㉮ 탬핑롤러는 고함수비 지반, 점착력이 큰 진흙의 다짐, 흙의 간극수압제거에 사용된다.

정답 ㉮

참고
※ 차량계 건설기계의 이송
차량계 건설기계를 이송하기 위하여 자주 또는 견인에 의하여 화물자동차 등에 싣거나 내리는 작업을 할 때에 발판·성토 등을 사용하는 경우에는 해당 기계의 전도 또는 굴러떨어짐에 의한 위험을 방지하기 위하여 다음 각 호의 사항을 준수하여야 한다.
① 싣거나 내리는 작업은 평탄하고 견고한 장소에서 할 것
② 발판을 사용하는 경우에는 충분한 길이·폭 및 강도를 가진 것을 사용하고 적당한 경사를 유지하기 위하여 견고하게 설치할 것
③ 자루·가설대 등을 사용하는 경우에는 충분한 폭 및 강도와 적당한 경사를 확보할 것

> **비교**
> * 차량계 하역운반기계의 전도방지 조치 ★★
>   ① 유도자 배치
>   ② 지반의 부동침하방지
>   ③ 갓길의 붕괴방지

> **참고**
> * 붐 등의 강하에 의한 위험 방지
> 차량계 건설기계의 붐·암 등을 올리고 그 밑에서 수리·점검 작업 등을 하는 경우 붐·암 등이 갑자기 내려옴으로써 발생하는 위험을 방지하기 위하여 해당 작업에 종사하는 근로자에게 안전지지대 또는 안전블록 등을 사용하도록 하여야 한다.

> **참고**
> * 차량계 하역운반기계의 이송
> 차량계 하역운반 기계를 이송하기 위하여 자주 또는 견인에 의하여 화물자동차등에 싣거나 내리는 작업에 있어서 발판·성토 등을 사용하는 때에는 당해 기계의 전도 또는 전락에 의한 위험을 방지하기 위하여 다음 각 호의 사항을 준수하여야 한다.
> ① 싣거나 내리는 작업은 평탄하고 견고한 장소에서 할 것
> ② 발판을 사용하는 경우에는 충분한 길이·폭 및 강도를 가진 것을 사용하고 적당한 경사를 유지하기 위하여 견고하게 설치할 것
> ③ 가설대 등을 사용하는 경우에는 충분한 폭 및 강도와 적당한 경사를 확보할 것
> ④ 지정운전자의 성명·연락처 등을 보기 쉬운 곳에 표시하고 지정운전자 외에는 운전하지 않도록 할 것

(3) 낙하물 보호구조의 설치 ★

사업주는 토사 등이 떨어질 우려가 있는 등 위험한 장소에서 차량계 건설기계[불도저, 트랙터, 굴착기, 로더, 스크레이퍼, 덤프트럭, 모터그레이더, 롤러, 천공기, 항타기 및 항발기로 한정한다]를 사용하는 경우에는 해당 차량계 건설기계에 견고한 낙하물 보호구조를 갖춰야 한다.

(4) 수리 등의 작업 시 조치

차량계 건설기계의 수리 또는 부속장치의 장착 및 해체작업을 하는 때에는 당해 작업의 지휘자를 지정하여 다음 각 호의 사항을 준수하도록 하여야 한다.

① 작업순서를 결정하고 작업을 지휘할 것
② 안전지지대 또는 안전블록 등의 사용상황 등을 점검할 것

6 운반기계의 안전

(1) 차량계 하역운반기계 운전자가 운전위치 이탈 시 조치 ★★

① 포크, 버킷, 디퍼 등의 장치를 가장 낮은 위치 또는 지면에 내려 둘 것
② 원동기를 정지시키고 브레이크를 확실히 거는 등 갑작스러운 이동을 방지하기 위한 조치를 할 것
③ 운전석을 이탈하는 경우에는 시동키를 운전대에서 분리시킬 것. 다만, 운전석에 잠금장치를 하는 등 운전자가 아닌 사람이 운전하지 못하도록 조치한 경우에는 그러하지 아니하다.

(2) 차량계 하역운반기계의 넘어짐(전도) 방지 조치 ★★

① 유도자 배치
② 지반의 부동침하방지
③ 갓길의 붕괴방지

(3) 차량계 하역운반기계에 화물적재 시의 조치 ★

① 하중이 한쪽으로 치우치지 않도록 적재할 것
② 구내운반차 또는 화물자동차의 경우 화물의 붕괴 또는 낙하에 의한 위험을 방지하기 위하여 화물에 로프를 거는 등 필요한 조치를 할 것

③ 운전자의 시야를 가리지 않도록 화물을 적재할 것
④ 화물을 적재하는 경우에는 최대적재량을 초과해서는 아니 된다.

(4) 차량계 하역운반기계에 단위화물의 무게가 100킬로그램 이상인 화물을 싣는 작업 또는 내리는 작업 시 작업의 지휘자를 지정하여 다음 각 호의 사항을 준수하도록 하여야 한다. ✯

차량계 하역운반기계 작업 시 작업지휘자 임무 ✯
① 작업 순서 및 그 순서마다의 작업 방법을 정하고 작업을 지휘할 것 ② 기구 및 공구를 점검하고 불량품을 제거할 것 ③ 해당 작업을 하는 장소에 관계 근로자가 아닌 사람이 출입하는 것을 금지할 것 ④ 로프를 풀거나 덮개를 벗기는 작업을 행하는 때에는 적재함의 낙하할 위험이 없음을 확인한 후에 당해 작업을 하도록 할 것

(5) 수리 등의 작업 시 조치

차량계 하역운반기계 등의 수리 또는 부속장치의 장착 및 해체작업을 하는 때에는 해당 작업의 지휘자를 지정하여 다음 각 호의 사항을 준수하도록 하여야 한다.

차량계 하역운반기계 수리, 부속장치 장착 및 해체작업 시 작업지휘자 임무
① 작업순서를 결정하고 작업을 지휘할 것 ② 안전지지대 또는 안전블록 등의 사용상황 등을 점검할 것

(6) 제한속도의 지정

① 차량계 하역운반기계, 차량계 건설기계(최대제한속도가 시속 10킬로미터 이하인 것은 제외한다)를 사용하여 작업을 하는 경우 미리 작업장소의 지형 및 지반 상태 등에 적합한 제한속도를 정하고, 운전자로 하여금 준수하도록 하여야 한다.

② 궤도작업차량을 사용하는 작업, 입환기로 입환작업을 하는 경우에 작업에 적합한 제한속도를 정하고, 운전자로 하여금 준수하도록 하여야 한다.

(7) 작업시작 전 점검 ✩✩✩

지게차의 작업시작 전 점검	① 하역장치 및 유압장치 기능의 이상 유무 ② 제동장치 및 조종장치 기능의 이상 유무 ③ 바퀴의 이상 유무 ④ 전조등, 후미등, 방향지시기, 경보장치 기능의 이상 유무
구내운반차의 작업시작 전 점검	① 제동장치 및 조종장치 기능의 이상 유무 ② 하역장치 및 유압장치 기능의 이상 유무 ③ 바퀴의 이상 유무 ④ 전조등·후미등·방향지시기 및 경음기 기능의 이상 유무 ⑤ 충전장치를 포함한 홀더 등의 결합상태의 이상 유무
화물 자동차의 작업시작 전 점검	① 제동 장치 및 조종 장치의 기능 ② 하역 장치 및 유압 장치의 기능 ③ 바퀴의 이상 유무
고소작업대의 작업시작 전 점검	① 비상정지장치 및 비상하강방지장치 기능의 이상 유무 ② 과부하방지장치의 작동 유무 　(와이어로프 또는 체인구동방식의 경우) ③ 아웃트리거 또는 바퀴의 이상 유무 ④ 작업면의 기울기 또는 요철 유무

(8) 사전조사 및 작업계획서의 내용

작업명	차량계 하역운반기계 등을 사용하는 작업	차량계 건설기계를 사용하는 작업
사전 조사 내용	–	해당 기계의 굴러 떨어짐, 지반의 붕괴 등으로 인한 근로자의 위험을 방지하기 위한 해당 작업장소의 지형 및 지반상태
작업 계획서 내용	가. 해당 작업에 따른 추락·낙하·전도·협착 및 붕괴 등의 위험 예방대책 나. 차량계 하역운반기계 등의 운행경로 및 작업방법	가. 사용하는 차량계 건설기계의 종류 및 성능 나. 차량계 건설기계의 운행경로 다. 차량계 건설기계에 의한 작업방법 ✩✩

7 항타기 및 항발기의 안전기준

(1) 항타기 및 항발기의 무너짐 방지조치

① 연약한 지반에 설치하는 경우에는 아웃트리거·받침 등 지지구조물의 침하를 방지하기 위하여 깔판·받침목 등을 사용할 것
② 시설 또는 가설물 등에 설치하는 때에는 그 내력을 확인하고 내력이 부족한 때에는 그 내력을 보강할 것
③ 아웃트리거·받침 등 지지구조물이 미끄러질 우려가 있는 때에는 말뚝 또는 쐐기 등을 사용하여 해당 지지구조물을 고정시킬 것
④ 궤도 또는 차로 이동하는 항타기 또는 항발기에 대하여는 불시에 이동하는 것을 방지하기 위하여 레일클램프 및 쐐기 등으로 고정시킬 것
⑤ 상단 부분은 버팀대·버팀줄로 고정하여 안정시키고, 그 하단 부분은 견고한 버팀·말뚝 또는 철골 등으로 고정시킬 것

(2) 권상용 와이어로프

① 항타기 또는 항발기의 권상용 와이어로프의 안전계수가 5 이상이 아니면 이를 사용하여서는 아니 된다. ✄
② 권상용 와이어로프는 추 또는 해머가 최저의 위치에 있을 때 또는 널말뚝을 빼어내기 시작한 때를 기준으로 하여 권상장치의 드럼에 적어도 2회 감기고 남을 수 있는 충분한 길이일 것 ✄
③ 권상용 와이어로프는 권상장치의 드럼에 클램프·클립 등을 사용하여 견고하게 고정할 것
④ 항타기의 권상용 와이어로프에 있어서 추·해머등과의 연결은 클램프·클립 등을 사용하여 견고하게 할 것
⑤ 클램프·클립 등은 한국산업표준 제품이거나 한국산업표준이 없는 제품의 경우에는 이에 준하는 규격을 갖춘 제품을 사용할 것

(3) 권상기 및 도르래의 설치

① 항타기 또는 항발기에 사용하는 권상기에는 쐐기장치 또는 역회전 방지용 브레이크를 부착하여야 한다.
② 항타기 또는 항발기의 권상장치의 드럼 축과 권상장치로부터 첫 번째 도르래의 축과의 거리를 권상장치의 드럼 폭의 15배 이상으로 하여야 한다. ✄
③ 도르래는 권상장치의 드럼의 중심을 지나야 하며 축과 수직면상에 있어야 한다. ✄

용어정의

* 항타기(Pile driver)
  말뚝, 널말뚝을 박는 기계와 그 부속장치

* 항발기
  널말뚝, 파일 등을 뽑는 데 사용되는 기계

참고

* 항타기, 항발기의 기타 안전조치

1. 사용 시의 조치
   사업주는 압축공기를 동력원으로 하는 항타기나 항발기를 사용하는 경우에는 다음 각 호의 사항을 준수하여야 한다.
   ① 공기호스와 해머의 접속부가 파손되거나 벗겨지는 것을 방지하기 위하여 그 접속부가 아닌 부위를 선정하여 공기호스를 해머에 고정시킬 것
   ② 공기를 차단하는 장치를 해머의 운전자가 쉽게 조작할 수 있는 위치에 설치할 것

2. 꼬인 때의 조치
   항타기 또는 항발기의 권상장치의 드럼에 권상용 와이어로프가 꼬인 때에는 와이어로프에 하중을 걸어서는 아니 된다.

3. 권상장치 정지 시의 조치
   항타기 또는 항발기의 권상장치에 하중을 건 상태로 정지하여 두는 때에는 쐐기장치 또는 역회전방지용 브레이크를 사용하여 제동하여 두는 등 확실하게 정지시켜 두어야 한다.

4. 운전 위치의 이탈금지
   ① 항타기 또는 항발기의 운전자로 하여금 권상장치에 하중을 건 상태로 운전 위치로부터 이탈하도록 하여서는 아니 된다.

② 항타기 또는 항발기의 운전자는 권상장치에 하중을 건 상태로 운전위치를 이탈하여서는 아니 된다.

5. 출입의 금지
운전 중인 항타기 또는 항발기의 권상용 와이어로프 등의 부착부분의 파손에 의하여 와이어로프가 벗겨지거나 드럼·도르래뭉치 등이 떨어져 근로자에게 위험을 미칠 우려가 있는 장소에는 근로자를 출입시켜서는 아니 된다.

6. 말뚝 등을 끌어올릴 때의 조치
항타기를 사용하여 말뚝 및 널말뚝 등을 끌어 올리는 때에는 그 훅부분이 드럼 또는 도르래의 바로 아래에 위치하도록 하여 끌어 올려야 한다.

7. 작업지휘자의 지정
항타기 또는 항발기를 조립·해체·변경 또는 이동하는 때에는 작업지휘자를 지정하여 작업을 지휘, 감독하여야 하며 그 작업방법과 절차를 정하여 근로자에게 주지시켜야 한다.

(4) 항타기, 항발기 조립하는 때 점검 사항 ✈

① 본체의 연결부의 풀림 또는 손상의 유무
② 권상용 와이어로프·드럼 및 도르래의 부착상태의 이상 유무
③ 권상장치의 브레이크 및 쐐기장치 기능의 이상 유무
④ 권상기의 설치상태의 이상 유무
⑤ 리더(leader)의 버팀 방법 및 고정상태의 이상 유무
⑥ 본체·부속장치 및 부속품의 강도가 적합한지 여부
⑦ 본체·부속장치 및 부속품에 심한 손상·마모·변형 또는 부식이 있는지 여부

(5) 항타기 또는 항발기를 조립하거나 해체하는 경우 준수사항 ✈

① 항타기 또는 항발기에 사용하는 권상기에 쐐기장치 또는 역회전 방지용 브레이크를 부착할 것
② 항타기 또는 항발기의 권상기가 들리거나 미끄러지거나 흔들리지 않도록 설치할 것
③ 그 밖에 조립·해체에 필요한 사항은 제조사에서 정한 설치·해체 작업 설명서에 따를 것

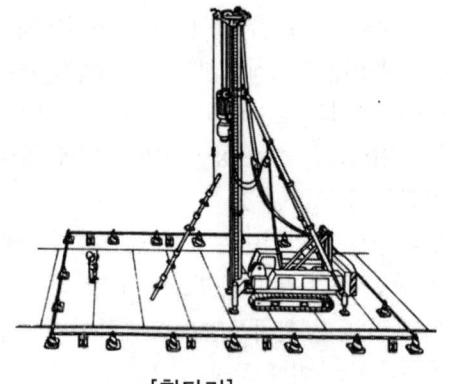

[항타기]

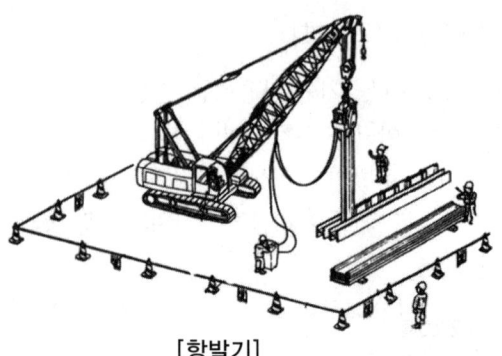

[항발기]

8 컨베이어의 안전

(1) 컨베이어의 방호장치 ✰✰✰

[컨베이어의 방호장치]

이탈 등의 방지장치	컨베이어 등을 사용하는 때에는 정전·전압강하 등에 의한 화물 또는 운반구의 이탈 및 역주행을 방지하는 장치를 갖추어야 한다.
비상정지 장치	컨베이어 등에 근로자의 신체의 일부가 말려드는 등 근로자에게 위험을 미칠 우려가 있는 때 및 비상시에는 즉시 컨베이어 등의 운전을 정지시킬 수 있는 장치를 설치하여야 한다.
덮개, 울의 설치	컨베이어 등으로부터 화물의 낙하로 인하여 근로자에게 위험을 미칠 우려가 있는 때에는 당해 컨베이어 등에 덮개 또는 울을 설치하는 등 낙하방지를 위한 조치를 하여야 한다.

(2) 건널다리의 설치 ✰

운전 중인 컨베이어 등의 위로 근로자를 넘어가도록 하는 때에는 근로자의 위험을 방지하기 위하여 건널다리를 설치하는 등 필요한 조치를 하여야 한다.

(3) 탑승의 제한

운전 중인 컨베이어에 근로자를 탑승시켜서는 아니 된다. 다만, 근로자를 운반할 수 있는 구조를 갖춘 컨베이어 등으로서 추락·접촉 등에 의한 근로자의 위험을 방지할 수 있는 조치를 한 때에는 그러하지 아니하다.

(4) 컨베이어 작업 시작 전 점검사항 ✰✰✰

컨베이어의 작업 시작 전 점검 ✰✰✰
① 원동기 및 풀리기능의 이상 유무 ② 이탈 등의 방지장치기능의 이상 유무 ③ 비상정지장치 기능의 이상 유무 ④ 원동기·회전축·기어 및 풀리 등의 덮개 또는 울 등의 이상 유무

9 화물자동차의 안전

(1) 사용의 제한

사업주는 화물자동차의 최대적재량 기타의 능력을 초과하여 이를 사용하여서는 아니 된다.

(2) 승강설비

바닥으로부터 짐 윗면과의 높이가 2미터 이상인 화물자동차에 짐을 싣는 작업 또는 내리는 작업을 하는 때에는 추락에 의한 근로자의 위험을 방지하기 위하여 당해 작업에 종사하는 근로자가 바닥과 적재함의 짐 윗면과의 사이를 안전하게 상승 또는 하강하기 위한 설비를 설치하여야 한다.

(3) 섬유로프 등의 점검

섬유로프 등을 화물자동차의 짐 걸이에 사용하는 때에는 당해 작업 시작 전에 다음 각 호의 조치를 하여야 한다.

① 작업순서 및 작업순서마다의 작업방법을 결정하고 작업을 직접 지휘하는 일
② 기구 및 공구를 점검하고 불량품을 제거하는 일
③ 당해 작업을 행하는 장소에는 관계 근로자외의 자의 출입을 금지 시키는 일
④ 로프 풀기 작업 및 덮개를 벗기는 작업을 행하는 때에는 적재함의 화물에 낙하 위험이 없음을 확인한 후에 당해 작업의 착수를 지시 하는 일

(4) 화물 중간에서 빼내기 금지

화물자동차에서 화물을 내리는 작업을 하는 때에는 당해 작업에 종사하는 근로자로 하여금 하적단의 중간에서 화물을 빼내도록 하여서는 아니 된다.

(5) 적재함의 탑승 제한

적재함에 근로자를 탑승시켜서는 아니 된다. 다만, 화물자동차에 울 등을 설치하여 추락을 방지하는 조치를 한 때에는 그러하지 아니하다.

(6) 보호구의 착용

바닥으로부터 짐 윗면과의 높이가 2미터 이상인 화물자동차에 짐을 싣는 작업 또는 내리는 작업을 행하는 때에는 추락에 의한 근로자의 위험을 방지하기 위하여 당해 작업에 종사하는 근로자로 하여금 안전모등 보호구를 착용하도록 하여야 한다.

10 고소작업대의 안전

[고소작업대]

(1) 고소작업대를 설치하는 때에는 다음 각 호에 해당하는 것을 설치하여야 한다.

① 작업대를 와이어로프 또는 체인으로 상승 또는 하강시킬 때에는 와이어로프 또는 체인이 끊어져 작업대가 낙하하지 아니하는 구조이어야 하며, 와이어로프 또는 체인의 안전율은 5 이상일 것
② 작업대를 유압에 의하여 상승 또는 하강시킬 때에는 작업대를 일정한 위치에 유지할 수 있는 장치를 갖추고 압력의 이상 저하를 방지할 수 있는 구조일 것
③ 권과방지장치를 갖추거나 압력의 이상 상승을 방지할 수 있는 구조일 것
④ 붐의 최대 지면 경사각을 초과 운전하여 전도되지 않도록 할 것
⑤ 작업대에 정격하중(안전율 5 이상)을 표시할 것
⑥ 작업대에 끼임·충돌 등 재해를 예방하기 위한 가드 또는 과상승방지장치를 설치할 것
⑦ 조작반의 스위치는 눈으로 확인할 수 있도록 명칭 및 방향표시를 유지할 것

합격의 key

(2) 고소작업대를 설치하는 때에는 다음 각 호의 사항을 준수하여야 한다.
① 바닥과 고소작업대는 가능한 한 수평을 유지하도록 할 것
② 갑작스러운 이동을 방지하기 위하여 아웃트리거(outrigger) 또는 브레이크 등을 확실히 사용할 것

(3) 사업주는 고소작업대를 이동하는 때에는 다음 각 호의 사항을 준수하여야 한다.
① 작업대를 가장 낮게 하강시킬 것
② 작업자를 태우고 이동하지 말 것. 다만, 이동 중 전도 등의 위험 예방을 위하여 유도하는 사람을 배치하고 짧은 구간을 이동하는 경우에는 작업대를 가장 낮게 내린 상태에서 작업자를 태우고 이동할 수 있다.
③ 이동통로의 요철상태 또는 장애물의 유무 등을 확인할 것

(4) 고소작업대를 사용하는 때에는 다음 각 호의 사항을 준수하여야 한다.
① 작업자가 안전모·안전대 등의 보호구를 착용하도록 할 것
② 관계자 외의 자가 작업구역 내에 들어오는 것을 방지하기 위하여 필요한 조치를 할 것
③ 안전한 작업을 위하여 적정수준의 조도를 유지할 것
④ 전로(電路)에 근접하여 작업을 하는 때에는 작업감시자를 배치하는 등 감전사고를 방지하기 위하여 필요한 조치를 할 것
⑤ 작업대를 정기적으로 점검하고 붐·작업대 등 각 부위의 이상 유무를 확인할 것
⑥ 전환 스위치는 다른 물체를 이용하여 고정하지 말 것
⑦ 작업대는 정격하중을 초과하여 물건을 싣거나 탑승하지 말 것
⑧ 작업대의 붐대를 상승시킨 상태에서 탑승자는 작업대를 벗어나지 말 것. 다만, 작업대에 안전대 부착설비를 설치하고 안전대를 연결하였을 때에는 그러하지 아니하다.

(5) 악천후 시 작업 중지 ✦
비·눈 그 밖의 기상상태의 불안정으로 인하여 날씨가 몹시 나쁠 때에 10미터 이상의 높이에서 고소작업대를 사용함에 있어 근로자에게 위험을 미칠 우려가 있는 때에는 작업을 중지하여야 한다.

11 구내 운반차

(1) 구내 운반차의 준수사항 ✖

① 주행을 제동하고 또한 정지 상태를 유지하기 위하여 유효한 제동장치를 갖출 것
② 경음기를 갖출 것
③ 운전석이 차 실내에 있는 것은 좌우에 한 개씩 방향지시기를 갖출 것
④ 전조등과 후미등을 갖출 것. 다만, 작업을 안전하게 하기 위하여 필요한 조명이 있는 장소에서 사용하는 구내운반차에 대해서는 그러하지 아니하다.
⑤ 구내 운반차가 후진 중에 주변의 근로자 또는 차량계 하역운반기계 등과 충돌할 위험이 있는 경우에는 구내운반차에 후진 경보기와 경광등을 설치할 것

12 지게차

포크, 램(ram) 등의 화물적재 장치와 그 장치를 승강시키는 마스트(mast)를 구비하고 동력에 의해 이동하는 지게차에 적용한다.

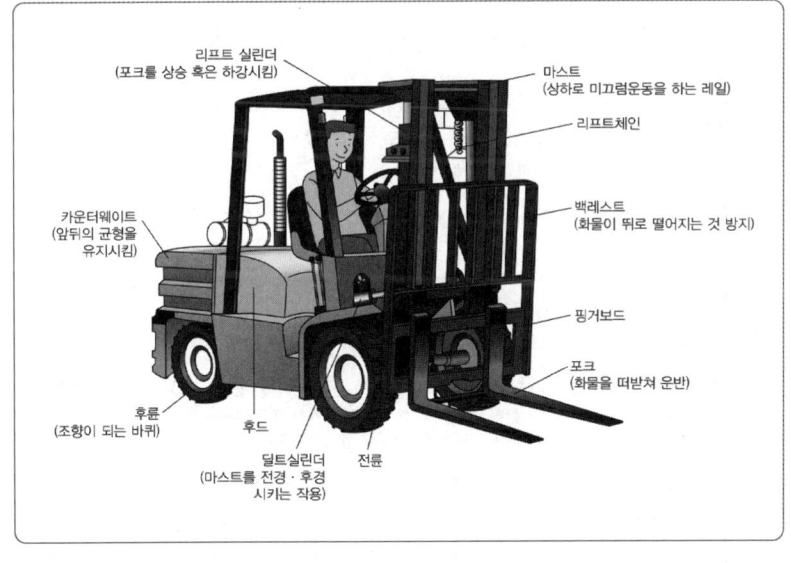

확인

※ 지게차 안전기준 ★

① 주행 시 포크는 반드시 내리고 운전해야 한다.
② 운전자 외의 어떤 자도 절대로 승차시키지 말아야 한다.
③ 헤드가드를 설치하여 운전자를 보호해야 한다.
④ 주차 시 포크를 반드시 내려놓고 후진 할 때는 반드시 정차 후 뒤를 확인해야 한다.
⑤ 마스트 이상 짐을 높이 실어 작업을 해서는 안된다.
⑥ 짐을 싣고 내리막 길을 내려갈 시는 후진으로 해야 한다.
⑦ 작업장 부근에는 사람이 접근하지 않게 해야 한다.
⑧ 경사진 위험한 곳에 장비를 주차시키지 말아야 한다.
⑨ 짐을 인양한 밑으로 사람이 들어가거나 통과시키는 것을 금한다.

합격의 key

문제
다음에 열거한 지게차 헤드가드의 구비조건 중에서 틀린 것은?
㉮ 시야 확보를 위해 상부프레임의 각 개구의 폭 또는 길이는 20cm 이상일 것
㉯ 강도는 포크리프트 최대하중의 2배 값의 등분포 정하중에 견딜 수 있을 것
㉰ 운전자가 서서 조작하는 방식의 포크리프트에서는 운전자의 마루면에서 헤드가드의 상부프레임 하면까지의 높이는 1.88m 이상일 것
㉱ 운전자가 앉아서 조작하는 방식의 포크리프트에서는 운전자의 좌석 상면에서 헤드가드의 상부프레임 하면까지의 높이는 0.903m 이상일 것

[해설]
㉮ 상부프레임의 각 개구의 폭 또는 길이는 16cm 미만일 것

정답 ㉮

문제
지게차의 작업 시작 전 점검사항이 아닌 것은?
㉮ 권과방지장치, 브레이크, 클러치 및 운전장치 기능의 이상 유무
㉯ 하역장치 및 유압장치 기능의 이상 유무
㉰ 제동장치 및 조종장치 기능의 이상 유무
㉱ 전조등, 후미등, 방향지시기 및 경보장치 기능의 이상 유무

[해설]
지게차의 작업 시작 전 점검
① 하역장치 및 유압장치 기능의 이상 유무
② 제동장치 및 조종장치 기능의 이상 유무
③ 바퀴의 이상 유무
④ 전조등, 후미등, 방향지시기, 경보장치 기능의 이상 유무

정답 ㉮

---

(1) 방호장치 ✦

① **헤드가드** : 지게차에는 최대하중의 2배(4톤을 넘는 값에 대해서는 4톤으로 한다)에 해당하는 등분포정하중(等分布靜荷重)에 견딜 수 있는 강도의 헤드가드를 설치하여야 한다.
② **백레스트** : 지게차에는 포크에 적재된 화물이 마스트의 뒤쪽으로 떨어지는 것을 방지하기 위한 백레스트(backrest)를 설치하여야 한다.
③ **전조등, 후미등** : 지게차에는 7천 5백칸델라 이상의 광도를 가지는 전조등, 2칸델라 이상의 광도를 가지는 후미등을 설치하여야 한다.
④ **안전벨트** : 다음 각 호의 요건에 적합한 안전벨트를 설치하여야 한다.
   - 한국 산업표준에 따라 인증을 받은 제품, 「품질경영 및 공산품 안전관리법」에 따라 안전인증을 받은 제품, 국제적으로 인정되는 규격에 따른 제품 또는 국토해양부장관이 이와 동등 이상이라고 인정하는 제품일 것
   - 사용자가 쉽게 잠그고 풀 수 있는 구조일 것

(2) 설치방법 ✦✦

헤드가드	① 상부 틀의 각 개구의 폭 또는 길이는 16센티미터 미만일 것 ② 운전자가 앉아서 조작하거나 서서 조작하는 지게차의 헤드가드는 한국산업표준에서 정하는 높이 기준 이상일 것 (좌식 : 903mm 이상, 입식 : 1,905mm 이상)
백레스트	① 외부충격이나 진동 등에 의해 탈락 또는 파손되지 않도록 견고하게 부착할 것 ② 최대하중을 적재한 상태에서 마스트가 뒤쪽으로 경사지더라도 변형 또는 파손이 없을 것
전조등	① 좌우에 1개씩 설치할 것 ② 등광색은 백색으로 할 것 ③ 점등 시 차체의 다른 부분에 의하여 가려지지 아니할 것
후미등	① 지게차 뒷면 양쪽에 설치할 것 ② 등광색은 적색으로 할 것 ③ 지게차 중심선에 대하여 좌우대칭이 되게 설치할 것 ④ 등화의 중심점을 기준으로 외측의 수평각 45도에서 볼 때에 투영면적이 12.5제곱센티미터 이상일 것

(3) 지게차의 안전기준

1) 사업주는 적합한 헤드가드(head guard)를 갖추지 아니한 지게차를 사용해서는 아니 된다. 다만, 화물의 낙하에 의하여 지게차의 운전자에게 위험을 미칠 우려가 없는 경우에는 그러하지 아니하다.
2) 사업주는 백레스트(backrest)를 갖추지 아니한 지게차를 사용해서는 아니 된다. 다만, 마스트의 후방에서 화물이 낙하함으로써 근로자가 위험해질 우려가 없는 경우에는 그러하지 아니하다.
3) 사업주는 지게차에 의한 하역 운반 작업에 사용하는 팔레트(pallet) 또는 스키드(skid)는 다음 각 호에 해당하는 것을 사용하여야 한다.
   ① 적재하는 화물의 중량에 따른 충분한 강도를 가질 것
   ② 심한 손상·변형 또는 부식이 없을 것
4) 사업주는 앞서서 조작하는 방식의 지게차를 운전하는 근로자에게 좌석 안전띠를 착용하도록 하여야 한다.

(4) 지게차의 안전조건 ✩✩

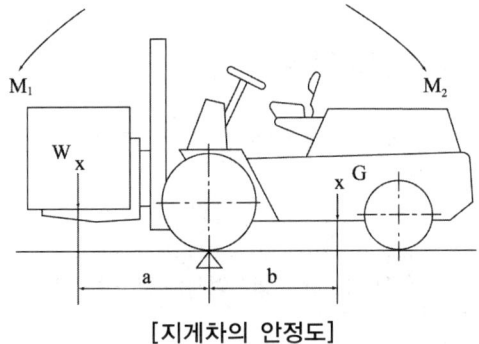

[지게차의 안정도]

① 지게차가 전도되지 않고 안정되기 위해서는 물체의 모멘트 ($M_1 = W \times a$)보다 지게차의 모멘트($M_2 = G \times b$)가 더 커야 한다.

지게차의 안정도 ✩✩
$W \times a < G \times b$ ($M_1 < M_2$) 여기서, W : 화물중량   a : 앞바퀴 ~ 화물 중심까지 거리 G : 지게차 자체 중량   b : 앞바퀴 ~ 차 중심까지 거리

② 전경사각
   마스트의 수직위치에서 앞으로 기울인 경우 최대경사각 5 ~ 6°
③ 후경사각
   마스트의 수직위치에서 뒤로 기울인 경우 최대경사각 10 ~ 12°

합격의 key

[문제]
하물 중량이 200kg, 지게차의 중량이 400kg, 앞바퀴에서 하물의 중심까지의 최단 거리가 1m이면 지게차가 안정되기 위한 앞바퀴에서 지게차의 중심까지의 최단 거리는?

㉮ 0.2m 초과
㉯ 0.5m 초과
㉰ 1m 초과
㉱ 3m 이상

[해설]
$W \times a < G \times b$
(W : 화물 중량
a : 앞바퀴 – 화물 중심까지 거리
G : 지게차 자체 중량
b : 앞바퀴 – 차 중심까지 거리)
$200 \times 1 < 400 \times b$
∴ b > 0.5m

[정답] ㉯

참고

1. 지게차는 지면에서 중심선이 지면의 기울어진 방향과 평행할 경우 앞이나 뒤로 넘어지지 아니하여야 한다.
   (1) 지게차의 최대하중 상태에서 쇠스랑을 가장 높이 올린 경우 기울기가 100분의 4(4%) [지게차의 최대하중이 5톤 이상인 경우에는 100분의 3.5(3.5%)]인 지면
   (2) 지게차의 기준 부하상태에서 주행할 경우 기울기가 100분의 18(18%)인 지면

2. 지게차는 지면에서 중심선이 지면의 기울어진 방향과 직각으로 교차할 경우 옆으로 넘어지지 아니하여야 한다.
   (1) 지게차의 최대하중 상태에서 쇠스랑을 가장 높이 올리고 마스트를 가장 뒤로 기울인 경우 기울기가 100분의 6(6%)인 지면
   (2) 지게차의 기준 무부하 상태에서 주행할 경우 구배가 지게차의 최고주행속도에 1.1을 곱한 후 15를 더한 값인 지면. 다만, 규격이 5,000킬로그램 미만인 경우에는 최대 기울기가 100분의 50, 5,000킬로그램 이상인 경우에는 최대 기울기가 100분의 40인 지면을 말한다.

(5) 지게차 작업 시의 안정도 ✰✰

안정도	지게차의 상태	
하역작업 시의 전·후 안정도 : 4% 이내(5t 이상 : 3.5%)		(위에서 본 경우)
주행 시의 전·후 안정도 : 18% 이내		
하역작업 시의 좌·우 안정도 : 6% 이내		(밑에서 본 경우)
주행 시의 좌·우 안정도 : (15+1.1V)% 이내 최대 40%(V : 최고 속도 km/h)		

$$안정도 = \frac{h}{l} \times 100(\%)$$

13 운전 위치의 이탈금지 ✰

다음 각 호의 기계를 운전하는 경우 운전자가 운전 위치를 이탈하게 해서는 아니 된다.

운전 위치를 이탈하여서는 안 되는 기계 ✰
① 양중기
② 항타기 또는 항발기(권상장치에 하중을 건 상태)
③ 양화장치(화물을 적재한 상태)

CHAPTER 04 단원 예상문제

01 수중굴착 및 구조물에 적합한 것은?

㉮ 클램셸(Clam Shell)
㉯ 파워셔블(Power Shovel)
㉰ 불도저(Bulldozer)
㉱ 항타기(Pile Driver)

[해설] **클램셸(clamshell)**
① 수중굴착 및 가장 협소하고 깊은 굴착이 가능하며 호퍼(hopper)에 적당하다.
② 연약지반이나 수중굴착 및 자갈 등을 싣는데 적합하다.
③ 깊은 땅파기 공사와 흙막이 버팀대를 설치하는데 사용한다.

{참고} ① 파워 셔블(power shovel)[dipper shovel : 동력삽]
- 기계가 서 있는 지반면보다 높은 곳의 땅파기에 적합하다.
- 앞으로 흙을 긁어서 굴착하는 방식이다.
- 붐(boom)이 단단하여 굳은 지반의 굴착에도 사용된다.

② 드래그 셔블(drag shovel, 백호)
- 기계가 서 있는 지면보다 낮은 장소의 굴착 및 수중굴착이 가능하다
- 지하층이나 기초의 굴착에 사용된다.
- 굳은 지반의 토질도 정확한 굴착이 된다.

③ 드래그 라인(drag line)
- 기계가 서 있는 위치보다 낮은 장소의 굴착에 적당하고 굳은 토질에서의 굴착은 되지 않지만 굴착 반지름이 크다.
- 작업 범위가 광범위하고 수중굴착 및 연약한 지반의 굴착에 적합하다.

02 차량계 건설기계의 작업계획에 포함되어야 하는 사항이 아닌 것은?

㉮ 차량계 건설기계의 제작 비용
㉯ 차량계 건설기계의 종류 및 능력
㉰ 차량계 건설기계의 운행경로
㉱ 차량계 건설기계에 의한 작업 방법

[해설] **차량계 건설기계의 작업계획서 내용**
① 사용하는 차량계 건설기계의 종류 및 성능
② 차량계 건설기계의 운행경로
③ 차량계 건설기계에 의한 작업 방법

03 굴착기계로 채석작업 시 근로자의 작업장에 후진하여 접근하거나 전락할 우려가 있을 때 사고를 방지하기 위하여 배치하여야 하는 사람은?

㉮ 작업지휘자   ㉯ 안전담당자
㉰ 감시인   ㉱ 유도자

[해설] 굴착 기계가 후진할 때 또는 차량의 전도, 전락의 우려가 있을 때는 차량을 유도하는 유도자를 배치하여야 한다.

04 다음 중 스크레이퍼의 용도로 가장 거리가 먼 것은?

㉮ 싣기   ㉯ 운반
㉰ 하역   ㉱ 다짐

[해설] **스크레이퍼(scraper)**
굴착, 적재, 운반, 성토, 흙깔기, 흙 다지기의 작업을 하나의 기계로 사용할 수 있다.

{참고} "하역"은 화물을 싣고 내리는 일을 말하며, 차량계 하역운반 기계에는 지게차, 구내 운반차, 화물자동차 등이 해당된다.

정답 01 ㉮ 02 ㉮ 03 ㉱ 04 ㉰

05 항타기 또는 항발기를 조립할 때 점검하여야 하는 사항과 거리가 먼 것은?

㉮ 권상기의 설치 상태의 이상 유무
㉯ 본체 연결부의 풀림 또는 손상의 유무
㉰ 이동 제동장치 기능의 이상 유무
㉱ 권상장치의 브레이크 및 쐐기 장치 기능의 이상 유무

[해설] 항타기, 항발기 조립하는 때 점검 사항
① 본체 연결부의 풀림 또는 손상의 유무
② 권상용 와이어로프 · 드럼 및 도르래의 부착상태의 이상 유무
③ 권상장치의 브레이크 및 쐐기장치 기능의 이상 유무
④ 권상기의 설치상태의 이상 유무
⑤ 리더(leader)의 버팀 방법 및 고정상태의 이상 유무
⑥ 본체 · 부속장치 및 부속품의 강도가 적합한지 여부
⑦ 본체 · 부속장치 및 부속품에 심한 손상 · 마모 · 변형 또는 부식이 있는지 여부

06 지게차에 대한 설명으로 옳지 않은 것은?

㉮ 하역을 위한 마스트(Mast)가 주행 시 시야를 넓게 한다.
㉯ 하역, 운반 작업 시 작업자는 운전자 1명으로도 가능하다.
㉰ 하역, 운반 시의 안전성이 다른 운송 기계에 비해 우수하다.
㉱ 50m 이내의 운반 거리에서는 하역량을 극대화 시킬 수 있다.

[해설] ㉮ **지게차의 마스트(Mast)는 하물의 이동 높이를 결정**하는 기능을 가진다.

07 흙파기 공사용 기계에 관한 설명 중 틀린 것은?

㉮ 불도저는 일반적으로 거리 60m 이하의 배토작업에 사용된다.
㉯ 클램셸은 좁은 곳의 수직파기를 할 때 사용한다.
㉰ 파워쇼벨은 기계가 위치한 면보다 낮은 곳을 파낼 때 유용하다.
㉱ 백호우는 5~6m 정도를 파낼 때 편리하다.

[해설] 파워쇼벨은 기계가 서 있는 지반면보다 높은 곳의 땅파기에 적합하다.

{참고} ① **파워셔블**(power shovel)[dipper shovel : 동력삽]
 • **기계가 서 있는 지반면보다 높은 곳의 땅파기에 적합하다.**
 • 붐(boom)이 단단하여 **굳은 지반의 굴착**에도 사용된다.
② **드래그셔블**(drag shovel, **백호**)
 • 기계가 서 있는 **지면보다 낮은 장소의 굴착** 및 수중굴착이 가능하다.
 • **굳은 지반의 토질도 정확한 굴착**이 된다.
③ 드래그 라인(drag line)
 • 기계가 **서있는 위치보다 낮은 장소의 굴착**에 적당하고 굳은 토질에서의 굴착은 되지 않지만 굴착 반지름이 크다.

정답 05 ㉰ 06 ㉮ 07 ㉰

08 지게차의 작업 시작 전 점검사항이 아닌 것은?

㉮ 권과방지장치, 브레이크, 클러치 및 운전장치 기능의 이상 유무
㉯ 하역장치 및 유압장치 기능의 이상 유무
㉰ 제동장치 및 조종장치 기능의 이상 유무
㉱ 전도등, 후미등, 방향지시기 및 경보장치 기능의 이상 유무

[해설] **지게차의 작업 시작 전 점검**
① 하역장치 및 유압장치 기능의 이상 유무
② 제동장치 및 조종장치 기능의 이상 유무
③ 바퀴의 이상 유무
④ 전조등, 후미등, 방향지시기, 경보장치 기능의 이상 유무

09 차량계 건설기계에 해당되지 않는 것은?

㉮ 불도저   ㉯ 항타기
㉰ 파워쇼벨   ㉱ 타워크레인

[해설] ㉱ 타워크레인은 양중기에 속한다.

10 아스팔트 포장도로의 노반의 파쇄 또는 토사 중에 있는 암석 제거에 가장 적당한 장비는?

㉮ 스크레이퍼(Scraper)
㉯ 롤러(Roller)
㉰ 리퍼(Ripper)
㉱ 드래그라인(Dragline)

[해설] **리퍼(Ripper)**
연암(軟岩)을 파쇄할 목적으로 트랙터 후부에 장착하는 파쇄 공구로서 아스팔트 포장도로의 **노반의 파쇄 또는 토사 중에 있는 암석제거에 사용된다.**

11 차량계 하역운반기계에 화물을 적재할 때의 준수사항과 거리가 먼 것은?

㉮ 하중이 한쪽으로 치우지지 않도록 적재할 것
㉯ 구내운반차 또는 화물자동차의 경우 화물의 붕괴 또는 낙하에 의한 위험을 방지하기 위하여 화물에 로프를 거는 등 필요한 조치를 할 것
㉰ 운전자의 시야를 가리지 않도록 화물을 적재할 것
㉱ 제동장치 및 조정장치 기능의 이상 유무를 점검할 것

[해설] **차량계 하역운반기계에 화물적재 시의 조치**
① 하중이 한쪽으로 치우지지 않도록 적재할 것
② 구내운반차 또는 화물자동차의 경우 **화물의 붕괴 또는 낙하에 의한 위험을 방지하기 위하여 화물에 로프를 거는 등 필요한 조치를 할 것**
③ 운전자의 시야를 가리지 않도록 화물을 적재할 것
④ 화물을 적재하는 경우에는 **최대적재량을 초과해서는 아니 된다.**

12 다음 굴착기계 중 주행기면 보다 하방의 굴착에 적합하지 않은 것은?

㉮ 백호
㉯ 크램셸
㉰ 파워셔블
㉱ 드래그라인

[해설] **파워 셔블**(power shovel)[dipper shovel : 동력삽]
① 기계가 **서 있는 지반면보다 높은 곳의 땅파기에 적합**하다.(상방굴착)
② 앞으로 흙을 긁어서 굴착하는 방식이다.
③ 붐(boom)이 단단하여 **굳은 지반의 굴착에도 사용**된다.

정답 08 ㉮ 09 ㉱ 10 ㉰ 11 ㉱ 12 ㉰

13 항타기 또는 항발기의 와이어로프의 절단하중 값과 와이어로프에 걸리는 하중의 최대 값이 보기와 같을 때 사용 가능한 경우는?

㉮ 와이어로프의 절단하중 값 : 10ton
　와이어로프에 걸리는 하중의 최대 값 : 2ton
㉯ 와이어로프의 절단하중 값 : 15ton
　와이어로프에 걸리는 하중의 최대 값 : 4ton
㉰ 와이어로프의 절단하중 값 : 20ton
　와이어로프에 걸리는 하중의 최대 값 : 6ton
㉱ 와이어로프의 절단하중 값 : 25ton
　와이어로프에 걸리는 하중의 최대 값 : 8ton

[해설] 1. 항타기 또는 항발기의 권상용 와이어로프의 안전계수가 5 이상이 아니면 이를 사용하여서는 아니 된다.

2. 안전율 = $\dfrac{\text{절단하중}}{\text{와이어로프에 걸리는 하중의 최대 값}}$

　㉮ 안전율 = $\dfrac{10}{2}$ = 5
　㉯ 안전율 = $\dfrac{15}{4}$ = 3.75
　㉰ 안전율 = $\dfrac{20}{6}$ = 3.33
　㉱ 안전율 = $\dfrac{25}{8}$ = 3.13

3. ㉮는 안전율이 5 이상에 해당하므로 사용이 가능하다.

14 지면을 절삭하여 평활하게 다듬는 장비로서 노면의 성형과 정지작업에 가장 적당한 장비는?

㉮ 모터 그레이더　㉯ 백호
㉰ 트랜처　　　　㉱ 클램쉘

[해설] 모터 그레이더 (Motor grader) : 토공판을 작동시켜 지면의 정지작업(땅을 깎아 고르는 작업)을 하는데 사용된다.

15 토사 등이 떨어질 우려가 있을 때 견고한 낙하물 보호구조를 설치해야 하는 건설기계의 종류가 아닌 것은?

㉮ 불도저　　　㉯ 트랙터
㉰ 드래그 셔블　㉱ 스크레이퍼

[해설] 낙하물 보호구조를 설치하여야 하는 차량계 건설기계
① 불도저　　② 트랙터
③ 굴착기　　④ 로더
⑤ 스크레이퍼　⑥ 덤프트럭
⑦ 모터그레이더
⑧ 롤러
⑨ 천공기
⑩ 항타기 및 항발기

16 항타기를 사용하는 경우에 무너짐의 방지를 위해 준수하여야 하는 사항으로 옳지 않은 것은?

㉮ 연약한 지반에 설치하는 경우에는 아웃트리거·받침 등 지지구조물의 침하를 방지하기 위하여 깔판·받침목 등을 사용할 것
㉯ 상단 부분은 버팀대·버팀줄로 고정하여 안정시키고, 그 하단 부분은 레일클램프 및 쐐기 등으로 고정시킬 것
㉰ 아웃트리거·받침 등 지지구조물이 미끄러질 우려가 있는 때에는 말뚝 또는 쐐기 등을 사용하여 해당 지지구조물을 고정시킬 것
㉱ 시설 또는 가설물 등에 설치하는 때에는 그 내력을 확인하고 내력이 부족한 때에는 그 내력을 보강할 것

정답　13 ㉮　14 ㉮　15 ㉰　16 ㉯

[해설] **항타기 및 항발기의 무너짐 방지조치**
① **연약한 지반에 설치**하는 경우에는 아웃트리거·받침 등 **지지구조물의 침하를 방지하기 위하여 깔판·받침목 등을 사용**할 것
② **시설 또는 가설물 등에 설치**하는 때에는 그 내력을 확인하고 내력이 부족한 때에는 그 **내력을 보강**할 것
③ 아웃트리거·받침 등 **지지구조물이 미끄러질 우려가 있는 때에는 말뚝 또는 쐐기 등을 사용**하여 해당 지지구조물을 고정시킬 것
④ 궤도 또는 차로 이동하는 항타기 또는 항발기에 대하여는 불시에 이동하는 것을 방지하기 위하여 레일클램프 및 쐐기 등으로 고정시킬 것
⑤ 상단 부분은 버팀대·버팀줄로 고정하여 안정시키고, 그 하단 부분은 견고한 버팀·말뚝 또는 철골 등으로 고정시킬 것

17. 말뚝박기 해머(hammer)중 연약지반에 적합하고 상대적으로 소음이 적은 것은?

㉮ 드롭 해머(drop hammer)
㉯ 디젤 해머(diesel hammer)
㉰ 스팀 해머(steam hammer)
㉱ 바이브로 해머(vibro hammer)

[해설] **바이브로 해머** : 기진기(起振機)를 말뚝에 부착하여 상하 진동을 주고, 기계 및 말뚝의 자중에 의해 말뚝을 관입시키는 기계로서, 소음이 적고, 말뚝 머리의 손상이 적다.

18. 다음에서 설명하고 있는 물건의 종류는?

앞뒤 두 개의 차륜이 있으며(2축, 2륜), 각각의 차축이 평행으로 배치된 것으로 찰흙, 점성토 등의 두꺼운 흙을 다지는 데 적당하나 단단한 각재를 다지는 데는 부적당하며 머캐덤 롤러 다짐 후의 아스팔트 포장에 사용된다.

㉮ 탬핑 롤러
㉯ 탠덤 롤러
㉰ 타이어 롤러
㉱ 진동 롤러

[해설] **탠덤 롤러(TANDEM ROLLER)** : 2륜형식으로 **머캐덤롤러의 작업 후 마무리 다짐, 아스팔트 포장의 끝마무리용**으로 이용된다.

19. 다음은 고소작업대를 설치하는 경우에 대한 내용이다. ( ) 안에 알맞은 숫자는?

작업대를 와이어로프 또는 체인으로 올리거나 내릴 경우에는 와이어로프 또는 체인이 끊어져 작업대가 떨어지지 아니하는 구조여야 하며, 와이어로프 또는 체인의 안전율은 ( ) 이상일 것

㉮ 5 ㉯ 7
㉰ 8 ㉱ 10

[해설] 작업대를 와이어로프 또는 체인으로 상승 또는 하강시킬 때에는 와이어로프 또는 체인이 끊어져 작업대가 낙하하지 아니하는 구조이어야 하며, **와이어로프 또는 체인의 안전율은 5 이상일 것**

정답 17 ㉱ 18 ㉯ 19 ㉮

CHAPTER 05 비계·거푸집 가시설 위험방지

01 건설 가시설물 설치 및 관리

합격의 key

참고

1. 가설구조물의 특징
① 연결재가 부족한 구조가 되기 쉽다.
② 부재의 결합이 간단하여 불안전 결합이 되기 쉽다.
③ 구조물이라는 개념이 확고하지 않아 조립의 정밀도가 낮다.
④ 부재는 과소 단면이거나 결함이 있는 재료가 사용되기 쉽다.

2. 가설재(비계)의 3조건
① 안정성 : 파괴, 도괴 및 동요에 대한 충분한 강도를 가질 것
② 작업성 : 통행과 작업에 방해가 없는 넓은 작업발판과 넓은 작업공간을 확보할 것
③ 경제성 : 가설 및 철거가 신속하고 용이할 것

용어정의

＊ 비계
구조물의 외부작업을 위해 근로자와 자재를 받쳐주기 위해 임시적으로 설치된 작업대와 그 지지구조물을 말한다.

주/요/내/용 알/고/가/기

1. 강관비계의 구조 및 조립 시 준수사항
2. 틀비계(강관 틀비계) 조립 시 준수사항
3. 달비계의 안전계수
4. 말비계의 구조
5. 이동식비계의 구조
6. 비계의 점검 보수 항목
7. 가설통로의 구조
8. 사다리식 통로의 구조
9. 계단의 설치
10. 이동식 사다리의 구조
11. 작업발판의 구조
12. 거푸집 구비조건
13. 거푸집 동바리의 조립 시 준수사항
14. 거푸집 동바리의 조립 또는 해체작업 시 준수사항
15. 거푸집 조립 및 해체 순서
16. 계측기 종류 및 용도
17. 계측위치 선정

1 비계의 종류 및 기준

(1) 강관비계 ✦✦

강관비계의 구조

① 비계기둥 간격 : 띠장방향에서는 1.85m 이하, 장선방향에서는 1.5m 이하로 할 것
   다만, 다음 각 목의 어느 하나에 해당하는 작업의 경우에는 안전성에 대한 구조검토를 실시하고 조립도를 작성하면 띠장 방향 및 장선 방향으로 각각 2.7미터 이하로 할 수 있다.
   가. 선박 및 보트 건조작업
   나. 그 밖에 장비 반입·반출을 위하여 공간 등을 확보할 필요가 있는 등 작업의 성질상 비계기둥 간격에 관한 기준을 준수하기 곤란한 작업

② 띠장간격 : 2.0미터 이하로 할 것(다만, 작업의 성질상 이를 준수하기가 곤란하여 쌍기둥 틀 등에 의하여 해당 부분을 보강한 경우에는 그러하지 아니하다)
③ 비계기둥의 제일 윗 부분으로부터 31m되는 지점 밑 부분의 비계기둥은 2본의 강관으로 묶어 세울 것
(다만, 브라켓(bracket, 까치발) 등으로 보강하여 2개의 강관으로 묶을 경우 이상의 강도가 유지되는 경우에는 그러하지 아니하다)
④ 비계기둥 간의 적재하중은 400kg을 초과하지 않도록 할 것

강관비계 조립 시의 준수사항

① 비계기둥에는 미끄러지거나 침하하는 것을 방지하기 위하여 밑받침철물을 사용하거나 깔판·받침목 등을 사용하여 밑둥잡이를 설치할 것
② 강관의 접속부 또는 교차부는 적합한 부속철물을 사용하여 접속하거나 단단히 묶을 것
③ 교차가새로 보강할 것
④ 외줄비계·쌍줄비계 또는 돌출비계의 벽이음 및 버팀 설치
- 조립간격 : 수직방향에서 5m 이하, 수평방향에서 5m 이하
- 강관·통나무 등의 재료를 사용하여 견고한 것으로 할 것
- 인장재와 압축재로 구성되어 있는 때에는 인장재와 압축재의 간격을 1미터 이내로 할 것

⑤ 가공전로에 근접하여 비계를 설치하는 때에는 가공전로를 이설, 절연용 방호구 장착하는 등 가공전로와의 접촉 방지 조치할 것

용어정의

① 강관비계
강관을 이음철물이나 연결철물(크램프)을 이용하여 조립한 비계를 말한다.

② 비계기둥
비계를 조립할 때 수직으로 세우는 부재를 말한다.

③ 띠장
비계기둥에 수평으로 설치하는 부재를 말한다.

④ 장선
쌍줄비계에서 띠장 사이에 수평으로 걸쳐 작업발판을 지지하는 가로재를 말한다.

⑤ 교차가새
강관비계 조립 시 비계기둥과 띠장을 일체화하고 비계의 도괴에 대한 저항력을 증대시키기 위해 비계 전면에 X형태로 설치하는 것을 말한다.

⑥ 벽연결 철물
비계를 건축물의 외벽에 따라 세울 때 이를 안정적으로 고정하기 위해서 건축물의 외벽과 연결하는 재료를 말한다.

합격의 key

[문제]
최고 51m 높이의 강관비계를 세우려고 한다. 지상에서 몇 미터까지를 2본으로 세워야 하는가?

㉮ 10m
㉯ 20m
㉰ 31m
㉱ 51m

[해설]
비계기둥의 최고부로부터 31미터되는 지점 밑 부분의 비계기둥을 2본의 강관으로 묶어 세운다.
51m − 31m = 20m

[정답] ㉯

참고

[연약지반의 보강]

[밑받침 철물의 고정]

[밑둥잡이의 설치]

[제일 윗부분으로부터 31m되는 지점의 비계기둥]

[수직 및 수평가새의 설치]

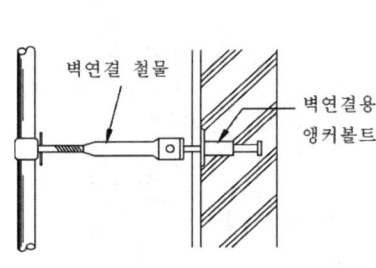
[벽연결 설치용 앵커의 매립]

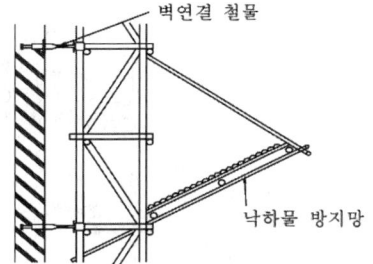
[벽연결 보강(낙하물 방지망)]

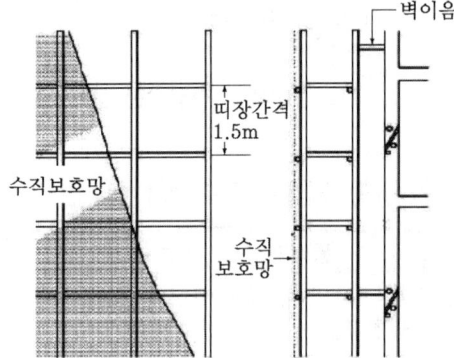
[강관비계 및 수직보호망의 설치]

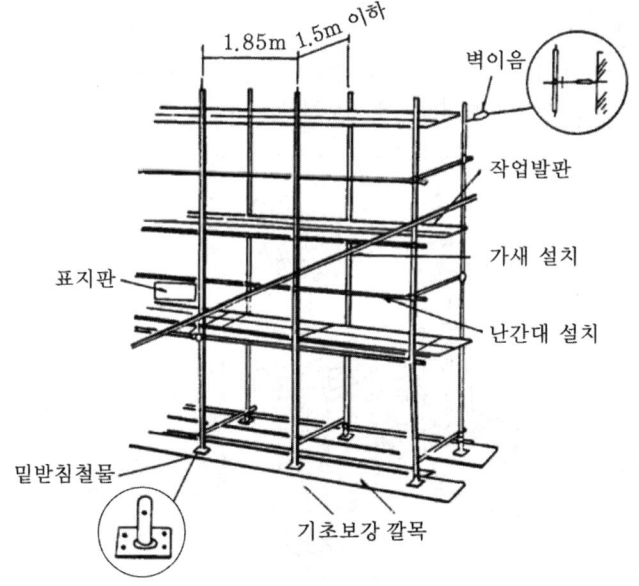
[쌍줄비계의 작업발판 설치]

> 참고
>
> * 비계용 발판
> ① 비계발판은 목재 또는 합판을 사용
> ② 제재목인 경우에 있어서는 장섬유질의 경사가 1 : 15 이하이고 충분히 건조된 것(함수율 15~20 퍼센트 이내)을 사용
> ③ 재료의 강도상 결점
>   - 발판의 폭과 동일한 길이 내에 있는 결점치수의 총합이 발판폭의 1/4을 초과하지 않을 것
>   - 결점 개개의 크기가 발판의 중앙부에 있는 경우 발판폭의 1/5, 발판의 갓부분에 있을 때는 발판폭의 1/7을 초과하지 않을 것
>   - 발판의 갓면에 있을 때는 발판두께의 1/2을 초과하지 않을 것
>   - 발판의 갈라짐은 발판폭의 1/2을 초과해서는 아니되며 철선, 띠철로 감아서 보존할 것
> ④ 비계발판의 치수는 폭이 두께의 5~6배 이상이어야 하며 발판 폭은 40센티미터 이상, 두께는 3.5센티미터 이상, 길이는 3.6미터 이내이어야 한다.
> ⑤ 비계발판은 하중과 간격에 따라서 응력의 상태가 달라지므로 〈표 1〉에 의한 허용 응력을 초과하지 않도록 설계하여야 한다.

[표 1] 허용응력

단위 : (kg/cm²)

허용 응력도 목재의 종류	압축	인장 또는 휨	전단
적송, 흑송, 회목	120	135	10.5
삼송, 전나무, 가문비나무	90	105	7.5

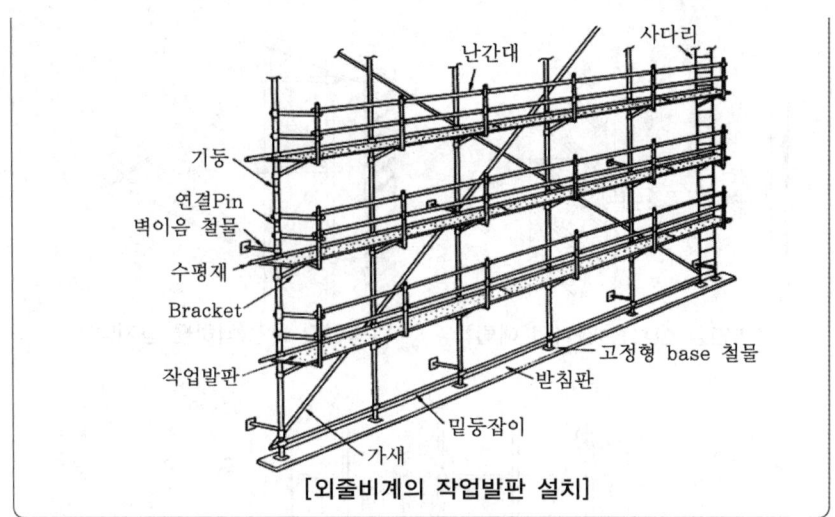

[외줄비계의 작업발판 설치]

(3) 틀비계(강관 틀비계) 조립 시 준수사항 ✦

틀비계 조립 시 준수사항 ✦

① 밑둥에는 밑받침 철물을 사용하여야 하며 밑받침에 고저차가 있는 경우에는 조절형 밑받침 철물을 사용하여 항상 수평 및 수직을 유지하도록 할 것
② 높이가 20미터를 초과하거나 중량물의 적재를 수반하는 작업을 할 경우에는 주틀 간의 간격이 1.8미터 이하로 할 것
③ 주틀 간에 교차가새를 설치하고 최상층 및 5층 이내마다 수평재를 설치할 것
④ 벽 이음 간격(조립 간격) : 수직 방향 6m, 수평 방향으로 8m미터 이내마다할 것
⑤ 길이가 띠장방향으로 4m 이하이고 높이가 10m를 초과하는 경우에는 10m 이내마다 띠장방향으로 버팀기둥을 설치할 것

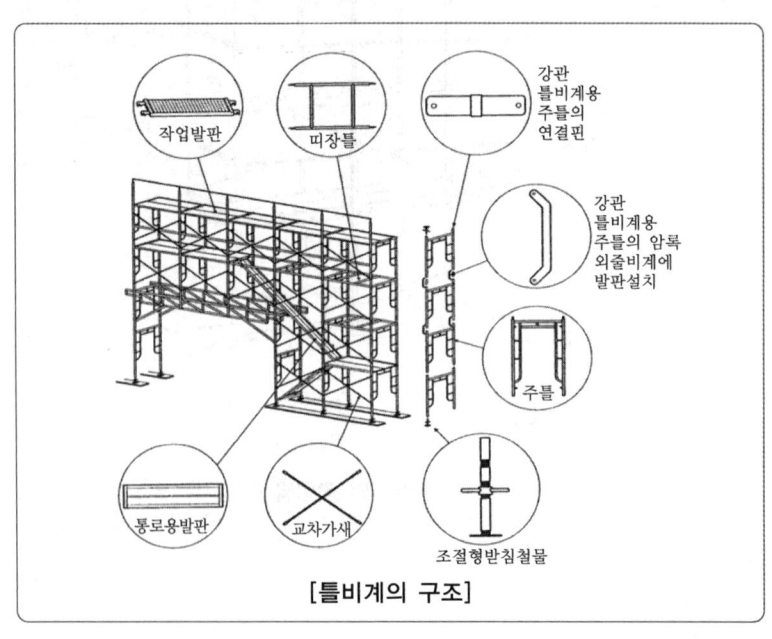

[틀비계의 구조]

◎기출

* 벽이음의 역할
① 풍하중에 의한 움직임 방지
② 수평하중에 의한 움직임 방지

(4) 비계 조립간격(벽이음 간격) ✩✩✩

비계 종류		수직 방향	수평 방향
강관 비계	단관비계	5m	5m
	틀비계(높이 5m 미만인 것 제외)	6m	8m

(5) 달비계의 구조(곤돌라형 달비계를 설치하는 경우 준수사항)

① 달기 강선 및 달기 강대는 심하게 손상·변형 또는 부식된 것을 사용하지 않도록 할 것
② 달기 와이어로프, 달기 체인, 달기 강선, 달기 강대는 한쪽 끝을 비계의 보 등에, 다른 쪽 끝을 내민 보, 앵커볼트 또는 건축물의 보 등에 각각 풀리지 않도록 설치할 것
③ 작업발판은 폭을 40센티미터 이상으로 하고 틈새가 없도록 할 것 ✩
④ 작업발판의 재료는 뒤집히거나 떨어지지 않도록 비계의 보 등에 연결하거나 고정시킬 것
⑤ 비계가 흔들리거나 뒤집히는 것을 방지하기 위하여 비계의 보·작업발판 등에 버팀을 설치하는 등 필요한 조치를 할 것
⑥ 선반 비계에서는 보의 접속부 및 교차부를 철선·이음철물 등을 사용하여 확실하게 접속시키거나 단단하게 연결시킬 것
⑦ 근로자의 추락 위험을 방지하기 위하여 다음 각 목의 조치를 할 것
  • 달비계에 구명줄을 설치할 것
  • 근로자에게 안전대를 착용하도록 하고 근로자가 착용한 안전줄을 달비계의 구명줄에 체결(締結)하도록 할 것
  • 달비계에 안전난간을 설치할 수 있는 구조인 경우에는 달비계에 안전난간을 설치할 것
⑧ 다음 각 목의 어느 하나에 해당하는 와이어로프, 달기체인, 작업용 섬유로프 또는 안전대의 섬유벨트를 달비계에 사용해서는 아니된다.

> 참고
> ＊ 작업 의자형 달비계를 설치하는 경우 준수사항
> ① 달비계의 작업대는 나무 등 근로자의 하중을 견딜 수 있는 강도의 재료를 사용하여 견고한 구조로 제작할 것
> ② 작업대의 4개 모서리에 로프를 매달아 작업대가 뒤집히거나 떨어지지 않도록 연결할 것
> ③ 작업용 섬유로프는 콘크리트에 매립된 고리, 건축물의 콘크리트 또는 철재 구조물 등 2개 이상의 견고한 고정점에 풀리지 않도록 결속(結束)할 것
> ④ 작업용 섬유로프와 구명줄은 다른 고정점에 결속되도록 할 것
> ⑤ 작업하는 근로자의 하중을 견딜 수 있을 정도의 강도를 가진 작업용 섬유로프, 구명줄 및 고정점을 사용할 것
> ⑥ 근로자가 작업용 섬유로프에 작업대를 연결하여 하강하는 방법으로 작업을 하는 경우 근로자의 조종 없이는 작업대가 하강하지 않도록 할 것
> ⑦ 작업용 섬유로프 또는 구명줄이 결속된 고정점의 로프는 다른 사람이 풀지 못하게 하고 작업 중임을 알리는 경고표지를 부착할 것
> ⑧ 작업용 섬유로프와 구명줄이 건물이나 구조물의 끝부분, 날카로운 물체 등에 의하여 절단되거나 마모(磨耗)될 우려가 있는 경우에는 로프에 이를 방지할 수 있는 보호 덮개를 씌우는 등의 조치를 할 것
> ⑨ 근로자의 추락 위험을 방지하기 위하여 다음 각 목의 조치를 할 것
> • 달비계에 구명줄을 설치할 것
> • 근로자에게 안전대를 착용하도록 하고 근로자가 착용한 안전줄을 달비계의 구명줄에 체결(締結)하도록 할 것

확인

* 달비계에 사용하는 섬유로프 또는 안전대의 섬유벨트의 사용금지 사항 ★★
  ① 꼬임이 끊어진 것
  ② 심하게 손상되거나 부식된 것
  ③ 2개 이상의 작업용 섬유로프 또는 섬유벨트를 연결한 것
  ④ 작업 높이보다 길이가 짧은 것

[달기 체인 등 사용금지 항목 ★★]

달기 체인	① 달기 체인의 길이가 달기 체인이 제조된 때의 길이의 5퍼센트를 초과한 것 ② 링의 단면지름이 제조된 때의 해당 링의 지름의 10퍼센트를 초과하여 감소한 것 ③ 균열이 있거나 심하게 변형된 것
화물자동차의 짐걸이 등으로 사용하는 섬유로프	① 꼬임이 끊어진 것 ② 심하게 손상 또는 부식된 것
와이어로프	① 이음매가 있는 것 ② 와이어로프의 한 꼬임(스트랜드 : strand)에서 끊어진 소선의 수가 10퍼센트 이상(비자전로프의 경우에는 끊어진 소선의 수가 와이어로프 호칭지름의 6배 길이 이내에서 4개 이상이거나 호칭지름 30배 길이 이내에서 8개 이상)인 것 ③ 지름의 감소가 공칭지름의 7퍼센트를 초과하는 것 ④ 꼬인 것 ⑤ 심하게 변형되거나 부식된 것 ⑥ 열과 전기충격에 의해 손상된 것

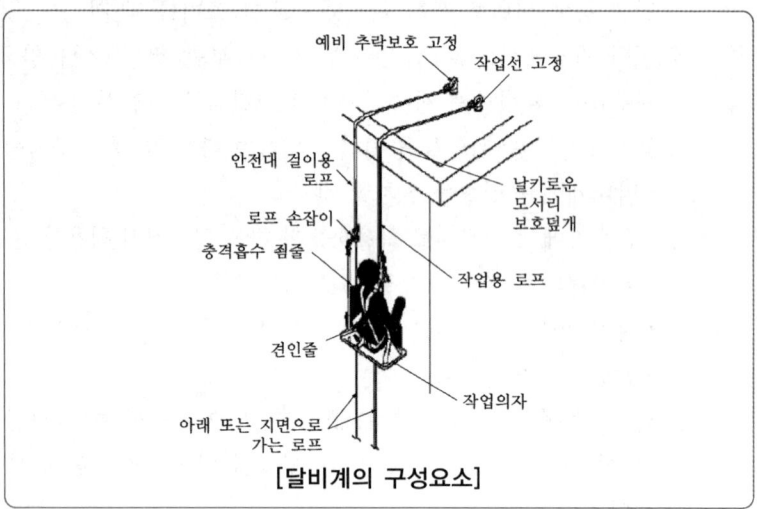

[달비계의 구성요소]

(6) 말비계

말비계 조립시의 준수사항(말비계의 구조) ★★

① 지주부재의 하단에는 미끄럼 방지장치를 하고, 양측 끝부분에 올라 서서 작업하지 아니하도록 할 것
② 지주부재와 수평면과의 기울기를 75도 이하로 하고, 지주부재와 지주부재 사이를 고정시키는 보조부재를 설치할 것
③ 말비계의 높이가 2미터를 초과할 경우에는 작업발판의 폭을 40센티미터 이상으로 할 것

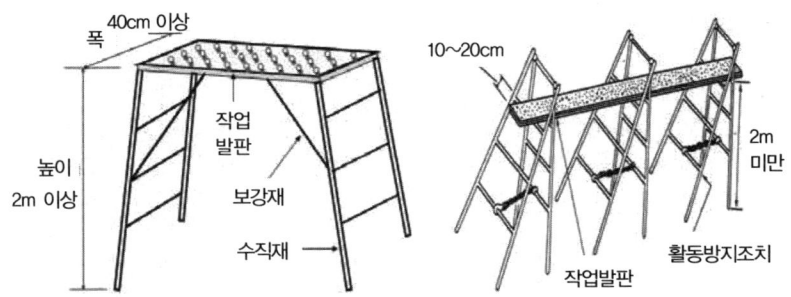

[말비계의 구조 및 발판설치]

(7) 이동식 비계

이동식 비계 조립 시의 준수사항(이동식비계의 구조) ✰✰

① 바퀴에는 갑작스러운 이동 또는 전도를 방지하기 위하여 브레이크·쐐기 등으로 바퀴를 고정시킨 다음 비계의 일부를 견고한시설물에 고정하거나 아웃트리거를 설치하는 등 필요한 조치를 할 것
② 승강용사다리는 견고하게 설치할 것
③ 비계의 최상부에서 작업을 할 때에는 안전난간을 설치할 것
④ 작업발판은 항상 수평을 유지하고 작업발판 위에서 안전난간을 딛고 작업을 하거나 받침대 또는 사다리를 사용하여 작업하지 않도록 할 것
⑤ 작업발판의 최대 적재하중은 250킬로그램을 초과하지 않도록 할 것

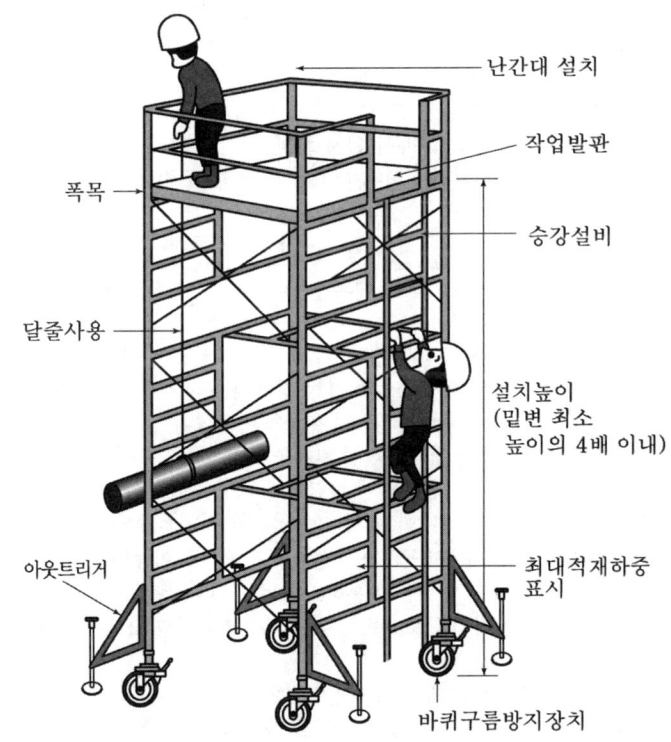

[이동식 비계의 설치]

■ 확인

* 이동식 비계의 기타 안전사항(노동부 고시 내용)
① 안전담당자의 지휘하에 작업을 행하여야 한다.
② 이동식 비계의 비계의 최대높이는 밑변 최소폭의 4배 이하이어야 한다. ★
③ 이동할 때에는 작업원이 없는 상태이어야 한다.
④ 최대적재하중을 표시하여야 한다.
⑤ 재료, 공구의 오르내리기에는 포대, 로프 등을 이용하여야 한다.

🔑 용어정의

* 달대비계
철골공사의 리벳치기 및 볼트 작업 등에 이용하는 비계로서 체인을 철골에 매달아서 작업발판을 만든 비계이며 상하로 이동시킬 수 없는 단점이 있다.

합격의 Key

> **참고**
> * 달대비계
>   철골공사 중 볼트작업 등을 하기 위하여 구조체인 철골에 매달아 작업발판을 만드는 비계로서 상하이동을 시킬 수 없는 비계를 말한다.

> **용어정의**
> * 시스템 비계
>   수직재, 수평재, 가새재 등 각각의 부재를 공장에서 제작하고 현장에서 조립하여 사용하는 조립형 비계로 고소작업에서 작업자가 작업 장소에 접근하여 작업할 수 있도록 설치하는 작업대를 지지하는 가설 구조물을 말한다.

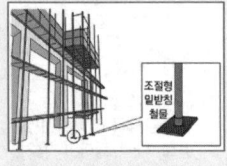

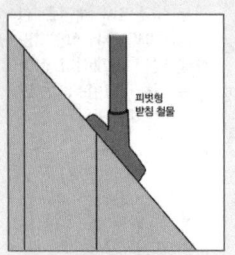

(8) 달대비계

① 달대비계를 매다는 철선은 #8 소성 철선을 사용하며 4가닥 정도로 꼬아서 하중에 대한 안전계수가 8 이상 확보되어야 한다.
② 철근을 사용할 때에는 19밀리미터 이상을 쓰며 근로자는 반드시 안전모와 안전대를 착용하여야 한다.
③ 달대비계는 가급적 안전성이 확보된 기성제품을 사용하고 현장에서 제작하는 경우 안전하중을 고려해야 하며 사용재료는 변형, 부식, 손상이 없어야 한다.
④ 달대비계에는 최대 적재하중과 안전표지판을 설치한다.
⑤ 달대비계는 적절한 양중장비를 사용하여 설치장소까지 운반하고 안전대를 착용하는 등 안전한 작업방법으로 설치한다.

[그림] 달대비계의 발판설치

(9) 시스템 비계 ✦✦

시스템 비계의 구조	① 수직재·수평재·가새재를 견고하게 연결하는 구조가 되도록 할 것 ② 비계 밑단의 수직재와 받침철물은 밀착되도록 설치하고, 수직재와 받침철물의 연결부의 겹침길이는 받침철물 전체길이의 3분의 1 이상이 되도록 할 것 ③ 수평재는 수직재와 직각으로 설치하여야 하며, 체결 후 흔들림이 없도록 견고하게 설치할 것 ④ 수직재와 수직재의 연결철물은 이탈되지 않도록 견고한 구조로 할 것 ⑤ 벽 연결재의 설치간격은 제조사가 정한 기준에 따라 설치할 것
시스템 비계 조립 시의 준수 사항	① 비계기둥의 밑 둥에는 밑받침 철물을 사용하여야 하며, 밑받침에 고저차가 있는 경우에는 조절형 밑받침 철물을 사용하여 시스템 비계가 항상 수평 및 수직을 유지하도록 할 것 ② 경사진 바닥에 설치하는 경우에는 피벗형 받침 철물 또는 쐐기 등을 사용하여 밑받침 철물의 바닥면이 수평을 유지하도록 할 것 ③ 가공전로에 근접하여 비계를 설치하는 경우에는 가공전로를 이설하거나 가공전로에 절연용 방호구를 설치하는 등 가공전로와의 접촉을 방지하기 위하여 필요한 조치를 할 것 ④ 비계 내에서 근로자가 상하 또는 좌우로 이동하는 경우에는 반드시 지정된 통로를 이용하도록 주지시킬 것 ⑤ 비계작업 근로자는 같은 수직면상의 위와 아래 동시 작업을 금지할 것 ⑥ 작업발판에는 제조사가 정한 최대적재하중을 초과하여 적재해서는 아니 되며, 최대적재하중이 표기된 표지판을 부착하고 근로자에게 주지시키도록 할 것

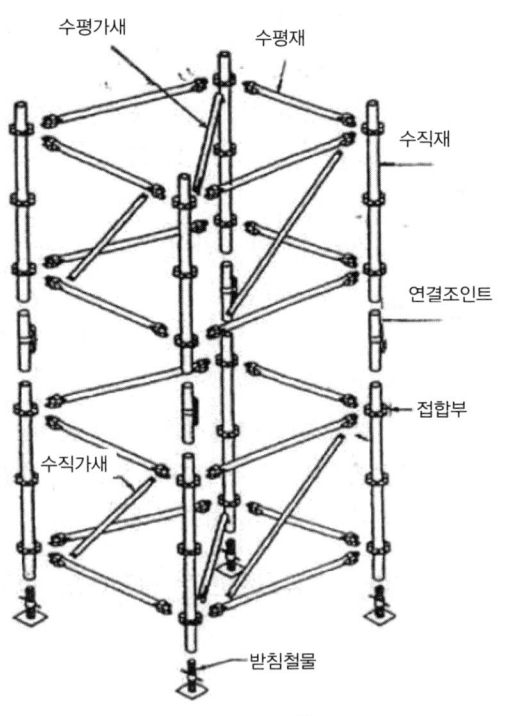

[시스템비계 구성]

(10) 걸침비계

사업주는 선박 및 보트 건조작업에서 걸침비계("달비계 및 달대비계"를 "달비계, 달대비계 및 걸침비계"로 한다)를 설치하는 경우에는 다음 각 호의 사항을 준수하여야 한다.

걸침비계의 구조(걸침비계 설치 시의 준수사항)
① 지지점이 되는 매달림 부재의 고정부는 구조물로부터 이탈되지 않도록 견고히 고정할 것
② 비계재료 간에는 서로 움직임, 뒤집힘 등이 없어야 하고, 재료가 분리되지 않도록 철물 또는 철선으로 충분히 결속할 것. 다만, 작업발판 밑 부분에 띠장 및 장선으로 사용되는 수평부재 간의 결속은 철선을 사용하지 않을 것
③ 매달림 부재의 안전율은 4 이상일 것
④ 작업발판에는 구조검토에 따라 설계한 최대적재하중을 초과하여 적재하여서는 아니 되며, 그 작업에 종사하는 근로자에게 최대적재하중을 충분히 알릴 것

(11) 달비계 또는 높이 5미터 이상의 비계 조립·해체 및 변경 시 준수사항 ✯

① 관리감독자의 지휘 하에 작업하도록 할 것

※ 걸침비계

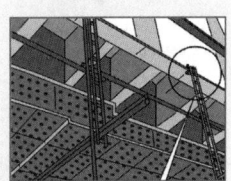

② 조립·해체 또는 변경의 시기·범위 및 절차를 그 작업에 종사하는 근로자에게 교육할 것
③ 조립·해체 또는 변경작업구역 내에는 당해 작업에 종사하는 근로자 외의 자의 출입을 금지시키고 그 내용을 보기 쉬운 장소에 게시할 것
④ 비·눈 그 밖의 기상상태의 불안정으로 인하여 날씨가 몹시 나쁠 때에는 그 작업을 중지시킬 것
⑤ 비계재료의 연결·해체작업을 하는 때에는 폭 20센티미터 이상의 발판을 설치하고 근로자로 하여금 안전대를 사용하도록 하는 등 근로자의 추락방지를 위한 조치를 할 것
⑥ 재료·기구 또는 공구 등을 올리거나 내리는 때에는 근로자로 하여금 달줄 또는 달포대 등을 사용하도록 할 것

(12) 달비계에 사용하는 섬유로프 또는 안전대의 섬유벨트의 사용금지 사항 ✡✡

① 꼬임이 끊어진 것
② 심하게 손상되거나 부식된 것
③ 2개 이상의 작업용 섬유로프 또는 섬유벨트를 연결한 것
④ 작업높이보다 길이가 짧은 것

(13) 비계의 점검 보수 항목

비·눈 그 밖의 기상상태의 불안정으로 인하여 날씨가 몹시 나빠서 작업을 중지시킨 후 또는 비계를 조립·해체하거나 또는 변경한 후 그 비계에서 작업을 하는 때에는 당해 작업시작 전에 다음 각 호의 사항을 점검하고 이상을 발견한 때에는 즉시 보수하여야 한다.

비계조립·해체·변경 후 작업시작 전 점검사항 ✡✡
① 발판재료의 손상여부 및 부착 또는 걸림 상태
② 당해비계의 연결부 또는 접속부의 풀림 상태
③ 연결재료 및 연결철물의 손상 또는 부식 상태
④ 손잡이의 탈락여부
⑤ 기둥의 침하·변형·변위 또는 흔들림 상태
⑥ 로프의 부착상태 및 매단장치의 흔들림 상태

비계	→	발판	→	손잡이	→	비계 기둥
(연결부, 연결철물)		(손상, 부착)		(탈락)		(변형, 흔들림)

2 작업통로 및 발판

(1) 작업장의 출입구 설치 시 준수사항

① 출입구의 위치, 수 및 크기가 작업장의 용도와 특성에 맞도록 할 것
② 출입구에 문을 설치하는 경우에는 근로자가 쉽게 열고 닫을 수 있도록 할 것
③ 주된 목적이 하역운반기계용인 출입구에는 인접하여 보행자용 출입구를 따로 설치할 것
④ 하역운반기계의 통로와 인접하여 있는 출입구에서 접촉에 의하여 근로자에게 위험을 미칠 우려가 있는 경우에는 비상등·비상벨 등 경보장치를 할 것
⑤ 계단이 출입구와 바로 연결된 경우에는 작업자의 안전한 통행을 위하여 그 사이에 1.2미터 이상 거리를 두거나 안내표지 또는 비상벨 등을 설치할 것. 다만, 출입구에 문을 설치하지 아니한 경우에는 그러하지 아니하다.

(2) 동력으로 작동되는 문의 설치조건

① 동력으로 작동되는 문에 근로자가 끼일 위험이 있는 2.5미터 높이까지는 위급하거나 위험한 사태가 발생한 경우에 문의 작동을 정지시킬 수 있도록 비상정지장치 설치 등 필요한 조치를 할 것. 다만, 위험구역에 사람이 없어야만 문이 작동되도록 안전장치가 설치되어 있거나 운전자가 특별히 지정되어 상시 조작하는 경우에는 그러하지 아니하다.
② 동력으로 작동되는 문의 비상정지장치는 근로자가 잘 알아볼 수 있고 쉽게 조작할 수 있을 것
③ 동력으로 작동되는 문의 동력이 끊어진 경우에는 즉시 정지되도록 할 것. 다만, 방화문의 경우에는 그러하지 아니하다.
④ 수동으로 열고 닫을 수 있도록 할 것
⑤ 동력으로 작동되는 문을 수동으로 조작하는 경우에는 제어장치에 의하여 즉시 정지시킬 수 있는 구조일 것

(3) 비상구의 설치 ✈

위험물질을 제조·취급하는 작업장과 그 작업장이 있는 건축물에 출입구 외에 안전한 장소로 대피할 수 있는 비상구 1개 이상을 다음 각 호의 기준에 맞는 구조로 설치하여야 한다. 다만, 작업장 바닥면의 가로 및 세로가 각 3미터 미만인 경우에는 그렇지 않다.

> **참고**
> ※ 공용의 피난용 출입구 건축물을 타인에게 대여하는 자는 해당 건축물에 피난용 출입구와 통로의 미끄럼 방지대 및 피난용 사다리 등을 설치하여야 하며, 2명 이상의 사업주에게 건축물을 대여하여 공용으로 사용하게 하는 경우에는 해당 출입구 등에 "피난용"이란 취지를 표시하여 쉽게 사용할 수 있도록 관리하여야 한다.

> **비상구의 구조**
> ① 출입구와 같은 방향에 있지 아니하고, 출입구로부터 3미터 이상 떨어져 있을 것
> ② 작업장의 각 부분으로부터 하나의 비상구 또는 출입구까지의 수평거리가 50미터 이하가 되도록 할 것(다만, 작업장이 있는 층에 피난층 또는 지상으로 통하는 직통계단을 설치한 경우에는 그 부분에 한정하여 본문에 따른 기준을 충족한 것으로 본다.)
> ③ 비상구의 너비는 0.75미터 이상으로 하고, 높이는 1.5미터 이상으로 할 것
> ④ 비상구의 문은 피난 방향으로 열리도록 하고, 실내에서 항상 열 수 있는 구조로 할 것

(4) 경보용 설비의 설치

연면적이 400제곱미터 이상이거나 상시 50명 이상의 근로자가 작업하는 옥내작업장에는 비상시에 근로자에게 신속하게 알리기 위한 경보용 설비 또는 기구를 설치하여야 한다.

(5) 통로의 설치

① 작업장으로 통하는 장소 또는 작업장 내에는 근로자가 사용하기 위한 안전한 통로를 설치하고 항상 사용 가능한 상태로 유지하여야 한다.
② 통로의 주요한 부분에는 통로 표시를 하고, 근로자가 안전하게 통행할 수 있도록 하여야 한다.
③ 근로자가 안전하게 통행할 수 있도록 통로에 75럭스 이상의 채광 또는 조명 시설을 하여야 한다. 다만, 갱도 또는 상시 통행을 하지 아니하는 지하실 등을 통행하는 근로자에게 휴대용 조명기구를 사용하도록 한 경우에는 그러하지 아니하다. ✭
④ 통로면으로부터 높이 2미터 이내에는 장애물이 없도록 하여야 한다. ✭

(6) 갱내 통로 등의 위험방지

갱내에 설치한 통로 또는 사다리식 통로에 권상장치(卷上裝置)가 설치된 경우 권상장치와 근로자의 접촉에 의한 위험이 있는 장소에 판자벽이나 그 밖에 위험방지를 위한 격벽(隔壁)을 설치하여야 한다.

3 작업통로의 종류 및 설치기준

(1) 가설통로

가설통로 설치 시의 준수사항(가설통로의 구조) ☆☆

① 견고한 구조로 할 것
② 경사는 30도 이하로 할 것(계단을 설치하거나 높이 2미터 미만의 가설통로로서 튼튼한 손잡이를 설치한 때에는 그러하지 아니하다)
③ 경사가 15도를 초과하는 때는 미끄러지지 아니하는 구조로 할 것
④ 추락의 위험이 있는 장소에는 안전난간을 설치할 것(작업상 부득이한 때에는 필요한 부분에 한하여 임시로 이를 해체할 수 있다)
⑤ 수직갱 : 길이가 15미터 이상인 때에는 10미터 이내마다 계단참을 설치할 것
⑥ 건설공사에 사용하는 높이 8미터 이상인 비계다리 : 7미터 이내마다 계단참을 설치할 것

※ 가설통로

그림 출처 : 만화로 보는 산업안전 보건기준에 관한 규칙

(2) 사다리식 통로

사다리식 통로 설치 시의 준수사항(사다리식 통로의 구조) ☆☆

① 견고한 구조로 할 것
② 심한 손상·부식 등이 없는 재료를 사용할 것
③ 발판의 간격은 일정하게 할 것
④ 발판과 벽과의 사이는 15센티미터 이상의 간격을 유지할 것
⑤ 폭은 30센티미터 이상으로 할 것
⑥ 사다리가 넘어지거나 미끄러지는 것을 방지하기 위한 조치를 할 것
⑦ 사다리의 상단은 걸쳐놓은 지점으로부터 60센티미터 이상 올라가도록 할 것
⑧ 사다리식 통로의 길이가 10미터 이상인 경우에는 5미터 이내마다 계단참을 설치할 것
⑨ 사다리식 통로의 기울기는 75도 이하로 할 것. 다만, 고정식 사다리식 통로의 기울기는 90도 이하로 하고, 그 높이가 7미터 이상인 경우에는 다음 각 목의 구분에 따른 조치를 할 것

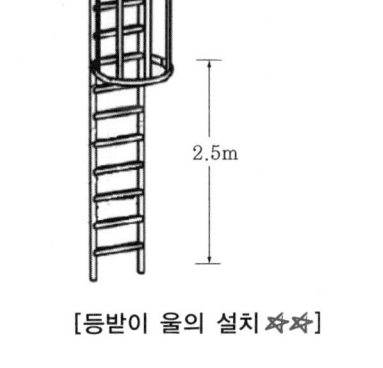

[등받이 울의 설치 ☆☆☆]

※ 사다리식 통로

그림 출처 : 만화로 보는 산업안전 보건기준에 관한 규칙

- 등받이울이 있어도 근로자 이동에 지장이 없는 경우 : 바닥으로부터 높이가 2.5미터 되는 지점부터 등받이울을 설치할 것
- 등받이울이 있으면 근로자가 이동이 곤란한 경우 : 한국산업표준에서 정하는 기준에 적합한 개인용 추락 방지 시스템을 설치하고 근로자로 하여금 한국산업표준에서 정하는 기준에 적합한 전신 안전대를 사용하도록 할 것

⑩ 접이식 사다리 기둥은 사용 시 접혀지거나 펼쳐지지 않도록 철물 등을 사용하여 견고하게 조치할 것

참고 경사로의 설치(노동부고시 내용)

① 시공하중 또는 폭풍, 진동 등 외력에 대하여 안전하도록 설계하여야 한다.

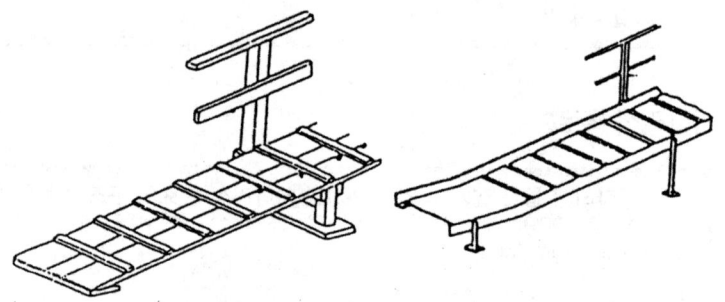

[목재 경사로]   [철재 경사로]

② 경사로는 항상 정비하고 안전통로를 확보하여야 한다.
③ 비탈면의 경사각은 30도 이내로 하고 미끄럼막이 간격은 다음 표에 의한다.

경사각	미끄럼막이 간격	경사각	미끄럼막이 간격
30도	30센티미터	22도	40센티미터
29도	33센티미터	19도 20분	43센티미터
27도	35센티미터	17도	45센티미터
24도 15분	37센티미터	14도	47센티미터

④ 경사로의 폭은 최소 90센티미터 이상이어야 한다.
⑤ 높이 7미터 이내마다 계단참을 설치하여야 한다.

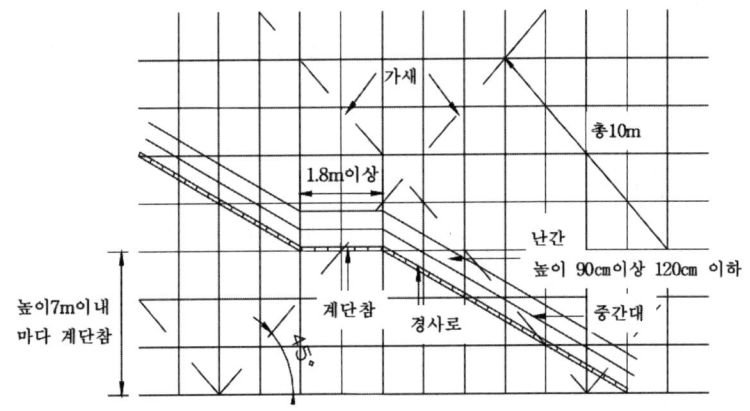

⑥ 추락방지용 안전난간을 설치하여야 한다.
⑦ 목재는 미송, 육송 또는 그 이상의 재질을 가진 것이어야 한다.
⑧ 경사로 지지기둥은 3미터 이내마다 설치하여야 한다.
⑨ 발판 폭 40센티미터 이상으로 하고, 틈은 3센티미터 이내로 설치하여야 한다.
⑩ 발판이 이탈하거나 한쪽 끝을 밟으면 다른 쪽이 들리지 않게 장선에 결속하여야 한다.
⑪ 결속용 못이나 철선이 발에 걸리지 않아야 한다.

4 계단의 설치 ✰✰

(1) 계단의 강도

① 계단 및 계단참의 강도는 500kg/m² 이상이어야 하며 안전율(안전의 정도를 표시하는 것으로서 재료의 파괴응력도와 허용응력도와의 비를 말한다)은 4 이상으로 하여야 한다.
② 계단 및 승강구 바닥을 구멍이 있는 재료로 만드는 경우 렌치나 그 밖의 공구 등이 낙하할 위험이 없는 구조로 하여야 한다.

(2) 계단의 폭

① 1미터 이상으로 하여야 한다.(다만, 급유용·보수용·비상용·나선형 계단 및 높이 1m 미만의 이동식 계단은 그러하지 아니하다)
② 계단에 손잡이 외의 다른 물건 등을 설치하거나 쌓아 두어서는 아니 된다.

* 계단

그림 출처 : 만화로 보는 산업안전보건기준에 관한 규칙

참고
※ 계단참의 설치
- 수직갱 : 길이가 15미터 이상인 경우에는 10미터 이내마다 계단참을 설치할 것
- 사다리식 통로 : 길이가 10미터 이상인 경우에는 5미터 이내마다 계단참을 설치할 것
- 계단 : 높이가 3미터를 초과하는 계단에 높이 3미터 이내마다 진행방향으로 길이 1.2미터 이상의 계단참을 설치할 것
- 비계다리 : 높이가 8미터를 초과하는 비계다리에는 7미터 이내마다 계단참을 설치할 것

확인
※ 공사용가설도로 설치 시 준수사항(노동부고시 내용)
① 도로와 작업장 높이에 차가 있을 때는 바리케이트 또는 연석 등을 설치하여야 한다.
② 배수를 위해 도로 중앙부를 약간 높게 하거나 배수시설을 하여야 한다.
③ 운반로는 장비의 안전운행에 적합한 도로의 폭을 유지하여야 하며, 커브는 도로 폭보다 좀 더 넓게 만들고 시계에 장애가 없도록 만들어야 한다.
④ 커브 구간에서는 차량이 가시거리의 절반 이내에서 정지할 수 있도록 차량의 속도를 제한하여야 한다.
⑤ 최고 허용경사도는 부득이한 경우를 제외하고는 10퍼센트를 넘어서는 안 된다. ★
⑥ 안전운행을 위하여 먼지가 일어나지 않도록 물을 뿌려주고 겨울철에는 눈이 쌓이지 않도록 조치하여야 한다.

---

(3) 계단참의 높이

높이가 3미터를 초과하는 계단에는 높이 3미터 이내마다 진행방향으로 길이 1.2미터 이상의 계단참을 설치해야 한다.

(4) 천장의 높이

바닥면으로부터 높이 2미터 이내의 공간에 장애물이 없도록 하여야 한다. (다만, 급유용·보수용·비상용계단 및 나선형 계단에 대하여는 그러하지 아니하다)

(5) 계단의 난간

높이 1미터 이상인 계단의 개방된 측면에 안전난간을 설치하여야 한다.

5 공사용 가설도로의 설치

① 도로는 장비 및 차량이 안전하게 운행할 수 있도록 견고하게 설치할 것
② 도로와 작업장이 접하여 있을 경우에는 울타리 등을 설치할 것
③ 도로는 배수를 위하여 경사지게 설치하거나 배수시설을 설치할 것
④ 차량의 속도제한 표지를 부착할 것

6 사다리의 설치

(1) 이동식 사다리

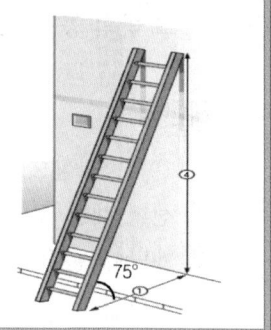

이동식 사다리의 구조 ✦

- 길이가 6미터를 초과해서는 안 된다.
- 다리의 벌림은 벽 높이의 1/4 정도가 적당하다. ✦
- 벽면 상부로부터 최소한 60센티미터 이상의 연장길이가 있어야 한다.

(2) 추락 방지

사업주는 추락을 방지하기 위하여 작업발판 및 추락방호망을 설치하기 곤란한 경우에는 근로자로 하여금 3개 이상의 버팀대를 가지고 지면으로부터 안정적으로 세울 수 있는 구조를 갖춘 이동식 사다리를 사용하여 작업을 하게 할 수 있다. 이 경우 사업주는 근로자가 다음 각 호의 사항을 준수하도록 조치해야 한다.

① 평탄하고 견고하며 미끄럽지 않은 바닥에 이동식 사다리를 설치할 것
② 이동식 사다리의 넘어짐을 방지하기 위해 다음 각 목의 어느 하나 이상에 해당하는 조치를 할 것
   • 이동식 사다리를 견고한 시설물에 연결하여 고정할 것
   • 아웃트리거(outrigger, 전도방지용 지지대)를 설치하거나 아웃트리거가 붙어있는 이동식 사다리를 설치할 것
   • 이동식 사다리를 다른 근로자가 지지하여 넘어지지 않도록 할 것
③ 이동식 사다리의 제조사가 정하여 표시한 이동식 사다리의 최대사용하중을 초과하지 않는 범위 내에서만 사용할 것
④ 이동식 사다리를 설치한 바닥면에서 높이 3.5미터 이하의 장소에서만 작업할 것
⑤ 이동식 사다리의 최상부 발판 및 그 하단 디딤대에 올라서서 작업하지 않을 것(다만, 높이 1미터 이하의 사다리는 제외한다.)
⑥ 안전모를 착용하되, 작업 높이가 2미터 이상인 경우에는 안전모와 안전대를 함께 착용할 것
⑦ 이동식 사다리 사용 전 변형 및 이상 유무 등을 점검하여 이상이 발견되면 즉시 수리하거나 그 밖에 필요한 조치를 할 것

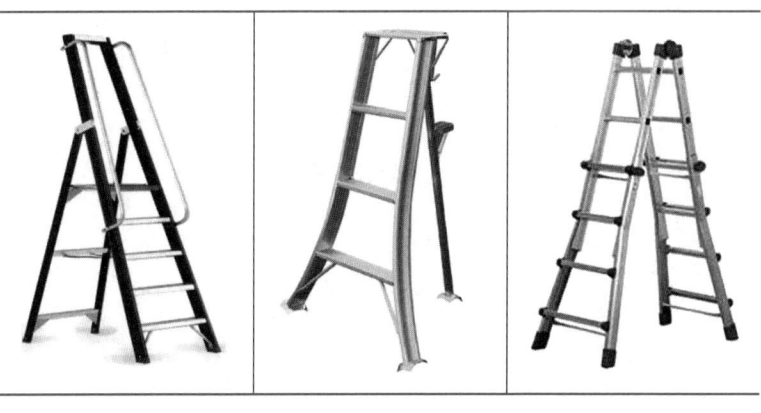

7 작업발판 설치기준 및 준수사항

사업주는 비계(달비계·달대비계 및 말비계를 제외한다)의 높이가 2미터 이상인 작업장소에는 다음 각 호의 기준에 적합한 작업발판을 설치하여야 한다.

> **작업발판 설치기준** ✿✿
>
> ① 발판 재료 : 작업 시의 하중을 견딜 수 있도록 견고한 것으로 할 것
> ② 발판의 폭 : 40cm 이상으로 하고, 발판 재료 간의 틈 : 3cm 이하로 할 것
> ③ 추락의 위험성이 있는 장소에는 안전난간을 설치할 것
> (안전난간 설치가 곤란한 때, 추락방호망을 치거나 근로자가 안전대를 사용하도록 하는 등 추락에 의한 위험 방지 조치를 한 때에는 그러하지 아니하다)
> ④ 작업발판의 지지물 : 하중에 의하여 파괴될 우려가 없는 것을 사용할 것
> ⑤ 작업발판 재료는 뒤집히거나 떨어지지 아니하도록 2 이상의 지지물에 연결하거나 고정시킬 것
> ⑥ 작업에 따라 이동시킬 때에는 위험방지 조치를 할 것
> ⑦ 선박 및 보트 건조작업에서 선박블록 또는 엔진실 등의 좁은 작업공간에 작업발판을 설치하는 경우 : 작업발판의 폭을 30센티미터 이상으로 할 수 있고, 걸침비계의 경우 발판재료 간의 틈을 3센티미터 이하로 유지하기 곤란하면 5센티미터 이하로 할 수 있다.

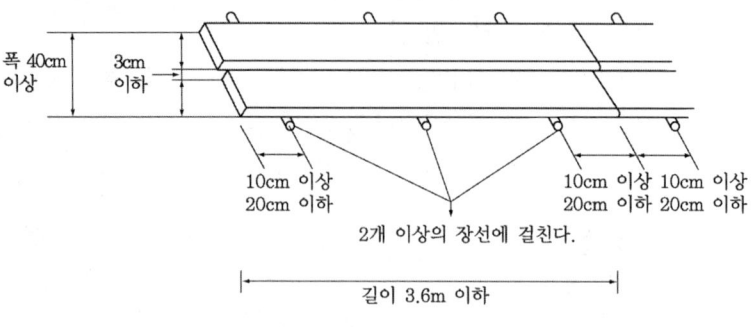

[발판의 구조]

참고

* 가설발판의 지지력 계산

(1) 수직하중
① 비계의 수직하중에는 비계 및 작업 발판의 고정하중과 활하중이 있다.
② 활하중에는 근로자와 근로자가 사용하는 자재, 공구 등을 포함하며 다음과 같이 구분하여 적용한다.
 • 통로의 역할을 하는 비계와 가벼운 공구만을 필요로 하는 경작업 : 바닥 면적에 대해 1.25kN/m² 이상
 • 공사용 자재의 적재를 필요로 하는 중작업 : 바닥 면적에 대해 2.5kN/m² 이상
 • 돌 붙임 공사 등과 같이 자재가 무거운 작업 : 단위 면적 당 작용하는 활하중을 적용하여야 하며 최소 3.5kN/m² 이상

(2) 풍하중

(3) 수평하중
비계의 수평 연결재나 가새, 벽 연결재의 안전성 검토는 풍하중과 수직하중의 5%에 해당하는 수평하중 가운데 큰 값의 하중이 부재에 작용하는 것으로 한다.

(4) 특수하중
비계에 선반 브래킷, 양중설비, 콘크리트 타설장비 및 낙하물 방지망 등 안전시설의 특수한 설비를 설치한 경우에는 그 영향을 고려해야 한다.

⑧ 거푸집 및 동바리

(1) 거푸집 구비조건 ✄

① 거푸집은 조립·해체·운반이 용이할 것
② 최소한의 재료로 여러 번 사용할 수 있는 형상과 크기일 것
③ 수분이나 모르타르 등의 누출을 방지할 수 있는 수밀성이 있을 것
④ 시공 정확도에 알맞은 수평·수직·직각을 견지하고 변형이 생기지 않는 구조일 것
⑤ 콘크리트의 자중 및 부어넣기 할 때의 충격과 작업하중에 견디고, 변형을 일으키지 않을 강도를 가질 것

(2) 철재 거푸집의 장·단점

장점	• 강성이 크고 정밀도가 높다. • 평면이 평활한 콘크리트가 된다. • 수밀성이 좋다. • 강도가 크다. • 전용도가 극히 좋다.
단점	• 콘크리트가 녹물로 오염될 우려가 있다. • 중량이 무거워 취급이 어렵다. • 미장 마무리를 할 때는 정으로 쪼아서 거칠게 하여야 한다. • 외부 온도의 영향을 받기 쉬우므로 한랭한 시기에는 특히 주의해야 한다. • 초기 투자율이 높다.

(3) 합판 거푸집의 장·단점

장점	• 콘크리트의 표면이 평활하고 아름답다. • 재료의 신축이 작으므로 누수의 염려가 적다. • 보통 목재 패널 보가 강성이 크고, 정밀도 높은 시공이 가능하다.
단점	• 무게가 무겁다. • 내수성이 불충분하여 표면이 손상되기 쉽다.

🔍 합격의 key

용어정의
① 거푸집 : 타설된 콘크리트가 설계된 형상과 치수를 유지하며 콘크리트가 소정의 강도에 도달하기까지 양생 및 지지하는 구조물
② 거푸집널 : 거푸집의 일부로써 콘크리트에 직접 접하는 목재나 금속 등의 판류
③ 동바리 : 타설된 콘크리트가 소정의 강도를 얻기까지 고정하중 및 시공하중 등을 지지하기 위하여 설치하는 부재
④ 멍에 : 장선과 직각방향으로 설치하여 장선을 지지하며 거푸집 긴결재나 동바리로 하중을 전달하는 부재

기출
* 철재 거푸집과 비교한 합판 거푸집 장점 ★
① 녹이 슬지 않으므로 보관하기 쉽다.
② 가볍다.
③ 보수가 간단하다.
④ 삽입기구(insert)의 삽입이 간단하다.
⑤ 외기온도의 영향이 적다.

합격의 key

> **참고**
>
> ※ 거푸집 및 지보공(동바리) 시공 시 고려해야 할 하중
> ① 연직방향 하중 : 거푸집, 지보공(동바리), 콘크리트, 철근, 작업원, 타설용 기계기구, 가설설비 등의 중량 및 충격하중
> ② 횡방향 하중 : 작업할 때의 진동, 충격, 시공오차 등에 기인되는 횡방향 하중이외에 필요에 따라 풍압, 유수압, 지진 등
> ③ 콘크리트의 측압 : 굳지 않은 콘크리트의 측압
> ④ 특수하중 : 시공 중에 예상되는 특수한 하중
> ⑤ 위의 ①~④ 항목의 하중에 안전율을 고려한 하중

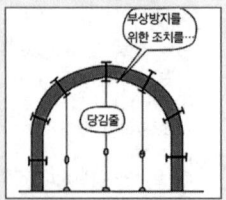

그림 출처 : 만화로 보는 산업안전보건기준에 관한 규칙

(4) 거푸집 동바리 조립 시 안전조치사항

1) 거푸집 동바리 등을 조립하는 경우에는 그 구조를 검토한 후 조립도를 작성하고 그 조립도에 의하여 조립하도록 해야 한다.
2) 조립도에는 거푸집 및 동바리를 구성하는 부재의 재질·단면규격·설치 간격 및 이음 방법 등을 명시하여야 한다.

(5) 거푸집 조립 시의 안전조치

사업주는 거푸집을 조립하는 경우에는 다음 각 호의 사항을 준수해야 한다.

① 거푸집을 조립하는 경우에는 거푸집이 콘크리트 하중이나 그 밖의 외력에 견딜 수 있거나, 넘어지지 않도록 견고한 구조의 긴결재(콘크리트를 타설할 때 거푸집이 변형되지 않게 연결하여 고정하는 재료를 말한다), 버팀대 또는 지지대를 설치하는 등 필요한 조치를 할 것
② 거푸집이 곡면인 경우에는 버팀대의 부착 등 그 거푸집의 부상(浮上)을 방지하기 위한 조치를 할 것

(6) 동바리 조립 시의 안전조치

사업주는 동바리를 조립하는 경우에는 하중의 지지상태를 유지할 수 있도록 다음 각 호의 사항을 준수해야 한다.

① 받침목이나 깔판의 사용, 콘크리트 타설, 말뚝박기 등 동바리의 침하를 방지하기 위한 조치를 할 것
② 동바리의 상하 고정 및 미끄러짐 방지 조치를 할 것
③ 상부·하부의 동바리가 동일 수직선상에 위치하도록 하여 깔판·받침목에 고정시킬 것
④ 개구부 상부에 동바리를 설치하는 경우에는 상부하중을 견딜 수 있는 견고한 받침대를 설치할 것
⑤ U헤드 등의 단판이 없는 동바리의 상단에 멍에 등을 올릴 경우에는 해당 상단에 U헤드 등의 단판을 설치하고, 멍에 등이 전도되거나 이탈되지 않도록 고정시킬 것
⑥ 동바리의 이음은 같은 품질의 재료를 사용할 것
⑦ 강재의 접속부 및 교차부는 볼트·클램프 등 전용철물을 사용하여 단단히 연결할 것
⑧ 거푸집의 형상에 따른 부득이한 경우를 제외하고는 깔판이나 받침목은 2단 이상 끼우지 않도록 할 것
⑨ 깔판이나 받침목을 이어서 사용하는 경우에는 그 깔판·받침목을 단단히 연결할 것

(7) 동바리 유형에 따른 동바리 조립 시의 안전조치

사업주는 동바리를 조립할 때 동바리의 유형별로 다음 각 호의 구분에 따른 각 목의 사항을 준수해야 한다.

1) 동바리로 사용하는 파이프서포트의 조립 시 준수사항 ✖✖

    - 파이프서포트를 3개본 이상 이어서 사용하지 아니하도록 할 것
    - 파이프서포트를 이어서 사용할 때에는 4개 이상의 볼트 또는 전용철물을 사용하여 이을 것
    - 높이가 3.5미터를 초과하는 경우에는 높이 2미터 이내마다 수평연결재를 2개 방향으로 만들고 수평연결재의 변위를 방지할 것

2) 동바리로 사용하는 강관틀의 준수사항

    - 강관틀과 강관틀 사이에 교차가새를 설치할 것
    - 최상단 및 5단 이내마다 동바리의 측면과 틀면의 방향 및 교차가새의 방향에서 5개 이내마다 수평연결재를 설치하고 수평연결재의 변위를 방지할 것
    - 최상단 및 5단 이내마다 동바리의 틀면의 방향에서 양단 및 5개틀 이내마다 교차가새의 방향으로 띠장틀을 설치할 것

3) 동바리로 사용하는 조립강주에 대하여는 다음 각목의 정하는 바에 의할 것

    - 높이가 4미터를 초과할 때에는 높이 4미터 이내마다 수평연결재를 2개 방향으로 설치하고 수평연결재의 변위를 방지할 것

4) 시스템 동바리의 경우

    (시스템 동바리 : 규격화·부품화된 수직재, 수평재 및 가새재 등의 부재를 현장에서 조립하여 거푸집으로 지지하는 동바리 형식을 말한다)

    - 수평재는 수직재와 직각으로 설치해야 하며, 흔들리지 않도록 견고하게 설치할 것
    - 연결철물을 사용하여 수직재를 견고하게 연결하고, 연결 부위가 탈락 또는 꺾어지지 않도록 할 것
    - 수직 및 수평하중에 의한 동바리의 구조적 안전성이 확보되도록 조립도에 따라 수직재 및 수평재에는 가새재를 견고하게 설치할 것
    - 동바리 최상단과 최하단의 수직재와 받침철물은 서로 밀착되도록 설치하고 수직재와 받침철물의 연결부의 겹침길이는 받침철물 전체 길이의 3분의 1 이상 되도록 할 것

참고

* 거푸집의 종류
① 슬립 폼(slip form)
슬라이딩 폼의 일종, 수직으로 연속되는 구조물을 시공조인트 없이 시공하기 위하여 일정한 크기로 만들어져 연속적으로 이동시키면서 콘크리트를 타설하는 공법에 적용하는 거푸집, 단면의 변화가 있는 구조물을 수직으로 이동하면서 타설한다.
② 슬라이딩 폼
(sliding form)
로드(rod)·유압잭(jack) 등을 이용하여 거푸집을 연속적으로 이동시키면서 콘크리트를 타설할 때 사용되는 것으로 silo 공사 등에 적합, 단면의 변화가 없는 구조물을 수직으로 이동하면서 타설한다.
③ 시스템 동바리
(prefabricated shoring system)
수직재, 수평재, 가새 등 각각의 부재를 공장에서 미리 생산하여 현장에서 조립하여 거푸집을 지지하는 지주 형식의 동바리와 강제 갑판 및 철재트러스 조립보 등을 이용하여 수평으로 설치하여 지지하는 보 형식의 동바리를 지칭함
④ 클라이밍 폼
(climbing form)
이동식 거푸집의 일종으로써, 인양방식에 따라 외부 크레인의 도움 없이 자체에 부착된 유압구동장치를 이용하여 상승하는 자동상승 클라이밍 폼(self climbing form)방식과 크레인에 의해 인양 되는 방식으로 구분
⑤ 테이블 폼
(flying table form)
바닥 슬래브의 콘크리트를 타설하기 위한 거푸집으로써 거푸집널, 장선, 멍에, 서포트를 일체로 제작, 부재화하여 크레인으로 수평 및 수직 이동이 가능한 거푸집

5) 보 형식의 동바리[강제 갑판(steel deck), 철재트러스 조립 보 등 수평으로 설치하여 거푸집을 지지하는 동바리를 말한다]의 경우

> - 접합부는 충분한 걸침 길이를 확보하고 못, 용접 등으로 양 끝을 지지물에 고정시켜 미끄러짐 및 탈락을 방지할 것
> - 양끝에 설치된 보 거푸집을 지지하는 동바리 사이에는 수평연결재를 설치하거나 동바리를 추가로 설치하는 등 보 거푸집이 옆으로 넘어지지 않도록 견고하게 할 것
> - 설계도면, 시방서 등 설계도서를 준수하여 설치할 것

(8) 거푸집 및 동바리의 조립·해체 등 작업 시의 준수사항

사업주는 기둥·보·벽체·슬래브 등의 거푸집 및 동바리를 조립하거나 해체하는 작업을 하는 경우에는 다음 각 호의 사항을 준수해야 한다.

① 해당 작업을 하는 구역에는 관계 근로자가 아닌 사람의 출입을 금지할 것
② 비·눈 그 밖의 기상상태의 불안정으로 인하여 날씨가 몹시 나쁜 경우에는 그 작업을 중지할 것
③ 재료·기구 또는 공구 등을 올리거나 내리는 경우에는 근로자로 하여금 달줄·달포대 등을 사용하도록 할 것
④ 낙하·충격에 의한 돌발적 재해를 방지하기 위하여 버팀목을 설치하고 거푸집동바리 등을 인양장비에 매단 후에 작업을 하도록 하는 등 필요한 조치를 할 것

거푸집 해체 시의 준수사항

① 거푸집 및 거푸집동바리의 해체는 순서에 의하여 실시하여야 하며 관리감독자를 배치하여야 한다.
② 거푸집 및 거푸집동바리는 콘크리트 자중 및 시공 중에 가해지는 기타 하중에 충분히 견딜만한 강도를 가질 때까지 해체해서는 아니 된다.
③ 해체작업을 할 때에는 안전모 등 안전보호 장구를 착용토록 하여야 한다.
④ 거푸집 해체 작업장 주위에는 관계자를 제외하고는 출입을 금지시켜야 한다.
⑤ 상·하 동시 작업은 원칙적으로 금지하며 부득이한 경우에는 긴밀히 연락을 취하며 작업을 하여야 한다.
⑥ 거푸집 해체 때 구조체에 무리한 충격이나 큰 힘에 의한 지렛대 사용은 금지하여야 한다.
⑦ 보 또는 슬래브 거푸집을 제거할 때에는 거푸집의 돌발적인 낙하를 방지하기 위한 조치를 하여야 한다.

⑧ 해체된 거푸집이나 각목 등에 박혀있는못 또는 날카로운 돌출물은 즉시 제거하여야 한다.
⑨ 해체된 거푸집이나 각목은 재 사용 가능한 것과 보수하여야 할 것을 선별, 분리하여 적치하고 정리정돈을 하여야 한다.
⑩ 강풍, 폭우 등 악천후 시에는 작업을 금지하여야 한다.

> **참고**
> * 거푸집 및 지보공 재료 선정 및 사용 시 고려 사항
>   ① 강도, 강성, 내구성
>   ② 작업성
>   ③ 경제성
>   ④ 타설 콘크리트의 영향력

(9) 철근조립 작업 시의 준수사항

① 양중기로 철근을 운반할 경우에는 두 군데 이상 묶어서 수평으로 운반할 것
② 작업 위치의 높이가 2미터 이상일 경우에는 작업발판을 설치하거나 안전대를 착용하게 하는 등 위험방지를 위하여 필요한 조치를 할 것

(10) 작업발판 일체형 거푸집의 안전조치

① "작업발판 일체형 거푸집"이란 거푸집의 설치·해체, 철근 조립, 콘크리트 타설, 콘크리트 면처리 작업 등을 위하여 거푸집을 작업발판과 일체로 제작하여 사용하는 거푸집으로서 다음 각 호의 거푸집을 말한다.

작업발판 일체형 거푸집의 종류 ★	① 갱 폼(gang form) ② 슬립 폼(slip form) ③ 클라이밍 폼(climbing form) ④ 터널 라이닝 폼(tunnel lining form) ⑤ 그 밖에 거푸집과 작업발판이 일체로 제작된 거푸집 등

갱 폼의 조립 작업 시 준수사항
① 조립 등의 범위 및 작업절차를 미리 그 작업에 종사하는 근로자에게 주지시킬 것 ② 근로자가 안전하게 구조물 내부에서 갱 폼의 작업발판으로 출입할 수 있는 이동통로를 설치할 것 ③ 갱 폼의 지지 또는 고정철물의 이상 유무를 수시 점검하고 이상이 발견된 경우에는 교체하도록 할 것 ④ 갱 폼을 조립하거나 해체하는 경우에는 갱폼을 인양장비에 매단 후에 작업을 실시하도록 하고, 인양장비에 매달기 전에 지지 또는 고정철물을 미리 해체하지 않도록 할 것 ⑤ 갱 폼 인양 시 작업발판용 케이지에 근로자가 탑승한 상태에서 갱폼의 인양 작업을 하지 않을 것

참고

1. 거푸집 존치기간의 결정요인
① 시멘트의 종류
② 콘크리트 배합
③ 하중
④ 평균기온
⑤ 구조물의 종류
⑥ 부재의 종류 및 크기

2. 거푸집동바리의 해체 시기를 결정하는 요인
① 시방서 상의 거푸집 존치기간의 경과
② 콘크리트 강도시험 결과
③ 동절기일 경우 적산 온도

3. 거푸집 동바리의 일반적인 구조검토의 순서
① 하중계산 : 거푸집 동바리에 작용하는 하중 및 외력의 종류, 크기를 산정한다.
② 응력계산 : 하중·외력에 의하여 각 부재에 발생되는 응력을 구한다.
③ 단면, 배치간격계산 : 각 부재에 발생되는 응력에 대하여 안전한 단면 및 배치간격을 결정한다.

슬립 폼(slip form), 클라이밍 폼(climbing form), 터널 라이닝 폼(tunnel lining form), 그 밖에 거푸집과 작업발판이 일체로 제작된 거푸집 조립작업 시 준수사항

① 조립작업 시 거푸집 부재의 변형 여부와 연결 및 지지재의 이상 유무를 확인할 것

② 조립작업과 관련한 이동·양중·운반 장비의 고장·오조작 등으로 인해 근로자에게 위험을 미칠 우려가 있는 장소에는 근로자의 출입을 금지하는 등 위험 방지 조치를 할 것

③ 거푸집이 콘크리트면에 지지될 때에 콘크리트의 굳기정도와 거푸집의 무게, 풍압 등의 영향으로 거푸집의 갑작스런 이탈 또는 낙하로 인해 근로자가 위험해질 우려가 있는 경우에는 설계도서에서 정한 콘크리트의 양생기간을 준수하거나 콘크리트면에 견고하게 지지하는 등 필요한 조치를 할 것

④ 연결 또는 지지 형식으로 조립된 부재의 조립 등 작업을 하는 경우에는 거푸집을 인양장비에 매단 후에 작업을 하도록 하는 등 낙하·붕괴·전도의 위험 방지를 위하여 필요한 조치를 할 것

(11) 거푸집 조립 및 해체 순서 ★

① 조립순서 : 기둥 → 보받이 내력벽 → 큰보 → 작은보 → 바닥 → (내벽) → (외벽)

② 해체순서 : 바닥 → 보 → 벽 → 기둥

③ 조립작업은 조립 → 검사 → 수정 → 고정을 주기로 하여 부분을 요약해서 행하고 전체를 진행하여 나가야 한다.

(12) 거푸집 존치 기간

> 시험출제빈도가 낮은 내용입니다. 가볍게 공부하세요!

1) 콘크리트를 지탱하지 않은 부위, 즉 기초, 보, 기둥, 벽 등의 측면 거푸집의 경우 24시간 이상 양생한 후에 콘크리트 압축강도가 5MPa 이상 도달한 경우 거푸집널을 해체할 수 있다.

2) 슬래브 및 보의 밑면, 아치 내면의 거푸집널 존치 기간은 콘크리트의 압축강도 시험에 의하여 설계기준강도의 2/3 이상의 값에 도달한 경우 거푸집널을 해체할 수 있다. 다만, 14MPa 이상이어야 한다.

3) 거푸집의 해체 시기

① 콘크리트의 압축강도를 시험할 경우 거푸집널의 해체 시기

참고

* 거푸집 존치 기간의 결정요인
① 시멘트의 종류
② 콘크리트 배합
③ 하중
④ 평균기온
⑤ 구조물의 종류
⑥ 부재의 종류 및 크기

부위		콘크리트의 압축강도
기초, 보, 기둥 벽 등의 측면		5MPa 이상
슬래브 및 보의 밑면, 아치 내면	단층구조의 경우	설계기준 압축강도의 2/3배 이상 또한, 최소강도 14MPa 이상
	다층구조의 경우	설계기준 압축강도 이상 (필러 동바리 구조를 이용할 경우는 구조계산에 의해 기간을 단축할 수 있음. 단, 이 경우라도 최소강도는 14MPa 이상으로 함)

주) 내구성이 중요한 구조물의 경우 10MPa 이상

② 콘크리트의 압축강도를 시험하지 않을 경우 거푸집널의 해체 시기 (기초, 보, 기둥 및 벽의 측면)

시멘트의 종류 평균 기온	조강포틀랜드 시멘트	보통포틀랜드 시멘트 고로슬래그 시멘트 (특급) 포틀랜드포졸란 시멘트 (A종) 플라이 애쉬 시멘트 (A종)	고로슬래그 시멘트 (1급) 포틀랜드포졸란 시멘트 (B종) 플라이 애쉬 시멘트 (B종)
20℃ 이상	2일	4일	5일
20℃ 미만 10℃ 이상	3일	6일	8일

4) 강도의 확인은 현장에서 양생한 표준공시체 혹은 타설된 콘크리트의 압축강도 시험으로 확인한다.

5) 연속 또는 강성구조교의 타설된 경간을 지지하는 동바리는 인접하여 타설될 경간에서 동바리가 해체되는 경간의 1/2 이상 길이에 대한 콘크리트 타설 후, 소정의 강도에 도달한 후에 해체하여야 한다. 다만, 교량 바닥판의 동바리와 공사감독자의 승인을 받은 경우에는 예외로 할 수 있다.

6) 아치교의 동바리는 아치가 서서히 균일하게 하중을 받을 수 있도록 상단부분부터 시작하여 단부로 균일하게 점진적으로 제거하여야 한다.

용어정의

① **흙막이**
지반굴착 시 붕괴 및 인접지반의 침하 등을 방지하기 위하여 설치하는 구조물

② **흙막이판**
일명 토류판(土留板)이라고 하며, 배면의 측압을 직접 지지해주는 휨부재

③ **띠장(wale)**
흙막이벽에 작용하는 토압에 의한 휨모멘트와 전단력에 저항하도록 설치하는 휨부재로서, 강재 널말뚝에 가해지는 토압을 버팀보에 전달하기 위해 벽면에 직접 수평으로 부착하는 부재

④ **버팀보(strut or raker)**
흙막이벽에 작용하는 수평력을 지지하기 위하여 경사 또는 수평으로 설치하는 부재

9 흙막이

(1) 흙막이 설치기준

가설 흙막이 공법의 형식은 다음과 같으며, 각 형식의 적용은 설계도에 따른다.

1) 지지형식에 따른 분류

① 자립공법
② 버팀대공법
   • 경사 버팀대식 흙막이
   • 수평 버팀대식 흙막이
③ 어스앵커공법
④ 타이로드공법

2) 흙막이 벽체 형식에 따른 분류

① H-Pile공법
② 널말뚝공법
③ 지하연속벽공법
④ 탑다운공법

(2) 계측기 종류 및 사용목적

1) 계측항목

① **횡방향 변위량** : 굴착 깊이별로 경사각의 변화, 균열 진행상태, 변위속도 등의 횡방향 변위량을 계측한다.
② **지표 및 지중 침하량** : 지반굴착 및 지하수위 저하에 의한 인접지반의 지표 및 지중 침하량을 측정한다.
③ **지하수위와 간극수압의 변화량** : 흙막이벽체 및 인접지반의 굴착 및 그라우팅 등으로 인한 지하 수위와 간극수압의 변화량을 측정한다.
④ **인접구조물의 균열 및 변위** : 굴착의 영향을 받는 인접 구조물의 경사각, 균열 진행상태 및 변위 속도를 측정한다.
⑤ **구조체의 변형률과 작용 하중** : 지지구조체인 버팀보, 흙막이 앵커, 복공구간의 H형강, 엄지 말뚝 및 띠장 등에 부착하여 변형률과 하중을 측정하여 부재에 작용하는 응력이나 휨모멘트를 구한다.
⑥ **수직파일 및 지하연속벽의 응력**
⑦ **흙막이벽 배면의 토압** : 흙막이 벽 배면의 토압을 측정하며, 설계

시에 적용한 토압과 비교한다.

⑧ 소음과 진동 : 중장비 가동 및 발파작업 등으로 인한 주변 건물의 소음과 진동영향을 측정한다.

2) 계측기 종류 및 용도 ✈

① 균열 측정기(Crack-gauge)	주변 구조물, 지반 등에 균열 발생 시 균열 크기와 변화를 정밀측정 확인
② 경사계(Tilt-meter)	구조물의 경사각 및 변형상태를 계측
③ 지하 수위계(Water levelmeter)	지하 수위 변화를 실측하여 각종 계측자료에 이용
④ 지중 수평변위계(Iclino-meter)	인접지반 수평변위량과 위치, 방향 및 크기를 실측하여 토류구조물 각 지점의 응력상태 판단
⑤ 토압계(Earth pressurecell)	토압의 변화를 측정하여 이들 부재의 안정상태 확인
⑥ 변형률계(Strain gauge)	토류 구조물의 각 부재와 인근 구조물의 각 지점 및 타설 콘크리트 등의 응력변화를 측정
⑦ 하중계(load-cell)	스트럿(Strut) 또는 어스앵커(Earth anchor) 등의 축 하중 변화를 측정하는 기구
⑧ 지주 하중계(Strut loadcell)	Strut의 축 하중 변화상태를 측정
⑨ 어스앙카 하중계(Earthanchor loadcell)	Earth Anchor의 축 하중 변화상태를 측정
⑩ 간극 수압계(Piezometer)	굴착에 따른 과잉 간극수압의 변화를 측정
⑪ 층별 침하계(Extensometer)	인접 지층의 각 지층별 침하량의 변동상태를 확인
⑫ 지표 침하계(Settlement Plate)	지표면의 침하량 절대치의 변화를 측정
⑬ 진동 소음측정기(Sound levelmeter)	굴착, 발파 및 장비 이동에 따른 진동과 소음을 측정

3) 계측빈도

계측빈도는 주변 현황, 토질 및 지하 수위 등의 조사결과와 흙막이 구조물의 형식에 따라 공사시방서에서 정하며, 달리 명시된 것이 없는 경우에는 다음을 따른다.

① 굴착기간 동안은 각 항목별로 1주 2회 이상 측정하며, 굴착 완료 후에는 1주 1회 이상 측정하는 것을 원칙으로 한다.
② 계측 도중 흙막이벽이나 주변구조물에 이상이 예상되거나 측정값이 갑작스럽게 변동하면 계측빈도를 증가시켜야 한다.
③ 해체 및 철거 전후에는 계측을 통하여 변위발생 상태를 확인하여야 한다.

4) 계측 위치 선정
   ① 지반조건이 충분히 파악되어 있고, 구조물의 전체를 대표할 수 있는 곳
   ② 중요구조물 등 지반에 특수한 조건이 있어서 공사에 따른 영향이 예상되는 곳
   ③ 교통량이 많은 곳. 다만, 교통 흐름의 장해가 되지 않는 곳
   ④ 지하수가 많고, 수위의 변화가 심한 곳
   ⑤ 시공에 따른 계측기의 훼손이 적은 곳

CHAPTER 05 단원 예상문제

01 사다리식 통로를 설치하는 때에 준수하여야 할 사항으로 옳지 않은 것은?

㉮ 견고한 구조일 것
㉯ 발판의 간격은 동일할 것
㉰ 발판과 벽과의 사이는 적당한 간격을 유지할 것
㉱ 길이가 5m 이상일 경우에는 3m마다 계단참을 설치할 것

[해설] 길이가 10m 이상인 경우 5m마다 계단참을 설치할 것

{참고} **사다리식 통로 설치 시의 준수사항**
① 견고한 구조로 할 것
② 심한 손상·부식 등이 없는 재료를 사용할 것
③ 발판의 간격은 일정하게 할 것
④ 발판과 벽과의 사이는 15센티미터 이상의 간격을 유지할 것
⑤ 폭은 30센티미터 이상으로 할 것
⑥ 사다리가 넘어지거나 미끄러지는 것을 방지하기 위한 조치를 할 것
⑦ 사다리의 상단은 걸쳐놓은 지점으로부터 60센티미터 이상 올라가도록 할 것
⑧ 사다리식 통로의 길이가 10미터 이상인 경우에는 5미터 이내마다 계단참을 설치할 것
⑨ 사다리식 통로의 기울기는 75도 이하로 할 것. 다만, 고정식 사다리식 통로의 기울기는 90도 이하로 하고, 그 높이가 7미터 이상인 경우에는 다음 각 목의 구분에 따른 조치를 할 것
 • 등받이울이 있어도 근로자 이동에 지장이 없는 경우 : 바닥으로부터 높이가 2.5미터 되는 지점부터 등받이울을 설치할 것
 • 등받이울이 있으면 근로자가 이동이 곤란한 경우 : 한국산업표준에서 정하는 기준에 적합한 개인용 추락 방지 시스템을 설치하고 근로자로 하여금 한국산업표준에서 정하는 기준에 적합한 전신 안전대를 사용하도록 할 것
⑩ 접이식 사다리 기둥은 사용 시 접혀지거나 펼쳐지지 않도록 철물 등을 사용하여 견고하게 조치할 것

02 가설구조물이 갖추어야 할 구비요건이 아닌 것은?

㉮ 영구성   ㉯ 경제성
㉰ 작업성   ㉱ 안전성

[해설] **가설구조물의 구비요건**
① 작업성
② 안전성
③ 경제성

03 가설통로의 구조로서 적당하지 않은 것은?

㉮ 경사는 30° 이하로 할 것
㉯ 높이가 2m 미만인 경우 튼튼한 손잡이를 설치할 때 경사는 30°를 초과할 수 있다.
㉰ 경사가 15°를 초과하는 때에는 미끄러지지 않는 구조로 할 것
㉱ 높이 8m 이상인 비계다리에는 7m 이내마다 계단참을 설치할 것

[해설] **가설통로 설치 시의 준수사항**
① 견고한 구조로 할 것
② 경사는 30도 이하로 할 것
③ 경사가 15도를 초과하는 때는 미끄러지지 아니하는 구조로 할 것
④ 추락의 위험이 있는 장소에는 안전난간을 설치할 것
⑤ 수직갱 : 길이가 15미터이상인 때에는 10미터 이내마다 계단참을 설치할 것
⑥ 건설공사에 사용하는 높이 8미터 이상인 비계다리 : 7미터 이내 마다 계단 참을 설치할 것

정답 01 ㉱ 02 ㉮ 03 ㉯

04 거푸집 동바리의 수평 변위를 방지하기 위한 수평 연결재에 대한 기준으로 틀린 것은?

㉮ 파이프서포트를 3개본 이상 이어서 사용하지 아니하도록 한다.
㉯ 파이프서포트를 사용하는 경우 높이가 3.5m를 초과할 때 높이 2m 이내마다 수평연결재를 2개 방향으로 설치한다.
㉰ 조립강주를 사용하는 경우 높이가 4m를 초과할 때 높이 4m 이내마다 수평연결재를 2개 방향으로 설치한다.
㉱ 파이프서포트를 이어서 사용할 때에는 2개 이상의 볼트 또는 전용철물을 사용하여 잇는다.

[해설] ㉱ 파이프서포트를 이어서 사용할 때에는 4개 이상의 볼트 또는 전용철물을 사용하여 잇는다.

{참고} **1. 동바리로 사용하는 파이프서포트의 조립 시 준수사항**

- 파이프서포트를 **3개본 이상 이어서 사용하지 아니하도록 할 것**
- 파이프서포트를 이어서 사용할 때에는 **4개 이상의 볼트 또는 전용철물을 사용하여 이을 것**
- **높이가 3.5미터를 초과**하는 경우에는 **높이 2미터 이내마다 수평연결재를 2개 방향으로 만들고** 수평연결재의 변위를 방지할 것

2. 동바리로 사용하는 강관틀의 준수사항

- 강관틀과 **강관틀 사이에 교차가새를 설치**할 것
- **최상단 및 5단 이내마다** 동바리의 측면과 틀면의 방향 및 교차가새의 방향에서 5개 이내마다 **수평연결재를 설치**하고 수평연결재의 **변위를 방지**할 것
- **최상단 및 5단 이내마다** 동바리의 틀면의 방향에서 양단 및 5개 틀 이내마다 **교차가새의 방향으로 띠장틀을 설치**할 것

3. 동바리로 사용하는 조립강주의 준수사항

- **높이가 4미터를 초과할 때에는 높이 4미터 이내마다 수평연결재를 2개 방향으로 설치**하고 수평연결재의 변위를 방지할 것

4. 시스템 동바리의 준수사항

- **수평재는 수직재와 직각으로 설치**해야 하며, 흔들리지 않도록 견고하게 설치할 것
- **연결철물을 사용하여** 수직재를 견고하게 **연결**하고, 연결 부위가 탈락 또는 꺾어지지 않도록 할 것
- 수직 및 수평하중에 의한 동바리의 구조적 안전성이 확보되도록 조립도에 따라 **수직재 및 수평재에는 가새재를 견고하게 설치**할 것
- 동바리 최상단과 최하단의 **수직재와 받침철물은 서로 밀착되도록 설치**하고 **수직재와 받침철물의 연결부의 겹침길이는 받침철물 전체 길이의 3분의 1 이상이 되도록** 할 것

5. 보 형식의 동바리[강제 갑판(steel deck), 철재 트러스 조립 보 등 수평으로 설치하여 거푸집을 지지하는 동바리를 말한다]의 경우

- **접합부는 충분한 걸침 길이를 확보**하고 못, 용접 등으로 **양 끝을 지물에 고정시켜 미끄러짐 및 탈락을 방지**할 것
- 양 끝에 설치된 보 거푸집을 지지하는 **동바리 사이에는 수평연결재를 설치하거나 동바리를 추가로 설치하는 등 보 거푸집이 옆으로 넘어지지 않도록** 견고하게 할 것
- 설계도면, 시방서 등 **설계도서를 준수하여 설치할 것**

정답 04 ㉱

05 다음 중 거푸집 동바리를 고정하거나 조립 또는 해체작업을 할 때 안전담당자의 유해·위험방지업무와 가장 거리가 먼 것은?

㉮ 안전한 작업 방법을 결정하고 작업을 지휘하는 일
㉯ 재료, 기구의 결함 유무를 점검하고 불량품을 제거하는 일
㉰ 작업 중 안전대 및 안전모 등 보호구 착용 상황을 감시하는 일
㉱ 거푸집 동바리의 강도를 측정하는 일

[해설] **거푸집 동바리의 고정·조립 또는 해체 작업 시의 관리감독자 업무**
① 안전한 작업방법을 결정하고 작업을 지휘하는 일
② 재료·기구의 결함 유무를 점검하고 불량품을 제거하는 일
③ 작업 중 안전대 및 안전모 등 보호구 착용 상황을 감시하는 일

06 달비계에 사용하는 달기와이어로프의 기준에 대한 설명으로 틀린 것은?

㉮ 와이어로프의 한 꼬임에서 소선의 수가 8% 이상 절단된 것은 사용할 수 없다.
㉯ 지름의 감소가 공칭지름의 7%를 초과하는 것은 사용할 수 없다.
㉰ 심하게 변형, 부식된 것은 사용할 수 없다.
㉱ 안전계수는 10 이상인 것을 사용하여야 한다.

[해설] **와이어로프의 사용금지 항목**
① 이음매가 있는 것
② **와이어로프의 한 꼬임에서 끊어진 소선의 수가 10퍼센트 이상**(비자전로프의 경우에는 끊어진 소선의 수가 와이어로프 호칭지름의 6배 길이 이내에서 4개 이상이거나 호칭지름 30배 길이 이내에서 8개 이상)인 것
③ 지름의 감소가 공칭지름의 7퍼센트를 초과하는 것
④ 꼬인 것
⑤ 심하게 변형되거나 부식된 것
⑥ 열과 전기충격에 의해 손상된 것

07 이동식 사다리의 길이는 몇 미터를 초과해서는 안 되는가?

㉮ 3미터 ㉯ 5미터
㉰ 6미터 ㉱ 7미터

[해설] **이동식 사다리의 구조**
• 길이가 <u>6미터를 초과해서는 안 된다.</u>
• 다리의 벌림은 벽 높이의 <u>1/4 정도</u>가 적당하다.
• 벽면 상부로부터 최소한 60센티미터 이상의 연장 길이가 있어야 한다.

08 거푸집 동바리 설치기준을 잘못 설명한 것은?

㉮ 파이프 서포트는 3본 이상 이어서 사용하지 않는다.
㉯ 시스템 동바리의 경우 수평재는 수직재와 직각으로 설치해야 하며, 흔들리지 않도록 견고하게 설치할 것
㉰ 조립 강주를 지주로 사용할 때는 높이 5m 이내마다 수평 연결재를 2방향으로 설치한다.
㉱ 강관 틀을 지주로 사용할 때는 최상층 및 5층 이내마다 수평 연결재를 설치한다.

[해설] ㉰ <u>조립강주를 지주로 사용할 경우 높이가 4미터를 초과할 때에는 높이 4미터이내마다 수평연결재를 2개 방향으로 설치</u>하고 수평연결재의 변위를 방지할 것

정답 05 ㉱ 06 ㉮ 07 ㉰ 08 ㉰

09 작업장에 설치하는 계단에 대한 설명 중 옳은 것은?

㉮ 계단 및 계단참은 400kg/m² 이상의 하중에 견딜 수 있어야 한다.
㉯ 계단참은 그 높이가 2.5m를 초과하여 설치해서는 안 된다.
㉰ 높이 1m 이상인 계단의 개방된 측면에는 안전난간을 설치하여야 한다.
㉱ 계단을 설치할 때 그 폭을 50cm 이상으로 하여야 한다.

[해설] 계단의 설치
① 계단의 강도
 • 계단 및 계단참의 강도는 500kg/m² 이상이어야 하며 안전율은 4 이상으로 하여야 한다.
② 계단의 폭
 • 1미터 이상으로 하여야 한다.
③ 계단참의 높이
 • **높이가 3미터를 초과**하는 계단에 높이 3미터 이내마다 진행방향으로 길이 1.2미터 이상의 계단참을 설치해야 한다.
④ 천장의 높이
 • 바닥면으로부터 높이 2미터 이내의 공간에 장애물이 없도록 하여야 한다.
⑤ 계단의 난간
 • 높이 1미터 이상인 계단의 개방된 측면에 안전난간을 설치하여야 한다.

10 가설구조물의 특징적인 성격으로서 가장 거리가 먼 것은?

㉮ 연결재가 적은 구조로 되기 쉽다.
㉯ 부재의 결합이 복잡하다.
㉰ 조립의 정밀도가 낮다.
㉱ 사용부재가 과소 단면이거나 결함재료를 사용하기 쉽다.

[해설] ㉯ 부재의 결합이 간략하여 불완전 결합이 되기 쉽다.

11 계단과 계단참은 얼마 이상의 하중에 견딜 수 있는 강도를 가진 구조로 설치하여야 하는가?

㉮ 200kg/m²   ㉯ 300kg/m²
㉰ 400kg/m²   ㉱ 500kg/m²

[해설] 계단 및 계단참의 강도는 500kg/m² 이상이어야 하며 안전율은 4 이상으로 하여야 한다.

{참고} ① 계단의 강도
 • 계단 및 계단참의 강도는 500kg/m² 이상이어야 하며 안전율은 4 이상으로 하여야 한다.
② 계단의 폭
 • 1미터 이상으로 하여야 한다.
③ 계단참의 높이
 • **높이가 3m를 초과**하는 계단에는 높이 3m 이내마다 너비 1.2미터 이상의 계단참을 설치하여야 한다.
④ 천장의 높이
 • 바닥면으로부터 높이 2미터 이내의 공간에 장애물이 없도록 하여야 한다.
⑤ 계단의 난간
 • 높이 1미터 이상인 계단의 개방된 측면에 안전난간을 설치하여야 한다.

12 달비계의 달기와이어로프는 지름의 감소가 공칭지름의 몇 %를 초과할 경우에 사용할 수 없도록 규정되어 있는가?

㉮ 5   ㉯ 7
㉰ 9   ㉱ 10

[해설] 와이어로프의 사용 금지 조건
① 이음매가 있는 것
② 와이어로프의 한 꼬임에서 끊어진 소선의 수가 10퍼센트 이상(비자전로프의 경우에는 끊어진 소선의 수가 와이어로프 호칭지름의 6배 길이 이내에서 4개 이상이거나 호칭지름 30배 길이 이내에서 8개 이상)인 것
③ 지름의 감소가 공칭지름의 7퍼센트를 초과하는 것
④ 꼬인 것
⑤ 심하게 변형되거나 부식된 것
⑥ 열과 전기충격에 의해 손상된 것

정답 09 ㉰ 10 ㉯ 11 ㉱ 12 ㉯

{참고} 사용금지 사항

달기체인	① 달기 체인의 **길이가** 달기 체인이 **제조된 때의 길이의 5퍼센트를 초과한 것** ② **링의 단면지름**이 달기 체인이 제조된 때의 해당 링의 지름의 10퍼센트를 초과하여 감소한 것 ③ **균열이 있거나 심하게 변형된 것**
화물 자동차의 짐걸이 등으로 사용하는 섬유로프	① **꼬임이 끊어진 것** ② **심하게 손상 또는 부식된 것**

13 거푸집 해체 작업 시의 안전수칙과 거리가 먼 것은?

㉮ 거푸집 동바리를 해체할 때는 작업책임자를 선임한다.
㉯ 해체된 거푸집 재료를 올리거나 내릴 때는 달줄이나 달포대를 사용한다.
㉰ 보 밑 또는 슬라브 거푸집을 해체할 때는 동시에 해체하여야 한다.
㉱ 거푸집의 해체가 곤란한 경우 구조체에 무리한 충격이나 지렛대 사용은 금하여야 한다.

[해설] ㉰ 보 밑 또는 슬라브 거푸집을 제거할 때에는 한쪽 먼저 해체한 후 밧줄 등을 이용하여 묶어두고 다른 한쪽을 서서히 해체한다.

14 강관비계 및 강관틀비계의 구조에 관한 설명 중 틀린 것은?

㉮ 강관비계에서 비계기둥의 장선방향 간격은 1.8m 이하로 할 것
㉯ 비계기둥의 최고부로부터 31m 되는 지점 밑부분의 비계기둥은 2본의 강관으로 묶어 세울 것
㉰ 강관비계에서 비계기둥 간의 적재하중은 400kg을 초과하지 아니할 것
㉱ 강관틀비계에서 주틀간에 교차가새를 설치하고 최상층 및 5층 이내마다 수평재를 설치할 것

[해설] **강관비계의 구조**
① **비계기둥 간격** : 띠장방향에서는 1.85m 이하, 장선방향에서는 1.5m 이하로 할 것
다만, 다음 각 목의 어느 하나에 해당하는 작업의 경우에는 안전성에 대한 구조검토를 실시하고 조립도를 작성하면 띠장 방향 및 장선 방향으로 각각 2.7미터 이하로 할 수 있다.
  가. 선박 및 보트 건조작업
  나. 그 밖에 장비 반입·반출을 위하여 공간 등을 확보할 필요가 있는 등 작업의 성질상 비계기둥 간격에 관한 기준을 준수하기 곤란한 작업
② **띠장간격** : 2.0미터 이하로 할 것
③ 비계기둥의 제일 윗부분으로 부터 31m되는 지점 밑 부분의 비계기둥은 2본의 강관으로 묶어 세울 것
④ 비계기둥 간의 적재하중은 400kg을 초과하지 않도록 할 것

15 사다리식 통로를 설치할 때 사다리의 상단은 걸쳐놓은 지점으로부터 얼마 이상 올라가도록 하여야 하는가?

㉮ 45cm 이상   ㉯ 60cm 이상
㉰ 75cm 이상   ㉱ 90cm 이상

[해설] 사다리의 **상단은 걸쳐놓은 지점으로부터 60센티미터 이상 올라가도록** 할 것

정답 13 ㉰ 14 ㉮ 15 ㉯

16 철골 조립 공사 중에 리벳 작업이나 볼트 작업을 하기 위해 주체인 철골에 매달아서 작업발판으로 이용하는 비계는?

㉮ 달비계 ㉯ 말비계
㉰ 달대비계 ㉱ 선반비계

[해설] **달대비계**
철골공사의 리벳치기 및 볼트 작업 등에 이용하는 비계로서 체인을 철골에 매달아서 작업발판을 만든 비계이며 상하로 이동시킬 수 없는 단점이 있다.

17 작업 장소 전체에 비계를 설치하기에는 비경제적이고, 주로 일시적인 작업을 할 때 가장 적당한 비계는?

㉮ 이동식 비계
㉯ 강관 비계
㉰ 강관틀 비계
㉱ 달대 비계

[해설] **이동식 비계** : 바퀴를 설치하여 필요한 위치로 이동하며 작업할 수 있는 비계로 일시적인 작업을 할 때 적합한 비계이다.

18 거푸집 해체 시 이행해야 할 안전수칙으로 틀린 것은?

㉮ 거푸집 해체는 순서에 입각하여 실시한다.
㉯ 상하에서 동시 작업을 할 때는 상하의 작업자가 긴밀하게 연락을 취해야 한다.
㉰ 거푸집 해체가 용이하지 않을 때에는 큰 힘을 줄 수 있는 지렛대를 사용해야 한다.
㉱ 해체된 거푸집, 각목 등을 올리거나 내릴 때는 달줄, 달포대 등을 사용한다.

[해설] ㉰ 거푸집 해체가 용이하지 않는다고 구조체에 무리한 충격 또는 큰 힘에 의한 지렛대 사용을 금한다.

19 다음 중 비계가 갖추어야 할 요소와 가장 거리가 먼 것은?

㉮ 안전성 ㉯ 작업성
㉰ 경제성 ㉱ 영구성

[해설] **비계가 갖추어야 할 요소**
① 작업성
② 안전성
③ 경제성

20 강관 틀비계 조립 시 높이가 최소 몇 m를 초과하는 경우에 주틀 간의 간격을 1.8m 이하로 하여야 하는가?

㉮ 15m ㉯ 20m
㉰ 25m ㉱ 30m

[해설] 높이가 20미터를 초과하거나 중량물의 적재를 수반하는 작업을 할 경우에는 주틀간의 간격이 1.8미터 이하로 할 것

{참고} 틀비계(강관 틀비계) 조립 시 준수사항
① 밑둥에는 밑받침철물을 사용하여야 하며 밑받침에 고저 차가 있는 경우에는 조절형 밑받침철물을 사용하여 항상 수평 및 수직을 유지하도록 할 것
② 주틀간에 교차가새를 설치하고 최상층 및 5층 이내마다 수평재를 설치할 것
③ 벽이음 간격(조립간격) : 수직방향 6m, 수평방향으로 8m미터 이내마다 할 것
④ 길이가 띠장방향으로 4m 이하이고 높이가 10m를 초과하는 경우에는 10m 이내마다 띠장방향으로 버팀기둥을 설치할 것

정답 16 ㉰ 17 ㉮ 18 ㉰ 19 ㉱ 20 ㉯

21 수직갱에 가설된 통로의 길이가 15m 이상인 때에는 매 10m마다 무엇을 설치해야 하는가?

㉮ 손잡이
㉯ 계단참
㉰ 클램프
㉱ 미끄럼방지 조치

[해설] **수직갱** : 길이가 15미터 이상인 때에는 10미터 이내마다 계단참을 설치할 것

{참고} **가설통로 설치 시의 준수사항**
① 견고한 구조로 할 것
② **경사는 30도 이하**로 할 것(계단을 설치하거나 높이 2미터 미만의 가설통로로서 튼튼한 손잡이를 설치한 때에는 그러하지 아니하다)
③ **경사가 15도를 초과하는 때는 미끄러지지 아니하는 구조**로 할 것
④ **추락의 위험이 있는 장소에는 안전난간을 설치**할 것(작업상 부득이한 때에는 필요한 부분에 한하여 임시로 이를 해체할 수 있다)
⑤ **수직갱 : 길이가 15미터이상인 때에는 10미터 이내마다 계단참을 설치**할 것
⑥ 건설공사에 사용하는 **높이 8미터 이상인 비계다리 : 7미터 이내 마다 계단참을 설치**할 것

22 개착식 굴착공사(Open cut)에서 설치하는 계측기기와 거리가 먼 것은?

㉮ 수위계
㉯ 경사계
㉰ 응력계
㉱ 내공변위계

[해설] ㉱ 내공변위계는 터널의 계측장치이다.

{참고} **깊이 10.5m 이상의 굴착작업 시 계측기기**
① 수위계
② 경사계
③ 하중 및 침하계
④ 응력계

23 강관비계의 종류에 따른 벽이음 및 버팀의 조립 간격에 대한 기준으로 틀린 것은? (단, 틀비계는 높이가 5m 미만의 것을 제외한다)

㉮ 단관비계 - 수직 방향 - 5m
㉯ 단관비계 - 수평 방향 - 5m
㉰ 틀비계 - 수직 방향 - 8m
㉱ 틀비계 - 수평 방향 - 8m

[해설] **비계 조립간격(벽이음 간격)**

비계 종류		수직 방향	수평 방향
강관비계	단관비계	5m	5m
	틀비계(높이 5m 미만인 것 제외)	6m	8m

24 이동식 비계를 조립하여 작업을 할 때에 준수사항과 거리가 먼 것은?

㉮ 비계의 최상부에서 작업을 할 때에는 안전난간을 설치할 것
㉯ 이동식 비계의 바퀴는 이동을 방지하기 위하여 고정시킨 후 비계의 일부를 견고한 시설물에 잡아매는 등의 조치를 할 것
㉰ 승강용 사다리는 견고하게 설치할 것
㉱ 지주부재와 수평면과의 기울기를 75도 이하로 하고 지주부재 사이를 고정시키는 보조부재를 설치할 것

[해설] **이동식 비계 조립 시의 준수사항**
① **바퀴**에는 갑작스러운 이동 또는 전도를 방지하기 위하여 **브레이크ㆍ쐐기 등으로 바퀴를 고정시킨 다음** 비계의 일부를 견고한 **시설물에 고정하거나 지지틀(아웃트리거)을 설치**할 것
② 승강용사다리는 견고하게 설치할 것
③ 비계의 **최상부**에서 작업을 할 때에는 **안전난간을 설치**할 것

▶ 정답 21 ㉯ 22 ㉱ 23 ㉰ 24 ㉱

④ 작업발판은 항상 수평을 유지하고 작업발판 위에서 안전난간을 딛고 작업을 하거나 받침대 또는 사다리를 사용하여 작업하지 않도록 할 것
⑤ 작업발판의 최대적재하중은 250킬로그램을 초과하지 않도록 할 것

25 현장에서 강관을 사용하여 비계를 구성하는 때에 비계기둥 간의 적재하중은 얼마를 초과해서는 안 되는가?

㉮ 200kg ㉯ 300kg
㉰ 400kg ㉱ 500kg

[해설] 비계기둥 간의 적재하중은 400킬로그램을 초과하지 아니하도록 할 것

{참고} 강관비계의 구조
① 비계기둥 간격 : 띠장방향에서는 1.85m 이하, 장선방향에서는 1.5m 이하로 할 것
   다만, 다음 각 목의 어느 하나에 해당하는 작업의 경우에는 안전성에 대한 구조검토를 실시하고 조립도를 작성하면 띠장 방향 및 장선 방향으로 각각 2.7미터 이하로 할 수 있다.
   가. 선박 및 보트 건조작업
   나. 그 밖에 장비 반입·반출을 위하여 공간 등을 확보할 필요가 있는 등 작업의 성질상 비계기둥 간격에 관한 기준을 준수하기 곤란한 작업
② 띠장간격 : 2.0미터 이하로 할 것
③ 비계기둥의 제일 윗부분으로 부터 31m되는 지점 밑 부분의 비계기둥은 2본의 강관으로 묶어 세울 것
④ 비계기둥 간의 적재하중은 400kg을 초과하지 않도록 할 것

26 부득이한 경우를 제외한 일반적인 경우에 공사용 가설도로의 최고 허용 경사도는 얼마인가?

㉮ 5% ㉯ 10%
㉰ 20% ㉱ 30%

[해설] 공사용 가설도로의 최고 허용경사도는 부득이한 경우를 제외하고는 10퍼센트를 넘어서는 안 된다.

27 산업안전기준에 관한 규칙에 따른 근로자의 안전한 통행을 위하여 통로에 설치하여야 하는 조명시설의 조도는?

㉮ 30 럭스 이상
㉯ 75 럭스 이상
㉰ 150 럭스 이상
㉱ 300 럭스 이상

[해설] 근로자가 안전하게 통행할 수 있도록 통로에 75 럭스 이상의 채광 또는 조명시설을 하여야 한다.

28 콘크리트 거푸집을 설계할 때 고려해야 하는 연직하중으로 거리가 먼 것은?

㉮ 작업하중 ㉯ 콘크리트 자중
㉰ 충격하중 ㉱ 풍하중

[해설] ㉱ 풍하중은 횡방향 하중에 해당한다.

{참고} 거푸집 및 지보공(동바리) 시공 시 고려해야 할 하중
① 연직방향 하중 : 거푸집, 지보공(동바리), 콘크리트, 철근, 작업원, 타설용 기계 기구, 가설설비 등의 중량 및 충격하중
② 횡방향 하중 : 작업할 때의 진동, 충격, 시공오차 등에 기인되는 횡방향 하중이외에 필요에 따라 풍압, 유수압, 지진 등
③ 콘크리트의 측압 : 굳지 않은 콘크리트의 측압
④ 특수하중 : 시공 중에 예상되는 특수한 하중
⑤ 위의 ①~④ 항목의 하중에 안전율을 고려한 하중

정답 25 ㉰ 26 ㉯ 27 ㉯ 28 ㉱

29 건설 현장에서 거푸집 및 동바리를 조립할 때 준수 사항으로 틀린 것은?

㉮ 동바리의 이음은 같은 품질의 재료를 사용할 것
㉯ 받침목이나 깔판의 사용, 콘크리트 타설, 말뚝박기 등 동바리의 침하를 방지하기 위한 조치를 할 것
㉰ 거푸집의 형상에 따른 부득이한 경우를 제외하고는 깔판이나 받침목은 3단 이상 끼우지 않도록 할 것
㉱ 강재의 접속부 및 교차부는 볼트·클램프 등 전용철물을 사용하여 단단히 연결할 것

[해설] 거푸집의 형상에 따른 부득이한 경우를 제외하고는 **깔판이나 받침목은 2단 이상 끼우지 않도록 할 것**

30 와이어로프나 철선 등을 이용하여 상부 지점에서 작업용 발판을 매다는 형식의 비계로서 건물 외벽 도장이나 청소 등의 작업에서 사용되는 비계는?

㉮ 브라켓 비계
㉯ 달비계
㉰ 이동식 비계
㉱ 말비계

[해설] **달비계** : 작업발판을 와이어로프에 매달아 고층건물 청소용 등의 작업 시에 사용하는 비계

31 다음 중 거푸집 조립순서를 옳게 나열한 것은?

㉮ 기둥→보받이 내력벽→큰 보→작은 보→바닥판→내벽→외벽
㉯ 외벽→보받이 내력벽→큰 보→작은 보→바닥판→내벽→기둥
㉰ 기둥→보받이 내력벽→작은 보→큰 보→바닥판→내벽→외벽
㉱ 기둥→보받이 내력벽→바닥판→큰 보→작은 보→내벽→외벽

[해설] 거푸집 조립 및 해체 순서
① 조립 순서 : 기둥→보받이 내력벽→큰 보→작은 보→바닥→(내벽)→(외벽)
② 해체 순서 : 바닥→보→벽→기둥

32 거푸집 동바리 등을 조립하는 때 동바리로 사용하는 파이프 서포트에 대하여는 다음 각목에서 정하는 바에 의해 설치하여야 한다. ( ) 안에 적합한 것은?

> 가. 파이프서포트를 (①)본 이상 이어서 사용하지 아니하도록 할 것.
> 나. 파이프서포트를 이어서 사용할 때에는 (②)개 이상의 볼트 또는 전용철물을 사용하여 이을 것.

㉮ ① : 1   ② : 2
㉯ ① : 2   ② : 3
㉰ ① : 3   ② : 4
㉱ ① : 4   ② : 5

[해설] 동바리로 사용하는 파이프서포트의 조립 시 준수사항
① 파이프서포트를 **3개본 이상 이어서 사용하지 아니하도록 할 것**
② 파이프서포트를 이어서 사용할 때에는 **4개 이상의 볼트 또는 전용철물을 사용하여 이을 것**
③ 높이가 3.5미터를 초과할 때 높이 2미터 이내마다 수평연결재를 2개 방향으로 만들고 수평연결재의 변위를 방지할 것

정답 29 ㉰ 30 ㉯ 31 ㉮ 32 ㉰

33 다음은 비계조립에 관한 사항이다. ( ) 안에 적합한 것은?

> 사업주는 강관비계 또는 통나무비계를 조립하는 때에는 쌍줄로 하여야 하되, 외줄로 하는 때에는 별도의 ( )을/를 설치할 수 있는 시설을 갖추어야 한다.

㉮ 안전난간　　㉯ 작업발판
㉰ 안전벨트　　㉱ 표지판

[해설] 강관비계 또는 통나무비계를 조립하는 때에는 쌍줄로 하여야 하되, 외줄로 하는 때에는 별도의 **작업발판을 설치할 수 있는 시설을 갖추어야 한다.**

34 와이어로프나 철선 등을 이용하여 상부 지점에서 작업용 발판을 매다는 형식의 비계로서 건물 외장도벽이나 청소 등의 작업에서 사용되는 비계는?

㉮ 브라켓 비계　　㉯ 달비계
㉰ 이동식 비계　　㉱ 말비계

[해설] 달비계
작업발판을 와이어로프에 매달아 고층건물 청소용 등의 작업 시에 사용하는 비계

35 다음 중 거푸집동바리 설계 시 고려하여야 할 연직방향 하중에 해당하지 않는 것은?

㉮ 적설하중　　㉯ 풍하중
㉰ 충격하중　　㉱ 작업하중

[해설] ㉯ 풍하중은 횡방향 하중에 해당한다.
{참고} 거푸집 및 지보공(동바리) 시공 시 고려해야 할 하중
① **연직방향 하중** : 거푸집, 지보공(동바리), 콘크리트, 철근, 작업원, 타설용 기계기구, 가설설비 등의 중량 및 충격하중
② **횡방향 하중** : 작업할 때의 진동, 충격, 시공오차 등에 기인되는 횡방향 하중 이외에 필요에 따라 **풍압, 유수압, 지진** 등
③ **콘크리트의 측압** : 굳지않은 콘크리트의 측압
④ **특수 하중** : 시공 중에 예상되는 특수한 하중
⑤ **위의 ①~④ 항목의 하중에 안전율을 고려한 하중**

36 거푸집동바리 조립도에 명시해야 할 사항과 가장 거리가 먼 것은?

㉮ 부재의 재질
㉯ 단면규격
㉰ 설치 간격
㉱ 작업환경 조건

[해설] 거푸집동바리의 **조립도**에는 동바리·멍에 등 **부재(部材)의 재질·단면규격·설치간격 및 이음방법 등을 명시**하여야 한다.

37 현장에서 말비계를 조립하여 사용할 때에는 다음 보기의 사항을 준수하여야 한다. ( )안에 적합한 것은?

> 말비계의 높이가 2m를 초과할 경우에는 작업발판의 폭을 ( )cm 이상으로 할 것.

㉮ 10　　㉯ 20
㉰ 30　　㉱ 40

[해설] 말비계 조립 시의 준수사항
① 지주부재의 하단에는 **미끄럼 방지장치**를 하고, **양측 끝부분에 올라서서 작업하지 아니하도록 할 것**
② 지주부재와 **수평면과의 기울기를 75도 이하**로 하고, **지주부재와 지주부재 사이를 고정시키는 보조부재를 설치할 것**
③ 말비계의 높이가 2미터를 초과할 경우에는 작업발판의 폭을 40센티미터 이상으로 할 것

정답 33 ㉯　34 ㉯　35 ㉯　36 ㉱　37 ㉱

38 하수종말 처리 시설 신축공사 현장에서 층고 5.4m인 배수펌프장 상부 슬래브를 타설 하는 과정에서 붕괴사고가 발생했다. 다음 중 붕괴의 원인으로 볼 수 없는 것은?

㉮ 동바리로 사용하는 파이프서포트를 4본으로 이어 사용하였다.
㉯ 수평연결재를 높이 1.5m 마다 견고하게 설치하였다.
㉰ 조립도를 작성하지 않고 목수의 경험에 의해 지보공을 설치하였다.
㉱ 콘크리트 한 곳에 집중적으로 타설하였다.

[해설] ㉮ 파이프서포트를 3개본 이상 이어서 사용하지 아니하도록 할 것
㉰ 거푸집동바리 등을 조립하는 때에는 그 구조를 검토한 후 조립도를 작성하고 그 조립도에 의하여 조립하도록 하여야 한다.
㉱ 콘크리트를 한 곳에만 치우쳐서 타설할 경우 거푸집의 변형 및 탈락에 의한 붕괴사고가 발생되므로 타설 순서를 준수하여야 한다.

정답 38 ㉯

CHAPTER 06 공사 및 작업종류별 안전

01 양중 및 해체 공사

📍 주/요/내/용 알/고/가/기
1. 해체작업 시 해체계획 작성 항목
2. 양중기의 종류 및 방호장치
3. 타워크레인 작업계획서 포함사항
4. 악천후 시의 조치
5. 작업 시작 전 점검 항목

1 해체용 기계, 기구의 종류 및 취급안전

> 시험출제빈도가 낮은 내용입니다.
> 가볍게 공부하세요!

(1) 압쇄기

압쇄기는 쇼벨에 설치하며 유압 조작에 의해 콘크리트 등에 강력한 압축력을 가해 파쇄하는 기계이다.

(2) 대형 브레이커

대형 브레이커는 통상 쇼벨에 설치하여 사용하며, 다음 각 호의 사항을 준수하여야 한다.

① 대형 브레이커는 중량, 작업 충격력을 고려하여 차체 지지력을 초과하는 중량의 브레이커 부착을 금지하여야 한다.
② 대형 브레이커의 부착과 해체에는 경험이 많은 사람으로서 선임된 자에 한하여 실시하여야 한다.
③ 유압작동구조, 연결구조 등의 주요 구조는 보수점검을 수시로 하여야 한다.
④ 유압식일 경우에는 유압이 높기 때문에 수시로 유압 호오스가 새거나 막힌 곳이 없는가를 점검하여야 한다.
⑤ 해체대상물에 따라 적합한 형상의 브레이커를 사용하여야 한다.

(3) 철제 햄머

햄머를 크레인 등에 부착하여 구조물에 충격을 주어 파쇄하는 기계이다.

[문제]
다음 중 해체작업용 기계·기구로 거리가 가장 먼 것은?
㉮ 압쇄기
㉯ 핸드 브레이커
㉰ 철제햄머
㉱ 진동 롤러

[해설]
㉱ 진동 롤러는 지반의 다짐 기계이다.

정답 ㉱

(4) 화약류

콘크리트 파쇄용 화약류 취급 시에는 다음 각 호의 사항을 준수하여야 한다.

① 화약류에 의한 발파파쇄 해체 시에는 사전에 시험 발파에 의한 폭력, 폭속, 진동치 속도 등의 파쇄능력과 진동, 소음의 영향력을 검토하여야 한다.
② 소음, 분진, 진동으로 인한 공해대책, 파편에 대한 예방대책을 수립하여야 한다.
③ 화약류 취급에 대하여는 법, 총포 도검 화약류 단속법 등 관계법에서 규정하는 바에 의하여 취급하여야 하며 화약저장소 설치기준을 준수하여야 한다.
④ 시공순서는 화약 취급 절차에 의한다.

(5) 핸드브레이커

압축공기, 유압의 급속한 충격력에 의거 콘크리트 등을 해체할 때 사용하는 것으로 다음 각 호의 사항을 준수하여야 한다.

① 끝의 부러짐을 방지하기 위하여 작업 자세는 하향 수직방향으로 유지하도록 하여야 한다.
② 기계는 항상 점검하고, 호오스의 꼬임·교차 및 손상 여부를 점검하여야 한다.
③ 작은 부재의 파쇄에 유리하고 소음, 진동 및 분진이 발생되므로 작업원은 보호구를 착용하여야 하고 작업원의 작업시간을 제한하여야 한다.

(6) 팽창제

광물의 수화반응에 의한 팽창압을 이용하여 파쇄하는 공법으로 다음 각 호의 사항을 준수하여야 한다.

① 팽창제와 물과의 시방 혼합비율을 확인하여야 한다.
② 천공직경이 너무 작거나 크면 팽창력이 작아 비효율적이므로, 천공 직경은 30~50mm 정도를 유지하여야 한다.
③ 천공 간격은 콘크리트 강도에 의하여 결정되나 30~70cm 정도를 유지하도록 한다.
④ 팽창제를 저장하는 경우에는 건조한 장소에 보관하고 직접 바닥에 두지 말고 습기를 피하여야 한다.
⑤ 개봉된 팽창제는 사용하지 말아야 하며 쓰다 남은 팽창제 처리에 유의하여야 한다.

문제

해체(철거)용 장비로서 작은 부재의 파쇄에 유리하고 소음, 진동 및 분진이 발생되므로 작업원은 보호구를 착용하여야 하고 특히 작업원의 작업시간을 제한하여야 하는 장비는?

㉮ 압쇄기
㉯ 철해머
㉰ 대형 브레이커
㉱ 핸드 브레이커

정답 ㉱

문제

팽창제에 의한 해체작업에서 사용물질 취급상의 안전기준으로 틀리는 것은?

㉮ 팽창제를 저장하는 경우 건조한 장소에 보관하고 직접 바닥에 두지 말고 습기를 피할 것
㉯ 팽창제와 물과의 혼합비율을 확인할 것
㉰ 개봉되어진 팽창제는 별도 장소에 보관하여 사용하고 쓰다 남은 팽창제 처리에 유의할 것
㉱ 천공 간격은 콘크리트 강도에 의해 결정되나 30~70cm 정도가 적당하다.

[해설]
㉰ 개봉되어진 팽창제는 사용하지 말고 쓰다 남은 팽창제는 폐기한다.

정답 ㉰

(7) 절단 톱

회전 날 끝에 다이아몬드 입자를 혼합 경화하여 제조된 절단 톱으로 기둥, 보, 바닥, 벽체를 적당한 크기로 절단하여 해체하는 공법이다.

(8) 재키

구조물의 부재 사이에 재키를 설치한 후 국소부에 압력을 가해 해체하는 공법이다.

(9) 쐐기 타입기

직경 30 내지 40밀리미터 정도의 구멍 속에 쐐기를 박아 넣어 구멍을 확대하여 해체하는 공법이다.

(10) 화염방사기

구조체를 고온으로 용융시키면서 해체하는 것으로 다음 각 호의 사항을 준수하여야 한다.

① 고온의 용융물이 비산하고 연기가 많이 발생되므로 화재 발생에 주의하여야 한다.
② 소화기를 준비하여 불꽃 비산에 의한 인접 부분의 발화에 대비하여야 한다.
③ 작업자는 방열복, 마스크, 장갑 등의 보호구를 착용하여야 한다.
④ 산소 용기가 넘어지지 않도록 밑받침 등으로 고정시키고 빈 용기와 채워진 용기의 저장을 분리하여야 한다.
⑤ 용기 내 압력은 온도에 의해 상승하기 때문에 항상 섭씨 40도 이하로 보존하여야 한다.
⑥ 호오스는 결속물로 확실하게 결속하고, 균열되었거나 노후된 것은 사용하지 말아야 한다.
⑦ 게이지의 작동을 확인하고 고장 및 작동불량품은 교체하여야 한다.

(11) 절단 줄톱

와이어에 다이아몬드 절삭 날을 부착하여, 고속 회전시켜 절단 해체하는 공법이다.

② 해체공법의 종류

> 시험출제빈도가 낮은 내용입니다.
> 가볍게 공부하세요!

(1) 압쇄기 사용 공법

① 상층 부분의 보와 기둥, 벽체를 해체할 경우는 해체물이 비산, 낙하할 위험이 있으므로 해체구조 바로 아래층에 수평 낙하물 방호책을 설치해서 해체물이 비산, 낙하되지 않도록 하여야 한다.
② 압쇄기에 의한 파쇄작업순서는 슬라브, 보, 벽체, 기둥의 순서로 해체하여야 한다.

(2) 압쇄 공법과 대형 브레이커 공법 병용

① 압쇄기로 슬라브, 보, 내벽 등을 해체하고 대형 브레이커로 기둥을 해체할 때에는 장비 간의 안전거리를 충분히 확보하여야 한다.
② 대형 브레이커와 엔진으로 인한 소음을 최대한 줄일 수 있는 수단을 강구하여야 하며 소음진동 기준은 관계법에서 정하는 바에 따라 처리하도록 하여야 한다.

(3) 대형 브레이커 공법과 전도공법 병용

① 기둥 철근 절단 순서는 전도 방향의 전면 그리고 양측면, 마지막으로 뒷부분 철근을 절단하도록 하고, 반대 방향 전도를 방지하기 위해 전도 방향 전면 철근을 2본 이상 남겨 두어야 한다.
② 벽체의 절삭 부분 철근 절단 시는 가로철근을 아래에서 윗쪽으로, 세로 철근을 중앙에서 양단 방향으로 순차적으로 절단하여야 한다.
③ 대상물의 전도 시 분진 발생을 억제하기 위해 전도물과 완충재에는 충분히 물을 뿌려야 한다. 또한 전도 작업은 반드시 연속해서 실시하고, 그날 중으로 종료시키도록 하며 절삭한 상태로 방치해서는 안된다.

(4) 철 햄머 공법과 전도공법 병용

① 슬라브와 보 등과 같이 수평재는 수직으로 낙하시켜 해체하고, 벽, 기둥 등은 수평으로 선회시켜 타격에 의해 해체하도록 한다. 특히 벽과 기둥의 상단을 타격하지 않도록 하여야 한다.
② 기둥과 벽은 철 햄머를 수평으로 선회시켜 원심력에 의한 타격력으로 해체하며, 이때 선회거리와 속도 등의 조건을 사전에 검토하여야 한다.
③ 분진 발생 방지 조치를 하여야 하며 방진벽, 비산파편 방지망 등을 설치하여야 한다.

(5) 화약발파 공법

① 폭발 여부가 확실하지 않을 때는 전기뇌관 발파 시는 5분, 그 밖의 발파에서는 15분 이내에 현장에 접근해서는 안 된다.
② 발파 시 발생하는 폭풍압과 비산석을 방지할 수 있는 방호막을 설치해야 한다.
③ 1단 발파 후 후속 발파 전에 반드시 전회의 불발 장약을 확인하고 발견 시 제거 후 후속 발파를 실시하여야 한다.

3 해체작업에 따른 공해방지

> 시험출제빈도가 낮은 내용입니다.
> 가볍게 공부하세요!

(1) 소음 및 진동

① 공기압축기 등은 적당한 장소에 설치하여야 하며 장비의 소음 진동 기준은 관계법에서 정하는 바에 따라서 처리하여야 한다.
② 전도공법의 경우 전도물 규모를 작게하여 중량을 최소화하며 전도 대상물의 높이도 되도록 작게 하여야 한다.
③ 철 햄머 공법의 경우 햄머의 중량과 낙하 높이를 가능한 한 낮게 하여야 한다.
④ 현장 내에서는 대형 부재로 해체하며 장외에서 잘게 파쇄하여야 한다.
⑤ 인접 건물의 피해를 줄이기 위해 방음, 방진 목적의 가시설을 설치하여야 한다.

(2) 분진

분진 발생을 억제하기 위하여 직접 발생 부분에 피라밋식, 수평 살수식으로 물을 뿌리거나 간접적으로 방진시트, 분진차단막 등의 방진벽을 설치하여야 한다.

(3) 지반침하

지하실 등을 해체할 경우에는 해체작업 전에 대상 건물의 깊이, 토질, 주변 상황 등과 사용하는 중기 운행 시 수반되는 진동 등을 고려하여 지반침하에 대비하여야 한다.

(4) 폐기물

해체작업 과정에서 발생하는 폐기물은 관계법에서 정하는 바에 따라 처리하여야 한다.

4 해체공사 전 확인

(1) 해체대상 구조물 조사

① 구조(철근 콘크리트조, 철골철근 콘크리트조 등)의 특성 및 생수, 층수, 건물 높이, 기준층 면적
② 평면 구성 상태, 폭, 층고, 벽 등의 배치상태
③ 부재별 치수, 배근 상태, 해체 시 주의하여야 할 구조적으로 약한 부분
④ 해체 시 전도의 우려가 있는 내외장재
⑤ 설비기구, 전기배선, 배관설비 계통의 상세 확인
⑥ 구조물의 설립연도 및 사용 목적
⑦ 구조물의 노후 정도, 재해(화재, 동해 등) 유무
⑧ 증설, 개축, 보강 등의 구조변경 현황
⑨ 해체공법의 특성에 의한 비산 각도, 낙하반경 등의 사전 확인
⑩ 진동, 소음, 분진의 예상치 측정 및 대책 방법
⑪ 해체물의 집적 운반방법
⑫ 재이용 또는 이설을 요하는 부재 현황
⑬ 기타 당해 구조물 특성에 따른 내용 및 조건

(2) 부지상황 조사

① 부지 내 공지 유무, 해체용 기계 설비 위치, 발생 재처리장소
② 해체공사 착수에 앞서 철거, 이설, 보호해야 할 필요가 있는 공사 장애물 현황
③ 접속도로의 폭, 출입구 개수 및 매설물의 종류 및 개폐 위치
④ 인근 건물 동수 및 거주자 현황
⑤ 도로상황 조사, 가공 고압선 유무
⑥ 차량 대기 장소 유무 및 교통량(통행인 포함.)
⑦ 진동, 소음 발생 영향권 조사

(3) 해체공사의 사전조사 및 작업계획서 내용 ✖✖

작업명	사전조사 내용	작업계획서 내용
구축물, 건축물, 그 밖의 시설물 등의 해체작업	해체건물 등의 구조, 주변 상황 등	가. 해체의 방법 및 해체 순서도면 나. 가설설비·방호설비·환기설비 및 살수·방화설비 등의 방법 다. 사업장 내 연락방법 라. 해체물의 처분계획 마. 해체작업용 기계·기구 등의 작업계획서 바. 해체작업용 화약류 등의 사용계획서 사. 그 밖에 안전·보건에 관련된 사항

문제

해체작업 시 작성하는 해체계획 작성대상 항목이 아닌 것은?

㉮ 해체방법, 해체 순서도면
㉯ 해체작업용 기계, 기구의 작업계획서
㉰ 가설설비, 방호설비, 환기설비, 살수, 방화설비 등 방법
㉱ 지하 매설물의 조사

정답 ㉱

> **용어정의**
>
> ※ 양중기
> 동력을 사용하여 화물, 사람 등을 운반하는 기계, 설비를 말하며 크레인, 리프트, 곤돌라, 승강기 등이 있다.

02 양중기의 종류 및 안전수칙

1 양중기의 종류

(1) 양중기(산업안전보건법 기준)

양중기의 종류 ✿✿✿
① 크레인[호이스트(hoist)를 포함한다.]   ② 이동식 크레인   ③ 리프트(이삿짐운반용 리프트의 경우에는 적재하중이 0.1톤 이상인 것으로 한정한다)   ④ 곤돌라   ⑤ 승강기

(2) 크레인

"크레인"이란 동력을 사용하여 중량물을 매달아 상하 및 좌우[수평 또는 선회(旋回)를 말한다]로 운반하는 것을 목적으로 하는 기계 또는 기계장치를 말하며, "호이스트"란 훅이나 그 밖의 달기구 등을 사용하여 화물을 권상 및 횡행 또는 권상동작만을 하여 양중하는 것을 말한다.

[크레인의 종류 및 특징 ✿]

드레그 크레인 (drag crane)	① 크레인 선회 부분을 고무 타이어의 트럭 위에 장치한 기계를 말한다. ② 연약지 작업이 불가능하나 기동성이 크고 미세한 인칭(inching)이 가능하다. ③ 고층 건물의 철골 조립, 자재의 적재, 운반, 항만 하역 작업 등에 사용한다.
휠 크레인 (wheel crane)	① 크롤러 크레인의 크롤러 대신 차륜을 장치한 것으로서 드레그 크레인보다 소형이며, 모빌 크레인이라고도 한다. ② 공장과 같이 작업 범위가 제한되어 있는 장소나 고속 주행을 요할 경우에 적합하다.
크롤러 크레인 (crawler crane)	① 크롤러 셔블에 크레인 부속 장치를 설치한 것으로서 안정성이 높으며 다목적이다. ② 고르지 못한 지형이나 연약 지반에서의 작업, 좁은 장소나 습지대 등에서도 작업이 가능하다.

케이블 크레인 (cable crane)	① 타워(tower)에 케이블을 쳐서 트롤리를 달아 운반물을 달아 올리는 기계이다. ② 댐 공사 등에서 콘크리트나 자재 운반 시에 이용한다.
천장주행 크레인	① 천장형 크레인에 주행 레일을 설치하여 이동하도록 한 기계이다. ② 콘크리트 빔의 제작이나 가공 현장 등에서 사용한다.
타워 크레인 (tower crane)	① 360°회전이 가능하다. ② 주로 높이를 필요로 하는 건축 현장이나 빌딩 고층화 등에 사용한다.

* 적용 제외
 이동식 크레인, 데릭, 엘리베이터, 간이 엘리베이터, 건설용 리프트는 크레인에 적용하지 않는다.

(3) 이동식 크레인

"이동식 크레인"이란 원동기를 내장하고 있는 것으로서 불특정 장소에 스스로 이동할 수 있는 크레인으로 동력을 사용하여 중량물을 매달아 상하 및 좌우(수평 또는 선회를 말한다)로 운반하는 설비로서 기중기 또는 화물·특수자동차의 작업부에 탑재하여 화물운반 등에 사용하는 기계 또는 기계장치를 말한다.

> 참고
> * 이동식크레인의 종류
> ① 트럭 크레인
> ② 크롤러 크레인
> ③ 휠 크레인

(4) 리프트

"리프트"란 동력을 사용하여 사람이나 화물을 운반하는 것을 목적으로 하는 기계 설비를 말한다.

[리프트의 종류 및 특징 ✈]

건설용 리프트	동력을 사용하여 가이드레일(운반구를 지지하여 상승 및 하강 동작을 안내하는 레일)을 따라 상하로 움직이는 운반구를 매달아 사람이나 화물을 운반할 수 있는 설비 또는 이와 유사한 구조 및 성능을 가진 것으로 건설 현장에서 사용하는 것을 말한다.
산업용 리프트	동력을 사용하여 가이드레일을 따라 상하로 움직이는 운반구를 매달아 화물을 운반할 수 있는 설비 또는 이와 유사한 구조 및 성능을 가진 것으로 건설 현장 외의 장소에서 사용하는 것을 말한다.
자동차정비용 리프트	동력을 사용하여 가이드레일을 따라 움직이는 지지대로 자동차 등을 일정한 높이로 올리거나 내리는 구조의 리프트로서 자동차 정비에 사용하는 것을 말한다.
이삿짐운반용 리프트	연장 및 축소가 가능하고 끝단을 건축물 등에 지지하는 구조의 사다리형 붐에 따라 동력을 사용하여 움직이는 운반구를 매달아 화물을 운반하는 설비로서 화물자동차 등 차량 위에 탑재하여 이삿짐 운반 등에 사용하는 것을 말한다.

합격의 key

참고

1. 정격하중(Rated load)
이동식크레인의 지브나 붐의 경사각 및 길이에 따라 부하할 수 있는 최대 하중에서 훅, 슬링 등의 달기기구의 중량을 제외한 실제 권상 가능한 화물의 중량을 말한다.

2. 정격총하중(Gross load)
정격하중과 훅, 슬링 등의 달기기구의 중량을 포함하여 인양할 수 있는 최대하중을 말한다.

3. 정격속도
정격하중에 상당하는 하중을 매달고 들어올림, 기복, 주행, 선회 또는 트롤리의 수평이동 시 최고속도를 말한다.

4. 제동장치(Brake)
운동체와 정지체의 기계적 접속에 의해 운동체를 감속 또는 정지상태로 유지하는 기능을 가진 장치를 말한다.

참고

1. 권과방지장치 : 인양용 와이어로프가 일정한 계 이상 감기게 되면 자동적으로 동력을 차단하고 작동을 정지시키는 장치

2. 훅 해지장치 : 훅에서 와이어로프가 이탈하는 것을 방지하는 장치

3. 과부하방지장치 : 정격하중 이상의 하중이 부하되었을 때 자동적으로 상승이 정지되면서 경보음을 발생하는 장치

4. 아웃트리거 : 전도 사고를 방지하기 위하여 장비의 측면에 부착하여 전도 모멘트에 대하여 효과적으로 지탱할 수 있도록 한 장치

(5) 곤돌라

"곤돌라"란 달기발판 또는 운반구, 승강장치, 그 밖의 장치 및 이들에 부속된 기계부품에 의하여 구성되고, 와이어로프 또는 달기강선에 의하여 달기발판 또는 운반구가 전용 승강 장치에 의하여 오르내리는 설비를 말한다.

(6) 승강기

"승강기"란 건축물이나 고정된 시설물에 설치되어 일정한 경로에 따라 사람이나 화물을 승강장으로 옮기는 데에 사용되는 설비로서 다음 각 목의 것을 말한다.

[승강기의 종류 및 특징]

승객용 엘리베이터	사람의 운송에 적합하게 제조·설치된 엘리베이터
승객화물용 엘리베이터	사람의 운송과 화물 운반을 겸용하는데 적합하게 제조·설치된 엘리베이터
화물용 엘리베이터	화물 운반에 적합하게 제조·설치된 엘리베이터로서 조작자 또는 화물취급자 1명은 탑승할 수 있는 것 (적재용량이 300킬로그램 미만인 것은 제외한다)
소형화물용 엘리베이터	음식물이나 서적 등 소형 화물의 운반에 적합하게 제조·설치된 엘리베이터로서 사람의 탑승이 금지된 것
에스컬레이터	일정한 경사로 또는 수평로를 따라 위·아래 또는 옆으로 움직이는 디딤판을 통해 사람이나 화물을 승강장으로 운송시키는 설비

2 양중기의 안전수칙

(1) 정격하중 등의 표시

양중기(승강기는 제외한다) 및 달기구를 사용하여 작업하는 운전자 또는 작업자가 보기 쉬운 곳에 해당 기계의 정격하중, 운전속도, 경고표시 등을 부착하여야 한다. 다만, 달기구는 정격하중만 표시한다.

(2) 양중기의 방호장치

① 다음 각 호의 양중기에 과부하방지장치, 권과방지장치(捲過防止裝置), 비상정지장치 및 제동장치, 그 밖의 방호장치[(승강기의 파이널 리미트 스위치(final limit switch), 조속기(調速機), 출입문 인터록(inter lock) 등을 말한다]가 정상적으로 작동될 수 있도록

미리 조정해 두어야 한다.
- 크레인
- 이동식 크레인
- 리프트
- 곤돌라
- 승강기

② 권과방지장치는 훅·버킷 등 달기구의 윗면(그 달기구에 권상용 도르래가 설치된 경우에는 권상용 도르래의 윗면)이 드럼, 상부 도르래, 트롤리프레임 등 권상장치의 아랫면과 접촉할 우려가 있는 경우에 그 간격이 0.25미터 이상[직동식(直動式) 권과방지장치는 0.05미터 이상으로 한다)]이 되도록 조정하여야 한다. ✦

③ 권과방지장치를 설치하지 않은 크레인에 대해서는 권상용 와이어로프에 위험표시를 하고 경보장치를 설치하는 등 권상용 와이어로프가 지나치게 감겨서 근로자가 위험해질 상황을 방지하기 위한 조치를 하여야 한다.

(3) 리프트의 방호장치

① 리프트(자동차정비용 리프트는 제외한다)의 운반구 이탈 등의 위험을 방지하기 위하여 권과방지장치, 과부하방지장치, 비상정지장치 등을 설치하는 등 필요한 조치를 하여야 한다.

② 운반구의 내부에만 탑승 조작장치가 설치되어 있는 리프트를 사람이 탑승하지 아니한 상태로 작동하게 해서는 아니 된다.(무인작동의 제한)

③ 리프트 조작반(盤)에 잠금장치를 설치하는 등 관계 근로자가 아닌 사람이 리프트를 임의로 조작함으로써 발생하는 위험을 방지하기 위하여 필요한 조치를 하여야 한다.

(4) 크레인의 방호장치

① 유압을 동력으로 사용하는 크레인의 과도한 압력상승을 방지하기 위한 안전밸브에 대하여 정격하중(지브 크레인은 최대의 정격하중으로 한다)을 건 때의 압력 이하로 작동되도록 조정하여야 한다. 다만, 하중시험 또는 안전도 시험을 하는 경우 그러하지 아니하다.

② 훅걸이용 와이어로프 등이 훅으로부터 벗겨지는 것을 방지하기 위한 장치("해지 장치")를 구비한 크레인을 사용하여야 하며, 그 크레인을 사용하여 짐을 운반하는 경우에는 해지 장치를 사용하여야 한다. ✦

참고

※ 리프트의 안전조치

1. 피트 청소 시의 조치
리프트의 피트 등의 바닥을 청소하는 경우 운반구의 낙하에 의한 근로자의 위험을 방지하기 위하여 다음 각 호의 조치를 하여야 한다.

① 승강로에 각재 또는 원목 등을 걸칠 것
② 걸친 각재(角材) 또는 원목 위에 운반구를 놓고 역회전방지기가 붙은 브레이크를 사용하여 구동모터 또는 윈치(winch)를 확실하게 제동해 둘 것

2. 운반구의 정지위치
리프트 운반구를 주행로 위에 달아 올린 상태로 정지시켜 두어서는 아니 된다.

3. 이삿짐 운반용 리프트 전도의 방지
이삿짐 운반용 리프트를 사용하는 작업을 하는 경우 이삿짐 운반용 리프트의 전도를 방지하기 위하여 다음 각 호를 준수하여야 한다.

① 아웃트리거가 정해진 작동위치 또는 최대전개 위치에 있지 않은 경우(아웃트리거 발이 닿지 않는 경우를 포함한다)에는 사다리 붐 조립체를 펼친 상태에서 화물 운반작업을 하지 않을 것
② 사다리 붐 조립체를 펼친 상태에서 이삿짐 운반용 리프트를 이동시키지 않을 것
③ 지반의 부동침하 방지 조치를 할 것

4. 화물의 낙하 방지
이삿짐 운반용 리프트 운반구로부터 화물이 빠지거나 떨어지지 않도록 다음 각 호의 낙하방지 조치를 하여야 한다.

① 화물을 적재 시 하중이 한쪽으로 치우치지 않도록 할 것
② 적재화물이 떨어질 우려가 있는 경우에는 화물에 로프를 거는 등 낙하 방지 조치를 할 것

> **참고**
>
> **이동식 크레인 설치 및 작업 시 유의사항**
>
> (1) 설치 시 유의사항
> ① 조립에 충분한 공간이 있는가를 확인한다.
> ② 본체는 수평으로 설치한다.
> ③ 조립용 볼트, 핀 등의 체결상태를 확인한다.
> ④ 안전장치의 설치, 배선, 작동을 확인한다.
> ⑤ 붐을 끌어올릴 때에는 사람이 접근하지 않도록 한다.
> ⑥ 붐은 눕히고 선단부는 침목위에 두어야 한다.
> ⑦ 와이어로프를 지상에 쭉 펴서 꼬임풀기를 한다.
>
> (2) 이동식 크레인으로 잔교상(가설다리)에서 작업할 경우 유의사항
> ① 잔교(다리)강도를 담당자와 협의, 확인하여야 한다.
> ② 작업반경에 대해 과중이 되지 않는지 확인하여야 한다.
> ③ 아우트리거 또는 크롤러가 잔교(다리)의 기둥 밖으로 나오지 않도록 하고 부득이한 경우 충분히 보강하여야 한다.
> ④ 잔교상(가설다리)을 이동할 경우에는 조용히 운전하여야 한다.

③ 지브 크레인을 사용하여 작업을 하는 경우에 크레인 명세서에 적혀 있는 지브의 경사각(인양하중이 3톤 미만인 지브 크레인의 경우에는 제조한 자가 지정한 지브의 경사각)의 범위에서 사용하도록 하여야 한다.

④ 같은 주행로에 병렬로 설치되어 있는 주행 크레인의 수리·조정 및 점검 등의 작업을 하는 경우, 주행로상이나 그 밖에 주행 크레인이 근로자와 접촉할 우려가 있는 장소에서 작업을 하는 경우 등에 주행 크레인끼리 충돌하거나 주행 크레인이 근로자와 접촉할 위험을 방지하기 위하여 감시인을 두고 주행로상에 스토퍼(stopper)를 설치하는 등 위험방지 조치를 하여야 한다.

⑤ 갠트리 크레인 등과 같이 작업장 바닥에 고정된 레일을 따라 주행하는 크레인의 새들(saddle) 돌출부와 주변 구조물 사이의 안전공간이 40센티미터 이상 되도록 바닥에 표시를 하는 등 안전공간을 확보하여야 한다. ✄

(5) 이동식 크레인의 방호장치

① 유압을 동력으로 사용하는 이동식 크레인의 과도한 압력상승을 방지하기 위한 안전밸브에 대하여 최대의 정격하중을 건 때의 압력 이하로 작동되도록 조정하여야 한다. 다만, 하중시험 또는 안전도 시험을 실시할 때에 시험하중에 맞는 압력으로 작동될 수 있도록 조정한 경우에는 그러하지 아니하다.

② 이동식 크레인을 사용하여 하물을 운반하는 경우에는 해지장치를 사용하여야 한다.

③ 이동식 크레인을 사용하여 작업을 하는 경우 이동식 크레인 명세서에 적혀 있는 지브의 경사각(인양하중이 3톤 미만인 이동식 크레인의 경우에는 제조한 자가 지정한 지브의 경사각)의 범위에서 사용하도록 하여야 한다.

주요 내용요약 — 양중기의 방호장치 ☆☆☆

크레인	• 과부하방지장치 • 권과방지장치(捲過防止裝置) • 비상정지장치 • 제동장치 <기타 방호장치> 훅의 해지장치 안전밸브(유압식)
이동식 크레인	• 과부하방지장치 • 권과방지장치(捲過防止裝置) • 비상정지장치 • 제동장치 <기타 방호장치> 훅의 해지장치 안전밸브(유압식)
리프트 (자동차정비용 리프트 제외)	• 권과방지장치 • 과부하방지장치 • 비상정지장치 • 제동장치 • 조작반(盤) 잠금장치
곤돌라	• 과부하방지장치 • 권과방지장치(捲過防止裝置) • 비상정지장치 • 제동장치
승강기	• 과부하방지장치 • 권과방지장치(捲過防止裝置) • 비상정지장치 • 제동장치 • 파이널리미트스위치 • 출입문인터록 • 속도조절기(조속기)

- **양중기 공통 방호장치** : **과부하방지장치**, **권과방지장치**, **비상정지장치**, **제동장치**
- **추가 설치**
  - **리프트(자동차정비용 제외)** : **조작반잠금장치**
  - **승강기** : **파이널리미트스위치**, **출입문인터록**, **속도조절기(조속기)**

합격의 key

참고

1. 다음 각 호의 양중기에 과부하방지장치, 권과방지장치(捲過防止裝置), 비상정지장치 및 제동장치, 그 밖의 방호장치[(승강기의 파이널 리미트 스위치(final limit switch), 조속기(調速機), 출입문 인터록(inter lock) 등을 말한다]가 정상적으로 작동될 수 있도록 미리 조정해 두어야 한다.

   - 크레인
   - 이동식 크레인
   - 리프트
   - 곤돌라
   - 승강기

2. 리프트의 방호장치
   ① 리프트(자동차정비용 리프트는 제외한다)의 운반구 이탈 등의 위험을 방지하기 위하여 권과방지장치, 과부하방지장치, 비상정지장치 등을 설치하는 등 필요한 조치를 하여야 한다.
   ② 리프트 조작반(盤)에 잠금장치를 설치하는 등 관계 근로자가 아닌 사람이 리프트를 임의로 조작함으로써 발생하는 위험을 방지하기 위하여 필요한 조치를 하여야 한다.

(6) 악천후 시 조치 ★★★

① 순간풍속이 초당 10미터를 초과하는 경우 : 타워크레인의 설치·수리·점검 또는 해체작업을 중지
② 순간풍속이 초당 15미터를 초과하는 경우 : 타워크레인의 운전작업을 중지
③ 순간풍속이 초당 30미터를 초과하는 바람이 불어올 우려가 있는 경우 : 옥외에 설치되어 있는 주행 크레인에 대하여 이탈방지장치를 작동시키는 등 이탈방지를 위한 조치
④ 순간풍속이 초당 30미터를 초과하는 바람이 불거나 중진(中震) 이상 진도의 지진이 있은 후 : 옥외에 설치되어 있는 양중기를 사용하여 작업을 하는 경우에는 미리 기계 각 부위에 이상이 있는지를 점검
⑤ 순간풍속이 초당 35미터를 초과하는 바람이 불어 올 우려가 있는 경우 : 옥외에 설치되어 있는 승강기 및 건설용 리프트(지하에 설치되어 있는 것은 제외한다)에 대하여 받침의 수를 증가시키는 등 그 승강기가 무너지는 것을 방지하기 위한 조치

(7) 작업 시작 전 점검사항 ★★★

크레인	① 권과방지장치·브레이크·클러치 및 운전장치의 기능 ② 주행로의 상측 및 트롤리가 횡행(橫行)하는 레일의 상태 ③ 와이어로프가 통하고 있는 곳의 상태
이동식 크레인	① 권과방지장치 그 밖의 경보장치의 기능 ② 브레이크·클러치 및 조정장치의 기능 ③ 와이어로프가 통하고 있는 곳 및 작업장소의 지반상태
리프트	① 방호장치·브레이크 및 클러치의 기능 ② 와이어로프가 통하고 있는 곳의 상태
곤돌라	① 방호장치·브레이크의 기능 ② 와이어로프·슬링와이어 등의 상태

(8) 타워크레인의 작업계획서 내용(설치·조립·해체작업) ★★

① 타워크레인의 종류 및 형식
② 설치·조립 및 해체순서
③ 작업 도구·장비·가설설비(假設設備) 및 방호설비
④ 작업 인원의 구성 및 작업근로자의 역할 범위
⑤ 타워크레인의 지지 방법

(9) 타워크레인의 지지

타워크레인을 자립고(自立高) 이상의 높이로 설치하는 경우 건축물 등의 벽체에 지지하거나 와이어로프에 의하여 지지하여야 한다.

타워크레인을 와이어로프로 지지하는 경우의 준수사항

① 서면심사에 관한 서류 또는 제조사의 설치작업설명서 등에 따라 설치할 것 또는 서면심사 서류 등이 없거나 명확하지 아니한 경우에는 건축구조·건설기계·기계안전·건설안전기술사 또는 건설안전분야 산업안전지도사의 확인을 받아 설치하거나 기종별·모델별 공인된 표준방법으로 설치할 것
② 와이어로프를 고정하기 위한 전용 지지프레임을 사용할 것
③ 와이어로프 설치각도는 수평면에서 60도 이내로 하되, 지지점은 4개소 이상으로 하고, 같은 각도로 설치할 것
④ 와이어로프와 그 고정부위는 충분한 강도와 장력을 갖도록 설치하고, 와이어로프를 클립·샤클(shackle) 등의 고정기구를 사용하여 견고하게 고정시켜 풀리지 아니하도록 하며, 사용 중에는 충분한 강도와 장력을 유지하도록 할 것 (이 경우 클립·샤클 등의 고정기구는 한국산업표준 제품이거나 한국산업표준이 없는 제품의 경우에는 이에 준하는 규격을 갖춘 제품이어야 한다.)
⑤ 와이어로프가 가공전선(架空電線)에 근접하지 않도록 할 것

(10) 탑승의 제한

① 크레인을 사용하여 근로자를 운반하거나 근로자를 달아 올린 상태에서 작업에 종사시켜서는 아니 된다. 다만, 크레인에 전용 탑승설비를 설치하고 추락 위험을 방지하기 위하여 다음 각 호의 조치를 한 경우에는 그러하지 아니하다.

크레인에 전용 탑승설비를 설치하고 근로자를 운반하거나 근로자를 달아 올린 상태에서 작업하는 경우의 추락위험 방지 조치

- 탑승설비가 뒤집히거나 떨어지지 않도록 필요한 조치를 할 것
- 안전대나 구명줄을 설치하고, 안전난간을 설치할 수 있는 구조이면 안전난간을 설치할 것
- 탑승설비를 하강시킬 때에는 동력하강방법으로 할 것

② 이동식 크레인을 사용하여 근로자를 운반하거나 근로자를 달아 올린 상태에서 작업에 종사시켜서는 아니 된다. 다만, 작업장소의 구조, 지형 등으로 고소작업대를 사용하기가 곤란하여 이동식 크레인 중 기중기를 한국 산업표준에서 정하는 안전기준에 따라 사용하는 경우는 제외한다.

③ 내부에 비상정지장치·조작스위치 등 탑승 조작 장치가 설치되어 있지 아니한 리프트의 운반구에 근로자를 탑승시켜서는 아니 된다. 다만, 리프트의 수리·조정 및 점검 등의 작업을 하는 경우로서 그

참고

타워크레인을 벽체에 지지하는 경우의 준수사항

① 서면심사에 관한 서류 또는 제조사의 설치작업설명서 등에 따라 설치할 것
② 서면심사 서류 등이 없거나 명확하지 아니한 경우에는 건축구조·건설기계·기계안전·건설안전기술사 또는 건설안전 분야 산업안전지도사의 확인을 받아 설치하거나 기종별·모델별 공인된 표준방법으로 설치할 것
③ 콘크리트구조물에 고정시키는 경우에는 매립이나 관통 또는 같은 수준 이상의 방법으로 충분히 지지되도록 할 것
④ 건축 중인 시설물에 지지하는 경우에는 그 시설물의 구조적 안정성에 영향이 없도록 할 것

참고

이동식 크레인 설치 및 작업 시 유의사항
(1) 설치 시 유의사항
① 조립에 충분한 공간이 있는가를 확인한다.
② 본체는 수평으로 설치한다.
③ 조립용 볼트, 핀 등의 체결상태를 확인한다.
④ 안전장치의 설치, 배선, 작동을 확인한다.
⑤ 붐을 끌어올릴 때에는 사람이 접근하지 않도록 한다.
⑥ 붐은 눕히고 선단부는 침목 위에 두어야 한다.
⑦ 와이어로프를 지상에 쭉 펴서 꼬임풀기를 한다.

(2) 이동식 크레인으로 잔교상(가설다리)에서 작업할 경우 유의사항
① 잔교(다리)강도를 담당자와 협의, 확인하여야 한다.
② 작업 반경에 대해 과하중이 되지 않는지 확인하여야 한다.

> ### 합격의 key
> ③ 아우트리거 또는 크롤러가 잔교(다리)의 기둥 밖으로 나오지 않도록 하고 부득이한 경우 충분히 보강하여야 한다.
> ④ 잔교상(가설다리)을 이동할 경우에는 조용히 운전하여야 한다.

작업에 종사하는 근로자가 추락할 위험이 없도록 조치를 한 경우에는 그러하지 아니하다.

④ 자동차정비용 리프트에 근로자를 탑승시켜서는 아니 된다. 다만, 자동차정비용 리프트의 수리·조정 및 점검 등의 작업을 할 때에 그 작업에 종사하는 근로자가 위험해질 우려가 없도록 조치한 경우에는 그러하지 아니하다.

⑤ 곤돌라의 운반구에 근로자를 탑승시켜서는 아니 된다. 다만, 추락 위험을 방지하기 위하여 다음 각 호의 조치를 한 경우에는 그러하지 아니하다.

곤돌라의 운반구에 근로자를 탑승시키는 경우의 추락위험 방지조치
- 운반구가 뒤집히거나 떨어지지 않도록 필요한 조치를 할 것
- 안전대나 구명줄을 설치하고, 안전난간을 설치할 수 있는 구조인 경우이면 안전난간을 설치할 것

⑥ 소형화물용 엘리베이터에 근로자를 탑승시켜서는 아니 된다. 다만, 소형화물용 엘리베이터의 수리·조정 및 점검 등의 작업을 하는 경우에는 그러하지 아니하다.

⑦ 차량계 하역운반기계(화물자동차는 제외한다)를 사용하여 작업을 하는 경우 승차석이 아닌 위치에 근로자를 탑승시켜서는 아니 된다. 다만, 추락 등의 위험을 방지하기 위한 조치를 한 경우에는 그러하지 아니하다.

⑧ 화물자동차 적재함에 근로자를 탑승시켜서는 아니 된다. 다만, 화물자동차에 울 등을 설치하여 추락을 방지하는 조치를 한 경우에는 그러하지 아니하다.

⑨ 운전 중인 컨베이어 등에 근로자를 탑승시켜서는 아니 된다. 다만, 근로자를 운반할 수 있는 구조를 갖춘 컨베이어 등으로서 추락·접촉 등에 의한 위험을 방지할 수 있는 조치를 한 경우에는 그러하지 아니하다.

⑩ 이삿짐운반용 리프트 운반구에 근로자를 탑승시켜서는 아니 된다. 다만, 이삿짐운반용 리프트의 수리·조정 및 점검 등의 작업을 할 때에 그 작업에 종사하는 근로자가 추락할 위험이 없도록 조치한 경우에는 그러하지 아니하다.

⑪ 전조등, 제동등, 후미등, 후사경 또는 제동장치가 정상적으로 작동되지 아니하는 이륜자동차에 근로자를 탑승시켜서는 아니 된다.

(11) 크레인 작업 시의 조치 ✖

1) 사업주는 크레인을 사용하여 작업을 하는 경우 다음 각 호의 조치를 준수하고, 그 작업에 종사하는 관계 근로자가 그 조치를 준수하도록 하여야 한다.

   ① 인양할 하물(荷物)을 바닥에서 끌어당기거나 밀어내는 작업을 하지 아니할 것
   ② 유류드럼이나 가스통 등 운반 도중에 떨어져 폭발하거나 누출될 가능성이 있는 위험물 용기는 보관함(또는 보관고)에 담아 안전하게 매달아 운반할 것
   ③ 고정된 물체를 직접 분리·제거하는 작업을 하지 아니할 것
   ④ 미리 근로자의 출입을 통제하여 인양 중인 하물이 작업자의 머리 위로 통과하지 않도록 할 것
   ⑤ 인양할 하물이 보이지 아니하는 경우에는 어떠한 동작도 하지 아니할 것(신호하는 사람에 의하여 작업을 하는 경우는 제외한다)

2) 사업주는 조종석이 설치되지 아니한 크레인에 대하여 다음 각 호의 조치를 하여야 한다.

   ① 고용노동부장관이 고시하는 크레인의 제작기준과 안전기준에 맞는 무선원격제어기 또는 펜던트 스위치를 설치·사용할 것
   ② 무선원격제어기 또는 펜던트 스위치를 취급하는 근로자에게는 작동요령 등 안전조작에 관한 사항을 충분히 주지시킬 것

3) 사업주는 타워크레인을 사용하여 작업을 하는 경우 타워크레인마다 근로자와 조종 작업을 하는 사람 간에 신호업무를 담당하는 사람을 각각 두어야 한다.

(12) 설치·조립·수리·점검 또는 해체 작업

크레인의 설치·조립·수리·점검 또는 해체 작업을 하는 경우의 조치 ✯

㉠ 작업순서를 정하고 그 순서에 따라 작업을 할 것
㉡ 작업을 할 구역에 관계 근로자가 아닌 사람의 출입을 금지하고 그 취지를 보기 쉬운 곳에 표시할 것
㉢ 비, 눈, 그 밖에 기상상태의 불안정으로 날씨가 몹시 나쁜 경우에는 그 작업을 중지시킬 것
㉣ 작업 장소는 안전한 작업이 이루어질 수 있도록 충분한 공간을 확보하고 장애물이 없도록 할 것
㉤ 들어올리거나 내리는 기자재는 균형을 유지하면서 작업을 하도록 할 것
㉥ 크레인의 성능, 사용조건 등에 따라 충분한 응력(應力)을 갖는 구조로 기초를 설치하고 침하 등이 일어나지 않도록 할 것
㉦ 규격품인 조립용 볼트를 사용하고 대칭되는 곳을 차례로 결합하고 분해할 것

리프트 및 승강기의 설치·조립·수리·점검 또는 해체 작업을 하는 경우의 조치

㉠ 작업을 지휘하는 사람을 선임하여 그 사람의 지휘 하에 작업을 실시할 것
㉡ 작업을 할 구역에 관계 근로자가 아닌 사람의 출입을 금지하고 그 취지를 보기 쉬운 장소에 표시할 것
㉢ 비, 눈, 그 밖에 기상상태의 불안정으로 날씨가 몹시 나쁜 경우에는 그 작업을 중지시킬 것

리프트 및 승강기의 설치·조립·수리·점검 또는 해체 작업을 하는 경우 작업 지휘자의 이행 사항 ✯

㉠ 작업방법과 근로자의 배치를 결정하고 해당 작업을 지휘하는 일
㉡ 재료의 결함 유무 또는 기구 및 공구의 기능을 점검하고 불량품을 제거하는 일
㉢ 작업 중 안전대 등 보호구의 착용 상황을 감시하는 일

(13) 이삿짐 운반용 리프트 전도의 방지

① 아웃트리거가 정해진 작동위치 또는 최대전개위치에 있지 않는 경우(아웃트리거 발이 닿지 않는 경우를 포함한다)에는 사다리 붐 조립체를 펼친 상태에서 화물 운반 작업을 하지 않을 것
② 사다리 붐 조립체를 펼친 상태에서 이삿짐 운반용 리프트를 이동시키지 않을 것
③ 지반의 부동침하 방지 조치를 할 것

(14) 이삿짐 운반용 리프트 운반구로부터 화물의 낙하 방지조치

① 화물을 적재 시 하중이 한쪽으로 치우치지 않도록 할 것
② 적재화물이 떨어질 우려가 있는 경우에는 화물에 로프를 거는 등 낙하 방지 조치를 할 것

(15) 양중기의 와이어로프 등 달기구의 안전계수

① 양중기의 와이어로프 등 달기구의 안전계수(달기구 절단하중의 값을 그 달기구에 걸리는 하중의 최댓값으로 나눈 값을 말한다)가 다음 각 호의 구분에 따른 기준에 맞지 아니한 경우에는 이를 사용해서는 아니 된다. ✯

달기구의 안전계수 ✯✯✯
㉠ 근로자가 탑승하는 운반구를 지지하는 달기 와이어로프 또는 달기 체인의 경우 : 10 이상
㉡ 화물의 하중을 직접 지지하는 달기 와이어로프 또는 달기 체인의 경우 : 5 이상
㉢ 훅, 샤클, 클램프, 리프팅 빔의 경우 : 3 이상
㉣ 그 밖의 경우 : 4 이상

② 달기구의 경우 최대허용하중 등의 표식이 견고하게 붙어 있는 것을 사용하여야 한다.
③ 양중기의 달기 와이어로프 또는 달기 체인과 일체형인 고리걸이 훅 또는 샤클의 안전계수(훅 또는 샤클의 절단하중 값을 각각 그 훅 또는 샤클에 걸리는 하중의 최대값으로 나눈 값을 말한다)가 사용되는 달기 와이어로프 또는 달기 체인의 안전계수와 같은 값 이상의 것을 사용하여야 한다.
④ 와이어로프를 절단하여 양중(揚重)작업용구를 제작하는 경우 반드시 기계적인 방법으로 절단하여야 하며, 가스용단(鎔斷) 등 열에 의한 방법으로 절단해서는 아니 된다.
⑤ 아크(arc), 화염, 고온부 접촉 등으로 인하여 열 영향을 받은 와이어로프를 사용해서는 아니 된다.

> **확인**
>
> ※ 달비계에 사용하는 섬유로프 또는 안전대의 섬유벨트의 사용금지 사항 ★★
> ① 꼬임이 끊어진 것
> ② 심하게 손상되거나 부식된 것
> ③ 2개 이상의 작업용 섬유로프 또는 섬유벨트를 연결한 것
> ④ 작업 높이보다 길이가 짧은 것

(16) 사용금지 사항 ✿✿✿

와이어로프	① 이음매가 있는 것 ② 와이어로프의 한 꼬임(스트랜드 : strand)에서 끊어진 소선의 수가 10퍼센트 이상(비자전로프의 경우에는 끊어진 소선의 수가 와이어로프 호칭지름의 6배 길이 이내에서 4개 이상이거나 호칭지름 30배 길이 이내에서 8개 이상)인 것 ③ 지름의 감소가 공칭지름의 7퍼센트를 초과하는 것 ④ 꼬인 것 ⑤ 심하게 변형되거나 부식된 것 ⑥ 열과 전기충격에 의해 손상된 것
달기 체인	① 달기 체인의 길이가 달기 체인이 제조된 때의 길이의 5퍼센트를 초과한 것 ② 링의 단면지름이 달기 체인이 제조된 때의 해당 링의 지름의 10퍼센트를 초과하여 감소한 것 ③ 균열이 있거나 심하게 변형된 것
화물자동차의 짐걸이 등으로 사용하는 섬유로프	① 꼬임이 끊어진 것 ② 심하게 손상 또는 부식된 것

(17) 변형되어 있는 훅·샤클 등의 사용금지

① 훅·샤클·클램프 및 링 등의 철구로서 변형되어 있는 것 또는 균열이 있는 것을 크레인 또는 이동식 크레인의 고리걸이용구로 사용해서는 아니 된다.
② 중량물을 운반하기 위해 제작하는 지그, 훅의 구조를 운반 중 주변 구조물과의 충돌로 슬링이 이탈되지 않도록 하여야 한다.
③ 안전성 시험을 거쳐 안전율이 3 이상 확보된 중량물 취급용구를 구매하여 사용하거나 자체 제작한 중량물 취급용구에 대하여 비파괴시험을 하여야 한다.

(18) 링 등의 구비

① 엔드리스(endless)가 아닌 와이어로프 또는 달기 체인에 대하여 그 양단에 훅·샤클·링 또는 고리를 구비한 것이 아니면 크레인 또는 이동식 크레인의 고리걸이용구로 사용해서는 아니 된다.

② 고리는 꼬아넣기[(아이 스플라이스(eye splice)를 말한다)], 압축 멈춤 또는 이러한 것과 같은 정도 이상의 힘을 유지하는 방법으로 제작된 것이어야 한다. 이 경우 꼬아넣기는 와이어로프의 모든 꼬임을 3회 이상 끼워 짠 후 각각의 꼬임의 소선 절반을 잘라내고 남은 소선을 다시 2회 이상(모든 꼬임을 4회 이상 끼워 짠 경우에는 1회 이상) 끼워 짜야 한다.

(19) 기타 양중기 안전

① 가이 데릭(guy derrick)
- 훅(hook), 붐의 경사, 회전 등은 윈치(winch)로 조정되며, 360° 선회가 가능하다.
- 보통 붐은 마스터 높이 80[%] 정도의 길이까지 사용한다.
- 중량물의 이동, 하역작업, 철골조립 작업, 항만 하역 설비 등에 사용한다.

② 3각 데릭(triangle derrick)
- 마스터를 2개의 다리(leg)로 지지한 것으로서 스팁 레그 데릭이라고 하며 붐은 2개의 다리가 있으므로 270°까지 회전한다.
- 빌딩의 옥상 등 협소한 장소의 작업에 적합하다.

③ 엘리베이터
- 사람이나 짐을 가드레일에 따라 승강하는 운반기에 올려놓고 동력을 이용하여 운반하는 것을 목적으로 하는 기계장치 중 간이 리프트 또는 건설용 리프트 이외의 것을 말한다.

CHAPTER 06 단원 예상문제

01 다음 중 양중기에 해당되지 않는 것은?
㉮ 크레인   ㉯ 곤돌라
㉰ 항타기   ㉱ 리프트

[해설] **양중기의 종류(산업안전보건법 기준)**
① 크레인[호이스트(hoist)를 포함]
② 이동식 크레인
③ 리프트(이삿짐운반용 리프트의 경우에는 적재하중이 0.1톤 이상인 것으로 한정)
④ 곤돌라
⑤ 승강기

02 철도의 위를 가로질러 횡단하는 콘크리트 고가교가 노후되어 이를 해체하려고 한다. 철도의 통행을 최대한 방해하지 않고 해체하는데 가장 적당한 해체용 기계·기구는?
㉮ 철제해머   ㉯ 압쇄기
㉰ 핸드브레이커   ㉱ 절단기

[해설] **절단톱(절단기)**는 회전날 끝에 다이아몬드 입자를 혼합 경화하여 제조된 절단톱으로 기둥, 보, 바닥, 벽체를 적당한 크기로 절단하여 해체하는 공법이다.

03 재해사고를 예방하기 위해 크레인에 설치된 안전장치가 아닌 것은?
㉮ 과부하방지장치   ㉯ 비상정지장치
㉰ 권과방지장치   ㉱ 버켓장치

[해설] **크레인의 방호장치**
① 과부하방지장치
② 권과방지장치(捲過防止裝置)
③ 비상정지장치
④ 제동장치

{참고}

크레인	• 과부하방지장치 • **권과방지장치** **(捲過防止裝置)** • 비상정지장치 • 제동장치 (기타 방호장치) • 훅의 해지장치 • 안전밸브(유압식)
이동식 크레인	• **과부하방지장치** • **권과방지장치** **(捲過防止裝置)** • **비상정지장치** • **제동장치** (기타 방호장치) • 훅의 해지장치 • 안전밸브(유압식)
리프트 (자동차정비용 리프트 제외)	• 권과방지장치 • 과부하방지장치 • 비상정지장치 • 제동장치 • 조작반(盤) 잠금장치
곤돌라	• **과부하방지장치** • **권과방지장치** **(捲過防止裝置)** • **비상정지장치** • **제동장치**
승강기	• **과부하방지장치** • **권과방지장치** **(捲過防止裝置)** • **비상정지장치** • **제동장치** • 파이널리미트스위치 • 출입문인터록 • 속도조절기(조속기)

정답 01 ㉰ 02 ㉱ 03 ㉱

04 화물자동차에 짐을 싣는 작업 또는 내리는 작업을 하는 때에 추락에 의한 근로자의 위험을 방지하기 위하여 안전하게 상승 또는 하강하기 위한 설비를 설치하여야 하는 기준으로 옳은 것은?

㉮ 바닥으로부터 짐 윗면까지의 높이가 2m 이상일 때
㉯ 바닥으로부터 짐 아랫면까지의 높이가 2m 이상일 때
㉰ 바닥으로부터 짐 윗면까지의 높이가 1m 이상일 때
㉱ 바닥으로부터 짐 아랫면까지의 높이가 1m 이상일 때

[해설] **바닥으로부터 짐 윗면과의 높이가 2미터 이상인 화물자동차**에 짐을 싣는 작업 또는 내리는 작업을 하는 때에는 추락에 의한 근로자의 위험을 방지하기 위하여 당해 작업에 종사하는 근로자가 바닥과 적재함의 짐 윗면과의 사이를 **안전하게 상승 또는 하강하기 위한 설비를 설치**하여야 한다.

05 해체작업용 기구와 직접적으로 관계가 없는 것은?

㉮ 대형 브레이커
㉯ 압쇄기
㉰ 핸드브레이커
㉱ 착암기

[해설] ㉱ 착암기는 광산 및 건설현장에서 암반천공(구멍뚫기)작업에 사용하는 기계이다.

06 건축물의 층고가 높아지면서 현장에서 고소작업대의 사용이 증가하고 있다. 고소작업대의 사용 및 설치기준에 대한 사항 중 맞는 것은?

㉮ 작업대를 와이어로프로 상승 또는 하강시킬 때에는 와이어로프의 안전율은 10 이상일 것
㉯ 작업대를 상승시킨 상태에서 항상 작업자를 태우고 이동할 것
㉰ 바닥과 고소작업대는 가능한 한 수직을 유지하도록 할 것
㉱ 갑작스러운 이동을 방지하기 위하여 아웃트리거(Outrigger) 또는 브레이크 등을 확실히 사용할 것

[해설] ㉮ 작업대를 와이어로프 또는 체인으로 상승 또는 하강시킬 때에는 와이어로프 또는 체인이 끊어져 작업대가 낙하하지 아니하는 구조이어야 하며, **와이어로프 또는 체인의 안전율은 5 이상일 것**
㉯ 작업대를 상승시킨 상태에서 **작업자를 태우고 이동하지 말 것**
㉰ **바닥**과 고소작업대는 가능한 한 **수평을 유지**하도록 할 것

07 구축물, 건축물, 그 밖의 시설물 등의 해체작업을 수행하기 전에 해체계획에 포함되어야 하는 사항이 아닌 것은?

㉮ 부재 손상·변형·부식 등에 관한 조사 계획서
㉯ 해체작업용 기계·기구 등의 작업계획서
㉰ 해체의 방법 및 해체순서 도면
㉱ 해체작업용 화약류 등의 사용계획서

정답 04 ㉮ 05 ㉱ 06 ㉱ 07 ㉮

[해설] **구축물, 건축물, 그 밖의 시설물 등의 해체작업의 작업계획서 내용**
① 해체의 방법 및 해체 순서도면
② 가설설비·방호설비·환기설비 및 살수·방화설비 등의 방법
③ 사업장 내 연락방법
④ 해체물의 처분계획
⑤ 해체작업용 기계·기구 등의 작업계획서
⑥ 해체작업용 화약류 등의 사용계획서
⑦ 그 밖에 안전·보건에 관련된 사항

08 핸드브레이커 취급 시 안전기준과 거리가 먼 것은?

㉮ 현장 정리가 잘되어 있어야 한다.
㉯ 작업 자세는 항상 하향 45° 방향으로 유지하여야한다.
㉰ 작업 전 기계에 대한 점검을 한다.
㉱ 호스가 교차 되거나 꼬여 있는가를 점검하여야 한다.

[해설] ㉯ 끌의 부러짐을 방지하기 위하여 **작업자세는 하향 수직방향으로 유지**하도록 하여야 한다.

09 다음의 승강장치 중 데릭의 종류에 속하지 않는 것은?

㉮ 가이 데릭
㉯ 케이블 데릭
㉰ 진폴 데릭
㉱ 삼각 데릭

[해설] **데릭의 종류**
① 가이 데릭
② 진폴 데릭
③ 삼각 데릭
④ 스티프레그 데릭

10 크레인에 대한 과부하의 제한사항에 맞도록 ( )안에 가장 적합한 용어는?

"크레인에 그 ( )을 초과하는 하중을 걸어서 사용하도록 하여서는 아니 된다."

㉮ 정격하중
㉯ 집중하중
㉰ 최대하중
㉱ 적재하중

[해설] **과부하의 제한**
사업주는 양중기에 그 **적재하중을 초과하는 하중을 걸어서 사용하도록 해서는 아니 된다.**

11 크레인의 조립 또는 해체작업 시 취해야 할 조치로서 적당하지 않은 것은?

㉮ 작업 순서를 정하고 그 순서에 의해 작업을 한다.
㉯ 악천후 시에는 작업을 중지시킨다.
㉰ 충분한 공간을 확보하고 장애물이 없도록 한다.
㉱ 작업구역에는 자격증을 보유한 자만 출입시킨다.

[해설] ㉱ 작업을 할 구역에 **관계 근로자가 아닌 사람의 출입을 금지**하고 그 취지를 보기 쉬운 곳에 표시할 것

정답 08 ㉯ 09 ㉯ 10 ㉱ 11 ㉱

{참고} 크레인의 설치·조립·수리·점검 또는 해체 작업을 하는 경우의 조치
① 작업 순서를 정하고 그 순서에 따라 작업을 할 것
② 비, 눈, 그 밖에 기상상태의 불안정으로 날씨가 몹시 나쁜 경우에는 그 작업을 중지시킬 것
③ 작업장소는 안전한 작업이 이루어질 수 있도록 충분한 공간을 확보하고 장애물이 없도록 할 것
④ 들어올리거나 내리는 기자재는 균형을 유지하면서 작업을 하도록 할 것
⑤ 크레인의 성능, 사용조건 등에 따라 충분한 응력(應力)을 갖는 구조로 기초를 설치하고 침하 등이 일어나지 않도록 할 것
⑥ 규격품인 조립용 볼트를 사용하고 대칭되는 곳을 차례로 결합하고 분해할 것

12 크레인을 사용하여 양중작업을 하는 때에 안전한 작업을 위해 준수하여야 할 내용으로 틀린 것은?

㉮ 인양할 하물(荷物)을 바닥에서 끌어당기거나 밀어 정위치 작업을 할 것
㉯ 가스통 등 운반 도중에 떨어져 폭발 가능성이 있는 위험물 용기는 보관함에 담아 매달아 운반할 것
㉰ 인양 중인 하물이 작업자의 머리 위로 통과하지 아니할 것
㉱ 인양할 하물이 보이지 아니하는 경우에는 어떠한 동작도 하지 아니할 것

[해설] 크레인 작업 시의 조치
① 인양할 하물(荷物)을 바닥에서 끌어당기거나 밀어내는 작업을 하지 아니할 것
② 유류 드럼이나 가스통 등 운반 도중에 떨어져 폭발하거나 누출될 가능성이 있는 위험물 용기는 보관함(또는 보관고)에 담아 안전하게 매달아 운반할 것
③ 고정된 물체를 직접 분리·제거하는 작업을 하지 아니할 것
④ 미리 근로자의 출입을 통제하여 인양 중인 하물이 작업자의 머리 위로 통과하지 않도록 할 것
⑤ 인양할 하물이 보이지 아니하는 경우에는 어떠한 동작도 하지 아니할 것(신호하는 사람에 의하여 작업을 하는 경우는 제외한다)

13 다음 중 압쇄기에 의한 건물의 파쇄작업 순서로 옳은 것은?

㉮ 슬래브 – 기둥 – 보 – 벽체
㉯ 기둥 – 슬래브 – 보 – 벽체
㉰ 기둥 – 보 – 벽체 – 슬래브
㉱ 슬래브 – 보 – 벽체 – 기둥

[해설] 해체 순서 : 바닥(슬래브) → 보 → 벽 → 기둥

정답 12 ㉮ 13 ㉱

03 콘크리트 및 PC 공사

> 주/요/내/용 알/고/가/기
> 1. 콘크리트의 타설작업 시 준수사항
> 2. 콘크리트 타설 시 안전수칙

1 콘크리트 타설작업의 안전

(1) 콘크리트의 타설작업 시 준수사항

콘크리트 타설작업 시 준수사항

① 당일의 작업을 시작하기 전에 해당 작업에 관한 거푸집 동바리 등의 변형·변위 및 지반의 침하 유무 등을 점검하고 이상이 있으면 보수할 것
② 작업 중에는 감시자를 배치하는 등의 방법으로 거푸집 및 동바리의 변형·변위 및 침하 유무 등을 확인해야 하며, 이상이 있으면 작업을 중지하고 근로자를 대피시킬 것
③ 콘크리트의 타설작업 시 거푸집 붕괴의 위험이 발생할 우려가 있으면 충분한 보강조치를 할 것
④ 설계도서상의 콘크리트 양생기간을 준수하여 거푸집 및 동바리를 해체할 것
⑤ 콘크리트를 타설하는 경우에는 편심이 발생하지 않도록 골고루 분산하여 타설할 것

(2) 콘크리트 타설 시 안전수칙

① 타설 순서는 계획에 의하여 실시하여야 한다.
② 콘크리트를 치는 도중에는 거푸집, 지보공 등의 이상 유무를 확인하여야 하고, 담당자를 배치하여 이상이 발생한 때에는 신속한 처리를 하여야 한다.
③ 타설 속도는 건설부 제정 콘크리트 표준시방서에 의한다.
④ 손수레를 이용하여 콘크리트를 운반할 때의 준수사항
  • 손수레를 타설하는 위치까지 천천히 운반하여 거푸집에 충격을 주지 아니하도록 타설하여야 한다.
  • 손수레에 의하여 운반할 때에는 적당한 간격을 유지하여야 하고 뛰어서는 안 되며, 통로 구분을 명확히 하여야 한다.
  • 운반 통로에 방해가 되는 것은 즉시 제거하여야 한다.

참고

* 콘크리트의 비파괴 검사방법
① 액체침투 탐상법
② 자분 탐상법
③ 방사선 투과법
④ 초음파탐상법
⑤ 반발경도법

⑤ 기자재 설치, 사용할 때의 준수사항
- 콘크리트의 운반, 타설 기계를 설치하여 작업할 때에는 성능을 확인하여야 한다.
- 콘크리트의 운반, 타설 기계는 사용 전, 사용 중, 사용 후 반드시 점검하여야 한다.

내부 진동기의 사용 방법
① 진동다지기를 할 때에는 내부 진동기를 하층의 콘크리트 속으로 0.1m 정도 찔러 넣는다.
② 내부진동기는 연직으로 찔러 넣으며, 그 간격은 진동이 유효하다고 인정되는 범위의 지름 이하로서 일정한 간격으로 한다. 삽입간격은 일반적으로 0.5m 이하로 하는 것이 좋다.
③ 1개소당 진동 시간은 다짐할 때 시멘트 페이스트가 표면 상부로 약간 부상하기 까지 한다.
④ 내부진동기는 콘크리트로부터 천천히 빼내어 구멍이 남지 않도록 한다.
⑤ 내부진동기는 콘크리트를 횡방향으로 이동시킬 목적으로 사용하지 않아야 한다.
⑥ 진동기의 형식, 크기 및 대수는 1회에 다짐하는 콘크리트의 전용적을 충분히 다지는데 적합하도록 부재 단면의 두께 및 면적, 1시간당 최대 타설량, 굵은 골재 최대 치수, 배합, 특히 잔골재율, 콘크리트의 슬럼프 등을 고려하여 선정한다.

⑥ 콘크리트를 한 곳에만 치우쳐서 타설할 경우 거푸집의 변형 및 탈락에 의한 붕괴사고가 발생되므로 타설 순서를 준수하여야 한다.
⑦ 전동기는 적절히 사용되어야 하며, 지나친 진동은 거푸집 도괴의 원인이 될 수 있으므로 각별히 주의하여야 한다.

(3) 숏크리트(shotcrete, sprayed concrete)의 기능
숏크리트란 컴프레셔 혹은 펌프를 이용하여 노즐 위치까지 호스 속으로 운반한 콘크리트를 압축공기에 의해 시공면에 뿜어서 만든 콘크리트(뿜어붙이기 콘크리트)를 말한다.

숏크리트의 기능
① 지반과의 부착 및 자체 전단 저항 효과로 숏크리트에 작용하는 외력을 지반에 분산시키고, 터널 주변의 붕락하기 쉬운 암괴를 지지하며, 굴착면 가까이에 지반 아치가 형성될 수 있도록 한다.
② 강지보재 또는 록볼트에 지반 압력을 전달하는 기능을 발휘하도록 하여야 한다.
③ 굴착된 지반의 굴곡부를 메우고 절리면 사이를 접착시킴으로써 응력집중 현상을 피하도록 한다.
④ 굴착면을 피복하여 풍화방지, 지수, 세립자 유출 등을 방지하도록 한다.
⑤ 보수, 보강재료로 사용되어 소요의 강도와 내구성 등 구조물의 충분한 보수 및 보강성능을 발휘하여야 한다.
⑥ 비탈면, 법면 또는 벽면 보호 공법으로 적용되어 충분한 안전성을 확보하여야 한다.

확인

* 콘크리트 이상 현상 *
① 블리딩(bleeding)
굳지 않은 콘크리트, 굳지 않은 모르타르, 굳지 않은 시멘트 풀에서 고체 재료의 침강 또는 분리에 의해 혼합수의 일부가 유리되어 상승하는 현상
② 레이턴스(laitance)
블리딩으로 인하여 콘크리트나 모르타르의 표면에 떠올라서 가라앉은 물질
③ 알칼리 골재반응 (alkali aggregate reaction)
알칼리와의 반응성을 가지는 골재가 시멘트, 그 밖의 알칼리와 장기간에 걸쳐 반응하여 콘크리트에 팽창 균열, 박리 등을 일으키는 현상
④ 크리프(creep)
응력을 작용시킨 상태에서 탄성변형 및 건조수축 변형을 제외시킨 변형으로 시간과 더불어 증가되어 가는 현상
⑤ 중성화현상 *
콘크리트 속의 수산화칼슘이 공기 중의 이산화탄소와 결합하여 물을 만드는 현상. 수산화칼슘이 탄산칼슘으로 되어 콘크리트가 알칼리성을 상실하게 된다.
$Ca(OH)_2 + CO_2$
$\rightarrow CaCO_3 + H_2O$
⑥ 콜드 조인트 (cold joint)
먼저 타설된 콘크리트와 나중에 타설되는 콘크리트 사이에 완전히 일체화가 되어 있지 않은 이음 부위

참고

* 콘크리트의 성질
  ① 성형성(plasticity)
  거푸집에 쉽게 다져 넣을 수 있고, 거푸집을 제거하면 천천히 형상이 변하기는 하지만 허물어지거나 재료가 분리되지 않는 굳지 않은 콘크리트의 성질
  ② 워커빌리티 (workability)
  재료 분리를 일으키는 일 없이 운반, 타설, 다지기, 마무리 등의 작업이 용이하게 될 수 있는 정도를 나타내는 굳지 않은 콘크리트의 성질
  ③ 유동성(fluidity)
  중력이나 외력에 의해 유동하기 쉬운 정도를 나타내는 굳지 않은 콘크리트의 성질
  ④ 반죽질기 (consistency)
  주로 수량의 다소에 의해 좌우되는 굳지 않은 콘크리트, 굳지 않은 모르타르, 굳지 않은 시멘트 풀의 변형 또는 유동에 대한 저항성
  ⑤ 펌퍼빌리티 (pumpability)
  펌프에 의한 운반을 실시하는 경우 콘크리트의 압송성

용어정의

* 물–시멘트비 (water cement ratio)
  굳지 않은 콘크리트 또는 굳지 않은 모르타르에 포함되어 있는 시멘트 풀 속의 물과 시멘트의 질량비

참고

(1) 콘크리트의 운반
  ① 콘크리트의 운반은 재료분리와 함수비의 변화가 최소화되도록 하여야 하며, 운반차는 싣거나 내리는 작업이 용이한 것이어야 한다.
  ② 콘크리트를 비빈 후부터 치기가 끝날 때까지 시간은 1시간을 초과하지 않아야 하며, 애지데이터가 붙은 트럭으로 운반하는 경우는 90분을 초과하지 않아야 한다. 높은 기온 등의 콘크리트가 빨리 응결하는 조건일 때는 이를 감안하여 허용시간을 줄여야 한다.
  ③ 콘크리트는 비빈 후 운반되는 과정에서 굳지 않아야 하며, 조금이라도 굳은 콘크리트를 사용할 수 없다. 운반 도중 콘크리트가 건조되는 것을 방지하기 위해서 운반차에 적절한 보호방법을 강구하여야 한다.
  ④ 콘크리트를 운반차에 싣거나 내릴 때는 그 높이를 되도록 낮게 하여 재료분리가 일어나지 않도록 하여야 하며, 운반차는 사용 후 적재함 내부를 깨끗이 청소하고 물기를 제거하여야 한다.
  ⑤ 덤프트럭으로 운반할 경우에는 적재함의 틈을 없애고 콘크리트를 적재함 상단보다 낮고 편평하게 적재한 후 수분증발 및 이물질의 혼입을 막기 위해 덮개를 설치하여야 한다.
  ⑥ 운반 차량은 포장장비의 작업능력에 맞는 종류와 소요대수를 사용하여야 한다.

(2) 기상 조건
  ① 콘크리트의 배합, 치기, 마무리는 주간에 실시하여야 하며, 부득이하게 야간에 시공하여야 할 경우에는 책임기술자의 승인을 받아야 한다.
  ② 기온이 4℃ 이하이거나 35℃ 이상인 경우 또는 우천일 때에는 시공을 중지하여야 한다. 다만, 부득이하게 시공하여야 할 경우에는 품질 확보를 위한 방안을 마련하여 사전에 책임기술자의 승인을 받아야 한다.
  ③ 양생 기간 중 동결이 예상되는 경우에는 책임기술자의 승인을 받아 동결 방지대책을 강구하여 포장면을 보호하여야 한다.

(3) 타설
  ① 콘크리트의 타설은 원칙적으로 시공계획서에 따라야 한다.
  ② 콘크리트의 타설 작업을 할 때에는 철근 및 매설물의 배치나 거푸집이 변형 및 손상되지 않도록 주의하여야 한다.
  ③ 타설한 콘크리트를 거푸집 안에서 횡방향으로 이동시켜서는 안된다.
  ④ 타설 도중에 심한 재료 분리가 생겼을 때에는 재료분리를 방지할 방법을 강구하여야 한다.
  ⑤ 한 구획 내의 콘크리트는 타설이 완료될 때까지 연속해서 타설하여야 한다.
  ⑥ 콘크리트는 그 표면이 한 구획 내에서는 거의 수평이 되도록 타설하는 것을 원칙으로 한다.
  ⑦ 콘크리트 타설의 1층 높이는 다짐능력을 고려하여 이를 결정하여야 한다.
  ⑧ 콘크리트를 2층 이상으로 나누어 타설할 경우, 상층의 콘크리트 타설은 원칙적으로 하층의 콘크리트가 굳기 시작하기 전에 해야 하며, 상층과 하층이 일체가 되도록 시공한다. 또한, 콜드조인트가 발생하지 않도록 하나의 시공구획의 면적, 콘크리트의 공급능력, 이어치기 허용시간 간격 등을 정하여야 한다.

[허용 이어치기 시간간격의 표준]

외기온도	25℃ 초과	25℃ 이하
허용 이어치기 시간 간격	2.0시간	2.5시간

주) 허용 이어치기 시간간격은 하층 콘크리트 비비기 시작에서부터 하층 콘크리트 타설 완료한 후, 정지시간을 포함하여 상층 콘크리트가 타설되기까지의 시간을 말한다.

⑨ 거푸집의 높이가 높을 경우, 재료 분리를 막고 상부의 철근 또는 거푸집에 콘크리트가 부착하여 경화하는 것을 방지하기 위해 거푸집에 투입구를 설치하거나 연직슈트 또는 펌프배관의 배출구를 타설면 가까운 곳까지 내려서 콘크리트를 타설하여야 한다. 이 경우 슈트, 펌프배관, 버킷, 호퍼 등의 배출구와 타설면까지의 높이는 1.5m 이하를 원칙으로 한다.
⑩ 콘크리트 타설 도중 표면에 떠올라 고인 블리딩수가 있을 경우에는 적당한 방법으로 이 물을 제거한 후가 아니면 그 위에 콘크리트를 쳐서는 안되며, 고인 물을 제거하기 위하여 콘크리트 표면에 홈을 만들어 흐르게 해서는 안된다.
⑪ 벽 또는 기둥과 같이 높이가 높은 콘크리트를 연속해서 타설할 경우에는 타설 및 다질 때 재료 분리가 될 수 있는 대로 적게 되도록 콘크리트의 반죽질기 및 타설 속도를 조정하여야 한다.

(4) 다지기
① 콘크리트 다지기에는 내부진동기의 사용을 원칙으로 하나, 얇은 벽 등 내부진동기의 사용이 곤란한 장소에서는 거푸집 진동기를 사용해도 좋다.
② 콘크리트는 타설 직후 바로 충분히 다져서 콘크리트가 철근 및 매설물 등의 주위와 거푸집의 구석구석까지 잘 채워져 밀실한 콘크리트가 되도록 하여야 한다.
③ 거푸집판에 접하는 콘크리트는 되도록 평탄한 표면이 얻어지도록 타설하고 다져야 한다.

(5) 콘크리트의 슬럼프 시험
① 콘크리트의 시공연도를 판단하는 시험으로 슬럼프 값을 측정하는 방법이다.
② 슬럼프 값 : 시료를 콘의 1/3가량 채우고 다진 후 슬럼프 시험통을 벗겨 콘크리트가 무너져 내려앉은 높이까지의 거리를 cm로 표시한 것

[표준 슬럼프 값] (건축공사 표준시방서)

종류		슬럼프 값
철근 콘크리트	일반적인 경우	80 ~ 180
	단면이 큰 경우	60 ~ 150
무근 콘크리트	일반적인 경우	50 ~ 180
	단면이 큰 경우	50 ~ 150

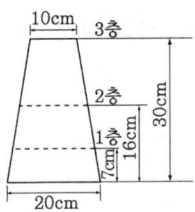 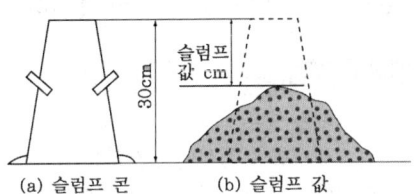

(a) 슬럼프 콘 　　(b) 슬럼프 값

[슬럼프시험 및 측정]

(4) 콘크리트 타설 장비 사용 시의 준수사항

사업주는 콘크리트 타설 작업을 하기 위하여 콘크리트 플레이싱 붐(placing boom), 콘크리트 분배기, 콘크리트 펌프카 등을 사용하는 경우에는 다음 각 호의 사항을 준수해야 한다.
① 작업을 시작하기 전에 콘크리트 타설 장비를 점검하고 이상을 발견하였으면 즉시 보수할 것
② 건축물의 난간 등에서 작업하는 근로자가 호스의 요동·선회로 인하여 추락하는 위험을 방지하기 위하여 안전난간 설치 등 필요한

[문제]
콘크리트 타설 시의 유의사항 중 옳지 않은 것은?
㉮ 슈트, 펌프배관, 버킷 등으로 타설 시에는 배출구와 치기면까지의 가능한 높이를 2m이하로 해야 한다.
㉯ 비비기로부터 타설 시까지 시간은 25℃ 이상에서는 1.5시간을 넘어서는 안 된다.
㉰ 타설 시 콘크리트의 재료분리는 가능한 적게 일어나도록 해야 한다.
㉱ 최상부의 슬래브는 이어붓기를 되도록 피하고, 일시에 전체를 타설한다.

[해설]
㉮ 슈트, 펌프 배관, 버킷 등으로 타설 시에는 배출구와 치기면까지의 가능한 높이를 1.5m 이하로 해야 한다.

 정답 ㉮

조치를 할 것
③ 콘크리트 타설 장비의 붐을 조정하는 경우에는 주변의 전선 등에 의한 위험을 예방하기 위한 적절한 조치를 할 것
④ 작업 중에 지반의 침하나 아웃트리거 등 콘크리트 타설 장비 지지 구조물의 손상 등에 의하여 콘크리트 타설 장비가 넘어질 우려가 있는 경우에는 이를 방지하기 위한 적절한 조치를 할 것

(5) **펌프카에 의해 콘크리트 타설 시 안전수칙**

① 레디믹스트 콘크리트 트럭과 펌프카를 적절히 유도하기 위하여 차량 안내자를 배치하여야 한다.
② 펌프배관용 비계를 사전점검하고 이상이 있을 때에는 보강 후 작업하여야 한다.
③ 펌프카의 배관상태를 확인하여야 하며, 레미콘트럭과 펌프카와 호스 선단의 연결 작업을 확인하여야 하며 장비사양의 적정호스 길이를 초과하여서는 아니 된다.
④ 호스선단이 요동하지 아니하도록 확실히 붙잡고 타설하여야 한다.
⑤ 공기압송 방법의 펌프카를 사용할 때에는 콘크리트가 비산하는 경우가 있으므로 주의하여 타설하여야 한다.
⑥ 펌프카의 붐대를 조정할 때에는 주변 전선 등 지장물을 확인하고 이격 거리를 준수하여야 한다.
⑦ 아웃트리거를 사용할 때 지반의 부동침하로 펌프카가 전도되지 아니하도록 하여야 한다.
⑧ 펌프카의 전후에는 식별이 용이한 안전표지판을 설치하여야 한다.

> **참고** **제자리 콘크리트 말뚝의 종류**
> ① 컴프레솔 말뚝 : 지중에 중추(重錘)를 낙하시켜 세로 구멍을 파고 그 속에 콘크리트를 주입하여 형성하는 말뚝이다.
> ② 심플렉스 말뚝 : 철관을 지중에 박고 내부에 콘크리트를 주입하며 강관을 뽑아내어 말뚝을 형성한다.
> ③ 레이먼드 말뚝 : 이중철관을 박고 내관을 뽑은 다음 외관에 콘크리트를 주입하여 말뚝을 형성한다.
> ④ 프랭키 말뚝 : 강관을 중추(重錘)로 박고 내부에 콘크리트를 다져 주입한 후 철관을 뽑아 낸다.
> ⑤ 페디스털 말뚝 : 이중 강관을 박고 구근용(球根用) 콘크리트를 주입하며 내관으로 타격을 가하여 구근을 형성시킨 후에 콘크리트를 주입하고 외관을 뽑아낸다.
> ⑥ 베노토공법 : 프랑스의 베노토사가 개발한 대구경고속천공굴착기(大口徑高速穿孔掘鑿機)를 사용한 공법으로 큰 구경의 천공기를 이용하여 대구경의 구멍을 지중에 뚫은 후 콘크리트를 구멍 속에 충전(充塡)하여 말뚝을 형성한다.

[문제]
레디믹스트 콘크리트의 비빔 시작부터 부어넣기 종료까지의 외기 기온 25℃ 이상일 때 시간 한도와 1회 강도시험을 할 경우 주문 강도가 옳게 짝지어진 것은?
㉮ 1.5시간, 90% 이상
㉯ 1.5시간, 85% 이상
㉰ 2시간, 80% 이상
㉱ 2시간, 85% 이상

[해설]
① 레미콘을 운반하는 경우 운반시간의 한도는 상온(20℃)에서 1.5시간 이내로 하고, 온도가 높은 경우에는 1시간 이내로 하는 것이 바람직하다.
② 1회의 시험결과는 구입자가 지정한 호칭강도의 85% 이상이어야 한다.
③ 3회의 시험결과 평균치는 구입자가 지정한 호칭강도 이상이어야 한다. 이 경우 시험의 재령은 표준품일 경우 28일, 특주품의 경우에는 구입자가 지정한 재령으로 한다.

정답 ㉯

[문제]
건설재료인 시멘트 저장 시 주의할 점이 아닌 것은?
㉮ 시멘트를 쌓아올리는 높이는 13포대 이하로 하는 것이 바람직하다.
㉯ 1개월 이상된 시멘트는 사용할 때 재시험을 통해 품질을 확인하여야 한다.
㉰ 통풍이 안되고 방습이 되는 창고 입하 순서대로 사한다.
㉱ 덩어리 시멘트는 사용을 금지한다.

[해설]
㉯ 3개월 이상된 시멘트는 사용할 때 재시험을 통해 품질을 확인하여야 한다.

정답 ㉯

2 철골공사 작업의 안전

(1) 철골을 조립하는 경우에 철골의 접합부가 충분히 지지되도록 볼트를 체결하거나 이와 동등 이상의 견고한 구조가 되기 전에는 들어 올린 철골을 걸이로프 등으로부터 분리시켜서는 아니 된다.

(2) 근로자가 수직방향으로 이동하는 철골부재에는 답단간격이 30센티미터 이내인 고정된 승강로를 설치하여야 하며, 수평방향 철골과 수직방향 철골이 연결되는 부분에는 연결작업을 위하여 작업발판 등을 설치하여야 한다.

(3) 철골작업을 하는 경우 근로자의 주요 이동통로에 고정된 가설통로를 설치하여야 한다. 다만, 안전대의 부착설비 등을 갖춘 경우에는 그러하지 아니하다.

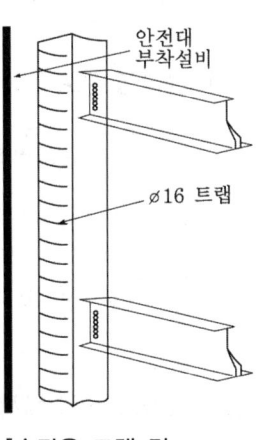

[승강용 트랩 및 안전대 부착설비의 설치]

> 참고
> ※ 철골용접부의 내부결함 검사 방법
> • 와류 탐상검사
> • 방사선 투과시험
> • 자기분말 탐상시험
> • 침투 탐상시험
> • 초음파 탐상검사
> • 육안검사

(4) 작업중지

철골작업을 중지해야 하는 조건 ✿✿✿
① 풍속이 초당 10미터 이상인 경우
② 강우량이 시간당 1밀리미터 이상인 경우
③ 강설량이 시간당 1센티미터 이상인 경우

(5) 콘크리트의 측압 ✿✿

① 거푸집 부재 단면이 클수록 측압이 크다.
② 거푸집 수밀성이 클수록 측압이 크다.
③ 거푸집 강성이 클수록 측압이 크다.
④ 거푸집 표면이 평활할수록 측압이 크다.
⑤ 시공연도 좋을수록 측압이 크다.
⑥ 철골 or 철근량 적을수록 측압이 크다.
⑦ 외기온도 낮을수록 측압이 크다.
⑧ 타설속도 빠를수록 측압이 크다.
⑨ 다짐이 좋을수록 측압이 크다.
⑩ 슬럼프 클수록 측압이 크다.

합격의 key

🔍 용어정의

* **콘크리트 측압**
  굳지 않은 콘크리트(생콘크리트)에서 벽, 보 기둥 옆의 거푸집은 콘크리트를 타설함에 따라 거푸집을 미는 압력이 생기는데 이를 측압이라 한다.

* **콘크리트 헤드**
  측압이 가장 높을 때의 콘크리트의 높이

* **옹벽(revetment, breast wall)**
  제방의 한쪽 면의 하중을 지지하거나 제방의 붕괴를 방지하기 위해 지주 없이 세워진 벽으로 벽에 작용하는 측압(側壓)에 견디게 하기 위해 사용된다.

📋 참고

* **철골 세우기 준비를 할 때 준수사항**
1. 지상 작업장에서 세우기 준비 및 기계·기구를 배치할 경우에는 낙하물의 위험이 없는 평탄한 장소를 선정하여 정비하고 경사지에서는 작업대나 임시발판 등을 설치하는 등 안전하게 한 후 작업하여야 한다.
2. 세우기작업에 지장이 되는 수목은 제거하거나 이설하여야 한다.
3. 인근에 건축물 또는 고압선 등이 있는 경우에는 이에 대한 방호조치 및 안전조치를 하여야 한다.
4. 사용 전에 기계·기구에 대한 정비 및 보수를 철저히 실시하여야 한다.
5. 기계가 계획대로 배치되어 있는가, 윈치는 작업구역을 확인할 수 있는 곳에 위치하였는가, 기계에 부착된 앵카 등 고정장치와 기초구조 등을 확인하여야 한다.
6. 이동식 크레인 사용시에는 작업 또는 이동 중에 지반 침하 및 전도 위험성 여부를 확인하며 지반을 보강하여야 한다.
7. 크레인 사용 시에는 크레인의 정격하중을 초과하여 하중을 걸지 않도록 하여야 한다.

⑪ 콘크리트 비중이 클수록 측압이 크다.
⑫ 응결시간이 느린 시멘트 사용할수록 측압이 크다.
⑬ 습도가 낮을수록 측압이 크다.

> 실력이 되고! 합격이 되는! **특급 암기법**
>
> **온도, 습도, 철골·철근량 응결시간 적을수록 측압이 크다. 나머지는 클수록 크다.**

(6) 안정성 검토

콘크리트 옹벽(흙막이 지보공)의 안정성 검토사항 ★★
① 전도에 대한 안정
② 활동에 대한 안정
③ 침하에 대한 안정(지반 지지력에 대한 안정)

(7) 철골공사 전 설계도 및 공작도 확인사항

① 철골공사에서 공작도에 다음 사항을 포함하여야 한다.

공작도에 포함시켜야 할 사항
• 외부비계 및 화물 승강설비용 브라켓
• 기둥 승강용 트랩
• 구명줄 설치용 고리
• 세우기에 필요한 와이어 로프 걸이용 고리
• 안전난간 설치용 부재
• 기둥 및 보 중앙의 안전대 설치용 고리
• 방망 설치용 부재
• 비계 연결용 부재
• 방호선반 설치용 부재
• 양중기 설치용 보강재
• 사다리 걸이용 부재
• 달대비계 및 작업발판 설치용 부재

② 구조안전의 위험이 큰 다음 각 목의 철골구조물은 건립 중 강풍에 의한 풍압 등 외압에 대한 내력이 설계에 고려되었는지 확인하여야 한다.

외압에 대한 내력이 설계에 고려되었는지 확인하여야 할 대상
(자립도 검토대상)

- 높이 20미터 이상의 구조물
- 구조물의 폭과 높이의 비가 1 : 4 이상인 구조물
- 단면구조에 현저한 차이가 있는 구조물
- 연면적당 철골량이 50킬로그램/평방미터 이하인 구조물
- 기둥이 타이플레이트(tie plate)형인 구조물
- 이음부가 현장용접인 구조물

(8) 철골 세우기용 기계 및 특징

종류	특징
가이 데릭 (guy derrick)	① 가장 일반적으로 사용된다. ② 붐(boom)의 회전 범위 : 360° ③ 붐의 길이는 주축으로 mast보다 짧게 한다. ④ 당김줄은 지면과 45° 이하가 되도록 한다.
스티프 레그 데릭 (stiff leg derrick)	① 3각형 토대 위에 철골재 3각을 놓고 이것으로 부품을 조작한다. ② 가이 데릭에 비해 수평이동이 가능하므로 층수가 낮은 긴 평면에 유리하다. ③ 회전범위 : 270°(작업 범위 180°)
진 폴 (gin pole)	① 1개의 기둥을 세워 철골을 매달아 세우는 가장 간단한 설비이다. ② 소규모 철골 공사에 사용한다. ③ 옥탑 등의 돌출부에 쓰이고 중량 재료를 달아 올리기에 편리하다.
트럭 크레인 (truck crane)	① 트럭에 설치한 크레인이다. ② 이동이 용이하고 작업 능률이 높다.
타워 크레인 (tower crane)	타워 위에 크레인을 설치한 것이다.

참고

※ 건립기계 선정 시 검토사항

1. 건립기계의 출입로, 설치장소, 기계조립소에 필요한 면적, 이동식 크레인은 건물주위 주행통로의 유무, 타워크레인과 가이데릭 등 기초구조물을 필요로 하는 고정식 기계는 기초구조물을 설치할 수 있는 공간과 면적 등을 검토하여야 한다.
2. 이동식 크레인의 엔진 소음은 부근의 환경을 해칠 우려가 있으므로 학교, 병원, 주택 등이 가까운 경우에는 소음을 측정, 조사하고 소음허용치를 초과하지 않도록 관계법에서 정하는 바에 따라 처리하여야 한다.
3. 건물의 길이 또는 높이 등 건물의 형태에 적합한 건립기계를 선정하여야 한다.
4. 타워크레인, 가이데릭, 삼각데릭 등 고정식 건립기계의 경우, 그 기계의 작업반경이 건물전체를 수용할 수 있는지 여부, 붐이 안전하게 인양할 수 있는 하중범위, 수평거리, 수직높이 등을 검토하여야 한다.

참고

※ 철골보 인양작업 시 준수사항

1. 인양 와이어로프의 매달기 각도는 양변 60도를 기준으로 2열로 매달고 와이어 체결지점은 수평부재의 1/3 지점을 기준으로 하여야 한다.
2. 클램프를 부재로 체결 시 준수사항
   ① 클램프는 부재를 수평으로 하는 두 곳의 위치에 사용한다.
   ② 부득이 한 군데만 사용 시 부재 길이의 1/3지점을 기준으로 한다.
   ③ 두 곳을 매어 인양 시 와이어로프의 내각은 60도 이하로 한다.

③ PC(Precast Concrete)공사 안전

> 시험출제빈도가 낮은 내용입니다. 가볍게 공부하세요!

(1) 프리캐스트 콘크리트(Precast concrete : "PC 콘크리트")

공사의 건식화와 공기단축을 도모하여 공장이나 건설현장 내에서 제작하고, 접합부는 콘크리트에 의한 충전 또는 기타 접합방식으로 현장 조립하여 사용할 수 있도록 한 콘크리트 부재를 말한다.

(2) PC 공사의 특징

PC공사란 공장에서 제작된 P.C부재를 현장에서 조립, 접합하여 구조체를 만드는 공사를 말하며, 고소작업이 많은 공사로 추락에 의한 재해발생 빈도가 높다.

① 장점
- 공장생산으로 품질이 균일
- 공사기간 단축
- 노무비 절감
- 대량생산으로 인한 원가절감 효과
- 기후에 영향 받지 않음
- 동절기 시공 가능

② 단점
- 자재의 중량, 대형화로 운반의 어려움
- 고소작업으로 인한 재해 우려
- P.C 부재 접합부의 취약 우려
- 운반, 설치 시 파손 우려

(3) P.C 공법의 종류

① 대형 패널 PC공법(PC대형판식) : 벽식 RC조의 벽과 바닥을 room size 단위로 PC판을 제작, 조립하는 방식
② 라멘PC공법(RPC골조식) : 기둥, 보를 SPC 또는 RC의 PC부재로 만들어 현장에서 조립, 접합하는 방식
③ H형강 기둥PC공법(골조식 HPC) : 기둥은 H형강 사용. 보, 바닥판, 내력벽 등은 PC 부재화하여 현장에서 조립, 접합하는 방식

[문제]

철골공사에서 철골의 자립도를 검토해야 할 사항으로 옳지 않은 것은?

㉮ 높이 10m 이상의 건물
㉯ 기둥이 타이플레이트형의 건물
㉰ 이음부가 현장용접인 건물
㉱ 구조물의 폭과 높이의 비가 1 : 4 이상의 건물

[해설]
㉮ 높이가 20미터 이상인 구조물이 해당된다.

[정답] ㉮

용어정의

* R.C (Reinforced Concrete)
철근·콘크리트 구조, 철근과 콘크리트를 일체화되게 하여 만든 콘크리트로서 압축력에 강한 콘크리트와 인장력에 강한 철근을 한 덩어리로 하여 서로의 약점을 보강한 콘크리트이다.

참고

1. 슬링(Sling)
걸어 매는 용구 및 그 부속품의 총칭 또는 줄 걸이 작업을 말한다.

2. 지그(Jig)
제품이나 부재를 운반하기에 적합하게 설계, 제작된 보조기구를 말한다.

참고

* 양중장비 결정 시 고려사항
① 부재의 종류
② 부재의 무게
③ 작업 반경
④ 크레인의 양중 용량 및 양중 속도
⑤ 지형 및 현장접근 가능성 등 입지적 조건

04 운반 및 하역작업

주/요/내/용 알/고/가/기

1. 걸이 작업 시 준수사항
2. 철근의 인력 및 기계 운반 시의 준수사항
3. 취급운반의 원칙
4. 요통예방을 위한 안전작업수칙
5. 항만하역작업의 안전수칙
6. 화물 적재 시 준수사항

1 운반작업의 안전수칙

시험출제빈도가 낮은 내용입니다.
위주로 가볍게 공부하세요!

(1) 운반재해 예방 기본원칙오

① 작업공정을 개선하여 운반의 필요성이 없도록 한다.
② 운반작업을 줄인다.
③ 운반횟수, 빈도 및 거리를 최소화, 최단거리화 한다.
④ 중량물의 경우는 2 ~ 3인이 운반하도록 한다.
⑤ 운반보조기구 및 기계를 이용한다.

(2) 걸이 작업 시 준수사항

① 와이어로프 등은 크레인의 후크 중심에 걸어야 한다.
② 인양 물체의 안정을 위하여 2줄 걸이 이상을 사용하여야 한다.
③ 밑에 있는 물체를 걸고자 할 때에는 위의 물체를 제거한 후에 행하여야 한다.
④ 매다는 각도는 60° 이내로 하여야 한다.
⑤ 근로자를 매달린 물체 위에 탑승시키지 않아야 한다.

(3) 지게차의 적재 하물이 크고 현저하게 시계를 방해할 때의 운행방법

① 유도자를 붙여 차를 유도시킬 것
② 후진으로 진행할 것
③ 경적을 울리면서 서행할 것

(4) 철근의 인력 및 기계운반 시의 준수사항

인력운반 시 준수사항 ★	① 1인당 무게는 25킬로그램 정도가 적절하며, 무리한 운반을 삼가하여야 한다. ② 2인 이상이 1조가 되어 어깨메기로 하여 운반하는 등 안전을 도모하여야 한다. ③ 긴 철근을 부득이 한 사람이 운반할 때에는 한쪽을 어깨에 메고 한쪽 끝을 끌면서 운반하여야 한다. ④ 운반할 때에는 양끝을 묶어 운반하여야 한다. ⑤ 내려놓을 때는 천천히 내려놓고 던지지 않아야 한다. ⑥ 공동작업을 할 때에는 신호에 따라 작업을 하여야 한다.
기계이용 시 준수사항	① 운반작업 시에는 작업책임자를 배치하여 수신호 또는 표준 신호방법에 의하여 시행한다. ② 달아 올릴 때에는 그림과 같은 요령으로 올리고 로프와 기구의 허용하중을 검토하여 과다하게 달아올리지 않아야 한다. (불량) (양호) 묶은 와이어를 겹치면 아래쪽 와이어가 조여지지 않는다. (양호) 와이어는 항상 2줄을 겹친다. (양호) 부득이 새로달기를 할 경우 반드시 포대나 상자를 붙여서 철근이 빠져나가지 않도록 한다. **[묶은 와이어의 걸치기 예]** ③ 비계나 거푸집 등에 대량의 철근을 걸쳐 놓거나 얹어 놓아서는 안 된다. ④ 달아 올리는 부근에는 관계근로자 이외 사람의 출입을 금지시켜야 한다. ⑤ 권양기의 운전자는 현장책임자가 지정하는 자가 하여야 한다.
감전사고 예방 위한 준수사항	① 철근 운반작업을 하는 바닥 부근에는 전선이 배치되어 있지 않아야 한다. ② 철근 운반작업을 하는 주변의 전선은 사용 철근의 최대길이 이상의 높이에 배선되어야 하며 이격거리는 최소한 2미터 이상이어야 한다. ③ 운반장비는 반드시 전선의 배선상태를 확인한 후 운행하여야 한다.

참고

* 인력에 의한 화물 운반 시 준수사항
① 수평거리 운반을 원칙으로 한다.
② 운반 시의 시선은 진행방향을 향하고 뒷걸음 운반을 하여서는 아니 된다.
③ 쌓여있는 화물을 운반할 때에는 중간 또는 하부에서 뽑아내어서는 아니 된다.
④ 어깨 높이보다 높은 위치에서 하물을 들고 운반하여서는 아니 된다.
⑤ 어깨높이보다 높은 위치에서 화물을 들고 운반하여서는 안 된다.

2 취급운반의 원칙

(1) 취급·운반의 3조건
① 운반거리를 단축시킬 것
② 운반작업을 기계화할 것
③ 손이 닿지 않는 운반 방식으로 할 것

(2) 취급·운반의 5원칙 ☆
① 직선 운반을 할 것
② 연속 운반을 할 것
③ 운반 작업을 집중화시킬 것
④ 생산을 최고로 하는 운반을 생각할 것
⑤ 최대한 시간과 경비를 절약할 수 있는 운반 방법을 고려할 것

3 인력운반

(1) 복장 및 보호구
① 상의 작업복의 소매는 손목에 밀착시킬 수 있는 구조이어야 하며 상의 작업복 옷자락은 하의 속으로 집어넣어야 한다.
② 하의 작업복 바지자락은 안전화 속에 집어넣거나 발목에 밀착이 가능하도록 조일 수 있는 구조이어야 한다.
③ 안전모, 안전화 및 안전장갑은 검정 합격품으로서 근로자의 신체에 잘 맞는 제품으로 바르게 착용하여야 한다.
④ 분진이 발생하는 물건을 취급할 때 또는 분진작업장에서는 검정합격품으로서 작업조건에 적합한 방진마스크와 보안경을 착용하여야 한다.
⑤ 유해·위험물을 취급할 때에는 유해·위험물로부터 방호할 수 있는 보호구를 선정하여 착용하여야 한다.

(2) 화물운반 시의 올바른 자세
① 화물의 무게중심을 찾아 최대한 몸의 무게중심에 가까이 밀착시킨다.
② 인체의 기계적인 이점을 활용하여 대퇴부와 정강이 사이의 각도를 90도 이상 두어 이곳에서 나오는 힘으로 화물을 든다.
③ 양발은 화물을 사이에 두고 대각선으로 2족장 정도 벌려 안정된 자세를 유지한다.
④ 손바닥 전체로 화물을 감싸고 턱은 당기며 허리를 곧추세우고 지면과 직각이 되도록 하여 다리 힘으로 든다.

⑤ 화물을 들고 방향을 전환할 때에는 갑자기 허리를 틀지 말고 한, 두 걸음 좌우측으로 나간 후 발과 함께 돌리도록 하여 허리에 갑자기 무리가 가지 않도록 한다.

(3) 작업 중량

작업조건, 작업환경, 작업 대상물의 형상, 근로자의 성별 및 연령 등 제반사항을 고려하여 작업 중량은 근로자의 안전과 건강에 위험을 초래하지 않도록 하여야 한다.

[인력운반 중량 권장기준]

작업 형태	성별	연령별 허용 권장 기준(kg)			
		18세 이하	19~35세	36~50세	51세 이상
일시 작업 (시간당 2회 이하)	남	25	30	27	25
	여	17	20	17	15
계속 작업 (시간당 3회 이상)	남	12	15	13	10
	여	8	10	8	5

주) 화물의 무게 = 부피×화물의 비중

> **참고**
>
> * 중량물의 취급에서 근로자가 항상 수작업으로 물건을 취급하는 경우에는 중량이 남자 근로자인 경우 체중의 40% 이하, 여자 근로자인 경우 체중의 24% 이하가 되도록 하여야 하며 중량물의 폭은 75cm 이상 되지 않도록 하여야 한다.

참고

1. NIOSH 들기 작업 지침

(1) 권장 무게 한계(RWL : Recommended Weight Limit)

권장 무게 한계란 건강한 작업자가 특정한 들기 작업에서 실제 작업시간 동안 허리에 무리를 주지 않고 요통의 위험 없이 들 수 있는 무게의 한계를 말한다. RWL은 여러 작업 변수들에 의해 결정된다.

$$RWL(kg) = 23 \times HM \times VM \times DM \times AM \times FM \times CM$$

계수	계수방법
HM	수평 계수(Horizontal Multiplier)
VM	수직 계수(Vertical Multiplier)
DM	거리 계수(Distance Multiplier)
AM	비대칭 계수(Asymmetric Multiplier)
FM	빈도 계수(Frequency Multiplier)
CM	커플링 계수(Coupling Multiplier)

> **참고**
>
> * RWL 계산 시 처음의 23kg이라는 숫자는 최적의 환경에서 들기작업을 할 때의 최대 허용 무게이다.
> * 최적의 환경이란 허리의 비틀림 없이 정면에서 들기 작업을 가끔씩 할 때(F<0.2), 작업물이 작업자 몸 가까이 있으며 수평거리(H)는 15cm, 수직위치(V)는 75cm, 작업자가 물체를 옮기는 거리의 수직이동거리(D)가 25cm 이하이며 커플링이 좋은 상태이다.

(2) 들기 지수(LI : Lifting Index)

LI는 실제 작업물의 무게와 RWL의 비(ratio)이며 특정 작업에서의 육체적 스트레스의 상대적인 양을 나타낸다. 즉 LI가 1.0보다 크면 작업 부하가 권장치보다 크다고 할 수 있다.

$$LI = 실제 작업 무게 / 권장 무게 한계 = L/RWL$$

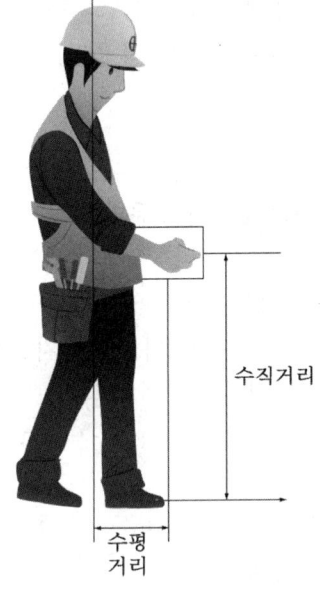
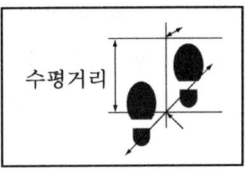

2. 인력 운반작업 한계허용중량(Action Limit)

$$한계허용중량 = 40(15/H)(1-0.004|V-75|)(0.7+7.5/D)(1-F/Fm)$$

여기서 H : 화물의 중심에서 두 발목의 중간 지점까지의 거리(cm)
V : 바닥에서 물체 중심까지의 거리(cm)
D : 화물을 들어 올리는 높이(cm)
F : 들어 올리는 빈도(횟수)
Fm : 화물 높이에 따른 보정계수

> **참고**
> * 커플링 계수 (Coupling Multiplier) 커플링은 물체를 들 때에 미끄러지거나 떨어뜨리지 않도록 손잡이 등이 좋은지를 권장 무게 한계에 반영한 것이다.
> ① 좋다 : 손잡이가 들기 적당하게 위치한 경우, 손잡이는 없지만, 들기 쉽고 편하게 들 수 있는 부분이 존재할 경우
> ② 괜찮다 : 손잡이나 잡을 수 있는 부분이 있으며 적당하게 위치하지는 않았지만, 손목의 각도를 90도 정도 유지할 수 있을 경우
> ③ 나쁘다 : 손잡이나 잡을 수 있는 부분이 없거나 불편한 경우, 끝부분이 날카로운 경우

4 중량물 취급 운반

(1) 중량물 취급 작업의 작업계획의 작성 ✈

작업명	작업계획서 내용
중량물의 취급 작업	가. 추락위험을 예방할 수 있는 안전대책 나. 낙하위험을 예방할 수 있는 안전대책 다. 전도위험을 예방할 수 있는 안전대책 라. 협착위험을 예방할 수 있는 안전대책 마. 붕괴위험을 예방할 수 있는 안전대책

(2) 경사면에서 중량물 취급 시 준수사항

① 구름멈춤대·쐐기 등을 이용하여 중량물의 동요나 이동을 조절할 것

② 중량물이 구를 위험이 있는 방향 앞의 일정 거리 이내로는 근로자의 출입을 제한할 것. 다만, 중량물을 보관하거나 작업 중인 장소가 경사면인 경우에는 경사면 아래로는 근로자의 출입을 제한해야 한다.

(3) 중량물운반 시 준수사항

① 숙련된 경험자를 작업지휘자로 선정하여 운반방법, 운반단계 등을 협의 결정하여야 한다.
② 공동으로 중량물을 운반할 때에는 근로자의 체력, 신장 등을 고려하여 현저한 차이가 있는 작업자는 제외하고 작업지휘자의 지시에 따라 통일된 행동을 하여야 한다.
③ 무게 중심이 높은 하물은 인력으로 운반하여서는 아니 된다.

(4) 사업주는 근로자가 5킬로그램 이상의 중량물을 들어올리는 작업을 하는 경우에 다음 각 호의 조치를 해야 한다.

① 주로 취급하는 물품에 대하여 근로자가 쉽게 알 수 있도록 물품의 중량과 무게중심에 대하여 작업장 주변에 안내표시를 할 것
② 취급하기 곤란한 물품은 손잡이를 붙이거나 갈고리, 진공빨판 등 적절한 보조도구를 활용할 것

> [참고]
> * 요통 예방을 위한 최적 안전 작업 범위
> ① 최적 안전작업 범위는 몸의 무게중심에서 가장 가까운 부분으로 허리에 주는 부담도 가장 적다.
> ② 팔을 몸체부에 붙이고 손목만 위, 아래로 움직일 수 있는 범위이다.
> ③ 몸으로부터 약간 떨어진 구역으로 팔꿈치를 몸의 측면에 붙이고 손을 어깨 높이에서 허벅지 부위까지 오르내릴 수 있는 범위에 해당한다.
> ④ 이 작업 범위에서 작업 시 허리에 가해지는 압박은 약간 있으나 비교적 안전하다.

5 요통 방지대책

(1) 요통 예방을 위한 안전작업수칙

① 중량물을 취급할 때는 허리의 힘보다는 팔, 다리, 복부의 근력을 이용하도록 한다.
② 중량물을 들어올릴 때는 물체를 최대한 몸 가까이에서 잡고 들어올리도록 한다.
③ 중량물 취급 시 허리는 늘 곧게 펴고 가급적 구부리거나 비틀지 않고 작업하도록 한다.
④ 중량물의 취급에서 근로자가 항상 수작업으로 물건을 취급하는 경우에는 중량이 남자 근로자인 경우 체중의 40% 이하, 여자 근로자인 경우 체중의 24% 이하가 되도록 하여야 하며 중량물의 폭은 75cm 이상 되지 않도록 하여야 한다.

6 하역작업의 안전수칙

> 시험출제빈도가 낮은 내용입니다.
> 위주로 가볍게 공부하세요!

(1) 하역작업장의 조치기준

부두·안벽 등 하역작업을 하는 장소에 다음 각 호의 조치를 하여야 한다.

① 작업장 및 통로의 위험한 부분에는 안전하게 작업할 수 있는 조명을 유지할 것
② 부두 또는 안벽의 선을 따라 통로를 설치하는 경우에는 폭을 90센티미터 이상으로 할 것 ✽
③ 육상에서의 통로 및 작업장소로서 다리 또는 선거(船渠) 갑문(閘門)을 넘는 보도(步道) 등의 위험한 부분에는 안전난간 또는 울타리 등을 설치할 것

(2) 하적단의 간격오

바닥으로 부터의 높이가 2미터 이상 되는 하적단(포대·가마니 등으로 포장된 화물이 쌓여 있는 것만 해당한다)과 인접 하적단 사이의 간격을 하적단의 밑 부분을 기준하여 10센티미터 이상으로 하여야 한다.

(3) 하적단의 붕괴 등에 의한 위험방지

① 하적단의 붕괴 또는 화물의 낙하에 의하여 근로자가 위험해질 우려가 있는 경우에는 그 하적단을 로프로 묶거나 망을 치는 등 위험을 방지하기 위하여 필요한 조치를 하여야 한다.
② 하적단을 쌓는 경우에는 기본형을 조성하여 쌓아야 한다.
③ 하적단을 헐어내는 경우에는 위에서부터 순차적으로 층계를 만들면서 헐어내어야 하며, 중간에서 헐어내어서는 아니 된다.

(4) 화물의 적재 시의 준수사항 ✽

① 침하 우려가 없는 튼튼한 기반 위에 적재할 것
② 건물의 칸막이나 벽 등이 화물의 압력에 견딜 만큼의 강도를 지니지 아니한 경우에는 칸막이나 벽에 기대어 적재하지 않도록 할 것
③ 불안정할 정도로 높이 쌓아 올리지 말 것
④ 하중이 한쪽으로 치우치지 않도록 쌓을 것

(5) 항만하역작업의 안전수칙 ✦

① 갑판의 윗면에서 선창 밑바닥까지의 깊이가 1.5미터를 초과하는 선창의 내부에서 화물 취급작업을 하는 때에는 그 작업에 종사하는 근로자가 안전하게 통행할 수 있는 설비를 설치하여야 한다. 다만, 안전하게 통행할 수 있는 설비가 선박에 설치되어 있는 때에는 그러하지 아니한다. ✦

② 300톤급 이상의 선박에서 하역작업을 하는 경우에 근로자들이 안전하게 오르내릴 수 있는 현문(舷門) 사다리를 설치하여야 하며, 이 사다리 밑에 안전망을 설치하여야 한다. 현문 사다리는 견고한 재료로 제작된 것으로 너비는 55센티미터 이상이어야 하고, 양측에 82센티미터 이상의 높이로 울타리를 설치하여야 하며, 바닥은 미끄러지지 않도록 적합한 재질로 처리되어야 한다. ✦

현문 사다리는 근로자의 통행에만 사용하여야 하며, 화물용 발판 또는 화물용 보관으로 사용하도록 해서는 아니 된다.

③ 항만하역작업을 시작하기 전에 그 작업을 하는 선창 내부, 갑판 위 또는 안벽 위에 있는 화물 중에 급성 독성물질이 있는지를 조사하여 안전한 취급방법 및 누출 시 처리방법을 정하여야 한다.

⑦ 기계화해야 할 인력작업

① 3~4인이 상당 시간 계속되어야 하는 운반작업
② 발밑에서부터 머리 위까지 들어 올리는 작업
③ 발밑에서 어깨까지 25[kg] 이상의 물건을 들어 올리는 작업
④ 발밑에서 허리까지 50[kg] 이상의 물건을 들어 올리는 작업
⑤ 발밑에서부터 무릎까지 75[kg] 이상의 물건을 들어 올리는 작업
⑥ 두 걸음 이상 가로로(밑으로) 운반하는 작업이 연속될 경우
⑦ 3[m] 이상 연속하여 운반작업을 하는 경우
⑧ 1시간에 10[ton] 이상의 운반량이 있는 작업

참고
* 에너지 대사율(RMR)이 7 이상인 경우에는 기계화 작업을 권장하고 10 이상인 경우에는 반드시 기계화 작업을 하여야 함.

8 화물 취급작업 안전수칙

(1) 섬유로프의 사용금지 사항

사업주는 다음 각 호의 어느 하나에 해당하는 섬유로프 등을 화물자동차의 짐걸이로 사용해서는 아니 된다.

① 꼬임이 끊어진 것
② 심하게 손상 또는 부식된 것

(2) 차량 등에서 화물을 내리는 작업을 하는 때에는 하적(荷積)단 중간에서 화물을 빼내도록 하여서는 아니 된다.

(3) 하역작업을 하는 때에는 하적단의 붕괴 또는 화물의 낙하에 의하여 근로자에게 위험을 미칠 우려가 있는 장소에 관계 근로자외의 자를 출입시켜서는 아니 된다.

(4) 화물을 싣거나 내리는 작업 또는 화물 해체의 작업을 행하는 장소에는 당해 작업을 안전하게 하는데 필요한 조명을 유지하여야 한다.

(5) 바닥으로부터의 높이가 2미터 이상인 하적단 위에서 작업을 하는 때에는 추락 등에 의한 근로자의 위험을 방지하기 위하여 당해 작업에 종사하는 근로자로 하여금 안전모 등의 보호구를 착용하도록 하여야 한다.

9 고소작업 안전수칙

시험출제빈도가 낮은 내용입니다.
위주로 가볍게 공부하세요!

2m 이상의 높이에서 작업하는 경우 추락 방지에 필요한 조치를 하여야 한다.

(1) 고소작업 시 안전·보건 기본수칙

① 추락의 위험이 있는 장소에서 작업을 할 때에는 반드시 안전모와 안전대 등 보호구로 자신을 보호한다.
② 규정에 맞는 작업복을 착용하고, 미끄러지거나 벗겨지기 쉬운 신발은 신지 않는다.
③ 작업 전에는 발판, 사다리, 걸고리 등 작업 용구를 빠짐없이 점검한다.

> **용어정의**
> * 고소작업
> 비계나 사다리, 작업발판 등의 발 디딤을 이용하여 높은 곳에서 실시하는 작업을 말한다.

④ 작업구역 내에 당해 작업자 이외의 사람이 출입하는 것을 금한다.
⑤ 작업장소의 밑에는 통행인의 안전을 위하여 필요한 시설을 확보한다.
⑥ 작업 장소에 물건을 놓아두면 협소해지고 걸려 넘어지거나 물건이 떨어져 재해의 원인이 되므로 가능하면 두지 않는다.
⑦ 사다리를 이용하여 작업을 해야 할 경우에는 2인 이상이 하도록 하고 사다리가 미끄러지거나 통행자와 접촉하지 않도록 한다.
⑧ 적재물이나 나무상자 등을 사다리 대신 사용하지 말고 작업 용도에 맞는 사다리를 선택하여 사용한다.
⑨ 3m 이상의 높이에서는 절대로 물건을 던져서 내리거나 올리지 않는다.

(2) 고소작업 시 추락방지를 위한 안전수칙

① 상하 동시작업 시는 상하가 긴밀히 신호나 연락을 하며 작업한다.
② 고소의 작업장소로 이동할 때는 지정통로나 승강설비를 이용한다.
③ 난간에 기대거나 위에 올라가 작업하지 않도록 한다.
④ 고소에서의 운반 작업 중 등을 돌리고 걷지 않도록 한다.
⑤ 개구부 발생 시 즉시 규정의 안전시설을 한다.
⑥ 설치한 안전시설은 임의로 제거하지 않도록 한다.
⑦ 통로나 작업장에 유류가 흘러있을 때는 즉시 닦아낸다.

(3) 고소작업 시 낙하방지를 위한 안전수칙

① 방망의 구조, 설치 위치 및 방법이 적절해야 한다.
② 작업 중에는 물건의 보관방법에 주의하고, 불안정한 경우에는 rope로 묶는 등 낙하방지 조치를 한다.
③ 물건이 낙하할 우려가 있는 장소에는 감시자를 배치하거나 출입금지 조치를 한다.
④ 고소에서 물건을 절대 투하하지 않도록 한다.

CHAPTER 06 단원 예상문제

01 다음 중 철골공사를 중지하여야 하는 기준에 따라 공사를 중지하여야 하는 경우에 해당하는 것은?

㉮ 풍속이 6m/s인 경우
㉯ 풍속이 9m/s인 경우
㉰ 강우량이 0.5mm/hr인 경우
㉱ 강우량이 1mm/hr인 경우

[해설] **철골작업을 중지해야 하는 조건**
① 풍속이 초당 10미터 이상인 경우
② 강우량이 시간당 1밀리미터 이상인 경우
③ 강설량이 시간당 1센티미터 이상인 경우

02 철골작업 시 추락재해를 방지하기 위한 설비가 아닌 것은?

㉮ 안전대 및 구명줄
㉯ 어스 앵커
㉰ 승강용 트랩
㉱ 추락방지용 방망

[해설] ㉯ 어스앵커는 철골을 고정하기 위해 바닥에 설치하는 기초 볼트이다.

03 콘크리트 타설 시 거푸집의 측압에 영향을 미치는 인자에 대한 설명으로 틀린 것은?

㉮ 부재의 단면이 클수록 크다.
㉯ 슬럼프가 작을수록 크다.
㉰ 거푸집 속의 콘크리트 온도가 낮을수록 크다.
㉱ 붓는 속도가 빠를수록 크다.

[해설] ㉯ 슬럼프가 클수록 크다.

{참고} **콘크리트의 측압**
① 거푸집 부재 단면이 클수록 측압이 크다.
② 거푸집 수밀성이 클수록 측압이 크다.
③ 거푸집 강성이 클수록 측압이 크다.
④ 거푸집 표면이 평활할수록 측압이 크다.
⑤ 시공연도 좋을수록 측압이 크다.
⑥ **철골 or 철근량이 적을수록 측압이 크다.**
⑦ **외기온도가 낮을수록 측압이 크다.**
⑧ **타설속도가 빠를수록 측압이 크다.**
⑨ 다짐이 좋을수록 측압이 크다.
⑩ **슬럼프가 클수록 측압이 크다.**
⑪ **콘크리트 비중이 클수록 측압이 크다.**
⑫ 응결시간이 느린 시멘트 사용할수록 측압이 크다.
⑬ **습도가 낮을수록 측압이 크다.**

04 철골구조의 조립에서 이음(Connection)의 종류가 아닌 것은?

㉮ 고장력 볼트이음   ㉯ 리벳이음
㉰ 와이어 이음   ㉱ 용접이음

[해설] **철골구조 이음의 종류**
① 고장력 볼트이음
② 리벳이음
③ 용접이음

05 하루의 평균 기온이 4℃ 이하로 될 것이 예상되는 기상 조건에서 낮에도 콘크리트가 동결의 우려가 있는 경우에 사용되는 콘크리트는?

㉮ 고강도 콘크리트
㉯ 경량 콘크리트
㉰ 서중 콘크리트
㉱ 한중 콘크리트

[해설] 한중 콘크리트 : 일 평균 기온 4℃ 이하에서 사용되는 콘크리트

정답 01 ㉱ 02 ㉯ 03 ㉯ 04 ㉰ 05 ㉱

{참고} 서중 콘크리트 : 일 평균기온이 25℃ 또는 일 최고 온도가 30℃를 초과하는 경우에 사용되는 콘크리트

06 철근 콘크리트 공사에서 거푸집의 전용 시 고려해야 할 사항으로 가장 관계가 적은 것은?

㉮ 거푸집 존치 기간
㉯ 작업 순서
㉰ 시공 기간
㉱ 콘크리트의 워커빌리티

[해설] 거푸집의 전용(일정한 곳에서만 사용하지 않고 다른 곳으로 돌려 사용함) 시에는 거푸집 존치 기간, 작업 순서, 시공 기간 등을 고려해야 한다.

07 다음 중 옹벽 안정조건의 검토사항이 아닌 것은?

㉮ 활동(sliding)에 대한 안전검토
㉯ 전도(overtering)에 대한 안전검토
㉰ 지반 지지력(settlement)에 대한 안전검토
㉱ 보일링(boiling)에 대한 안전검토

[해설] 콘크리트 옹벽의 안정성 검토사항
① 전도에 대한 안정
② 활동에 대한 안정
③ 침하에 대한 안정

08 철골공사 등의 용접작업 시 사용되는 가스용기의 취급상 주의 사항으로서 잘못된 것은?

㉮ 용기는 통풍 또는 환기가 잘되는 장소에 보관한다.
㉯ 용기의 온도는 40℃ 이하로 유지한다.
㉰ 밸브의 개폐는 가능한 빠르고 신속히 하여야 한다.
㉱ 용해 아세틸렌 용기는 세워서 보관한다.

[해설] ㉰ 밸브의 개폐는 서서히 할 것

{참고} 가스 등의 용기의 취급 시 주의사항
① 가스용기를 사용·설치·저장 또는 방치하지 않아야 하는 장소
 • 통풍 또는 환기가 불충분한 장소
 • 화기를 사용하는 장소 및 그 부근
 • 위험물 또는 인화성 액체를 취급하는 장소 및 그 부근
② 용기의 온도를 섭씨 40도 이하로 유지할 것
③ 전도의 위험이 없도록 할 것
④ 충격을 가하지 아니하도록 할 것
⑤ 운반할 때에는 캡을 씌울 것
⑥ 사용할 때에는 용기의 마개에 부착되어 있는 유류 및 먼지를 제거할 것
⑦ 밸브의 개폐는 서서히 할 것
⑧ 사용 전 또는 사용 중인 용기와 그 외의 용기를 명확히 구별하여 보관할 것
⑨ 용해아세틸렌의 용기는 세워 둘 것
⑩ 용기의 부식·마모 또는 변형상태를 점검한 후 사용할 것

09 철골공사에서 부재의 건립용 기계로 거리가 먼 것은?

㉮ 타워크레인
㉯ 가이데릭
㉰ 삼각데릭
㉱ 항타기

[해설] 철골 세우기용 기계
① 가이데릭   ② 스티프레그데릭
③ 진폴   ④ 트럭 크레인
⑤ 타워 크레인

10 옹벽의 안정조건에서 활동에 대한 저항력은 옹벽에 작용하는 수평력보다 최소 몇 배 이상 되어야 하는가?

㉮ 1.0배   ㉯ 1.5배
㉰ 2.0배   ㉱ 3.0배

[해설] 옹벽의 활동에 대한 저항력은 옹벽에 작용하는 수평력보다 1.5배 이상 되어야 한다.

정답   06 ㉱   07 ㉱   08 ㉰   09 ㉱   10 ㉯

11 철골공사에서 기둥의 건립작업 시 앵커 볼트의 매립에 있어 요구되는 정밀도에서 기둥 중심은 기준선 및 인접 기둥의 중심으로부터 얼마 이상 벗어나지 않아야 하는가?

㉮ 3mm ㉯ 5mm
㉰ 7mm ㉱ 10mm

[해설] **앵커 볼트의 매립 시 준수사항**
① 앵커 볼트는 매립 후에 수정하지 않도록 설치하여야 한다.
② 앵커 볼트를 매립하는 정밀도는 다음 각 목의 범위 내 이어야 한다.
• 기둥 중심은 기준선 및 인접 기둥의 중심에서 5밀리미터 이상 벗어나지 않을 것

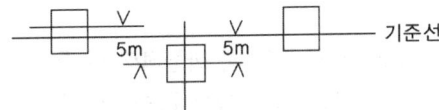

12 콘크리트를 타설할 때 거푸집에 작용하는 콘크리트 측압에 크게 영향을 미치지 않는 것은?

㉮ 콘크리트 타설 속도
㉯ 콘크리트 타설 높이
㉰ 콘크리트 설계기준강도
㉱ 콘크리트 단위 용적중량

[해설] ㉮ 타설 속도가 빠를수록 측압이 크다.
㉯ 타설 높이가 높을수록 측압이 크다.
㉱ 콘크리트 단위 용적중량(비중)이 클수록 측압이 크다.

{참고} **콘크리트의 측압**
1. 철골 or 철근량 적을수록 측압이 크다.
2. 외기온도 낮을수록 측압이 크다.
3. 다짐이 좋을수록 측압이 크다.
4. 슬럼프 클수록 측압이 크다.
5. 콘크리트 비중 클수록 측압이 크다.
6. 습도가 낮을수록 측압이 크다.

13 다음 중 철골작업 시 추락재해를 방지하기 위한 설비가 아닌 것은?

㉮ 안전대 및 구명줄 ㉯ 트렌치박스
㉰ 안전 난간 ㉱ 추락방호망

[해설] **추락재해방지 설비**
1. 안전난간
2. 추락방호망
3. 안전대 및 구명줄

14 콘크리트의 종류 중 수중공사에 주로 이용되며 거푸집을 조립하고 골재를 미리 채운 후 특수한 모르타르를 그 사이에 주입하여 형성하는 콘크리트는?

㉮ 프리팩트콘크리트
㉯ 한중콘크리트
㉰ 경량콘크리트
㉱ 섬유보강콘크리트

[해설] **프리팩트콘크리트** : 거푸집 안에 미리 굵은 골재를 채워 넣은 후, 그 공극 속으로 특수한 모르타르(intrusion mortar)를 주입하여 만드는 콘크리트

15 콘크리트 타설작업 시 준수사항으로 옳지 않은 것은?

㉮ 바닥 위에 흘린 콘크리트는 완전히 청소한다.
㉯ 가능한 높은 곳으로부터 자연 낙하시켜 콘크리트를 타설한다.
㉰ 지나친 진동기 사용은 재료 분리를 일으킬 수 있으므로 금해야 한다.
㉱ 최상부의 슬래브는 이어붓기를 되도록 피하고 일시에 전체를 타설하도록 한다.

[해설] ㉯ 거푸집의 높이가 높을 경우 거푸집에 투입구를 설치하거나, 연직슈트 또는 펌프배관의 배출구를 타설면 가까운 곳까지 내려서 콘크리트를 타설하여야 한다.

정답 11 ㉯ 12 ㉰ 13 ㉯ 14 ㉮ 15 ㉯

16 부두 등의 하역 작업장에서 부두 또는 안벽의 선을 따라 통로를 개설할 때에 통로 폭의 크기에 대한 기준은?

㉮ 90cm 이상
㉯ 75cm 이상
㉰ 60cm 이상
㉱ 45cm 이상

[해설] 부두 또는 안벽의 선을 따라 통로를 설치하는 경우에는 폭을 90센티미터 이상으로 할 것

17 화물을 차량계 하역운반 기계·기구에 싣고 내리는 작업 시 작업지휘자를 지정하여야 하는 것은 단위화물 중량이 얼마 이상일 때를 기준으로 하는가?

㉮ 100kg ㉯ 200kg
㉰ 300kg ㉱ 400kg

[해설] 차량계 하역운반기계에 단위화물의 무게가 100킬로그램 이상인 화물을 싣는 작업 또는 내리는 작업 시 작업의 지휘자를 지정하여 다음 각 호의 사항을 준수하도록 하여야 한다(작업지휘자 임무).
① 작업 순서 및 그 순서마다의 작업 방법을 정하고 작업을 지휘할 것
② 기구 및 공구를 점검하고 불량품을 제거할 것
③ 해당 작업을 하는 장소에 관계 근로자가 아닌 사람이 출입하는 것을 금지할 것
④ 로프를 풀거나 덮개를 벗기는 작업을 행하는 때에는 적재함의 낙하할 위험이 없음을 확인한 후에 당해 작업을 하도록 할 것

18 다음 중 철골 보 인양작업 시의 준수사항으로 옳지 않은 것은?

㉮ 인양용 와이어로프의 체결지점은 수평부재의 1/4지점을 기준으로 한다.
㉯ 인양용 와이어로프의 매달기 각도는 양변 60°를 기준으로 한다.
㉰ 흔들리거나 선회하지 않도록 유도 로프로 유도한다.
㉱ 후크는 용접의 경우 용접규격을 반드시 확인한다.

[해설] 인양 와이어 로프의 매달기 각도는 양변 60°를 기준으로 2열로 매달고 와이어 체결지점은 수평부재의 1/3지점을 기준하여야 한다.

19 화물 취급 작업 중 화물적재 시 준수해야 하는 사항에 속하지 않는 것은?

㉮ 침하의 우려가 없는 튼튼한 기반 위에 적재할 것
㉯ 중량의 화물은 건물의 칸막이나 벽에 기대어 적재할 것
㉰ 불안정할 정도로 높이 쌓아 올리지 말 것
㉱ 편하중이 생기지 아니하도록 적재할 것

[해설] ㉯ 화물을 건물의 칸막이나 벽에 기대어 적재해서는 아니 된다.

정답 16 ㉮ 17 ㉮ 18 ㉮ 19 ㉯

{참고} **차량계 하역운반 기계에 화물 적재 시의 조치**
① 하중이 한쪽으로 치우치지 않도록 적재할 것
② 구내운반차 또는 화물자동차의 경우 화물의 붕괴 또는 낙하에 의한 위험을 방지하기 위하여 화물에 로프를 거는 등 필요한 조치를 할 것
③ 운전자의 시야를 가리지 않도록 화물을 적재할 것
④ 화물을 적재하는 경우에는 최대적재량을 초과해서는 아니 된다.

20 차량계 하역운반 기계에서 화물을 싣거나 내리는 작업에서 작업지휘자가 준수해야 할 사항과 가장 거리가 먼 것은?

㉮ 작업 순서 및 그 순서마다의 작업 방법을 정하고 작업을 지휘하는 일
㉯ 기구 및 공구를 점검하고 불량품을 제거하는 일
㉰ 당해 작업을 행하는 장소에 관계 근로자 외의 자의 출입을 금지하는 일
㉱ 총 화물량을 산출하는 일

[해설] 차량계 하역운반기계에 단위화물의 무게가 100킬로그램 이상인 화물을 싣는 작업 또는 내리는 작업 시 작업의 지휘자를 지정하여 다음 각 호의 사항을 준수하도록 하여야 한다(작업지휘자 임무).
① 작업 순서 및 그 순서마다의 작업 방법을 정하고 작업을 지휘할 것
② 기구 및 공구를 점검하고 불량품을 제거할 것
③ 해당 작업을 하는 장소에 관계 근로자가 아닌 사람이 출입하는 것을 금지할 것
④ 로프를 풀거나 덮개를 벗기는 작업을 행하는 때에는 적재함의 낙하할 위험이 없음을 확인한 후에 당해 작업을 하도록 할 것

정답 20 ㉱

MEMO